G. VENTURA  A. COLLALTO

# INTRODUZIONE ALL'ANALISI DELLE MERCI

**SUGGERIMENTI TECNICO – PRATICI PER UN FACILE APPROCCIO ALL'ANALISI DEI PRODOTTI DELL'INDUSTRIA CHIMICA ORGANICA**

E-mail: giuseppeventura2@virgilio.it
alessandra.collalto@agenziadogane.it

Proprietà letteraria riservata. Tutti i diritti sono strettamente riservati agli autori per tutti i
paesi. In copertina: Laboratorio Chimico Centrale delle Gabelle. Roma 1900.

Note for Librarians: A cataloguing record for this book is available from
Library and Archives Canada at www.collectionscanada.ca/amicus/index-e.html
ISBN 1-4120-8931-x

*Offices in Canada, USA, Ireland and UK*

**Book sales for North America and international:**
Trafford Publishing, 6E–2333 Government St.,
Victoria, BC V8T 4P4 CANADA
phone 250 383 6864 (toll-free 1 888 232 4444)
fax 250 383 6804; email to orders@trafford.com
**Book sales in Europe:**
Trafford Publishing (UK) Limited, 9 Park End Street, 2nd Floor
Oxford, UK OX1 1HH UNITED KINGDOM
phone 44 (0)1865 722 113 (local rate 0845 230 9601)
facsimile 44 (0)1865 722 868; info.uk@trafford.com
**Order online at:**
trafford.com/06-0687
10 9 8 7 6 5 4 3 2 1

## PREMESSA

*Questo lavoro non vuole essere un nuovo testo di chimica merceologica o doganale in aggiunta a tanti altri molto più completi e prestigiosi presenti oggi in questo campo. L'idea nasce invece molto più modestamente da una riflessione personale sui problemi cui andrebbe incontro chi si trovasse a dover affrontare l'argomento "analisi dei prodotti dell'industria chimica organica" senza averne una sufficiente esperienza pratica.*

*Proprio senza esperienza, se non quella generica derivante dalla conoscenza dell'analisi organica che si studia all'Università, nel 1974 fui addetto all'analisi dei prodotti dell'industria chimica organica nell'omonimo reparto specializzato di quello che era allora il Laboratorio Chimico Centrale delle Dogane di Roma. Mi resi subito conto di quanto fosse difficile orientarsi in una materia così vasta e complessa, che spazia in campi tanto estesi quanto differenti.*

*Negli anni mi sono stati maestri il dottor Roberto Marsella, le dottoresse Mirella Montessori, Carmela Di Lazzaro e Anna Maria Benetti, e il dottor Giulio Novari, che mi hanno pian piano iniziato ai segreti della materia trasfondendomi in anni di collaborazione il bagaglio di conoscenza ed esperienza accumulato a loro volta nel lavoro di una vita, che aveva contribuito a suo tempo all'affermazione, in Italia e all'estero, del nome e del prestigio dei Laboratori Chimici delle Dogane. A loro va oggi il mio pensiero riconoscente. All'inizio, quasi mi indispettiva vedere come, dopo tanti tentativi a vuoto per riconoscere la natura di un campione in analisi, un collega esperto, solamente osservandone l'aspetto o leggendo il suo nome commerciale, oppure seguendone il comportamento alla combustione, intuiva in base alla sua esperienza in quale direzione indirizzare l'analisi, se non addirittura a quale classe di prodotti esso appartenesse. Mi sono trovato negli anni a lavorare ormai quasi da solo con un'esperienza acquisita senza particolari meriti personali ma semplicemente perché motivi contingenti hanno impedito per molto tempo la collaborazione di personale giovane che potesse fare un analogo cammino di conoscenza in questo campo.*

*Vorrei con questo lavoro lasciare almeno parte di questa mia esperienza a chi prenderà il mio posto (in particolare a chi ha collaborato con entusiasmo alla stesura dell'opera), immaginando nello scritto il dialogo "maestro – allievo", sperando che molti altri accolgano la proposta, appassionandosi a questo lavoro senza guardare solamente alla sua difficoltà o alla sua potenziale pericolosità: questo tipo di analisi infatti comporta, più che in altri campi, la manipolazione di sostanze spesso tossiche e ancor più spesso incognite, per cui il rischio è sempre dietro l'angolo, e chi scrive ne ha fatto esperienza sulla propria pelle. Si richiede pertanto, a chi volesse o dovesse intraprendere questo itinerario, una notevole dose di buona volontà, ma specialmente un buon bagno di umiltà, tenendo presente che ancora oggi non sempre l'analisi strumentale dà prestazioni superiori ai metodi chimici. Questo testo potrà essere utile a chiunque operi nel campo dell'analisi delle merci: potrà dare un contributo non piccolo ad orientarsi nell'impostazione e nella conduzione dell'analisi di prodotti che, come già detto, spesso sono di natura incognita e di composizione complessa: per come è impostato, è accessibile non solo al chimico analista, ma anche al tecnico di laboratorio; potrà essere di aiuto anche nelle scuole, dove si fanno le prime esperienze di laboratorio. Nella prima parte, senza affrontare lezioni teoriche su argomenti che tutti i chimici conoscono, si descriverà, in maniera essenzialmente pratica e per quanto possibile semplice, come affrontare l'analisi di un campione incognito (o il controllo di un campione di natura e/o composizione dichiarata) attraverso saggi, sia preliminari e generici sia più specifici, che consentano di indirizzare l'analisi in una direzione piuttosto che in un'altra, evitando così inutili perdite di tempo se non addirittura grossolani errori.*

*Verranno descritti i principali saggi di orientamento e le metodiche più comuni che tengano conto della normale attrezzatura a disposizione, spesso scarna, a volte obsoleta anche se ancor valida.*

*Nella seconda parte saranno prese in considerazione alcune tra le più importanti categorie merceologiche di prodotti dell'industria chimica organica (esclusi i prodotti alimentari e i prodotti petroliferi, che esulano dai nostri scopi) descrivendone le caratteristiche e i componenti più comuni da ricercare e da determinare, allegando alcuni esempi schematici di analisi, scelti da circa 10.000 analisi effettuate negli anni e conservate nei registri personali.*

*Una trattazione particolare (sempre da un punto di vista essenzialmente pratico) sarà dedicata alla spettrofotometria nell'infrarosso, che si è rivelata un'arma formidabile per riconoscere la natura di uno o più composti anche in miscele complesse, e che è oggi presente in tutti i laboratori.*

*La terza parte comprende appunto una collezione di spettri I.R. di campioni del commercio particolarmente significativi, selezionati da alcune migliaia, anch'essi frutto di anni di lavoro In sintesi, prendendo confidenza con l'argomento, ci si accorgerà che, pur potendo inquadrare la materia oggetto di questo lavoro nei rigidi quanto indispensabili schemi del "Sistema di Qualità", resta ancora notevole spazio al buon senso e alla creatività, specialmente quando l'analisi è volta alla classificazione doganale o fiscale di una merce.*

*Giuseppe Ventura*

## RINGRAZIAMENTO

*Si ringrazia il signor Stefano Bianchi per l'efficiente ed appassionata collaborazione prestata nel raccogliere, ordinare, catalogare e gestire la collezione di spettri I.R. pubblicata in questo testo, e la signora Raffaela Alloro per l'altrettanto prezioso contributo alla raccolta e all'organizzazione del materiale analitico.*

## INDICE

**PRIMA PARTE**

**IMPOSTAZIONE DELL'ANALISI. SAGGI PRELIMINARI. SAGGI PARTICOLARI. TECNICHE STRUMENTALI. DOCUMENTAZIONE.**

**CAPITOLO 1**

**IMPOSTAZIONE DELL'ANALISI**

**Preparazione del campione. Primo esame generico. Saggi orientativi.**

Quando perviene ad un laboratorio chimico-merceologico un campione di merce da analizzare, si dà per scontato che sia stato prelevato correttamente e che sia quindi rappresentativo della merce di origine, cosa che a volte non accade per vari motivi (trascuratezza, reticenza degli operatori a dare informazioni sulla merce, errori nel campionamento). Si deve inoltre tenere presente che oggi l'industria tende a non sprecare nulla, usando sottoprodotti, ma anche scarti, cascami ed avanzi di lavorazione per i più svariati impieghi, e spesso è difficile stabilire a quale classe di prodotti il nostro campione appartenga. E' vero che l'analista risponde unicamente del campione ufficialmente prelevato e spedito per l'analisi, ma è necessario osservare con molta attenzione come esso si presenta, per stabilire se realmente corrisponde alla composizione della merce di provenienza. Tanto per fare un esempio facile e che si presenta di frequente, un campione di vernice o di soluzione di resina sintetica, se mal confezionato, può, durante il tragitto dal luogo di prelevamento al laboratorio di analisi, perdere in parte o del tutto il solvente. Il campione assume allora l'aspetto di una resina sintetica, e come tale la merce viene, conseguentemente ma al tempo stesso erroneamente, classificata.. Inoltre, se il prodotto conteneva sostanze soggette ad accisa o ad imposta di consumo, con o senza denaturanti da ricercare, di tutto ciò non rimarrà traccia, con conseguenze facili da immaginare.

Spesso, poi, come già accennato, i produttori e gli operatori sono restii, per motivi di riservatezza o altro, a fornire informazioni sulla natura, la composizione e la destinazione d'uso delle loro merci, cosicché il lavoro del chimico, che dovrebbe essere principalmente di controllo e quindi relativamente accessibile, diventa un lavoro di ricerca decisamente più lento ed impegnativo, con effetti negativi sull'efficienza e quindi sulla "produttività" legittimamente richieste dagli operatori.

Il campione in analisi può presentarsi solido, liquido, pastoso, polverulento; può essere costituito anche da un miscuglio eterogeneo avente caratteristiche chimico-fisiche distribuite in maniera differente.

La prima operazione da fare sarà quindi l'omogeneizzazione del campione, che si può ottenere con l'agitazione del contenitore chiuso, o con il mescolamento manuale con una bacchetta di vetro o con una spatola o anche con un mulino o un agitatore magnetico, eventualmente riscaldando.

Se ne preleva quindi di volta in volta il quantitativo necessario per ogni prova, in quantità tale che basti per l'analisi completa e per eventuali prove supplementari. I quantitativi da utilizzare dipendono anche dal tipo di analisi che la dotazione del laboratorio consente di fare, se macro o semi-micro oppure micro, o se sono previste analisi distruttive o meno, optando sempre per la manipolazione delle minime quantità possibili di sostanze e di reagenti per ovvii motivi di sicurezza.

**Descrizione del campione. Esame organolettico**

Con l'esame organolettico si ottengono le prime informazioni orientative sul prodotto. Si prende nota dello stato fisico, se è solido, liquido, pastoso. Se è solido, può essere compatto, duro, friabile, polverulento, granuloso, in pezzi, scaglie, lastre, fogli, nastri, pellicole, ecc. Se è liquido, può essere limpido, opalescente, torbido, fluorescente, alto- o bassobollente, oleoso od acquoso, incolore o colorato, omogeneo o con corpo di fondo, fluido o viscoso, ad una o più fasi.

Se ha una consistenza pastosa, la parte liquida può essere volatile o meno.

E' importante infine verificare se il prodotto è bagnabile, solubile o miscibile con acqua, soluzioni acide o alcaline, solventi organici polari o apolari e, in caso positivo, se la solubilità è totale o parziale. Si osserva il comportamento con alcoli, acetone, acetati, etere etilico, etere di petrolio, toluene, solventi clorurati ed altri eventuali solventi organici..

Va presa nota anche dell'odore, del colore e dell'eventuale fluorescenza alla luce visibile e UV, elementi anch'essi indicativi di certe proprietà del prodotto, e delle loro eventuali variazioni a contatto con detti solventi.

Tutte queste osservazioni nel loro insieme sono utili per effettuare una prima discriminazione ed eliminare tutta una serie di possibili classi di prodotti dal programma di analisi.

**Determinazione del carattere acido, basico o neutro**

E' questo un criterio di differenziazione di facile esecuzione che permette di inserire il campione o i suoi componenti in una delle tre grandi classi con alcuni semplici saggi.: Prima di tutto, se si scioglie in ambiente alcalino, il composto ha carattere acido; se viceversa è solubile in acidi, si tratta di un composto di natura alcalina. Esistono poi numerosi composti neutri che non appartengono a nessuno di questi gruppi e composti anfoteri che invece possono appartenere ad entrambi i gruppi.

In particolare si possono verificare i seguenti casi:

- **la sostanza si scioglie in sodio bicarbonato con effervescenza:** hanno questo comportamento gli acidi carbossilici e solforici, i trinitrofenoli, i triclorofenoli.
- **La sostanza si scioglie in sodio bicarbonato senza effervescenza:** può trattarsi di amminoacidi o dinitrofenoli.
- **La sostanza si scioglie in sodio idrossido** quando è un fenolo, un enolo, un mercaptano o un tiofenolo.
- **La sostanza si scioglie in acidi diluiti:** si può essere in presenza di ammine, idrossidi di ammonio quaternario, piridina, alcaloidi.
- **La sostanza si scioglie in acidi concentrati:** amminoacidi, lattami, idrazine.
- **La sostanza ha reazione neutra,** può trattarsi di sali, idrocarburi, aldeidi, chetoni non enolizzabili, esteri, ammidi, ecc.
- **La sostanza reagisce con sodio metallico:** in questo caso si può ipotizzare la presenza di alcoli, metilchetoni, 1,3-dichetoni e tutti i composti enolizzabili, eterociclici contenenti il gruppo =NH.

# CAPITOLO 2

## SAGGI PRELIMINARI

Una volta effettuato l'esame orientativo descritto nel capitolo precedente, si passa ai saggi cosiddetti preliminari, tesi ad approfondire ulteriormente la caratterizzazione del campione. Si tratta in genere di attente osservazioni delle proprietà fisiche del prodotto, oltre che di misurazioni di alcune grandezze caratteristiche.

### Combustione. Pirolisi

Per verificare il comportamento alla combustione, si brucia sotto cappa aspirante una piccola quantità di sostanza deposta sulla punta di una spatola di acciaio inox e se ne osserva il comportamento alla combustione: **colore della fiamma, natura dei fumi**. Ad esempio, fumi rossi fanno pensare alla presenza di bromo; se la fiamma è luminosa e fuligginosa con fumi neri, sono presenti composti aromatici o comunque insaturi, oltre che alogenati, mentre i policlorurati, così come i fosforati, bruciano con fiamma autoestinguente (cioè bruciano solo se a contatto diretto con una fiamma).

Una fiamma lieve senza fumi ga ipotizzare composti paraffinici o eterei od alcolici a seconda delle sfumature: i composti ossigenati danno colorazioni fino al bluastro.

Ceneri solubili in acido cloridrico con effervescenza indicano la presenza di carbonati.

Una fiamma vivida a sprazzi che lascia un alone di ceneri bianche impalpabili di silice fa pensare subito ad un silicone.

Composti contenenti fosforo danno una fiamma con sprazzi giallastri.

Un'esplosione indica la possibile presenza di nitroderivati od azocommposti.

La pirolisi può portare alla formazione di una serie di prodotti di decomposizione riconoscibili, utili per risalire al prodotto di partenza: ad esempio, composti aromatici ossigenati formano fenoli, mentre composti contenenti azoto ed ossigeno formano acido nitroso.

I polimeri tendono a depolimerizzare formando il monomero di partenza.

Per l'effettuazione pratica della prova, si introduce un po' di sostanza sul fondo di una provetta e si riscalda sulla fiamma, saggiando con apposite cartine lo sviluppo e la conseguente fuoruscita di prodotti di decomposizione acidi, basici, solforati, ecc.

**Esame microscopico. Forma cristallina**

Si prepara un vetrino ponendo una sospensione del prodotto cristallizzato in un liquido opportuno e la si osserva, prendendo nota della forma delle particelle, della conformazione cristallina o amorfa, e del colore. Si può anche riconoscere se si tratta di un prodotto unitario o di una miscela.

Molte sostanze hanno un aspetto caratteristico se osservate al microscopio. Ad esempio, la paraffina, cristallizzata da alcool etilico, si presenta sotto forma di particelle a forma di piccole "mezzelune". Se questo non si verifica, può trattarsi di una comune cera polietilenica.

Dalla forma dei granuli di amido osservate al microscopio è possibile risalire alla pianta di provenienza (mais, frumento, patata, ecc.)[1].

E' possibile anche riconoscere la natura delle fibre, se naturali o artificiali e sintetiche. Queste ultime hanno la forma cilindrica regolare conferitagli dai fori della filiera, mentre le fibre naturali hanno una conformazione di per sé piuttosto irregolare .

**Colore**

Senza entrare nei particolari della teoria del colore, ricordiamo che quest'ultimo è legato alla struttura della molecola, in particolare alla presenza di gruppi funzionali che comprendono legami multipli od elettroni dispari che conferiscono la capacità di assorbire alcune radiazioni dello spettro del visibile, per cui se la molecola le assorbe tutte il composto è nero, se non ne assorbe nessuna è bianco, se ne assorbe una parte assume il colore relativo alla parte di spettro non assorbita.

Così, composti colorati contengono probabilmente gruppi del tipo azo, diazo, nitro, nitroso, polichetonico, amminico, solforico, ecc.

**Odore**

Pur non essendo strettamente legato alla struttura della molecola, l'odore può dare informazioni utili sulla sostanza. E' importante dunque imparare a distinguere alcuni odori caratteristici di alcune sostanze o classi di sostanze.

Riconoscibile è l'odore dei costituenti della benzina, dell'acquaragia minerale, del gasolio, della nafta, degli oli essenziali, dei prodotti solforati, degli eteri, degli acrilati, di alcune aldeidi e chetoni, degli acidi carbossilici e delle ammine, o almeno dei primi costituenti delle rispettive serie omologhe.

---

[1] V.Villavecchia, Chimica Analitica Applicata, ed. U. Hoepli, 1961, vol. II, tabelle I-IV allegate

**Densità**

La densità è una costante fisica caratteristica di ogni sostanza allo stato puro; essa può pertanto dare indicazioni probanti sulla natura di un campione e sulla sua purezza. Essa però ha un valore costante e significativo anche per i prodotti complessi ma omogenei: trovare quindi un valore della densità differente da quello che ci si sarebbe aspettato è indizio della difformità del campione dalle specifiche previste.

Viene misurata generalmente a 20 o 25°C. Per i liquidi può essere misurata con densimetri, oltre che con la bilancia idrostatica di Westphal.

**Indice di rifrazione**

L'indice di rifrazione (che, ricordiamo, nella pratica è il rapporto tra la velocità della luce nell'aria e quella nel mezzo in esame) è un'altra grandezza fisica utile per riconoscere un composto più o meno puro o per conoscerne la natura al momento dell'esame preliminare. Per esempio, un liquido con $n_{25} = 1,5$ fa pensare ad un composto aromatico, mentre un valore intorno ad 1,4 riconduce ad un idrocarburo alifatico.

L'acqua ha $n_{20} = 1,33$.

Si rammenta che l'indice di rifrazione varia con la temperatura e con la lunghezza d'onda della luce impiegata e va riferito a queste grandezze.

**Potere rotatorio specifico**

Il potere rotatorio specifico si calcola con la formula

$$[\alpha]_{20}^{D} = \frac{\alpha \cdot 100}{l \cdot d \cdot c}$$

dove

D = luce (linea D) della lampada al sodio

$\alpha$ = rotazione della luce polarizzata misurata con il polarimetro

l = lunghezza del tubo polarimetrico impiegato, espressa in cm.

d = peso specifico della soluzione

c = concentrazione della soluzione, espressa in grammi per 100 g. di soluzione

**Punto o intervallo di fusione o di decomposizione**

Il punto di fusione si determina con l'apposito strumento basato sul passaggio di un raggio di luce attraverso un capillare contenente la sostanza che diventa limpida alla temperatura di fusione. La temperatura viene registrata nell'attimo in cui una fotocellula viene colpita dal raggio che passa attraverso la sostanza fusa. Il campione deve essere preventivamente sottoposto a purificazione. Va da sé che lo strumento non può misurare l'eventuale intervallo di fusione, ma solamente la temperatura iniziale della fusione od eventualmente della decomposizione. In questo caso ci si serve dei tradizionali metodi basati sull'osservazione diretta del fenomeno (ad es. con il microscopio di Reichert).

N.B.: assicurarsi di aver introdotto nel capillare la quantità di sostanza consigliata dalla casa costruttrice dello strumento.

### Punto o intervallo di ebollizione

Lo stesso strumento utilizzato per la determinazione del punto di fusione è, con gli stessi accorgimenti, applicabile al punto di ebollizione, utilizzando un capillare più largo che contiene il liquido in esame, in cui viene introdotto un altro capillare più sottile, chiuso ad una certa altezza a formare una specie di "campanella" piena di aria e chiusa in basso dal liquido che preme sotto l'azione della pressione atmosferica. Alla temperatura di ebollizione l'aria presente nella campanella fuoriesce sotto forma di bollicine che vengono registrate dalla cellula fotoelettrica insieme alla temperatura.

Nel caso di una miscela di liquidi si determina l'intervallo di ebollizione con una normale distillazione diretta.

### Ricerca degli eteroelementi. Saggio di Lassaigne

I più comuni elementi tra quelli diversi dal carbonio e dall'idrogeno possono essere identificati con il classico ed ormai storico saggio di Lassaigne[2] : si può riconoscere in questo modo la presenza di azoto, zolfo, alogeni, fosforo. Si introduce in una provetta un cubetto di sodio metallico di qualche mm. di lato, ben pulito, e si aggiungono circa 30 mg della sostanza in esame. Si riscalda su fiamma il fondo della provetta, prima cautamente fino alla fusione del sodio e alla formazione di fumi, poi energicamente fino a quando il fondo della provetta non diventa incandescente. Se la sostanza in esame è liquida, si depone previamente un secondo pezzetto di sodio a metà provetta e lo si fa aderire alla parete scaldandolo con una fiammella. In tal modo i vapori che si perderebbero per ebollizione vengono attaccati dal sodio e respinti sul fondo della provetta. Quando non si formano più fumi, si immerge il fondo della provetta in un becher contenente 5 – 10 ml di acqua distillata (attenzione agli schizzi!). Si filtra e si divide la soluzione in tante parti aliquote quanti sono gli elementi da ricercare.

**Azoto:** si aggiunge al filtrato una punta di spatola di solfato ferroso e si fa bollire per due minuti, quindi si acidifica con acido solforico 2 N: in presenza di azoto si forma un precipitato o una

---

[2] J.L. Lassaigne, Ann. **48** (1843) 367

colorazione azzurra (blu di Prussia). Il colore viene esaltato per aggiunta di alcune gocce di soluzione acquosa di cloruro ferrico.

**Zolfo:** si aggiunge al filtrato una goccia di soluzione acquosa di sodio nitroprussiato: in presenza di zolfo si sviluppa una colorazione rosso porpora.

**Alogeni:** se sono assenti azoto e zolfo, si acidifica il filtrato con acido nitrico diluito e si aggiunge qualche goccia di soluzione acquosa di nitrato d'argento. Un precipitato indica la presenza di alogeni.

Se il precipitato è bianco e solubile in ammoniaca diluita, è presente **cloro,** se è giallino e poco solubile è presente **bromo,** se è giallo ed insolubile è presente **iodio.**

Se sono presenti contemporaneamente due o più alogeni, si opera nel modo seguente: si acidifica 1 ml di filtrato, si aggiunge 1 ml di tetracloruro di carbonio e goccia a goccia acqua di cloro dibattendo con forza: se la fase inferiore si colora in violetto, è presente **iodio.**

Proseguendo l'aggiunta di acqua di cloro, si ha decolorazione dello iodio e, se è presente **bromo,** si forma una colorazione rosso-bruna.

In presenza di azoto e zolfo, si acidifica il filtrato con acido acetico glaciale, si fa bollire fino a dimezzare il volume, si aggiunge di nuovo altrettanta acqua e si opera come sopra.

**Fosforo:** si acidifica il filtrato con acido nitrico, si porta ad ebollizione e si aggiungono alcune gocce di una soluzione di ammonio molibdato: se si forma un precipitato giallo cristallino, è presente fosforo.

### Saggio di Beilstein per gli alogeni

Si scalda all'incandescenza un filo di rame tenendolo sulla fiamma finchè quest'ultima non si decolora. Si fa bruciare su una spatola una piccola quantità di sostanza: se, a contatto con il filo di rame, la fiamma assume una colorazione viva verde con base blu, sono presenti alogeni.

### Diazotazione

Il saggio permette di  riconoscere la presenza dell' **anello aromatico** ottenendo, a partire da questo, un colorante azoico.

Si trattano 200 mg di sostanza con alcuni ml di acido nitrico concentrato o miscela solfo-nitrica 1 .1 raffreddando con ghiaccio. Si forma così il nitroderivato.

Si trasferisce la miscela su ghiaccio con cautela e si filtra o, se si forma un olio, si estrae con etere. Si  acidifica con  acido cloridrico 6 N aggiungendo un pezzetto di stagno, scaldando a bagnomaria per qualche minuto: il risultato è la riduzione del nitroderivato ad ammina sotto forma di cloridrato.

Si elimina lo stagno e si alcalinizza con sodio idrossido, estraendo con etere l'ammina libera.. Dopo l'evaporazione del solvente si scioglie l'ammina con acido cloridrico 6 N, si diluisce 1:1 con acqua e si raffredda con ghiaccio.

Sempre su ghiaccio, si preparano una soluzione di nitrito sodico (100 mg in 1 ml di acqua) ed una di β-naftolo sale sodico (100 mg in 2 ml di sodio idrossido 2 N). Si aggiunge cautamente il nitrito all'ammina e si versa il tutto, sempre con cautela, nella soluzione di β-naftolo. E' presente un anello aromatico se si forma una colorazione o un precipitato rosso intenso.

### Punto di anilina (P.A.)

Il punto di anilina dà un'indicazione sulla composizione di un solvente idrocarburico in alifatici ed aromatici.

Si scaldano in provetta 2 ml del solvente in esame con 2 ml di anilina fino a che le due fasi non diventino un'unica fase limpida.

Dopo aver introdotto un termometro nella soluzione, si fa raffreddare lentamente, agitando con il termometro e prendendo nota della temperatura alla quale compare il primo intorbidamento stabile: in presenza di soli solventi aromatici, la miscibilità è completa anche a temperatura ambiente; di conseguenza i punto di anilina è molto basso. Man mano che aumenta la percentuale di solventi alifatici nel solvente, il punto di anilina aumenta.

### Punto di infiammabilità (P.I.)

Il P.I. rappresenta la più bassa temperatura, espressa in gradi Celsius, alla quale si infiammano i vapori in equilibrio a pressione atmosferica con la corrispondente fase liquida in determinate condizioni operative. E' una grandezza caratteristica di ogni liquido infiammabile (gli idrocarburi clorurati ovviamente non hanno P.I.). Il suo valore è discriminante per il riconoscimento di alcuni tagli di prodotti petrolici.

Si misura ufficialmente con il metodo Abel-Pensky[3].

### Ricerca dei doppi legami con bromo

E' questo un saggio caratteristico dei doppi legami ed è basato sull'addizione del bromo al doppio legame stesso, con decolorazione del bromo. In pratica si scioglie una punta di spatola di sostanza in circa 1 ml di tetracloruro di carbonio e si aggiunge goccia a goccia una soluzione all'1% di bromo in tetracloruro di carbonio.

### Ricerca dei doppi legami con permanganato (saggio di Bayer)

Il saggio si basa sull'ossidazione dei doppi legami da parte del permanganato che a sua volta si decolora per riduzione. Esso vale pertanto, oltre che per i doppi legami, anche per diverse sostanze riducenti.

---

[3] Metodo DIN 51755 – Marz 1974 (Deutsche Industrienorm) – Deutsche Normen Ausschluß (DNA), Berlin 15

Aggiungere goccia a goccia una soluzione al 3% di potassio permanganato ad una soluzione acquosa od acetonica del campione. Se il permanganato si decolora immediatamente, sono presenti composti insaturi, riducenti. Se si ha decolorazione lenta, sono ipotizzabili alcoli, aldeidi o fenoli.

### Saggio di Mohlisch per i carboidrati

Aggiungere a 0,1 mg di sostanza 0,3 ml di acqua ed alcune gocce di β-naftolo in cloroformio. Fare scivolare con cautela 0,5 ml di acido solforico concentrato sul fondo della provetta senza che si mescoli al resto. Se all'interfase si forma un anello violetto, sono presenti carboidrati o glucosidi.

### Residuo secco

Si pesano in una capsula di porcellana tarata pochi grammi di campione e si trasferiscono in stufa, lasciandoveli per tre ore a 105°C. Si toglie dalla stufa, si lascia in essiccatore fino a peso costante. Si pesa e si calcola il residuo, esprimendolo come % in peso.

### Ceneri

Si pesano in una capsula di quarzo tarata pochi g di campione e si fanno bruciare con cautela su fiamma Bunsen fino a completa carbonizzazione. Si trasferisce in muffola a 500° e vi si lascia fino a scomparsa delle particelle carboniose. Si toglie dalla muffola e si trasferisce in essiccatore fino a peso costante. Si pesa e si calcola il residuo percentuale in peso, riferendolo al campione tal quale oppure al secco.

### Alcuni saggi sulle ceneri consigliabili per identificare la natura dei materiali di carica (riempitivi, o fillers) più comunemente impiegati dalle industrie

**Farina fossile:** si riconosce attraverso l'esame microscopico della polvere costituita dai frammenti degli organismi originali.

**Silice:** ha la caratteristica di essere insolubile in acido cloridrico concentrato.

**Silicati:** si riprendono le ceneri con acido cloridrico, si aggiungono alcune gocce di soluzione di ferrocianuro di potassio e si scalda: in presenza di silicati si forma una colorazione blu.

**Zinco e Titanio:** gli ossidi di zinco e titanio sono entrambi gialli a caldo e grigi a freddo. Per differenziarli si esegue il seguente saggio, positivo per il titanio e negativo per lo zinco: si aggiunge alle ceneri qualche goccia di acido solforico concentrato e si riscalda. Dopo raffreddamento, si aggiunge qualche goccia di acqua ossigenata concentrata (con cautela: operare a distanza dal viso!). Si sviluppa una colorazione giallo-arancio intensa.

**Stagno:** si sciolgono le ceneri in acido cloridrico in una capsula di quarzo. Si riempie una provetta con acqua fino a metà. Si immerge il fondo della provetta nella capsula, quindi la si pone sopra una fiamma. In presenza di stagno, la fiamma si orla di una fluorescenza azzurra lungo la superficie della provetta.

**Molibdeno:** si pone una piccola quantità di ceneri in una capsula di porcellana a bordi alti. Si aggiunge una goccia di acido solforico concentrato e i riscalda con fiammella fino a fumi bianchi. Si forma un sublimato di solfuro di molibdeno azzurro sulle pareti della capsula.

**Zirconio:** ad una goccia di soluzione fortemente cloridrica si aggiunge una goccia di soluzione acquosa di Alizarina S. Si forma una lacca rosso-violetto.

**Carbonato di calcio:** per acidificazione dà effervescenza per lo sviluppo di anidride carbonica. Il calcio si riconosce per la colorazione rossa a sprazzi che conferisce alla fiamma. Inoltre, può essere riconosciuto all'infrarosso per tre assorbimenti caratteristici a 1420, 880 e 710 cm$^{-1}$. Analogamente, molti altri composti inorganici presentano nell'infrarosso assorbimenti caratteristici, che possono essere di aiuto in molti casi. Ad esempio, il **solfato di bario** assorbe a 1190, 1120 e 1080 oltre che a 640 e 610 cm$^{-1}$.

## Acidità

L'acidità può essere espressa come Numero di Acidità o come pH del prodotto tal quale o di una sua soluzione acquosa ad una determinata concentrazione.

### Numero di Acidità (N.A.)

E' il numero di mg di idrossido di potassio necessari per neutralizzare 1 g di sostanza.

Si pesano esattamente 0,5-1 g di campione in una beuta di capacità idonea.

Si titola con idrossido di potassio 0,5 N usando come indicatore fenolftaleina in soluzione alcolica all'1% fino a viraggio a rosa persistente.

Il numero di acidità è dato dalla formula

$$N.A. = \frac{ml \cdot N \cdot 56,1}{p}$$

dove

ml = millilitri di soluzione di potassio idrossido impiegati nella titolazione

N = normalità della soluzione stessa

56,1 = peso equivalente del potassio idrossido

p = peso in grammi del campione titolato

**Numero di saponificazione (N.S.)**

E' il numero di mg di idrossido di potassio necessario a saponificare 1 g di sostanza.

Se determinato su un prodotto puro, può contribuire alla sua identificazione. Se si conosce qual è il componente saponificabile di una miscela, dal suo valore si può risalire alla percentuale in cui è presente.

In un pallone  da 250 ml con tappo a smeriglio si pesano esattamente 0,5 g di campione, si aggiungono 25 ml di soluzione 0,5 N di potassa alcolica (circa 30 g di potassa in 1 litro di etanolo), il cui titolo viene determinato con una soluzione standard di acido cloridrico 0,5 N. Si fa bollire a ricadere per 30 minuti, si raffredda e si titola con acido cloridrico 0,5 N l'eccesso di potassa che non ha reagito, usando come indicatore fenolftaleina  in soluzione alcolica all'1% fino a viraggio da rosso ad incolore.

Il Numero di saponificazione si ricava dalla formula

$$N.S. = \frac{(v_2 - v_1) \cdot N \cdot 56,1}{P}$$

dove

$v_2$ = ml effettivi di potassa alcolica 0,5 N esattamente aggiunti (cioè 25 x  fattore di equivalenza determinato con ac. cloridrico 0,5 N)

$v_1$ = ml di ac.cloridrico 0,5 N impiegati per la titolazione

N = normalità dell'ac. cloridrico (0,5)

56,1 = peso equivalente della potassa

p = peso in grammi del campione usato per la determinazione

N.B.: da questa formula derivano direttamente le altre

$$P.E. = \frac{56.100}{N.S.} \quad e \quad N.S. = \frac{56.100}{P.E.}$$

dove

P.E. = peso equivalente del composto

N.S. = Numero di Saponificazione del composto.


**Insaponificabile**

La determinazione dell'insaponificabile permette spesso di conoscere la quantità di prodotti petroliferi (o comunque idrocarburici) non evaporabili presenti in una merce.

In un pallone da 250 ml con collo a smeriglio si introducono 5 g di campione pesati esattamente. Si aggiungono 50 ml di potassa alcolica 0,5 N ed una decina di pastiglie di potassa solida. Si saponifica facendo bollire a ricadere per tre ore.

Si aggiungono 50 ml di acqua fredda e si estrae due volte con 100 ml di etere di petrolio. Si lava due volte l'estratto con alcool di 50°, si evapora a 40-50°C fino a piccolo volume, si travasa in una capsula tarata e si pesa dopo aver seccato in stufa fino a peso costante. Il risultato viene espresso come % in peso.

N.B.: assicurarsi che nel campione non siano presenti anche composti che non saponificano pur non essendo idrocarburi (come glicoli, clorurati).

## Residuo al trattamento con acido solforico al 75%

Questa metodica[4,5] è basata sull'osservazione che i solventi non ossigenati non sono attaccati dall'acido solforico al 75%, al contrario di quelli ossigenati. E' utile nell'analisi di solventi e diluenti composti sia tali e quali sia ottenuti per distillazione da un prodotto preparato in soluzione o in dispersione.

Si pesano esattamente in un cilindro separatore tarato 10 g di solvente e si aggiunge un volume doppio di acido solforico al 75%. Si dibatte con un volume e mezzo di una miscela acido solforico/acido fosforico in rapporto 1:1,7.

Si scarica la fase inferiore, si lava due volte il residuo con un uguale volume di acqua e si pesa, esprimendo il risultato come % in peso.

N.B.: si ricorda che per preparare l'acido solforico al 75% si deve aggiungere l'acido all'acqua e non viceversa, per evitare pericolosi schizzi da surriscaldamento.

## Numero di iodio (N.I.)

E' la quantità in grammi di iodio assorbita dalle in saturazioni presenti in 100 g di prodotto. Permette di dare una valutazione del grado di in saturazione di una miscela o di un componente della stessa, riconoscendone la natura o la presenza in percentuale.

Si fa reagire il campione con la soluzione di Wijs' (soluzione di monocloruro di iodio in acido acetico glaciale e tetracloruro di carbonio, equivalente ad una soluzione 0,2 N di iodio) e si titola con sodio tiosolfato l'eccesso di iodio che non ha reagito.

Si effettua preventivamente una prova in bianco.

Il numero di iodio si calcola dalla relazione

$$\text{N.I.} = \frac{12{,}69 \cdot N \cdot (y - z)}{P}$$

dove
N = normalità della soluzione di tiosolfato
p = peso in grammi del campione
y = ml di soluzione di tiosolfato impiegati nella prova in bianco
z = ml di soluzione di tiosolfato impiegati nella prova sul campione.

[4] H.E. Ashton, Official Digest **33** (1961), 775.
[5] G. Castello, G, Novari, P. Pedemonte, Rassegna Chimica **6** (1962), 371.

**Numero di Acetile (N. Ac.) e Numero di Ossidrile (N.O.)**

Il Numero di Acetile è il numero di mg di idrossido di potassio richiesto per neutralizzare l'acido acetico ottenuto dalla saponificazione di 1 grammo di sostanza acetilata. Dal suo valore si può ipotizzare la natura della sostanza o risalire al numero di gruppi –OH acetitati in una o più sostanze presenti in una miscela.

Il Numero di Ossidrile indica il numero di mg di idrossido di potassio richiesto per neutralizzare la quantità di acido acetico necessaria per acetilare gli ossidrili presenti in 1 g di sostanza. Il suo valore dà informazioni sul numero di gruppi –OH liberi in un composto o in una miscela.

Per la determinazione del numero di ossidrile si acetila il campione con una quantità esattamente nota di anidride acetica in piridina, si decompone con acqua l'eccesso di anidride acetica e si titola con potassa alcolica l'acido acetico che si è formato.

Effettuare contemporaneamente una prova in bianco.

Per il calcolo si usa la formula

$$N.O. = \frac{56,1 \cdot N \cdot (x-y)}{p} + \text{Numero di Acidità}$$

dove

N = normalità della soluzione di idrossido di potassio

p = peso in grammi del campione

x = ml di soluzione di idrossido di potassio impiegati nella prova in bianco

y = ml di soluzione di idrossido di potassio impiegati nella prova sul campione.

Tra Numero di Acetile e Numero di Ossidrile esiste la seguente relazione:

$$N.Ac. = \frac{N.O.}{1 + 0,00075 \cdot N.O.}$$

# CAPITOLO 3

## SMISTAMENTO DI UNA MISCELA

### Separazione con solventi

Dopo aver eseguito le prove di solubilità in acqua, soluzioni acide, soluzioni alcaline e nei più comuni solventi organici, si scelgono i due solventi più adatti e si dibatte più volte il campione tra questi due solventi: ogni componente si distribuirà secondo la legge di ripartizione di Henry, cosicché ciascuna fase si arricchirà del componente cui è più affine, fino anche ad una separazione completa. Generalmente per questa operazione di usa l'imbuto separatore: si dibatte la miscela con i due solventi scelti, lasciando poi a riposo fino a separazione completa delle due fasi. Per evitare sovrapressioni eccessive, specialmente se si opera con solventi molto volatili, si ricorda che è meglio dibattere con l'imbuto capovolto (serrando il tappo con il cavo della mano) aprendo di tanto in tanto con cautela il rubinetto per eliminare la pressione dovuta alla volatilità dei solventi ed all'agitazione. Si ricorda inoltre che conviene fare più estrazioni con piccole quantità di solvente piuttosto che una sola estrazione con una grande quantità dello stesso solvente. Di uso comune è anche l'estrazione con il tradizionale apparecchio di Soxhlet descritto in tutti i testi di analisi organica.

In alternativa, si scioglie il campione nella minor quantità possibile di idoneo solvente a caldo, quindi lo si riprecipita aggiungendo gradualmente un "non solvente" che sia miscibile con il primo. Ad esempio, per separare il polivinilcloruro dal plastificante ftalato, si scioglie il campione in tetraidrofurano, quindi si aggiunge lentamente e sotto agitazione alcool etilico: il PVC, insolubile in etanolo, precipita sotto forma di polvere. A sua volta il plastificante si scioglie nell'etanolo.
Le due fasi vengono poi separate per filtrazione.

### Separazione con reattivi

Si può separare un componente modificandone la natura con appropriati reattivi e separandolo poi meccanicamente o con un solvente o altro mezzo. Per esempio, si possono trasformare i saponi nei corrispondenti acidi grassi per acidificazione, e separare questi ultimi per estrazione con etere di petrolio. Oppure, da un lattice di gomma sintetica si può coagulare la gomma acidificando l'emulsione con acido acetico, separando la gomma dal tensioattivo e dall'acqua ed analizzando separatamente la gomma ed il tensioattivo.

## Distillazione diretta

Per distillazione diretta si intende una normale distillazione in palloncino codato chiuso con un termometro e collegato ad un refrigerante che condensa i vapori e ne permette la raccolta in fase liquida in un cilindro preventivamente pesato.

## Distillazione frazionata

Si ricorre alla distillazione frazionata quando è necessario separare un componente il più puro possibile da una miscela di solventi. Si usa una colonna di rettifica che permette al solvente da purificare, attraverso una serie più o meno numerosa di distillazioni e di condensazioni alternate, di giungere da solo in cima alla colonna ed essere separato per deflemmazione. Per tutto il tempo in cui distilla il solvente puro, la temperatura di distillazione resterà invariata.

## Distillazione in corrente di vapore

La distillazione in corrente di vapore è basata sul principio che in una miscela di due liquidi immiscibili tra loro si ha la distillazione quando la somma delle rispettive tensioni di vapore eguaglia quella atmosferica. Ne consegue che la temperatura di ebollizione è inferiore a quella di ciascuno dei due componenti. Questa caratteristica viene sfruttata quando ci si trova in presenza di un solvente altobollente che, per distillare completamente, necessiterebbe di un riscaldamento del palloncino ad una temperatura così alta da indurre a decomposizione il campione.

Bisogna peraltro ricordare che le frazioni meno volatili rischiano di non essere trascinate dalla corrente di vapore.

## Centrifugazione

E' una metodica comoda quando si è in presenza di più fasi di cui almeno una liquida, ad esempio una pittura: con una buona centrifuga si può separare sul fondo di un protettone tutta la fase solida e prelevare il surnatante, che può essere un solvente puro o composto od anche una soluzione di un legante e/o additivi.

## Identificazione di tagli di prodotti petroliferi

Spesso, dalla distillazione o da altri trattamenti di una miscela, si ottengono tagli di prodotti petroliferi (o di miscele di idrocarburi ad essi assimilabili), impiegati comunemente come solventi o diluenti, come ad esempio nei prodotti vernicianti, nei pesticidi formulati, nei degrippanti e così via.

Per la loro identificazione e classificazione è utile attenersi alla tabella di massima riportata di seguito[6] (Tab. 1).

---

[6] V. Tariffa Doganale d'uso Integrata, cap. 27, note complementari. Istituto Poligrafico e Zecca dello Stato.

| | Acquaragia minerale | Benzina Speciale | Benzina | Petrolio | Gasolio |
|---|---|---|---|---|---|
| Distillato a 210°C Comprese le perdite | >90% | >90% | >90% | <90% | —— |
| Distillato a 250°C | —— | —— | —— | ≥65% | <65% |
| Distillato a 350°C | —— | —— | —— | —— | ≥85% |
| Δ T tra 5% e 90% | <60% | <60% | >60% | —— | —— |
| P.I. | >21 | ≤21 | —— | >21 | —— |
| $d_{15}$ | 0,77 – 0,78 | 0,73 | 0,740 | 0,79 | 0,84 |

Tab. 1 – Tagli di prodotti petroliferi

# CAPITOLO 4

## SAGGI PARTICOLARI

Una volta effettuato un primo "screening" come visto nei capitoli precedenti, si hanno a disposizione elementi che indirizzano l'analisi verso un ulteriore approfondimento dei dati con prove più specifiche, dalle quali si può anche giungere a conclusioni definitive o quantomeno a raccogliere buone evidenze a favore di un composto piuttosto che di un altro.

Esistono molti saggi caratteristici che identificano singoli composti o classi di composti, e sono reperibili nella letteratura specializzata. Qui di seguito ne sono riportati alcuni che la pratica ha dimostrato essere tra i più comunemente impiegati nel nostro campo, anche per la loro facilità di esecuzione. Si tratta in maggioranza di "spot tests" di rapida e semplice effettuazione a patto che si abbia a disposizione un reagentario sufficientemente fornito, aggiornato ed in ordine.

Delle svariate centinaia di saggi riportati in letteratura, vengono descritti i più utili e comuni. Non si fa riferimento ad una sistematica del tipo di quelle seguite dai classici testi di analisi organica, che restano sempre valide e la cui conoscenza resta necessaria. Questo capitolo comunque fornirà l'occasione di fare un riepilogo delle nozioni fondamentali dell'analisi organica.

### Ricerca degli alcoli

La presenza di un alcool può essere ipotizzata dallo sviluppo di idrogeno a contatto con sodio metallico, a patto che non siano presenti acqua o altre molecole con idrogeni attivi.

### Distinzione tra alcoli primari, secondari e terziari

Tale distinzione si effettua con la reazione di Lucas, che però è valida solo per gli alcoli contenenti da 1 a 5 atomi di carbonio.

Si introducono in una provetta circa 2 ml di reattivo di Lucas (sol. satura di zinco cloruro in ac. cloridrico conc.) e 3 – 4 gocce di alcool, agitando con forza:

- un **alcool terziario** fa intorbidare immediatamente la soluzione
- un **alcool secondario** impiega 2 – 3 minuti
- in presenza di un **alcool primario** l'intorbidamento si verifica dopo un tempo molto più lungo.

## Ricerca dell'alcool metilico

Con questo metodo si identifica il metanolo attraverso il riconoscimento della formaldeide che si sviluppa dallo stesso per ossidazione. Il solvente viene ossidato con un filo di rame piuttosto spesso, reso incandescente alla fiamma ossidante, immergendolo con cautela nel liquido in esame sul fondo di una provetta. Si ripete l'operazione un paio di volte: Si aggiunge lentamente una soluzione molto diluita di carbazolo in acido solforico concentrato, stratificandola sul fondo della provetta. Un anello blu nell'interfase denota la presenza di alcool metilico (trasformato in formaldeide). Il saggio positivo senza la preventiva ossidazione con filo di rame indica la presenza di formaldeide:

## Reazione di Rimini per l'alcool etilico

Si versa in una beuta una soluzione di potassio bicromato e qualche ml del solvente in esame. Su un disco di carta da filtro si fa assorbire una soluzione acquosa di sodio nitroprussiato e 3 – 4 gocce di piperidina.

Si aggiunge alla soluzione nella beuta 1 ml di acido solforico e si copre l'imboccatura della beuta stessa con il disco di carta da filtro in modo che venga a contatt0 con i vapori che si sviluppano, eventualmente riscaldando.

In presenza di alcool etilico la carta da filtro assume una colorazione azzurra. La reazione è positiva anche per la glicerina e l'acetato di etile.

## Reazione di Denigès per l'alcool isopropilico

Ad 1 ml (o meno) di solvente in una provetta si aggiunge un volume doppio di reattivo di Denigès e si fa bollire sulla fiamma: un precipitato bianco denota la presenza di alcool isopropilico. Interferiscono l'acetone e i gruppi alcolici secondari (si passa per ossidazione attraverso l'acetone): il colore tuttavia in questi casi non è bianco, ma giallastro.

Preparazione del reattivo:　　- 5 g di ossido di mercurio (II)
- 100 ml di acqua
- 20 ml di acido solforico conc.

## Ricerca dell'alcool n-butilico

Si ossida con acido cromico ad acido butirrico dall'odore rancido caratteristico.

## Ricerca dell'alcool iso-butilico

Si ossida 1 ml di campione con soluzione di potassio bicromato in ac. solforico e si lascia raffreddare. Si aggiunge cloruro di p-nitrobenzoile e 2 ml di sodio idrossido N. Si fa bollire per 30 secondi: in presenza di alcool iso-butilico si sviluppa un colore da rosso a violetto.

## Ricerca dell'alcool ter-butilico

Si aggiunge una soluzione acida di solfato di mercurio (II): in presenza di alcool ter-butilico si forma un precipitato giallo.

## Ricerca dei chetoni

Il metodo più comune resta ancora quello sella reazione con 2,4-dinitrofenilidrazina: si aggiungono 5 ml di soluzione alcolica diluita della sostanza a 5 ml di reattivo (2,4-DNF cloridrato se la sostanza è solubile in acqua, solfato se è solubile in alcool. Ad ogni modo la soluzione deve essere nettamente acida). Si scalda fino ad ebollizione e si lascia raffreddare. Si forma, in presenza di un composto carbonilico, un precipitato da giallo-arancione a rosso.

N.B.: se il precipitato è giallo, per essere sicuri che non si tratti di 2,4-DNF riprecipitata, è necessario determinarne il punto di fusione.

Preparazione del reattivo:
- 1 g di 2,4-dinitrofenilidrazina
- 2 ml di ac. solforico conc.
- 15 ml di alcool etilico

oppure:
- 2,4-dinitrofenilidrazina
- acido cloridrico q.b. a Saturazione

## Ricerca dell'acetone e dei solventi chetonici

Si alcalinizza leggermente il solvente e si aggiunge goccia a goccia una soluzione acquosa satura di sodio nitroprussiato preparato di fresco: la reazione è positiva se si sviluppa una colorazione giallo-rossastra che per aggiunta di acido acetico vira ad un rosso-viola.

## Ricerca delle aldeidi

- **Reazione con 2,4-dinitrofenilidrazina:** il saggio è identico a quello per i chetoni.

- **Aldeidi alifatiche:** agiungere 1-2 g di sostanza ad 1 ml di reattivo di Schiff: si sviluppa una colorazione violetta.

Preparazione del reattivo: sciogliere 200 mg di fucsina basica in 120 ml di acqua calda, raffreddare, aggiungere 20 ml di una soluzione al 20% di sodio bisolfito, 2 ml di ac. cloridrico e portare a volume di 200 ml con acqua.

### Ricerca della formaldeide

In una provetta contenente 2-3 ml di campione si versa lentamente 1 ml di soluzione di carbazolo in ac. solforico concentrato, facendo in modo che quest'ultima si stratifichi sul fondo della provetta. La reazione è positiva se all'interfaccia delle due soluzioni si forma un anello blu.

### Ricerca dell'acetaldeide

Si prepara una soluzione acquosa al 20% di morfolina ed una soluzione acquosa al 5% di sodio nitroprussiato; si mescolano le due soluzioni in parti uguali e se ne aggiunge qualche goccia alla soluzione del prodotto in esame: se è presente acetaldeide, si forma entro 5 minuti una colorazione blu.

### Differenziazione delle aldeidi dai chetoni

Per stabilire con certezza che un composto carbonilico è un'aldeide e non un chetone, si ricorre a due metodi specifici: il saggio di Tollens e quello di Angeli e Rimini.

### - Saggio di Tollens

A 2 ml di reattivo di Tollens si aggiungono 30-40 mg di sostanza in esame, si agita e si lascia 10 minuti a temperatura ambiente: Se non accade niente, si riscalda per 5 minuti a b.m.: in presenza di un' **aldeide** si forma un precipitato nero o uno specchio di argento metallico sulle parete della provetta.

> Preparazione del reattivo: aggiungere ad una soluzione acquosa al 5% di nitrato d'argento prima sodio idrossido 2 N, poi ammoniaca 2 N fino a sciogliere l'idrossido d'argento precipitato.

### - Saggio di Angeli e Rimini

Si sciolgono 20 mg di acido benzensolfonidrossamico e 20-30 mg del campione in 0,5 ml di metanolo. Si aggiunge 0,5 ml di soluzione 2 N di sodio idrossido in metanolo. Si fa bollire, si raffredda e si acidifica con acido cloridrico 2 N. Si aggiunge goccia di soluzione di cloruro ferrico. In presenza di un'aldeide si sviluppa una colorazione rosso-vino.

### Ricerca degli acidi carbossilici

Si tratta in provetta 100 mg di sostanza con poche gocce di cloruro di tionile, si scalda a b.m. per 5 minuti, quindi si porta a secco. Si aggiungono 2 gocce di soluzione alcolica satura di idrossilammina cloridrato e potassa alcolica fino a leggera alcalinità. Si riscalda, si acidifica con ac. cloridrico 0,5 N e si aggiunge una goccia di soluzione acquosa all1% di cloruro ferrico: si forma una colorazione da rosso-bruno a violetto profondo.

### Ricerca degli esteri

Si introducono in una provetta una piccola quantità di sostanza in esame, 1-2 ml di potassa alcolica al 5% circa ed una goccia di soluzione satura di idrossilammina cloridrato agitando. Si lascia reagire per 5 minuti, si porta all'ebollizione, si aggiunge una goccia di soluzione acquosa all'1% di cloruro ferrico. Si aggiunge goccia a goccia acido cloridrico diluito fino a dissoluzione del precipitato di ossido ferrico con qualche goccia in eccesso. In presenza di esteri degli acidi carbossilici si sviluppa una colorazione violetta intensa.

### Saggio del nitrogruppo

Si pirolizzano in una provetta circa 50 mg di campione. In un'altra provetta si prepara una soluzione di difenilammina in acido solforico concentrato. Si intinge in quest'ultima una bacchetta di vetro, introducendola poi nella provetta contenente il pirolizzato, senza toccarne la parete interna. Dal contatto dei fumi con la bacchetta si sviluppa una colorazione blu se si è in presenza di un nitrocomposto.

### Saggio della lanolina

Si scioglie una piccola quantità di sostanza in cloroformio, quindi si aggiunge cautamente qualche goccia di acido solforico: il saggio è positivo se si forma una colorazione rossa.

### Saggio di Liebermann-Storch-Morawski

Scopo di questo saggio è stabilire la presenza o meno di resine naturali o di loro derivati.

Sciogliere in anidride acetica in una provetta un pezzetto di sostanza, scaldando se necessario: raffreddare e filtrare. Aggiungere cautamente 1-2 gocce di acido solforico: le colofonie e i loro derivati danno un'immediata colorazione rosso-violetta che vira poi al bruno-olivastro.

N.B.: con molti polimeri il saggio dà colorazioni differenti a seconda della loro natura. Ad esempio, le resine fenoliche danno una colorazione gialla che vira al rosso-bruno, le cumaroniche dal giallo al rosso–porpora al bruno o al verde, il polivinilcloruro dà lentamente un colore azzurro.

### Saggio della ninidrina per gli amminoacidi

Si riscalda in provetta una soluzione acquosa della sostanza e si aggiungono alcune gocce di soluzione alcolica diluita (circa 0,2%) di ninidrina. Se sono presenti α-amminoacidi si forma una colorazione blu intensa.

## Saggio del biureto per le sostanze proteiche

In una provetta si introducono una piccola quantità di campione e 2-3 ml di sodio idrossido al 10%, quindi, goccia a goccia e sotto agitazione, una soluzione di solfato di rame diluita al punto che appena si noti la colorazione azzurra. Il saggio è positivo se si forma una colorazione che vira dal rosa al violetto e quindi al blu.

## Ricerca degli ftalati

Si sottopone a pirolisi in provetta un po' di sostanza lasciando che i fumi risalgano fino al bordo della provetta. Si fa raffreddare lentamente. In presenza di o-ftalati si forma un sublimato cristallino aghiforme caratteristico dell'anidride ftalica.
Oppure:
Si scaldano in provetta un po' di sostanza, un eccesso di fenolo e qualche goccia di acido solforico concentrato: si forma una colorazione bruna. Si raffredda, si diluisce con acqua e si alcalinizza con sodio idrossido al 10%: si sviluppa la colorazione rossa caratteristica della fenolftaleina in ambiente alcalino.
Gli iso- e tereftalati si riconoscono per saponificazione con potassa alcolica, acidificazione e conseguente precipitazione, ed identificazione all'I.R.

## Ricerca delle ammine

La presenza di ammine può essere messa in evidenza dal carattere basico e dall'osservazione che, se insolubili in acqua, diventano solubili in acido cloridrico o in un altro acido per formazione del relativo sale (cloridrato, solfato, ecc.). Per distinguerle, si può ricorrere ai seguenti saggi:

## Saggio "della carta da giornale"

Si ritaglia un pezzo di carta da giornale (che contiene lignina) e vi si pone qualche goccia di soluzione alcolica del campione (20 mg in poche gocce di alcool). Si aggiunge sulla parte umida della carta 1-2 gocce di acido cloridrico 6 N.
Le ammine primarie e secondarie aromatiche danno immediatamente una colorazione giallo-arancio.
Le ammine primarie e secondarie alifatiche danno la colorazione solo a caldo.
Le ammine terziarie non reagiscono con la lignina.

## Ammine primarie alifatiche

Ad una goccia di ammina in acqua si aggiungono 1 ml di acetone ed 1-2 gocce di soluzione acquosa di sodio nitroprussiato all'1%: si forma una colorazione rosso-viola entro 2 minuti.

### Ammine primarie aromatiche

Il riconoscimento si effettua tramite il classico metodo della diazotazione e formazione del sale di diazonio, già descritto.

### Ammine secondarie alifatiche

Ad 1 ml di soluzione acquosa al 5% di acetaldeide si aggiungono 5 ml di soluzione di ammina, 1-2 gocce di sodio nitroprussiato all'1% e 2 gocce di sodio bicarbonato 1,1 N. Entro 3 minuti si forma una colorazione blu che poi vira al verde, quindi al giallo.

### Ammine terziarie

Riscaldare 2 g di acido citrico in 100 ml di anidride acetica. A 3 gocce di tale reattivo aggiungere 2-3 gocce di ammina (o di una sua soluzione alcolica). Scaldare su bagno ad acqua o su piccola fiamma. Entro 1-2 minuti si forma una colorazione da rosso a porpora se è presente un'ammina terziaria.

### Ricerca degli azocomposti aromatici

Si riduce il composto con zinco ed acido cloridrico a caldo, con formazione di un'ammina  primaria aromatica, riconoscibile con i relativi saggi specifici.

### Saggio con il cloruro ferrico per i fenoli

Si dibatte la sostanza in esame con 10 ml di acqua o di alcool e si aggiungono poche gocce di soluzione acquosa neutra di cloruro ferrico. In presenza di fenoli (ed anche di enoli) si sviluppano colorazioni caratteristiche intense (blu, viola, verde, rosso, arancio).

### Ricerca degli acidi naftenici e dei naftenati

I naftenati di cobalto, manganese e zinco sono tra i più comuni componenti dei siccativi impiegati nelle pitture e vernici per accelerarne l'essiccamento. La soluzione eterea del prodotto, leggermente alcalinizzata, viene dibattuta in imbuto separatore con una soluzione diluita di solfato di rame: la fase eterea si colora in blu-verde per la formazione di naftenato di rame.

### Ricerca dell'acido citrico

Con piridina ed anidride acetica l'acido citrico dà una colorazione giallo-rosso cupa, che per riscaldamento vira al rosso-violetto cupo. In alternativa, sciogliere la sostanza in acido solforico diluito, aggiungere un eccesso di reattivo di Denigès (già descritto per il riconoscimento dell'alcool isopropilico) e portare all'ebollizione. Aggiungere una soluzione di potassio permanganato: i saggio è positivo se si ha un'immediata decolorazione e formazione di un precipitato bianco.

## Reazione di Dragendorff per gli alcaloidi

Sciogliere il campione in poche gocce di acido cloridrico diluito, aggiungere 2-3 ml di reattivo e diluire con acqua a 10 ml.

In presenza di alcaloidi si forma un precipitato rosso-arancio più o meno cupo.

> Preparazione del reattivo: sciogliere 1 g di sottonitrato di bismuto in 3 ml    di ac. cloridrico 10 N scaldando, diluire a 200 ml con acqua e aggiungere 1 g di ioduro di potassio. Se si separa trioduro di bismuto nero, aggiungere ac. cloridrico 2 N ed ulteriore ioduro di potassio fino a soluzione completa.

## Ricerca dei borati

Si aggiunge al campione in provetta 1-2 ml di alcool etilico o metilico e qualche goccia di acido solforico. Si fa bollire cautamente e si accosta la bocca della provetta alla fiamma: in presenza di borati i vapori che escono dalla provetta danno una fiamma lieve orlata di un colore giallo-verde fluorescente caratteristico, per la formazione di borato di etile o rispettivamente di etile.

## Ricerca dei tensioattivi

I tensioattivi sono presenti in moltissime preparazioni dell'industria, non solo nel campo della detergenza, ma dovunque sorga la necessità di sfruttare le loro proprietà emulsionanti, omogeneizzanti, bagnanti, schiumogene, ecc. Li si troverà pertanto in moltissimi prodotti, dai detergenti per uso domestico alle preparazioni lubrificanti, dai lattici di gomma ai pesticidi, alle preparazioni farmaceutiche e così via.

La ricerca dei tensioattivi assume quindi un valore primario nell'approccio all'analisi di un prodotto dell'industria. Tra gli svariati saggi di riconoscimento riportiamo i seguenti.

## Tensioattivi cationattivi

In una provetta contenente 2 ml di reattivo si aggiungono alcune gocce della soluzione in esame: il reattivo assume una colorazione blu-violetta in presenza di tensioattivi cationattivi.

> Preparazione del reattivo: preparare 20 ml di soluzione neutra all'1% di blu di bromofenolo in alcool etilico, aggiungere 925 ml di acido acetico 0,2 N e 75 ml di soluzione di sodio acetato 0,2 N. Il pH deve essere circa 3,6 – 3,9.

N.B.: l'acido acetico 0,2 N si ottiene portando 11,5 ml di ac. acetico glaciale a volume di 1000 ml con acqua.

L'acetato sodico 0,2 N si ottiene portando 1,64 g di acetato di sodio anidro a volume di 100 ml con acqua.

Naturalmente, se risulta positiva la ricerca dei tensioattivi cationattivi, è inutile cercare gli anionattivi, in quanto incompatibili gli uni con gli altri. Il saggio risulta politivo anche con soluzioni alcaline, quindi la soluzione in esame va eventualmente neutralizzata.

### Tensioattivi anionattivi

In una provetta contenente circa 3 ml di reattivo si aggiunge 1 ml di soluzione in esame e circa 4 ml di cloroformio: in presenza di tensioattivi anionattivi, la colorazione azzurra passa dalla fase superiore acquosa a quella inferiore cloroformica.

Preparazione del reattivo:

- 0,03 g di blu di metilene
- 12,00 g di ac. solforico conc.
- 40,00 g di sodio solfato
- acqua q.b. a 1.000 ml

N.B.: se all'interfase si forma un'emulsione bianca, molto probabilmente è presente anche un tensioattivo non ionogeno, che deve essere confermato con il relativo saggio qui descritto.

### Tensioattivi non ionogeni

Si riempie a metà una provetta con la soluzione in esame e si aggiungono alcune gocce di reattivo: in presenza di tensioattivi non ionogeni  le gocce di reattivo formano delle volute azzurre che presto si dissolvono e scompaiono.

Preparazione del reattivo:

- 2,8 g di nitrato di cobalto
- 17,2 g di solfocianuro ammonico
- acqua q.b. a 100 ml

### Tensioattivi non ionogeni ossialchilati

La soluzione di ossialchilato viene scaldata in una provetta sulla fiamma nella parte superiore: essendo gli ossialchilati insolubili in acqua a caldo e solubili a freddo, la metà superiore diventerà torbida, mentre la metà inferiore resterà limpida.

### Tensioattivi anfoteri

La ricerca dei tensioattivi anfoteri sfrutta la proprietà che essi hanno di comportarsi come cationattivi in ambiente acido (formando precipitati con tensioattivi anionattivi) e come anionattivi in ambiente alcalino (in questi caso formano precipitati con tensioattivi cationattivi).

### Separazione di differenti tipi di tensioattivi

Per separare **un tensioattivo anionattivo o cationattivo da uno non ionogeno,** si può  eluire la miscela su colonne di resine a scambio rispettivamente anionico o cationico, che trattengono il tensioattivo ionico e lasciano scorrere libero il non ionico.

Per separare dei **tensioattivi da un sapone,** si acidifica a pH 3 la soluzione acquosa, si filtrano gli acidi grassi e/o resinici che si separano e si pesano a parte. Si estrae quindi con etere di petrolio il tensioattivo rimasto nella soluzione acquosa.

**Solfati e solfonati alcalini** possono essere separati **dagli altri tensioattivi** per precipitazione con cloruro di bario sotto forma dei rispettivi sali di bario.

I **solfati** possono essere separati dai **solfonati** per idrolisi acida; gli alcoli che si formano vengono separati per estrazione con etere di petrolio, mentre il solfonato viene isolato portando a secco la fase acquosa e riprendendola con alcool etilico.

# CAPITOLO 5

## SPETTROFOTOMETRIA NELL'INFRAROSSO

A valle di tutte le determinazioni fin qui descritte ( ma a volte anche a monte) è a disposizione dell'analista una serie di tecniche strumentali che permettono il riconoscimento, la separazione e la determinazione quali-quantitativa dei singoli componenti: ci si riferisce alla gascromatografia, alla cromatografia gas/massa, alla cromatografia liquida ad alta pressione, all'assorbimento atomico, alla spettrofotometria nell'ultravioletto/visibile e nell'infrarosso, alla risonanza magnetica nucleare (NMR), che contribuiscono per la loro parte a portare a termine l'analisi di una merce con la certezza di aver centrato gli obbiettivi prestabiliti. Si tratta di metodologie che hanno oggi raggiunto un grado di affinamento notevole, per cui, una volta terminato il lavoro fin qui descritto, risulta in genere facile impostare gli strumenti in modo che diano una risposta definitiva e probante sulla composizione sia qualitativa, sia quantitativa di un prodotto industriale. Non tratteremo questo vastissimo argomento perché esula dai nostri scopi. Faremo però un'eccezione per la **spettrofotometria nell'infrarosso** perché è la metodologia più efficace, versatile e praticamente quasi affatto distruttiva per caratterizzare una sostanza, anche in miscele complesse, e dà utili indicazioni, come già detto, non solo a valle ma anche a monte dell'analisi. Quando infatti viene presentato per l'analisi un campione incognito, è buona norma, se è possibile un'adeguata preparazione del campione, esaminarne lo spettro IR tal quale: in questo modo sarà possibile avere subito un'idea, sia pur grossolana, dei principali gruppi funzionali presenti, anche se non si comprende ancora a quali matrici siano attaccati. Si potrà poi, una volta effettuato lo smistamento dei componenti, leggere ed interpretare i loro singoli spettri assegnando ogni assorbimento ai rispettivi composti. In questo siamo aiutati dalla presenza sul mercato di atlanti cartacei di spettri, nonché di banche di dati elettroniche contenenti anche migliaia di spettri che un computer è, in genere, capace di interpretare: dico in genere perché l'esperienza ha dimostrato che il cervello dell'uomo riesce spesso a percepire particolari piccoli ma fondamentali che un computer talvolta non riesce ad apprezzare, tanto meno quando si vuole interpretare lo spettro di una miscela. Un moderno spettrofotometrro, specialmente se interferometrico, presenta peraltro notevoli vantaggi, quali la possibilità di sottrarre gli assorbimenti del solvente, di raddrizzare la linea di base, di addolcire i picchi, di ridurre il rumore di fondo, di passare automaticamente dallo spettro in trasmittanza a quello in assorbanza, ecc.

Questa tecnica strumentale può essere applicata sia a solidi che a liquidi e a gas.

Infine, la lettura dello spettro può essere fatta per trasmissione o per riflessione.

## Preparazione del campione

E' necessario preparare adeguatamente i campione che deve essere esaminato, e per far questo sono a disposizione diversi metodi.

**Liquidi:** se si tratta di liquidi poco viscosi o di soluzioni di tali liquidi, si usano celle costituite da due cristalli trasparenti planari e paralleli di alogenuri alcalini accoppiati e separati da un setto di spessore noto ed uniforme a tenuta stagna; il tutto viene fissato in un telaietto che ne garantisce la tenuta: il campione viene introdotto nello spazio tra i due cristalli per mezzo di una siringa. Nel caso di un liquido tanto viscoso da non poter essere introdotto con una siringa, se ne comprimono 1-2 gocce tra due dischi di alogenuro alcalino, anch'essi fissati su un analogo telaietto di supporto smontabile.

Se si tratta di una soluzione od emulsione in un solvente organico di un prodotto di per sé trasparente, la si può stendere su una faccia di un disco e lasciare evaporare il solvente.

Se il solvente è acqua, si può usare un disco di fluoruro di calcio, insolubile in acqua.

**Solidi:** se il campione è un film trasparente o può essere ridotto a film (cosa che accade di frequente nel caso delle materie plastiche), può essere esaminato in tal forma sostenendolo su un apposito supporto. Esistono oggi strumenti di facile impiego con i quali è possibile ottenere pellicole sottili e trasparenti sfruttando il calore e la pressione ("film maker").

Se è una sostanza friabile o una polvere insolubile in solventi, viene mescolata intimamente in un mortaio con olio di paraffina ("Nujol") e inserita tra due dischi di alogenuro alcalino.

La tecnica più comune per i solidi è comunque quella delle compresse di bromuro di potassio: si mescolano in un mortaio di agata pochi mg di campione con bromuro di potassio purissimo in rapporto di circa 1-2 parti per cento (l'esperienza suggerirà di volta in volta il rapporto ottimale), si introduce una piccola quantità della miscela in un apposito contenitore ("pasticchiera", o "comprimitrice") di acciaio inox tra due cilindri a faccia speculare, si chiude con uno stantuffo e si comprime sottoponendo lo stantuffo ad una pressione piuttosto elevata sotto pressa idraulica. Per effetto della pressione si forma un disco sottile e trasparente di "soluzione solida" del campione nel bromuro di potassio. A seconda delle esigenze si possono ottenere dischi di diverso spessore e diametro.

Le celle per l'infrarosso possono essere fabbricate con differenti materiali, che presentano differenti intervalli di trasmissione, reattività con il campione e costo: la scelta risulta quindi di volta in volta da un compromesso tra questi tre fattori.

Riferendosi esclusivamente all'intervallo di trasmissione, le celle più comunemente usate sono quelle in cloruro di sodio (trasparente da 40.000 a 625 cm$^{-1}$), bromuro di potassio (40.000-385 cm$^{-1}$), cloruro di potassio (40.000-500 cm$^{-1}$), ioduro di cesio (33.000-200 cm$^{-1}$), che sono solubili in acqua, e in fluoruro di calcio (50.000 -1100 cm$^{-1}$), fluoruro di bario (50.000-770 cm$^{-1}$), bromuro di argento (20.000-285 cmm$^{-1}$), che sono insolubili in acqua.

Se il campione è troppo spesso o assorbe eccessivamente, o se è necessario analizzare solamente la superficie del campione, si può usare la tecnica ATR (Attenuated Total Reflectance), ottenendo uno spettro di riflessione anziché di trasmissione: ciò si ottiene facendo passare la radiazione attraverso un prisma costituito da un materiale ad elevato indice di rifrazione (generalmente germanio o seleniuro di zinco), subendo una totale riflessione all'interno del prisma.

La superficie del campione viene posta a contatto uniforme con uno od entrambi i lati del prisma. La radiazione penetra nella superficie del campione in misura minima (si parla di "onda evanescente") ma sufficiente a dare un assorbimento selettivo in ogni punto di riflessione. Si ottiene così uno spettro di riflessione molto simile a quello di trasmissione.

## Interpretazione di uno spettro infrarosso

Nell'analisi di un prodotto dell'industria chimica organica, non sempre si ha a che fare con prodotti di costituzione chimica definita, anzi, il più delle volte si tratta di preparazioni più o meno complesse, delle quali è difficile riconoscere la composizione in base ad uno spettro infrarosso effettuato sul prodotto tal quale.

Lo spettro deve essere pertanto interpretato nelle sue linee generali, rinviando l'acquisizione di elementi più probanti all'esame che sarà fatto sulle frazioni separate. Bisogna ricordare che sono moltissime le bande di assorbimento che presentano i composti nell'infrarosso, ma alcune in particolare sono caratteristiche di gruppi funzionali ben definiti. A titolo esemplificativo, andando dai 4.000 ai 400 cm$^{-1}$, si incontrano le seguenti bande caratteristiche, che sono naturalmente solo alcune delle più importanti; lasciamo alla letteratura specializzata l'analisi particolareggiata delle innumerevoli vibrazioni connesse con la struttura di una molecola (Tab. 2).

| Numero d'onda (cm$^{-1}$) | Legame | Gruppo funzionale | Tipo di banda |
|---|---|---|---|
| 3.700-2.500 | OH | alcoli, fenoli, acidi | forte |
| 3.300-2.500 | OH | Acidi carbossilici dimeri | Larga |
| 3.500-3.200 | NH | Ammine, ammidi (2 bande le primarie, una banda le secondarie) | Media |
| 3.300-3.200 | C_H | Alchini | Forte, stretta |
| 3.100-3.050 | C=C | Alcheni | Media, stretta |
| 3.050-3.000 | C-H | Aromatici | Variabile |
| 2.950-2.850 | C-H, CH$_2$, CH$_3$ | Alcani | Forte |
| 2.350-2.100 | Si-H | Silani | Forte |
| 2.260-2.220 | -CN | Nitrile | Media, stretta |
| 2.270-2.100 | N=C= N=C=S N$_3$, C=C=O | Isocianati Isotiocianati Azidi chetoni | Forte, larga |
| 1.870-1700 | =C=O | Acidi carbossilici, esteri Anidridi, Aldeidi, chetoni | Forte |
| 1.700-1.600 | R'(C=O)NR$_2$ | Ammidi I e II | Forte, larga |
| 1.625-1.600 1.500 | C=C | Aromatici | Media, stretta |
| 1.450 e 1.370 | CH, CH$_2$, CH$_3$ | Alcani | Media |
| 1.300-1.050 | O-H, C-OH | Alcoli, fenoli | Forte |
| 1.260-1.240 | Si-CH$_3$ | Metilsilossani | Forte, stretta |

| | | | |
|---|---|---|---|
| 1.250-1.150 | C-O-C | Esteri, acidi carbossilici | Forte |
| 1.150-1.050 | C-O-C | Eteri | Forte |
| 1.100-1.000 | Si-O-R | Silossani | Forte, larga |
| 1.050-900 | P-O-R | Fosfati | Forte |
| 800-600 | C-Cl | Clorurati | Forte |
| 750 e 700 | Φ-R | Aromatici monosostituiti | Forte |
| 750 circa | Φ-R$_2$ | Aromatici disostituiti | Forte |
| 780 circa | Φ-R$_3$ | Aromatici trisostituiti | Variabile |
| 720 | -(CH$_2$)$_n$- (n > 4) | Catene alifatiche lineari | forte |

**Tab. 2 – Principali assorbimenti nell'infrarosso**

Come si vede, nella molteplicità degli assorbimenti, ve ne sono alcuni specifici, se non esclusivi, di particolari gruppi funzionali.

Ne consegue che, se lo spettro iniziale mostra, ad esempio, un picco sottile intorno a 2.220 cm$^{-1}$, si deduce che almeno uno dei componenti della merce è un nitrile.

Analogamente, se lo spettro del prodotto tal quale mostra assorbimenti sia intorno a 1730 che a 1.250 cm$^{-1}$, è presente almeno un estere, mentre se è presente un massimo intorno a 1.730 cm$^{-1}$ ma non a 1.250 cm$^{-1}$, si in presenza di un'aldeide o di un chetone.

Ancora, se si notano massimi di assorbimento a 750 e 700 cm$^{-1}$ (il primo più largo e più corto, il secondo più stretto e pronunciato), la nostra attenzione va volta all'eventuale presenza di un anello aromatico monosostituito. E' questo per fare un esempio, un criterio di riconoscimento del polistirene e dei suoi copolimeri.

In breve, per un'interpretazione corretta di uno spettro IR è necessario prima riconoscere i gruppi funzionali caratteristici, poi scartare i composti incompatibili con le risultanze analitiche, quindi confrontare lo spettro con quelli di composti noti che appartengono alla stessa classe di prodotti fino a trovarne uno identico a quello del prodotto in esame.

In pratica, l'esame di uno spettro dovrebbe seguire il seguente percorso:

1) cercare la banda del carbonile intorno a 1.700-1.800 cm$^{-1}$, generalmente inconfondibile;

2) se è presente il carbonile, cercare altre bande che chiariscano se il C=O appartiene ad un acido (banda larga dell'OH a 3.300 - 2.500 cm$^{-1}$ e banda del C-O intorno a 1.250 - 1.200 cm$^{-1}$), un estere (banda intorno a 1.250 cm$^{-1}$), un'anidride (due bande intorno a 1.840 e 1.780 cm$^{-1}$), un'aldeide (due piccole bande intorno a 2.850 e 2.750 cm$^{-1}$) o un chetone (unicamente la banda intorno a 1.720 cm$^{-1}$);

3) se il carbonile è assente, cercare l'eventuale banda a 3.600 – 3.400 cm$^{-1}$ del legame O-H e quella del C-O a 1.200 – 1.000 cm$^{-1}$;

4) cercare quindi le bande che caratterizzano i composti aromatici (bande a 1.620 e a 1.500 cm$^{-1}$) e quelli insaturi (piccole bande a circa 3.050 – 3.100 cm$^{-1}$ e a 1.650 cm$^{-1}$);

5) si cercano poi altre bande caratteristiche, ad esempio quelle relative alle ammine, ale ammidi, ai nitrili, agli isocianati;

6) in mancanza di tutti questi assorbimenti, probabilmente si è in presenza di un alcano.

Ci si aiuterà poi, come già accennato, con i vari atlanti di spettri o con i data base elettronici che eseguono il confronto in modo molto più veloce scegliendo come dato finale il composto che ha lo spettro più simile a quello incognito, associando a questo dato la percentuale di probabilità (o match). L'esperienza mostra tuttavia che si deve fare attenzione a non prendere per oro colato il dato fornito dal computer; quest'ultimo infatti a volte dà poca importanza ad alcuni picchi che invece sono fondamentali, mentre dà più enfasi a picchi meno determinanti. Se poi il composto non è compreso nella libreria elettronica, il computer darà comunque una risposta, che sarà sicuramente errata. I dati forniti dal software vanno quindi accolti criticamente per non incorrere a volte in grossolani errori. E' chiaro che i risultati saranno tanto migliori quanto più fornite saranno le librerie di spettri a disposizione.

Un ruolo importante alla fine lo gioca l'esperienza dell'operatore, che con il tempo imparerà a riconoscere nell'insieme degli assorbimenti alcuni particolari caratteristici, quali un picco debole ma univoco, oppure l'andamento stesso della curva in un tratta particolare della sua scansione.

Ricapitolando, l'identificazione di un composto attraverso l'interpretazione dello spettro infrarosso riesce più o meno facile a seconda dei casi.

Lo spettro appena scandito può essere immediatamente riconosciuto perché l'operatore lo ha memorizzato per la sua semplicità o univocità; ad esempio, conoscendo per esperienza lo spettro del polivinilacetato o del polivinilpropionato, oppure di una resina epossidica da bisfenolo, il problema è risolto.

Ma nella maggioranza dei casi questo non è possibile. Si ricorre allora, come già detto, alla ricerca nelle librerie di spettri memorizzate in un computer, che, confrontando lo spettro con le migliaia in memoria, fa una valutazione dei composti più probabili, restituendo una lista di nomi possibili in ordine di probabilità espressa in percentuale.

Ci si può aiutare, come già detto, con atlanti di spettri in forma cartacea, dove lo stesso tipo di confronto viene effettuato dall'operatore in modo molto più lento, ma senz'altro più intelligente, potendo tener conto di piccoli particolari che il computer non prenderebbe in considerazione.

Non dimentichiamo, in questa fase, la ricerca di informazioni sul prodotto, sul nome commerciale, la sua composizione, il suo impiego, che si possono reperire in letteratura, in schedari, in fogli-notizie della casa produttrice, su Internet.

Nel caso tutto questo non permettesse l'identificazione del campione, si passa direttamente, se non lo si è già fatto, ai saggi preliminari e poi a quelli particolari riportati nei capitoli 2 e 4.

A questo punto l'analista dovrebbe essere in possesso di dati sufficienti almeno ad ipotizzare la struttura della molecola e di scegliere una classe ristretta e specifica di prodotti tra i quali identificare con certezza il campione.

# CAPITOLO 6

## LA DOCUMENTAZIONE

Affinché l'analisi di un campione, che dovrebbe essere in genere un lavoro di controllo, non si trasformi in un lavoro di ricerca, con conseguente maggiore dispendio di tempo e di mezzi e (perché no?) anche di denaro, è opportuno raccogliere il maggior numero possibile di informazioni sul campione in esame, che dovranno riguardare essenzialmente:
- il nome comune e/o commerciale
- l'eventuale nome chimico e la sua formula di struttura
- le proprietà fisiche
- le proprietà chimiche
- la composizione
- il campo di impiego
- la destinazione d'uso specifica
- la pericolosità per l'uomo e per l'ambiente.

A questo scopo è necessario avere a disposizione una biblioteca sufficientemente fornita di libri e riviste ed aggiornata..

Specialmente le riviste specializzate sono una grossa fonte di informazioni sui nomi commerciali delle preparazioni industriali e dei loro componenti. E' utile ricavare da queste uno schedario, meglio se elettronico, di nomi commerciali aggiornato nel tempo, così come è di aiuto conservare nel tempo le relazioni delle analisi effettuate, da consultare nel caso ci si trovi in futuro ad analizzare un campione uguale o analogo ad uno già analizzato. Questo permetterà di evitare o almeno di alleggerire la fase preliminare dell'analisi.

Informazioni importanti si possono trovare anche nei foglietti illustrativi, nelle confezioni e nel materiale pubblicitario dei prodotti in circolazione, oltre che nelle schede tecniche di sicurezza: spesso, anche se non riportano dati precisi e specifici, contengono informazioni dalle quali si può risalire alla natura della merce.

Sulla scheda relativa ad un prodotto dovranno essere riportati il nome commerciale, il produttore, il destinatario, il riferimento alla relazione di analisi, il risultato dell'analisi, la categoria merceologica e la bibliografia.

Infine oggi abbiamo con Internet la possibilità di accedere ad una quantità di informazioni impensabile fino a pochi anni or sono.

## SECONDA PARTE

## COME AFFRONTARE L'ANALISI DI CAMPIONI DI PRODOTTI APPARTENENTI A CATEGORIE MERCEOLOGICHE PARTICOLARMENTE IMPORTANTI - ESEMPI PARTICOLARI

## CAPITOLO 7

## PRODOTTI CHIMICI PURI, FARMACEUTICI, PESTICIDI

### Prodotti di costituzione chimica definita

Il caso di un prodotto più o meno puro è quello che in teoria presenta le minori difficoltà di soluzione: con l'impiego dell'anali organica tradizionale si possono ottenere numerose indicazioni sulla natura del composto.

Il saggio di Lassaigne è di prammatica. Si controllano l'aspetto, la solubilità, il punto di fusione o di ebollizione od eventualmente di decomposizione, il peso specifico, l'eventuale indice di rifrazione. Questi primi dati possono indicare la necessità o meno di purificare il campione.

Lo spettro UV/VIS ed ancor più lo spettro IR completano il quadro dell'analisi e permettono nel loro insieme di identificare il campione. L'analisi cromatografica (TLC, GC, GC-MS, HPLC) è di grande aiuto per determinarne la purezza e le singole impurezze, anche in tracce, secondo la necessità.

### Farmaceutici

**A** - Principi attivi puri, confezionati o meno.

Per l'analisi di un principio attivo di composizione chimica definita, sia esso confezionato o sfuso, ci si può riferire a quanto detto a proposito dei prodotti chimici puri.

Nel caso di due o più principi attivi in miscela, questa va smistata nei suoi componenti, scegliendo il metodo ottimale di separazione seguendo i criteri esposti nella prima parte. I singoli principi attivi saranno poi analizzati separatamente.

**B** – Specialità medicinali.

In questo caso il compito per l'analista si presenta più complesso.

Una specialità medicinale, confezionata e pronta per l'uso, può avere differenti presentazioni: soluzioni, sospensioni, polveri, compresse, confetti, ecc., contenuti in flaconi, fiale, scatole, blisters, capsule percolate di gelatina dura, capsule di gelatina molle e così via.

Va risolto di volta in volta il problema del campionamento della sostanza in modo omogeneo.

In genere, ma non sempre, le capsule percolate contengono il principio attivo da solo od eventualmente addizionato di piccole quantità di magnesio stearato o simili per assicurare la scorrevolezza della polvere durante, il confezionamento.

Maggiori quantità di eccipienti e coadiuvanti sono presenti nelle altre formulazioni (sciroppi, polveri da ricostituire a sciroppo, compresse, confetti).

Il principio attivo può essere estratto con opportuno solvente organico, mentre eventuali zuccheri sono solubili in acqua. La silice può essere separata come residuo di estrazione o come ceneri insolubili in acido cloridrico. Lo stearato di magnesio viene separato per acidificazione come acido stearico. L'alcool viene distillato e determinato per via gascromatografica.

## Pesticidi

Questo gruppo comprende un grande numero di prodotti di varia natura, che possono essere suddivisi in diverse classi secondo l'uso cui sono destinati: in agricoltura, zootecnia o per uso domestico o ambientale e/o urbano.

Secondo l'azione specifica esercitata, si suddividono in insetticidi, fungicidi, rodenticidi, acaricidi, nematocidi, repellenti, erbicidi, disinfettanti, antiparassitari, preservanti, ecc.

Considerando la costituzione chimica, si suddividono in azotorganici, fosforganici, stannorganici, clororganici, azoto-zolforganici, derivati naturali, inorganici, ecc.

I principi attivi sono analizzati come descritto a proposito dei prodotti chimici puri, avendo cura, naturalmente, di manipolarli con la dovuta cautela, data la pericolosità di questi prodotti.

Analoga attenzione va rivolta ai prodotti formulati, separando l'eventuale solvente dalla sostanza secca, il principio attivo dall'eventuale supporto o carica od emulsionante, mediante estrazione, filtrazione, centrifugazione, distillazione.

Generalmente è facile isolare il principio attivo, che può essere riconosciuto dallo spettro IR e determinato per gascromatografia o HPLC, che consentono di portare a termine l'analisi senza stare troppo a contatto con il prodotto.

# CAPITOLO 8

## INCHIOSTRI DA STAMPA, PITTURE, VERNICI, SICCATIVI PREPARATI, MASTICI, STUCCHI

### Inchiostri da stampa, pitture, vernici, siccativi preparati

Gli inchiostri da stampa e i prodotti vernicianti hanno molte analogie di composizione, avendo in comune la caratteristica di formare un film solido, omogeneo ed aderente su una superficie, sia pure per scopi differenti (scrittura e stampa gli uni, decorazione o protezione gli altri). Analoga sarà dunque l'impostazione dell'analisi.

Generalmente sono composti da una resina (agente legante o filmogeno) disciolta in un opportuno solvente (acquoso oppure organico) e addizionata di un pigmento disperso per le pitture (che devono avere un buon, se non ottimo, potere coprente) e di un colorante per le vernici (destinate a formare un film trasparente) e per gli inchiostri.

Si hanno così le pitture all'acqua, le pitture a solvente ed infine, se mancano sia l'acqua che il solvente, le pitture in polvere.

Nella massa vengono spesso aggiunti materiale di carica e vari additivi. I prodotti più di frequente impiegati come riempitivi sono carbonato di calcio, solfato di bario, allumina, silice, caolino, diossido di titanio o di zinco.

La colorazione del prodotto si ottiene aggiungendo alla massa uno o più coloranti o pigmenti, inorganici od organici secondo la necessità.

Si inizia l'analisi determinando il residuo secco e di conseguenza la percentuale di solvente contenuto nel prodotto.

Su una frazione del residuo secco si determinano le ceneri, quantitativamente e qualitativamente.

Il solvente viene separato per distillazione diretta o in corrente di vapore e viene analizzato secondo quanto descritto a proposito dei solventi e diluenti composti per vernici.

La resina viene separata per centrifugazione dopo eventuale diluizione con opportuno solvente (cloroformio, toluene, tetraidrofurano, acetati): il riconoscimento avviene secondo quanto sarà detto in seguito per i polimeri.

Le resine da ricercare sono in genere le alchidiche, le acriliche, le poliuretaniche, la nitrocellulosa, le resine epossidiche, i siliconi, le poliestere insature, le poliammidiche.

I plastificanti possono essere estratti in genere con alcool etilico.

Si ricercano quindi gli additivi: i tensioattivi, che hanno la funzione di disperdenti o di bagnanti, i siccativi, che facilitano la solidificazione del prodotto (saponi di acidi grassi e di acidi naftenici con cobalto, manganese e piombo), gli antimuffa.

Si rammenta poi che esistono tipi particolari di prodotti vernicianti, come quelli pastosi, quelli bicomponenti in cui l'indurimentto avviene per reazione chimica (ad es. i prodotti vernicianti poliuretanici), le pitture bituminose e le pitture per segnaletica stradale, contenenti microperle di vetro rifrangenti e che possono presentarsi come pezzi solidi fusibili a caldo; su questi prodotti va determinata la resa, il tempo di essiccamento, le sostanze volatili (per gascromatografia), i pigmenti e le resine per centrifugazione dopo aggiunta di idoneo solvente, ed il loro riconoscimento mediante spettrofotometria FTIR. Sulle perline si determina la percentuale, la granulometria e l'indice di rifrazione.

Un tipo particolare di prodotto coprente sono i "plastisol", dispersioni di polivinilcloruro in un plastificante praticamente senza solvente, che esplicano la funzione filmogena per termofusione. Si formano in questo caso films piuttosto spessi e resistenti.

## Mastici e stucchi

I mastici e gli stucchi sono in genere prodotti pastosi o polverulenti (comunque applicati allo stato pastoso) utilizzati per il riempimento delle fessure o per garantire l'aderenza di oggetti uniti meccanicamente. Gli stucchi hanno spesso anche una funzione decorativa e sono destinati ad essere applicati più su superfici estese che non su fessure.

Hanno funzioni anche molto differenti l'una dall'altra, a seconda dell'impiego cui sono destinati. Tuttavia, essi hanno in comune le modalità di applicazione (generalmente e spatola o a pistola) e il fatto di contenere come componenti essenziale una base solida, un legante ed eventualmente un solvente.

Esistono in commercio mastici siliconici, gommosi, polibutadienici, poliisobutilenici, poliuretanici, bituminosi e così via. Possono essere costituiti da due componenti (uno contenente la resina e l'altro l'indurente) da miscelare al momento dell'applicazione.

Le principali determinazioni da effettuare cono il residuo secco, le ceneri, la resina per estrazione con opportuno solvente, l'estrazione del plastificante, la distillazione ed il riconoscimento del solvente.

La frazione resinosa può essere separata per dissoluzione con un adatto solvente seguita da filtrazione o centrifugazione e successiva evaporazione del solvente stesso.

I plastificanti si separano in modo analogo con un secondo solvente (normalmente etanolo o metanolo).

L'incenerimento del campione va effettuato a temperatura tale da non indurre la decomposizione della carica minerale (ad es., il carbonato di calcio).

## CAPITOLO 9

## SAPONI, TENSIOATTIVI, DETERGENTI ED AUSILIARI DELLA DETERGENZA

I saponi sono, com'è noto, i sali degli acidi grassi con i metalli: Quelli solubili in acqua sono i sali di sodio e di potassio.

Per caratterizzare un sapone, si determina l'umidità (dal residuo secco) e il tenore di acidi grassi: si fa bollire in un becher un'adeguata quantità di campione con acido cloridrico diluito fino a quando non si separa alla superficie lo strato fuso degli acidi grassi. A questo punto si possono separare gli acidi grassi per estrazione con etere di petrolio, lavaggio con acqua, evaporazione del solvente e pesata, oppure raffreddando il becher in frigorifero e separando meccanicamente con una spatolina gli acidi grassi solidificati dalle acque acide e pesandoli dopo averli seccati. Il risultato viene espresso come % in peso.

Gli acidi grassi possono poi essere sottoposti a metilazione e successiva analisi gascromatografica per riconoscerne l'origine animale o vegetale.

Altre determinazioni che di norma si effettuano sui saponi sono: gli insolubili in alcool, il glicerolo, gli alcali totali, gli alcali liberi, le ceneri, i cloruri, il pH in soluzione, l'insaponificabile.

### Tensioattivi

I tensioattivi (o agenti di superficie) sono composti nelle cui molecole sono presenti gruppi funzionali idrofili e gruppi idrofobi in rapporto tale che in acqua, alla concentrazione dello 0,5% e alla temperatura di 20°C, ne abbassano la tensione superficiale ad almeno 45 dyne · cm.

Da queste caratteristiche derivano le loro proprietà schiumogene, emulsionanti e bagnanti.

I tensioattivi si dividono in quattro gruppi a seconda del comportamento in acqua della parte di molecola responsabile dell'attività di superficie:

**anionattivi (o anionici):** in acqua si ionizzano formando un anione attivo (es. alchilsolfonati);

**cationattivi (o cationici):** lo ione attivo che si forma in acqua è un catione (es. sali di ammonio quaternario);

**non ionogeni (o non ionici):** in acqua non ionizzano, ma è attiva l'intera molecola (es. alcoli grassi poliossialchilati);

**anfoteri:** in acqua ionizzano dando cationi od anioni attivi a seconda delle condizioni (es. betaine).

Essi sono i componenti essenziali di tutti i prodotti per la detergenza, ma vengono impiegati in un'infinità di prodotti industriali in quantità più o meno consistenti, sfruttando le loro caratteristiche disperdenti, emulsionanti, ecc.

Sono commercializzati sotto forma di polveri, liquidi o soluzioni più o meno concentrate.

L'analisi dei tensioattivi comporta il loro riconoscimento qualitativo, la determinazione del residuo secco ed eventualmente la formula chimica generica, non trattandosi mai di sostanze di costituzione chimica definita. Il riconoscimento avviene di norma attraverso l'esame dello spettro IR.

Per il riconoscimento della classe ionica di appartenenza di ricorre ai metodi già esposti al cap. 4.

## Preparazioni tensioattive

Le preparazioni tensioattive sono costituite da una miscela di tensioattivi diversi, inclusi i saponi, o da soluzioni o dispersioni di tensioattivi in uno o più solventi.

E' ovvio che, data la loro natura, in una preparazione tensioattiva non possono essere presenti contemporaneamente un tensioattivo anionattivo ed uno cationattivo, che si annullerebbero a vicenda: quindi è inutile cercarne uno quando risulta positivo il saggio di riconoscimento dell'altro.

L'analisi richiede la determinazione del secco. Il riconoscimento del o dei tensioattivi, la distillazione e l'esame gascromatografico del solvente non acquoso eventualmente presente.

## Detergenti ed ausiliari della detergenza

I detergenti (detti anche preparazioni per liscivie) sono preparazioni complesse per il lavaggio e la pulizia (biancheria, utensili da cucina ed in genere tutti i prodotti per la pulizia e la manutenzione della casa) contenenti tensioattivi come componenti essenziali, in miscela con componenti complementari che hanno la funzione di coadiuvanti, rinforzanti, cariche, ecc.

L'analisi di un detergente richiede in linea di massima le seguenti determinazioni:
- pH sul tal quale (se liquido) e alla concentrazione d'uso
- residuo secco
- ceneri
- analisi delle ceneri (carbonati, solfati, fosfati, cloruri, borati, silicati)
- frazione solubile in alcool
- tensioattivi
- eventuali antischiuma o regolatori di schiuma
- insaponificabile
- potere schiumogeno
- distillazione

- gascromatografia del solvente.

La composizione di un detergente varia secondo l'uso cui è destinato, di conseguenza varia anche l'impostazione dell'analisi ed il tipo di determinazioni richiesto.

Così, l'analisi di un detergente-disincrostante per WC comporterà la determinazione, oltre che dei tensioattivi, dell'acido cloridrico, dell'acido solforico, fosforico, solfammico, formico, non previste per un detersivo per lavatrici. Analogamente, in un detergente per vetri e cristalli si andrà a ricercare l'ammoniaca, l'alcool etilico, l'alcool isopropilico, un cellosolve, un silicone. Una preparazione sbiancante richiede la ricerca e la determinazione dell'ipoclorito di sodio o del perborato, o dell'idrosolfito o ancora del sodio tricloroisocianurato. E' quindi necessario un accurato esame preliminare per potere stabilire il piano analitico di massima, evitando un inutile spreco di tempo.

N.B.: molti di questi formulati si presentano sotto forma di polveri che risultano dalla miscelazione di componenti con granulometria ed igroscopicità differenti: di conseguenza si presentano eterogenei, per cui spesso risulta problematica la preparazione di un campione omogeneo per l'analisi, con conseguente rischio di commettere involontari quanto clamorosi errori nell'analisi.

# CAPITOLO 10

## PREPARAZIONI VARIE DELL'INDUSTRIA CHIMICA

### Lubrificanti, cere preparate, lucidi, antiruggine, sbloccanti

Questi prodotti hanno tra di loro molte analogie anche se sono destinati ad usi differenti.

Le preparazioni lubrificanti contengono in genere oli e grassi di origine animale, vegetale e minerale o anche composti sintetici quali esteri (adipati, azelati, sebacati) o poliglicoli o anche siliconi. Possono contenere additivi e coadiuvanti quali disolfuro di molibdeno, grafite, teflon, saponi di metalli pesanti. Spesso contengono solventi idrocarburici di varia natura e consistenza fino agli oli lubrificanti, e, per alcune applicazioni (oli da taglio), possono presentarsi o essere impiegati in emulsione acquosa.

Le principali determinazioni da effettuare su questi prodotti sono il residuo secco, la distillazione, l'insaponificabile, le ceneri, gli acidi grassi, caratterizzando le singole frazioni secondo quanto descritto nella prima parte, con l'aiuto dei rispettivi spettri IR.

I lucidi per metalli possono presentarsi in pasta e liquidi ed hanno composizioni differenti a seconda che esercitino un'azione meccanica o chimica: possono pertanto contenere acidi forti (fosforico, solfammico), tiourea, mercaptani, acquaragia minerale o vegetale, allumina, silice, silicoalluminati.

I lucidi per calzature sono a base di cere naturali o artificiali (a volte di polimeri), tensioattivi, acquaragia minerale o vegetale o altri solventi.

### Cere naturali (animali, vegetati o minerali)

Le cere sono in genere esteri di acidi grassi superiori con alcoli superiori, aventi caratteristiche comuni, quali l'aspetto traslucido ed il tipo di frattura. Inoltre, fondono e rapprendono senza filare, e, per strofinio con un panno, la loro superficie diventa lucida. Hanno uno spettro IR caratteristico secondo l'origine.

Le cere animali più note sono la cera d'api, la lanolina (cera di lana) e lo spermaceti (da cetacei). Tra le cere vegetali ricordiamo invece la cera Carnauba e la Candelilla, mentre le più importanti cere minerali sono la paraffina, la cera microcristallina e l'ozocerite.

### Cere artificiali e sintetiche

Sono definiti come cere artificiali o sintetiche tutti quei prodotti aventi le stesse caratteristiche e gli stessi impieghi delle cere naturali qualunque sia la loro composizione chimica: possono essere costituite da poliacheni, paraffine ossidate, cloroparaffine, polialchilenglicoli, esteri ad alto peso molecolare, cere naturali chimicamente modificate. Anzitutto, però, per classificare come tale una cera artificiale o sintetica, è necessario verificarne le proprietà fisiche ed accertarsi che:

- abbia consistenza e frattura "cerose"
- sia plasmabile, scalfibile o modellabile, fonda senza decomporre al di sopra di 40°C e rapprenda per raffreddamento senza filare
- abbia un punto di goccia superiore a 40°C
- abbia una viscosità, misurata al viscosimetro rotativo, inferiore o uguale a 10 Pa · s ad una temperatura superiore di 10°C al punto di goccia.

## Liquidi per trasmissioni idrauliche, antigelo, sbrinatori, antiappannanti

I liquidi per trasmissioni idrauliche (freni, presse) sono costituiti in genere da miscele di glicoli, poliglicoli, olio di ricino, esteri, oli lubrificanti, siliconi.

Gli antigelo e gli sbrinatori sono a base di glicol etilenico.

Gli antiappannanti sono soluzioni di etilenglicol in alcool isopropilico.

In tutti questi prodotti possono essere presenti antiossidanti, inibitori di corrosione, come ammine, derivati della morfolina, borati, nitriti.

## CAPITOLO 11

## ADESIVI

Gli adesivi, dal punto di vista chimico, possono avere le composizioni più varie, ma tutte riconducibili alle seguenti sostanze di base:

    resine termoplastiche
    resine termoindurenti
    elastomeri
    derivati del collagene
    caseina
    amidi

Tra le resine termoplastiche sono compresi il polivinilacetato, il polivinilalcool, le resine acriliche, la nitrocellulosa, tra le termoindurenti le ureiche, melamminiche, fenoliche, epossidiche, fra gli elastomeri le gomme naturali e sintetiche e i siliconi. Vi sono poi adesivi a base di miscele di questi prodotti.

Secondo la natura e l'impiego, possono presentarsi in forma solida, liquida o pastosa, in soluzione od emulsione acquosa o in solventi organici volatili.

Possono essere presenti fillers, pigmenti, antiossidanti, plastificanti differenti secondo il polimero impiegato.

Sull'adesivo si determinano il residuo secco e le ceneri, si estrae la base adesiva con solvente o per precipitazione e lo si riconosce tramite lo spettro IR. Si distilla il solvente e lo si analizza al solito modo per via gascromatografica.

Gli "Hot Melt" sono, come si comprende dal nome, adesivi solidi che vengono applicati dopo essere stati ridotti allo stato fuso e aderiscono per raffreddamento e conseguente solidificazione. Hanno il vantaggio di un'azione rapida, di un'applicazione facile e di un risparmio per l'esclusione dell'uso di solventi, che oltre tutto sono sovente tossici. Le principali formulazioni sono a base di copolimero etilene-vinilacetato o di copolimeri a blocchi di stirene con isoprene, etilene-butilene o butadiene, le cui combinazioni permettono di ottenere prodotti con una vasta gamma di valori di flessibilità.

A questi componenti principali vengono aggiunte resine che contribuiscono a rendere appiccicoso l'adesivo per aumentarne l'efficacia: sono resine naturali variamente modificate, resine terpeniche e resine idrocarburiche. Vengono poi aggiunte delle cere per regolare alcune caratteristiche quali la plasticità ed il punto di rammollimento.

Oltre ai polimeri sopra descritti, vengono impiegate particolari poliammidi e poliesteri che, addizionati di opportuni plastificanti e modificatori di viscosità, conferiscono all'Hot-Melt le migliori caratteristiche .

Per l'analisi di tali prodotti si può estrarre la poliammide con acido formico, il plastificante e la resina naturale con alcool o altro adatto solvente, riconoscendoli all'infrarosso. Il poliestere si riconosce dai prodotti della sua saponificazione e può essere determinato attraverso il Numero di Saponificazione.

# CAPITOLO 12

## AMIDI MODIFICATI

L'amido nativo viene impiegato principalmente nell'industria alimentare. Esso può essere pregelatinizzato per essere impiegato nell'industria della carta, degli adesivi e di articolari alimenti "istantanei". La pregelatinizzazione si ottiene per cottura di un latte d'amido, essiccazione dello stesso fatto sgocciolare su cilindri rotanti riscaldati, e raschiamento della massa essiccata sui cilindri per mezzo di appositi coltelli. Il prodotto ottenuto viene quindi macinato finemente. Il trattamento termico subito distrugge i granuli originali di amido, così che la sua provenienza non può più essere riconosciuta all'esame microscopico. Negli amidi modificati invece la struttura della particella di amido rimane sostanzialmente invariata, per cui all'esame microscopico sono riconoscibili le forme caratteristiche secondo l'origine.

L'amido più comunemente impiegato per ottenere amidi modificati è quello proveniente dal mais, in particolare dalla varietà "Waxy Mais" che, essendo costituita praticamente per il 100% da amilopectina (polimero ramificato) insolubile in acqua, permette di ridurre al minimo le perdite nei trattamenti in fase umida.

Tra le altre fonti di amido destinato alla modificazione ricordiamo la patata ed il frumento.

Le principali modifiche cui sono sottoposti gli amidi sono:
ossidazione
destrinizzazione
esterificazione
eterificazione
reticolazione
fluidificazione

L'**ossidazione** viene effettuata con ipoclorito in ambiente alcalino. Si verifica così una parziale depolimerizzazione e solubilizzazione dell'amido, oltre all'ossidazione degli ossidrili a carbossili.

Le **destrine** si ottengono per "torrefazione" dell'amido sotto vuoto usando acido cloridrico come catalizzatore.

L'**esterificazione** viene realizzata facendo ragire un latte d'amido con anidride acetica e sodio idrossido a pH 8 (amido acetilato), o con tripolifosfato od un ortofosfato o con sodio trimetafosfato (amido fosfato); in quest'ultimo caso si ottiene una reticolazione con formazione di fosfato di diamido, così come una reticolazione si ottiene facendo reagire il latte d'amido con un acido dicarbossilico come l'acido adipico.

L'**eterificazione** può condurre alla formazione di idrossialchilamido per reazione a secco con ossido di etilene in presenza di un catalizzatore, oppure ad amidi cationici per reazione in ambiente alcalino con 2-dimetilamminoetilcloruro e successivo trattamento con acidi, con formazione del sale di ammonio terziario, oppure con cloruro di N-(2,3-epossipropil)trimetilammonio, ottenendo il sale di ammonio quaternario.

La **fluidificazione** consiste nel trattare un latte d'amido con acidi inorganici (in genere ac. cloridrico) a 30-40°C, provocando una depolimerizzazione più o meno spinta a seconda delle condizioni di lavoro, oltre che ad una parziale solubilizzazione dell'amido.

Bisogna ricordare che questi processi comportano un grado di sostituzione piuttosto basso (grado di sostituzione o D.S. è il numero medio di sostituenti per unità di glucosio). Esso è generalmente pari a 0,1-0,2, mentre il valore massimo raggiungibile è ovviamente 3, cioè quanti sono gli ossidrili liberi e sostituibili nel monomero (unità di glucosio).

L'analisi di un amido modificato commerciale prevede le seguenti determinazioni:

umidità

ceneri t.q.

ceneri s.s.

esame microscopico

colorazione allo iodio

saggi chimici per la conferma del tipo di modificazione subìta comportamento in acqua a caldo e per raffreddamento, determinando la curva di viscosità cosiddetta "Brabender" con l'apposito viscosimetro (amilografo di Brabender, che misura l'andamento nel tempo della viscosità di una sospensione di amido in funzione della temperatura). Il diagramma che si ottiene è univocamente caratteristico di ogni singolo tipo di amido, modificato o non.

L'umidità fisiologica di un amido modificato è compresa tra 10 e 13%, mentre quella di un amido pregelatinizzato è generalmente di 3-5%.

## Riconoscimento di un amido acetilato

Si introduce in una provetta una punta di spatola di amido, si aggiunge alcool etilico o metilico impastandolo con l'amido con l'aiuto di una bacchetta di vetro fino ad ottenere una sospensione fluida. Si aggiungono alcune gocce di acido solforico concentrato si agita e si lascia raffreddare. In presenza di un amido acetilato si sviluppa un odore caratteristico di acetato di etile o rispettivamente di metile, che possono essere identificati anche neutralizzando, distillando ed iniettando il distillato in un gascromatografo (se necessario si può ricorrere all'analisi dello spazio di testa).

Per conferma si può sfruttare la reazione degli acetili con idrossilammina, con formazione di acido acetoidrossammico che, per aggiunta di cloruro ferrico, dà un complesso di colore rosso. Queste due reazioni possono essere impiegate anche per determinazioni quantitative.

### Riconoscimento di un amido cationico

In una provetta si introduce una spatola di amido, si aggiunge un volume doppio di una soluzione idroalcolica 1:1 di rosso cocciniglia all1%, si dibatte e si lascia sedimentare. Se si tratta di amido cationico, quest'ultimo assume una colorazione rossa, mentre il reattivo si decolora.

### Riconoscimento degli amidi etossilati

Si usa il reattivo di Dragendorff così modificato:
A – sciogliere 1,7 g di nitrato di bismuto in 2° ml di acido acetico glaciale e portare a 100 ml con acquq distillata.
B – sciogliere 40 g di ioduro di potassio in 100 ml di acqua distillata.
C – miscelare 100 ml di soluzione A con 140 g di soluzione B e con 200 ml di acido acetico glaciale. Portare la miscela a volume di 1.000 ml con acqua distillata.
D – sciogliere 20 g di bario cloruro in 80 ml di acqua distillata.
E – mescolare 100 ml di soluzione C con 50 ml di soluzione D.

Aggiungere alcune gocce del reattivo così ottenuto ad una soluzione di amido etossilato: si forma un precipitato colore arancio.

### Riconoscimento degli amidi ossidati

Una soluzione di amido ossidato ha pH leggermente alcalino. Le ceneri contengono un quantitativo di cloruri superiore alla norma.

Al microscopio, i granuli di amido ossidato risultano quasi uguali a quelli dell'amido nativo corrispondente: si possono comunque rilevare poche fessurazioni radiali e frammentazioni, che aumentano con il grado di ossidazione.

In acqua, per riscaldamento, formano una pasta più rapidamente ed a più bassa temperatura rispetto all'amido nativo. Tale pasta, stesa su una lastra di vetro e raffreddata, una volta seccata forma un film regolare, trasparente e fortemente aderente, mentre l'amido non trattato forma un film opaco friabile.

Poiché durante l'ossidazione con ipoclorito in ambiente basico si verifica una parziale depolimerizzazione, l'amido ossidato presenta una solubilità in acqua maggiore che non l'amido nativo.

Inoltre, poiché dal trattamento deriva la trasformazione di alcuni ossidrili a carbossili, si avrà un Numero (o percentuale) di Carbossili non nullo, in funzione dell'entità della modifica.

Infine, per conferma, si può effettuare il seguente saggio: si introduce in una provetta 1 g di campione, si aggiunge una quantità doppia o tripla di acqua ed una goccia di soluzione acquosa all1% di blu di metilene, si dibatte e si lascia sedimentare: la fase acquosa (o le acque di lavaggio se il blu di metilene viene aggiunto in eccesso) diventa incolore, mentre l'amido ossidato si colora in blu.

N.B.: il saggio non è specifico, perché è comune a tutte le sostanze aventi cariche negative (il blu di metilene ha carica positiva), ma garantisce che non si tratta di amido non modificato.

## Determinazione dei carbossili negli amidi ossidati

Si pesano esattamente 5 g di amido secco in un becher da 100 ml, si aggiungono 25 ml di acido cloridrico 0,37% e si mescola, agitando poi la miscela ogni 5 minuti. Dopo 30 minuti si filtra sotto vuoto su imbuto a setto filtrante da 150 ml di media porosità. Si lava il residuo sul filtro con acqua fino a scomparsa di cloruri nel filtrato (test con nitrato d'argento).

Si trasferisce l'amido quantitativamente in un becher da 600 ml e lo si sospende in 50-60 ml di acqua. Si aggiungono 300 ml di acqua calda e si fa bollire per 10 minuti.

Si titola a caldo con sodio idrossido 0,1 N con indicatore fenolftaleina fino a rosa persistente.

Eseguire parallelamente una prova in bianco su 5 g di campione sostituendo i 25 ml di acido cloridrico allo 0,37% con altrettanta acqua.

$$\% \text{ carbossili} = \frac{(\text{ml NaOH camp.} - \text{ml NaOH bianco}) \cdot 0{,}0045}{\text{peso del campione i grammi}}$$

# CAPITOLO 13

## TALLOL, COLOFONIE, ACIDI RESINICI ED ALTRE RESINE NATURALI

Caratteristica di queste sostanze di origine naturale è il loro contenuto in acidi resinici, in particolare gli acidi abietico, deidroabietico, diidroabietico, tetraidroabietico e pimarico.

Tutti presentano la struttura a tre anelli benzenici condensati tipo fenantrene più o meno idrogenati.

Possono presentarsi sia come tali, sia come loro derivati: sali, esteri, eteri, prodotti di deidrogenazione e di polimerizzazione.

L'analisi di questi prodotti prevede in genere la reazione di Morawski (indicativa ma non sempre decisiva perché numerosi polimeri danno colorazioni simili), la determinazione dell'acidità, del Numero di Saponificazione, degli acidi resinici o degli acidi grassi, e, se liquidi, della densità, dell'indice di rifrazione, dell'intervallo di distillazione.

Per differenziare le colofonie si ricorre al saggio di **Hirschsohn:** un pezzetto di resina viene posto in una capsula di porcellana bianca. Si aggiungono alcune gocce di una soluzione acqua/acido trifluoroacetico 1:9 e si osserva la colorazione che si sviluppa:

- la colofonia dà un colore azzurro che tende all'azzurro-verde
- la colofonia esterificata dà un azzurro che vira al rosso-porpora
- la colofonia idrogenata dà un azzurro-verde.

Per distinguere le varie resine naturali si ricorre al saggio con il cloruro di benzoile, proposto dal London Shellac Research Bureau: si scioglie un po' di resina in cloruro di benzoile e si osservano le colorazioni che si sviluppano operando nella maniera seguente:

    1 – si aggiunge una goccia di soluzione a 2 ml di acido solforico concentrato

    2 – si aggiunge una goccia di acido solforico concentrato a 2 ml di soluzione (v Tab. 3).

| Resina | 1 | 2 |
|---|---|---|
| Colofonie | Rosso cupo | Da rosso a porpora |
| Congo | Rosso-arancio | Da arancio a bruno |
| Kauri | Bruno | Bruno |
| Manila | Bruno | Bruno |
| Damar | Bruno-rossiccio | Arancio-bruno |
| Shellac | Bruno | Bruno |
| Elemi | Bruno | Bruno |

**Tab. 3 – Resine naturali. Comportamento al saggio con cloruro di benzoile**

La determinazione degli acidi resinici può essere effettuata con il metodo di Herrlinger e Compeau[7] se il contenuto in acidi resinici è inferiore al 15%, o con il metodo di Mc Nicol[8] se superiore al 15%.

Il Tallol è un sottoprodotto della fabbricazione della cellulosa al solfato dal legno di pino, ed è utilizzato, per il suo contenuto in acidi grassi e resinici, dall'industria della detergenza (saponi e detersivi), degli inchiostri da stampa, delle pitture e vernici, ecc.Può essere commercializzato come tallol greggio, distillato, raffinato, acidi grassi di tallol, aventi caratteristiche differenti che nel loro insieme permettono di classificare il prodotto.

In genere i prodotti di questo genere rispondono ai requisiti riportati in Tab. 4 [9].

| Tipo di Tallol | Grado rifratto- metrico a 25°C | N.I. | N.A. | N.S. | Acidi Resinici % p/p | Acidi grassi % p/p | Insaponi- ficabile % p/p |
|---|---|---|---|---|---|---|---|
| Tallol greggio | --- | 168 | 168 | 175 | 45 | 50 | 5,0 |
| Tallol distillato | 93 | 158 | 190 | 192 | 32 | 66,5 | 1,5 |
| Tallol distillato | 89 | 135 | 188 | 190 | 21 | 77,5 | 1,5 |
| Tallol distillato | 85 | 125 | 178 | 188 | 15 | 84 | 1,0 |
| Ac. grassi di Tallol | 83 | 128 | 185 | 190 | 10 | 88,5 | 1,5 |
| Ac. grassi di Tallol | 74 | 135 | 185 | 195 | 5 | 93 | 2,0 |
| Ac. grassi di Tallol | 69 | 136 | 192 | 193 | 3,5 | 93,5 | 3,0 |
| Ac. grassi di Tallol | 63 | 134 | 194 | 196 | 2,0 | 95,5 | 2,5 |
| Ac.grassi di Tallol | 62 | 132 | 195 | 197 | 1.0 | 97,0 | 2,0 |
| Pece di Tallol | | 35 - 40 | | | | | |

**Tab. 4 – Caratteristiche del Tallol e dei suoi derivati**

[7] R. Herrlinger, G. Compeau, J. Am. Oil Chem. Soc, 29, 8 (1952)

[8] Mc Nicol, J. Soc. Chem. Ind. 124 (1921)

[9] F. Paolini, Olivicoltura, n. 6 – giugno 1958

## CAPITOLO 14

## AUSILIARI PER L'INDUSTRIA TESSILE, DEL CUOIO E DELLA CARTA

Sono comprese in questo capitolo le preparazioni impiegate per facilitare il processo di fabbricazione e di finitura dei tessili, del cuoio e della carta: Hanno generalmente la funzione di lubrificare, ingrassare, ammorbidire o altrimenti trattare tali prodotti migliorando così le caratteristiche e le proprietà del prodotto finito. Possono contenere svariate sostanze, tra cui oli minerali, grassi, tensioattivi, amidi modificati, e si presentano sotto forma di soluzioni, emulsioni, dispersioni, fluide o pastose.

Nell'industria **tessile** sono comunemente utilizzate preparazioni detergenti, imbibenti, disperdenti nella tintura delle fibre, agenti follanti a base anionica e non ionica, ammorbidenti a base di tensioattivi cationici o non ionici o anfoteri, che danno al tessuto una gradevole mano liscia e morbida. Gli agenti di finissaggio sono in genere costituiti da emulsioni o dispersioni di cere, di siliconi o di altre resine e contribuiscono a dare al tessuto finito una consistenza liscia, morbida, scivolosa, eventualmente lucida se necessario, senza alterare il bianco e i colori, conferendo al tessuto un'ottima cucibilità.

Fra gli ausiliari per l'industria della **carta** troviamo i collanti (colofonie), gli antischiuma, i disperdenti, i coloranti, le cariche, gli agenti di patinatura (caolino, caseinati, polimeri vinilici, acrilici e stirenici), pigmenti (carbonato di calcio).

Su tutti questi prodotti l'analisi sarà impostata sulla determinazione del residuo secco, delle ceneri (silicati,, carbonati, solfati, calcio, alluminio), del pH, dei tensioattivi, dei vari polimeri, di eventuali amidi modificati.

Nell'industria del **cuoio** e delle **pelli** sono comunemente impiegati concianti di origine vegetale (essenzialmente tannini) e sintetici. Questi ultimi posono esere di natura inorganica (sali di cromo, ferro, alluminio, zirconio) od organica (prodotti di condensazione della formaldeide con acidi fenol-, cresol- e naftalensolfonici o con urea, diciandiammide o melammina). Inoltre, vengono utilizzati prodotti e preparazioni per il trattamento del cuoio e delle pelli, quali gli ingrassanti, i maceranti e i decalcinanti.

Sui concianti si determinerà il residuo secco, le ceneri, il pH, l'ossido di cromo, il bicromato, il ferro, l'alluminio, lo zirconio, i cloruri, i solfati.

Un prodotto da ingrasso è caratterizzato dal punto di fusione e di solidificazione, dal contenuto di acqua, dall'indice di rifrazione, dal contenuto di grasso, dal Numero di Saponificazione, di Acidità e di

Iodio. Lo spettro IR può mettere in evidenza la presenza di oli solforati, eventualmente in emulsione: si determina allora l'umidità, i tensioattivi, la sostanza saponificabile e l'insaponificabile.

Sui maceranti (costituiti generalmente da preparazioni enzimatiche) si determina il potere digestivo su caseina e su gelatina.

## CAPITOLO 15

## SOLVENTI E DILUENTI PER VERNICI, SVERNICIATORI

Dal punto di vista della costituzione chimica, i solventi possono appartenere a diverse classi di prodotti: idrocarburi alifatici, aliciclici, aromatici e clorurati, alcoli, chetoni, eteri, esteri, glicoli, glicoleteri e loro esteri.

L'analisi di questi prodotti non presenta particolari difficoltà e può essere così schematizzata:
- determinazione dei solventi non ossigenati mediante trattamento con acido solforico al 75%
- distillazione
- gascromatografia.

Oggi sono a disposizione colonne gascromatografiche che permettono di separare e differenziare gli idrocarburi alifatici da quelli aromatici, dai terpenici (acquaragia vegetale, olio di pino). Anche la spettrofotometria IR  è di notevole aiuto, in quanto lo spettro di presenta ben diverso per ciascuna classe di solventi.

Dall'analisi dei solventi e dei diluenti composti si possono ricavare importanti informazioni sulla natura del prodotto disciolto: si possono infatti includere o escludere dalla ricerca intere classi di prodotti a seconda che il sovente sia miscibile o no con acqua, oppure che il solvente stesso sia idrocarburico, clorurato, alcolico, estereo e così via, secondo il sempre valido detto "similia similibus".

Un discorso a parte va fatto per i cosiddetti **sverniciatori**, comunemente assimilati ai solventi per vernici. Essi sono costituiti da un solvente clorurato volatile ma energico come il cloruro di metilene, dall'alcool metilico che ne esalta la funzione solvente, e dall'1-2% di addensante (generalmente un derivato della cellulosa) che ha la funzione di ritardare l'evaporazione del solvente prolungandone ed ottimizzandone l'azione.

Possono essere presenti anche altri tipi di solvente, oltre a disperdenti (cellosolve) ed emulsionanti (saponi o tensioattivi anionattivi e non ionogeni).

Oggi si tende, per motivi di sicurezza, a sostituire i solventi clorurati con altri solventi, quale l'N-metil-2-pirrolidone, che, oltre alla proprietà di non essere tossico, presenta il vantaggio di un odore meno penetrante, di essere meno volatile e di essere solubile in acqua.

Per ottenere un prodotto di minor costo si aggiungono tagli petroliferi (o aromatici ad essi assimilati) oppure terpeni ed esteri di origine naturale per motivi ecologici.

Si determinerà quindi il residuo secco testandone la natura (ad es. se brucia con odore cellulosico o se contiene tensioattivi), quindi si distillerà con distillazione normale od in corrente di vapore, sottoponendo infine il distillato all'analisi GC.

## CAPITOLO 16

## POLIMERI E LORO LAVORI

L'analisi dei polimeri deve essere affrontata in modi differenti a seconda di come si presenta la merce: il campione può infatti presentarsi in forma primaria, cioè in polvere, granuli, scaglie, pezzi, blocchi, fiocchi, liquidi, paste, soluzioni, emulsioni o dispersioni, che non abbiano subito particolari trattamenti o lavorazioni, oppure in lastre, fogli, nastri, pellicole, o infine in manufatti anche in associazione con materie diverse (contenitori, indumenti, attrezzi, strumenti, apparecchi e loro parti ed oggetti delle più varie specie). Può quindi essere necessario un preventivo smistamento per poter poi operare sul polimero isolato.

Se si tratta di una soluzione od emulsione o dispersione, va separato per precipitazione o per evaporazione del solvente. Se è una miscela meccanica, si può tentare una solubilizzazione o un'estrazione selettiva. Se è un foglio, è necessario controllare se consta di uno o più strati, che vanno separati (ad es. con solventi o per trattamento chimico o termico) ed esaminati singolarmente. I manufatti vanno prima smontati e suddivisi nei singoli componenti, quindi si può passare all'esame dei polimeri.

I campioni solidi vanno preventivamente sminuzzati e macinati per quanto è possibile (con mulino o con mortaio di porcellana o di agata) e disciolti in opportuno solvente: si otterrà un campione più omogeneo e risulterà più facile il trattamento nonché la separazione degli eventuali additivi e degli altri componenti. I principali solventi dei più comuni polimeri sono (Tab. 5):

| Polimero | Solvente |
|---|---|
| Polietilene | Xilene bollente |
| Polipropilene | Xilene bollente |
| Polistirene | Aromatici, clorurati |
| Polivinilcloruro | Tetraidrofurano |
| Polivinilacetato | Chetoni, aromatici, clorurati |
| Polivinilalcool | Acqua |
| Poliisoprene | Aromatici, clorurati |
| Poliisobutilene | Alifatici, aromatici, clorurati |
| Polibutadiene | Aromatici, clorurati |
| Poliacrilesteri | Chetoni, acetati |
| Esteri della cellulosa | Chetoni, acetati |
| Poliammide | Acido formico |

Tab. 5 – Solubilità dei più comuni polimeri

Dopo gli esami preliminari di orientamento, si ricorre a saggi più specifici e alla determinazione di dati particolari, quali il Numero di Saponificazione o il Numero di Iodio.

Si passa poi all'esame chimico e spettrofotometrico. E' utile spesso l'esame gascromatografico dei prodotti di pirolisi.

## Polietilene

Il polietilene brucia con fiamma lieve e odore paraffinico caratteristico. E' solubile in xilene bollente da cui per raffreddamento precipita sotto forma di una massa gelatinosa.

Lo spettro IR mostra assorbimenti caratteristici a circa 1450, 1370 e 720 cm$^{-1}$. Quest'ultimo può essere bifido quando è presente una certa percentuale di struttura cristallina.

## Polipropilene

Alla combustione si comporta come il polietilene, ma emana un odore più acre. Anch'esso è solubile in xilene bollente, ma per raffreddamento si separa in forma fibrosa.

Spettro IR: il PP atattico ha uno spettro meno complesso di quello isotattico; quest'ultimo presenta bande caratteristiche a 1170, 1000, 900 e 840 cm$^{-1}$, che nel primo sono generalmente meno pronunciate e più larghe.

## Poliisobutilene

Il poliisobutilene è riconoscibile all'IR per la presenza di una banda bifida di media intensità a circa 1390 e 1365 cm$^{-1}$ e di un'altra a 1230 cm$^{-1}$.

A seconda del peso molecolare,, può presentarsi anche come un liquido di viscosità ed intervallo di distillazione più o meno elevati, in base ai quali può essere assimilato ai corrispondenti tagli di prodotti petroliferi, dai più leggeri ai più pesanti.

## Polibutadiene

Essendo il risultato della polimerizzazione di un composto dienico, il polibutadiene è caratterizzato dalla presenza, nell'unità monomerica, di un doppio legame derivato dall'apertura dei doppi legami coniugati.

Se ha basso peso molecolare, si presenta sotto forma di un liquido limpido abbastanza viscoso. Brucia con fiamma luminosa e fulligginosa, come tutti i composti insaturi.

Lo spettro IR è caratterizzato dagli assorbimenti dovuti al doppio legame, che dipendono dal tipo di polimerizzazione subita. Così, in linea di massima, una larga banda intorno a 740 cm$^{-1}$ indica una polimerizzazione 1,4-cis, una a 970 cm$^{-1}$ è segno di una polimerizzazione 1,4-trans, mentre bande a 995 e 910 cm$^{-1}$ mostrano una polimerizzazione 1,2.

In alcuni casi, per particolari esigenze, la catena polimerica contiene ossidrili o carbossili terminali, riconoscibili dalle rispettive bande caratteristiche.

### Polistirene

Essendo un composto aromatico, brucia con la caratteristicafiamma luminosa e fuligginosa.

Pirolizzato in provetta, sviluppa il monomero ed altri oligomeri dall'odore riconoscibile.

Il pirolizzato viene estratto con etere, si aggiunge una soluzione eterea di bromo fino a colorazione rosso-bruna e si versa su di un vetrino da orologio lasciando evaporare il solvente: se è presente stirene, si forma il dibromoderivato che fonde a 74°C.

Per nitrazione del polistirene, riduzione ad ammina con zinco ed acido cloridrico, diazotazione con sodio nitrito e copulazione con β-naftolo, dà una colorazione rosso scarlatto.

Lo spettro IR del polistirene è caratteristico, in particolare presenta gli assorbimenti a 758 e 699 cm$^{-1}$, riconducibili all'anello aromatico monosostituito.

### Polimeri vinilici

Si fondono cautamente in provetta acido mono- o dicloroacetico, si aggiungono 50 mg di resina finemente macinata e si riscalda nuovamente. La reazione è positiva se entro 2 minuti si sviluppa una colorazione verde, blu o violetta.

### Polivinilacetato (e polivinilalcool)

Il polivinilacetato è il più comune dei polivinilesteri.

Con soluzione iodio/ioduro assume una colorazione bruna resistente al lavaggio con l'acqua.

Saggio di riconoscimento: si saponifica facendo bollire a ricadere il campione in potassa alcolica.

Si forma **polivinilalcool,** riconoscibile perché si presenta come una massa bianca, voluminosa, insolubile nell'alcool di saponificazione, ma solubile in acqua; inoltre, con una soluzione iodio/ioduro dà una colorazione da blu a blu-verde.

All'infrarosso, oltre agli assorbimenti relativi al gruppo estereo, il polivinilacetato può essere identificato tramite una banda caratteristica a circa 1050 cm$^{-1}$, codata verso i numeri d'onda crescenti.

Il **polivinilpropionato** ha uno spettro simile, ma la forma di quest'ultima banda è differente ma ugualmente caratteristica.

Nei **copolimeri vinilacetato-etilene (EVA)** aumenta l'intensità delle bande 2940 e 2870 cm$^{-1}$ a causa del contributo apportato alla molecola dai legami C-H dell'etilene.

Il polivinilalcool, essendo solubile in acqua, viene impiegato per la fabbricazione di imballaggi idrosolubili.

## Polivinilcloruro

Il PVC ha la caratteristica di essere facilmente solubile in tetraidrofurano.

Per il suo riconoscimento, alcuni mg di sostanza vengono disciolti in alcuni ml di piridina, scaldati all'ebollizione e addizionati di 1 ml di sodio idrossido al 2% in metanolo. In presenza di PVC si forma una colorazione da bruna a nera.

Per riscaldamento con acido monocloroacetico dà una colorazione blu; con acido dicloroacetico la colorazione è rosso-violetta.

Lo spettro IR è caratterizzato da bande pronunciate abbastanza larghe a circa 1330, 1250, 970 e 830 cm$^{-1}$.

Essendo un polimero molto rigido, per ottenere oggetti morbidi il PVC necessita dell'aggiunta di quantità anche molto elevate di plastificanti, i più comuni dei quali sono gli ftalati, in particolare il di-2-etilesilftalato, separabile dal PVC mediante dissoluzione in tetraidrofurano ed estrazione con un eccesso di alcol etilico.

## Polivinilcloruro clorurato

Si differenzia dal PVC per il fatto che dà negativi i saggi con gli acidi mono- e dicloroacetico, mentre lo spettro IR è praticamente identico.

## Polivinilidencloruro

E' insolubile a freddo in tetraidrofurano e nei più comuni solventi organici, mentre a caldo è solubile in o-diclorobenzene, triclorobenzene e diossano.

Un saggio per il suo riconoscimento e la sua distinzione dal PVC è una modificazione di quello del PVC stesso: si tratta il campione alo stesso modo, ma alla fine si aggiunge una soluzione satura di sodio idrossido in metanolo. In tali condizioni il polivinilidencloruro dà una colorazione bruna cupa.

Il polivinilidencloruro è riconoscibile all'IR da un doppietto pronunciato a 1070 e 1045 cm$^{-1}$.

## Polivinilpirrolidone

Sciogliere un po' di sostanza in acqua ed aggiungere qualche goccia di soluzione acquosa 0,1 N di iodio: si forma un precipitato rossiccio che poi va in soluzione e vira al giallo. Per aggiunta di sodio bicarbonato il colore diventa più cupo.

Allo spettro IR è riconoscibile dagli assorbimenti a 1670, quartetto tra 1490 e 1370, e larga banda intorno a 1270 cm$^{-1}$.

### Polimeri acrilici

La **poliacrilammide** si scioglie in acqua dando una soluzione gelatinosa filante, lisciviosa al tatto. Per fusione alcalina sviluppa ammoniaca, facilmente riconoscibile. Il suo spettro IR mostra gli assorbimenti tipici delle ammidi a 3240 e 1660 cm$^{-1}$.

Il **poliacrilonitrile** è insolubile nei più comuni solventi organici: si scioglie in N,N-dimetilformammide, tetrametilensolfossido e pochi altri solventi.

Lo spettro IR presenta la banda caratteristica dei nitrili, intensa ed affilata, a circa 2230 cm$^{-1}$.

I **poliacrilesteri** hanno lo spettro classico degli esteri, anche se la banda a circa 1250 cm$^{-1}$ degli esteri si sdoppia in una banda meno intensa a 1250 ed un'altra più intensa a circa 1150 cm$^{-1}$. Caratteristica è anche la banda compresa tra 855 e 825 cm$^{-1}$ a seconda del tipo di estere.

Nei **polimetacrilesteri** le bande sono "splittate" in doppietti che li rendono facilmente riconoscibili.

### Resine epossidiche

Saggio di riconoscimento:
si estrae la resina con acetone, si essicca, si aggiungono 3 ml di carbitolo (dietilenglicolmonoetiletere) e 5 gocce di lepidina. Si riscalda in un bagno a olio a 125°C. Una colorazione azzurra intensa denota la presenza di resine epossidiche.

Un secondo saggio si basa sulla colorazione azzurrina che prende origine diluendo con acqua la soluzione della resina in acido solforico concentrato previamente addizionata di alcune gocce di formaldeide al 40%.

E' sufficiente operare su una piccolissima quantità di resina in 18-20 ml d acido.

Per un test di conferma, con una bacchetta di vetro si fa cadere una goccia della soluzione su un disco di carta da filtro comune sospeso orizzontalmente: in presenza di resine epossidiche si origina in meno di un minuto un colore porpora tendente all'azzurro intenso.

### Resine epossidiche da bisfenolo

Ad una piccola quantità di sostanza si aggiungono 3 ml di acido solforico, scaldando leggermente nel caso non si sviluppi calore.

1 ml di questa soluzione viene addizionato di un ugual volume di acido nitrico concentrato. Dopo 5 minuti si versa quest'ultima soluzione in una beuta contenente una soluzione alcalina: se è presente una resina epossidica da bisfenolo, si forma una colorazione rosso-arancio.

Le resine epossidiche da bisfenolo sono riconoscibili all'IR dalle bande caratteristiche a 830 cm$^{-1}$ (anello aromatico p-sostituito), 1040 cm$^{-1}$ (C-O), 1250 cm$^{-1}$ (aril-O); quest'ultima è accompagnata di norma da due bande a 1180 e 1300 cm$^{-1}$, formando un pacchetto utile ai fini di un rapido riconoscimento.

### Resine fenoliche

Si riscalda in provetta un pezzetto di resina con altrettanta anidride ftalica e qualche goccia di acido solforico concentrato: si forma una colorazione bruna. Si raffredda, si diluisce con acqua e si alcalinizza con sodio idrossido al 10%: si sviluppa la colorazione rossa caratteristica della fenolftaleina in ambiente alcalino.

Un altro saggio consiste nell'introdurre in una provetta una piccola quantità di resina scaldando su fiamma. Si appoggia poi sull'imboccatura della provetta un pezzo di carta da filtro impregnato di una soluzione eterea di 2,6-diclorochinon-4-cloroimina preparata di fresco e fatta asciugare. Dopo un minuto si espone la carta da filtro ai vapori di ammoniaca. In presenza di una resina fenolica si forma una macchia blu.

### Resine fenoliche modificate

Si introduce in una provetta circa 1 g di resina finemente macinata. Si aggiungono circa 8 ml di alcool metilico riscaldando con cautela all'ebollizione per 1 minuto. Si raffredda e si filtra la soluzione torbida in un'altra provetta. Si aggiungono al filtrato circa 8 ml di potassio idroossido0,5 N e 2 ml di p-nitroanilina diazotata preparata di fresco (1,5 g di p-nitroanilina in 500 ml di acqua + 40 ml di acido cloridrico d = 1,19 e tanta soluzione acquosa di sodio nitrito a 5% da decolorare la miscela). In presenza di resine fenoliche si ha una colorazione da rosso a violetto.

### Cellulosa e suoi derivati

La cellulosa dà positiva la reazione di Mohlisch dei carboidrati descritta nella parte prima.

### Nitrocellulosa

La nitrocellulosa è caratterizzata dalla sua notevole infiammabilità, per cui viene spesso addizionata di uno stabilizzate, come l'alcool metilico o etilico.

L'azoto si riconosce con il saggio di Lassaigne, mentre il nitrogruppo si evidenzia con difenilammina ed acido solforico, come descritto nella prima parte.

Nello spettro IR la nitrocellulosa è riconoscibile dalle bande a circa 1660, 1280, 845 cm$^{-1}$. L'intensità della banda a 3450 cm$^{-1}$ è indicativa del grado di modificazione della cellulosa.

### Derivati della cellulosa non contenenti azoto

Si riscalda il prodotto in 1 ml di benzene più 1 ml di acido solforico (acido/acqua 8 : 1) per 2 minuti su b.m. a 60 – 70°C. L'aggiunta, dopo raffreddamento, di alcool etilico assoluto dà luogo, se si ha a che fare con derivati cellulosici, ad una colorazione verde o azzurro-viola.

Oppure, si tratta in provetta una piccolissima quantità di resina (previamente disciolta in 2 ml di acido solforico/acqua 3 : 1 con leggero riscaldamento) con 5 ml di soluzione di antrone (9,10-diidro-9-ossiantracene) in acido solforico concentrato (25-50 mg di androne in 50 ml di acido, da preparare preferibilmente 4-5 ore prima dell'uso) agitando. Si scalda la provetta a b.m. a 90°C: se entro 1-2 minuti appare una colorazione verde cupo tendente al blu, il prodotto in esame è un etere o un estere della cellulosa.

### Cellulosa acetato

L'acetato di cellulosa viene utilizzato tra l'altro per la fabbricazione di pellicole foto e cinematografiche e negli imballaggi per la sua flessibilità e trasparenza.

Per il suo riconoscimento, sciogliere un po' di sostanza in anidride acetica, rafreddare ed aggiungere alcune gocce di acido solforico: si forma una colorazione blu-verde.

Lo spettro IR presenta assorbimenti specifici a 1750 (C=O estereo), 1230 (C-O-C estereo) e 1050 cm$^{-1}$ (C-O-C etereo).

### Cellulosa propionato

Presenta assorbimenti forti a 1175 e 1075 cm$^{-1}$, oltre ad un picco caratteristico, stretto, di modesta intensità, a 807 cm$^{-1}$.

### Esteri misti della cellulosa

L'**acetobutirrato di cellulosa** brucia con odore caratteristico di acido butirrico, mentre lo spettro IR ha un andamento intermedio tra quello dell'acetato e quello del butirrato di cellulosa, secondo il loro rispettivo rapporto.

Dopo aver estratto con alcool etilico gli eventuali plastificanti, si saponifica il residuo con potassa alcolica. Si formano in tal modo i sali potassici degli acidi acetco, propionico e butirrico.

Si elimina l'alcool riscaldando a b.m. e si aggiunge acqua per separare i sali dalla cellulosa, che viene separata per filtrazione. Si lava con acqua, riunendo tutte le acque di filtrazione e di lavaggio, concentrandole per riscaldamento a b.m. fino a piccolo volume. Si aggiungono alcool etilico ed acido solforico concentrato e si fa bollire a ricader per circa mezz'ora. In tal modo gli acidi grassi sono trasformati nei corrispondenti esteri etilici che possono essere separati e quantificati per distillazione frazionata o per gascromatografia.

In alternativa si può acidificare con acido fosforico e rettificare raccogliendo le frazioni a 118°C (ac. acetico), 141°C (ac. propionico) e a 163,5°C (ac. butirrico) e determinandone l'entità mediante titolazione con idrossido di potassio.

### Eteri della cellulosa

Gli spettri IR degli eteri della cellulosa sono piuttosto simili tra loro. La metilcellulosa mostra bande intense a 1110, 1075, 1050 e 1030 cm$^{-1}$.

L'etilcellulosa ha bande intorno a 1135, 1110, 1065 e 925 cm$^{-1}$, l'idrossietilcellulosa a 1120-1000 ed 885 cm$^{-1}$.

### Resine urea-formaldeide e melammina-formaldeide

Si scalda in provetta un pezzetto di resina con alcuni ml di acido solforico al 5%. Si raffredda e si fa stratificare sotto il liquido 1 ml di soluzione diluita di carbazolo in acido solforico. In presenza di resine ureiche o melamminiche si forma all'interfase un cuscinetto azzurro.

Lo spettro IR delle resine urea-formaldeide mostra una larga banda a 3330 (N-H), 1640 (C=O), 1540 (N-C-N) e 1020 cm$^{-1}$ (gruppi idrossimetilici).

### Resine melamminiche

Si idrolizza la resina solida (o privata del solvente) con acido fosforico 1 : 1 oppure con acido cloridrico 0,1 N o 0,5 N. Si opera in eccesso di acido riscaldando a ricadere per 2-3 ore. Si evapora in capsula fino ad eliminazione completa della formaldeide liberatasi e, dopo aggiunta di acqua calda, si tratta con alcune gocce di soluzione acquosa di acido picrico (2 g in 1500 ml di acqua). In presenza di melammina si forma un precipitato giallo.

Le resine melamminiche sono riconoscibili all'IR dalla banda stretta e di media intensità a 813 cm$^{-1}$, caratteristica dell'anello triazinico.

### Resine indeniche

Sciogliere 100-200 mg di resina in 10 ml di cloroformio, aggiungere 1 ml di acido acetico glaciale ed 1 ml di soluzione di bromo al 10% in cloroformio. Lasciare una notte in attesa. La formazione di una colorazione rossa è indice della presenza di una resina cumaron-indenica.

Le resine indeniche sono riconoscibili all'IR dall'assorbimento intenso a 745 cm$^{-1}$ dell'anello benzenico orto-disostituito.

### Siliconi

I siliconi si possono presentare in forma liquida o solida (spesso gommosa), tutti con forte resistenza all'attacco di agenti chimici.

Si riconoscono abbastanza facilmente perché bruciano con fiamma vivida a sprazzi caratteristica, lasciando abbondanti ceneri bianchissime ed impalpabili di silice.

Essi presentano uno spettro caratteristico, con assorbimenti a 1265 (metili legati al silicio), 1100 (Si-O), 1020 (Si-O-Si) ed 800 cm$^{-1}$ (CH$_3$-Si-CH$_3$).

**Poliuretani**

Per riconoscere un poliuretano in un polimero azotato, pirolizzare un pezzetto di resina in una provetta alla cui imboccatura sia stato applicato con un tappo forato un tubicino di vetro piegato alla fiamma.

Raccogliere i fumi o vapori di pirolisi condensati in alcuni ml di acetone ed interrompere la pirolisi. Dividere la soluzione in due parti.

Aggiungere alla prima parte una goccia di soluzione acquosa di nitrito sodico al 10%: si sviluppa una colorazione da arancione a rosso-bruno che cambia con il tempo.

Aggiungere alla seconda parte di soluzione 0,5 ml di una soluzione acquosa all'1% di nitrazolo-CF: si forma un precipitato da giallo cupo ad arancione.

I poliuretani alifatici assorbono nell'IR a 1695, 1540, 1250 e 780 cm$^{-1}$.

I poliuretani aromatici (del tipo da difenilmetan-4,4'-diisocianato e 1,6-esandiolo) si riconoscono dagli assorbimenti a 820, 770 e 725 cm$^{-1}$.

**Resine alchidiche e altri poliesteri**

Le resine alchidiche sono poliesteri ottenuti da polialcoli ed acidi carbossilici, modificati con esteri di acidi grassi. Una resina poliestere è caratterizzata da un elevato Numero di Saponificazione. Inoltre, è possibile risalire dalla saponificazione alla natura delle sostanze di partenza.

Lo spettro IR è caratteristico di ogni singola classe di resine, a seconda delle sostanze impiegate nella policondensazione, ad es. policaprolattone, policarbonato, polietilenglicoltereftalato (PET).

**Politetrafluoroetilene (PTFE, Teflon)**

Resiste a temperature fino a 350-400°C e questo di per sé un elemento di identificazione. Sulla fiamma a temperature superiori depolimerizza. E' insolubile in tutti i solventi organici ed è un ottimo isolante elettrico. Notevole è anche il suo impiego nella fabbricazione di preparazioni lubrificanti.

Assorbimenti caratteristici all'IR si trovano tra circa 1180 e circa 1050, ed ancora a 640, 625 e 553 cm$^{-1}$.

**Poliammidi**

Una volta verificata la presenza di azoto nella molecole, le poliammidi possono essere riconosciute dalla peculiarità di essere facilmente solubili in acido formico.

Da questa soluzione, stesa su un vetrino e seccata, si ricava facilmente un film che, esaminato allo spettrofotometro IR, mostra bande a 3300 (N-H), 1640 (ammide I) e 1550 (ammide II).

Per riconoscere una poliammide aromatica (arammide), si scioglie la sostanza in acido solforico concentrato, scaldando se necessario, si raffredda, si diluisce con acqua fino a precipitazione completa dell'arammide sotto forma di polvere che viene filtrata, lavata con acqua ed asciugata. Con la polvere ottenuta si prepara una pasticca di bromuro di potassio che viene esaminata all'infrarosso.

Un saggio colorimetrico probante per le poliammidi è il seguente: pirolizzare in provetta una piccola quantità di campione; assorbire il pirolizzato su un batuffolo di ovatta ed immergerlo in alcuni ml di soluzione metabolica all'1% di p-dimetilamminobenzaldeide previamente acidificata con una goccia di acido cloridrico: il saggio è positivo se si forma una colorazione rossa.

# CAPITOLO 17

## GOMMA NATURALE E SINTETICA E LORO LAVORI

Nonostante il miglior metodo di identificazione di una gomma sia la spettrofotometria IR, è utile ancor oggi il seguente saggio.

### Saggio di Burchfield

Preparare le seguenti due soluzioni:

A – Introdurre 2 g di sodio citrato endecaidrato, 0,2 g di acido citrico, 0,03 g di Verde di Bromocresolo e 0,03 g di Giallo Metanile in un matraccio tarato da 500 ml e portare a volume con acqua.

B – Mescolare 1 g di p-dimetilamminobenzaldeide e 0,01 g di idrochinone in 100 ml di metanolo. Aggiungere 5 ml di acido cloridrico e 10 ml di glicol etilenico. Aggiustare il peso specifico della soluzione al valore di 0,851 a 25°C con metanolo.

Pirolizzare 0,5 g di gomma in una provetta da 10 x 75 mm con montato un tubicino di condensazione lungo 12 cm: quando condensano i primi vapori, immergere la punta del tubicino in una provetta contenente 1,5 ml di soluzione A e prendere nota dell'eventuale cambiamento di colore. Rimuovere il tubicino e continuare la distillazione in 1,5 ml di soluzione B. Raffreddare le due provette e prender nota delle rispettive colorazioni. Trasferire il contenuto della provetta B in una provetta da 16 x 150 mm, aggiungere 5 ml di metanolo e scaldare a bagnomaria 3 minuti a 100°C. Prendere nota della colorazione dopo il riscaldamento. Le varie gomme danno le colorazioni riportate nella tabella seguente[10] (Tab. 6).

| Campione di gomma | Colore soluzione A | Colore soluzione B | Colore soluzione B |
|---|---|---|---|
| | | Iniziale | Dopo riscaldamento |
| Bianco | Verde | Giallo pallido | Giallo pallido |
| Neoprene GN | Rosso | Giallo | Giallo-verde pallido |
| Neoprene ILS | Giallo-rosso | Arancione-rosso | Rosso |
| Gomma nitrile | Verde | Arancione-rosso | Rosso |
| Gomma SBR | Verde | Giallo-verde | Verde |
| Poliisoprene + SBR | Verde | Verde-oliva | Blu-verde |
| Poliisoprene | Verde | Marrone | Blu-violetto |
| Gomma butile | Verde | Giallo | Blu-verde pallido |

Tab. 6 – Comportamento delle più comuni gomme al saggio di Burchfield

---

[10] H.E. Burchfield, Anal. Chem., 16, 424 (1944)
    Idem, Anal. Chem., 17, 806 (1945)

## Gomma naturale

La gomma naturale (poli-cis-isoprene) può presentarsi come lattice o già coagulata in blocchi gommosi, elastici, non tenaci. Nel primo caso si può preparare il campione per l'analisi acidificando il lattice con acido acetico ottenendo una massa bianca, gommosa, anch'essa elastica e non tenace.

Su un lattice di gomma si determina usualmente il residuo secco, l'alcalinità, i solidi totali, il contenuto di gomma secca.

La gomma allo stato solido, quando non è vulcanizzata, è solubile in cloroformio: dalla soluzione, per evaporazione del solvente, si ottiene facilmente un film trasparente da cui può essere ricavato lo spettro infrarosso.

## Gomme sintetiche

Lo stesso discorso fatto per la gomma naturale vale generalmente anche per le gomme sintetiche, delle quali le più importanti sono:

**Polibutadiene (BR)**
**Poli-isobutene-isoprene (IIR, gomma butile)**
**Poli-cloro-isobutene-isoprene (CIIR, gomma clorobutile)**
**Poli-bromo-isobutene-isoprene (BIIR, gomma bromobutile)**
**Poli-acrilonitrile-butadiene (NBR)**
**Poli-acrilonitrile-isoprene (NIR)**
**Poli-stirene butadiene (SBR)**
**Poli-stirene-isoprene (SIR)**
**Cloroprene (CR)**
**Poli-isoprene sintetico (IR).**

Nel caso di una gomma vulcanizzata, utili informazioni sulla sua natura si possono ottenere dall'esame dello spettro IR del prodotto pirolizzato.

# CAPITOLO 18

## ADDITIVI PER L'INDUSTRIA DELLE MATERIE PLASTICHE E DELLE GOMME

### Plastificanti

I plastificanti sono impiegati per dare al prodotto una maggiore morbidezza.

I più comuni sono esteri di alcoli superiori o di glicoli con acidi alifatici o aromatici mono e policarbossilici, quali ftalati, fosfati, mellitati, adipati, azelati, sebacati, citrati. Sono impiegati anche idrocarburi clorurati.

Essi sonno presenti nei manufatti di materiale plastico in misure anche considerevoli a seconda dell'oggetto da ottenere e del tipo di polimero che si utilizza.

Possono essere separati con alcool o etere etilico in Soxhlet, esprimendo il risultato in % in peso.

La separazione dei plastificanti può essere ottenuta anche per cromatografia su strato sottile: in particolari condizioni il plastificante rimane fermo al punto di partenza e può essere recuperato ed analizzato. L'identificazione avviene attraverso lo spettro IR.

La determinazione quantitativa si determina per via gascromatografica usando appropriate colonne e condizioni operative che sono funzione della polarità e del punto di ebollizione. Al limite si può operare anche sull'estratto trasformato in un derivato con punto di ebollizione più basso.

Per i plastificanti di natura esterea è utile la determinazione del Numero di Saponificazione.

### Extenders

Si tratta di liquidi che vengono aggiunti alle gomme per diminuirne il costo, oltre che per facilitare la lavorazione delle gomme sintetiche nella vulcanizzazione a freddo. Sono oli minerali, oli naftenici ed estratti aromatici emulsionati che sono aggiunti al lattice del polimero di partenza e poi coprecipitati con lo stesso.

### Riempitivi

Le materie di carica (riempitivi, fillers) sono di norma inorganici. Esse hanno tra l'altro lo scopo di modificare le proprietà meccaniche del prodotto, o quelle fisiche, quali il peso specifico, o ancora per motivi economici, per risparmiare sulla materia prima.

Si possono separare come insolubile nell'estrazione della plastica con solventi organici, per centrifugazione o decantazione, oppure come ceneri residue della combustione, esprimendo il risultato come % in peso.

I fillers più comunemente impiegati sono la silice, il caolino e silicati vari, i carbonato di calcio o di magnesio, il diossido di titanio.

## Stabilizzanti, antiossidanti, acceleranti, antistatici

Si tratta di sostanze difficili da identificare nel prodotto finito perché sono presenti in quantità molto piccole e per di più appartengono a svariate classi di prodotti: tra gli stabilizzanti possiamo citare sali metallici di acidi grassi, oli epossidati ed altri derivati epossidici, alchilfosfiti.

Tra gli stabilizzanti UV si trovano benzofenoni, salicilati, cianoacrilati, cinnamati, benzotriazoli, mentre tra gli antiossidanti sono compresi fenoli, bisfenoli, ammine aromatiche.

Appartengono alla classe degli acceleranti vari ditiocarbammati, tiurami, sulfenammidi, mercaptobenzotiazolo e suoi omologhi e derivati.

Gli antistatici consistono essenzialmente di sali di ammonio quaternario, alchhilolammine, poliglicoleteri.

Per la determinazione di questi composti si ricorre all'estrazione con solventi selettivi, quali etanolo, acetonitrile, anilina, soluzioni alcaline, scelti in modo che sciolgano gli additivi o i prodotti della loro decomposizione o trasformazione (ad es. per idrolisi o per pirolisi o ancora per derivatizzazione), ma non la plastica o la gomma.

Si può ricorrere anche alla solubilizzazione del campione e alla riprecipitazione di uno o più componenti dalla soluzione o dispersione ottenuta. Si analizzano quindi a parte gli additivi rimasti in soluzione nel solvente di estrazione. Generalmente si ricorre alla gascromatografia, meglio se accoppiata alla spettrometria di massa.

In alternativa, la separazione può essere ottenuta con cromatografia preparativa su strato sottile con idonei eluenti.

Più semplice è il controllo analitico quando questi prodotti sono inviati in analisi prima della loro incorporazione: essi saranno allora analizzati come prodotti o preparazioni a sé stanti.

## CAPITOLO 19

## PROFUMERIE ALCOLICHE, COSMETICI

### Profumerie alcoliche

#### Separazione ed allontanamento delle essenze

Nelle profumerie alcoliche è necessario effettuare una separazione preliminare delle essenze per allontanare sostanze estranee all'alcool che possono inficiare la successiva misura della densità e che non verrebbero eliminate per semplice distillazione. Il loro allontanamento si rende necessario qualora il loro contenuto sia concretamente valutabile, cioè soprattutto nei profumi e nelle acque da toletta, mentre nel caso di prodotti cosmetici non particolarmente "profumati" (deodoranti, after shaves, ecc.) il trattamento può essere trascurato, effettuando direttamente la distillazione del prodotto tal quale dopo opportuna diluizione con acqua distillata.

La separazione delle essenze si ottiene per dibattimento del campione con soluzione acquosa al 5% di allume: si prelevano con una pipetta 20 ml del prodotto iniziale e si versano in un palloncino da 200 ml (fattore di diluizione = 10); si aggiunge sotto agitazione la soluzione di allume sino quasi al segno.

Si lasciano separare le essenze, si porta a volume con la soluzione di allume avendo cura che le essenze risalgano sopra il segno.

Si agita nuovamente e si ruota il pallone per facilitare il movimento delle gocce oleose verso l'alto.

Si lascia a riposo, se possibile un'intera notte, fino a che le essenze non si sono separate, si controlla di nuovo il volume della soluzione idroalcolica, quindi si elimina il surnatante (cioè l'emulsione acquosa delle essenze collocata oltre il segno di volume) con una pipetta graduata, annotando a parte il volume misurato.

#### Distillazione

Si filtra il campione privato delle essenze su filtro asciutto in un palloncino da 100 ml gettando le prime porzioni, se torbide, o rimettendole sul filtro. Si travasano quantitativamente i 100 ml di filtrato nella beuta da distillazione, lavando accuratamente il palloncino 3-4 volte con porzioni da 5 ml ciascuna di acqua distillata. Si distilla raccogliendo 80-85 ml di distillato in un palloncino tarato da 100 ml.

Si raffredda a 20°C, si porta a volume con acqua distillata e si misura la densità con la bilancia idrostatica.

Il titolo alcolometrico volumico fornito dall'apparecchiatura automatica o ricavato dalle tabelle va moltiplicato per il fattore di diluizione (pari a 10), ottenendo in tal modo il contenuto in alcool etilico, espresso come % in volume.

Dal momento che le profumerie vengono in analisi solitamente in confezioni originali per la vendita al minuto, la gradazione può essere espressa in ml/confezione, per cui va sempre misurato preventivamente il volume di prodotto presente nella confezione.

## Oli essenziali e miscugli di sostanze odorifere

### Determinazione dell'alcool etilico

Il metodo trova applicazione in vari tipi di miscugli naturali o artificiali, nei quali occorra accertare l'eventuale presenza di alcool. L'alcool etilico eventualmente contenuto in formulazioni a base di oli essenziali è infatti soggetto ad accisa, ove non denaturato secondo una delle formule previste dalla normativa vigente. La determinazione qualitativa dell'alcool costituisce quindi una sorta di screening orientativo prima di effettuare la determinazione quantitativa dell'alcool etilico.

Alcoli, glicoli, acetati e chetoni contenuti negli oli essenziali, dibattuti con una soluzione al 10% di cloruro sodico, passano nella fase acquosa, mentre gli oli essenziali veri e propri restano insolubili in acqua. Dibattendo una quantità nota di olio essenziale con la soluzione salina, si determina quantitativamente l'olio essenziale insolubile in acqua. E' prevista la seguente semplice attrezzatura:
- pipette a scorrimento da 10 e 20 ml
- tubo di Heggertz graduato da 30 ml (sens. 0,1 ml)
- bagno termostatico a 20°C
- beute da 50 ml
- propipetta di gomma

Come reattivo si usa una soluzione al 10% in peso di cloruro di sodio in acqua bidistillata. Si termostatano l'olio essenziale e la soluzione salina in bagno a 20°C per 30 minuti. Mediante la propipetta si versano nel tubo di Heggertz 10 ml di olio essenziale in esame e 20 ml di soluzione salina, prelevati esattamente. Si tappa il tubo e si dibatte, lasciando poi stratificare. Il surnatante è costituito da oli essenziali, insolubili nella soluzione salina.

Nel caso che lo strato etereo sia rimasto di 10 ml esatti, si esclude la presenza di alcool e/o di altre sostanze solubili in acqua.

La eventuale presenza di alcool non può superare, in percentuale, il numero di ml mancanti alo strato etereo, diviso 10, moltiplicato 100, secondo la formula

$$\% \text{ alcool}_{max} = \frac{\text{ml}_{\text{strato etereo}}}{10} \cdot 100$$

La prova, naturalmente, è solamente indicativa, ed oltretutto può risultare positiva in presenza di prodotti solubili in acqua (glicoli, acetati, chetoni), senza un'effettiva presenza di alcool.

## Preparazioni cosmetiche

### Determinazione dell'olio minerale lubrificante

L'analisi è indirizzata all'accertamento della presenza di olio minerale ai fini della relativa imposta di consumo prevista dalla normativa vigente per gli oli lubrificanti anche miscelati con prodotti di varia natura[11].

Si tratta in pratica della determinazione dell'insaponificabile: la preparazione cosmetica viene sottoposta a saponificazione spinta con potassa alcolica. Dalla soluzione si estrae l'olio lubrificante con etere di petrolio. L'estratto etereo, essiccato su sodio solfato anidro, viene evaporato fino a peso costante e pesato.

Se sono presenti cere o paraffina, queste vanno preventivamente eliminate dall'estratto etereo mediante trattamento dell'insaponificabile con acido solforico al 70% e lavando con acqua fino a neutralità, controllando l'eliminazione con uno spettro IR sul residuo seccato.

La quantità percentuale di olio lubrificante presente nel cosmetico è espressa dal rapporto tra il peso del residuo e il peso del cosmetico sottoposto a saponificazione, moltiplicato per 100, secondo la formula

$$\text{olio minerale \%} = \frac{g_{residuo}}{g_{cosmetico}} \cdot 100$$

Il peso di eventuali paraffine e cere si desume dalla differenza tra l'insaponificabile totale e quello trattato con acido solforico.

La metodica richiede molta precisione ed accuratezza, per evitare perdite di liquidi e con essi di materiale estratto. Particolare cura va dedicata ai lavaggi dei recipienti, per minimizzare le perdite di materiale che può restare aderente alle pareti dei recipienti stessi.

---

[11] Attualmente regolata dal Decreto Legislativo n. 504 del 26/10/1995, art. 62, commi 1 e 3.

## CAPITOLO 20

## L'ALCOOL ETILICO IN USI NON ALIMENTARI

Un trattamento più approfondito e particolareggiato merita l'alcool etilico nel suo impiego in usi non alimentari, in considerazione della sua rilevanza sia industriale, sia fiscale. Esso, infatti, viene utilizzato in quantità notevoli dall'industria chimica, sia come reattivo di processo, sia come solvente di reazione, di cristallizzazione e di lavaggio, nonchè come componente di moltissime preparazioni industriali; tutto ciò incide sui costi di produzione a causa dell'accisa cui l'etanolo è soggetto. Sorge quindi il problema dell'esenzione dall'accisa, della denaturazione e dei relativi controlli analitici. L'alcool etilico può essere ottenuto industrialmente per fermentazione e per sintesi: nei **processi di fermentazione** si ottiene da materie prime diverse quali:
- prodotti già contenenti alcool: vino, vinacce, birra, sidro, ecc., per semplice distillazione delle soluzioni alcoliche e successive rettifiche;
- materie liquide zuccherine: melassi, barbabietole, datteri, sorgo zuccherino, uve appassite, fichi, carrube, frutti selvatici, sottoponendo i loro mosti prima alla fermentazione alcolica mediante lieviti e poi alla distillazione;
- materie amidacee, come patate, granturco e cereali, manioca e castagne, da cui l'alcool si ottiene trasformando dapprima l'amido in zuccheri (saccarificazione) e procedendo poi con la fermentazione, la distillazione e le successive varie rettifiche;
- materie cellulosiche, dalle quali l'alcool si ottiene trasformando la cellulosa e le emicellulose in zuccheri e questi in alcool. Si utilizza di solito il legno delle piante superiori, dal quale si ottengono circa 28 litri di alcool per quintale, più o meno a seconda del procedimento. Di norma, però, le materie utilizzate per la fabbricazione dell'alcool sono quelle zuccherine e le amidacee. In Francia si usa zucchero da barbabietola, in Germania da fecola di patate, in America e in Oriente rispettivamente da mais e da riso. L'alcool proveniente dalle patate non ha lo stesso valore di quello proveniente dalla barbabietola o dai cereali, in quanto contiene una notevole quantità di sostanze dall'odore non gradevole che spesso si formano da reazioni secondarie nel corso della fermentazione. Queste sostanze, note con il nome di "Fusel Oils" (Oli di flemma) sono costituite principalmente da:
- alcool amilico ed etere enantico, nel caso dell'alcool da cereali;

- alcoli amilico, propilico, isopropilico, butilico ed isobutilico nell'alcool da patate;
- eteri caproico, caprico e caprilico per l'alcool da melasso.

Per eliminare queste sostanze, l'alcool viene diluito con acqua per rimuovere le impurezze oleose che, essendo insolubili, possono essere separate ed allontanate per filtrazione su carbone. Il filtrato viene poi sottoposto a distillazione frazionata: la prima frazione contiene le aldeidi, la frazione centrale costituisce lo spirito rettificato, mentre la coda di distillazione contiene gli omologhi superiori dell'alcool. Lo spirito rettificato contiene solitamente dal 90 al 95% in volume di etanolo, insieme a tracce di impurezze odorifere non completamente separate nel corso della prima distillazione frazionata.

L'alcool ottenuto per fermentazione ha una gradazione di 96 (alcool neutro) [12], mentre l'alcool di sintesi ha gradazione 99-100.

Nei **processi di sintesi**, invece, l'alcool si ottiene:
- dall'etilene per idratazione indiretta;
- dall'etilene per idratazione diretta;
- da miscele di ossido di carbonio ed idrogeno, gas d'acqua, in presenza di catalizzatori alcalinizzanti (ossidi di zinco e sali potassici di acidi grassi), oppure
- dall'ossido di etilene con successiva trasformazione in alcool.

Nella Tab. 7 sono riportate le caratteristiche chimico-fisiche dell'alcool neutro.

Per l'analisi dell'alcool etilico si ricorre ai metodi ufficiali riportati nel Reg. CEE n. 1238/92.

| Caratteri organolettici | Esente da gusti estranei alla materia prima |
|---|---|
| Titolo alcolometrico volumico | $\geq$96% v/v |
| **Valori massimi di elementi residui** | |
| Acidità totale, espressa come acido acetico | $\leq$1,5 g/hla |
| Metanolo | $\leq$50 g/hla |
| Esteri totali, espressi come acetato di etile | $\leq$1,3 g/hla |
| Aldeidi, espresse come acetaldeide | $\leq$0,5 g/hla |
| Alcoli superiori, espressi come 2-metil-1-propanolo | $\leq$0,5 g/hla |

[12] Art. 3, paragrafo I, comma primo, lettera a), All. I al Reg. CEE n. 2046/89 del Consiglio del    19/07/1989.

[13] Valori limite non previsti dal Reg. CEE n. 2046/89, ma previsti dal Reg. CEE n. 1238/92. Il Reg. CEE 2046/89 stabilisce regole generali relative alla distillazione dei vini e dei sottoprodotti della vinificazione e prevede che mediante le varie distillazioni del settore vinicolo si possa tra l'altro ottenere alcool neutro, le cui caratteristiche chimiche (limiti) sono definite nell'All. I.

[14] Il Reg. CEE n. 1238/92 stabilisce i metodi di analisi comunitari nel settore del vino.

| Basi azotate, espresse come azoto | | $\leq 0,1$ g/hla |
| Estratto secco | | $\leq 1,5$ g/hla |
| Furfurale | | Assente |
| Alcool di sintesi[13] | | Assente |
| Resistenza al permanganato[13] | | $\geq 18$ min. a 20°C |
| Assorbanza all'UV (trasparenza ottica dell'alcool neutro tra 270 e 220 nm)[13] | a nm | assorbanza |
| | 270 | $\leq 0,02$ |
| | 240 | $\leq 0,08$ |
| | 230 | $\leq 0,18$ |
| | 220 | $\leq 0,3$ |

**Tab. 7 – Caratteristiche chimico-fisiche dell'alcool etilico
All. I al Reg. CEE n. 2046/89[14] e successive modifiche.**

## Aspetti fiscali

Per poter godere dell'esenzione dall'accisa, l'alcool etilico, salvo eccezioni, deve essere denaturato.La denaturazione consiste nell'aggiunta ad una certa sostanza (in questo caso l'alcool etilico) di uno o più composti che ne alterino le caratteristiche in modo tale che la sostanza stessa diventi **permanentemente non idonea** all'uso cui era normalmente destinata e per il quale era soggetta ad un certo trattamento fiscale. Da ciò deriva la necessità di trovare denaturanti che abbiano le caratteristiche e le proprietà adatte a garantire tale inidoneità, come riassunto nella Tab. 8.

| | |
|---|---|
| Economici | Facile reperibilità in commercio<br>Essere di produzione possibilmente nazionale<br>Avere costo contenuto |
| Tossicologici ed igienici | Compatibilità con lo stato fisico del prodotto da denaturare<br>Assenza di tossicità per inalazione, ingestione e contatto<br>Non essere inquinante<br>Non essere eliminabile con trattamenti chimici o fisici semplici o con processi industriali economicamente convenienti |
| Chimici | Compatibilità con l'uso cui è destinato il prodotto da denaturare<br>Stabilità nel tempo<br>Possibilità di essere aggiunto in quantità minime<br>Facile e sicura rilevabilità sia qualitativa sia quantitativa, anche se il prodotto denaturato viene miscelato con uguale o diverso prodotto tassato<br>Non dare reazioni simili a quelle che può dare uno dei normali componenti del prodotto non denaturato<br>Avere caratteri organolettici sgradevoli |

**Tab. 8 – Requisiti fondamentali di un denaturante**

Prendiamo in esame il problema della denaturazione di un liquido qual è l'alcool etilico. Per assicurare la "non separabilità" del denaturante dal denaturato, si dovrà ricorrere preferibilmente ad un liquido che sia completamente miscibile con l'alcool ed abbia un punto di ebollizione il più vicino possibile a quello dell'etanolo, così che risulti non facile ed economicamente non conveniente la loro separazione per distillazione.

Poiché la tassazione dell'alcool etilico deriva dal suo impiego come commestibile, un suo denaturante dovrà anche modificarne i caratteri organolettici, quali sono l'odore e il sapore, e quelli fisici, qual è il colore, in modo da renderlo definitivamente non commestibile e riconoscibile come tale.

L'alcool etilico può essere denaturato con **denaturante generale** o con **denaturanti speciali**: il primo è stabilito per decreto ed è di uso generale, mentre i secondi sono approvati e autorizzati dall'Amministrazione Finanziaria su domanda presentata dai singoli operatori secondo le rispettive necessità. In particolare, in base al Testo Unico delle Accise[15], l'alcool etilico e i prodotti che lo contengono sono esenti dall'accisa se sono:

    a) denaturati con denaturante generale (DG) e destinati alla vendita;

    b) denaturati con denaturanti speciali;

    c) impiegati per la produzione di aceto;

    d) impiegati per la fabbricazione di medicinali[16];

    e) impiegati in un processo di fabbricazione a condizione che il prodotto finale non contenga alcool;

    f) impiegati nella fabbricazione di aromi destinati alla preparazione di prodotti alimentari e di bevande alcoliche aventi un titolo alcolometrico effettivo non superiore all'1,2% in volume;

    g) impiegati direttamente o come componenti di prodotti semilavorati destinati alla fabbricazione di prodotti alimentari;

    h) impiegati come campioni per analisi, per prove di produzione necessarie o a fini scientifici;

    i) usati nella fabbricazione di prodotti non soggetti ad accisa.

La denaturazione con Denaturante Generale (Decreto Ministero Finanze 9/07/1996 n. 504, Gazzetta Ufficiale della Repubblica

---

[15] Decreto Legislativo n. 503 del 26/10/1995 (in particolare al capo III, sez. I, art. 27) definisce l'ambito applicativo dell'accisa sui prodotti alcolici e sulle esenzioni

[16] Si intende per *medicinale* ogni sostanza o composizione presentata come avente proprietà curative o profilattiche nelle malattie umane ed animali nonché ogni sostanza o composizione da somministrare all'uomo o all'animale allo scopo di stabilire una diagnosi medica o di ripristinare, correggere o modificare funzioni organiche dell'uomo o dell'animale. Sono *specialità medicinali* i medicinali precedentemente preparati ed immessi in commercio con una denominazione speciale ed in confezione particolare. Non sono considerati specialità medicinali i medicinali preparati nella farmacia ospedaliera e destinati ad essere impiegati all'interno dell'ospedale, quelli preparati in farmacia in base a prescrizioni mediche e/o in base alle indicazioni della Farmacia Ufficiale e destinati ad essere forniti direttamente ai clienti della farmacia stessa.

Italiana n. 327 del 9/10/1996) viene effettuata con l'aggiunta, ad ogni ettolitro di alcool (con tenore effettivo di alcool etilico non inferiore all'83% in volume) [17] , delle seguenti sostanze:
- tiofene 125 g
- denatonium benzoato (Bitrex) 0,8 g
  colorante C.I. Reactive Red 24 (soluzione acquosa al 25% p/v) 3,0 g
- metil-etilchetone) 2 litri.

## Aspetti analitici

## Determinazione del tenore effettivo di alcool etilico in campioni di etanolo destinato alla denaturazione

Questo metodo permette di verificare la quantità di etanolo effettivamente presente in una soluzione idroalcolica, distinto dalle altre specie presenti alcoliche e non, che solitamente vengono comprese nel titolo alcolometrico volumico preso nella sua globalità. L'alcool etilico in soluzione idroalcolica viene separato per GLC con iniezione diretta in colonna capillare e la sua concentrazione è determinata rapportando l'area del relativo picco con quella di uno standard interno a concentrazione nota aggiunto al campione in esame.

Strumentazione
- Gascromatografo (eventualmente munito di autocampionatore), con iniettore split/splitless e rivelatore a ionizzazione di fiamma (FID).
- Colonna capillare in silice fusa in grado di separare l'alcool etilico e lo standard interno dalle eventuali impurezze presenti nel campione, con le seguenti caratteristiche: lunghezza 30-60 m, diametro interno 0,32 mm, fase stazionaria del tipo dimetilpolisilossano, con spessore del film di 0,25 micron (tipo DB-1, DB-624, SPB—1 o CP-Sil 5CB).
- Sistema per l'integrazione e il calcolo dei risultati.
- Siringhe da 10 µl e/o campionatore automatico.
- Bilancia analitica con precisione di 0,0001 g.
- Bilancia idrostatica per la misura della densità.
- Provette, pipette graduate e normale vetreria da laboratorio.

Reattivi
- alcool etilico anidro (titolo minimo 99,9% vol.).

---

[17] (v. circolare n. 19/D del09/05/2005 dell'Agenzia delle Dogane). Tale tenore, per l'alcool neutro, si assume coincidente con la gradazione reale determinata con l'alcolometro.

- metil-etilchetone (MEK, titolo minimo 99,5% vol.).

Procedimento

Si determina preventivamente, mediante bilancia idrostatica e con precisione alla quarta cifra decimale, la densità del campione, dell'alcool etilico anidro e del MEK.

Si prepara una soluzione standard pesando accuratamente alla bilancia analitica, con la precisione di 0,1 mg, una quantità in grammi corrispondente a circa 5 ml di alcool etilico e 5 ml di MEK. Si miscela accuratamente.

Si prepara la soluzione del campione pesando accuratamente alla bilancia analitica, con la precisione di 0,1 mg, una quantità in grammi corrispondente a 5 ml di campione e 5 ml di MEK. Si miscela con cura.

Si imposta il gascromatografo sulle seguenti condizioni operative:
- Temperatura iniettore: 250°C
- Temperatura rivelatore (FID) 250°C
- Isoterma a 40°C per 12 minuti
- Riscaldamento da 40 a 160°C a 10°C/min.
- Isoterma a 160°C per 10 min.
- Gas di trasporto: elio
- Velocità di flusso del gas di trasporto: circa 25 cm/sec.
- Volume di iniezione:1 µl.
- Rapporto di splittaggio ed attenuazione tali da evitare la saturazione del sistema (ad esempio, per la colonna SPB-5 sono adeguati un rapporto di split di 1:30 con attenuazione 10, mentre per una colonna tipo DB-1 di 30 m, 0,32 mm di I.D., spessore del film pari a 0,25 µm, è adeguato un rapporto di split 1:60 con attenuazione 10).

## L'alcool etilico completamente denaturato. Determinazione dei denaturanti

La Commissione UE, considerando che gli stati membri esentano dall'accisa l'alcool completamente denaturato, con il Reg. n. 3199/93 del 22/11/1993 ha esteso a tutti gli stati membri il riconoscimento reciproco dei rispettivi processi di completa denaturazione dell'alcool.

Per il controllo della completa denaturazione secondo la normativa italiana possono essere impiegati i metodi qui di seguito descritti.

## Determinazione del Denatonium benzoato (Bitrex)

Il Bitrex (Denatonium benzoato) deve essere presente nell'etanolo denaturato nella misura di 0,800 g per ettolitro anidro, come indicato nel Reg. CE n. 3199/93 e nel Decreto Ministero Finanze n.

524 del 9/07/1996 (Gazzetta Ufficiale della Repubblica Italiana n. 237 del 9/11/1996).

Principio del metodo

Il metodo consente la determinazione indiretta del Bitrex nell'alcool etilico operando su una soluzione a titolo noto di sodio laurilsolfato addizionata di una quantità nota di alcool D.G. Può essere applicato fino ad un tenore di 50 mg di Bitrex per ettolitro di alcool etilico (0,05 ppm).

Il metodo è derivato da quello comunemente impiegato per il dosaggio dei tensioattivi anionici, in cui si misura l'assorbanza a 650 nm di una soluzione cloroformica del complesso colorato che si forma dall'azione del Blu di metilene sul tensioattivo anionico, che nel nostro caso è il sodio laurilsolfato. Nella fattispecie, si misura l'assorbanza dovuta al sodio laurilsolfato che rimane libero dopo aggiunta dell'alcool etilico contenente Bitrex: quest'ultimo, essendo un sale di ammonio quaternario come i tensioattivi cationici, blocca una quantità equivalente di sodio laurilsolfato. Dall'assorbanza letta si risale alla quantità di Bitrex contenuta nell'etanolo confrontandola con una retta di calibrazione ottenuta aggiungendo alla soluzione di sodio laurilsolfato quantità note di Bitrex.

Trattandosi di una misura indiretta e per di più effettuata sempre con lo stesso campione di sodio laurilsolfato, vengono meno le ben note interferenze negative e positive che rendevano il metodo insicuro per i tensioattivi, in quanto l'eventuale errore è costante.

Strumentazione
- normale vetreria da laboratorio (imbuti separatori, cilindri, imbutini, beute, becher) accuratamente lavata prima con acido cloridrico 3 M in metanolo quindi con abbondante acqua deionizzata.
- Spettrofotometro UV-Vis, con lettura a 650 nm.
- Cuvette di quarzo con cammino ottico di 1 cm, con tappo in Teflon.

Reattivi
- acqua assolutamente esente da impurezze.
- Acido cloridrico 3 M in metanolo (250 ml di acido cloridrico concentrato in 750 ml di metanolo), da utilizzare per il lavaggio della vetreria prima di iniziare la determinazione.
- Cloroformio.
- Soluzione madre di sodio laurilsolfato 100 mg/100 ml in alcool etilico.
- Soluzione di lavoro di sodio laurilsolfato 6 mg/100 ml (6 ml di soluzione madre diluiti a 100 ml con etanolo).

-   Soluzione di Blu di metilene 0,350 g/l in acqua (la soluzione deve essere preventivamente dibattuta con 15 ml di cloroformio 3 volte).
-   Sodio solfato anidro preventivamente essiccato in stufa a 105°C per 2 h.
-   Soluzione madre di Bitrex  80 mg/100 ml in alcol etilico.
-   Soluzione di lavoro di Bitrex 0,8 mg/100 ml (1 ml di soluzione madre diluito a 100 ml con etanolo) da preparare di fresco ogni volta che si esegue una determinazione.

Procedimento, retta di calibrazione

In una serie di imbuti separatori da 250 ml introdurre 100 ml di acqua deionizzata.

A ciascun imbuto separatore aggiungere 2 ml di soluzione di lavoro di sodio laurilsolfato e, rispettivamente (v. Tab. 9), 15, 13, 11, 9 ... 0 ml di soluzione di lavoro di Bitrex (0,8 mg/100 ml) preparata di fresco e 5 ml di soluzione di Blu di metilene, agitando dopo ogni aggiunta per omogeneizzare la soluzione.

| ml di soluzione di lavoro di Bitrex 0,81 mg/100 ml | Bitrex contenuto (mg) | Concentrazione di Bitrex (mg/100ml) |
|---|---|---|
| 15 | 0,1215 | 0,810 |
| 13 | 0,1053 | 0,702 |
| 11 | 0,0891 | 0,594 |
| 9 | 0.0729 | 0,486 |
| 7 | 0,0567 | 0,378 |
| 5 | 0,0405 | 0,278 |
| 3 | 0,243 | 0,162 |
| 1 | 0,0081 | 0,054 |
| 0 | 0,0000 | 0,000 |

Tab. 9 – Corrispondenza tra ml di sol. di lavoro e conc. di Bitrex

Aggiungere 15 ml di cloroformio, dibattere energicamente per 1 minuto e lasciar separare le due fasi. Raccogliere la fase inferiore cloroformica in un matraccio tarato da 50 ml con tappo smeriglio, filtrandola su un imbutino sul cui fondo sia stato pressato un piccolo batuffolo di ovatta di cotone ricoperto con una quantità opportuna di sodio solfato anidro bagnato con cloroformio per bloccare eventuali goccioline di fase acquosa. Ripetere l'estrazione altre due volte con 5 ml di cloroformio, dibattendo per 15 secondi, lavando il filtro (sempre con cloroformio)  fino a che quest'ultimo non diventi incolore[18]. Portare a volume di 50 ml con cloroformio e tappare. Misurare l'assorbanza della soluzione così ottenuta a 650 nm contro un bianco di cloroformio. Costruire la retta di

---

[18] Eventuali goccioline di fase acquosa blu restano fissate al filtro.

calibrazione ponendo in ordinata l'assorbanza e in ascissa le quantità di Bitrex aggiunte, espresse in mg/100 ml (Tab. 10).

Dosaggio del campione

In un imbuto separatore da 250 ml introdurre successivamente:
- 100 ml di acqua deionizzata
- 15 ml del campione di alcol etilico D.G. in analisi
- 2 ml di soluzione di lavoro di sodio laurilsolfato
- 5 ml di soluzione di Blu di metilene, agitando ad ogni aggiunta per omogeneizzare la soluzione.

Aggiungere 15 ml di cloroformio, dibattere energicamente per un minuto e lasciar separare le due fasi.

Raccogliere la fase inferiore cloroformica in un matraccio tarato da 50 ml con tappo smeriglio filtrandola su un imbutino sul cui fondo sia stato pressato un piccolo batuffolo di ovatta di cotone ricoperto con una quantità opportuna di sodio solfato anidro bagnato di cloroformio.

Ripetere l'estrazione altre due volte con 5 ml di cloroformio dibattendo per 15 secondi, lavando il filtro (sempre con cloroformio) fino a che quest'ultimo non diventa incolore.

Portare a volume (50 ml) con cloroformio, tappare e misurare l'assorbanza della soluzione ottenuta a 650 nm contro un bianco di cloroformio.

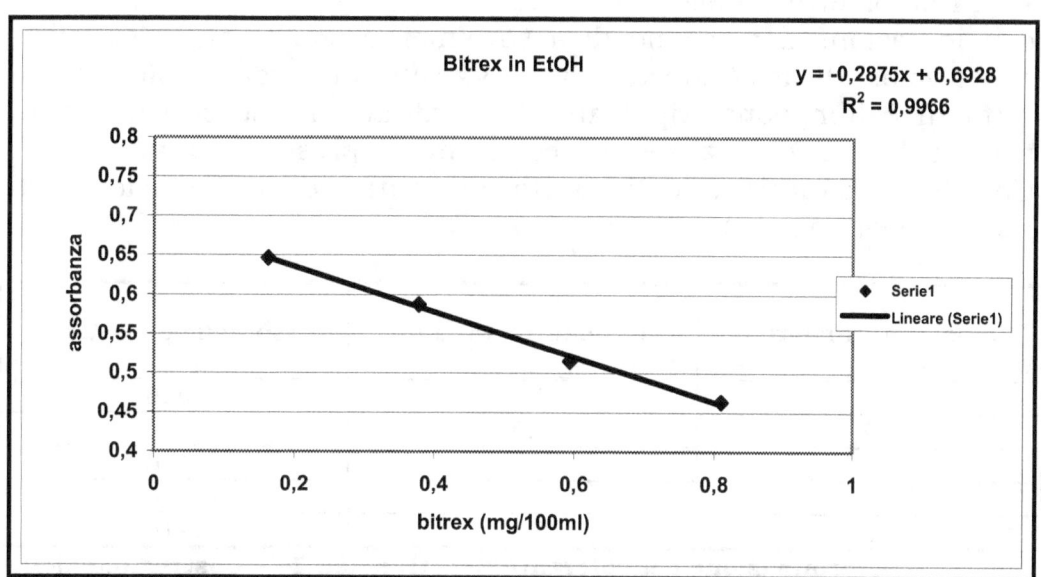

**Tab. 10 – Bitrex in alcool etilico. Retta di calibrazione.**

Calcolo della concentrazione ed espressione dei risultati

Dal valore di assorbanza trovato, risalire alla quantità di Bitrex presente nel campione utilizzando la retta di calibrazione. Esprimere i dati in grammi di Bitrex/100 litri anidri di alcool etilico.

## Determinazione del colorante C.I. Reactive Red 24 per via spettrofotometrica nel visibile

Il colorante C.I. Reactive Red 24 viene determinato quantitativamente mediante misura dell'assorbanza nel visibile. Si costruisce una retta di calibrazione e si calcola, in base all'assorbanza del campione in analisi, la concentrazione del colorante nel campione stesso.

Apparecchiature
- spettrofotometro UV-Vis.
- Cuvette in quarzo.
- Normale vetreria da laboratorio.
- Bilancia analitica.

Reagenti
- alcool etilico.
- soluzione standard di Reactive Red 24 al 25% p/v in acqua.

Procedimento, retta di calibrazione

Preparare, con singole pesate, almeno 5 soluzioni di standard in alcool etilico a diverse concentrazioni in palloncini da 25 ml, fino ad ottenere approssimativamente le concentrazioni riportate in Tab. 11 – seconda colonna. Effettuare le letture allo spettrofotometro delle soluzioni preparate, prendendo in considerazione il massimo di assorbimento a 532 nm. Costruire, con i valori di assorbanza trovati (v. Tab. 11 – terza colonna), la retta di calibrazione, riportando in ordinata l'assorbanza ed in ascissa la concentrazione del colorante, espressa in mg/100 ml. Calcolare l'equazione della retta ottenuta ed il coefficiente di relazione (v. Tab. 12).

| Soluzione standard n. | Concentrazione in mg/100 ml | Assorbanza a 532 nm |
|---|---|---|
| 1 | 0,53 | 0,0365 |
| 2 | 1,31 | 0,0896 |
| 3 | 2,63 | 0,1966 |
| 4 | 4,21 | 0,3267 |
| 5 | 5,26 | 0,4162 |

**Tab. 11 – Determinazione del colorante Reactive Red 24 – Costruzione della retta di calibrazione**

Dosaggio del campione

Solitamente, la determinazione del colorante viene eseguita sul campione t.q. Dall'assorbanza trovata si risale, attraverso la retta di calibrazione, alla quantità di colorante presente.

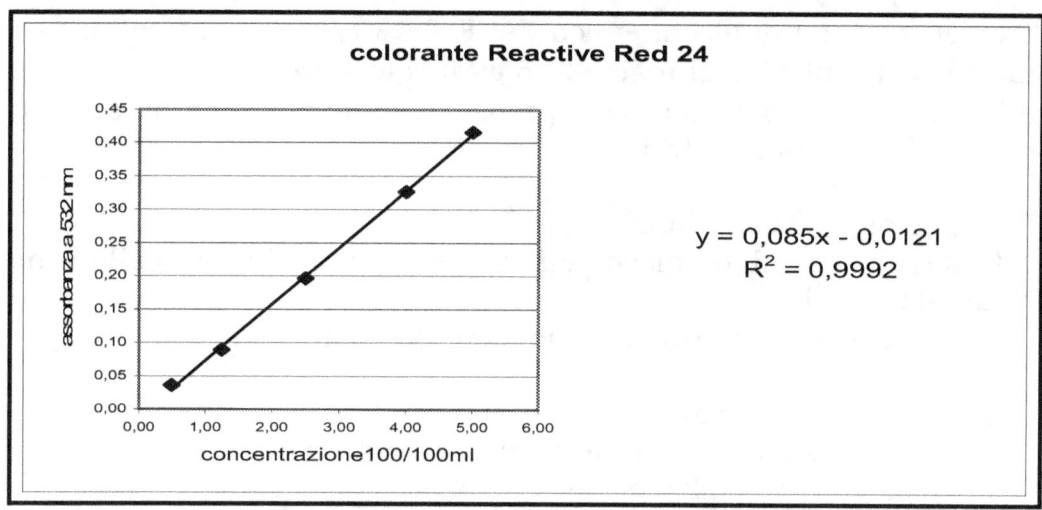

**Tab 12 – Determinazione del Reactive Red 24 – Retta di calibrazione**

## Determinazione quantitativa mediante GC dei denaturanti metil-etilchetone (MEK) e tiofene dell'alcool etilico denaturato con denaturante generale

Strumentazione

- gascromatografo (eventualmente munito di autocampionatore) con iniettore split/splitless e rivelatore a ionizzazione di fiamma (FID).

- Colonna capillare in silice fusa in grado di separare le sostanze suddette. Si consigliano le seguenti caratteristiche:

    lunghezza 60 m

    diametro interno 0,32 mm

    fase stazionaria tipo dimetilpolisilossano (DB-1, DB-624, ecc)

- sistema per l'integrazione e il calcolo dei risultati

- siringhe da 1 µl

- bilancia analitica con precisione di 0,0001 g

- provette da 5 ml con tappo a vite, palloni tarati, pipette graduate e normale vetreria da laboratorio.

Reagenti

- alcool etilico al 95% v/v

- tiofene

- 2-butanone R.P. (MEK)

- n-pentanolo (standard interno)

Preparazione della soluzione madre standard di riferimento

In un palloncino tarato da 25 ml pesare 12,5 g di Tiofene e portare a volume con etanolo al 95% v/v. Addizionare i 25 ml così ottenuti a 200 ml di 2- butanone (MEK).

Preparazione degli standard

Trasferire 10 ml di alcool etilico TAVE 95% v/v [19] in un palloncino tarato da 10 ml ed aggiungere 215 µl di soluzione madre.

Ad ognuna delle soluzioni così preparate si aggiungono 50 µl di n-pentanolo (standard interno).

Preparazione del campione

- trasferire 10 ml di alcool etilico denaturato in un palloncino tarato da 10 ml.
- Aggiungere 50 µl di n-pentanolo (standard interno).

Analisi gascromatografica

Impostare lo strumento sulle seguenti condizioni operative:
- temperatura dell'iniettore: 270°C
- temperatura del rivelatore (FID): 300°C
- isoterma a 40°C per 20 minuti
- riscaldamento da 40 a 180°C a 10°C/min
- gas di trasporto: elio
- pressione del gas di trasporto: 200 KPa
- volume di iniezione: 0,8 µl
- rapporto di splittaggio tale da evitare la saturazione del sistema.

Prelevare 0,8 µl della soluzione standard tramite l'apposita siringa ed iniettare al gascromatografo per determinare il fattore di risposta dei componenti della miscela. Effettuare due iniezioni in successione.

Calcolo ed espressione dei risultati

Impostare sull'integratore/calcolatore il metodo di calcolo con lo standard interno oppure procedere con il calcolo manuale secondo le seguenti modalità: calcolare il fattore di risposta di MEK, tiofene e n-pentanolo dai cromatogrammi della soluzione standard con la formula

$$RF_X = \frac{CC_x \cdot Area_{ISTD}}{Area_X \cdot CC_{ISTD}}$$

dove

$CC_X$ = concentrazione percentuale del singolo denaturante

$Area_X$ = area del picco del singolo denaturante

$CC_{ISTD}$ = concentrazione percentuale del n-pentanolo

$Area_{ISTD}$ = area del picco del n-pentanolo

$RF_X$ = media dei fattori di risposta calcolati su due determinazioni

---

[19] TAVE = tenore alcolometrico volumico effettivo. S'intende per TAVE il numero di parti in volume di alcole etilico puro, ad una temperatura di 20 °C, contenute in 100 parti in volume di una miscela idroalcolica considerata a quella temperatura.

La concentrazione di MEK, tiofene e n-pentanolo nel campione in analisi è ricavata dai gascromatogrammi del campione stesso, sulla base del fattore di risposta calcolato e dei volumi prelevati, secondo la formula

$$Conc_X = \frac{IS \cdot RF_X \cdot Area_X}{SA \cdot RF_{ISTD} \cdot Area_{ISTD}}$$

dove

$Conc_X$ = concentrazione del singolo denaturante nel campione, espressa in g/hl anidro

$IS$ = volume di standard interno aggiunto

$RF_X$ = fattore di risposta del singolo denaturante

$Area_X$ = area del picco relativo al singolo denaturante

$SA$ = volume di campione

$RF_{ISTD}$ = fattore di risposta dello standard interno.

Il valore finale si ottiene dalla media di due determinazioni.

## Determinazione del tiofene mediante spettrofotometria nel visibile

Il metodo consente la determinazione della quantità di tiofene presente nell'alcool etilico denaturato con denaturante generale. Si rammenta che la normativa vigente già citata prevede che il tiofene debba essere presente nella misura di 125 g per ettolitro anidro.

Principio del metodo

Il metodo sfrutta la reazione di condensazione tra ninidrina (trichetoidrindene) e tiofene con formazione di un composto colorato che mostra nel visibile un massimo di assorbimento a 480 nm[20].

Dalla misura dell'assorbanza si risale alla quantità di tiofene presente per confronto con una retta di calibrazione ottenuta misurando l'assorbanza di soluzioni standard di tiofene in etanolo a titolo noto.

Strumentazione
- normale vetreria da laboratorio.
- Spettrofotometro UV/Vis, con lettura a 480 nm.
- Cuvette di quarzo con cammino ottico di 1 cm, con tappo in Teflon.

Reattivi
- ninidrina in soluzione alcolica all'1% in acido solforico concentrato.
- Alcool etilico 96°

---

[20] F. Feigl, Spot Tests in Organic Analysis, quinta ristampa 1989, pag 325-6.

Procedimento, retta di calibrazione

Preparare una serie di soluzioni standard di tiofene in etanolo a concentrazione 25, 50, 75, 100, 125 e 150 mg/100 ml. Versare 1,5 ml di ciascuna soluzione e 5 ml di alcool etilico 96,0° in altrettanti palloncini da 10 ml.

Aggiungere 0,5 ml di reattivo alla ninidrina in ciascun palloncino ed agitare raffreddando in bagno ad acqua. Portare a volume con etanolo e raffreddare a temperatura ambiente controllando di nuovo il volume.

Leggere l'assorbanza a 480 nm e costruire la retta di calibrazione riportando in ascissa la concentrazione del tiofene ed in ordinata l'assorbanza (Tabelle 13 e 14).

| Soluzione n. | Concentrazione mg/100ml | Assorbanza a 480 nm |
|---|---|---|
| 1 | 74,6 | 0,1459 |
| 2 | 101,6 | 0,2725 |
| 3 | 132,6 | 0,3835 |
| 4 | 160,0 | 0,5238 |

**Tab. 13 – Tiofene in alcool etilico – Costruzione della retta di calibrazione**

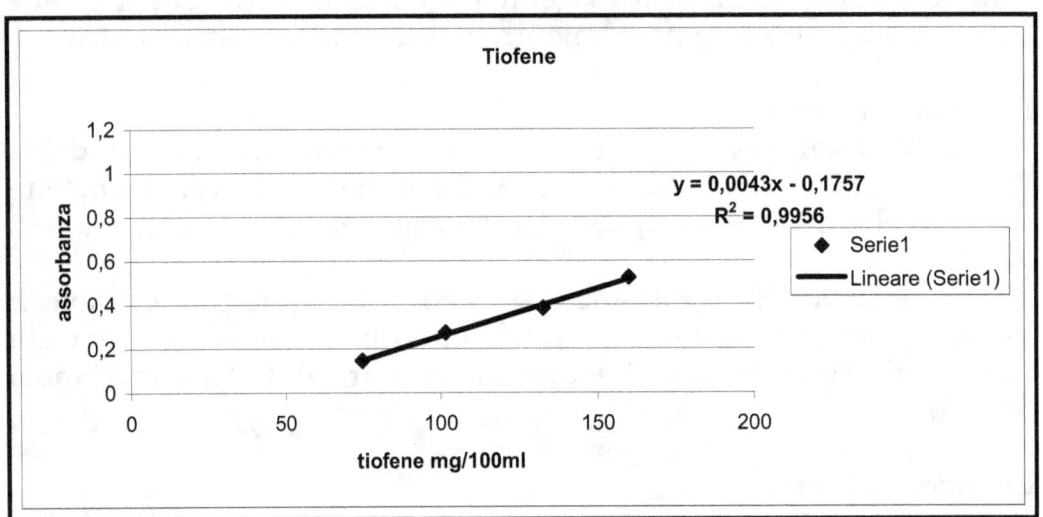

**Tab. 14 – Determinazione del tiofene nell'etanolo – Retta di calibrazione**

Dosaggio del campione

Controllare preventivamente che non siano presenti altre sostanze che assorbano a 480 nm, misurando l'assorbanza del campione tal quale non trattato (in genere è zero), che andrebbe eventualmente sottratta dalla misura sul campione trattato.

Versare 1,5 ml di campione e 5 ml di etanolo 96,0° in un pallone da 10 ml.

Aggiungere 0,5 ml di reattivo alla ninidrina ed agitare raffreddando in bagno ad acqua. Portare a volume con etanolo e raffreddare a temperatura ambiente , controllando il volume ed eventualmente aggiustandolo a 10 ml.

Leggere l'assorbanza a 480 nm e ricavare la concentrazione del tiofene dalla retta di calibrazione.

### La denaturazione speciale dell'alcool etilico

Un decreto ministeriale (attualmente il n. 524/96) detta le norme cui attenersi per la denaturazione dell'alcool etilico con denaturanti speciali (d.s.). L'autorizzazione a denaturare con d.s. è concessa dall'Amministrazione Finanziaria su istanza motivata dell'operatore. Sarà compito dell'Amministrazione (ed in particolare del chimico cui essa si affida) controllare che le formulazioni proposte posseggano i requisiti previsti e descritti all'inizio di questo capitolo.

I denaturanti speciali più comunemente usati dall'industria sono i chetoni (acetone e MEK), gli acetati (di metile, etile, isopropile), gli idrocarburi alifatici (esano, eptano), cicloalifatici (cicloesano), aromatici (toluene), spesso addizionali di un secondo alcool (metilico, isoropilico, n-propilico, t-butilico). Sovente si aggiungono quantità più o meno piccole di denatonium benzoato.

### La denaturazione dell'alcool nei prodotti cosmetici

Formule speciali di denaturazione sono previste per l'alcool usato in cosmetica. Per ogni ettolitro di alcool etilico anidro utilizzato nelle profumerie alcoliche e nei prodotti cosmetici contenenti alcool sono previste le formulazioni riassunte nella Tab. 15.

| Tipologia di prodotto | Alcool t-butilico (TBA) g/hla | Denatonio benzoato (Bitrex) Mg/hla | Dietilftalato (DEF) g/hla | Alcool isopropilico g/hla | Muschio naturale o sintetico g/hla | Timolo g/hla |
|---|---|---|---|---|---|---|
| Profumerie alcoliche | a) | 0,8 | —— | —— | —— | —— |
|  | b) | —— | 500 |  |  |  |
| Lacche e preparazioni per capelli | c)78,8 | —— | —— | 5.000 | —— | —— |
| Deodoranti e prodotti per la pelle | d)78,8 | —— | —— | —— | 39,5 | —— |
| Prodotti per l'igiene della bocca | e) | —— | —— | —— | —— | 500 |

**Tab. 15 – Denaturanti per prodotti cosmetici e profumerie alcoliche D.M. 9/7/1996 n. 524**

Previa autorizzazione, la denaturazione può essere effettuata con altre sostanze ammesse negli stati membri dell'UE.

A titolo di esempio, nella Tab. 16 sono riportati tutti i denaturanti ammessi nell'Unione Europea, mentre nella Tab. 17 sono riportate alcune formule di denaturazione che utilizzano composti profumati[21].

| PRODOTTI CHIMICI | COMPOSTI PROFUMATI |
|---|---|
| Alcool t-butilico (TBA) | Olio essenziale di Bergamotto |
| Denatonium benzoato (Bitrex) | Olio essenziale di Gelsomino |
| Bitrex + trimetilcarbinolo | Olio essenziale di Geranio |
| Dietilftalato (DEF) | Olio essenziale di Lavanda |
| Alcool isopropilico | Olio essenziale di Rosmarino |
| Alcool metilico | Derivati del Gelsomino |
| Alcool n-propilico | Terpeni liberi di Bergamotto |
| Timolo | Formulati profumati |
| Metilftalato | |
| Metil-etilchetone (MEK) | |
| Muschio naturale o sintetico | |
| Solfato di Brucina | |
| Quassia sodica | |
| Saccarosio octaacetato | |
| Olio di trementina | |

**Tab. 16 – denaturanti per prodotti cosmetici utilizzati nei Paesi UE**

| Denaturante | Belgio | Lussemburgo | Francia | Olanda |
|---|---|---|---|---|
| Muschio naturale o sintetico | 0,05 g/l | 0,05 g/l | 1,0 g/l | 0,4 g/l |
| Olio essenziale di Bergamotto | —— | —— | —— | 2,5 ml/l |
| Olio essenziale di Lavanda | 2,5 ml/l | 2,5 ml/l | 3,0 g/l | 2,5 ml/l |
| Olio essenziale di Gelsomino | —— | —— | 3,0 g/l | —— |
| Olio essenziale di Rosmarino | —— | 3,0 g/l | —— | —— |
| Olio essenziale di Geranio | —— | —— | 3,0 g/l | —— |
| Derivati del Gelsomino | 0,5 g/l | 0,5 g/l | —— | —— |
| Terpeni liberi di Bergamotto | 1,25 mll/l | 1,25 ml/l | —— | 1,25 ml/l |
| Formulati profumati[22] | 1,25 g/l | 1,25 g/l | 3,0 g/l | 1,8 ml/l |

**Tab. 17 – Composti profumati usati come denaturanti per profumerie alcoliche nei Paesi UE**

---

[21] Per la Danimarca le sostanze profumate non sono considerate denaturanti.
[22] Di varie composizioni, non presenti nell'elenco.

## Determinazione del titolo alcolometrico volumico[23]

Questa determinazione ha lo scopo di valutare il contenuto di "anidro totale", espresso in alcool etilico, in una soluzione idroalcolica tramite misura della densità del distillato. Il metodo è applicabile alle profumerie alcoliche, alle acque di toletta e a tutti gli altri prodotti e preparazioni cosmetiche (dopobarba, lozioni per capelli, lacche per capelli) contenenti alcool.

Il metodo per la determinazione della densità è codificato nel Reg. CE n. 2676/90 (G.U.C.E. n. L 272 del 3/10/1990) relativo ai metodi di analisi comunitari da utilizzare nel settore del vino e più precisamente al punto 3.

Il regolamento considera come metodo ufficiale di riferimento per la misura della densità quello del picnometro, mentre i metodi usuali sono quello areometrico (in cui la densità si misura con areometri o densimetri) e quello che utilizza la bilancia idrostatica. In considerazione sia della maggiore precisione in termini di ripetibilità e riproducibilità rispetto all'areometria, sia della semplice manualità e dei tempi più brevi rispetto alla picnometria, il metodo normalmente impiegato è quello della bilancia idrostatica.

## Determinazione dei denaturanti dell'etanolo nei cosmetici

Nella Tab. 18 (pagina seguente) sono riportate le condizioni operative relative alla determinazione dei principali denaturanti presenti nell'alcool etilico contenuto nei cosmetici.

---

[23] Per titolo alcolometrico volumico di una miscela idroalcolica si intende il rapporto tra il volume di alcool allo stato puro contenuto nella miscela alla temperatura di 20°C e il volume totale della miscela alla stessa temperatura. Risulta evidente che nel titolo alcolometrico determinato secondo il metodo qui descritto, oltre al etanolo, saranno compresi, se presenti nella soluzione, i suoi omologhi e le altre sostanze che possono influire sul valore della densità misurata.

| Denaturante | tecnica | rivelatore | Condizioni | Eluente/carrier iniettore | Colonna |
|---|---|---|---|---|---|
| **Prodotti chimici** | | | | | |
| Dietilftalato | HPLC | UV a 276 nm | Isocratica a temperatura ambiente | Acetonitrile/acqua 70/30 | C18 25 cm |
| Alcool t-butilico e isopropilico | G.C. | FID a 300°C | Isoterma a 40°C per 20 min. 10°C/min. fino a 180°C | Elio 200 Kpa iniettore a 270°C | DB624 60 m ID 0,32 mm |
| Muschio timolo | G.C. | FID a 270°C | Isoterma a 180°C per 3 min. 10°C/min fino a 230°C isoterma a 230°C per 12 min. | Elio 200 Kpa iniettore 270°C standard interno dietilftalato | BetaDEX-TM 110 ID 0,32 mm |
| Bitrex | Spettr. vis. | A 650 nm | | | |
| **Composti profumati** | | | | | |
| Olio essenziale di Bergamotto | | | | | |
| Olio essenziale di Gelsomino | | | | | |
| Olio essenziale di Geranio | G.C. | FID a 270°C | Isoterma a 180°C per 3 min. 10°C/min. fino a 230°C isoterma a 230°C per 12 min. | Elio 200 Kpa iniettore 270°C standard interno dietilftalato | BetaDEX-TM 110 ID 0,32 mm |
| Olio essenziale di Lavanda | | | | | |
| Olio essenziale di Rosmarino | | | | | |
| Derivati del Gelsomino | | | | | |
| Formulati profumati | | | | | |

**Tab. 18 – Condizioni operative per la determinazione dei denaturanti dell'alcool etilico contenuto nei prodotti cosmetici**

# CAPITOLO 21

## ESEMPI DI APPROCCIO ALL'ANALISI DI VARIE MERCI

### 1 – N,N-dimetilanilina

Liquido appena giallino, immiscibile con acqua, miscibile in soluzioni acide e nei più comuni solventi organici. Brucia con fiamma luminosa e fuligginosa.

$d_{20} = 0,975$

$n_{20} = 1,5585$

p. eb. = 190-194°C

Saggio di Lassaigne positivo per l'azoto.

Saggio delle ammine terziarie positivo.

Spettro infrarosso = assorbimenti caratteristici della N,N-dimetilanilina

### 2 – Ampicillina sodica

Polvere bianca fine, solubile in acqua.

Saggio di Lassaigne positivo per azoto e zolfo.

Dà alla fiamma la colorazione gialla caratteristica del sodio.

Decompone oltre i 200°C.

Spettro UV = massimi di assorbimento poco pronunciati a 158, 263 e 268 nm.

Per acidificazione della soluzione acquosa, precipita una polvere bianca che ha all'UV gli stessi massimi di assorbimento, ma più pronunciati. I rispettivi spettri corrispondono a quelli dell'Ampicillina sodica e dell'Ampicillina acida triidrata.

### 3 – Ampicillina triidrata sciroppo

Flacone originale in vetro, etichettato, contenente una polvere bianca fine rosa, con odore di fragole, da ricostituire con acqua a 60 ml di sciroppo.

Per estrazione con cloroformio si ottengono 1,6 g di una polvere bianca fine, insolubile in acqua, con reazione debolmente acida, che decompone a circa 205-210°C, dà positivo il saggio di Lassaigne per l'azoto e lo zolfo e presenta all'UV tre massimi di assorbimento a 258, 263 e 268 nm, e all'infrarosso gli assorbimenti caratteristici dell'Ampicillina triidrata.

Trattasi di medicamento dosato, condizionato per la vendita al minuto, costituito da ampicillina triidrata in polvere per sciroppo da 125 mg/5 ml, in flaconi da 60 ml.

### 4 - Ampicillina triidrata capsule

Capsule percolate di gelatina dura sfuse, contenenti mediamente 370 mg di una polvere bianca compattata, insolubile in acqua, che presenta gli assorbimenti all'UV ed all'IR caratteristici dell'Ampicillina triidrata.

Dosaggio spettrofotometrico all'UV a 263 nm = 268 mg/capsula di ampicillina base, corrispondenti a 310 mg di ampicillina triidrata.

## 5 - Pittura sintetica metallizzata in solvente non acquoso

Barattolo originale metallico contenente una sospensione metallizzata dai riflessi argentati, filmogeno, con ottimo potere coprente.

Secco = 22%. Brucia con fiamma violenta e odore di acido butirrico.

Spettro IR sul centrifugato portato a secco: assorbimenti caratteristici dell'acetobutirrato di cellulosa.

Solvente = 78%, distillato tra 110 e 130°C.

GLC = toluene 47%, xilene 53%.

Ceneri contenenti alluminio.

## 6 – Pittura sintetica a base di resina gliceroftalica modficata

Liquido bianco, omogeneo, con odore di resine alchidiche, filmogeno, con ottimo potere coprente

Secco = 75%. Bianco, duro. Per pirolisi dà un sublimato aghiforme di anidride italica. Brucia con fiamma aromatica lasciando abbondanti ceneri gialle a caldo e grigie a freddo. Saggio del titanio positivo.

Solvente = 25%, distillato tra 150 e 170°C.   $n_{20}$ = 1,4420,   $d_{20}$ = 0,84, Punto di Anilina = 55: caratteri di acquaragia minerale.

## 7 – Siccativo preparato a base di naftenato di cobalto

Liquido blu, immiscibile con acqua, miscibile con alcool, n-esano, etere etilico, acetone.

Secco = 48%.

Ceneri = 5%, brune, solubili in HCl impartendo una colorazione blu, caratteristica del cobalto.

Saggio degli acidi naftenici positivo.

Solvente = 52% per distillazione diretta. P.eb. = 140-165°C. Punto di Anilina 55. $n_{25}$ = 1,4425.

GLG : acquaragia minerale

## 8 – Mastice

Massa biancastra, pastosa, filante, insolubile in acqua, alcool, etere di petrolio, parzialmente solubile in acetone a freddo, solubile a caldo con opalescenza.

Secco = 100%

Brucia con fiamma luminosa e fuligginosa.

Lassaigne negativo.

Ceneri = 6%, bianche, silicee.

Saggio delle resine epossidiche da bisfenolo positivo.

Spettro IR = assorbimenti caratteristici di una resina epossidica da bisfenolo modificata.

### 9– Mastice bituminoso

Massa pastosa bruna, con odore bituminoso.
Brucia con fiamma luminosa e fuligginosa.
Ceneri = 60%, solubili in acido cloridrico con effervescenza (carbonato di calcio). Estratto con diclorometano = 40%, con caratteri di bitume.

### 10 – Mastice siliconico

Tubo di plastica originale contenente una massa.bianca opalescente, con odore di acido acetico.
Secco = 95%, elastico, tenace.
Brucia con fiamma vivida a sprazzi e fumi bianchi, lasciando ceneri bianche finissime, impalpabili di silice.
Lo spettro IR dell'estratto cloroformio mostra gli assorbimenti caratteristici di un silicone.

### 11– Mastice a due componenti

**Comp. A** – Liquido nero, denso, viscoso, miscibile con cloroformio.
Spettro IR = assorbimenti che fanno risalire ad una miscela di terfenile idrogenato, polibutadiene a basso peso molecolare e silice.
Ceneri = 38%, insolubili in acido cloridrico (silice).
**Comp. B** – Massa biancastra fluida, densa, miscibile con cloroformio.
Ceneri = 38%, solubili in acido cloridrico con effervescenza (carbonato di calcio).
Estratto con etere di petrolio = 60%.
Spettro IR sull'estratto = assorbimenti caratteristici di una miscela in parti pressoché uguali di polibutadiene ed olio minerale lubrificante.
Mescolando A con B, la massa indurisce.

### 12 – Stucco (intonaco a spatola)

Massa pastosa, granulosa, di colore avana.
Secco = 82%. Brucia con odore di acido acetico lasciando abbondanti ceneri (76%) di silice e carbonato di calcio.
Il legante separato per diluizione ed acidificazione mostra all'IR gli assorbimenti caratteristici del polivinilacetato.
Acqua = 18%.

### 13 – Stucco per legno

Massa bianca pastosa, stemperabile in acqua.
Residuo secco = 75%.
Estratto alcolico = 0,5%.

Saggio dei tensioattivi cationattivi positivo: trattasi di sale di ammonio quaternario (antifermentativo).
Ceneri = 57%, di cui 38% carbonato di calcio e 19% solfato di calcio.
Legante = 8%, costituito da metilcellulosa e polivinilacetato.
Acqua = 25%.

## 14 – Preparazione tensioattiva
Liquido limpido, giallino, miscibile con acqua, schiumogeno, con odore amminico.
Secco = 50%, rosaceo, ceroso, solubile in acqua e in alcool.
Reazione dei tensioattivi cationattivi positiva.
Solvente = 50%, p.eb. 75 – 80°C.
GLC = 2-butanone 3,0%, iso-propanolo 64%, acqua 33%.
Reazione di Deniges positiva.
Reazione di Rimini positiva.
Ricerca dei chetoni positiva.

## 15 – Preparazione detergente-deodorante-disinfettante per la casa
Tanica originale in plastica da 5 litri contenente un liquido azzurro, profumato, miscibile con acqua, schiumogeno.
Secco = 3,4%. Reazioni dei tensioattivi cationattivi e non ionogeni positive.
Estratto alcolico = 2,4%
Tensioattivi cationattivi (titolazione con sodio laurilsolfato) = 0,3%
Tensioattivi non ionogeni = 2,1%
Il solvente è acqua.

## 16 – Detergente liquido per WC
Flacone originale in plastica da 1 litro contenente un liquido blu diluibile con acqua, schiumogeno.
pH < 1.
Secco = 13,3%, sciropposo, contenente acido solforico (precipita con cloruro di bario).
Reazioni dei tensioattivi anionattivi e non ionogeni positivi.
Acido solforico =10,0%.
Estratto alcolico sul secco neutralizzato = 3,2%.
Tensioattivi anionattivi = 1,2% (per titolazione).
Tensioattivi non ionogeni = 2,0% (per differenza).
Il solvente è acqua.

## 17 - Pasta lavamani abrasiva
Secchiello originale in plastica da 1 kg- contenente una massa pastosa avana, stemperabile in acqua, schiumogena, Strofinata sulla pelle. Mostra eccellenti proprietà dissolventi ed abrasive nei confronti dello sporco grasso.

pH = 9 (soluzione al 5%).

Secco = 18%.

Sapone =4% (mediante separazione degli acidi grassi).

Estratto alcolico = 3%. Dà positivi i saggi dei tensioattivi anionattivi e non ionogeni.

Residuo insolubile in acqua e in alcool = 11%, di cui:

carbonato di calcio = 6% (solubile in acidi con effervescenza)

segatura di legno = 5% (riconoscibile al microscopio).

## 18 - Detergente per superfici dure

Massa cremosa bianca, stemperabile in acqua, schiumogena, con odore ammoniacale.

pH = 11.

Secco = 57%.

Reazioni dei tensioattivi anionattivi e non ionogeni positive.

Ceneri = 52%, bianche, di carbonato di calcio.

Estratto alcolico = 4,0%.

Tensioattivi anionattivi = 2,5% (per titolazione).

Tensioattivi non ionogeni = 1,5% (per differenza).

Ammoniaca come $NH_3$ = 0,5%.

Il solvente è acqua.

## 19 – Lucido per calzature

Scatoletta originale contenente una pasta grassa nera.

Secco = 28%, nero, ceroso. Brucia con odore paraffinico. Per estrazione con alcool etilico bollente si separa il 9% di una massa cerosa che al microscopio mostra la struttura cristallina della paraffina. Il residuo presenta all'I.R. gli assorbimenti caratteristici della cera carnauba.

Solvente = acquaragia minerale

## 20 – Liquido per trasmissioni idrauliche

Liquido limpido, giallino, miscibile con acqua (opalescenza), alcool, acetone, immiscibile con n-esano.

PH = 9

Spettro IR: assorbimenti caratteristici del trietilenglicol.

E' presente un'ammina.

## 21 – Lubrificante secco

Bomboletta originale spray contenente una sospensione nera con odore di solventi clorurati.

Secco = 3%, grigio scuro, con lucentezza metallica, costituito da disolfuro di molibdeno.

Solvente = 97%

GLC = 1,1,1-tricloroetano

Spettro I.R. = 1,1,1-tricloroetano.

## 22 – Cera preparata

Massa grassa, pastosa, giallina, con odore di solventi clorurati.

Secco = 30%, biancastro, di consistenza cerosa, in buona parte solubile in alcool a caldo.

Estratto alcolico = 85% s.s., pari al 25% sul t.q.,riconoscibile al microscopio come paraffina. Fonde a 50-55°C.

Per rettifica si ottiene il 16% di cloruro di metilene ed il 50% di un solvente con p.eb. 150-175°C, miscibile con anilina: caratteri di nafta assimilabile all'acquaragia minerale.

## 23 – Preparazione per eliminare la ruggine

Liquido limpido, appena giallino, miscibile con acqua, schiumogeno, immiscibile in n-esano.

Saggio dei tensioattivi non ionogeni positivo.

pH < 1.

Secco = 32%, bruno, sciropposo, acido per acido fosforico (saggio dei fosfati positivo)

Assenti cloruri e solfati.

Acido fosforico per titolazione = 30%.

Il solvente è acqua.

## 24 – Lucido per mobili

Flacone originale per la vendita al minuto contenente una crema bianca, stemperabile con acqua, schiumogena.

Ricerca dei tensioattivi anionattivi e non ionogeni positiva.

Secco = 42%, liquido oleoso, limpido, giallino. Lo spettro I.R. mostra assorbimenti riconducibili ad una miscela di olio minerale lubrificante e di una cera.

Insaponificabile = 40%, liquido oleoso, limpido, incolore, immiscibile con acetone. Spettro I.R. = assorbimenti caratteristici dell'olio lubrificante bianco.

Il solvente è acqua.

## 25 - Sbrinatore

Bomboletta spray da 300 g. netti contenente, oltre al propellente, un liquido limpido, incolore, con odore alcolico.

Non dà residuo secco.

Per distillazione si ottiene il 70% in peso di alcool isopropilico.

Il residuo bolle a 196-198°C e presenta all'IR gli assorbimenti caratteristici del glicol etilenico .

## 26 - Adesivo termofusibile per l'industria elettronica

Blocchi avana, appiccicosi, elastici, non tenaci, solubili nei solventi clorurati.

Saggio di Morawski positivo.

Spettro IR: resina terpenica miscelata a gomma butile, plastificante ed olio minerale lubrificante. In saponificabile = 12%.

## 27 – Colla di gomma sintetica

Liquido marrone, denso, viscoso, filante, con odore che tonico e di acetati.

Secco = 33%, di consistenza gommosa.

Saggiio di Beilstein positivo.

Saggio di Morawski positivo (colofonia).

Spettro IR: assorbimenti caratteristici del Neoprene.

Solvente distillato = 66%. Distilla tra 65 e 130°C.

Residuo al trattamento con ac. solforico al 75% = 48,6%, pari al 31,7% sul t.q.

GC: miscela di idrocarburi da assimilare a benzina (P.A.. 52. P.I. < 21).

Il resto del solvente è costituito da etilacetato e metil-etilchetone.

## 28 – Colla in polvere a base di amido modificato

Polvere bianca finissima, che in acqua a caldo si addensa.

Brucia con odore di carboidrati pungente.

Umidità = 11,0%..

Ceneri sul t.q. = 5,4%, solubili in acido cloridrico con effervescenza (carbonato di calcio).

Esame microscopico: forme non riconoscibili.

Con iodio dà una colorazione violetta.

## 29 – Amido di mais cationico

Polvere bianca finissima, che in acqua dà una soluzione viscosa.

Esame microscopico: forme riconoscibili di amido di mais.

Con iodio dà una colorazione brumo- rossiccia.

Saggio della cocciniglia per gli amidi cationici positivo.

Residuo secco = 88,5%

Ceneri = 0,25%.

Amido = 88,23%.

## 30 – Amido di mais acetilato e pregelatinizzato

Polvere bianca, ruvida al tatto, insolubile in acqua fredda, mentre a caldo si addensa, formando una massa viscosa, caratteristica degli amidi pregelatinizzati.

Con iodio dà una colorazione violetta.

Esame microscopico: forme non riconoscibili.

Secco = 96,6%

Ceneri = 0,46%.

Ricerca degli acetili positiva.

## 31 – Tallol distillato

Liquido ambrato, oleoso, con corpo di fondo, odore resinoso, immiscibile con acqua,, miscibile con alcool e con i più comuni solventi organici. Con alcaliforma un'emulsione saponosa schiumogena.

$n_{25}$ = 1,4885.

$d_{25}$ = 0,926.

N.A. = 193,5.

N.S. = 215.

Reazione di Liebermann-Storch positiva.

Acidi resinici (metodo Mc Nicol) = 33%.

Acidi grassi = 63,5%.

Insaponificabile = 3,4%.

## 32 - Acidi grassi di Tallol

Liquido oleoso, limpido, giallino, immiscibile con acqua, miscibile con i piu comuni solventi organici. Reazione di Liebermann-Storch positiva.

$d_{25}$ = 0,904.

$n_{25}$ = 1,4720.

N.A. = 192.

N.S. = 195.

Insaponificabile = 2%.

Acidi resinici = 5,6%.

Acidi grassi = 92,4%.

## 33 – Disinfettante per ambienti

Bomboletta originale spray da 500 g che contiene un liquido praticamente incolore, miscibile con acqua, schiumogeno.

Residuo secco = 4%.

Saggio dei tensioattivi cationattivi positivo.

E' presente trietilenglicol.

Solvente ( per distillazione diretta) = 78%. Distilla tra 78 e 106°C.

GC: propellenti residui 0,6%,  acetone 1,0%,  metanolo 4,1%, etanolo 57,0%,  acqua 37,3%..

Reazione di Denigès negativa, reazione di Rimini positiva.

Reazione del metanolo positiva. Reazione dell'acetone positiva.

## 34 - Fungicida

Polvere avana fine, insolubile in acqua.

Saggio di Lassaigne positivo per azoto e zolfo.

P.F. = 175-177°C.

Spettro IR: assorbimenti caratteristici del Folpet.

Trattasi di N-(triclorometiltio)ftalimmide (Folpet) tecnica, principio attivo fungicida.

## 35 – Insettorepellente

Liquido limpido, paglierino, profumato, alcolico, che in acqua intorbida.

Residuo secco = 10%, liquido denso, marrone.

Saggio di Lassaigne positivo per l'azoto.

Spettro IR: assorbimenti caratteristici della N,N-dietil-m-toluammide.

Tracce di piretro e di piperonilbutossido.

GC del solvente distillato: etanolo 76%, acqua 12%.

### 36 – Rodenticida

Chicchi di frumento sfusi, con odore pungente.

Per estrazione con acetone e successiva evaporazione del solvente si ottiene una massa deliquescente insolubile in acqua, solubile in alcali.

Spettro IR: assorbimenti caratteristici del Warfarin.

Trattasi di esca avvelenata.

### 37 – Erbicida

Liquido limpido, giallino, miscibile con acqua, moderatamente schiumogeno.

Ricerca dei tensioattivi cationattivi positiva.

Per alcalinizzazione sviluppa isopropilammina.

Residuo secco = 62%, in due fasi:

1° fase = 14% (poliglicol).

2° fase = 48%. Spettro IR caratteristico del sale di isopropilammina del Glyphosate (N-metil-fosfonoglicina).

### 38 – Ausiliaro per l'industria del cuoio

Liquido denso, limpido, bruno-rossiccio, con odore "sui generis", diluibile con acqua.

PH = 0,5.

Residuo secco = 78%, bruno, cristallino, deliquescente. Dà positiva la reazione dell'acido citrico.

Sono presenti abbondanti solfati.

Dal prodotto tal quale per diluizione con alcool si separa un abbondante precipitato bianco cristallino che per alcalinizzazione sviluppa ammoniaca.

Il solvente è acqua.

Trattasi di preparazione ausiliaria oer l'inustria del cuoio a base di acido citrico e solfato ammonico, utilizzato probabilmente come bagno di decalcinazione.

### 39 – Preparazione per la rifinitura del cuoio

Liquido biancastro lattiginoso, inodore, diluibile in acqua, leggermente schiumogeno..

PH = 8,5.

Reazione dei tensioattivi cationattivi positiva.

Secco = 7,5%, di consistenza cerosa.

Estratto alcolico = 1,5% (tensioattivo cationico)..

Il residuo brucia con odore di grassi.
Reazione di Rimini = positiva

## 40 – Bozzima preparata

Polvere avana granulosa, che in acqua a freddo forma un gel.
Con iodio dà una colorazione blu.
Ceneri = 16,4%, contenenti abbondanti cloruri.
Amido = 39%
Zuccheri assenti
Sostanze proteiche assenti.
Reazione di Rimini positiva.

## 41 – Bozzima preparata

Liquido verde scuro, con odore alcolico e che tonico.
Secco = 31%, friabile. Brucia con odore di grassi. Le ceneri contengono cromo e cloro.
Solvente (distillazione e GLC) = acqua 3%, alcool isopropilico 48%, acetone 18%.

## 42 – Appretto per l'industria tessile

Liquido viscoso, limpido, giallo, emulsionabile con acqua, schiumogeno, parzialmente miscibile con alcool. Residuo secco = 95%
Saggi dei tensioattivi anionattivi e cationattivi positivi.
Spettro IR = esteri metilici di acidi grassi.
Dalla saponificazione si libera metanolo.
In saponificabile assente.
GLC = esteri metilici di acidi grassi rettificati a catena lunga (fino a $C_{22}$).
Trattasi di apprettante ammorbidente per lane pregiate

## 43 - Diluente per vernici

Barattolo originale da 1 litro contenente un liquido limpido, incolore,mobile, con odore di solventi aromatici.
Non dà residuo secco.
P. eb. = 90 – 147°C
Frazione non ossigenata (con ac. solforico 75%) = 72%
GLC = etilacetato 25,8%, metiletilchetone 1,4%, alcool isopropilico 1%, toluene 30%, xilene 41,8%..

## 44 - Sverniciatore

Barattolo originale da 0,750 ml, contenente un gel azzurro, con odore di solventi clorurati.
Residuo secco = 2%, costituito da paraffina ed etilcellulosa
Solvente distillato = 98%
GLC = cloruro di metilene 78%, metanolo 14%, dimetilformamide tracce.

### 45 – Preparazione per eliminare i "graffiti"

Emulsione di colore avana, con odore terpenico, diluibile con acqua, pH = 12

Residuo secco = 35%

Estratto alcolico sul secco = 20% (positivo il saggio dei tensioattivi non ionogeni

Sodio idrossido(per titolazione) = 10%

Cellulosa modificata (residuo insolubile) = 5%

Distillato in corrente di vapore = 10%.  GLC = dipentene greggio

GLC sul distillato per via diretta  =  acqua 50%,  isopropanolo 5%

### 46 – Filo di fibre sintetiche

Esame microscopico: fibre sintetiche eterogenee.

Per trattamento con acido formico, decantazione, lavaggio con acido formico, riunione dei lavaggi, essiccamento in stufa e pesata, si ottiene un materiale plastico da cui  con acido formicoli prepara un film che all'infrarosso mostra gli assorbimenti caratteristici della poliammide 6,6.

Il residuo viene saponificato con potassa alcolica per un'ora a ricadere, raffreddato, diluito con acqua fino a dissoluzione dei prodotti di saponificazione.Il residuo viene separato, lavato più volte con acqua, seccato e pesato: si ottiene un filamento omogeneo da cui si ottiene per fusione sotto pressione un film che mostra all'I.R. gli assorbimenti caratteristici del polipropilene.

  Il liquido alcolico di saponificazione separa per acidificazione acido tereftalico e, dopo essiccamento e trattamento con alcool etilico, polietilenglicol: trattatasi quindi di polietilentereftalato.

### 47 – Foglio trasparente dello spessore di  0,1  mm.

Per immersione in acetone si separano tre singoli strati.

Il primo, dello spessore di 0,025  mm, è solubile in acido formico ed ha lo spettro IR caratteristico di una poliammide.

Il secondo strato, spesso 0,040 mm, piuttosto rigido, presenta gli assorbimenti del polietilentereftalato.

Il terzo strato, spesso 0,035   mm, è anch'esso costituito da una poliammide.

### 48 – Polibtadiene liquido a basso peso molecolare

Liquido denso, viscoso, con forte odore di composti dienici.

N.A. = 17 (titolazione in benzene/etanolo 5 : 1).

Spettro IR: assorbimenti caratteristici di un polibutadiene parzialmente carbossilato.

### 49 – Plastisol di PVC

Massa pastosa grigia, oleosa.

Saggio di Beilstein positivo. Saggio di Lassaigne positivo per l'azoto
e il cloro.
Saggio del PVC positivo.
Secco = 90%
Per estrazione con alcool si ottiene il 30% di un liquido che per
pirolisi dà aghi di anidride ftalica. Spettro IR = diottilftalato.
Dal residuo,per trattamento con tetraidrofurano, si estrae il 54% di
PVC.
Ceneri = 14%.

## 50 – PVC in emulsione acquosa

Emulsione bianca, diluibile con acqua.
Secco = 48%, duro, bruno, solubile in tetraidrofurano Brucia con
fiamma autoestinguente..
Saggio di Beilstein positivo.
Saggio del PVC positivo.
Saggio del polivinilidencloruro negativo.
Spettro I.R. = assorbimenti caratteristici del PVC.

## 51 – Resina melaminica

Liquido viscoso, limpido, incolore, con odore pungente.
$N_{25}$ = 1,517.
Secco = 84%, duro, incolore, trasparente.
Saggio della formaldeide positivo.
Saggio di Lassaigne positivo per l'azoto.
Spettro IR = assorbimenti caratteristici di una resina melaminica,
in particolare quello a 12,3µ (anello triazinico).

## 52 – Copolimero stirene - butadiene

Polvere granulosa grossolana, solubile nei solventi aromatici ed in
quelli clorurati.
Brucia con fiamma luminosa e fuligginosa.
Rammollisce a 45°C
Spettro FTIR = assorbimenti caratteristici di un copolimero
butadiene – stirene.
Rapporto stirene/butadiene = 82/18.

## 53 – Tessuto ricoperto su entrambe le facce di poliuretano

Foglio si materia plastica grigia spalmata sulle due facce di un
tessuto.
Spessore = 0,84 mm
Sagio di Lassaigne positivo per l'azoto.
Estrazione con tetraidrofurano = 50%
Spettro I.R. sull'estratto = caratteristico di un poliuretano
Esame microscopico sul tessuto = misto cotone e fibre sintetiche.

## 54 – Nitrocellulosa stabilizzata

Polvere bianca, granulosa, insolubile in acqua, solubile in acetone.
Brucia con fiamma violenta.
Saggio di Lassaigne positivo per l'azoto.
Saggio del nitrogruppo positivo.
Residuo secco = 65%.
Spettro I.R. = assorbimenti caratteristici della nitrocellulosa.
Solvente = 35%
GC = alcool etilico 3%, acetone 0,5%, alcool isopropilico 96%, alcool terz-butilico 0,5%, riferiti al solvente.

## 55 – Fogli per la plastificazione di tessere

Fogli di materia plastica di forma rettangolare, accoppiati mediante termosaldatura lungo un lato.
Spessore = 0,170 mm
Dimensioni = 7,5 x 11,7 cm
Per immersione in alcool bollente da ogni film se ne separano due: un film plastico (23% del totale), dello spessore di 0,050 mm, che all'IR mostra gli assorbimenti caratteristici di un copolimero etilene-vinilacetato, ed un film più rigido (77%) che ha lo spettro del polietilentereftalato.

## 56 – Acetobutirrato di cellulosa

Polvere bianca, insolubile in acqua, solubile in acetone.
Brucia con fiamma violenta e odore di acidi acetico e butirrico.
Spettro IR = assorbimenti caratteristici dell'acetobutirrato di cellulosa
Viscosità ASTM D817 – 72 = 26 poise.
Contenuto di butirrile = 38%.

## 57 - Tioplasto

Blocchi gommosi marroni, elastici, non tenaci, con odore solforato.
Bruciano con fiamma azzurra tipica dello zolfo.
Spettro IR = assorbimenti caratteristici di un polisolfuroformale
 (da diclorodietilformale e polisolfuro sodico).

## 58 - Polibutadiene

Liquido denso, viscoso, ambrato.
N. di acidità = 17 (titolazione in benzene/etanolo 5 : 1).
Spettro IR = assorbimenti caratteristici di un polibutadiene
Parzialmente carbossilato.

## 59 – Gomma sintetica poli-butadiene-stirene

Granuli traslucidi, gommosi, tenaci, lentamente solubili nei solventi aromatici e clorurati.

Bruciano con fiamma luminosa e fuligginosa e odore caratteristico dello stirene.

Spettro IR: assorbimenti caratteristici di un copolimero butadiene-stirene.

### 61 – Stabilizzante per materie plastiche a base di stearato di piombo

Polvere grigia inodore, insolubile in acqua, alcool, etere di petrolio, acetone. In cloroformio si scioglie in parte, lasciando un corpo di fondo che per acidificazione si scioglie dando effervescenza. Calcio presente alla fiamma.  Nelle ceneri è presente piombo.

Per acidificazione del prodotto si separa acido stearico, riconoscibile dallo spettro IR e dalla gascromatografia degli esteri metilici

### 62 – Antiossidante per gomme.

Polvere bianca, cristallina, insolubile in acqua, solubile nei più comuni solventi organici. P.F. = 125°C.  Saggio di Lassaigne negativo.

Spettro IR = assorbimenti caratteristici a 3600, 3400, 1250, 860-840 cm$^{-1}$, corrispondentI a quello del 2,2'-metilenbis(4-metil-6-ter-butilfenolo).

## TERZA PARTE

## COLLEZIONE DI SPETTRI I.R.

Sono raccolti in questa sezione un certo numero di spettri nell'infrarosso relativi a svariati prodotti dell'industria, di provenienza nazionale ed estera, più o meno puri, ma tutti rappresentativi di ciò che può giungere sul banco di un laboratorio di analisi chimica delle merci. Può trattarsi di prodotti di costituzione chimica definita, che non hanno bisogno di tante manipolazioni per il campionamento, ma possono anche contenere impurezze in misura più o meno consistente, ed allora è necessario ricorrere ad una preventiva purificazione del prodotto, confrontando eventualmente gli spettri del tal quale e di quello purificato. Se si tratta di una miscela, già lo spettro sul tal quale può dare indicazioni sulla sua composizione, che possono indirizzare l'analista nella giusta direzione; gli spettri dei singoli costituenti successivamente separati forniranno alla fine le evidenze a favore di una composizione piuttosto che di un'altra.

Gli spettri qui raccolti sono spesso "esteticamente" non eccellenti ed a volte anche poco presentabili; non sono però meno utili anche nel caso siano poco leggibili e con assorbimenti poco pronunciati o linee di base pendenti. Bisogna tener conto anche, come già accennato, del fatto che spesso si ha a che fare con prodotti eterogenei, grezzi, sfusi, di recupero e a volte anche di scarti, avanzi, cascami o rottami.

Gli spettri sono stati suddivisi in sei grandi gruppi: polimeri, sostanze di origine naturale, pesticidi, tensioattivi, farmaceutici ed altri prodotti organici.

# POLIMERI

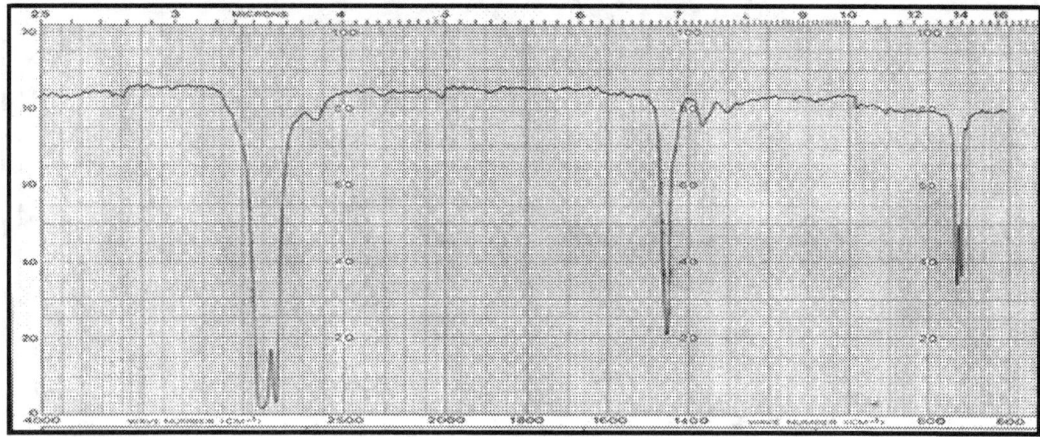

**1 - Polietilene**

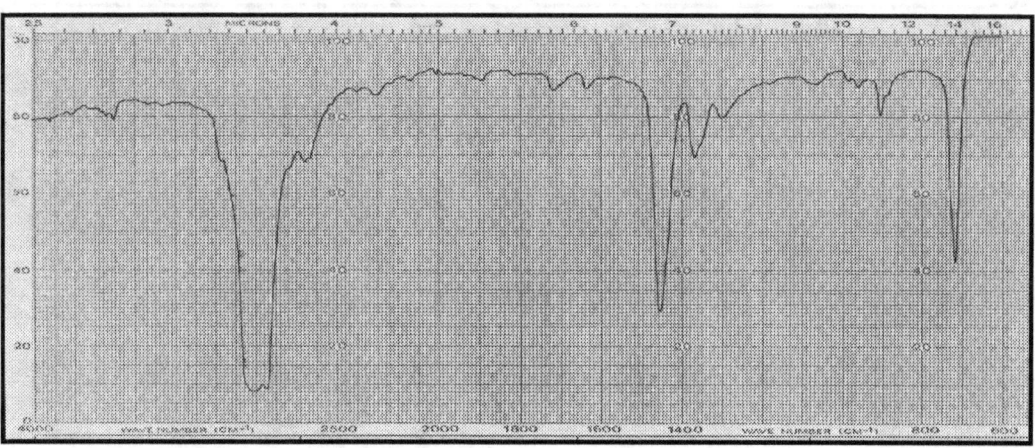

**2 - Polietilene lineare a bassa densità**

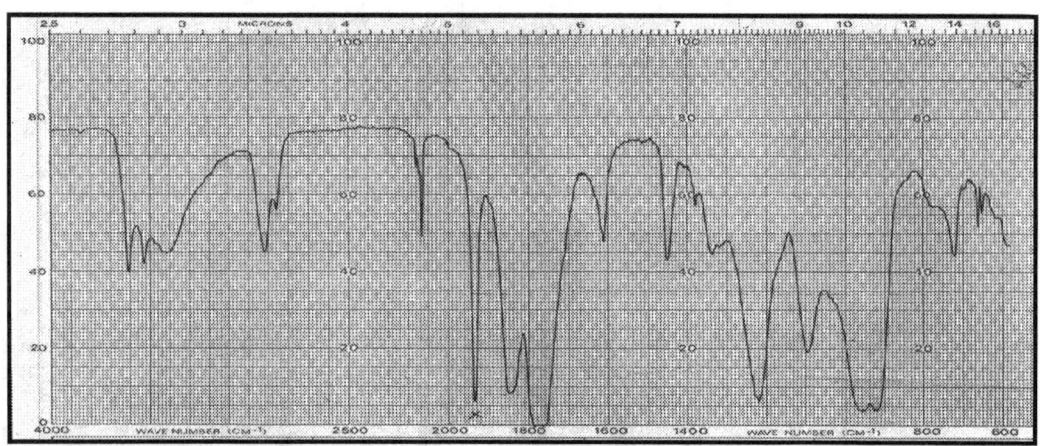

**3 - Poli-etilene-anidride maleica**

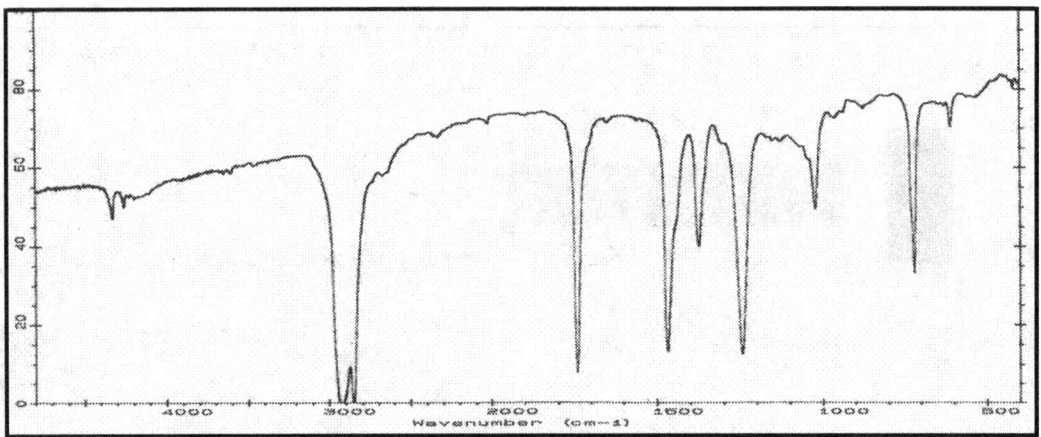

**4 - Poli-etilene-vinilacetato (circa 5% vinilacetato)**

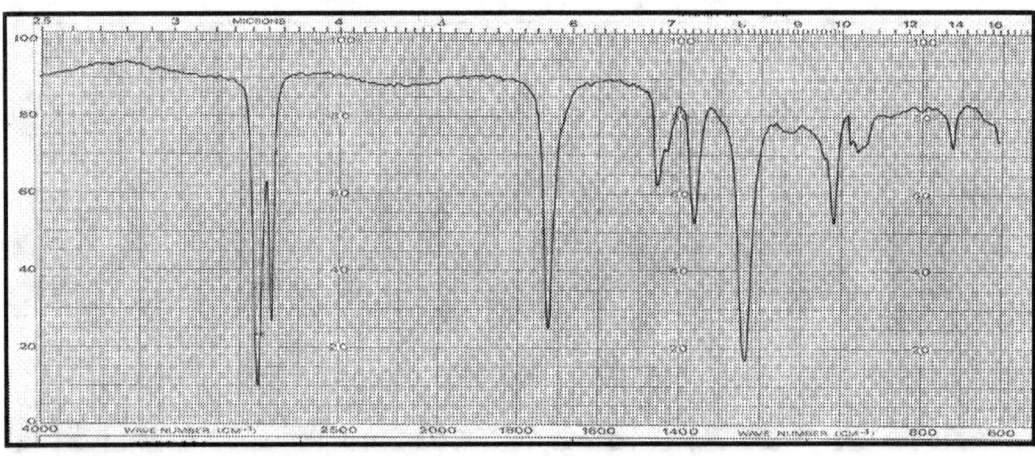

**5 - Poli-etilene-vinilacetato (15% 9vinilacetato**

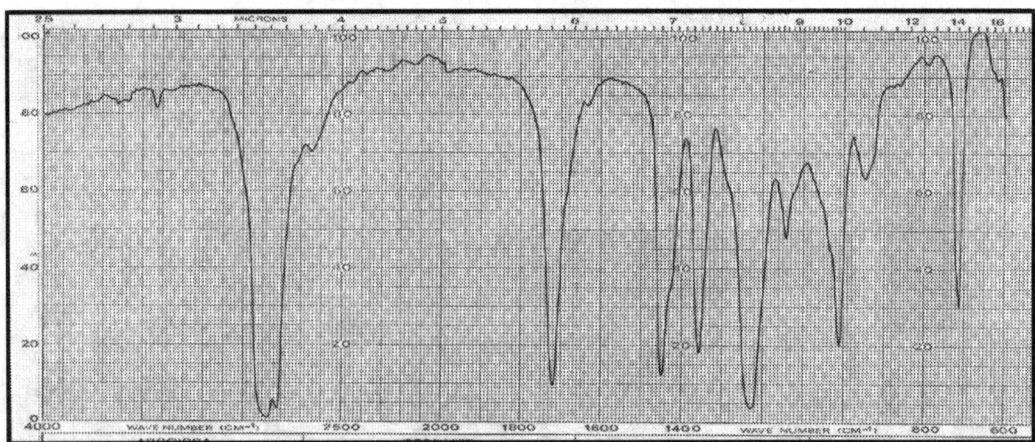

**6 - Poli-etilene-vinilacetato**

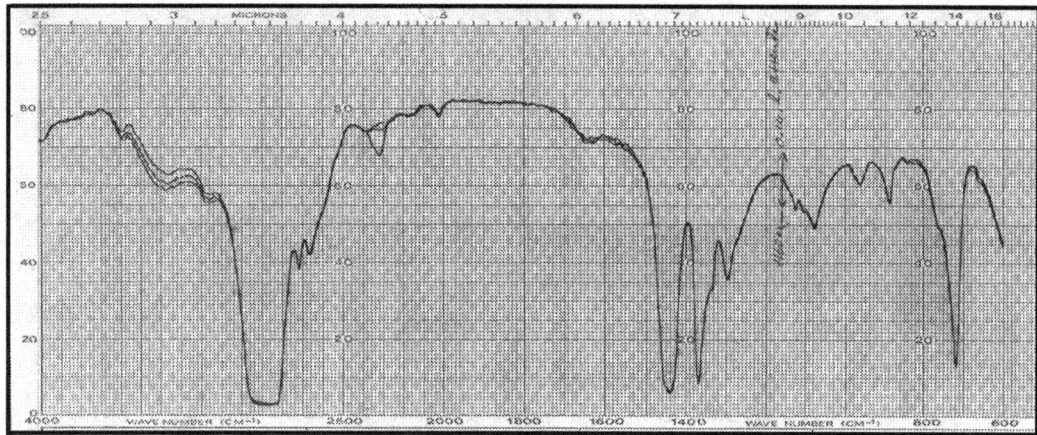

**7 - Poli-α-olefine**

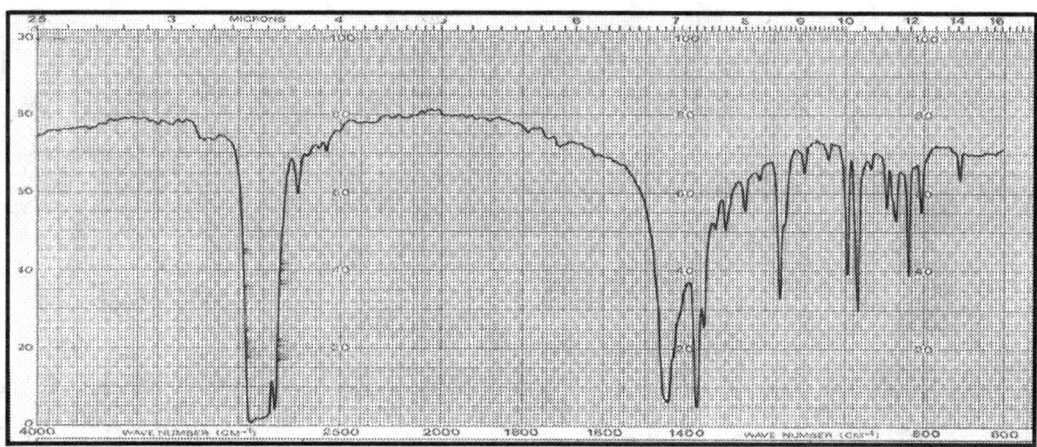

**8 - Polipropilene isotattico**

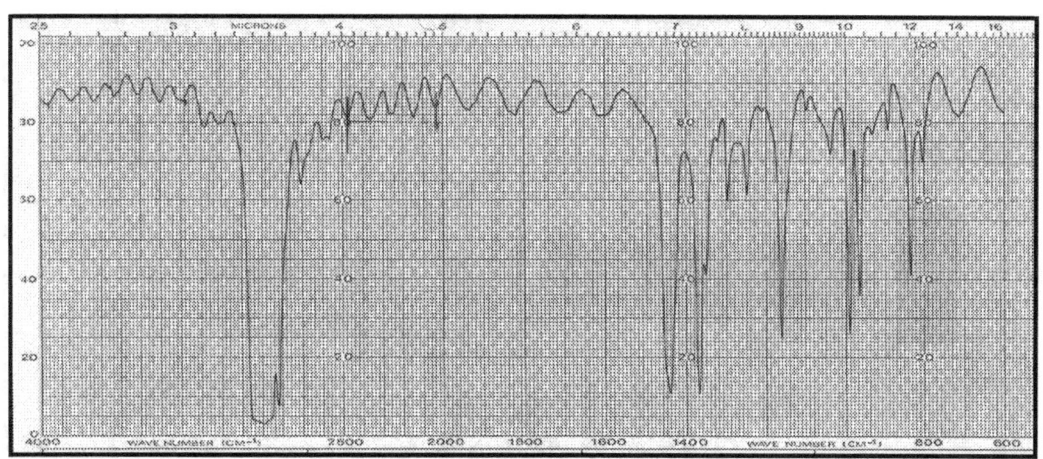

**9 - Polipropilene, film, spessore 0,026 mm**

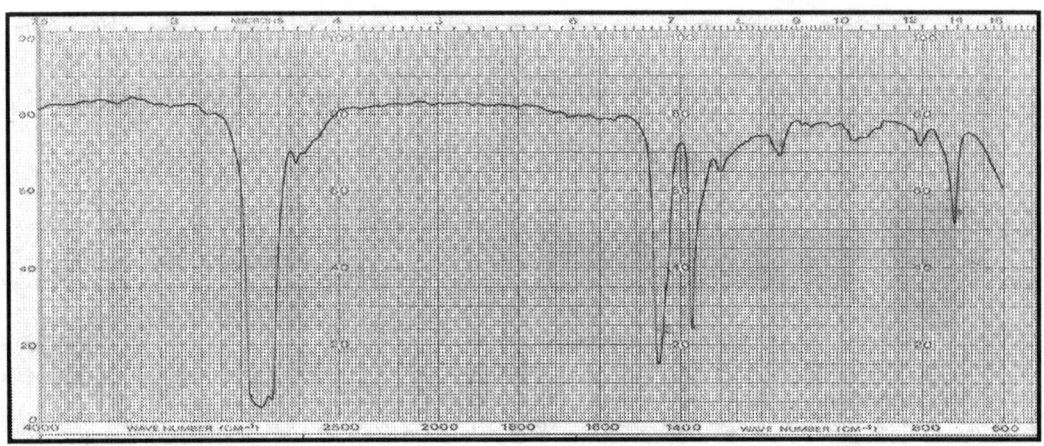

**10 - Poli-etilene-propilene-diene monomero**

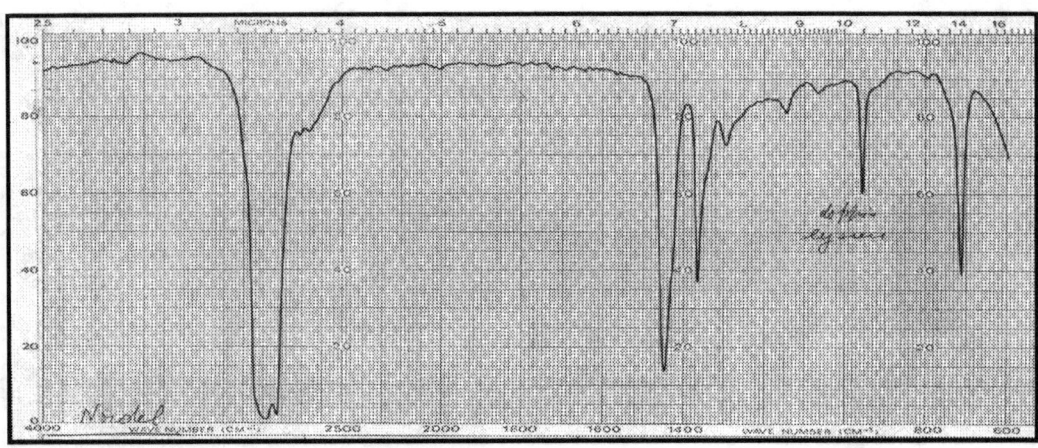

**11 - Poli-etilene-propilene-1,4-esadiene**

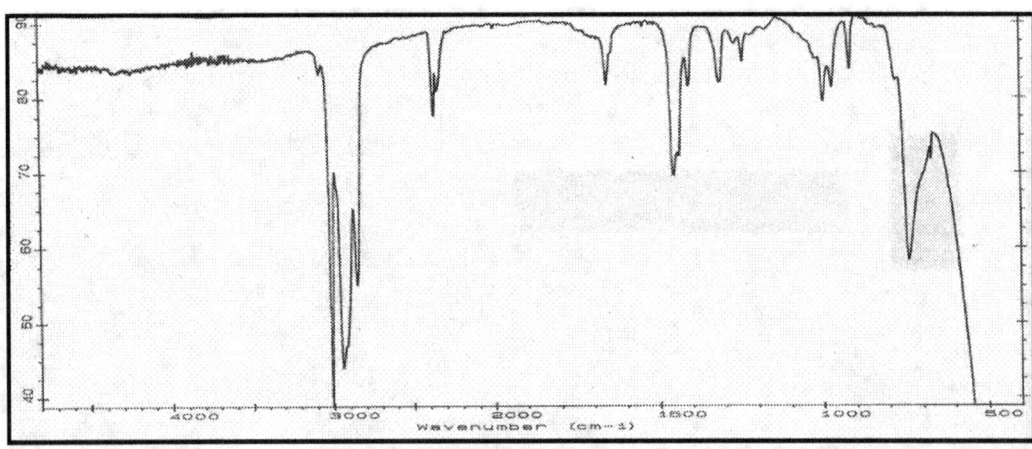

**12 - Polibutadiene**

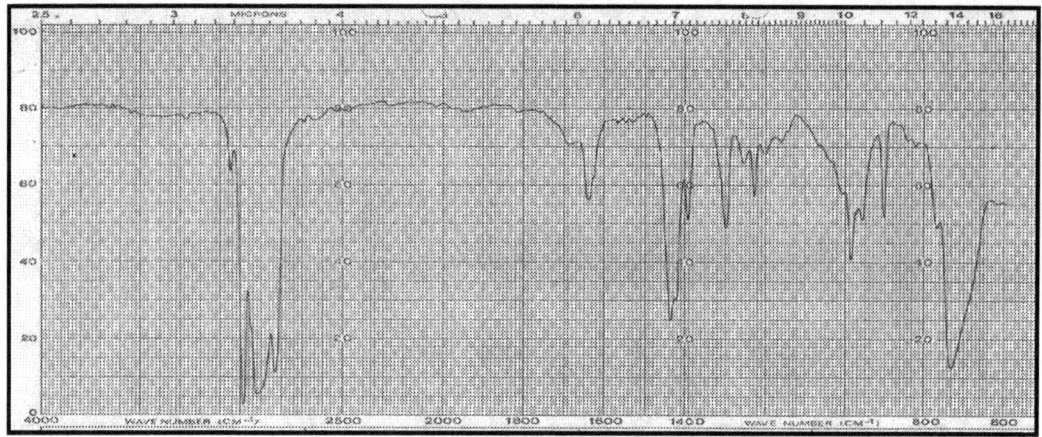

**13 - Polibutadiene**

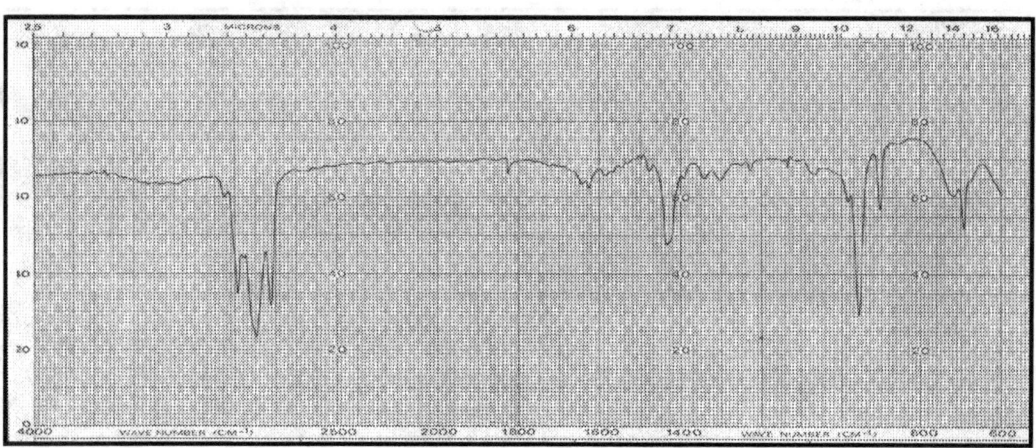

**14 - Polibutadiene**

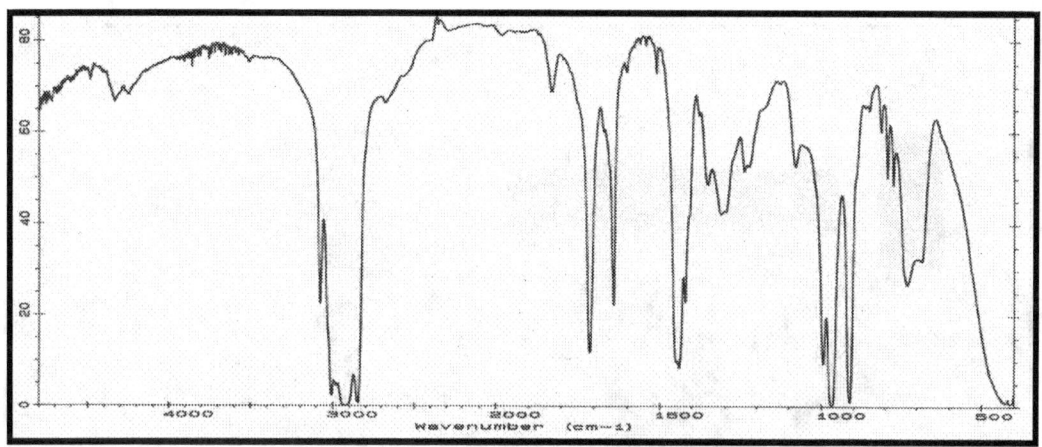

**15 - Polibutadiene con carbossili terminali**

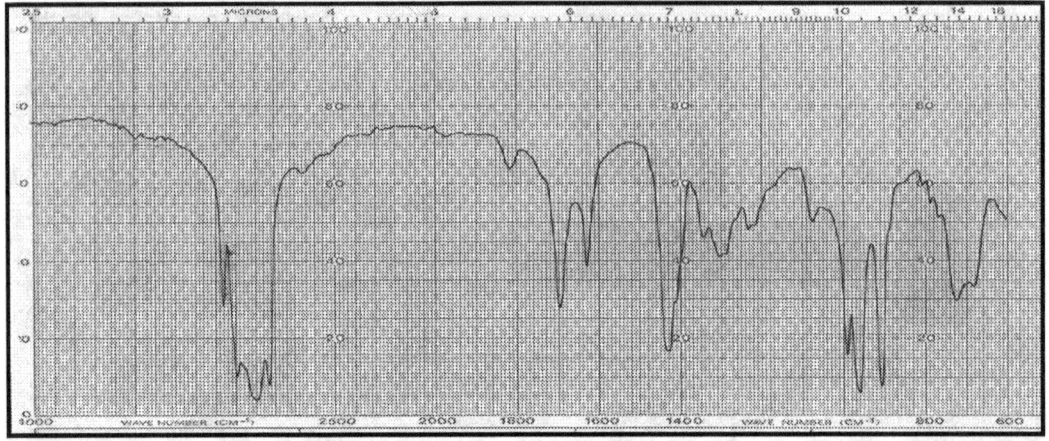

**16  -  Polibutadiene con carbossili terminali**

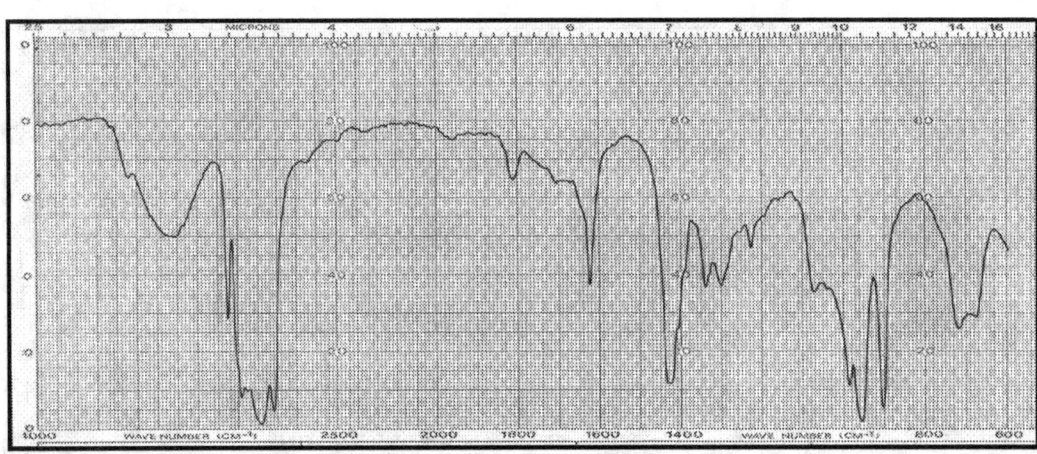

**17  -  Polibutadiene con ossidrili terminali**

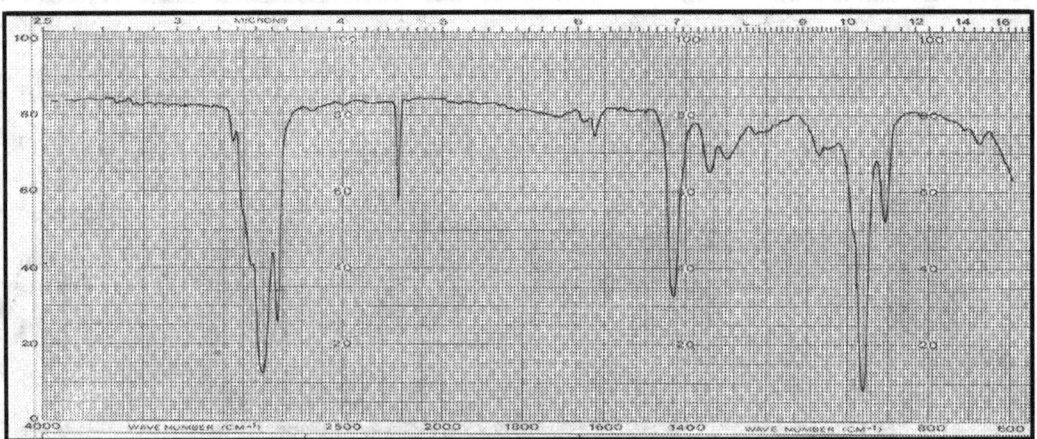

**18  -  Poli-butadiene-acrilonitrile**

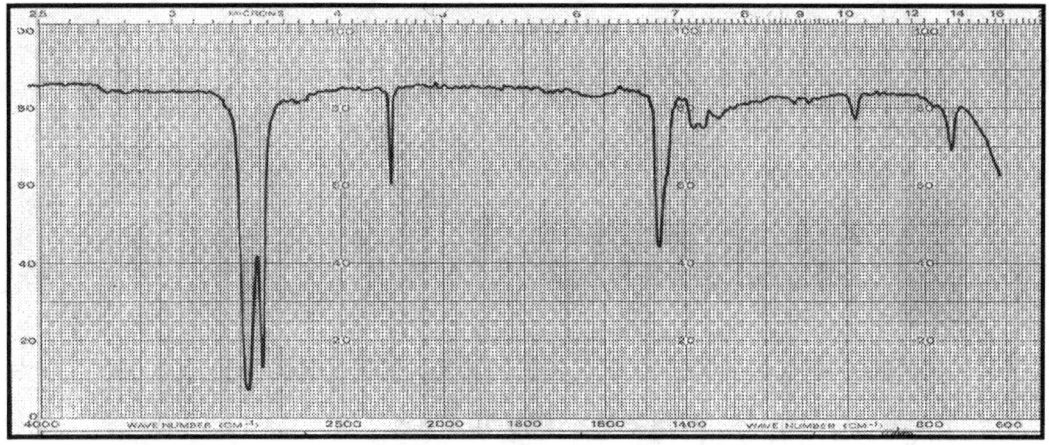

**19 - Poli-butadiene-acrilonitrile parzialmente idrogenato**

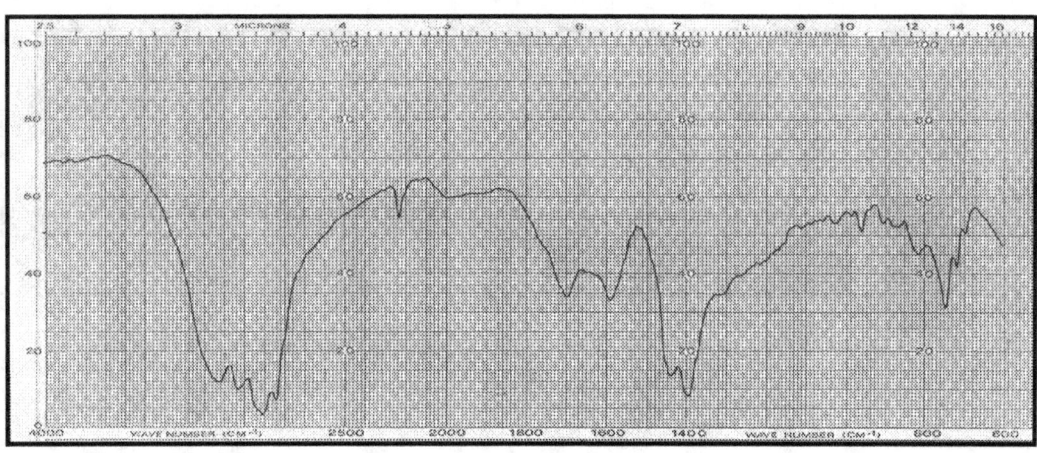

**20 - Gomma nitrilica pirolizzata**

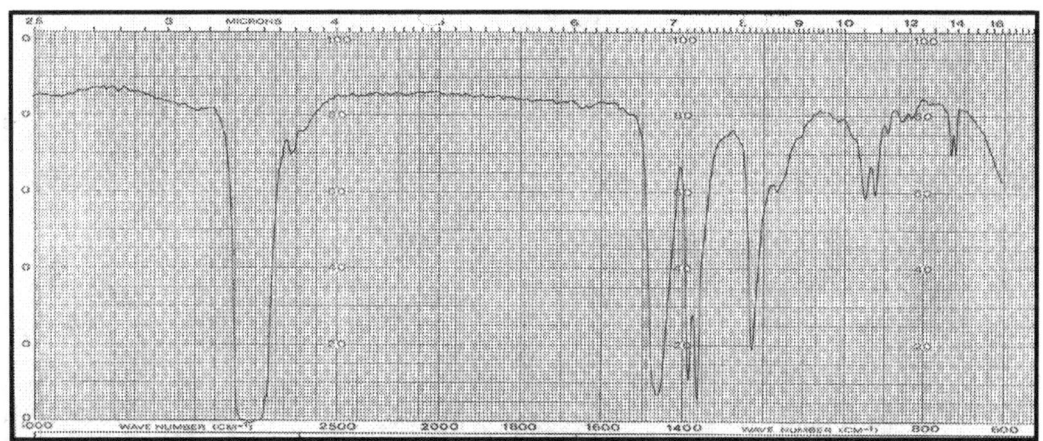

**21 - Poliisobutilene**

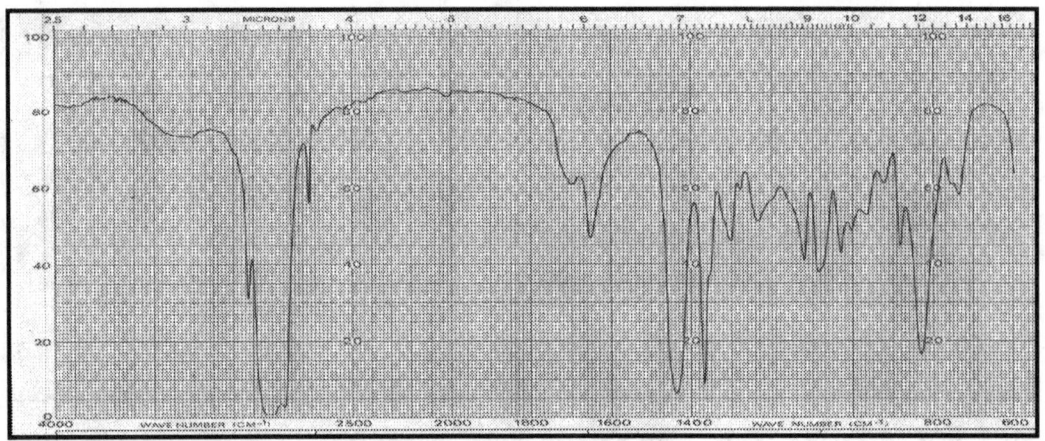

**22 - 1,4-cis-poliisoprene (gomma naturale depolimerizzata)**

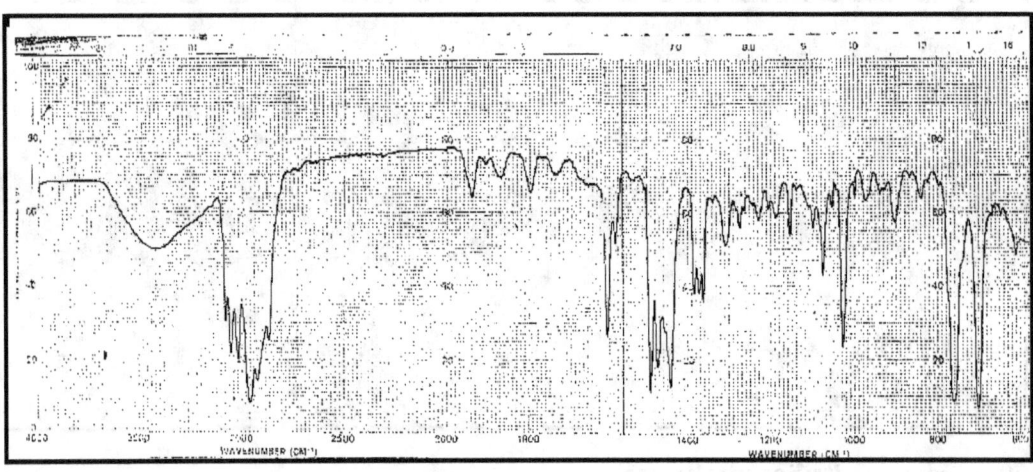

**23 - Poli-α-metilstirene**

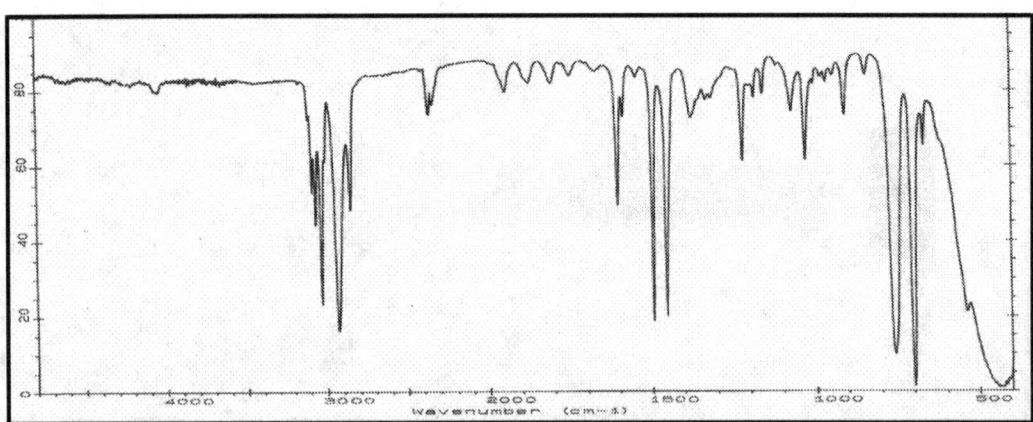

**24 - Polistirene**

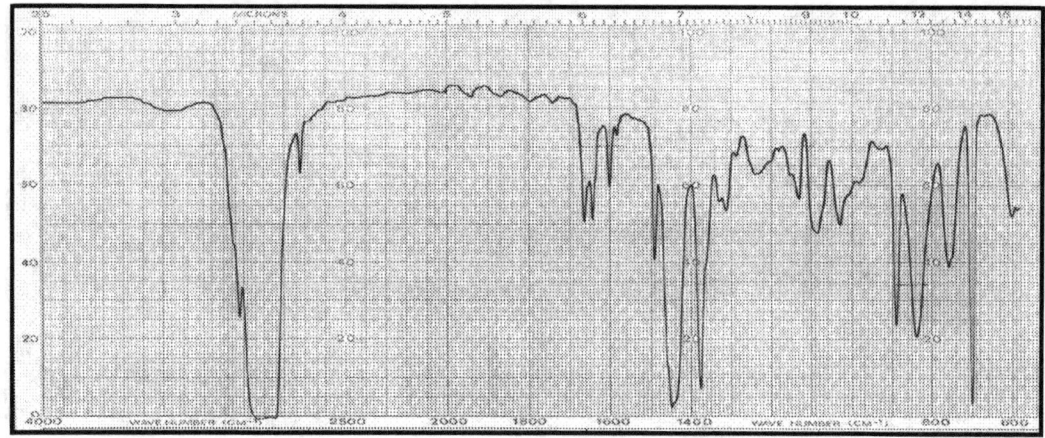

**25 - Poli-isoprene-stirene**

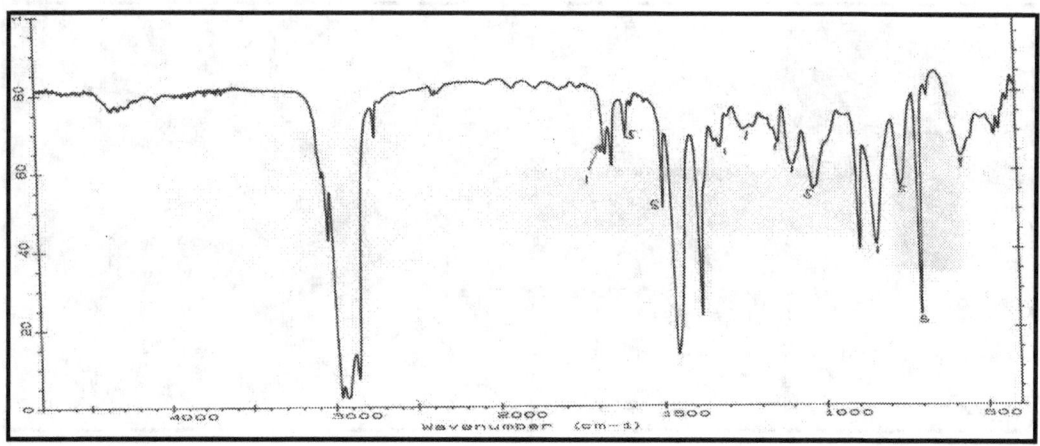

**26 - Poli-isoprene-stirene**

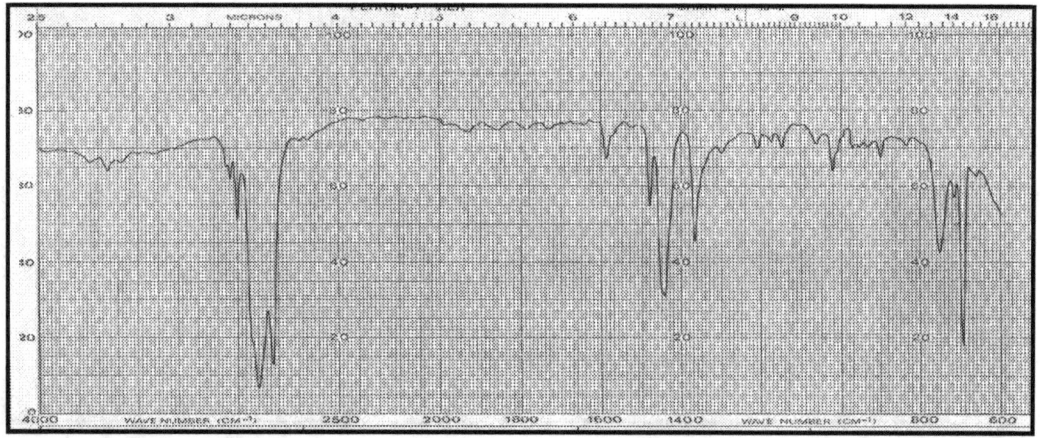

**27 - Poli-stirene/etilene-butilene/stirene (a blocchi ABA)**

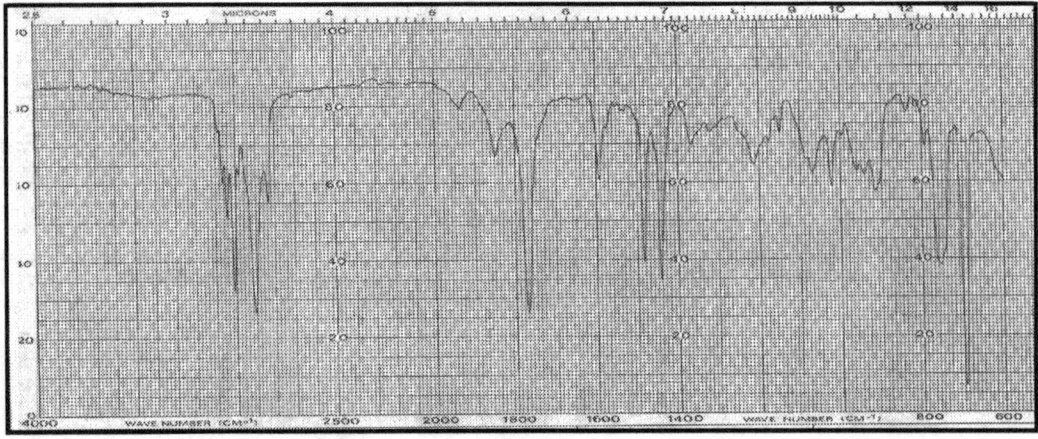

**28 - Poli-stirene-anidride maleica (70% stirene)**

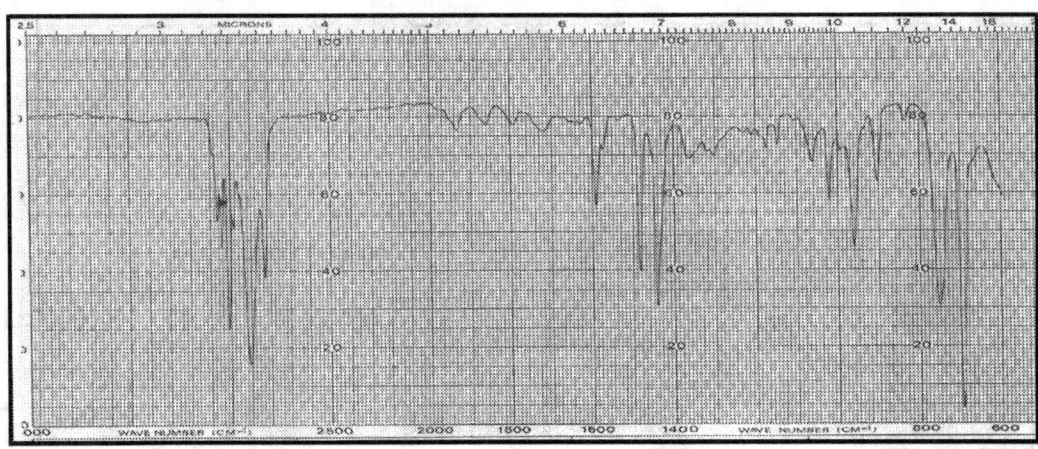

**29 - Poli-butadiene-stirene**

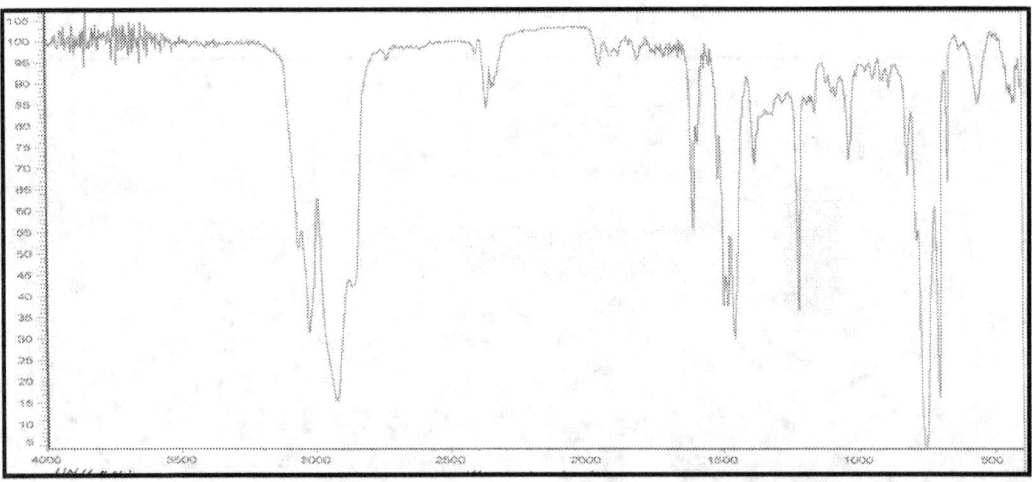

**30 - Polistirene + poliindene**

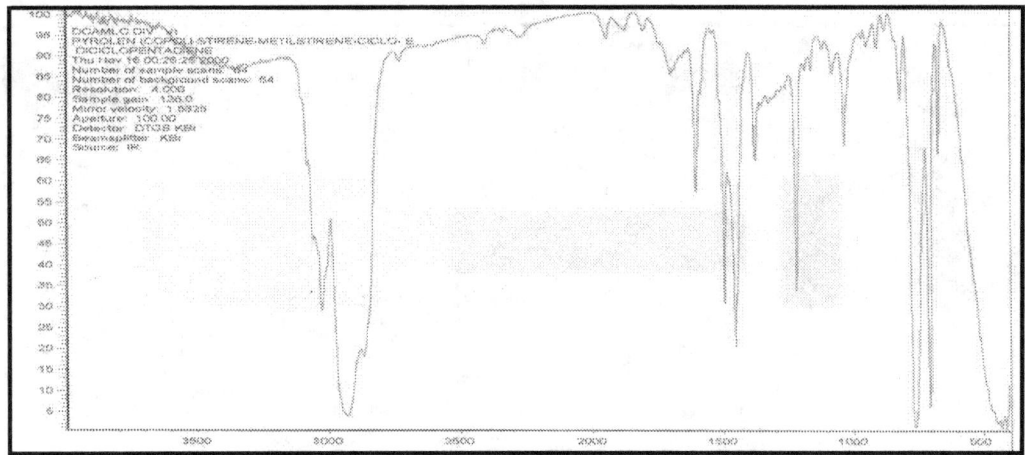

**31 - Poli-stirene-metilstirene-ciclo- e diciclopentadiene**

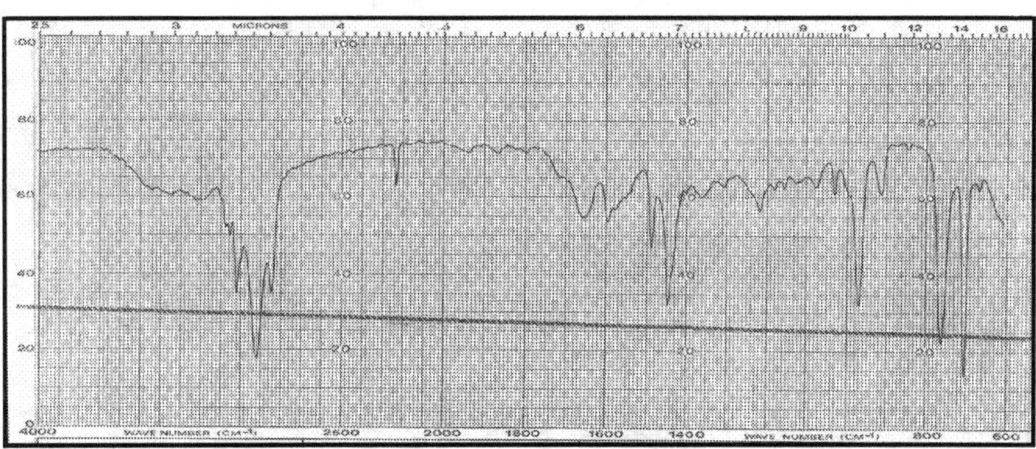

**32 - Poli-acrilonitrile-butadiene-stirene**

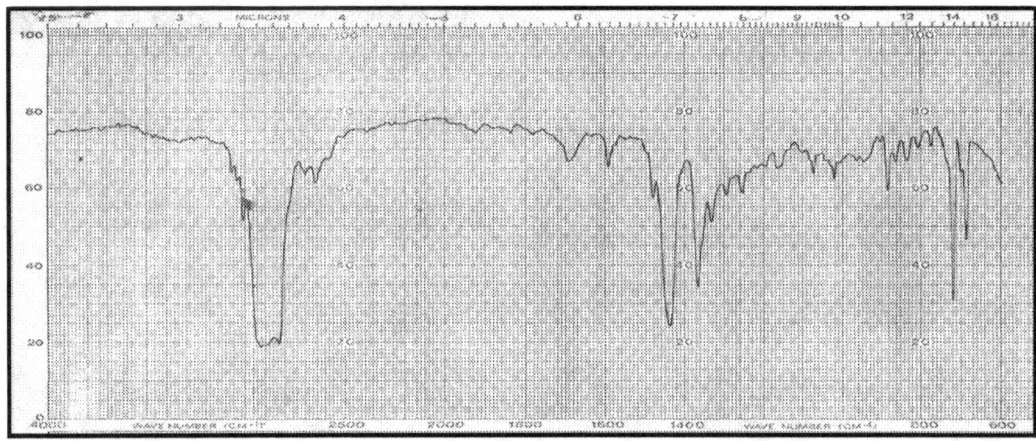

**33 - Resina idrocarburica**

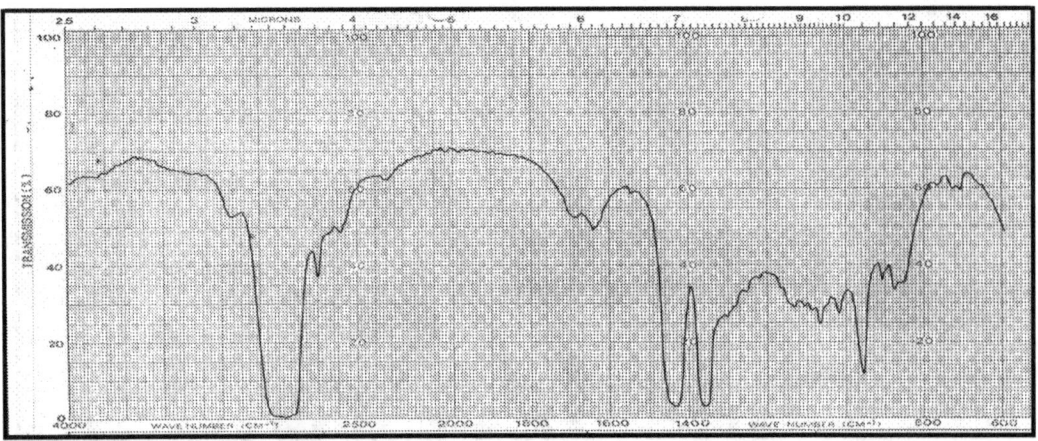

**34 - Resina idrocarburica**

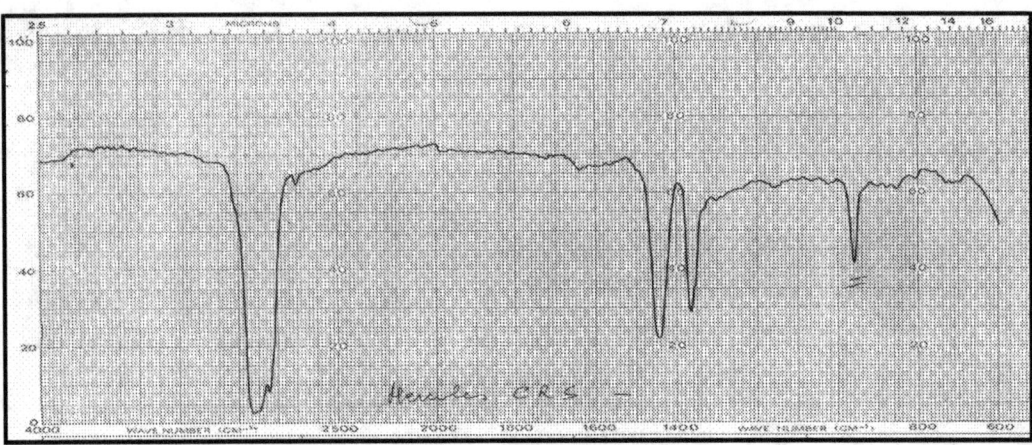

**35 - Resina idrocarburica**

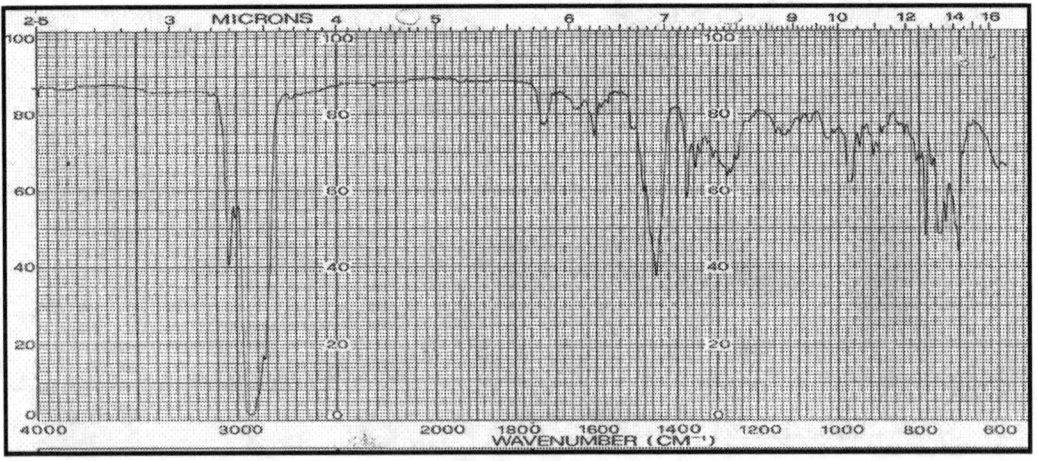

**36 - Resina idrocarburica**

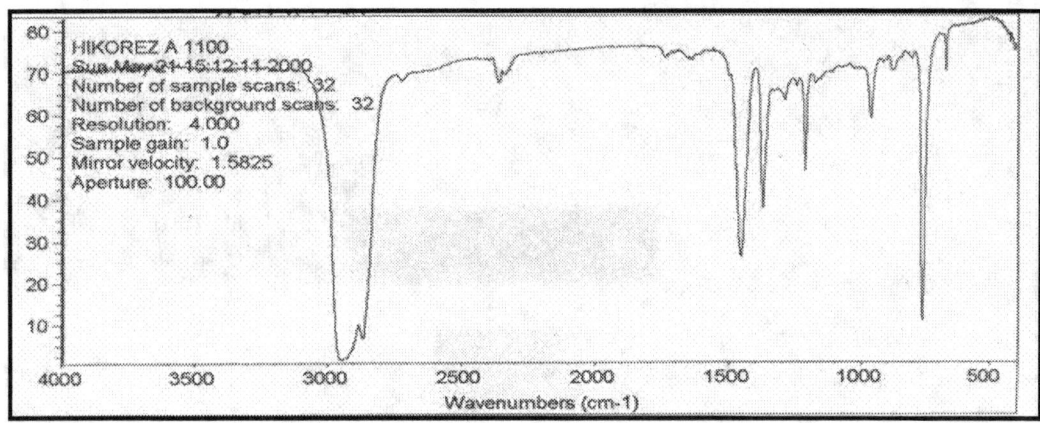

**37 - Resina idrocarburica alifatica**

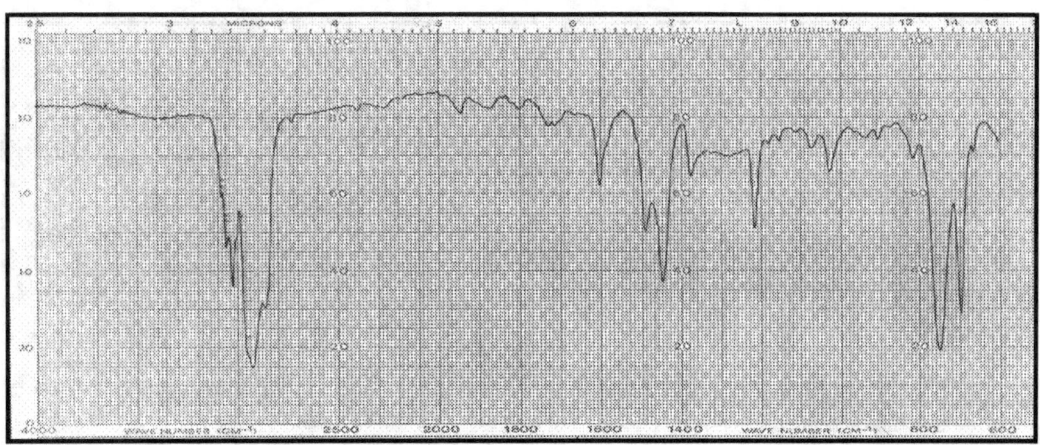

**38 - Resina idrocarburica aromatica**

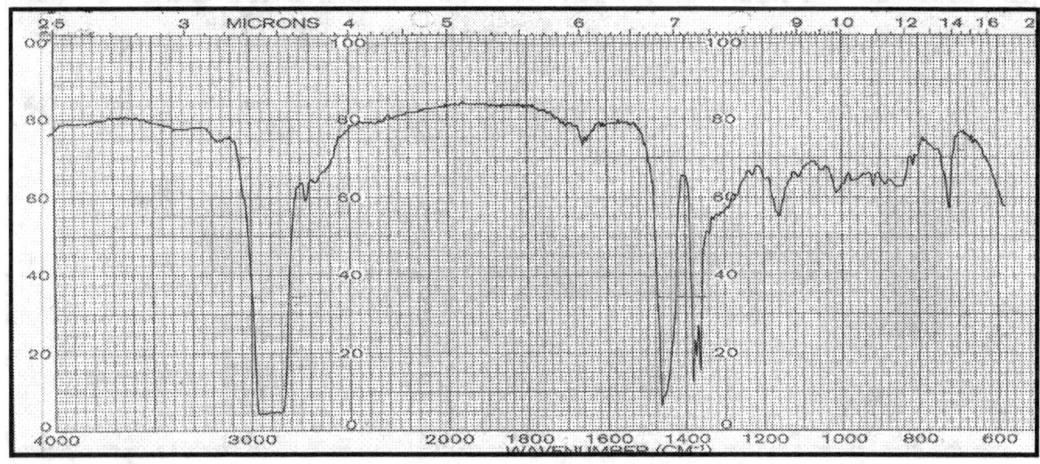

**39 - Resina terpenica**

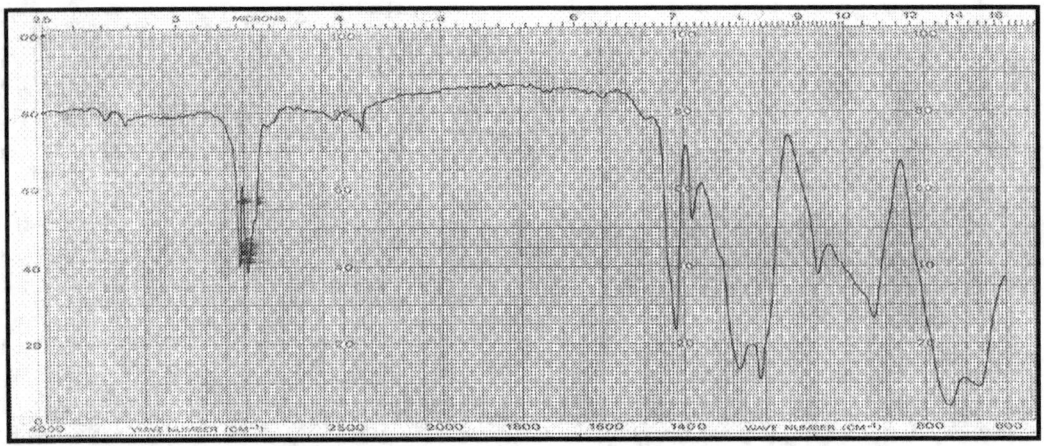

**40 - Cloroparaffina, 70% Cl**

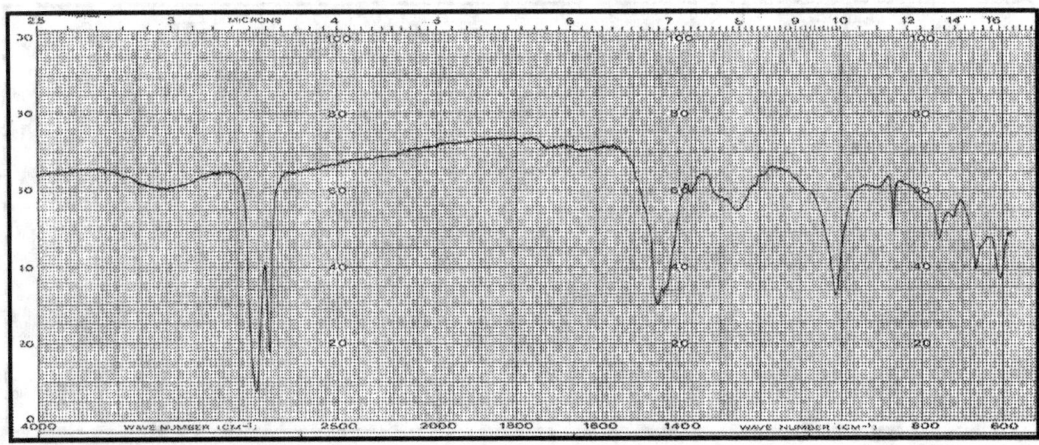

**41 - Polietilene clorurato**

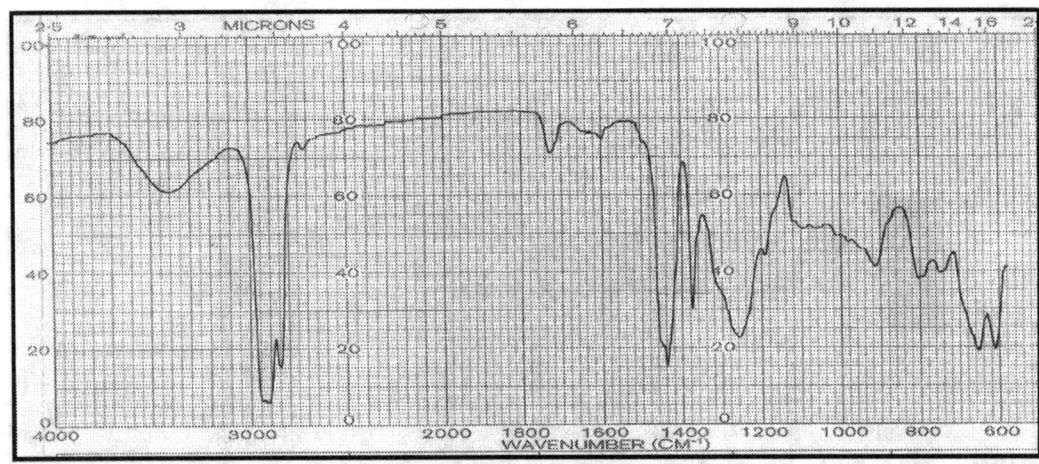

**42 - Cloroparaffina**

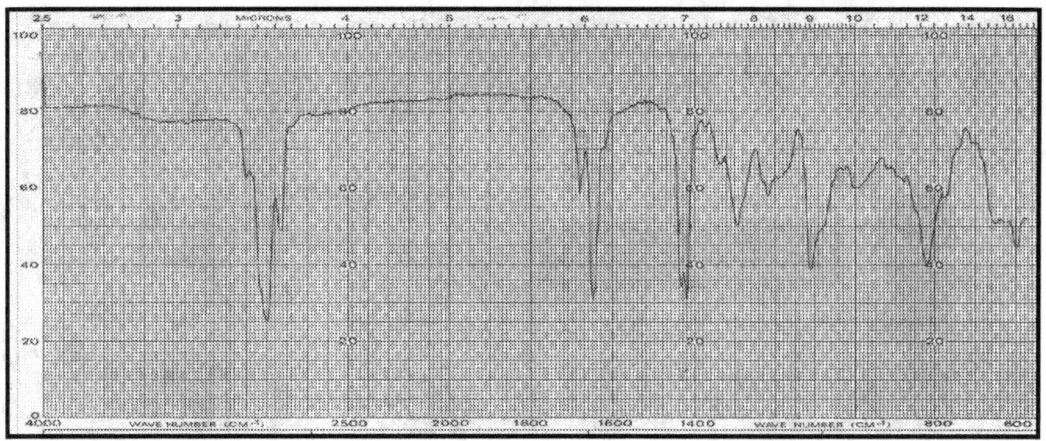

**43 - Poli-2-clorobutadiene (Neoprene)**

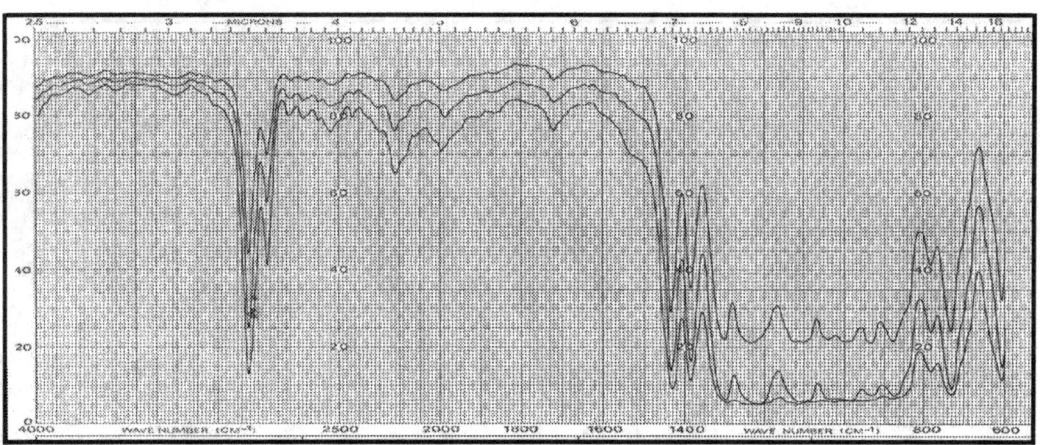

**44 - Poli-etilene-clorotrifluoroetilene**

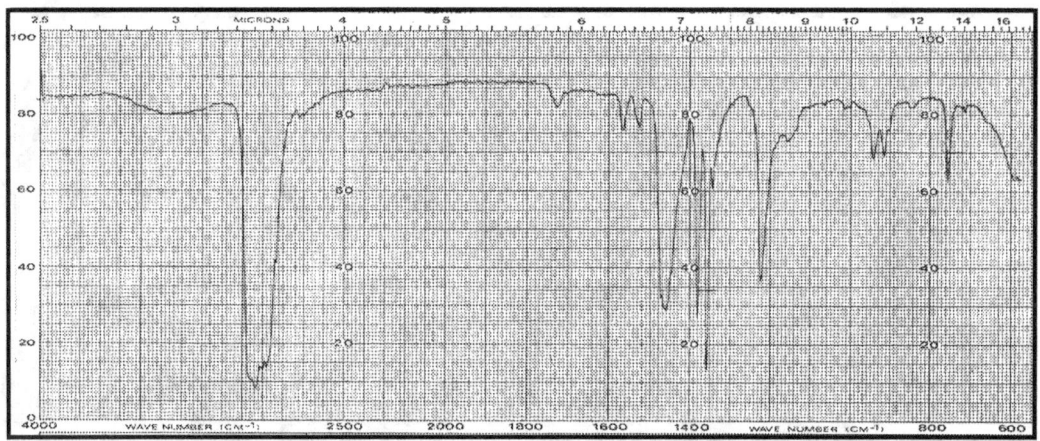

**45 - Poli-isobutilene-isoprene bromurato (gomma bromobutilica)**

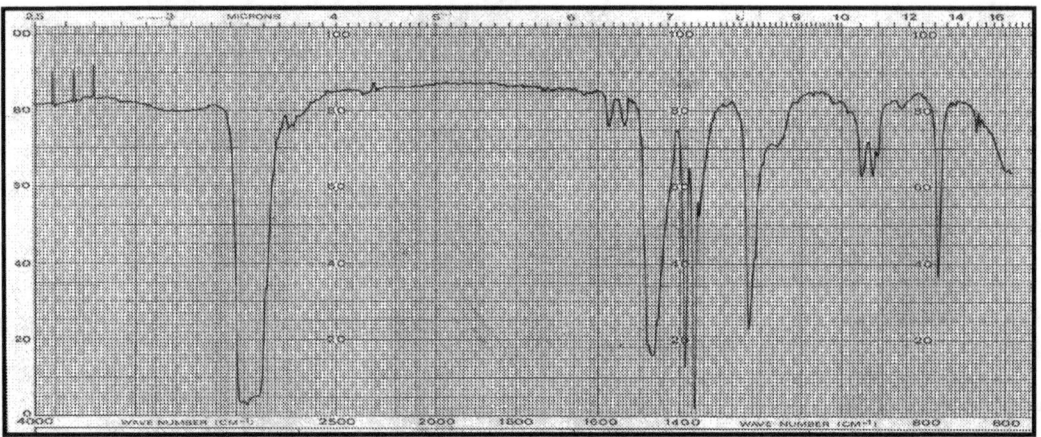

**46 - Poli-isobutilene-isoprene clorurato  Gomma clorobutilica)**

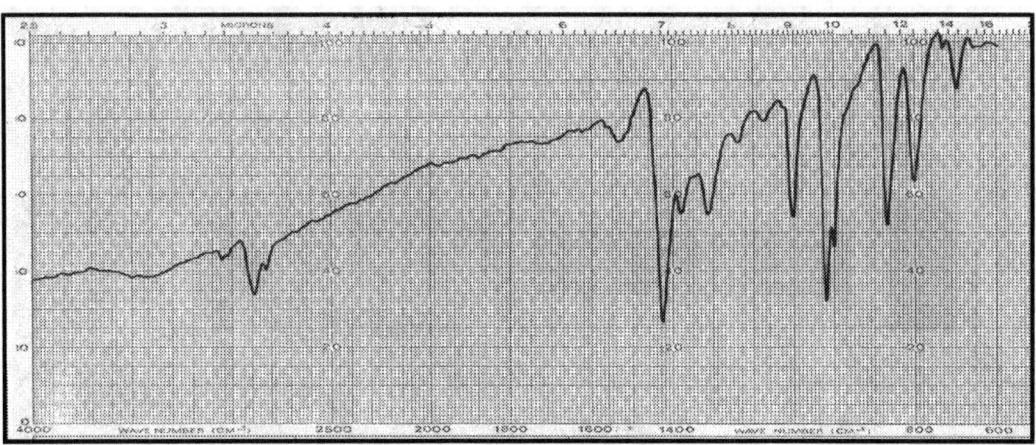

**47 - Polistirene bromurato**

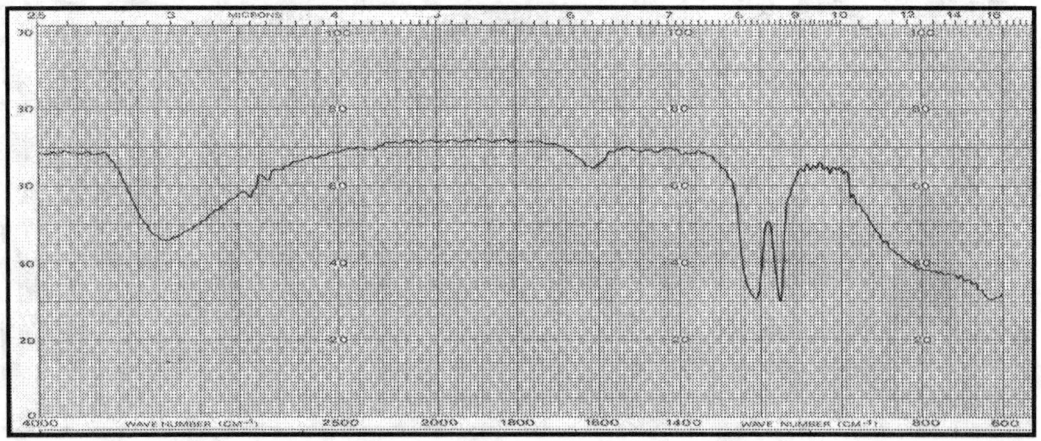

**48 - Poli-tetrafluoroetilene**

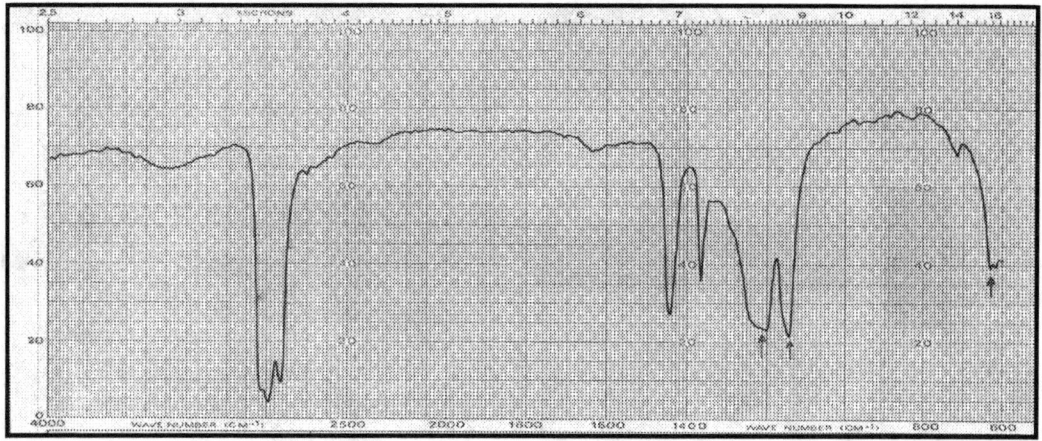

**49 - Politetrafluoroetilene**

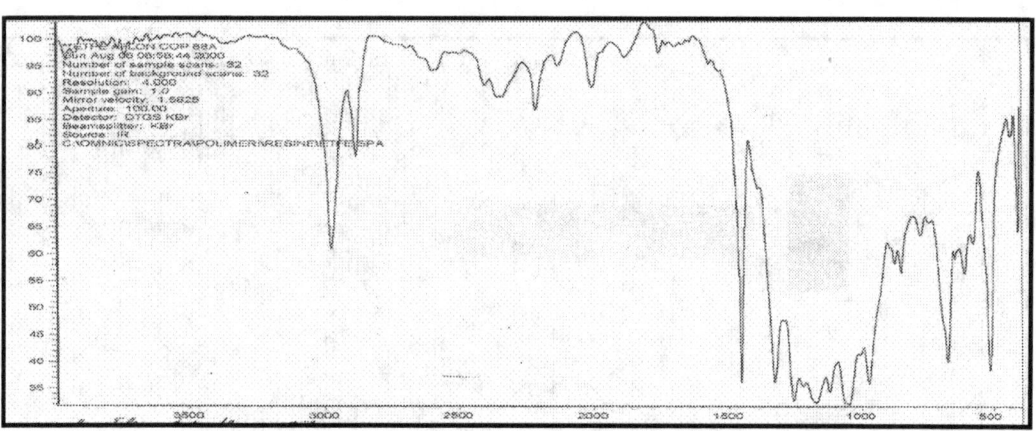

**50 - poli-etilene-tetrafluoroetilene**

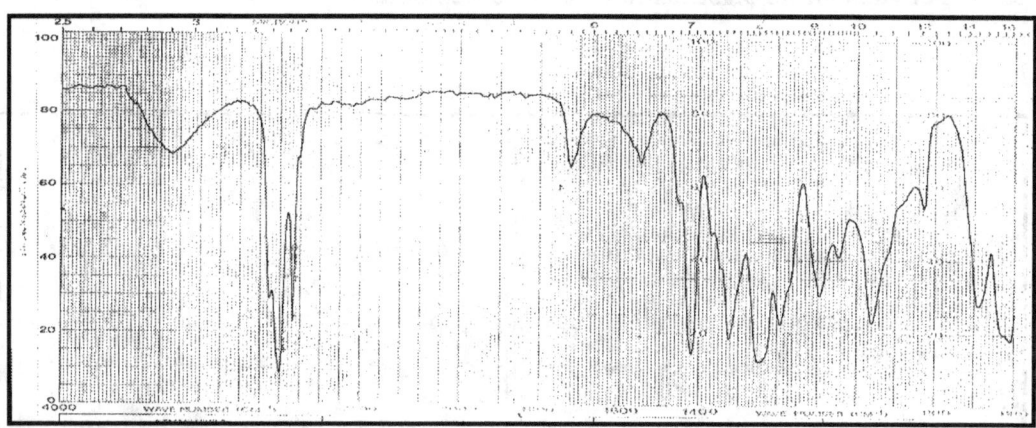

**51 - Polivinilcloruro**

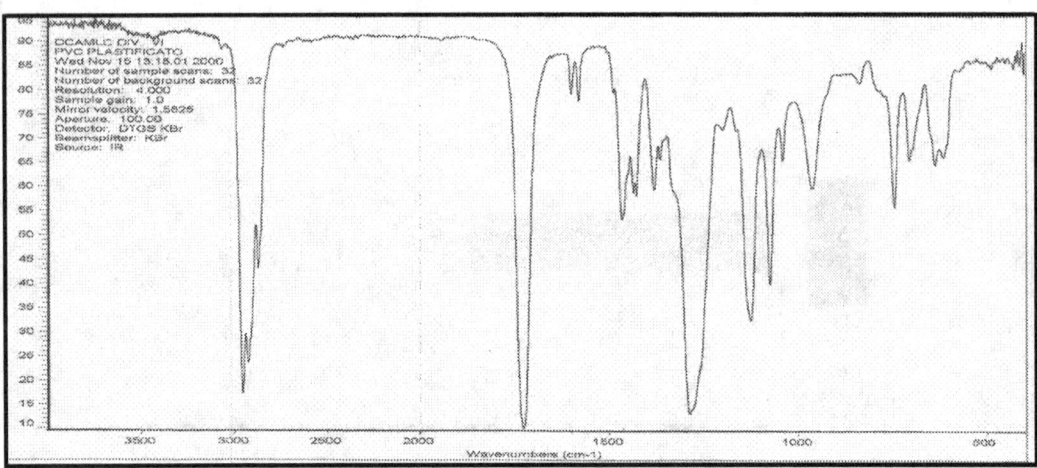

**52  -  Polivinilcloruro plastificato con ftalati**

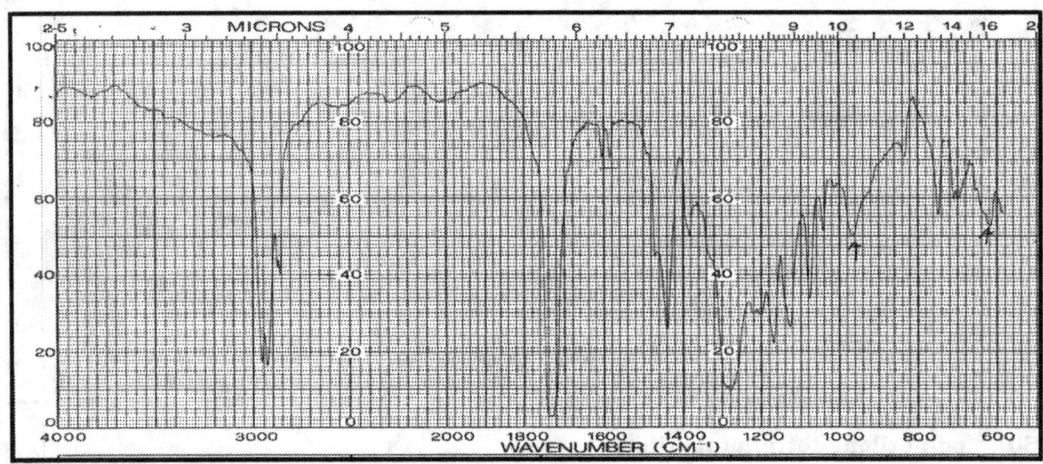

**53  -  Polivinilcloruro plastificato con di-2-etilesilftalato**

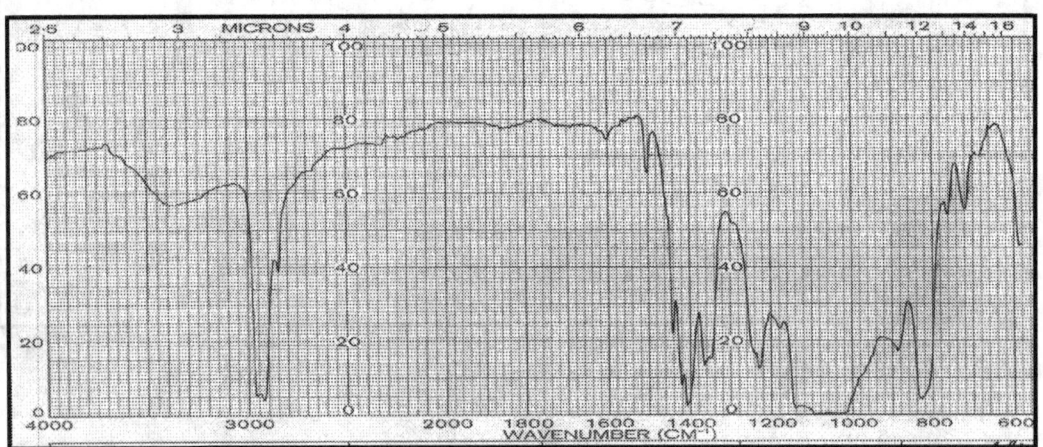

**54  -  Polivinilfluoruro**

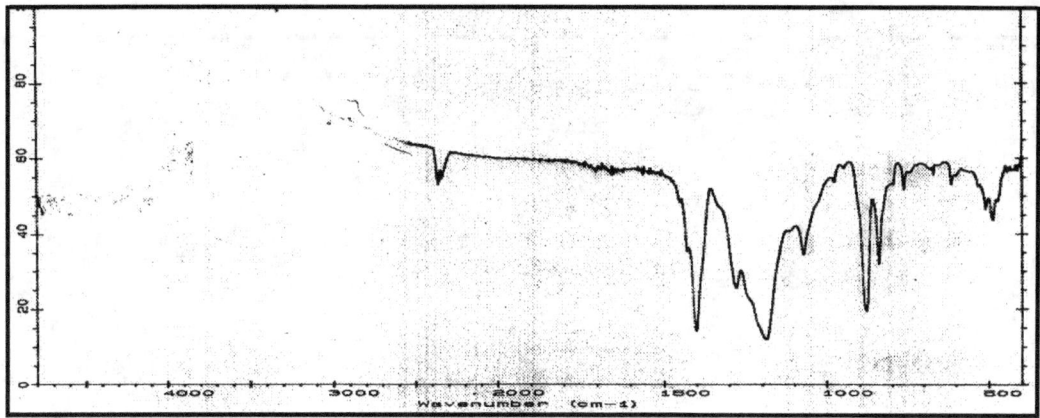

**55 - Polivinilidenfluoruro**

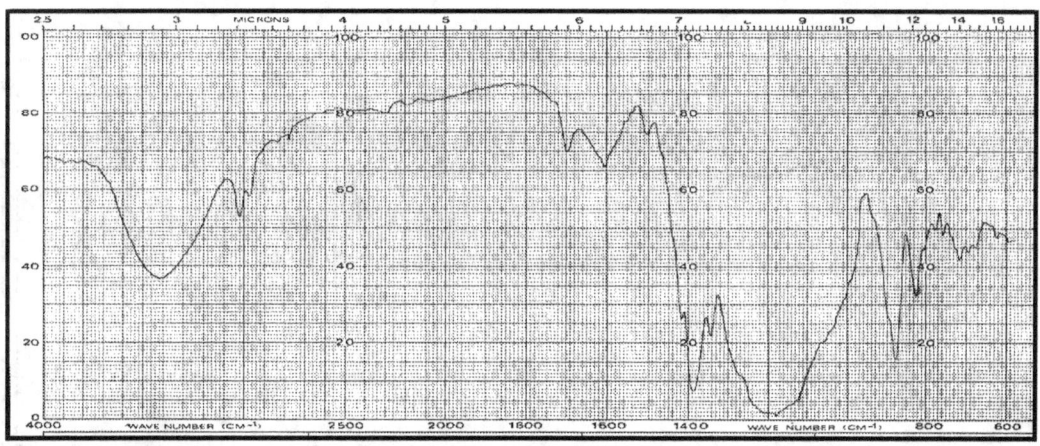

**56 - Poli-vinilidenfluoruro-perfluoropropilene**

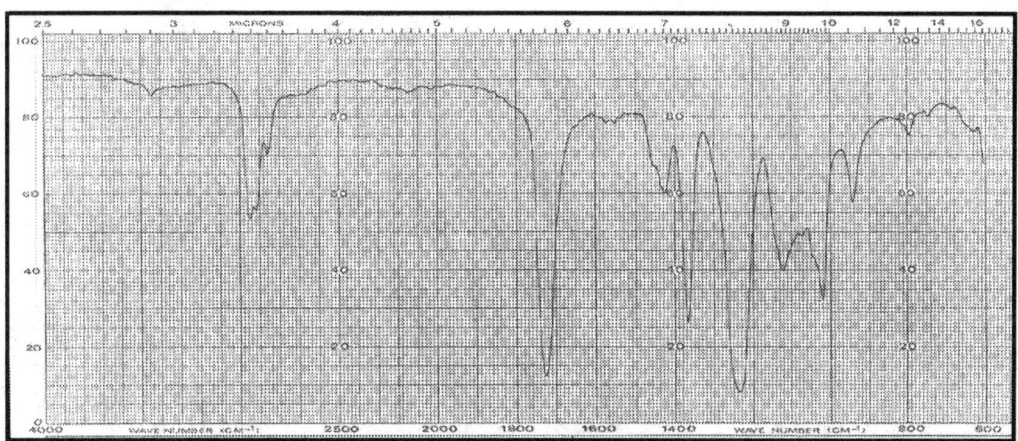

**57 - Polivinilacetato**

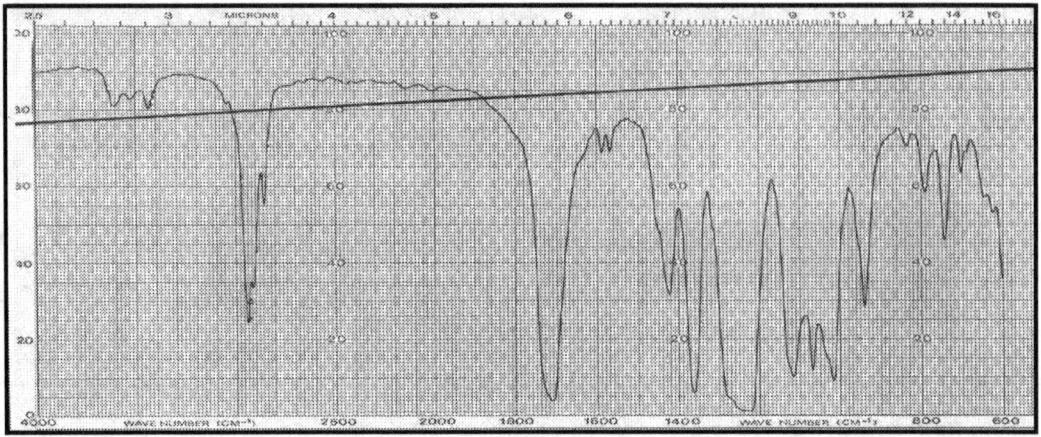

**58 - Polivinilacetato plastificato con ftalati**

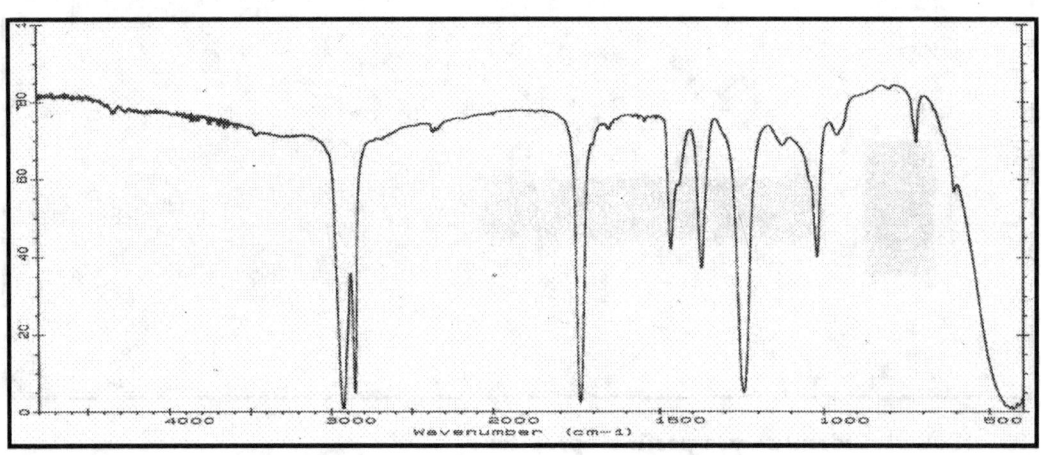

**59 - Poli-vinilacetato-etilene**

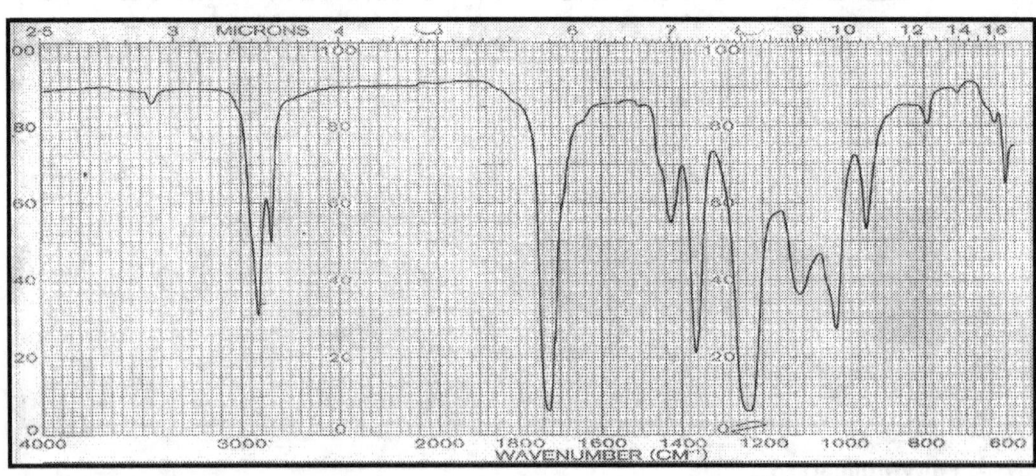

**60 - Poli-vinilacetato-vinillaurato**

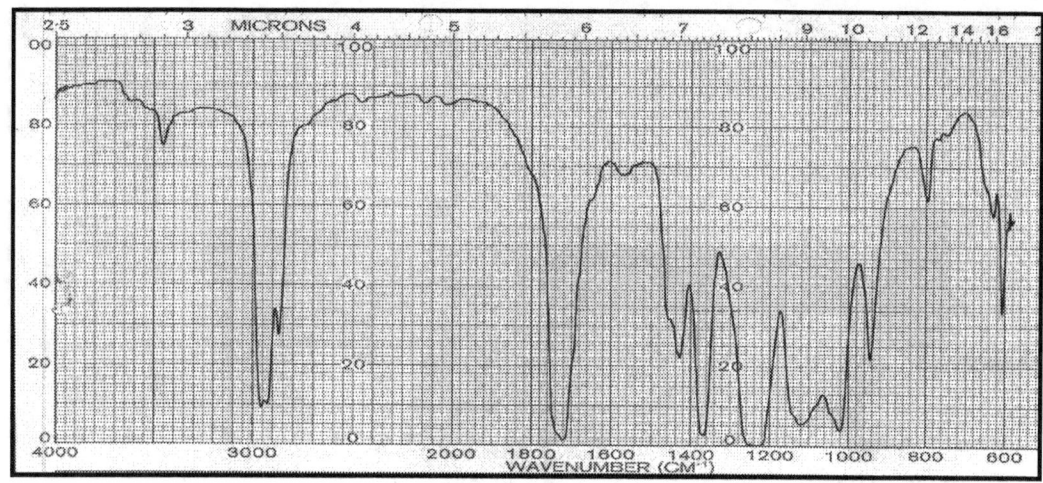

**61 - Poli-vinilcloruro-vinilacetato**

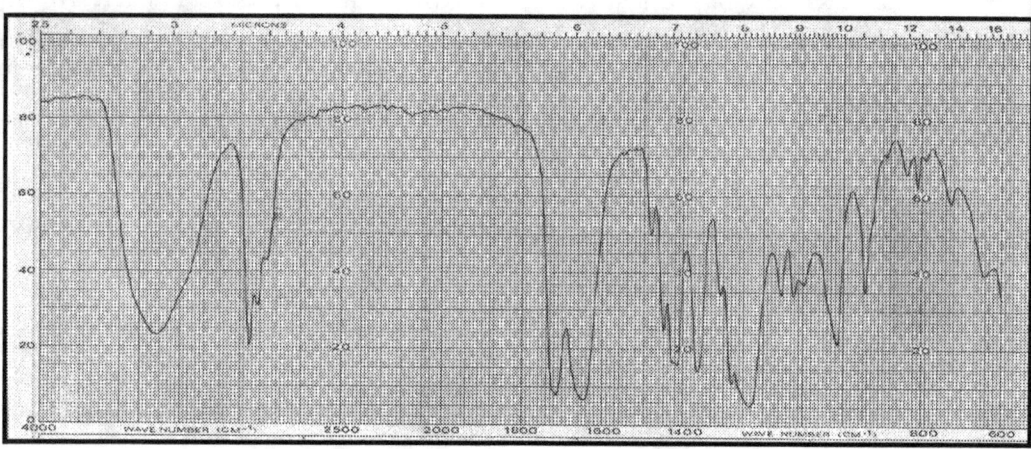

**62 - Poli-vinilacetato-vinilpirrolidone**

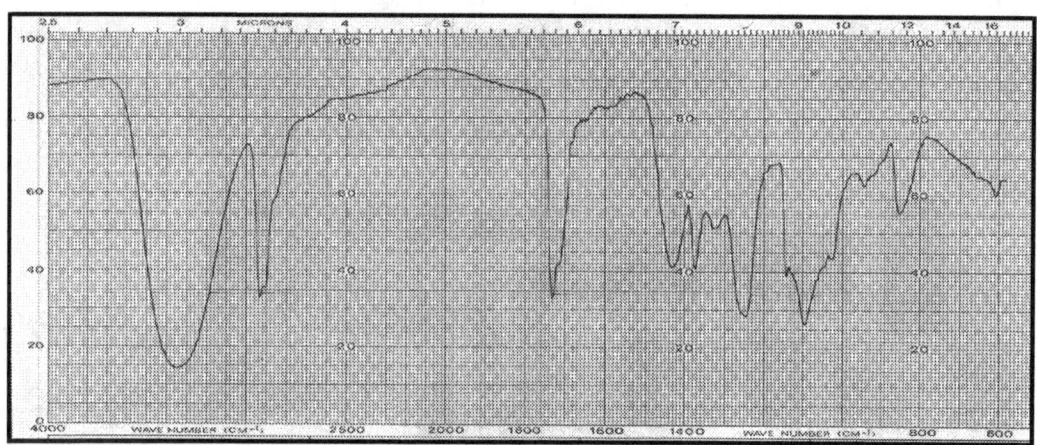

**63 - Polivinilalcool**

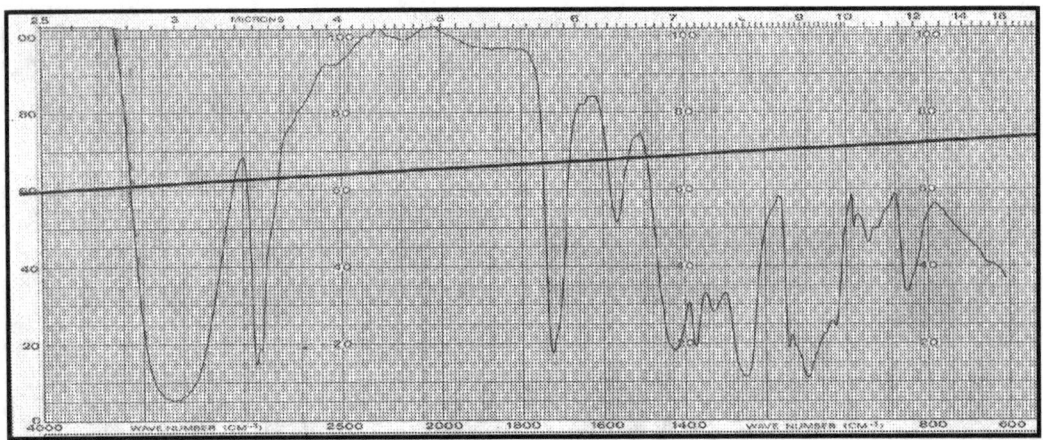

**64 - Polivinilcool, con 8% di acetili non idrolizzati**

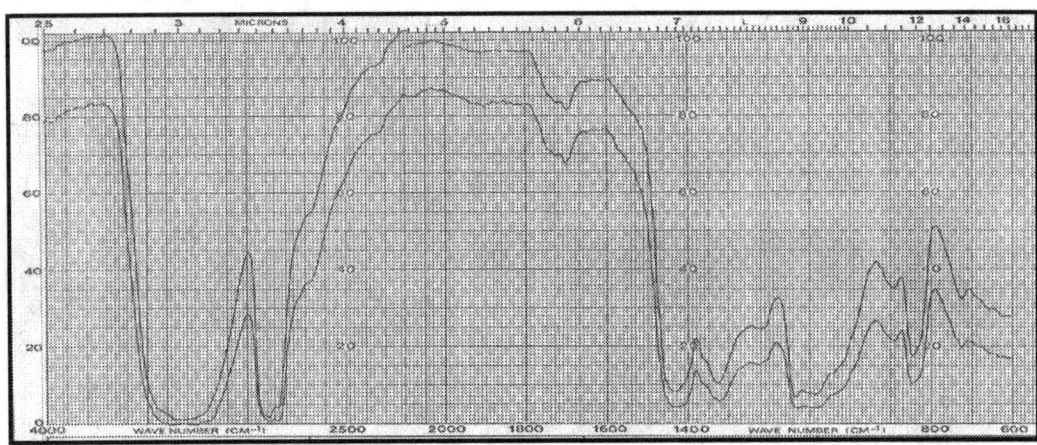

**65 - Poli-etilene-alcool vinilico**

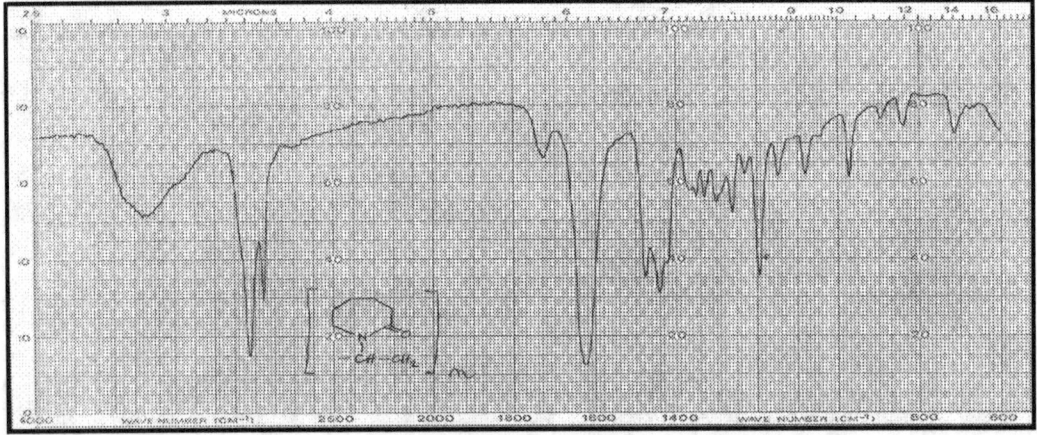

**66 - Polivinilcaprolattame**

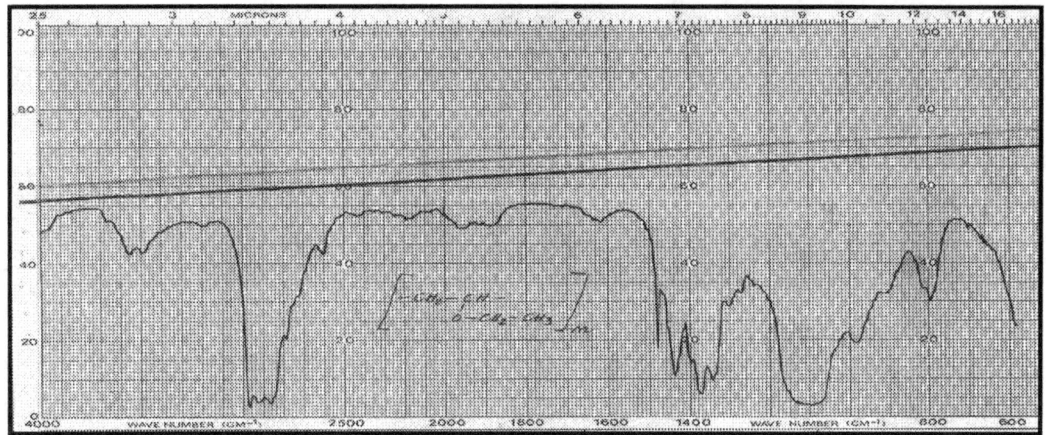

**67 - Poliviniletiletere**

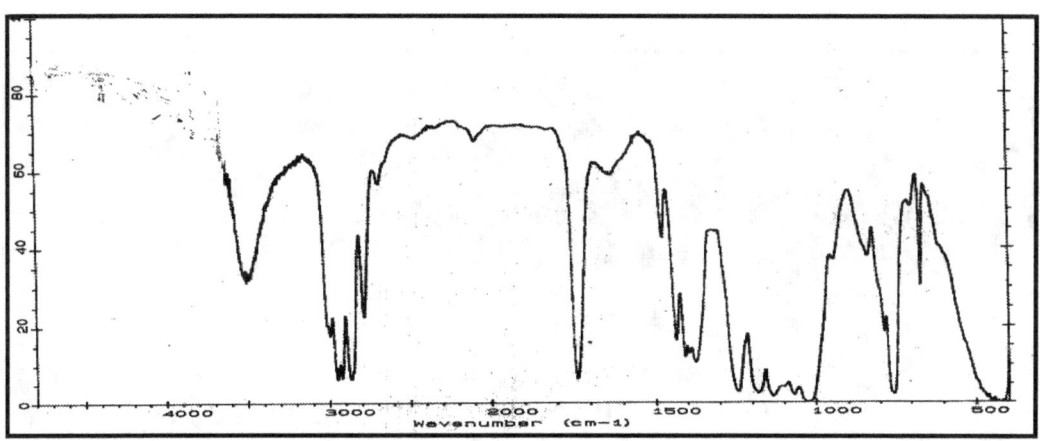

**68 - Polivinilformale**

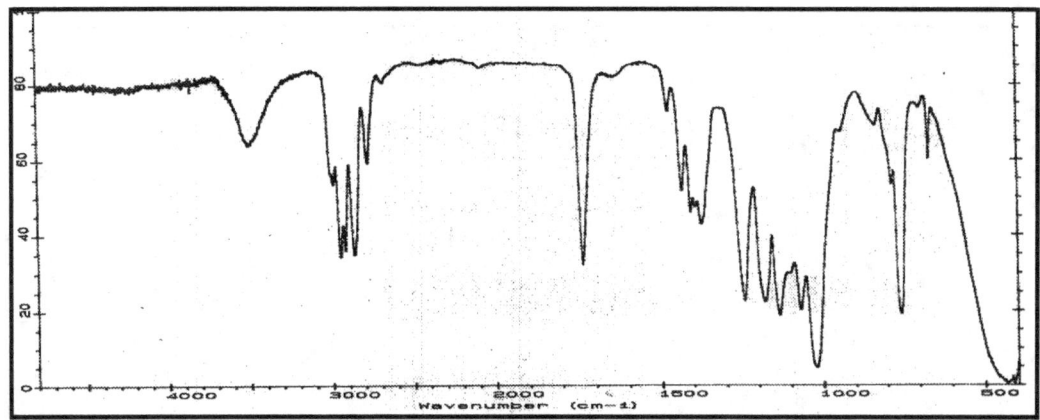

**69 - Polivinilformale con 11% di polivinilacetato e il 6% di polivinilalcool**

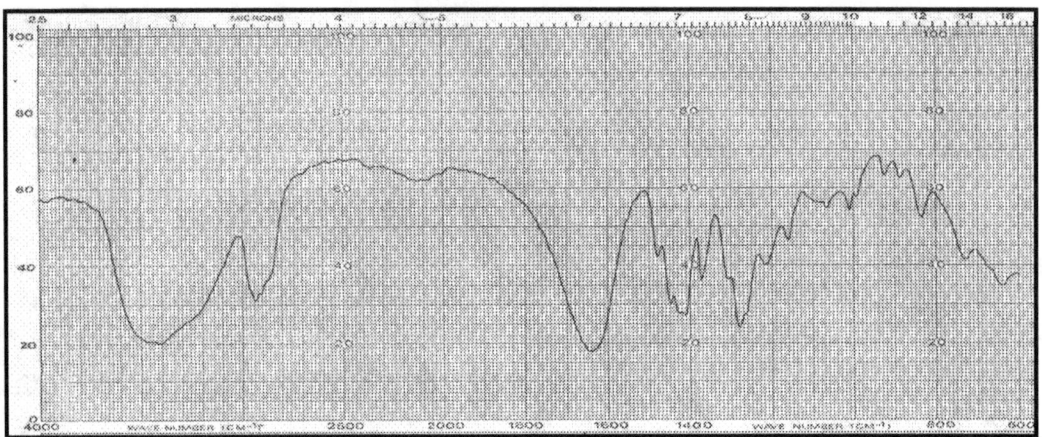

**70 - Polivinilpirrolidone**

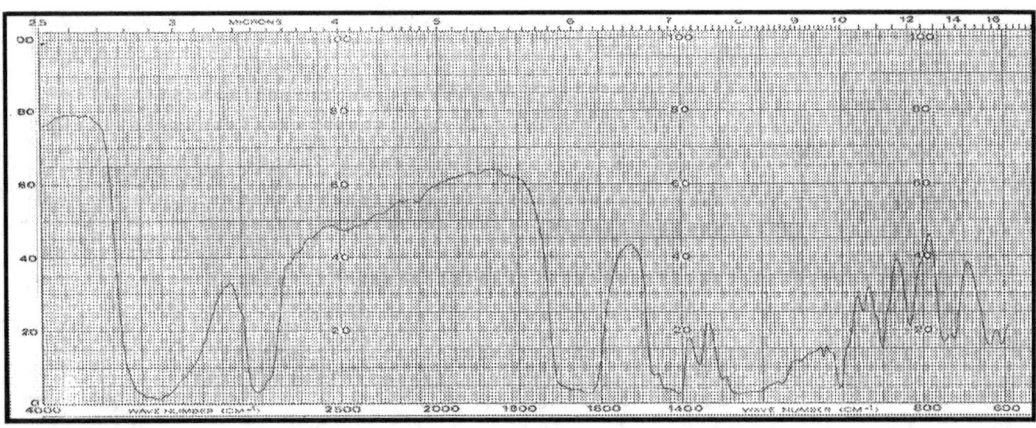

**71 - Poli-vinilpirrolidone-alchilaminometacrilato**

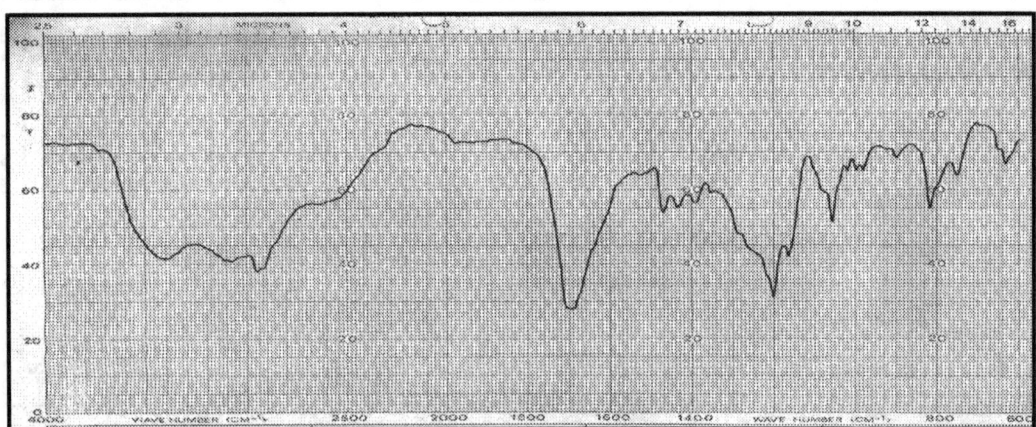

**72 - Acido poliacrilico debolmente reticolato con allilsaccarosio (Carbopol 846)**

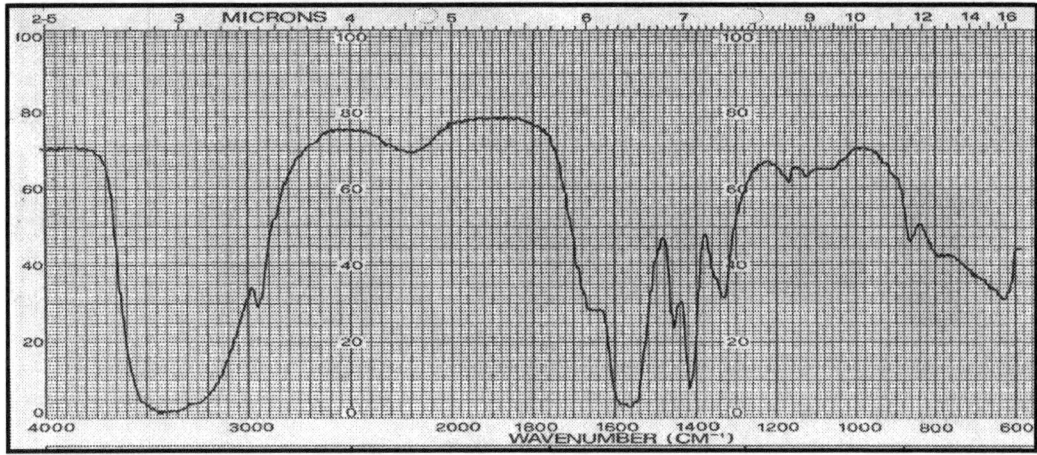

**73 - Poliacrilato sodico**

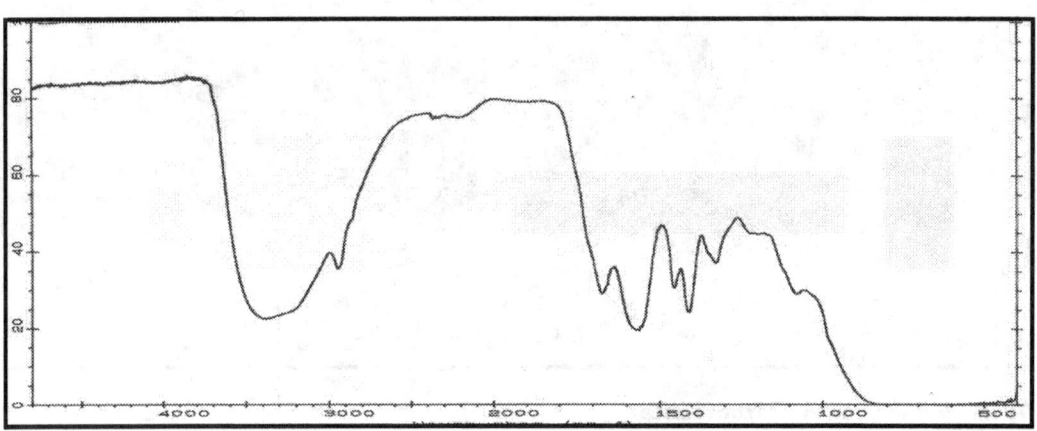

**74 - Poliacrilato sodico e ammonico**

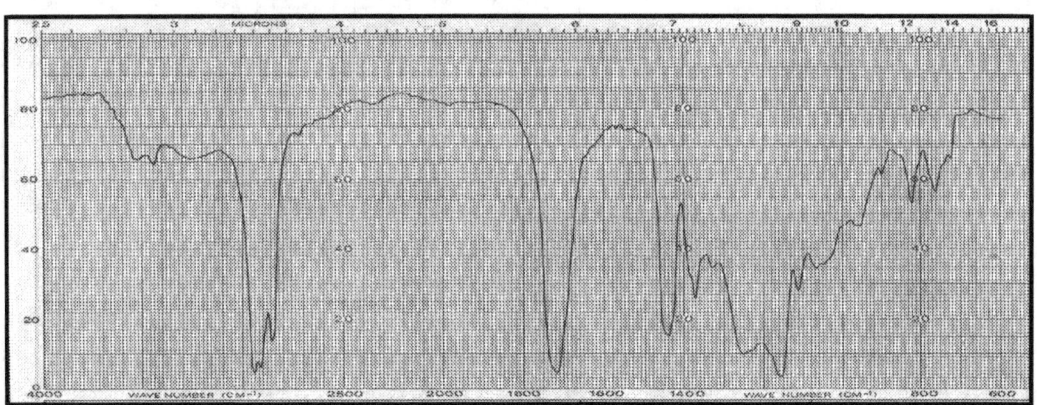

**75 - Poli-estere acrilico-acido acrilico**

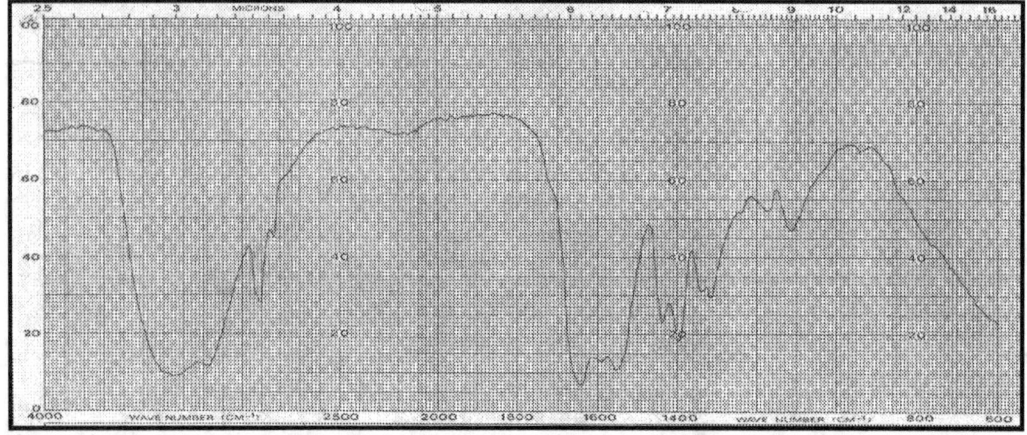

**76 - Poliacrilamide**

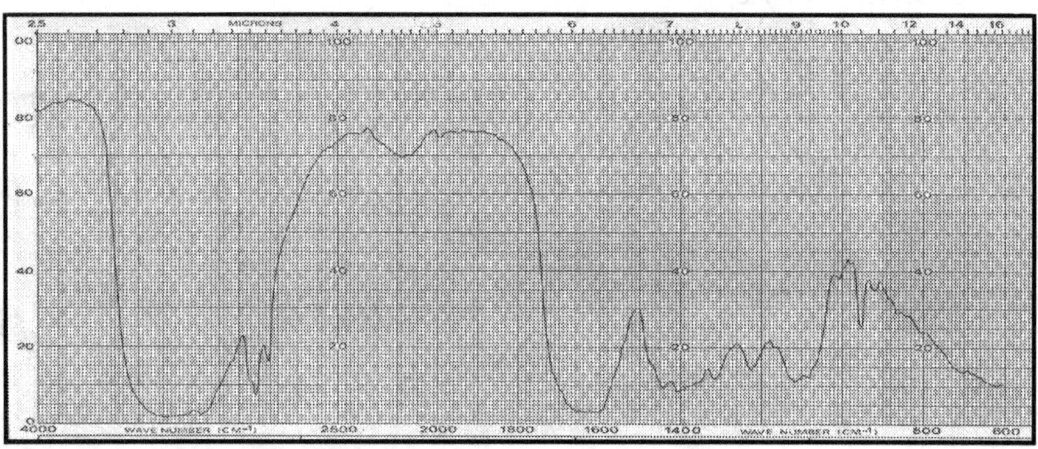

**77 - Poliacrilamide carbossilata**

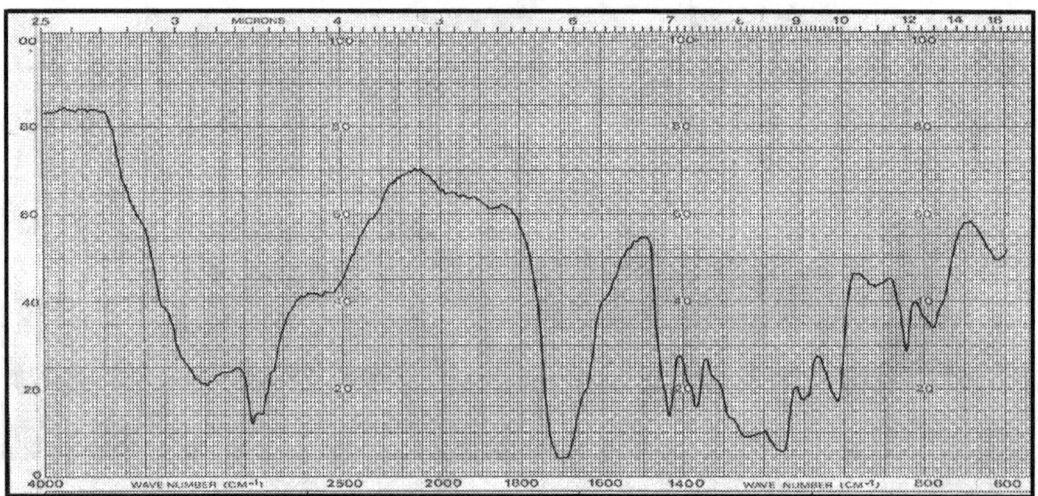

**78 - Poli-acrilamide-estere acrilico**

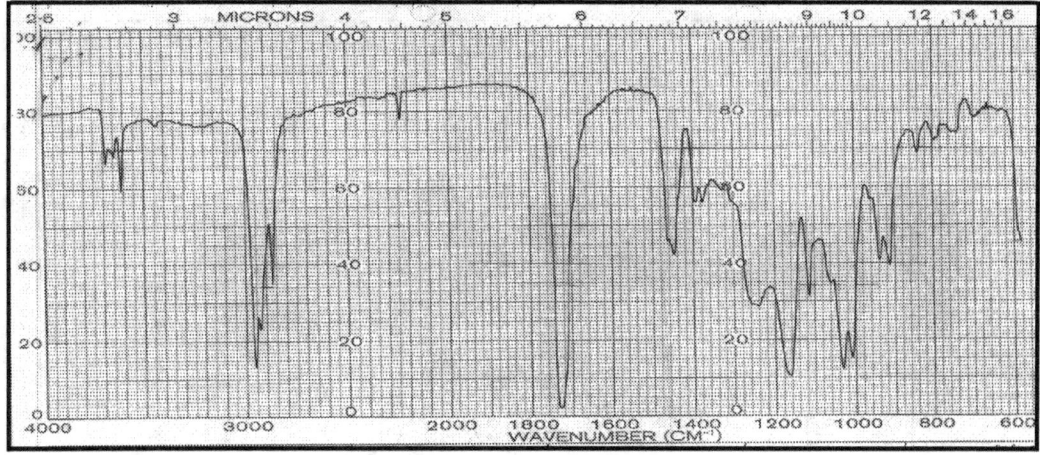

**79 - Poli-acrilonitrile-estere acrilico**

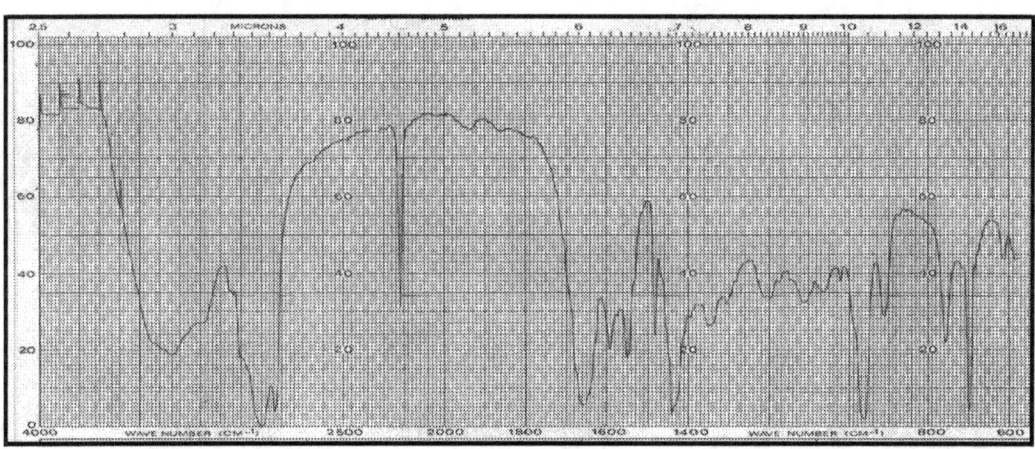

**80 - Poli-acrilonitrile-acrilamide-butadiene-stirene**

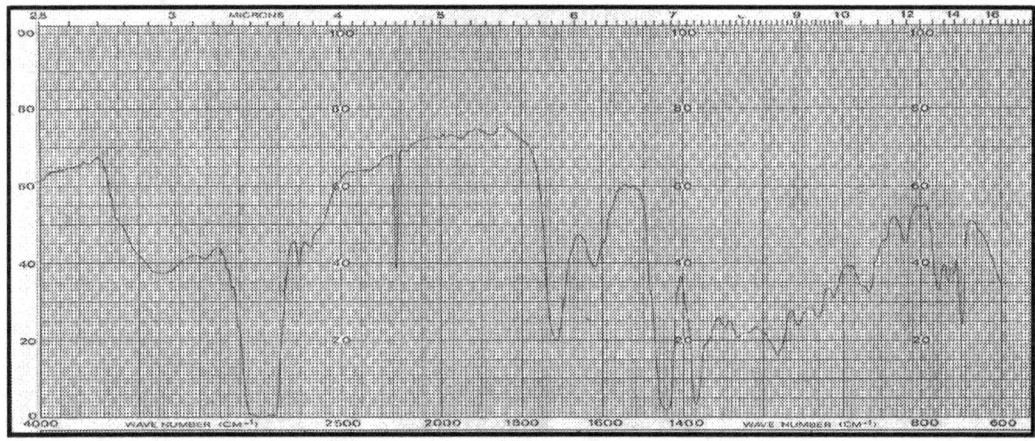

**81 - Poli-acrilonitrile-acido acrilico-stirene**

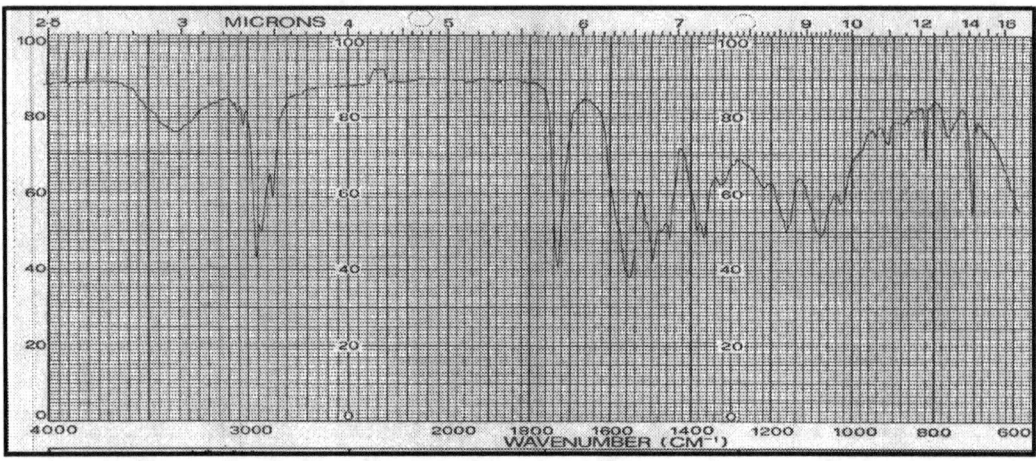

**82  -  poli-estere acrilico-stirene-melamina**

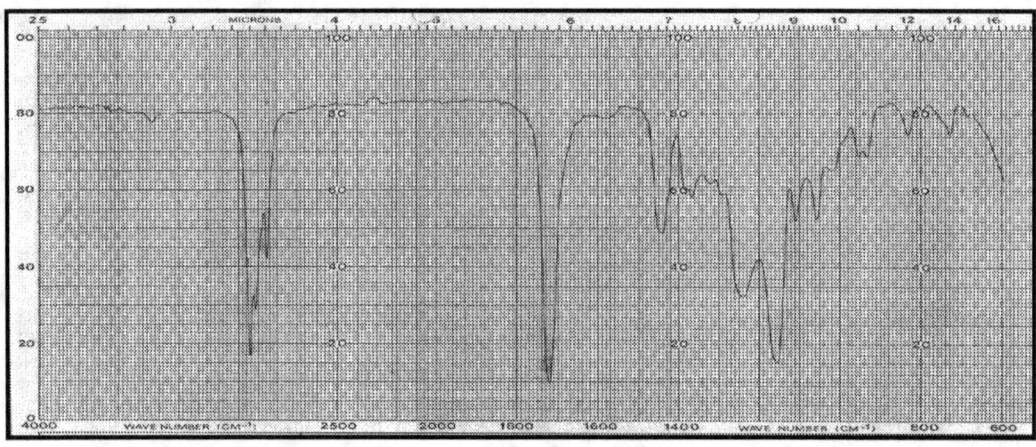

**83  -  Polibutilacrilato**

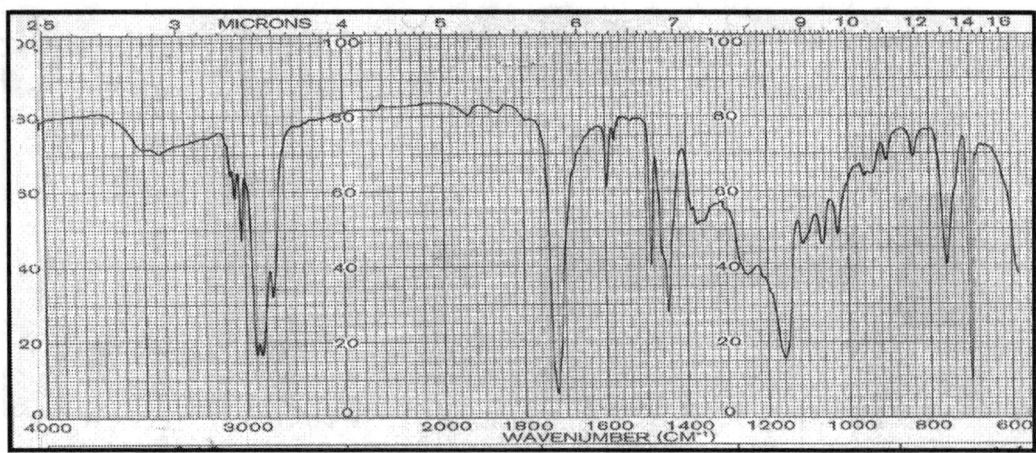

**84  -  Poli-butacrilato-stirene**

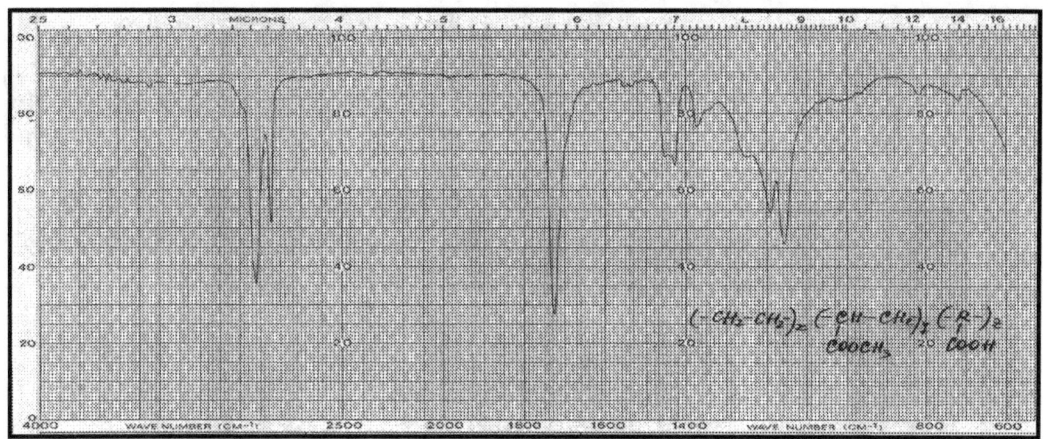

**85 - Poli-etilene-metilacrilato-monomero carbossilico**

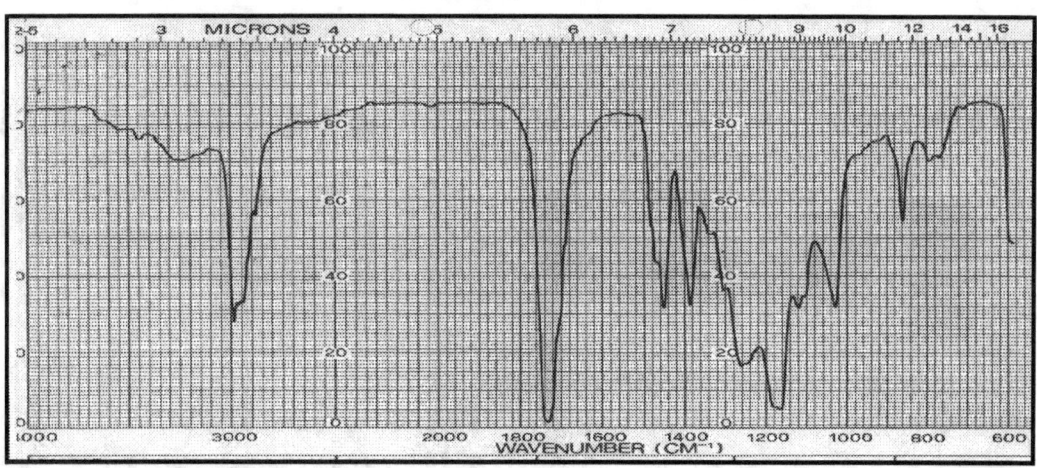

**86 - Polietilacrilato**

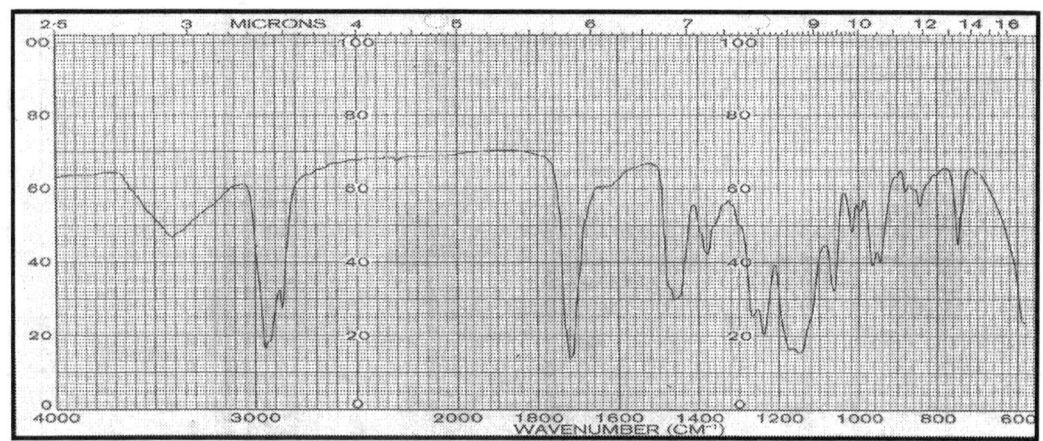

**87 - Poli-n-butilmetacrilato**

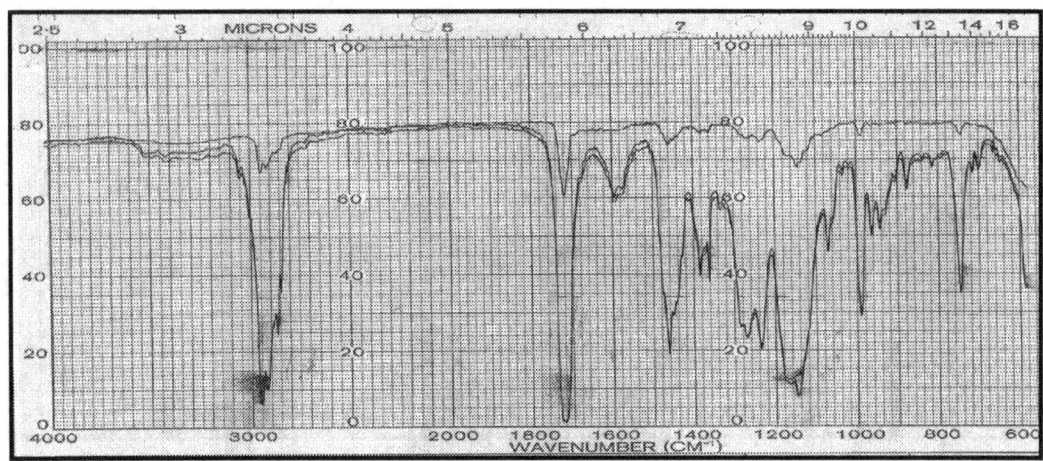

**88 - Poli-iso-butilmetacrilato**

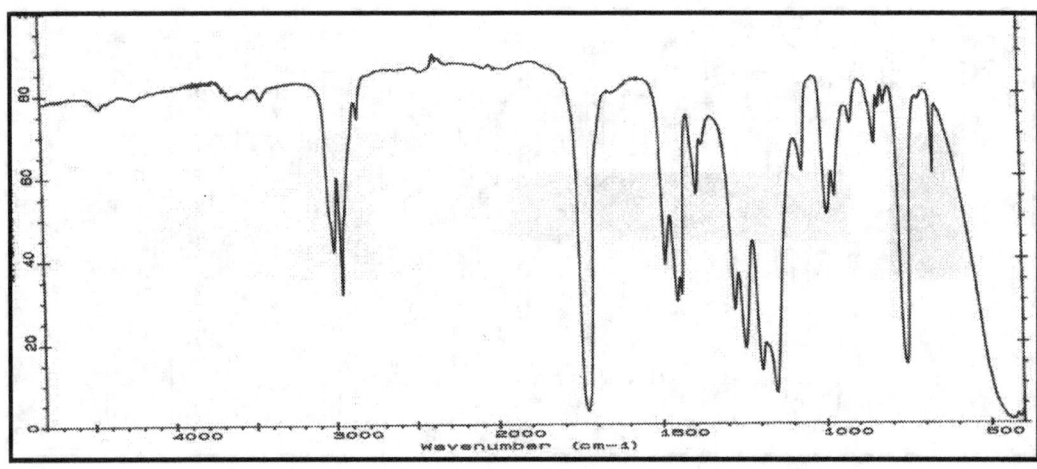

**89 - Polimetilmetacrilato**

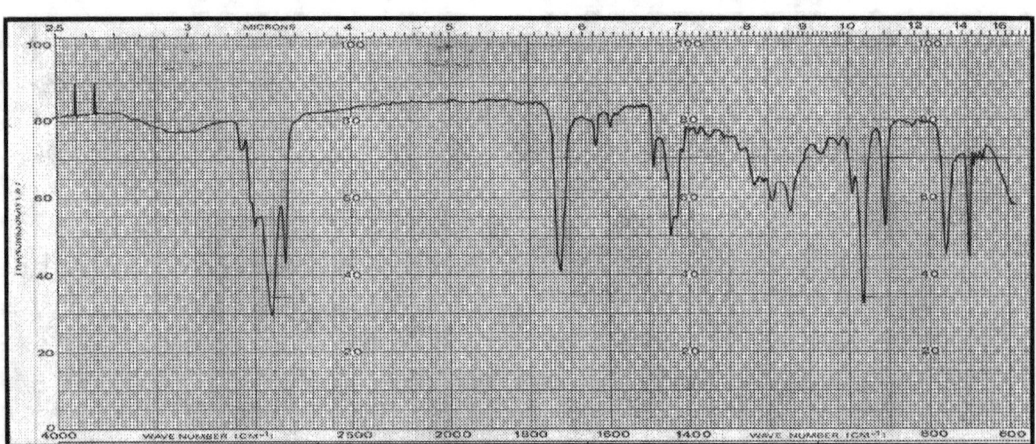

**90 - Poli-estere metacrilico-butadiene-stirene**

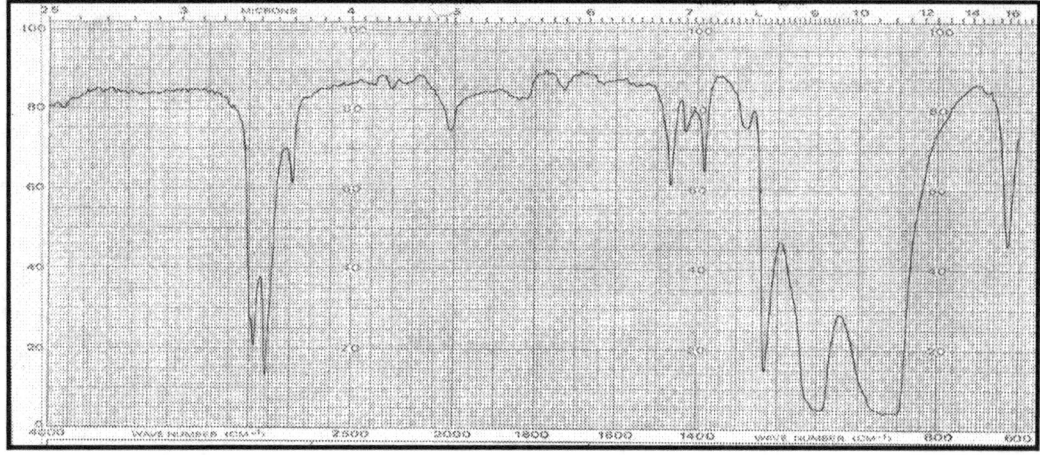

**91 - Poliossimetilene**

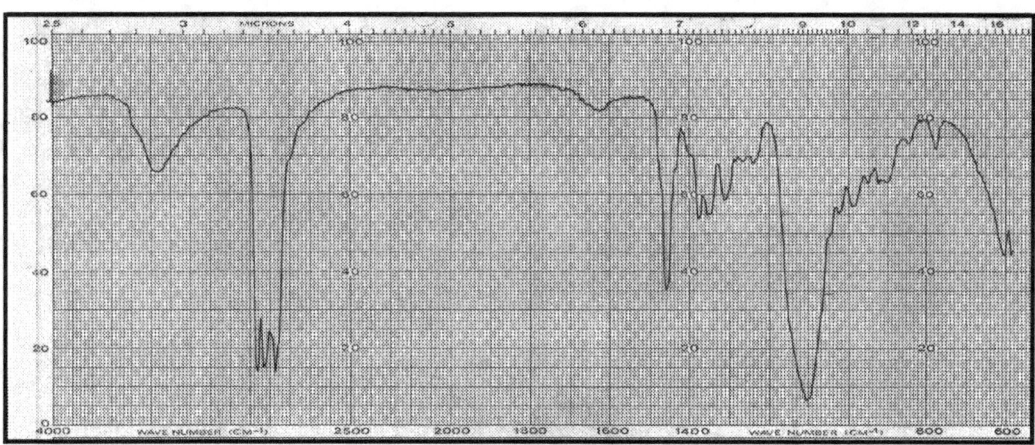

**92 - Polibutilenglicol**

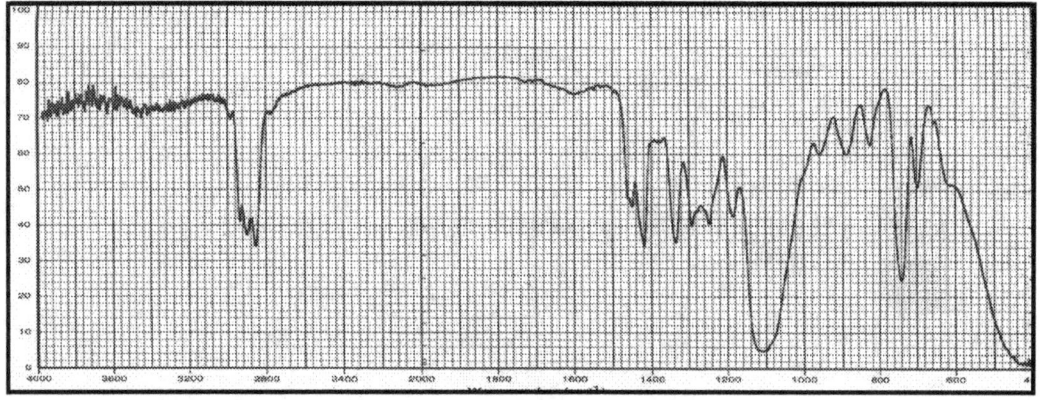

**93 - Poliepicloridrina**

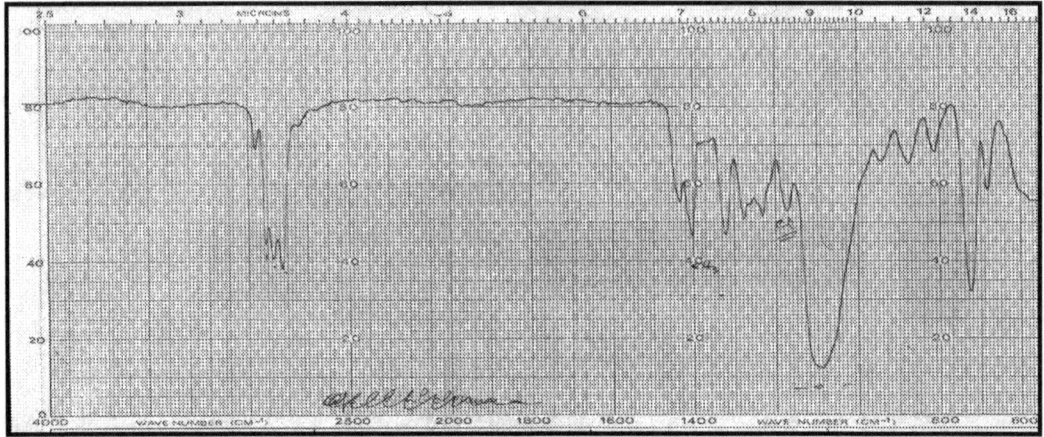

**94  -  Poli-etilenossido-epicloridrina**

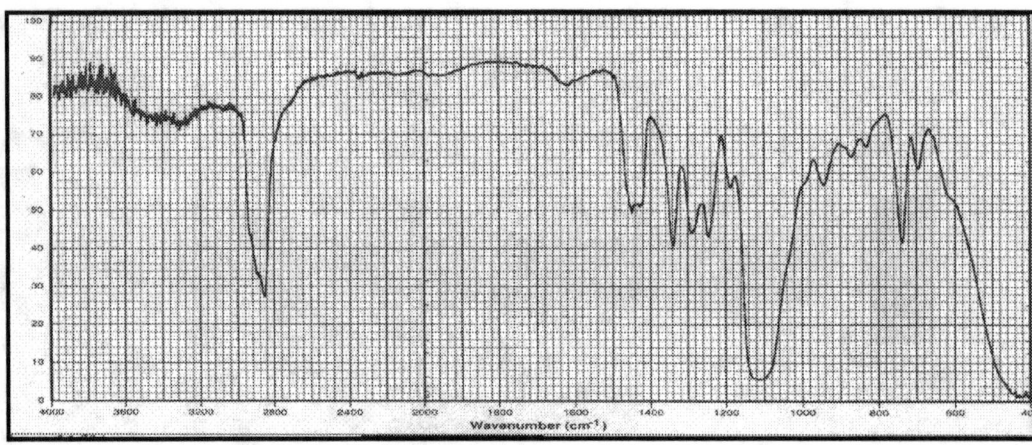

**95  -  Poli-epicloridrina-etilenossido**

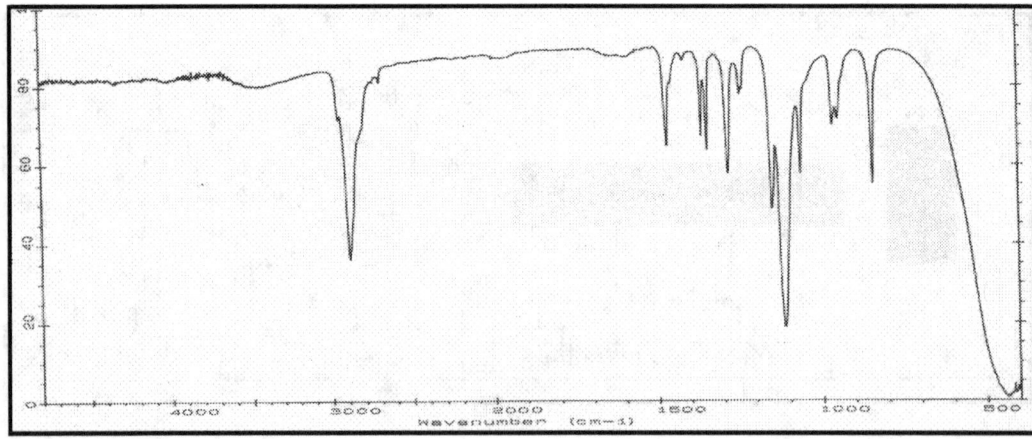

**96  -  Polietilenglicol**

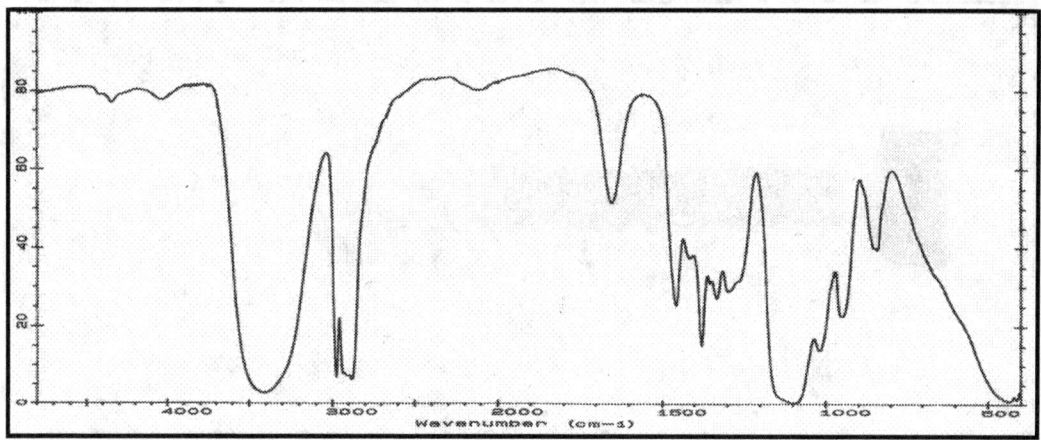

**97 - Poliosssipropilene**

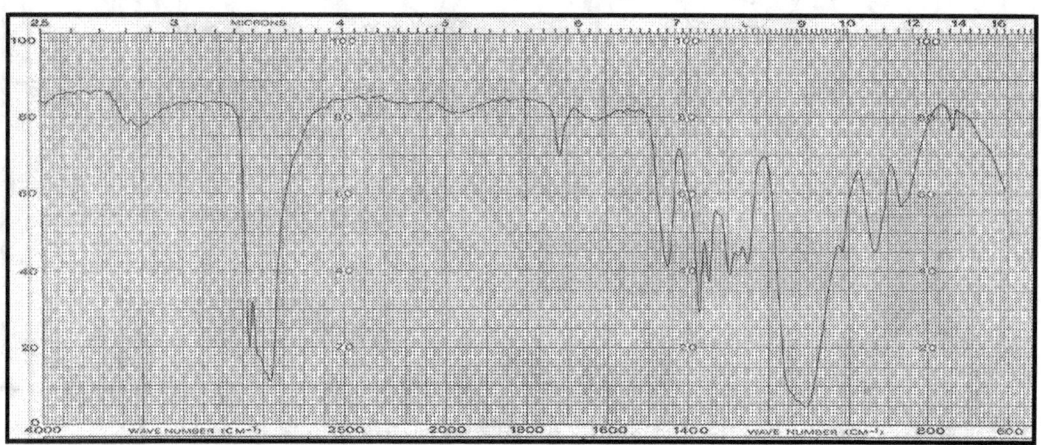

**98 - Poli-etilenossido-propilenossido**

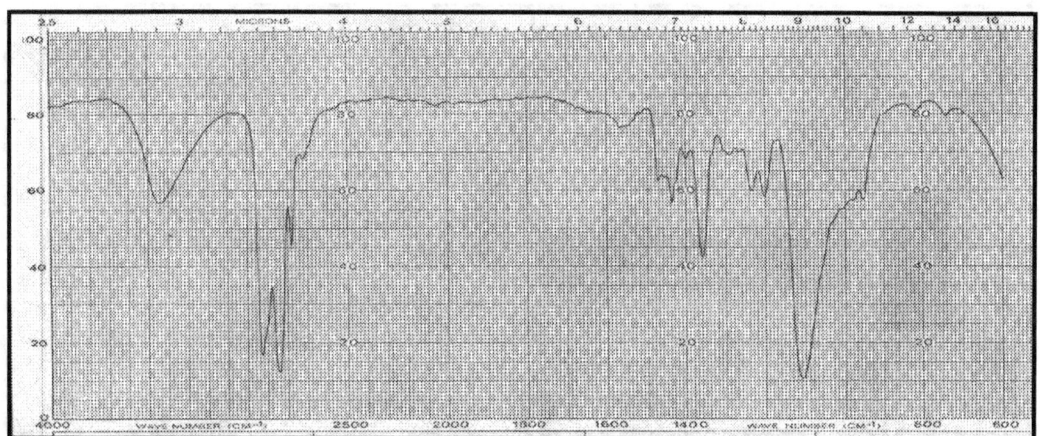

**99 - Politetraidrofurano**

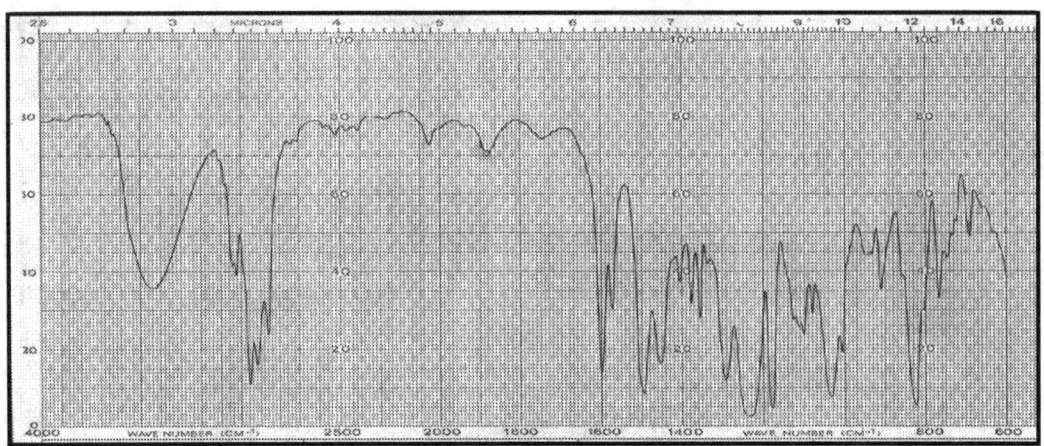

**100 - Resina epossidica da bisfenolo A**

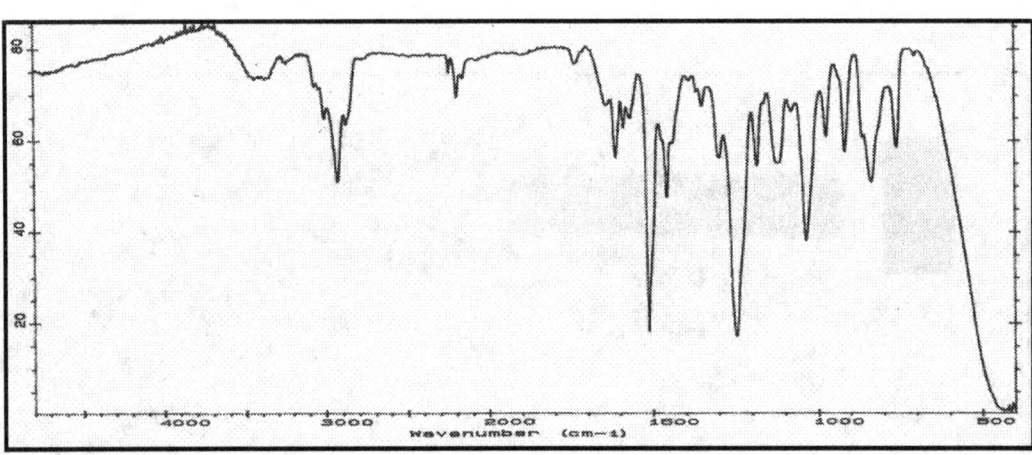

**101 - Resina epossidica (poliglicidiletere di una resina fenolo-formaldeide)**

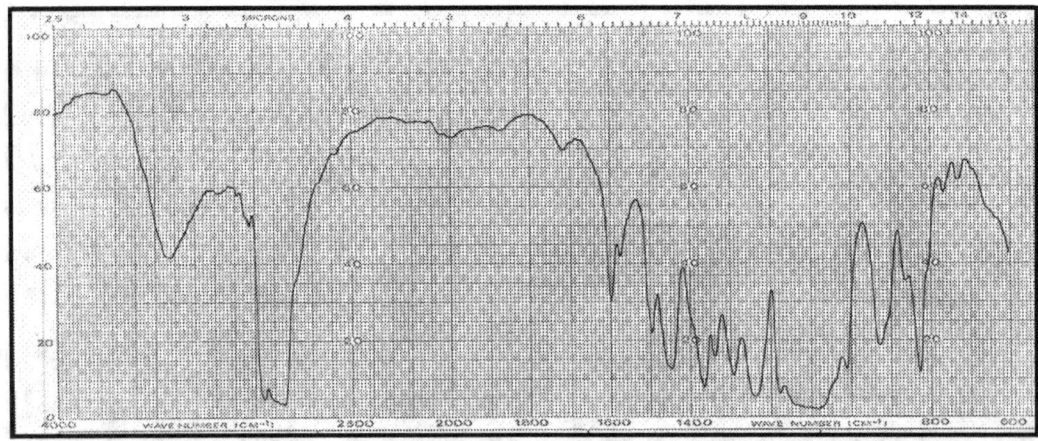

**102 - Resina epossiaminica**

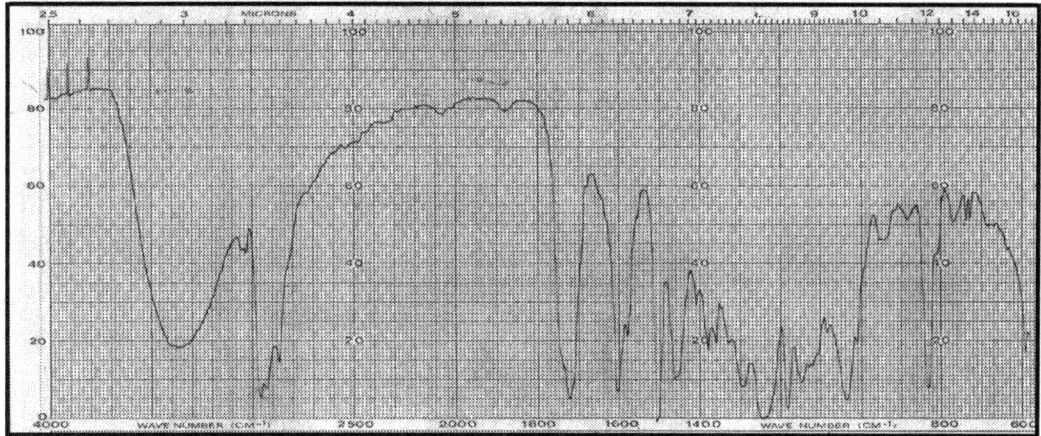

**103   Resina epossidica esterificata**

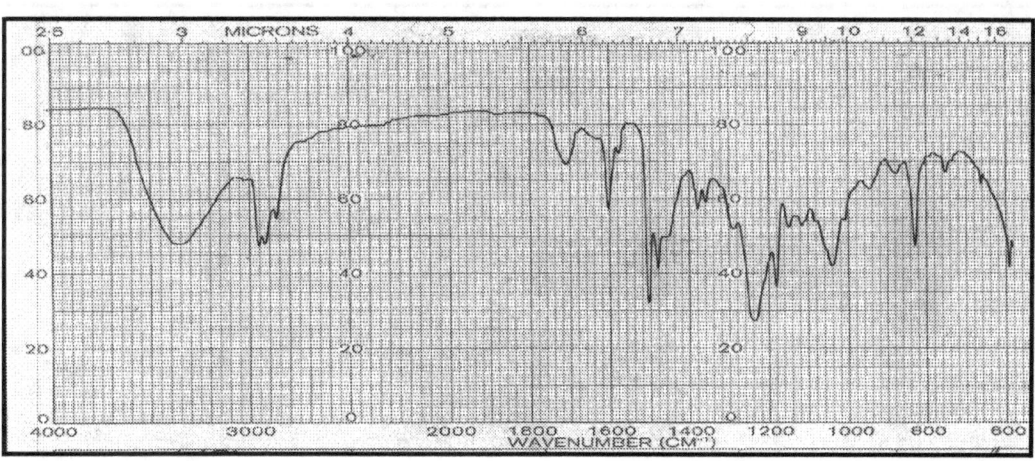

**104 - Resina fenolica**

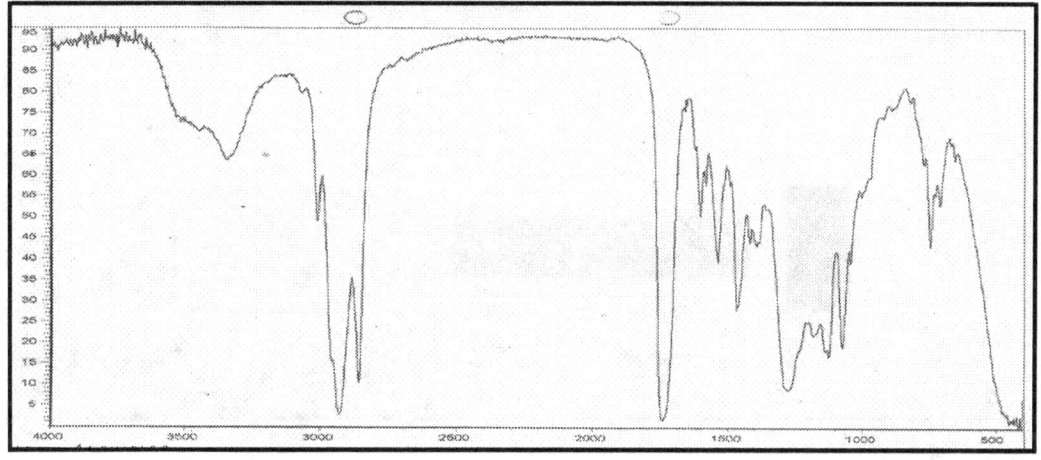

**105 - Resina alchidica**

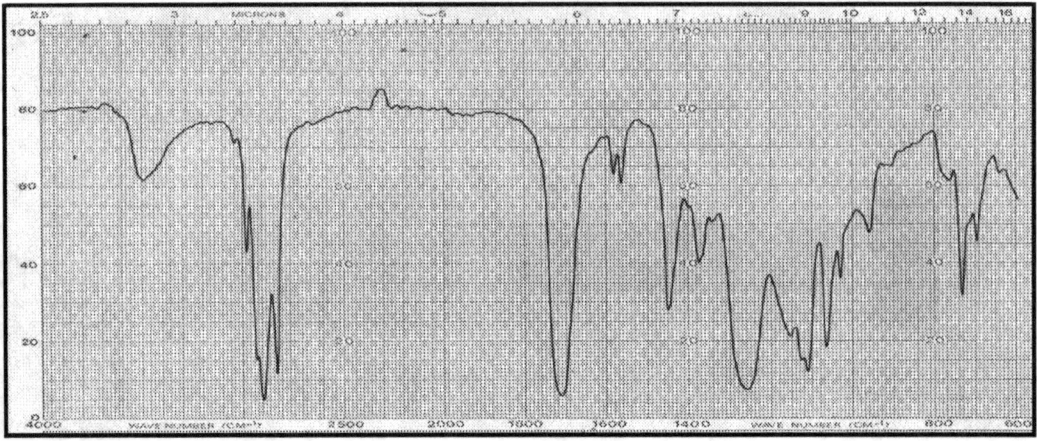

**106 - Resina alchidica**

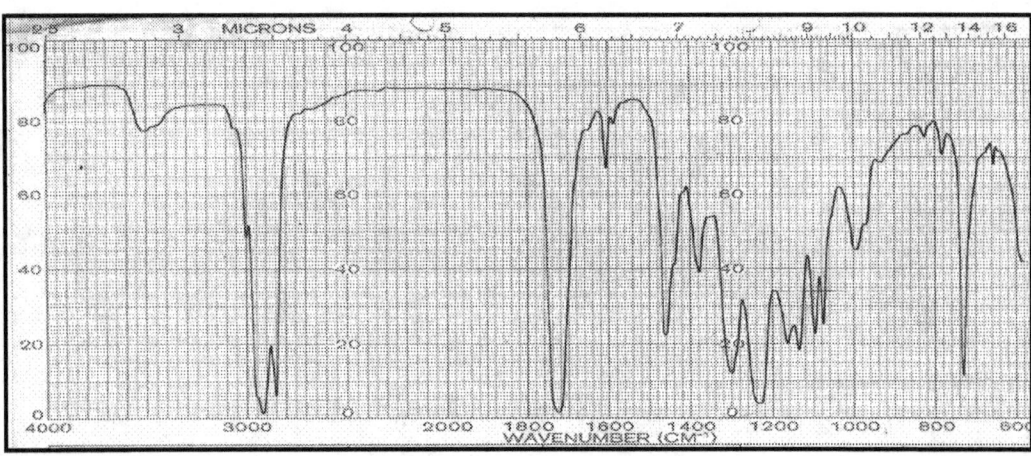

**107 - Resina alchidica**

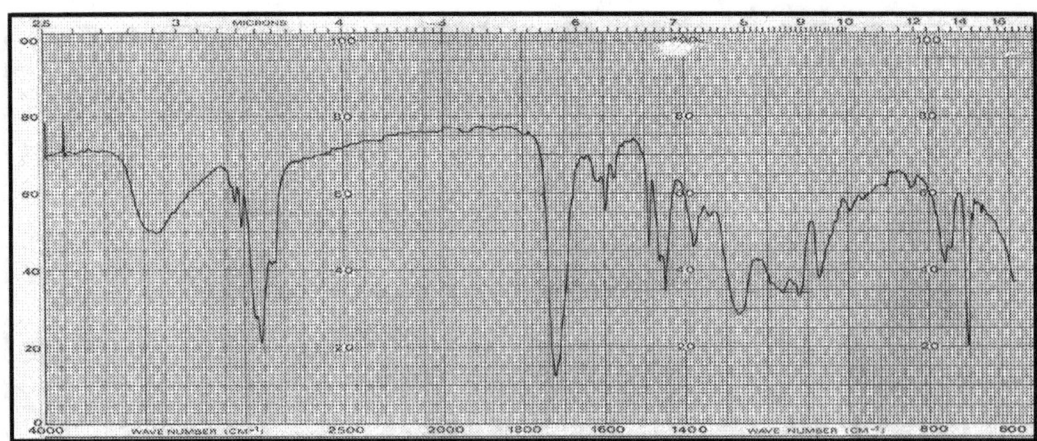

**108 - Resina alchidica stirenata**

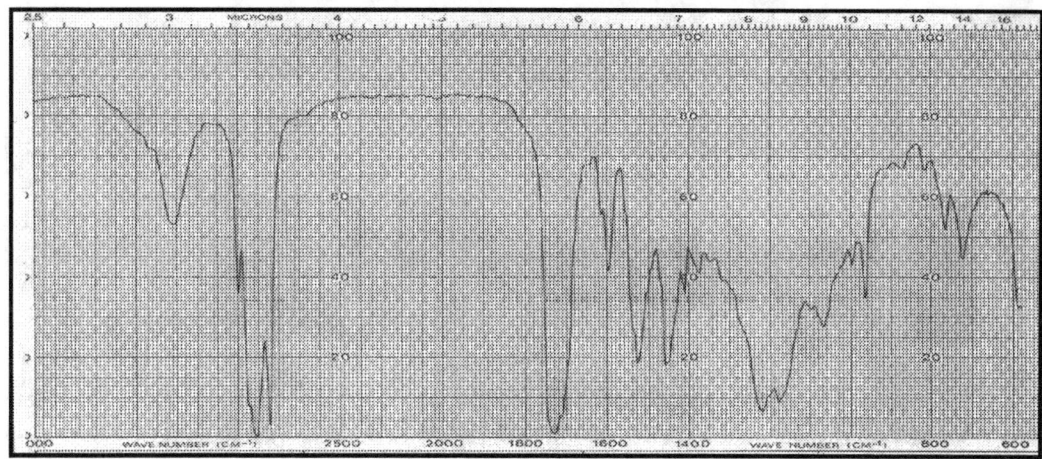

**109 - Resina alchidica uretanica a lungo olio**

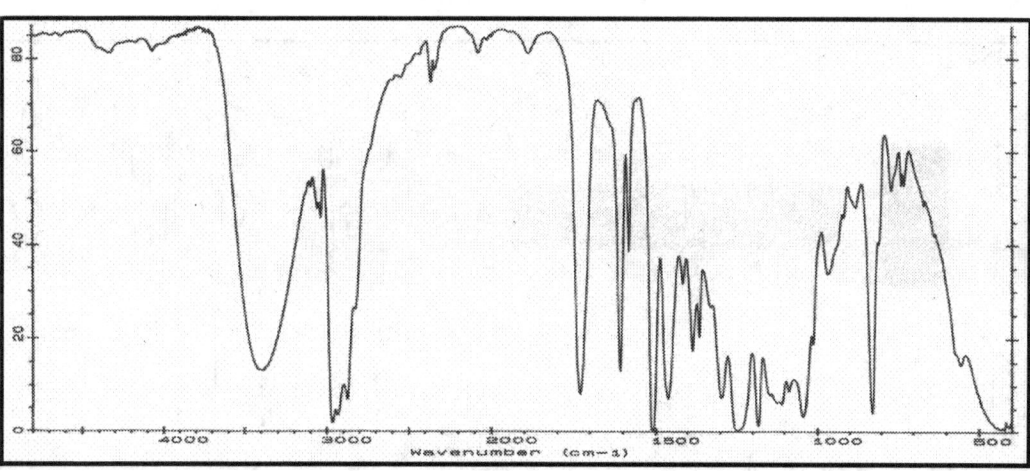

**110 - Resina alchidica**

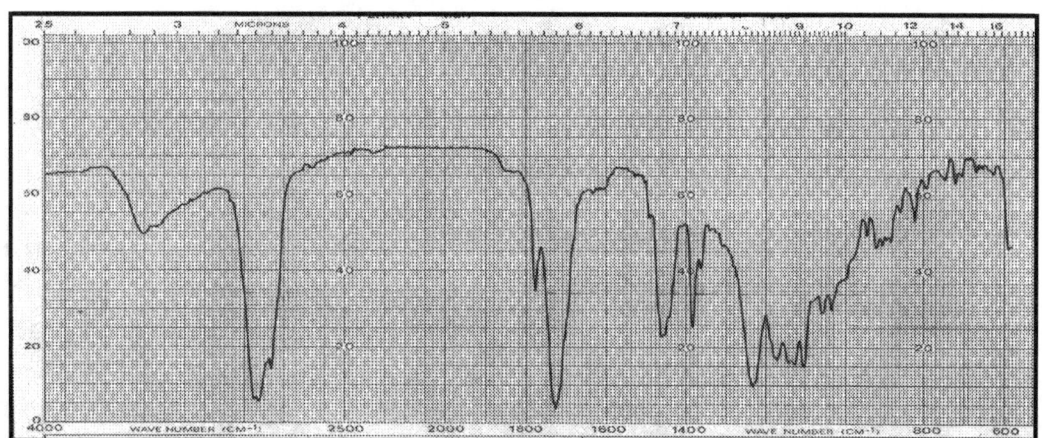

**111 - Resina maleica**

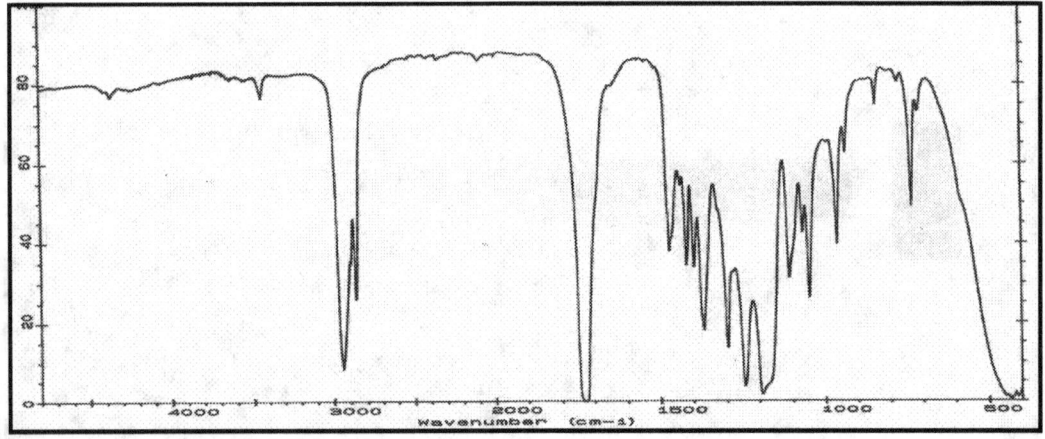

**112 - Poli-ε-caprolattone**

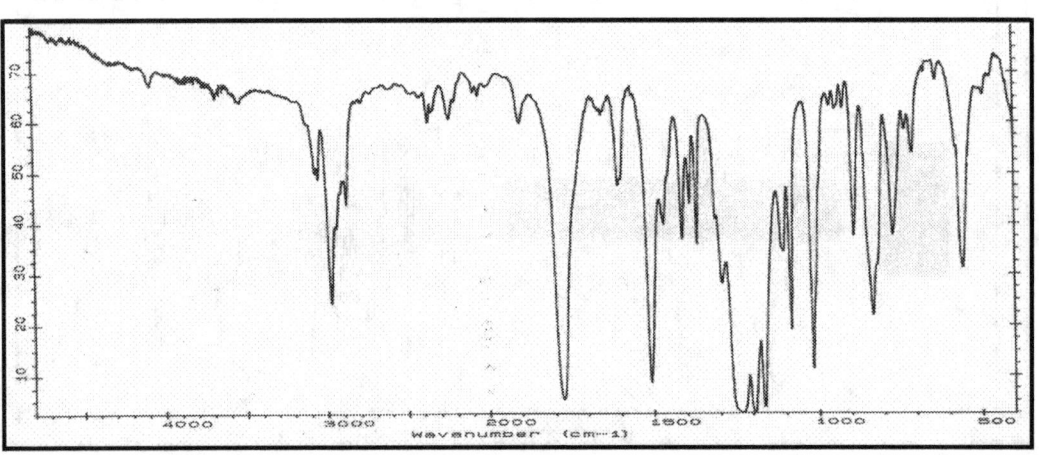

**113 - Policarbonato**

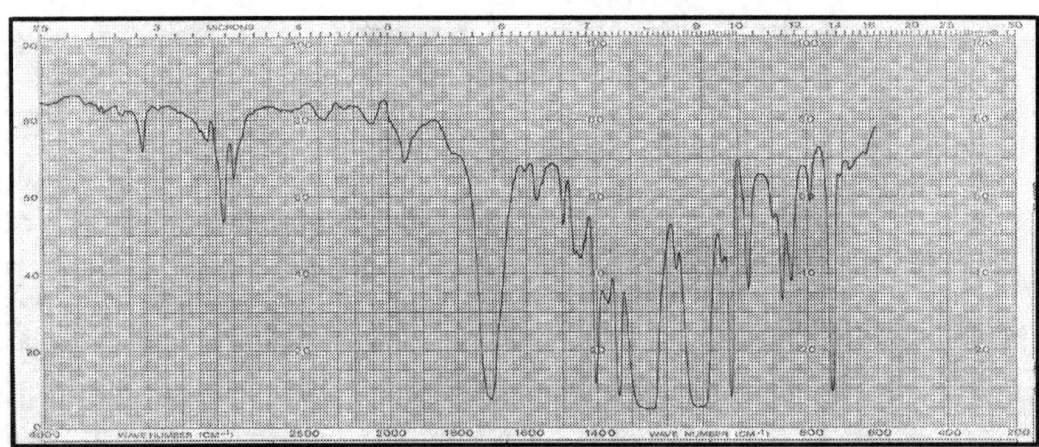

**114 - Polietilentereftalato**

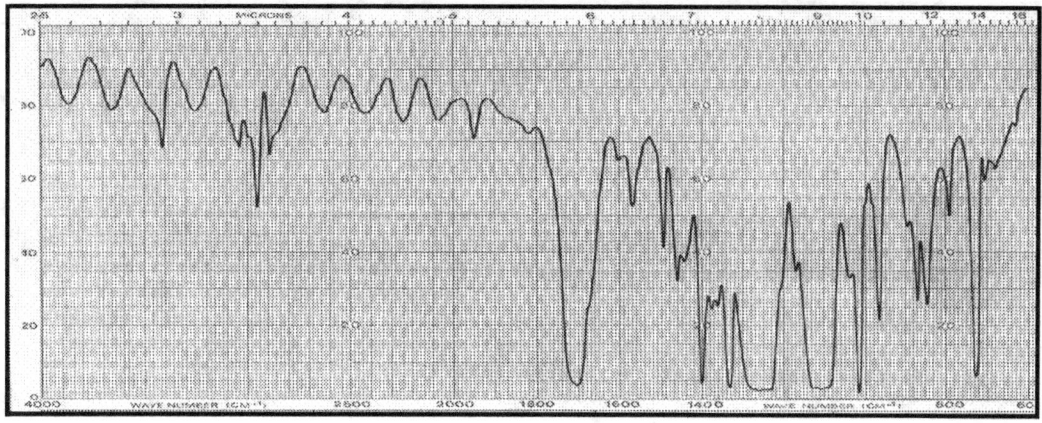

**115 - Polietilentereftaalato, fogli**

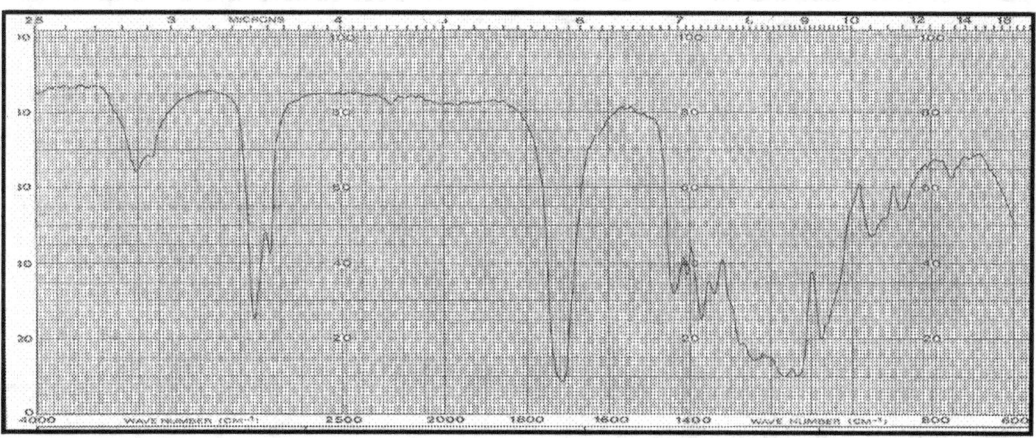

**116 - Ppoliestere da acido adipico e dietilenglicol**

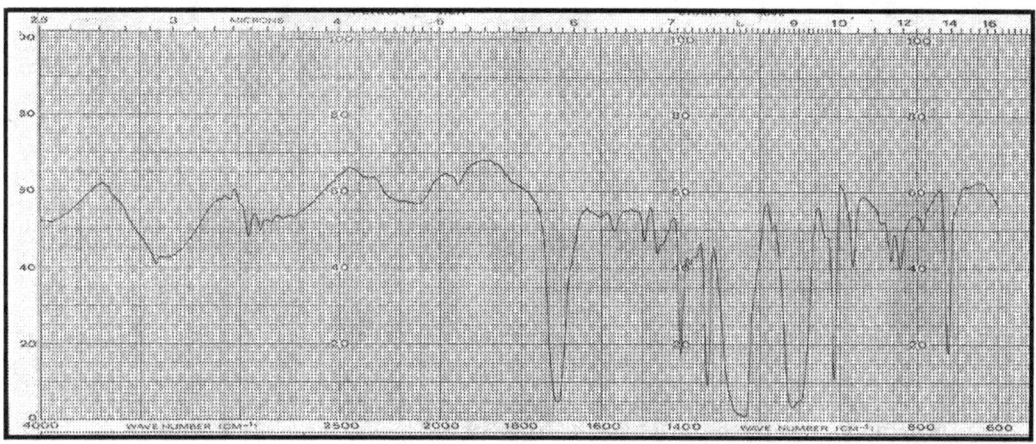

**117 - Poliestere da acido isoftalico, acido tereftalico e 4,4'-isopropilidenfenolo**

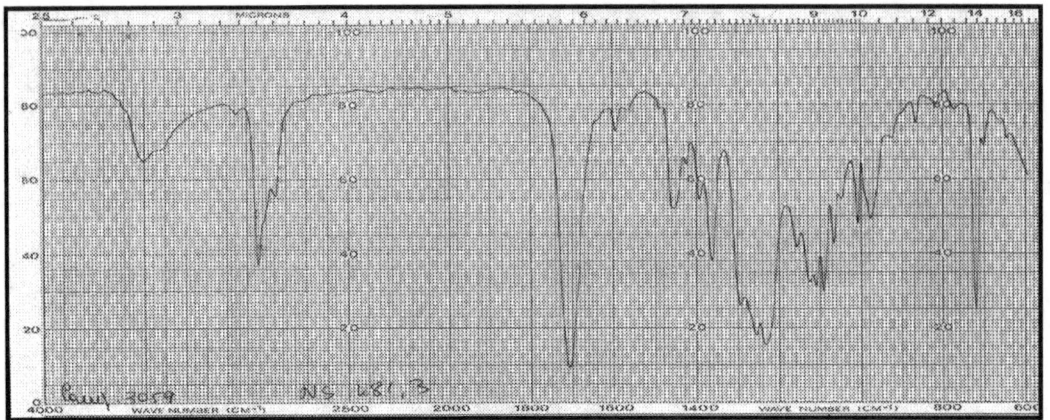

**118 - Poliestere da acido tere- ed isoftalico, etilenglicol ed alcool neopentilico**

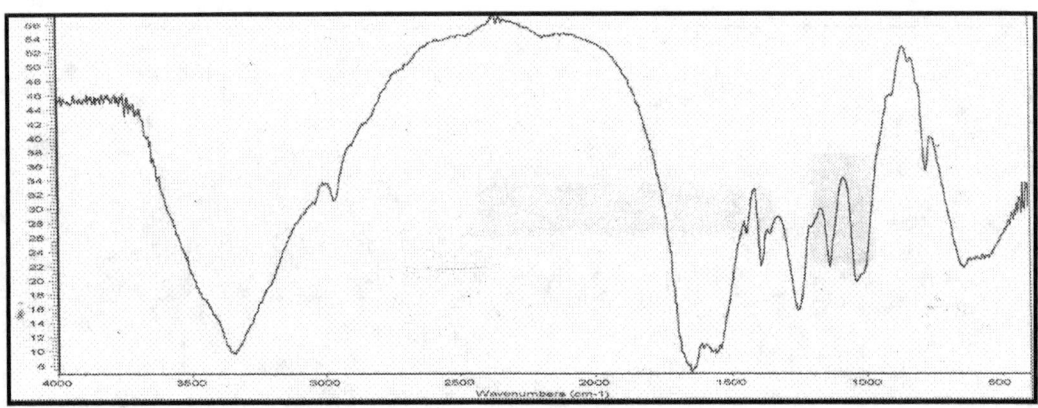

**119 - Resina urea-formaldeide**

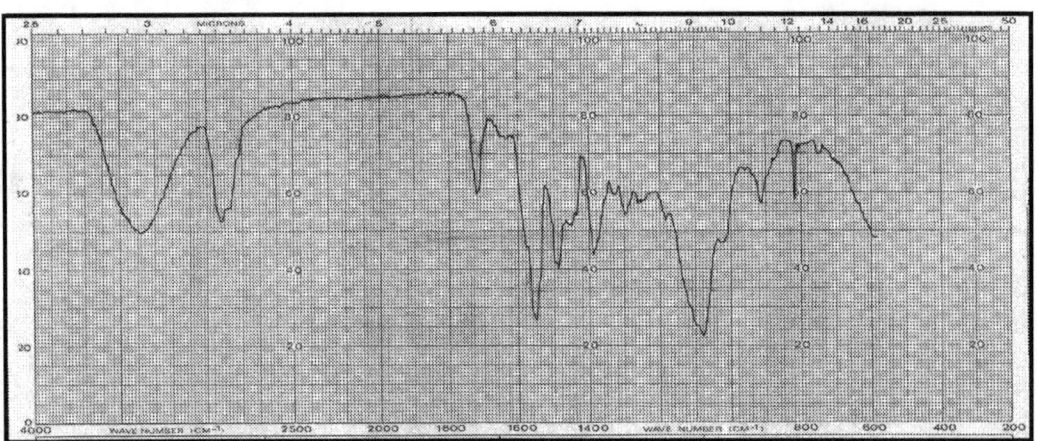

**120 - Resina melaminica**

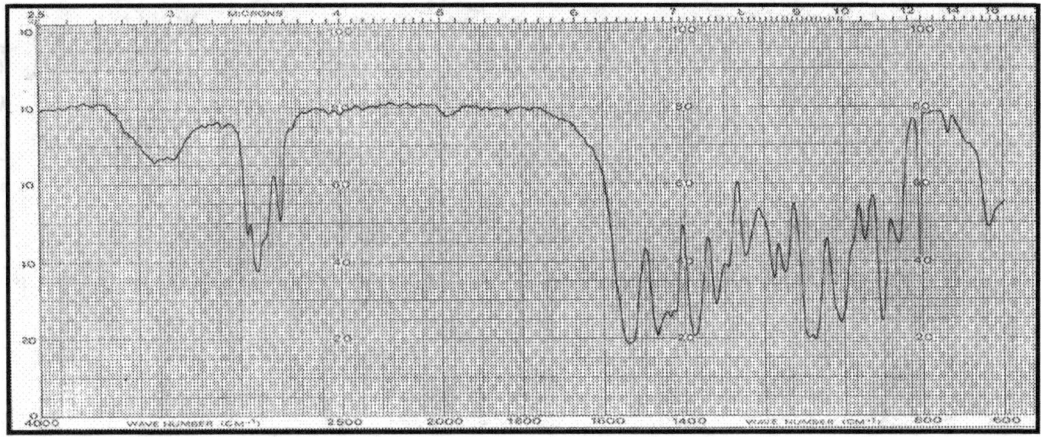

**121 - Resina melaminica**

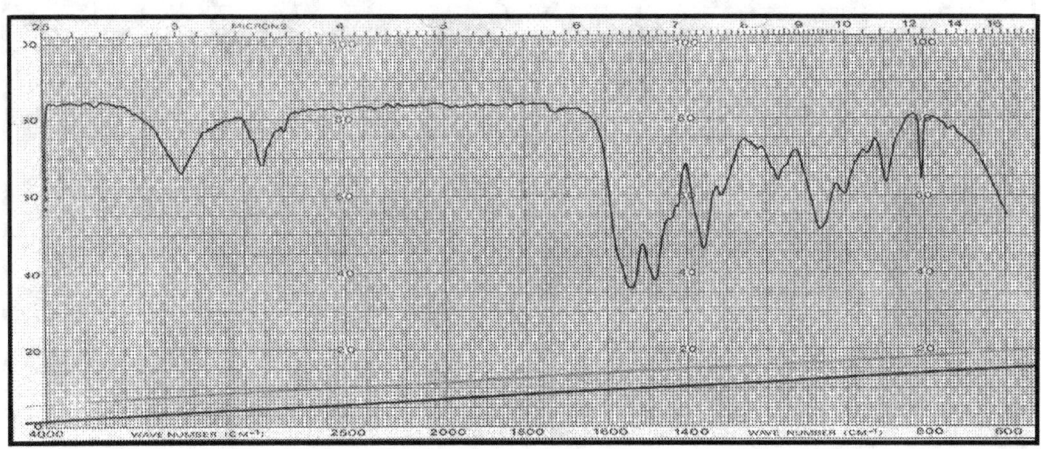

**122 - Resina melaminica**

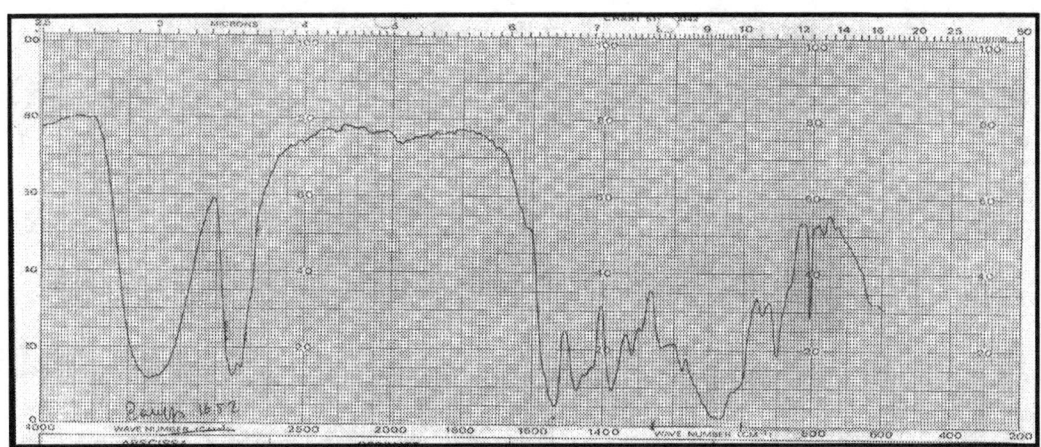

**123 - Resina melaminica eterificata**

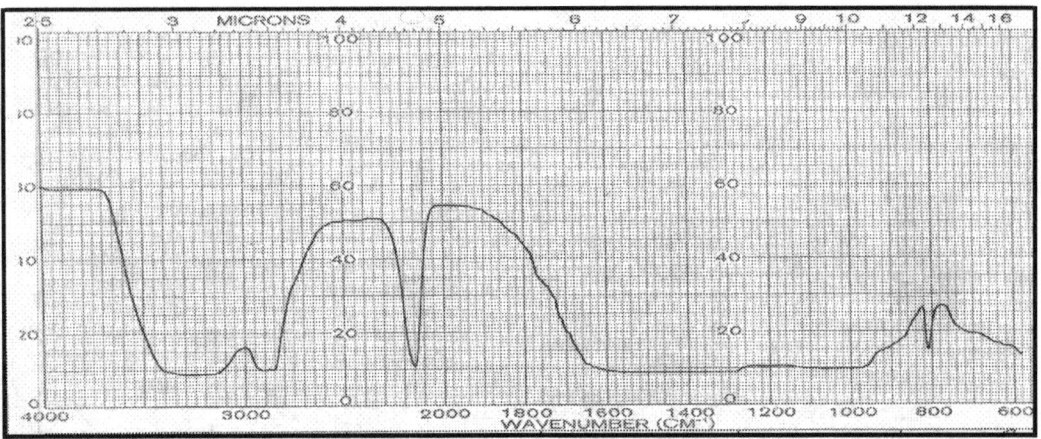

**124 - Resina diciandiamide-formaldeide**

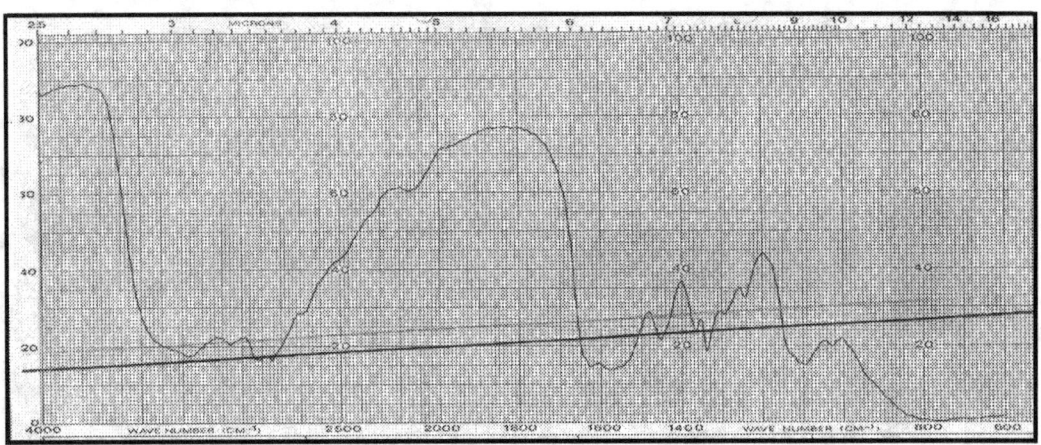

**125 - Polietilenimina**

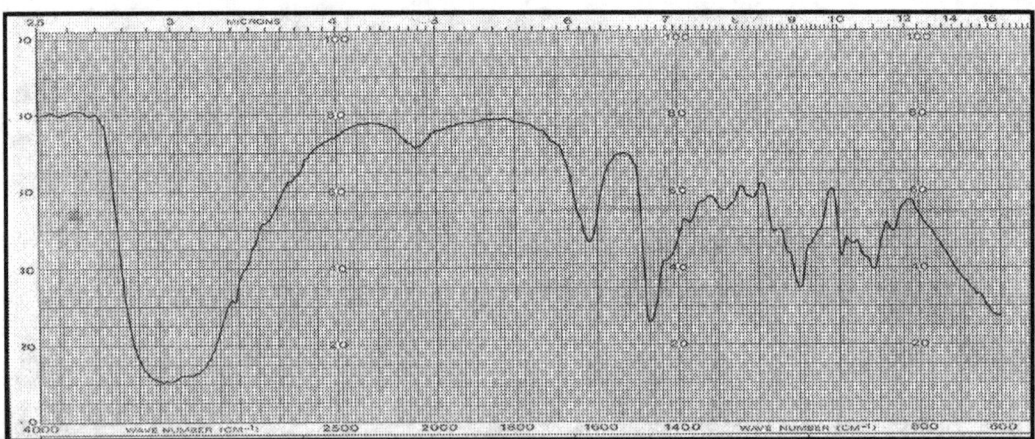

**126 - Polietilenimina cloridrato**

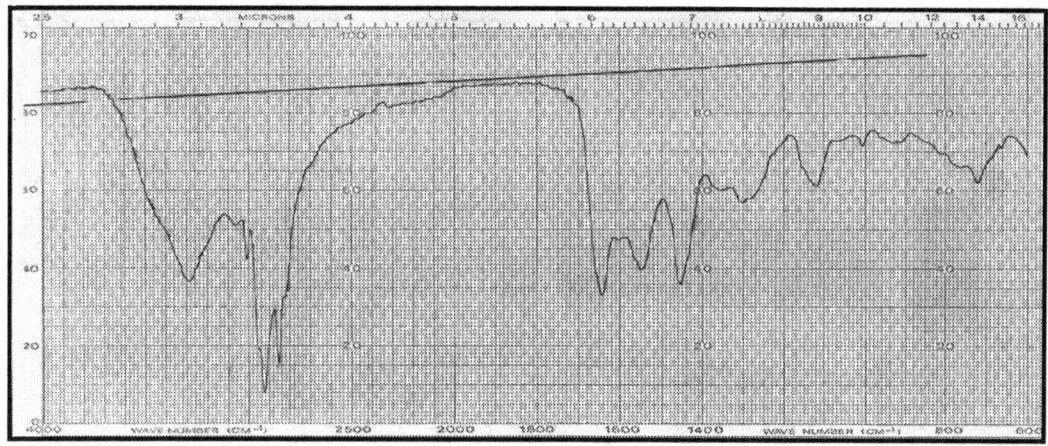

**127 - Poliamidoamina da acidi grassi dimerizzati e tetraetilenpentamina**

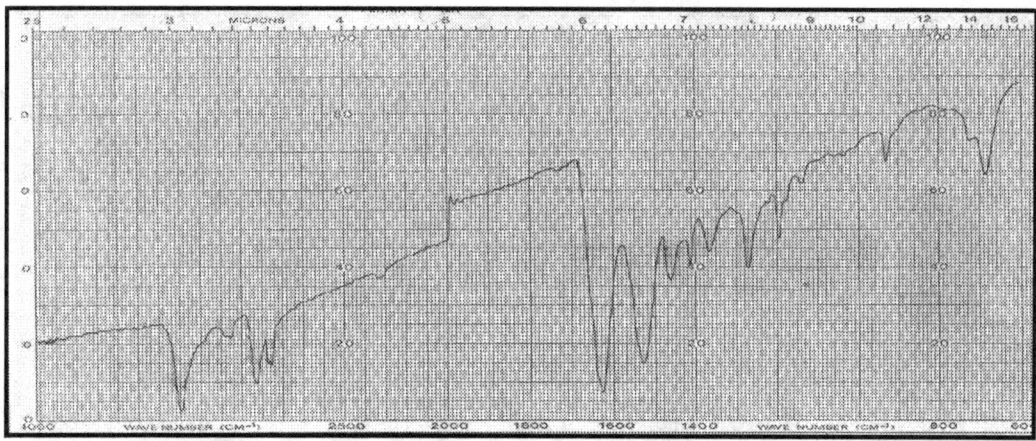

**128 - Poliamide-6,6**

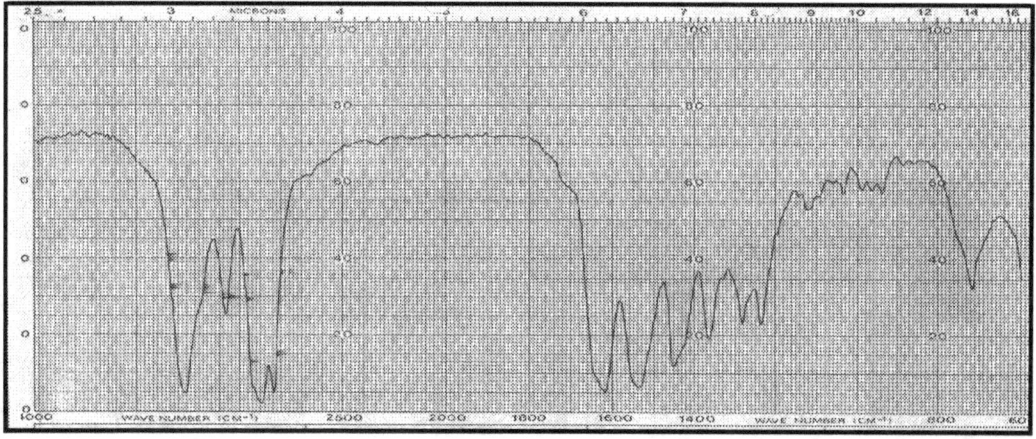

**129 - Poliamide**

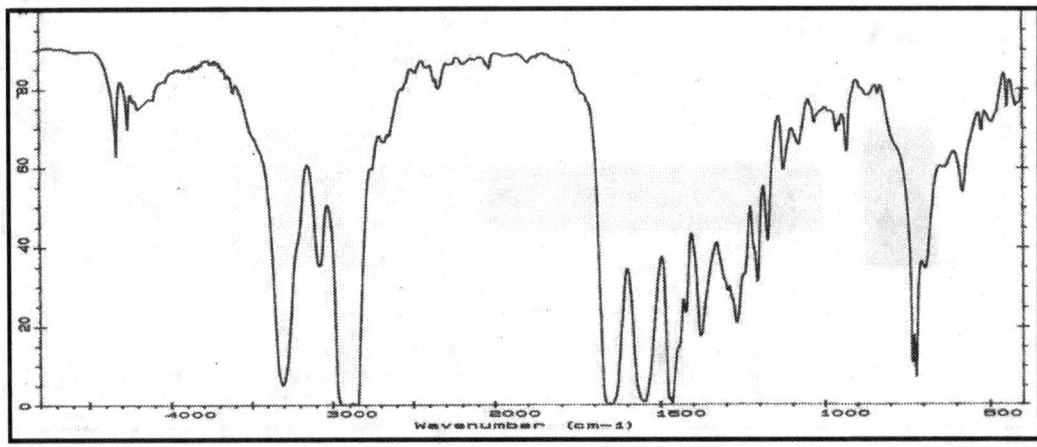

**130 - Poliamide + polietilene, fogli accoppiati**

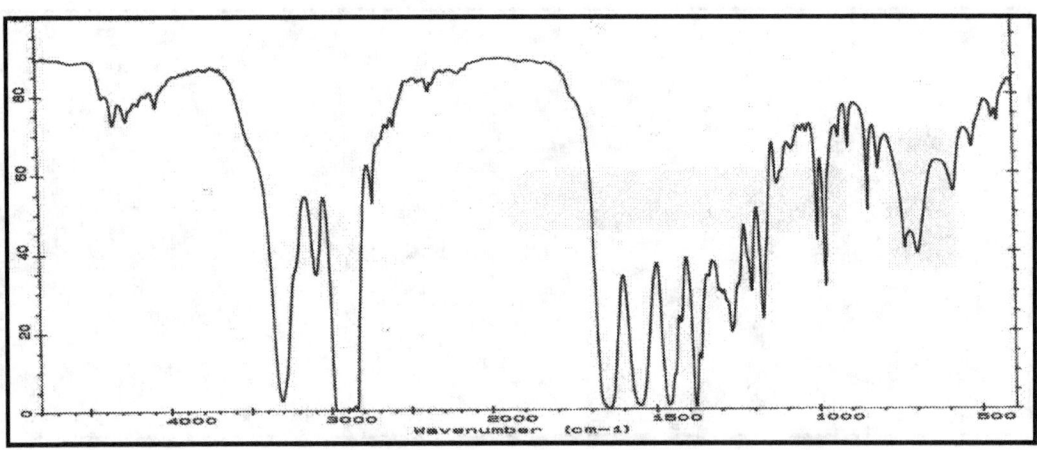

**131 - Poliamide + polipropilene, fogli accoppiati**

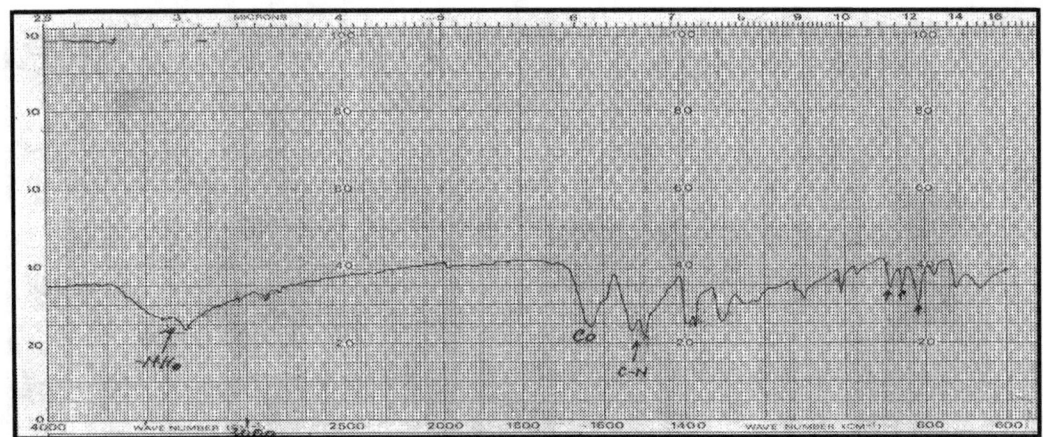

**132 - Poliamide aromatica (Aramide)**

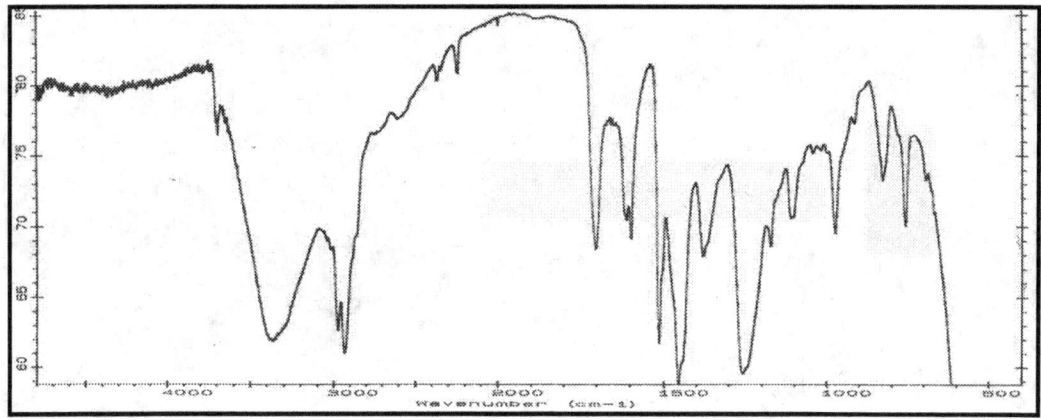

**133 - Resina poliimidica**

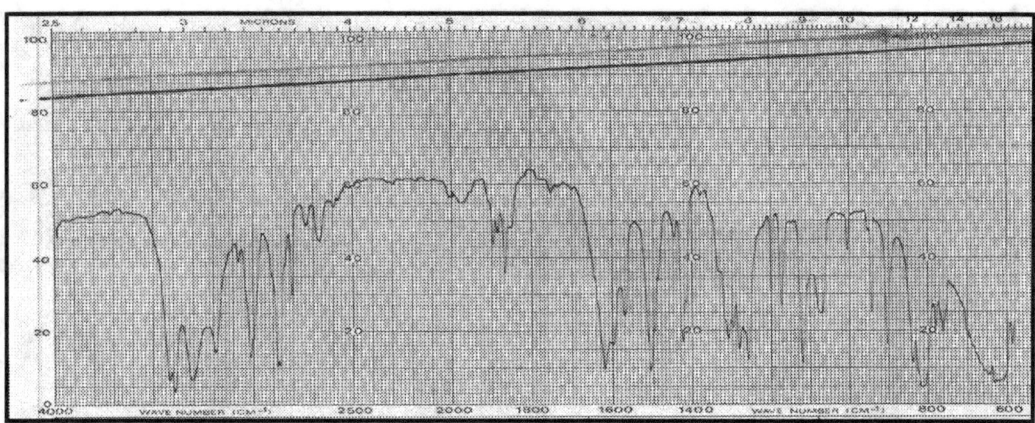

**134 - Resina poliimidica**

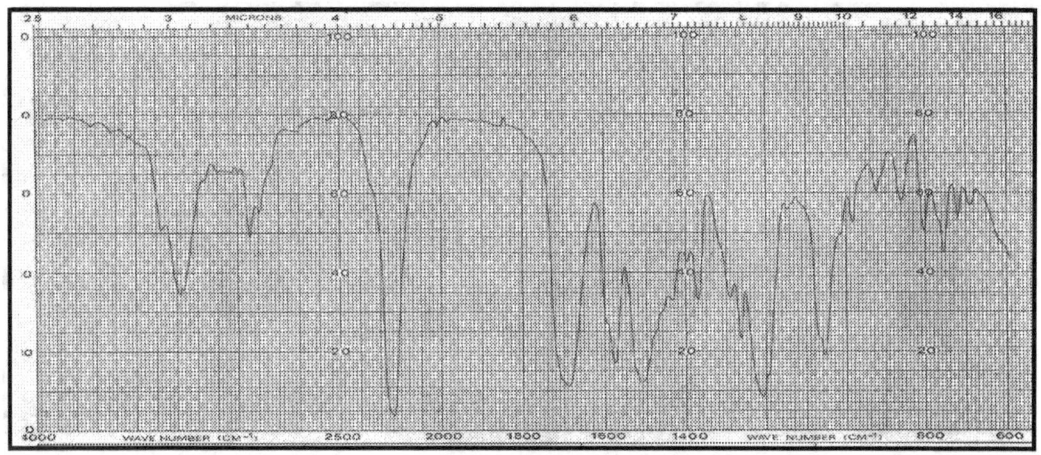

**135 - Prepolimero uretanico da toluendiisocianato e trimetilolpropano**

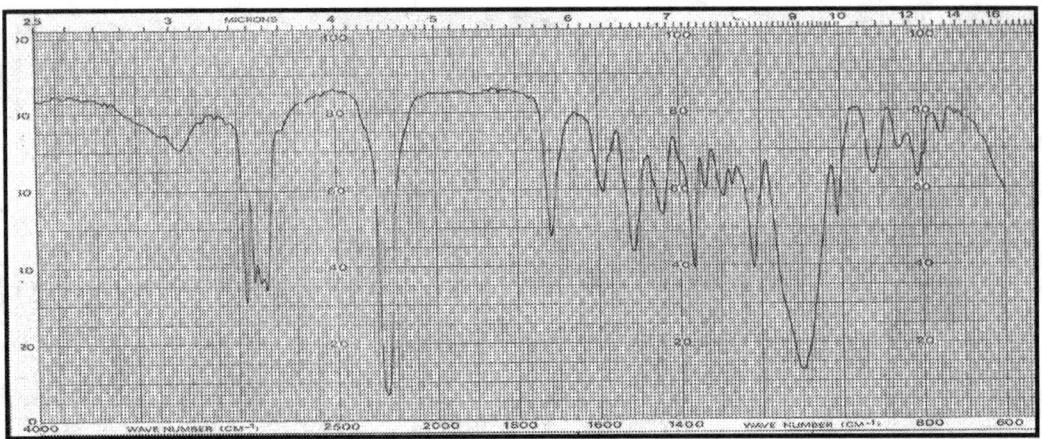

**136 - Prepolimero uretanico**

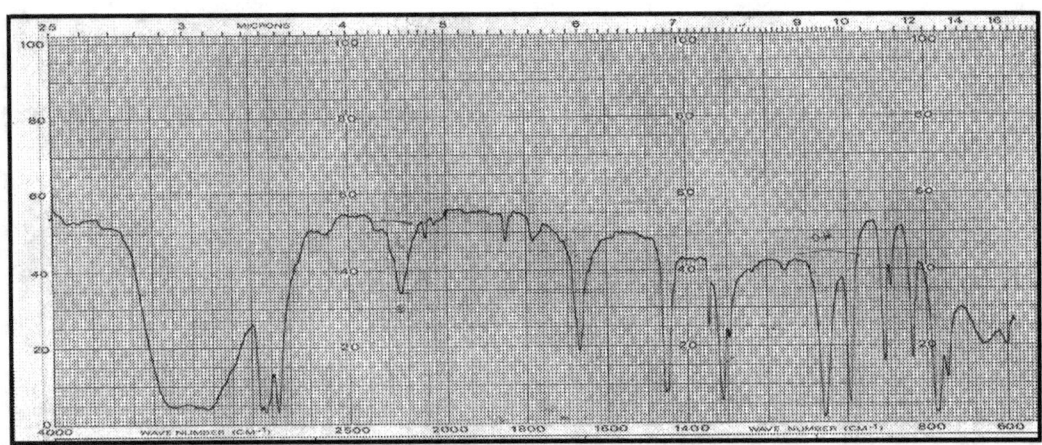

**137 - Isocianato mascherato**

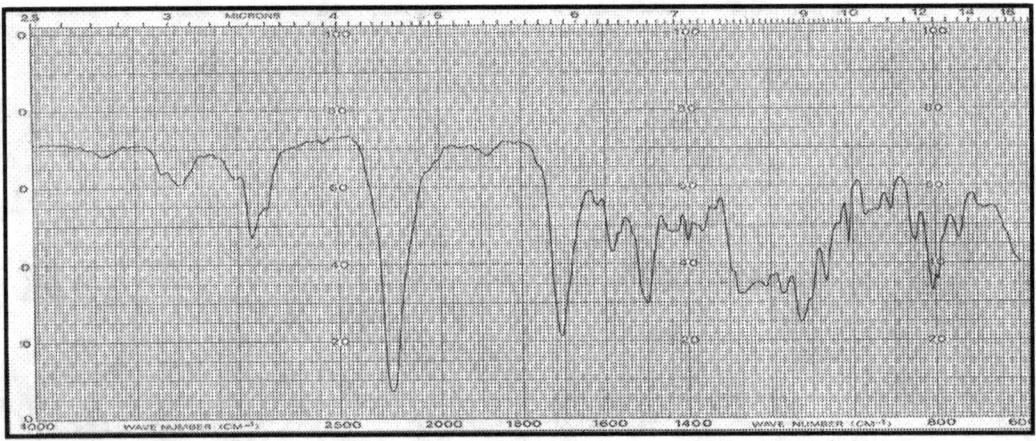

**138 - Prepolimero uretanico**

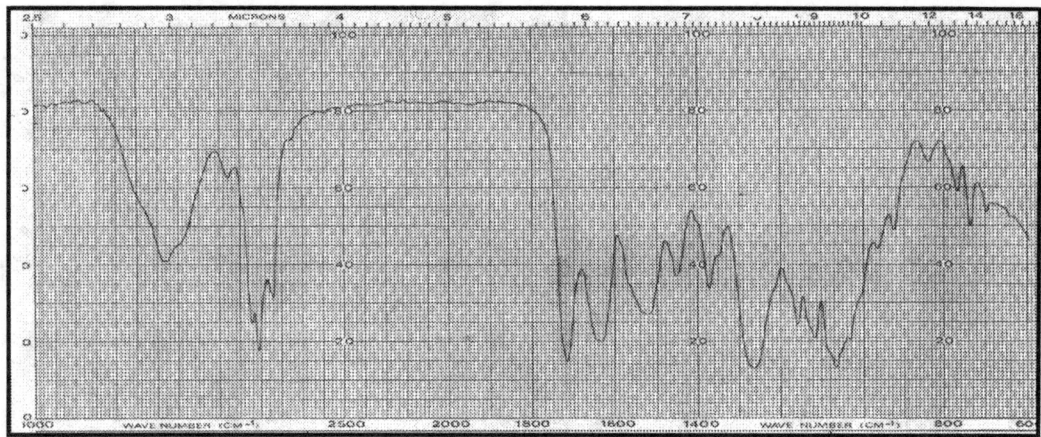

**139 - Poliuretano**

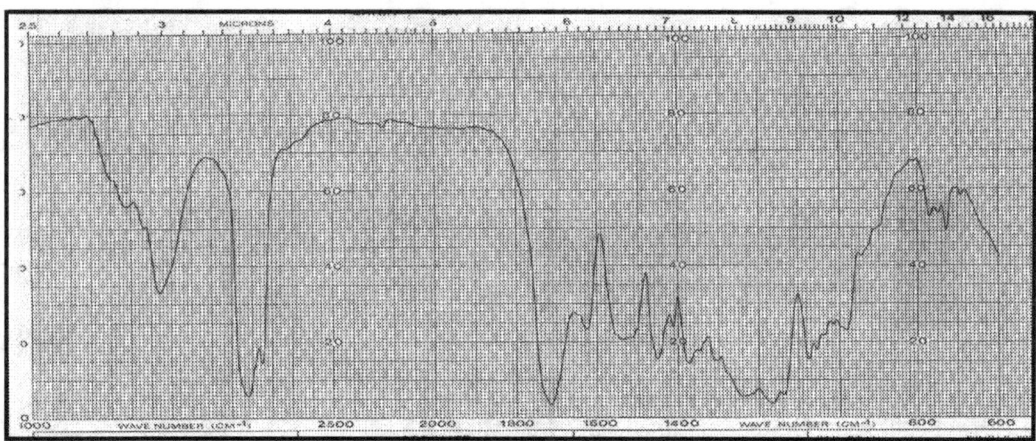

**140 - Poliuretano**

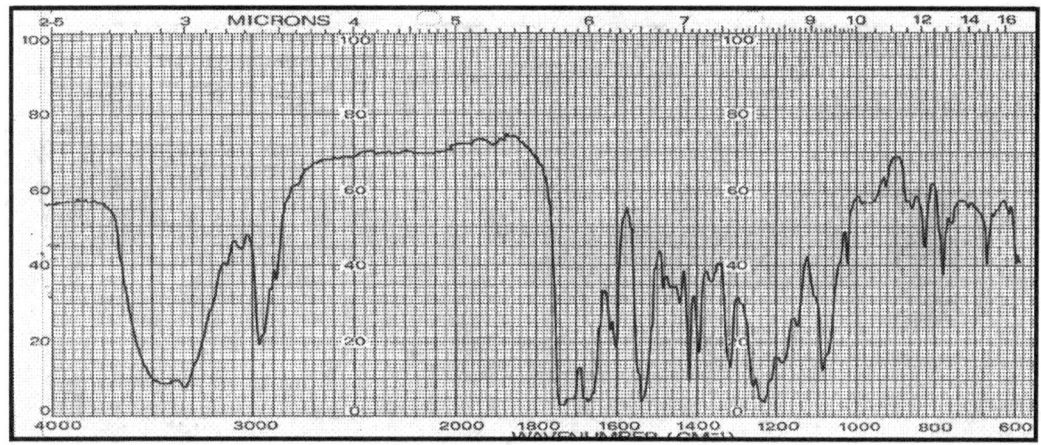

**141 - Poliuretano**

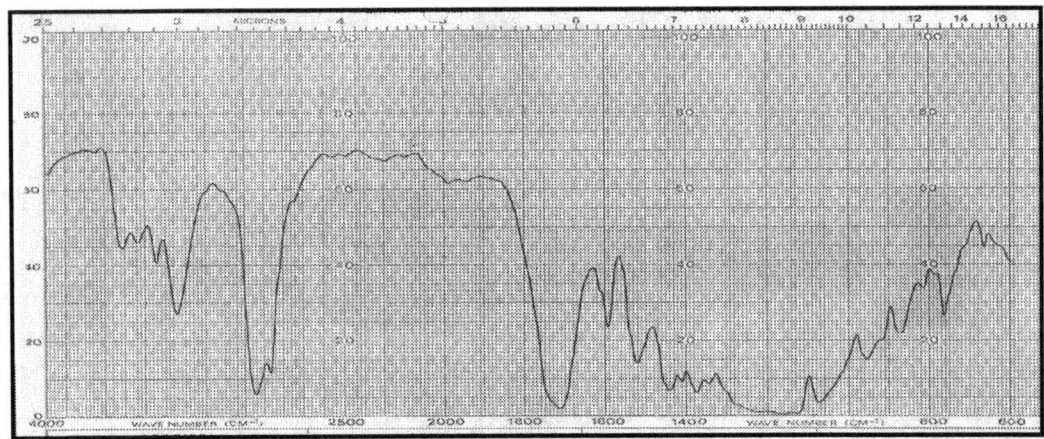

**142 - Poliestereuretano**

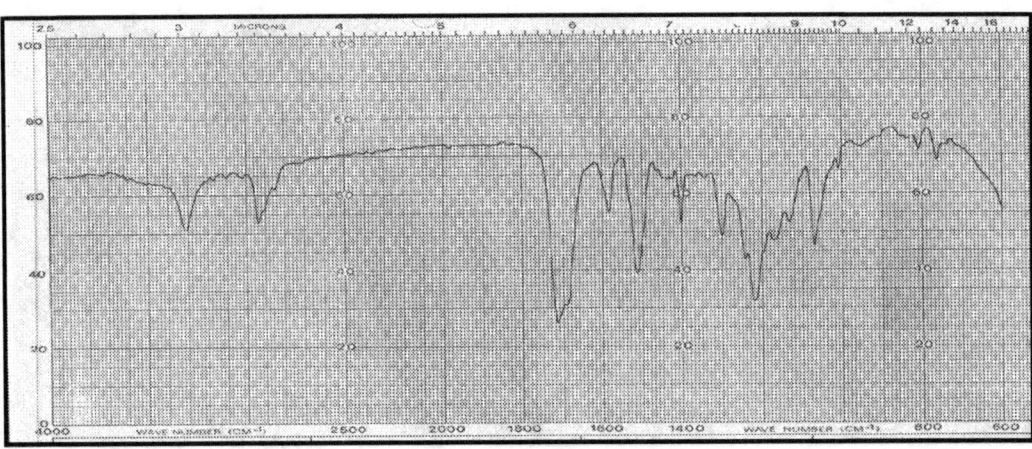

**143 - Poliuretano alifatico**

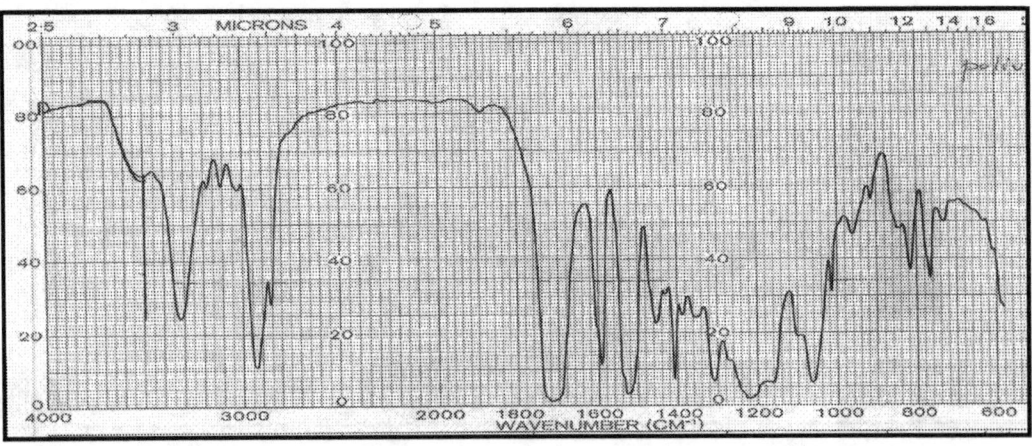

**144 - Poliestereuretano**

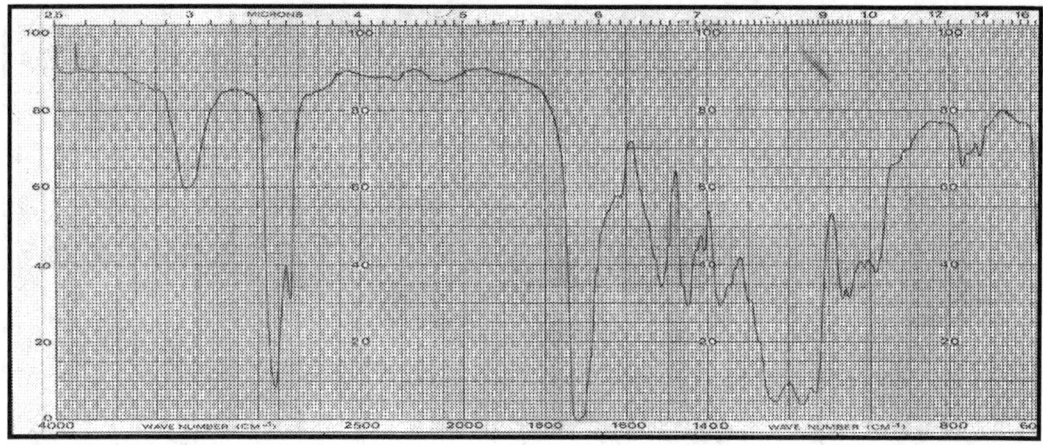

**145 - Poliestereuretano**

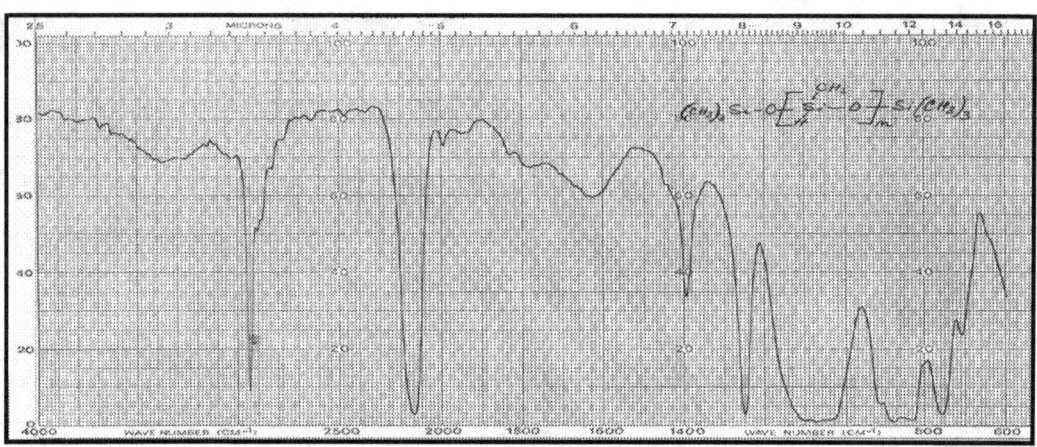

**146 - Poli-(metilidrogenosilossano)**

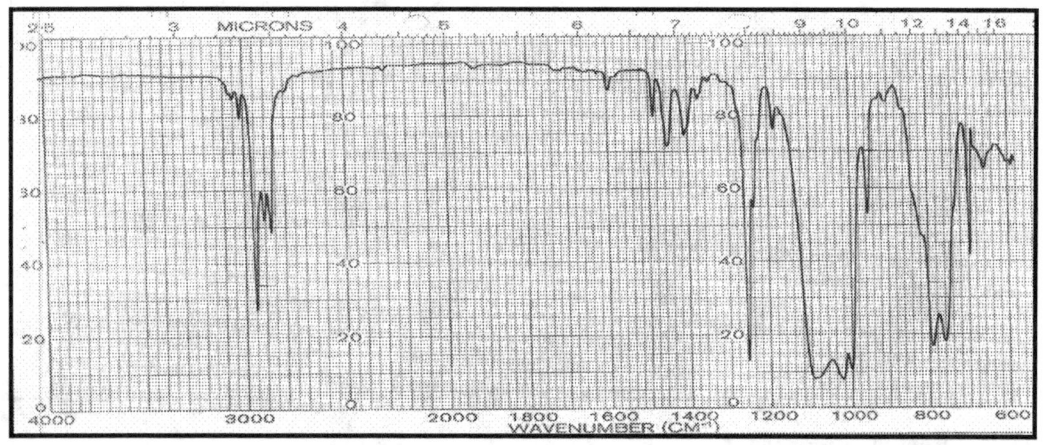

**147 - Poli-metil-fenil-silossano**

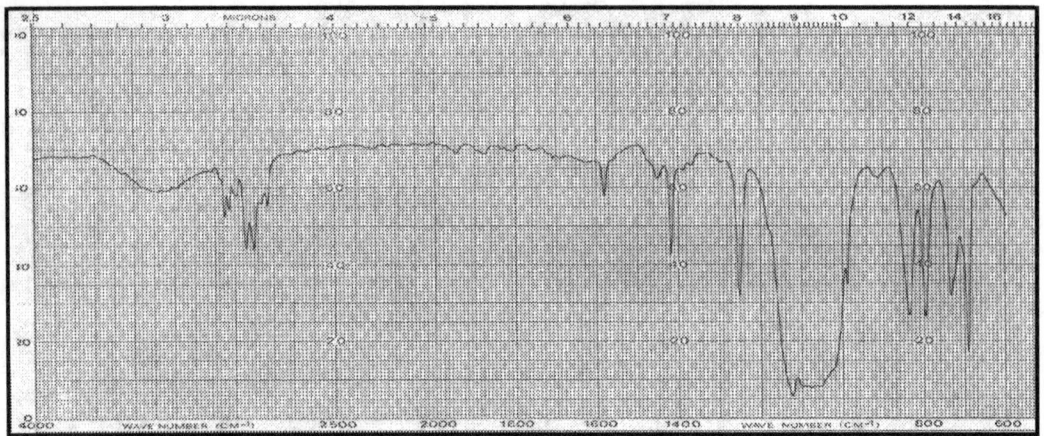

**148 - Poli-difenil-dimetil-disilossanno**

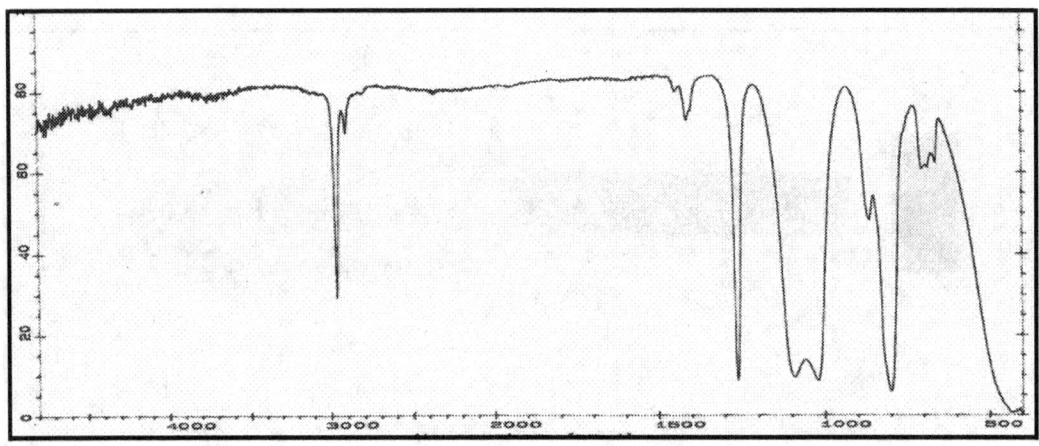

**149 - Silicone olio**

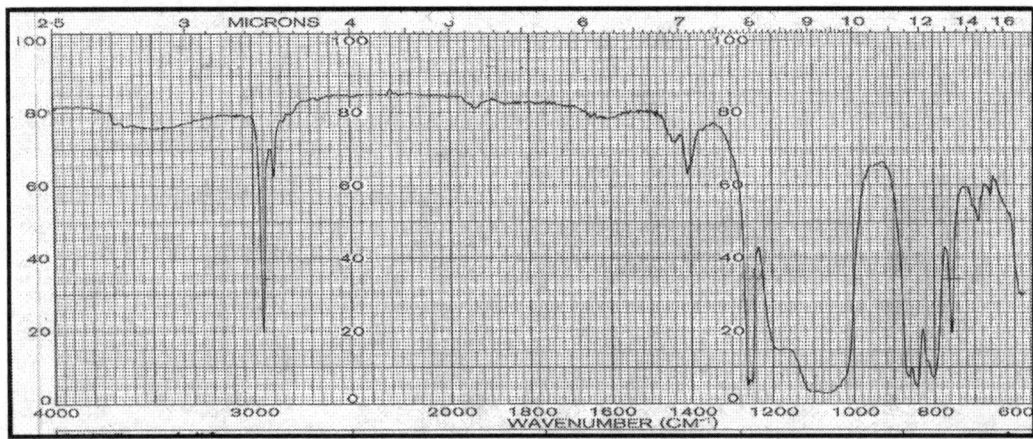

**150 - Resina siliconica**

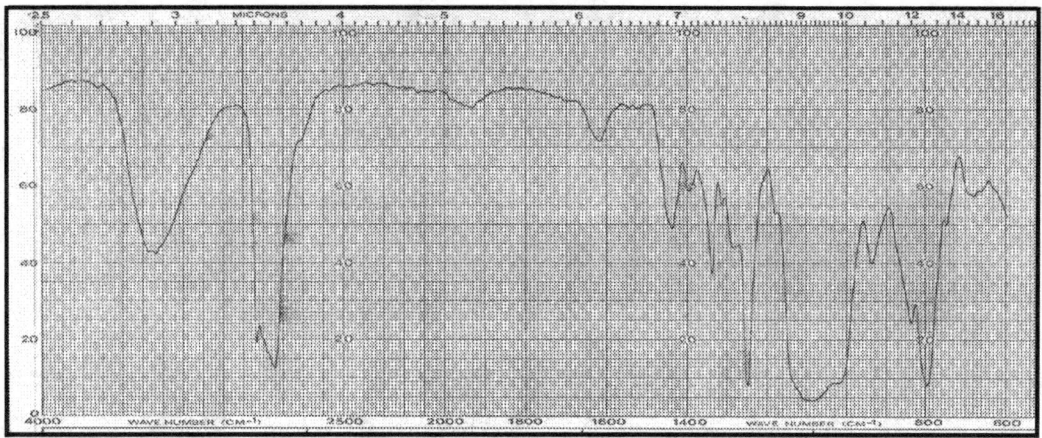

**151 - Dimetilpolisilossano combinato con poliossialchilene**

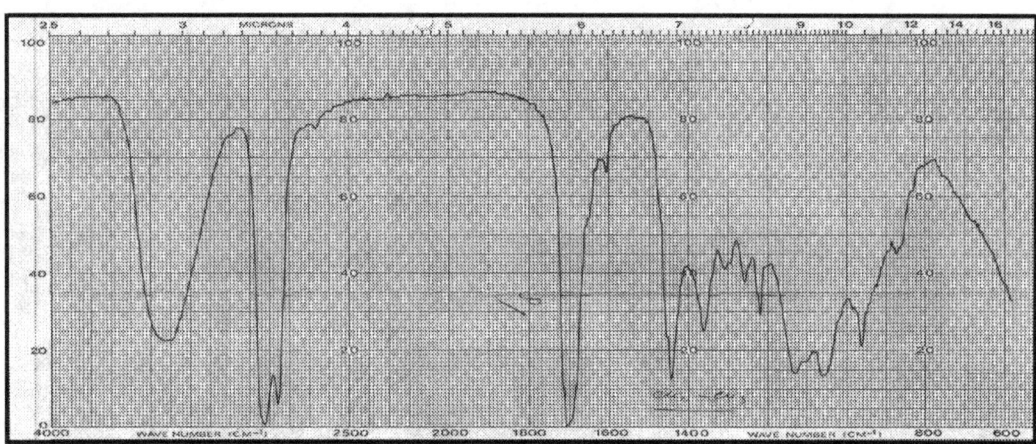

**152 - Resina chetonica (cicloesanone-formaldeide)**

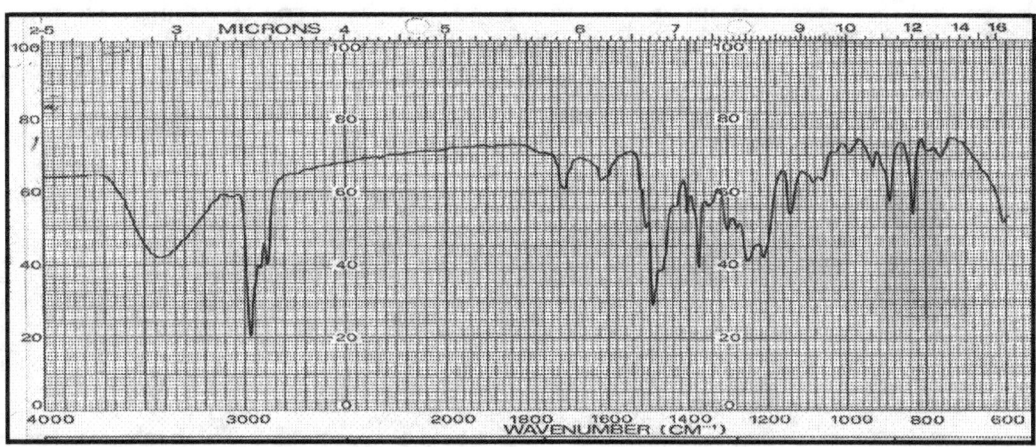

**153 - Poli-idrossibutilstirene (Prodotto di condensazione tra ter-butilfenolo ed acetilene)**

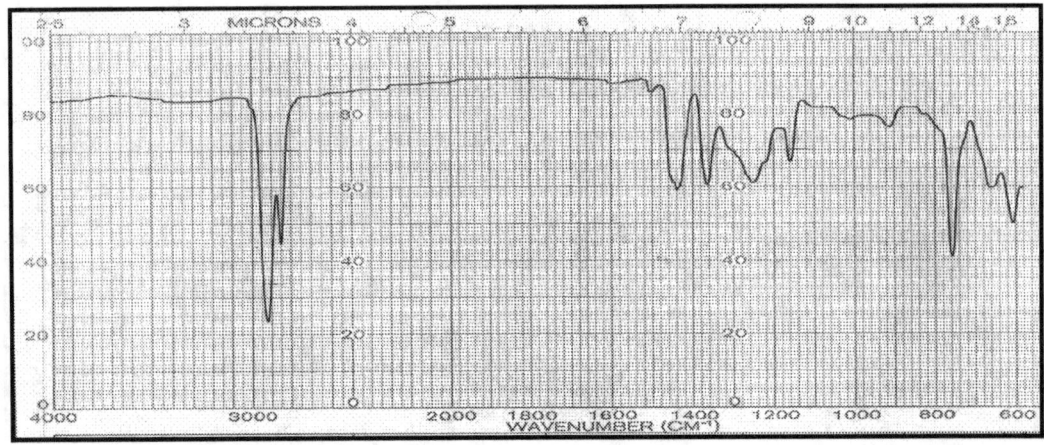

**154 - Polisolfoetilene alogenato**

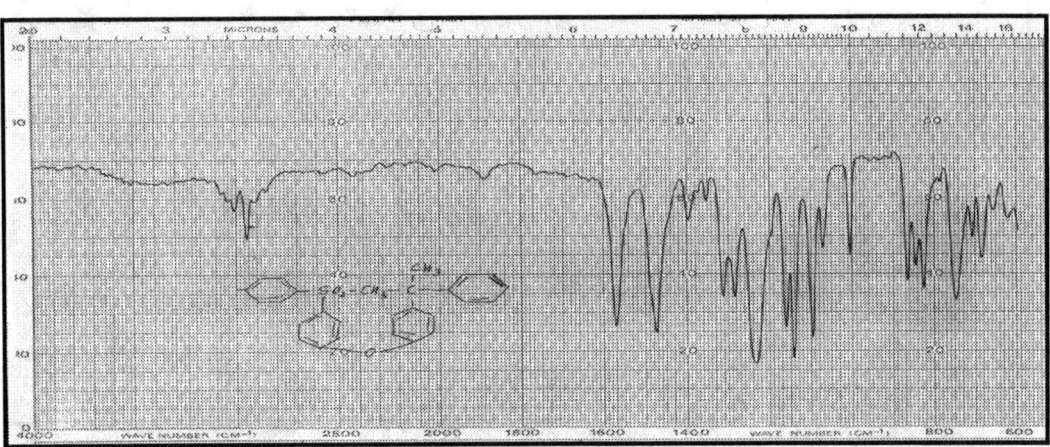

**155 - Polisolfone**

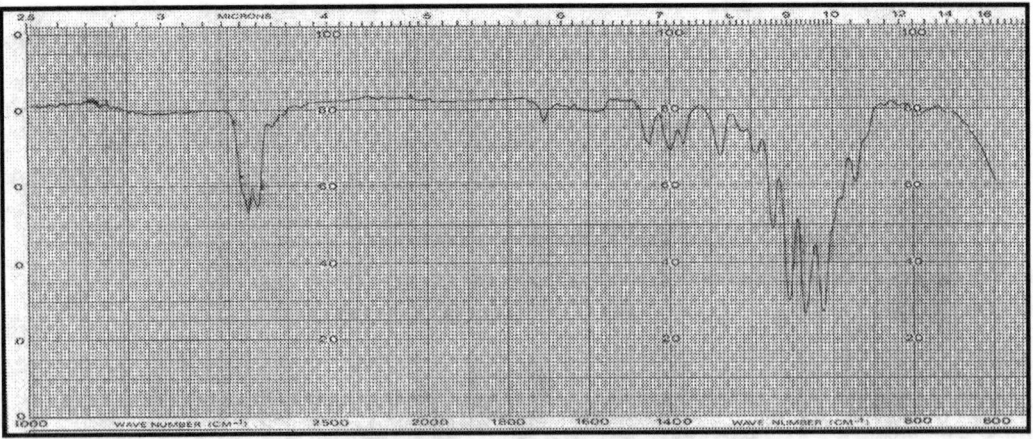

**156 - Tioplasto (polisolfuro-formale)**

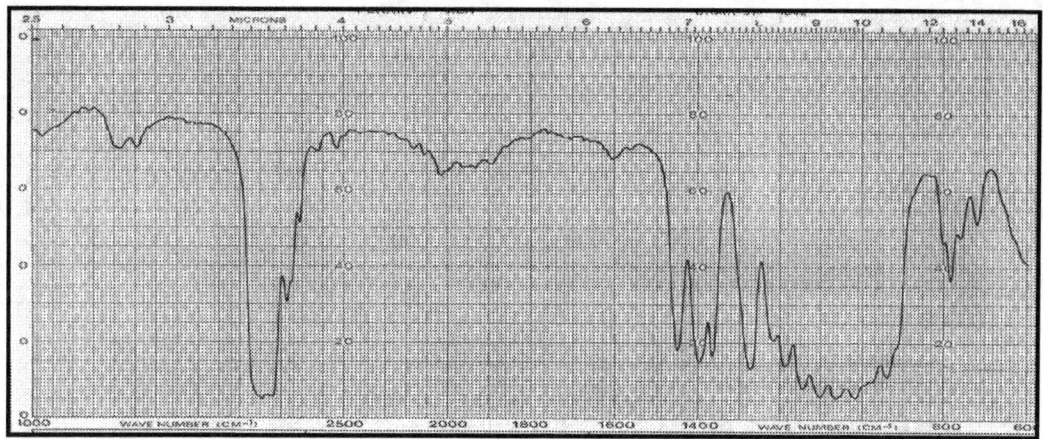

**157 - Tioplasto**

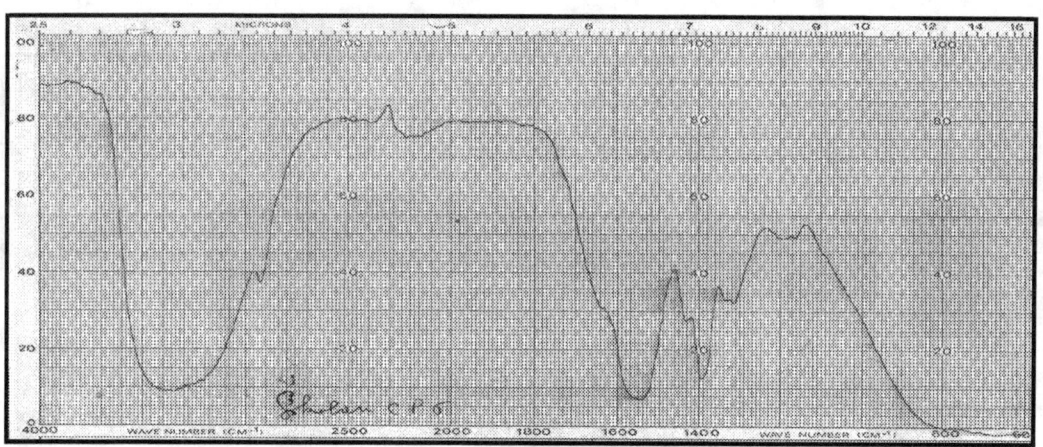

**158 - Poli-anidride maleica-metilviniletere, sale di sodio**

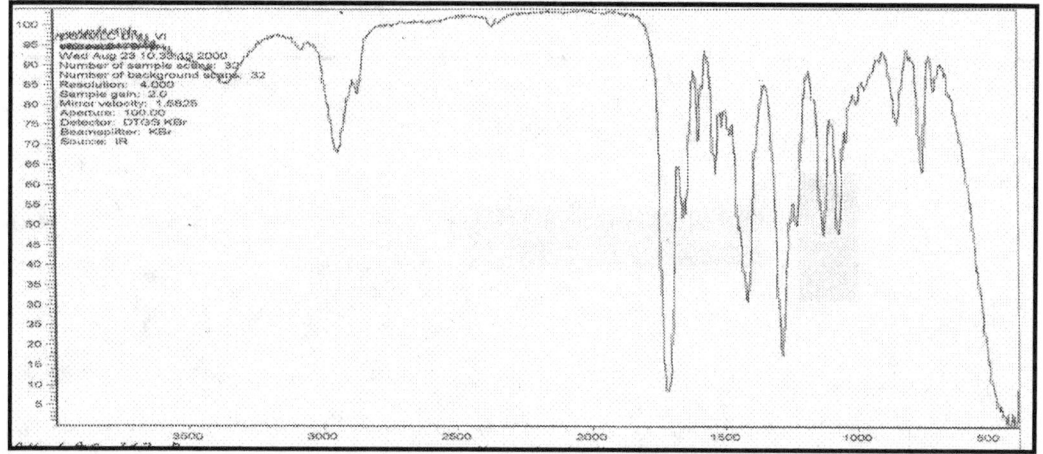

**159 - Resina acrilica modificata con nitrocellulosa**

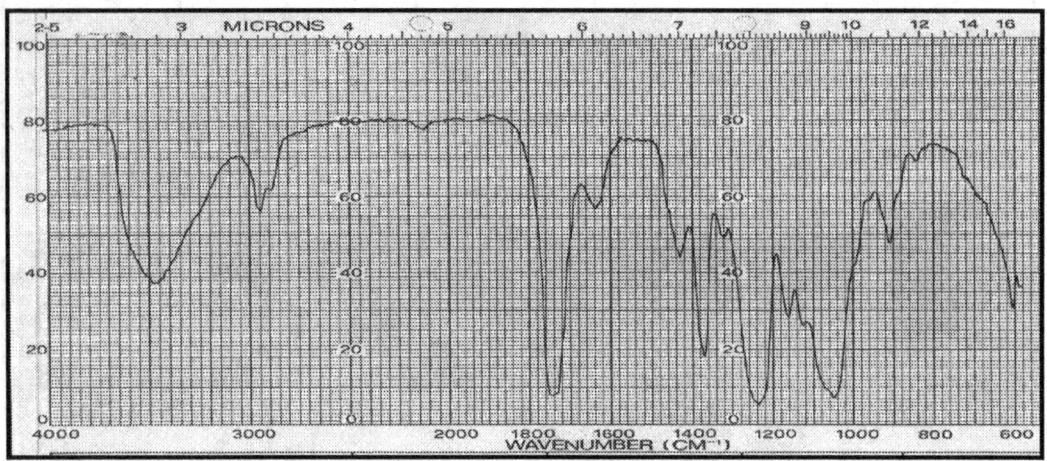

**160 - Cellulosa acetato**

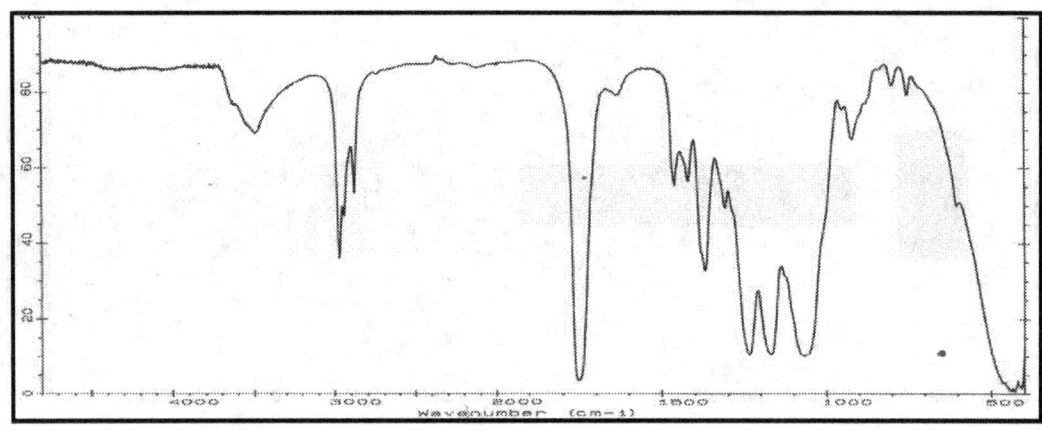

**161 - Cellulosa aceto-butirrato**

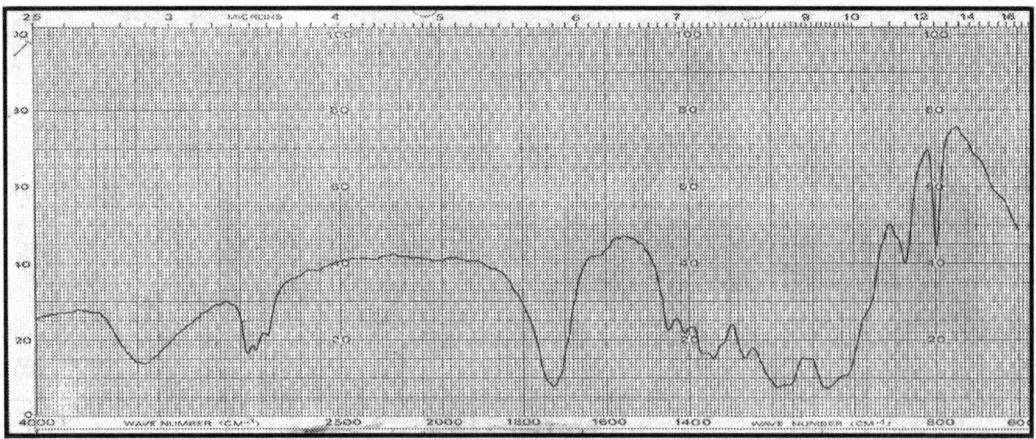

**162 - Cellulosa aceto-propionato**

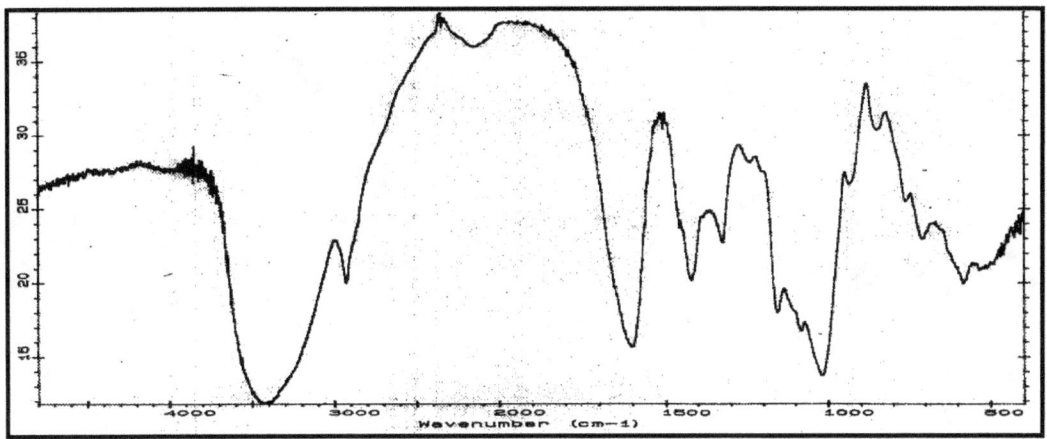

**163 - Carbossimetilcellulosa**

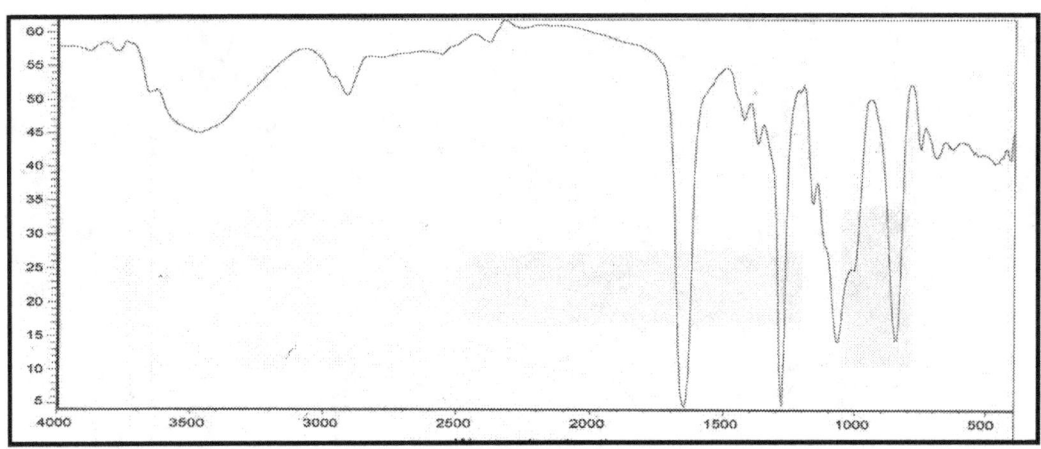

**164 - Nitrocellulosa**

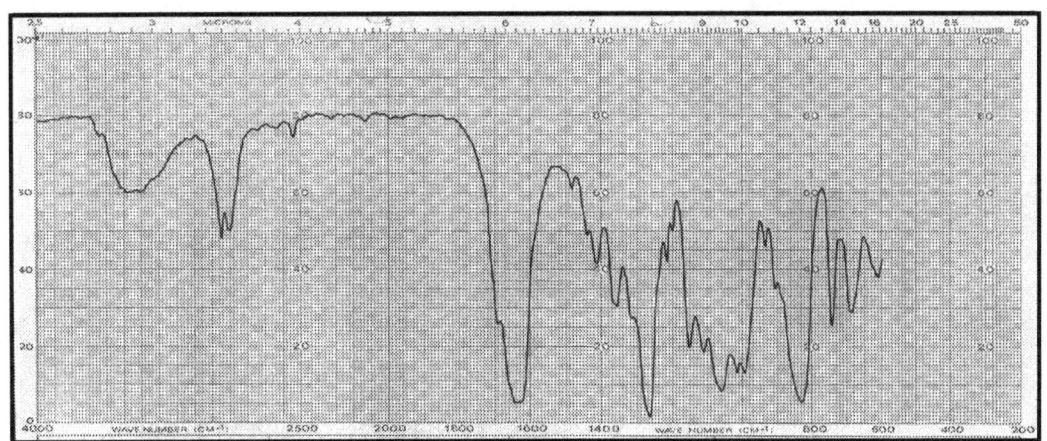

**165 - Nitrocellulosa (Polvere da sparo preparata)**

## SOSTANZE DI ORIGINE NATURALE

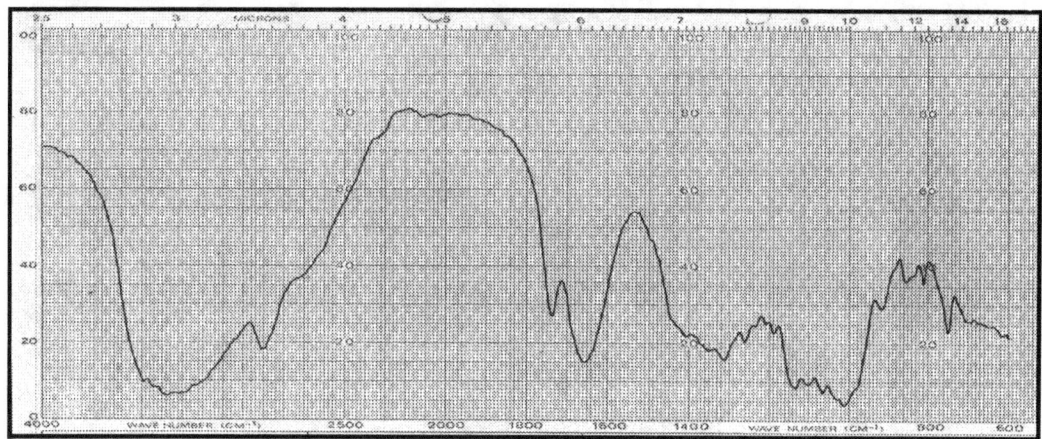

**166 - acerola estratto**

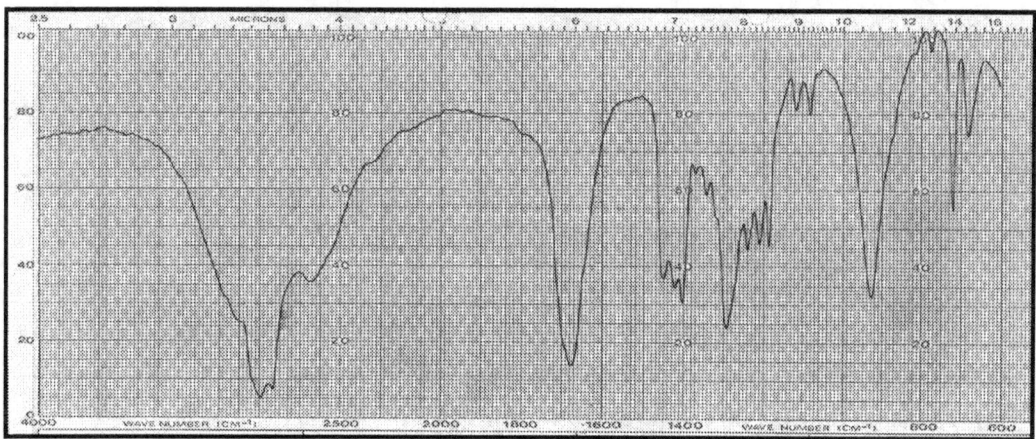

**167 - acidi grassi**

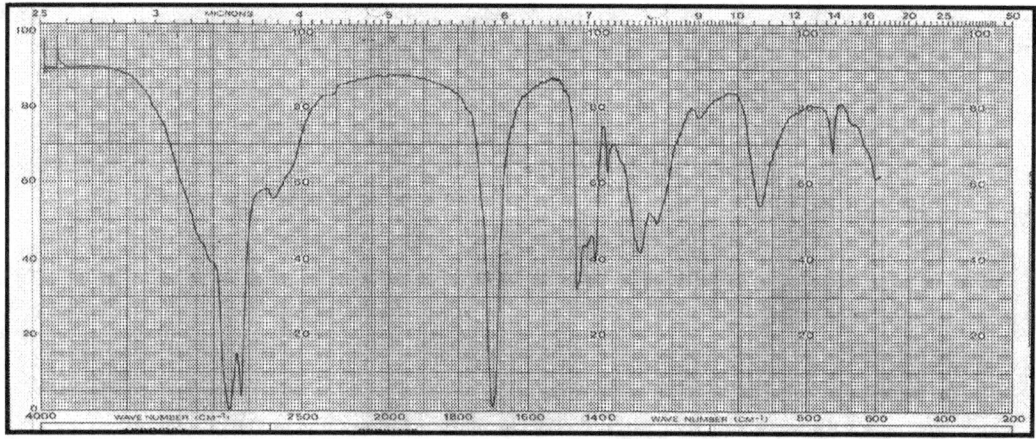

**168 - acidi grassi dimerizzati**

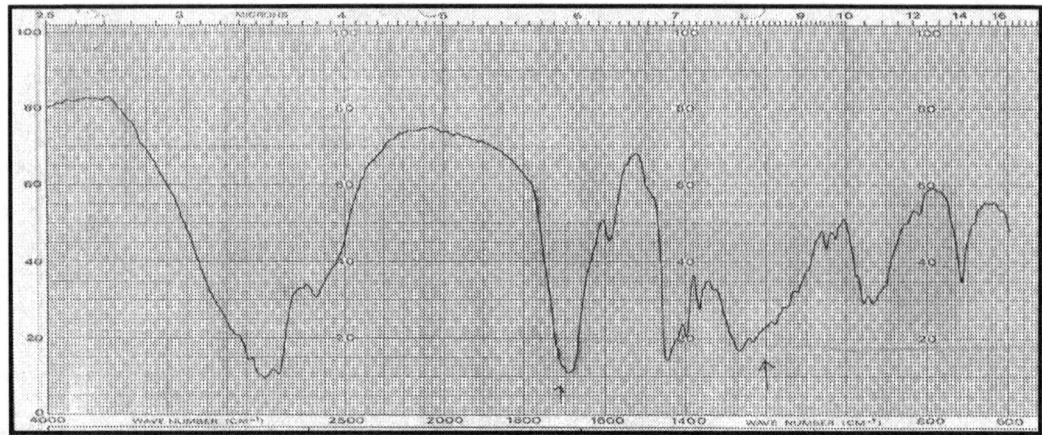

**169 - acidi grassi di Tallol dimeri e trimeri**

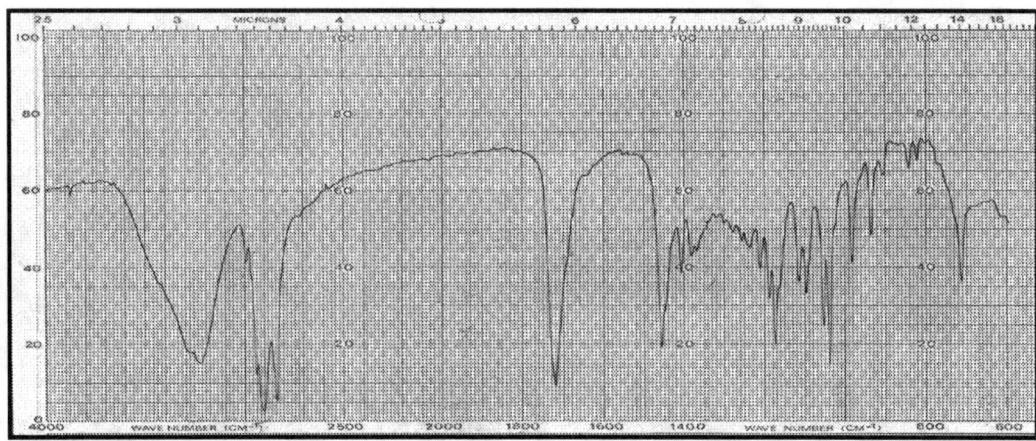

**170 - mono-, di- e trigliceridi di acidii grassi**

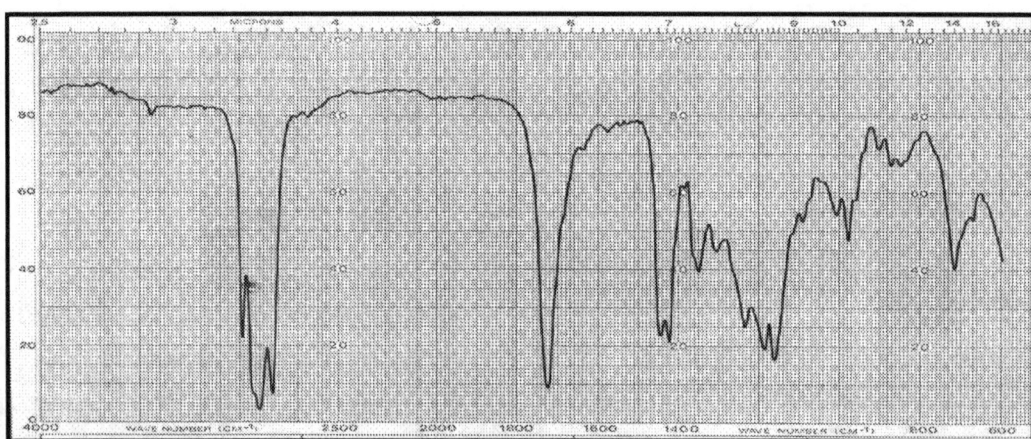

**171 - esteri metilici di acidi grassi**

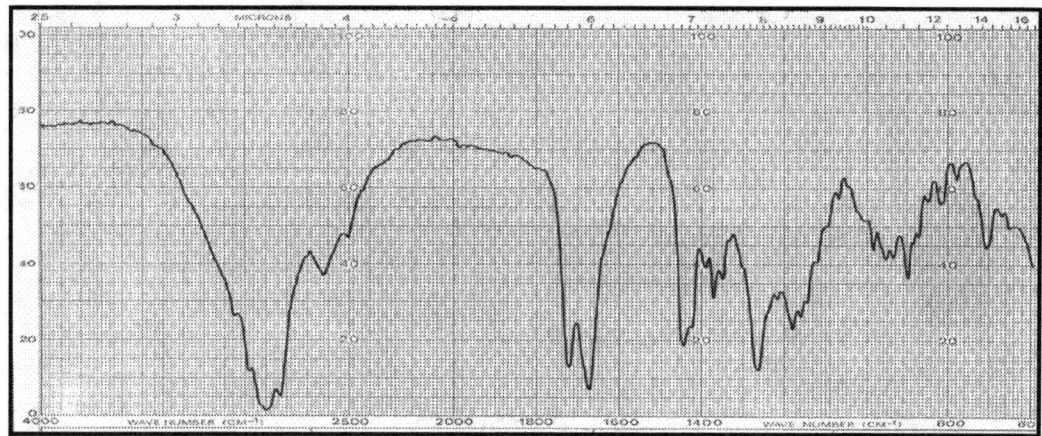

**172 - acidi resinici da Tallol**

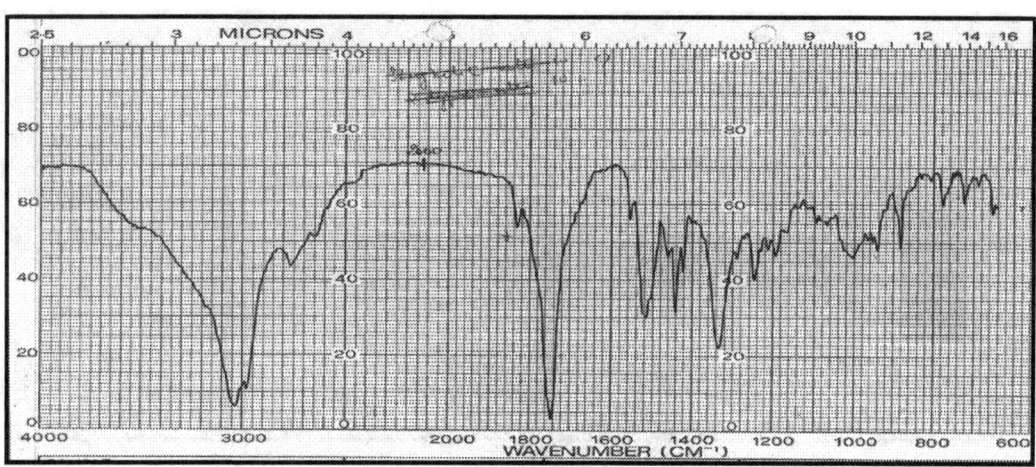

**173 - acidi resinici**

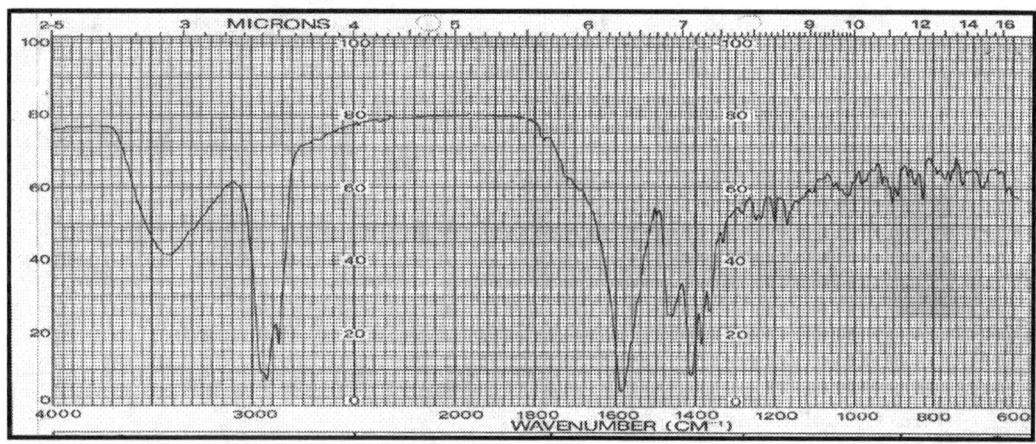

**174 - resinato di zinco**

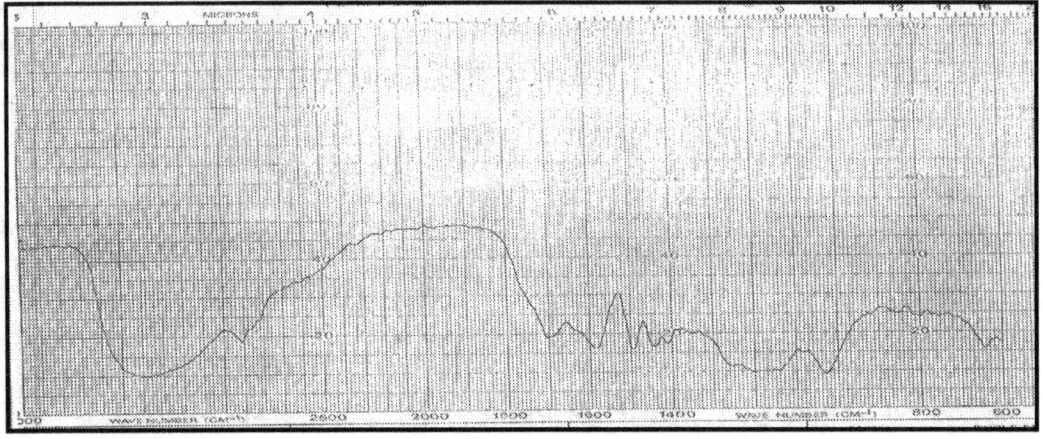

**175 - acido ligninsolfonico**

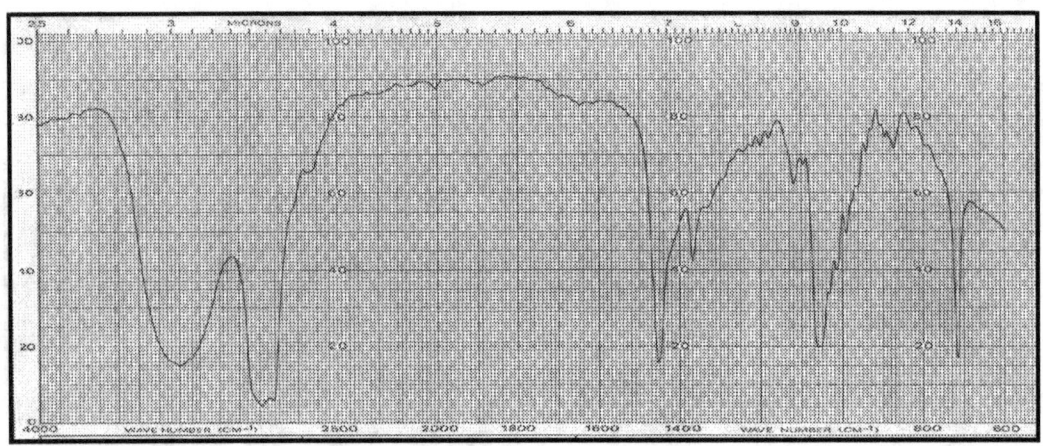

**176 - alcoli grassi**

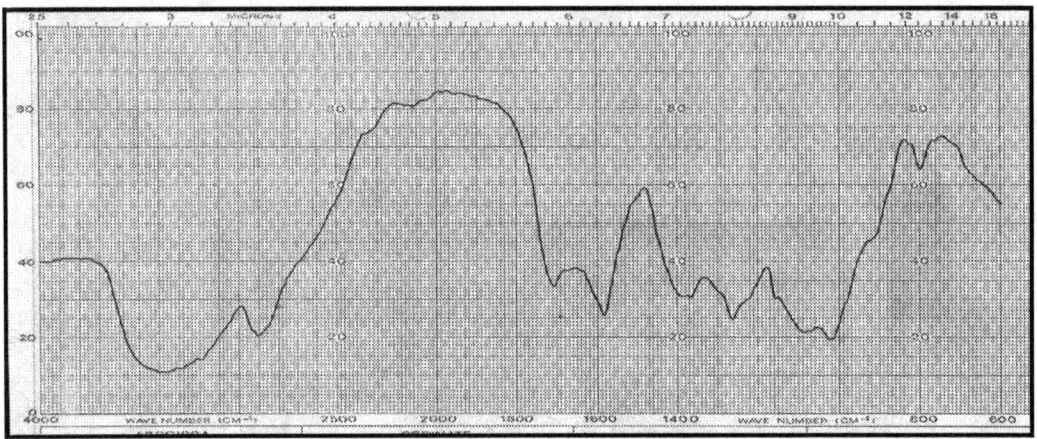

**177 - idrossipropilalginato**

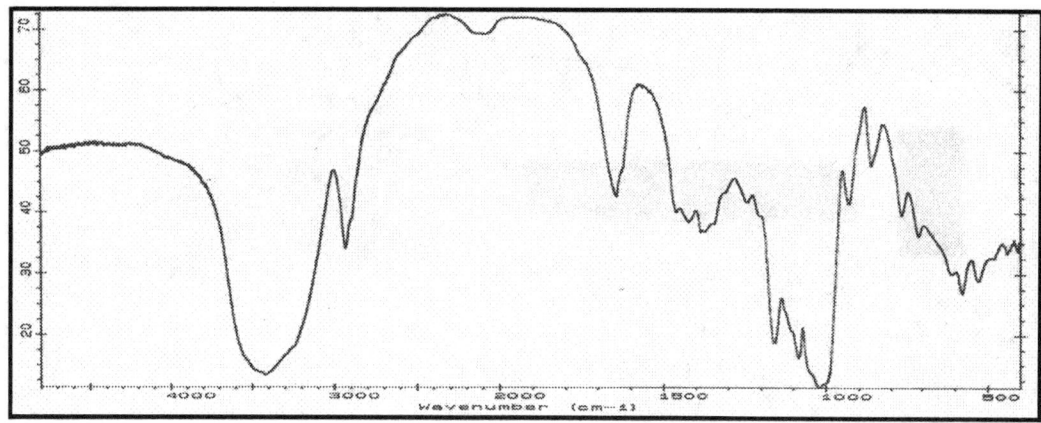

**178 - amido di mais**

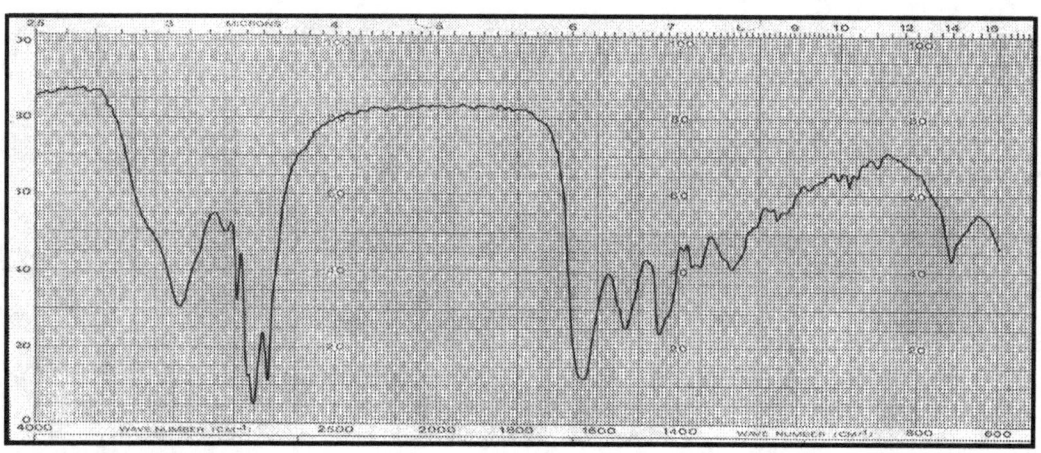

**179 - amine grasse**

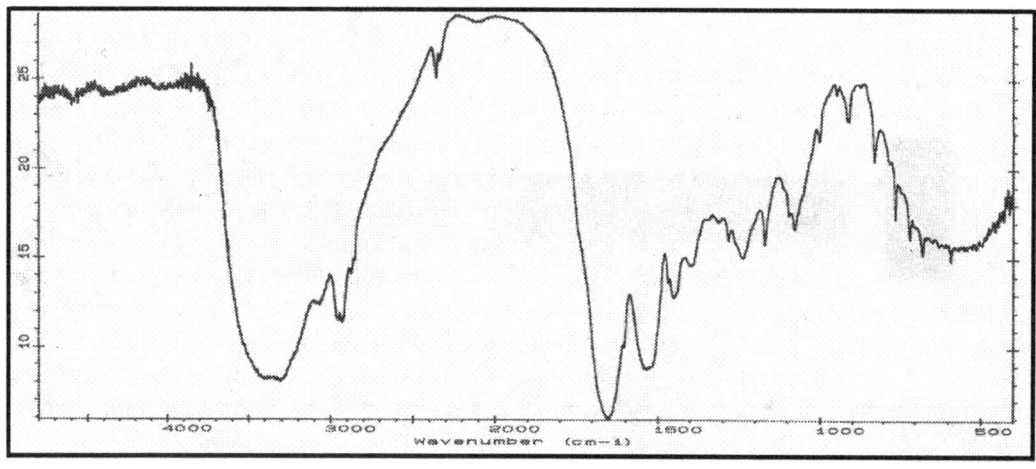

**180 - caseina acida**

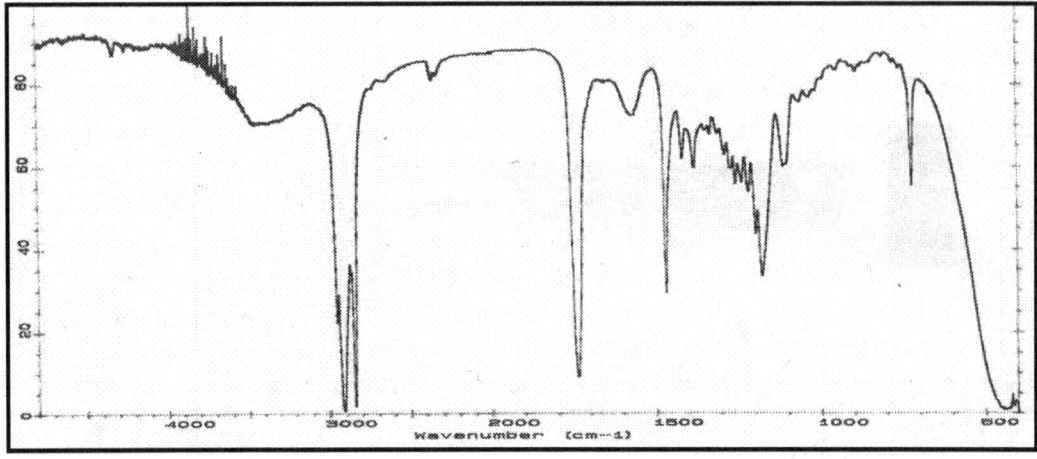

**181 - cera artificiale di esteri**

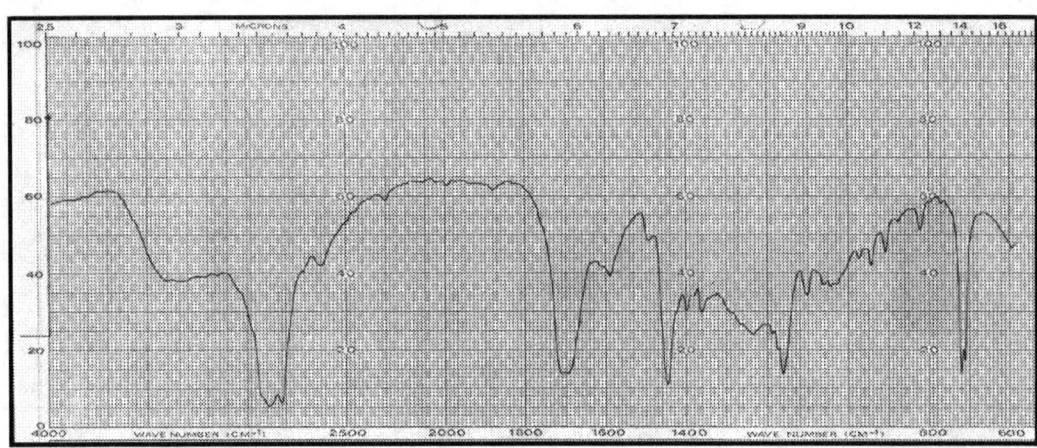

**182 - cera carnauba**

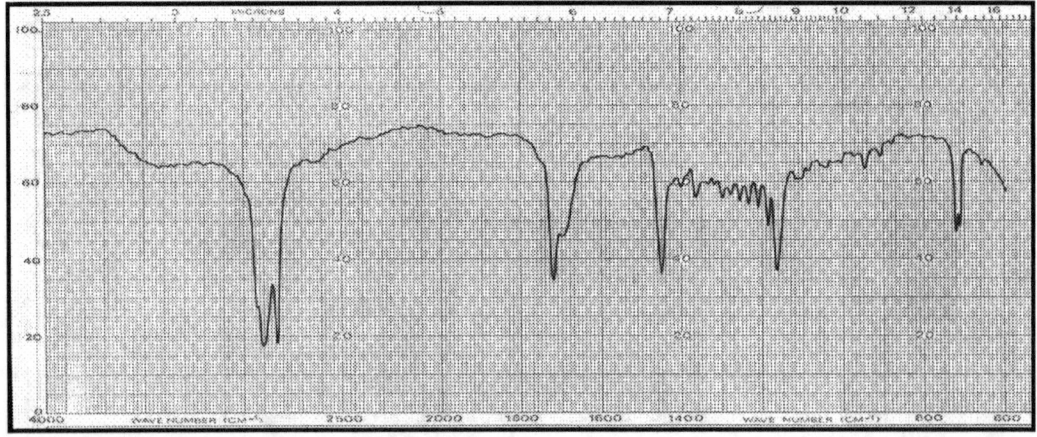

**183 - cera d'api**

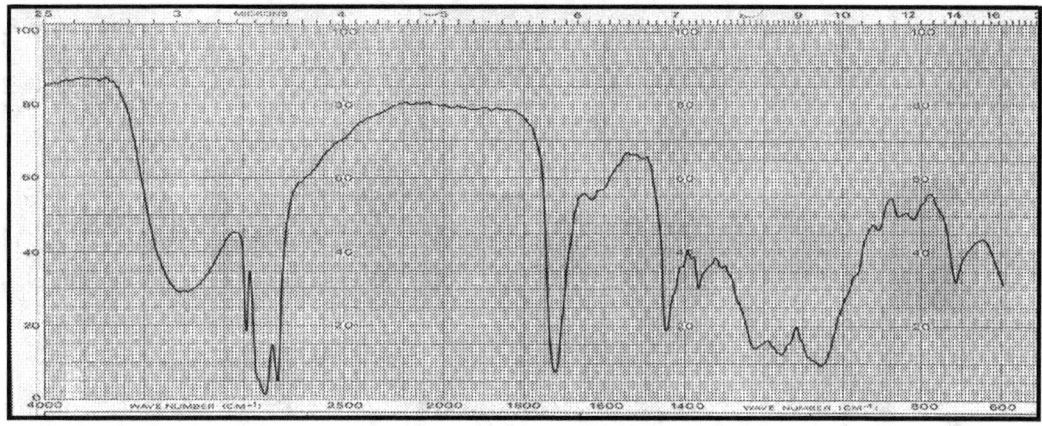

**184 - lecitina**

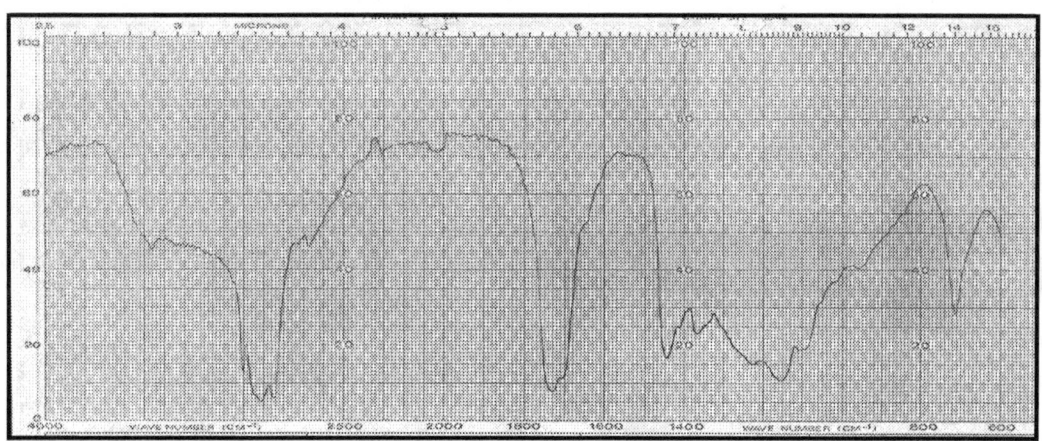

**185 - oli o vegetale esausto ad alta acidità**

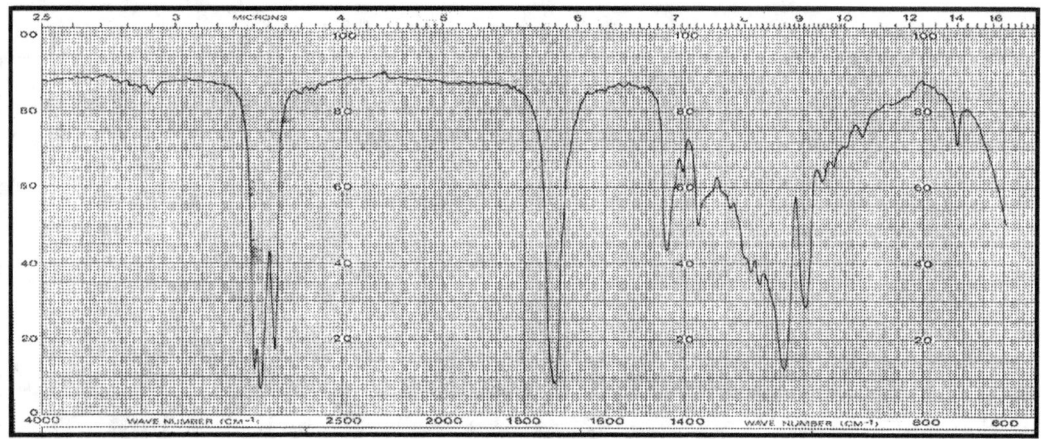

**186 - olio di cocco, frazione fluida (C₈" 66%, C₁₀" 26%)**

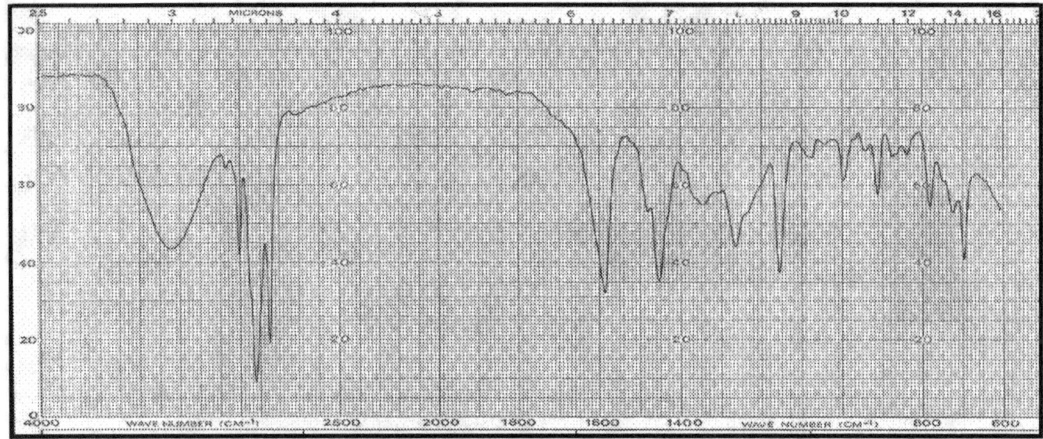

**187 - olio di gusci di noci di anacardio (Cashew Nut Oil)**

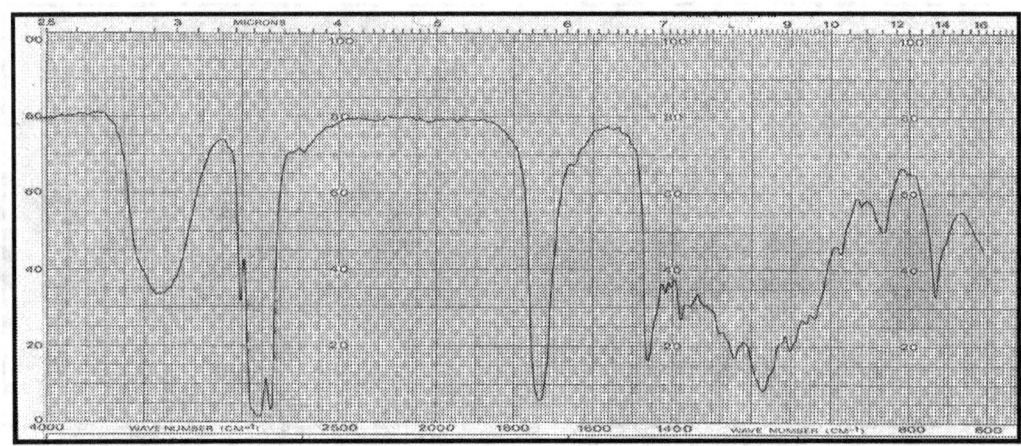

**188 - olio di ricino**

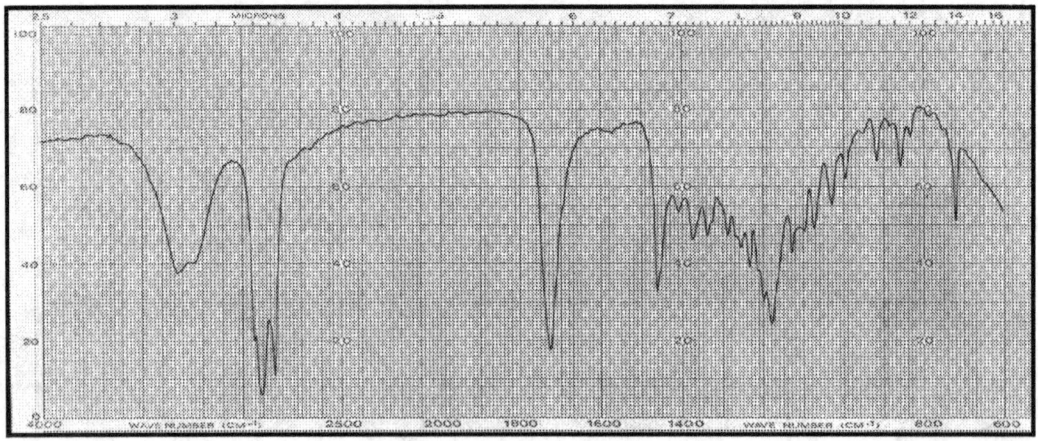

**189 - olio di ricino idrogenato**

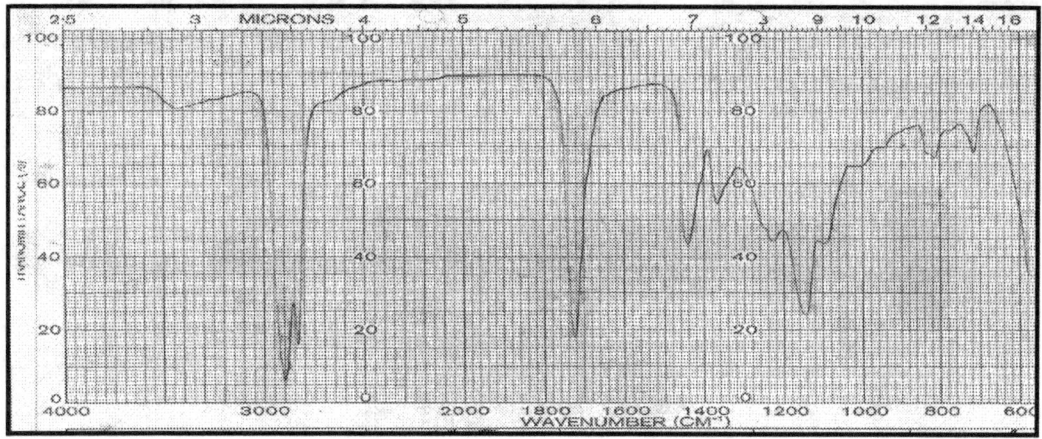

**190 - olio di semi epossidato**

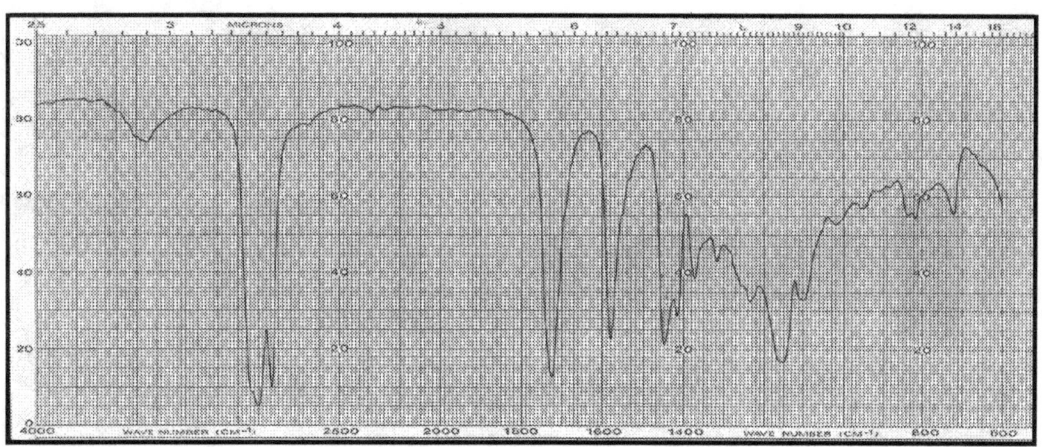

**191 - olio epossidato + sapone di zinco**

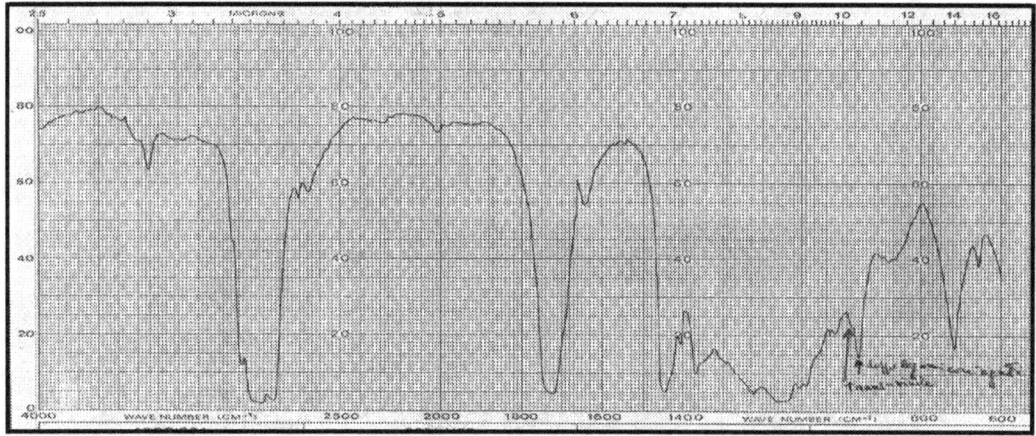

**192 - standolio di olio di pesci**

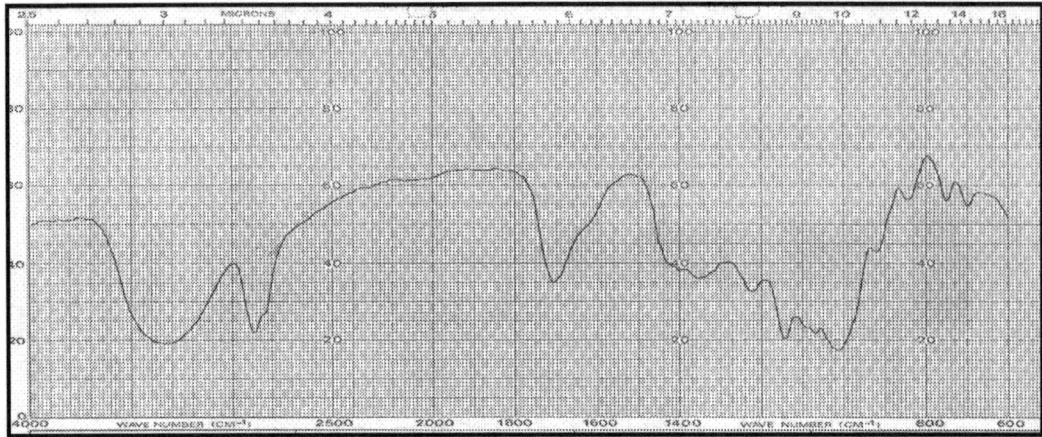

**193 - pectina**

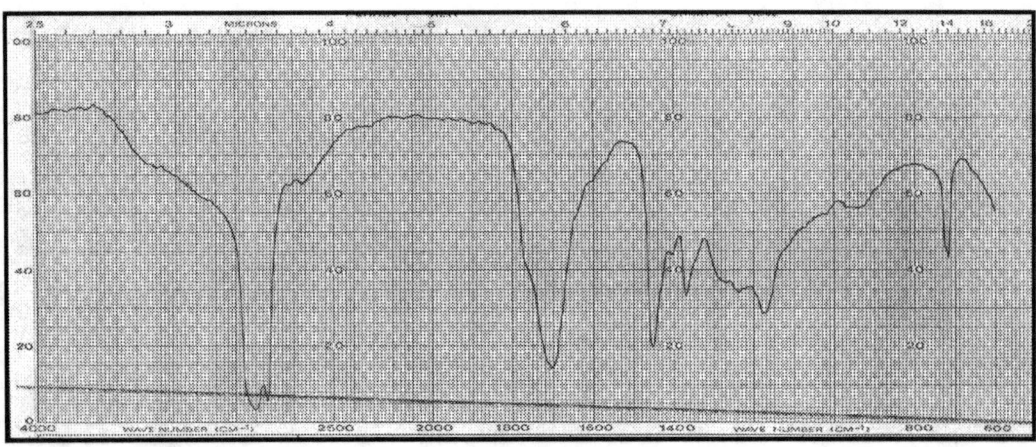

**194 - petrolato ossidato**

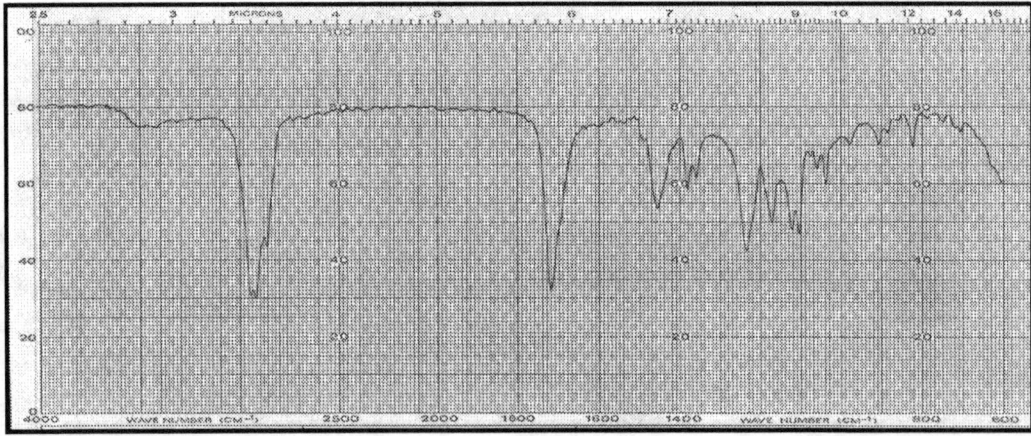

**195 - colofonia esterificata**

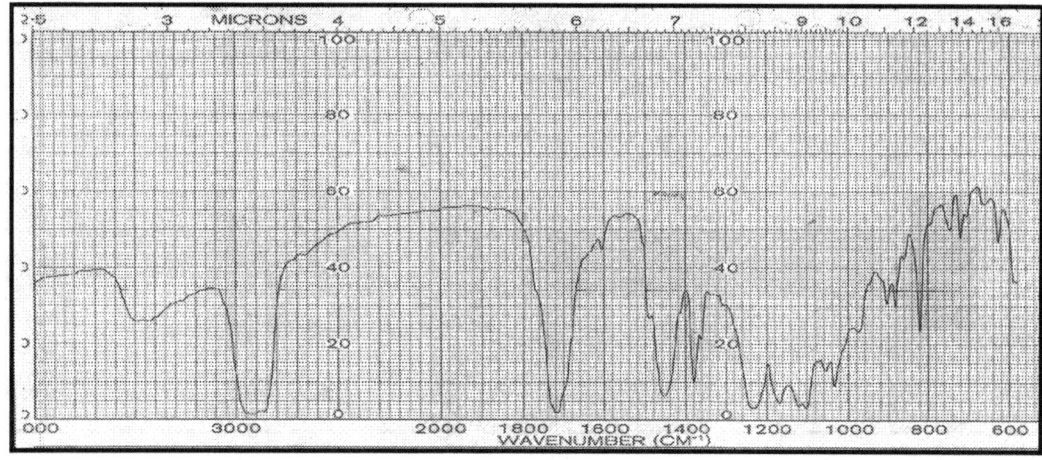

**196 - resina naturale esterificata**

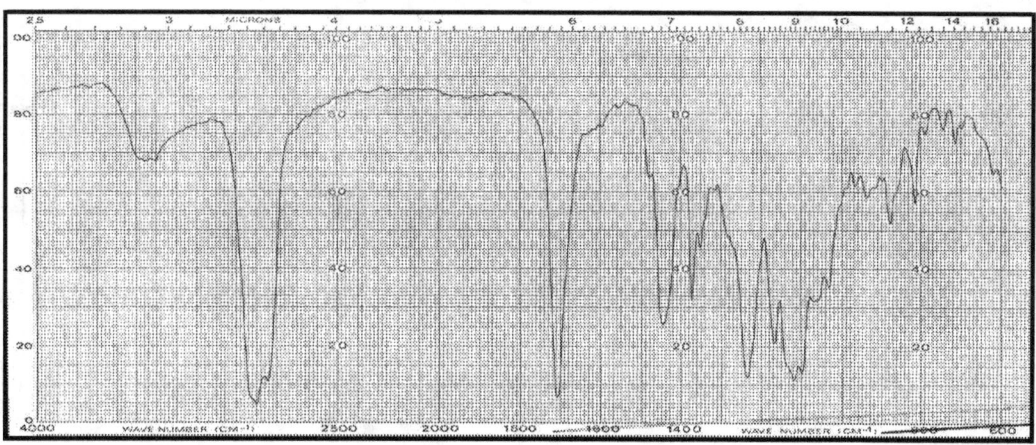

**197 - resina naturale esterificata**

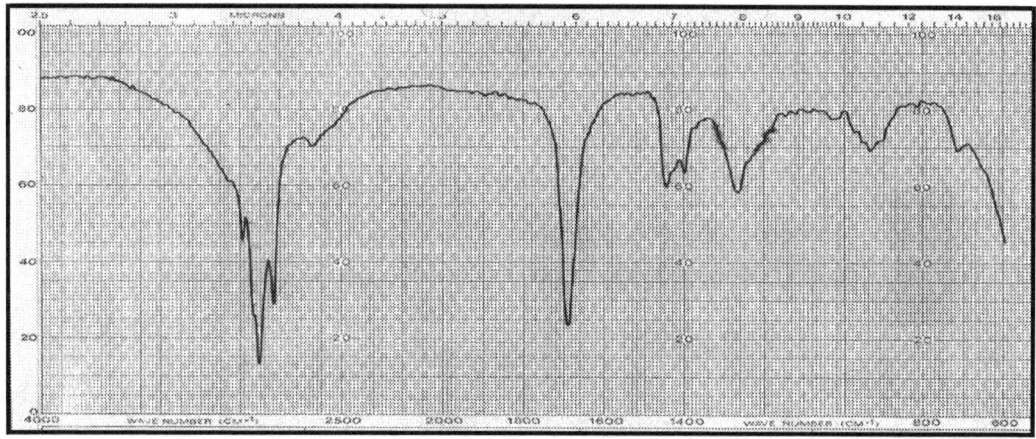

**198 - Tallol distillato**

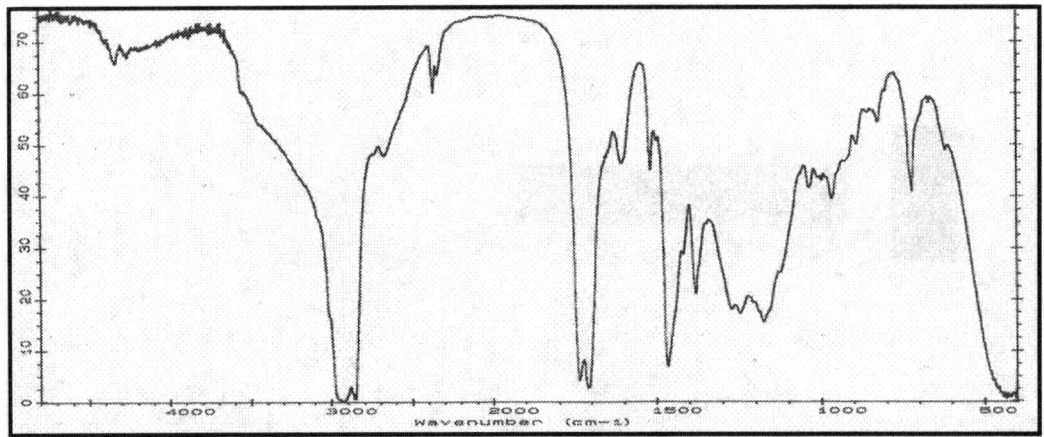

**199 - pece di Tallol**

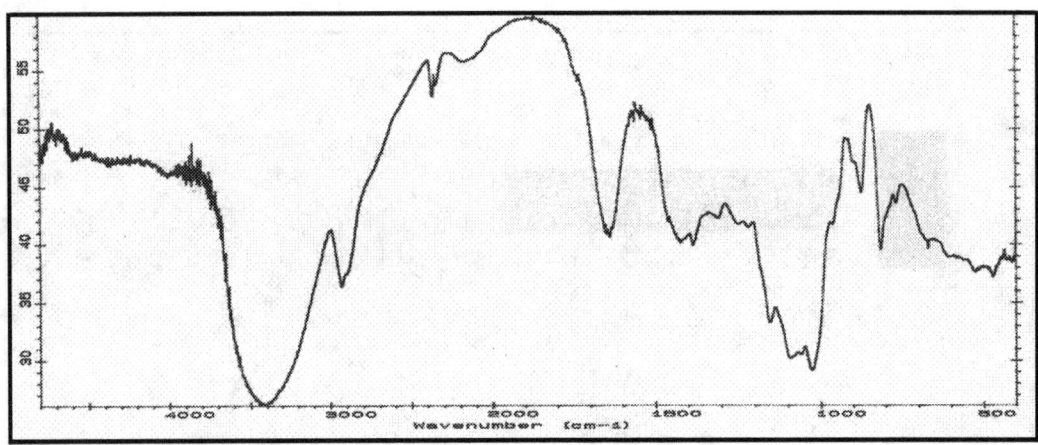

**200 - farina di semi di Tara**

# PESTICIDI

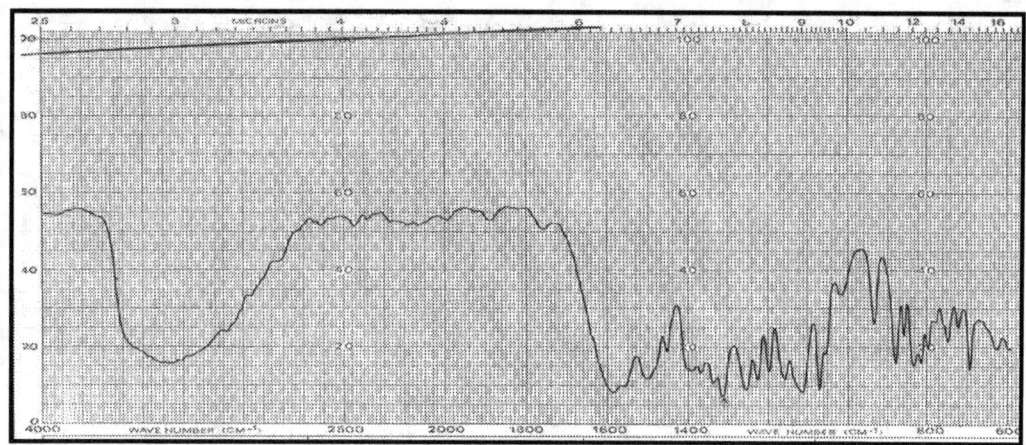

**201 - Acifluorfen sodico**

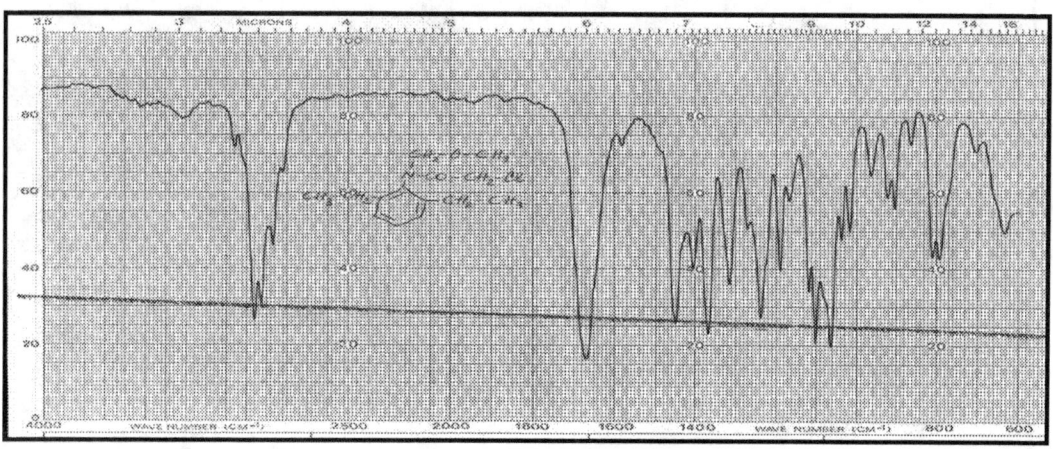

**202 - Alachlor**

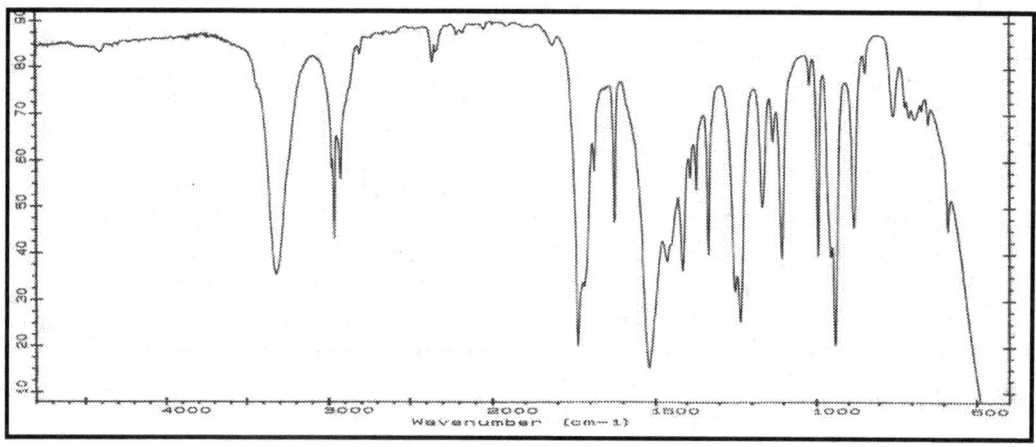

**203 - Aldicarb**

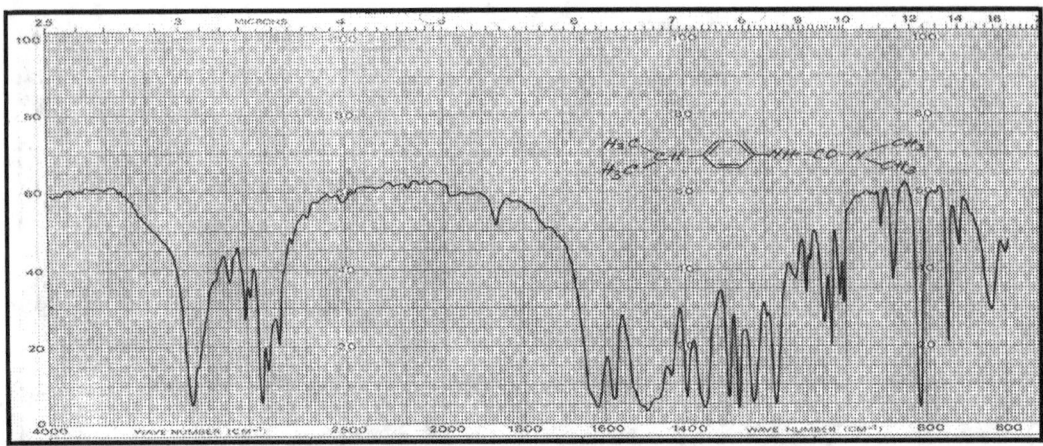

**204 - Arelon**

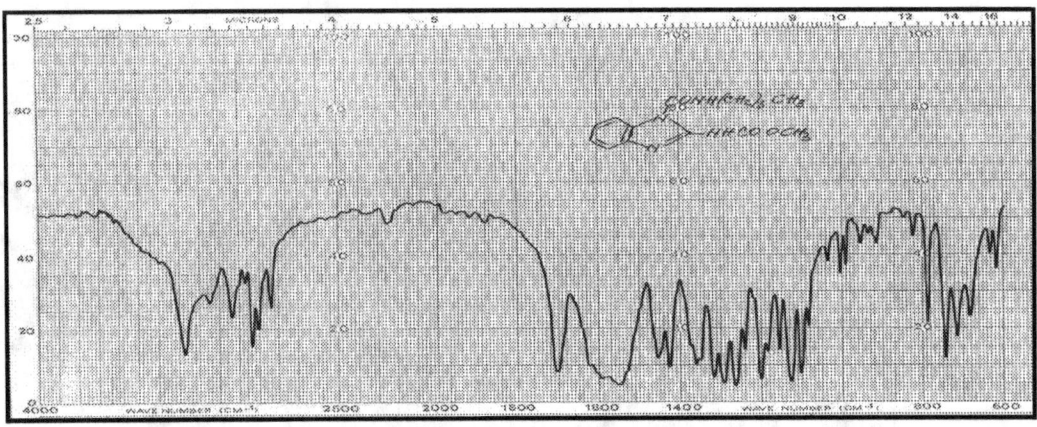

**205 - Benomyl**

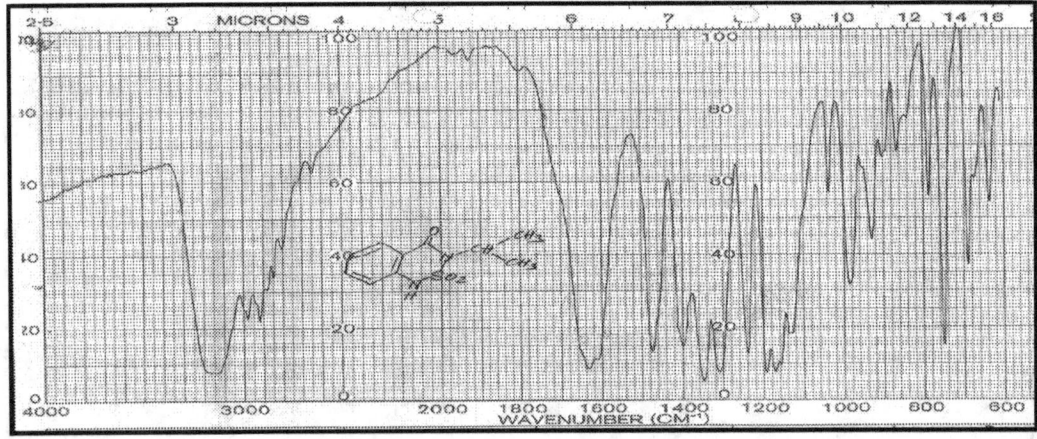

**206 - Bentazone**

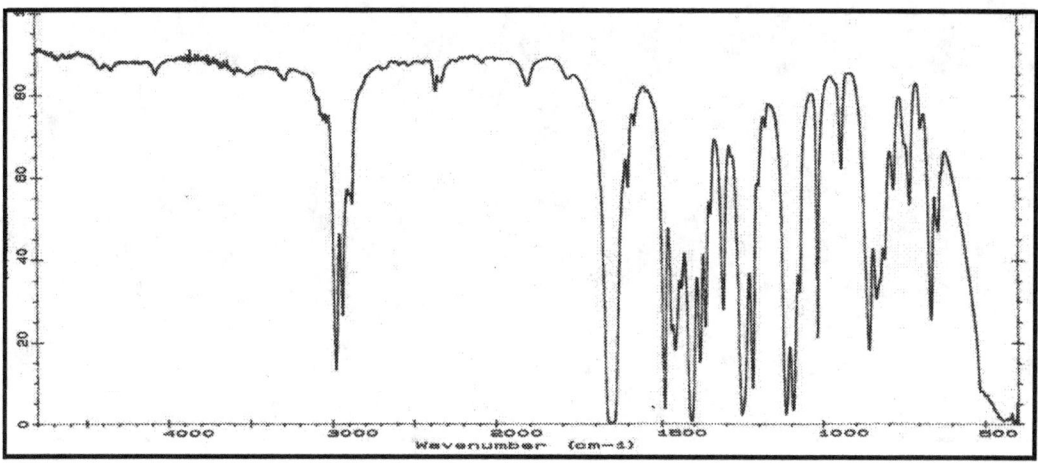

**207 - Benthiocarb**

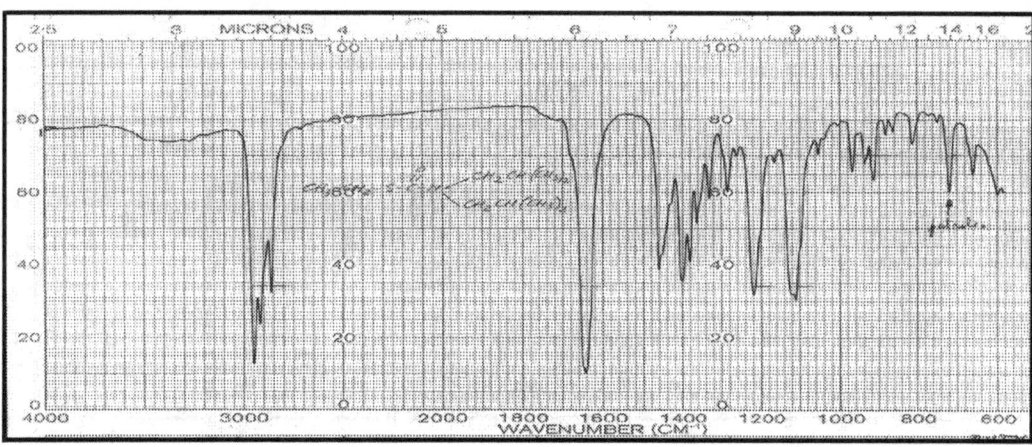

**208 - Butylate**

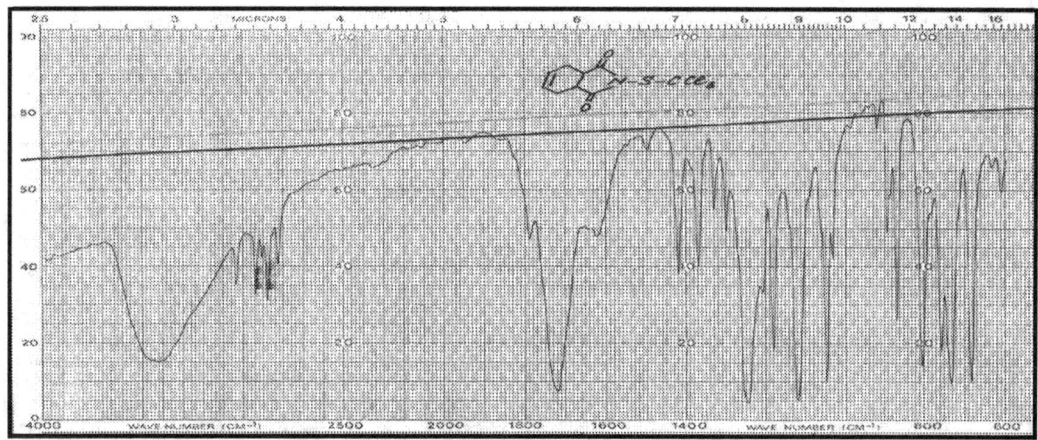

**209 - Captan**

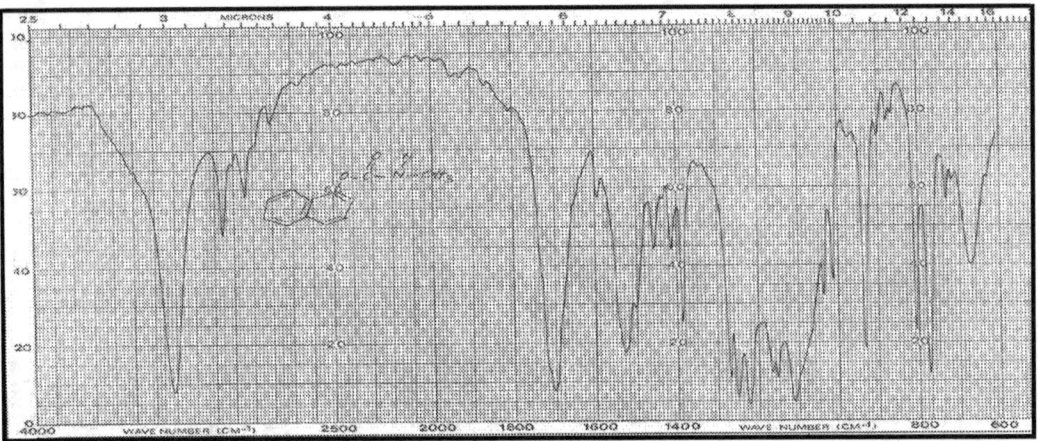

**210 - Carbaryl**

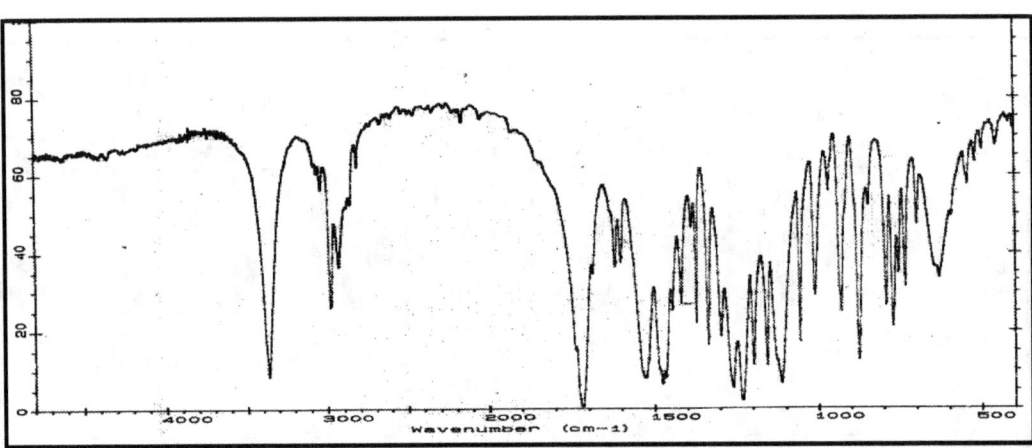

**211 - Carbofurano**

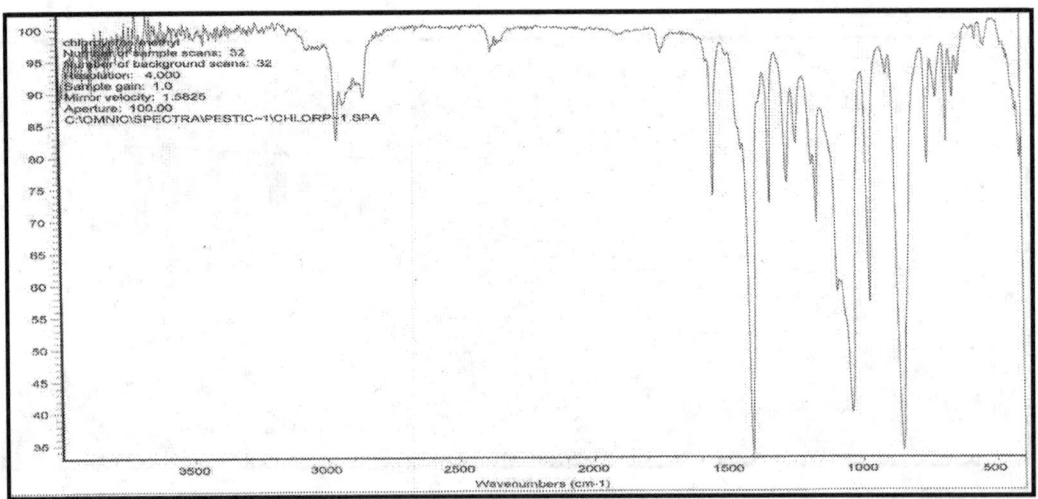

**212 - chlorpyrifos-methyl**

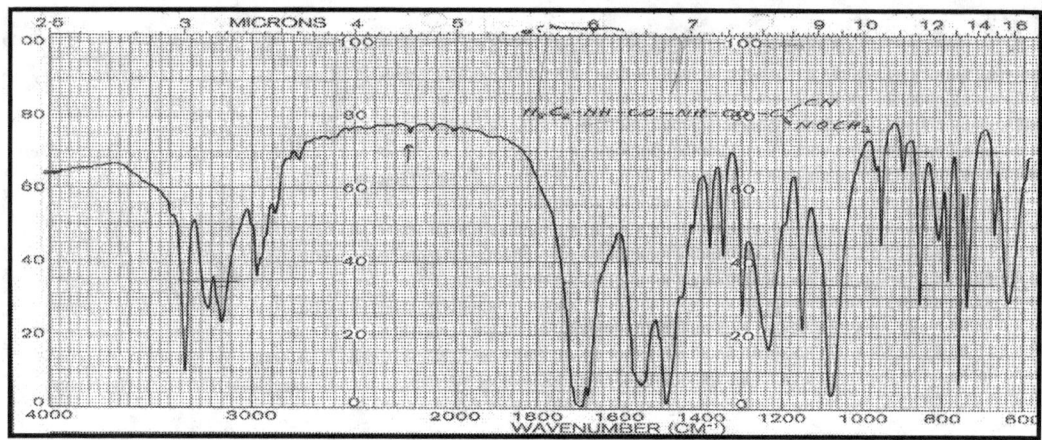

**213 - Curzate**

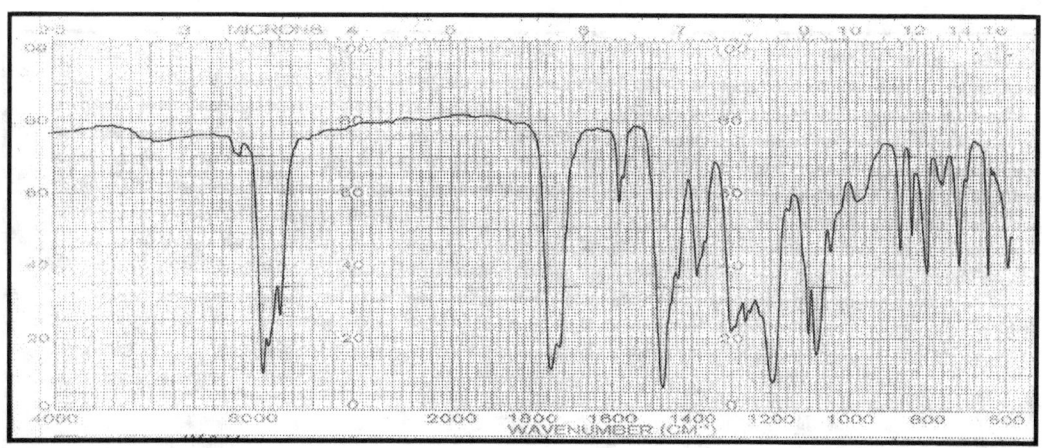

**214 - 2,4-D isoottilestere**

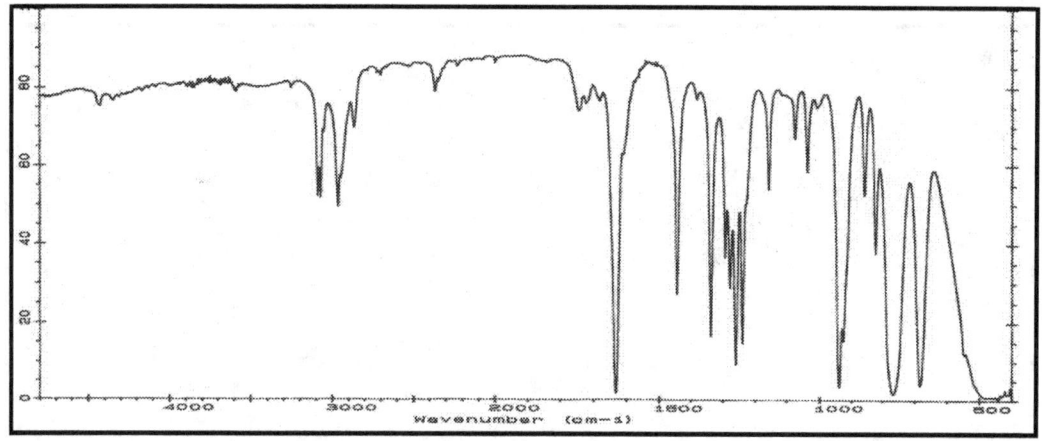

**215 - DD-92 (dicloropropano + dicloropropene)**

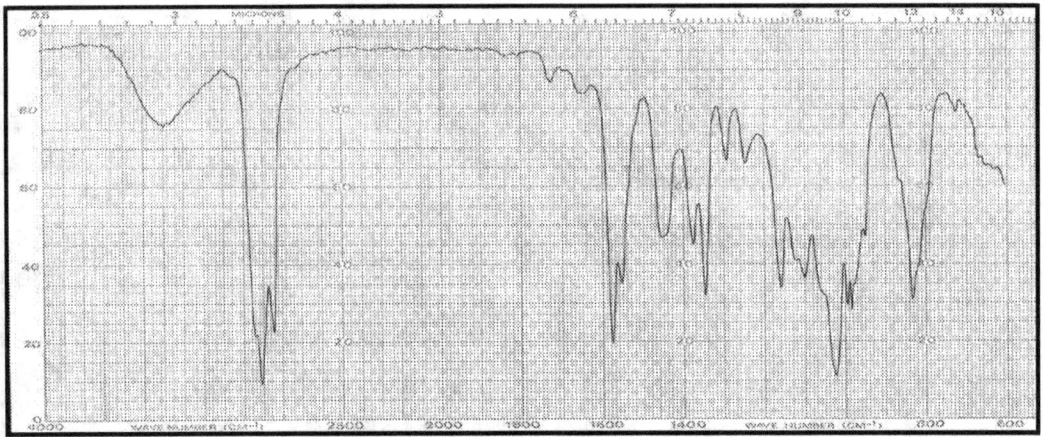

**216 - Diazinon**

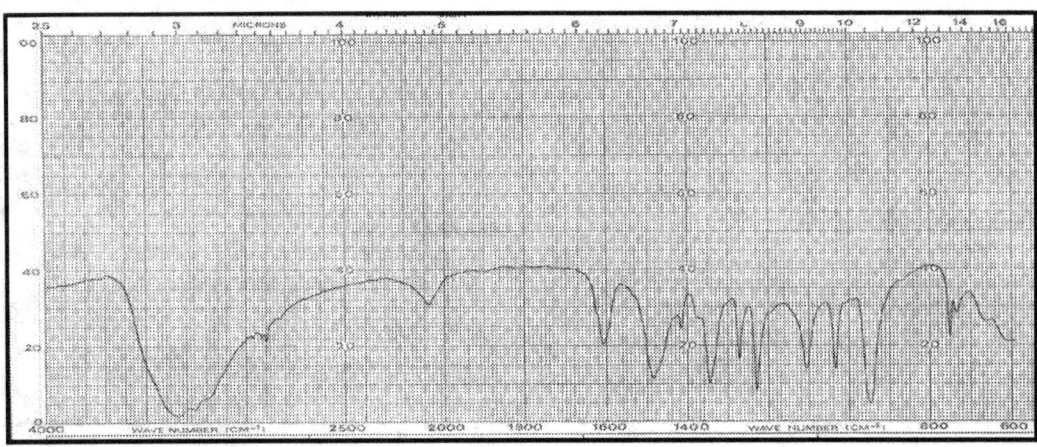

**217 - dietilditiocarbamato sodico**

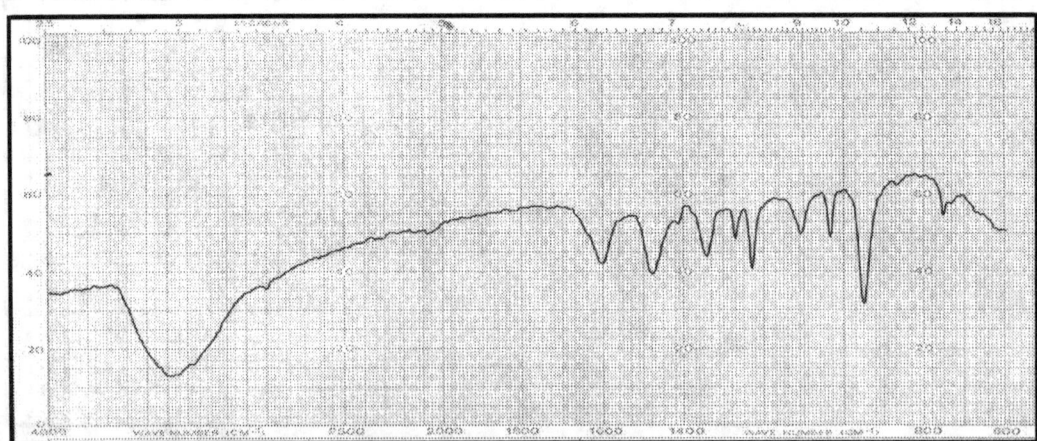

**218 - dietilditiocarbamato sodico-potassico**

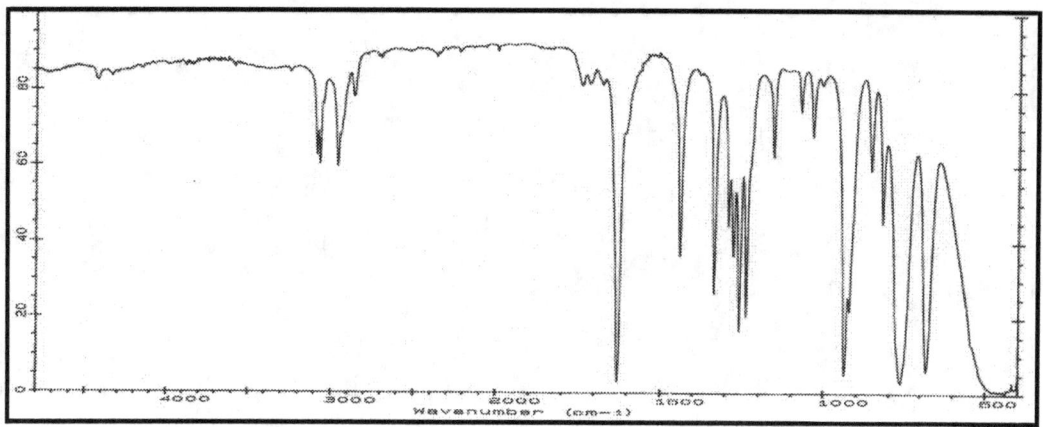

**219 - Dorlone II (dicloropropano + tricloropropene)**

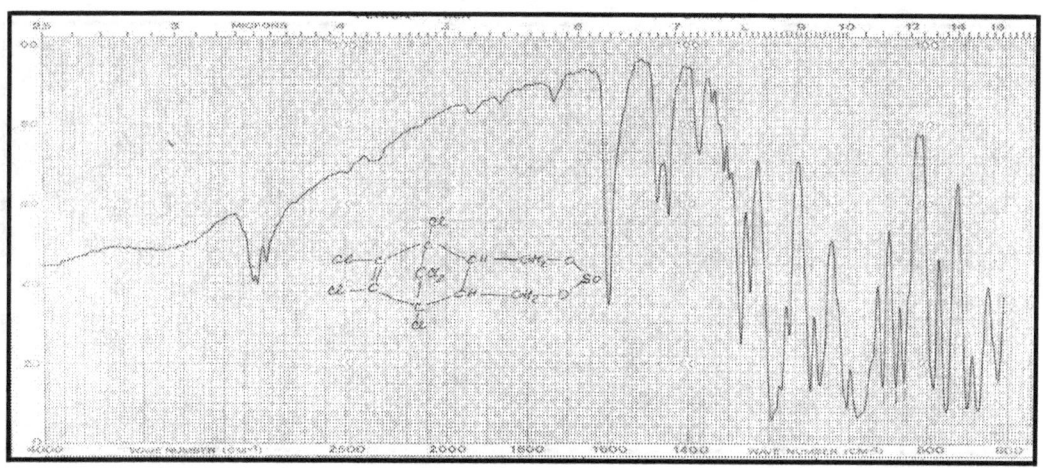

**220 - Endosulfan**

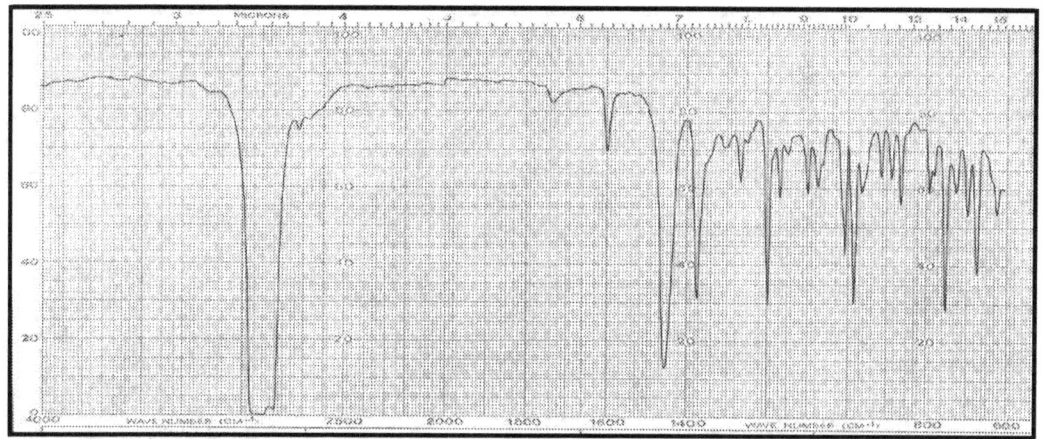

**221 - Endosulfan + olio lubrificante**

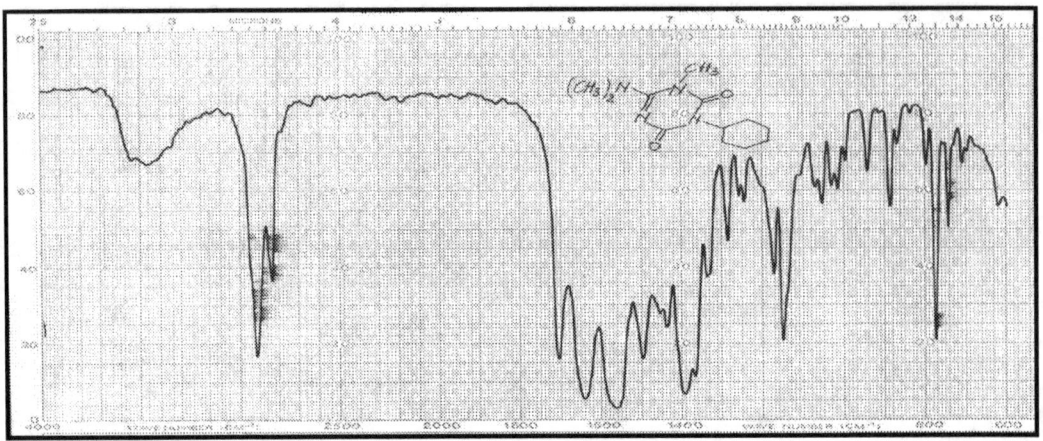

**222 - Esazinone + tensioativo anionico**

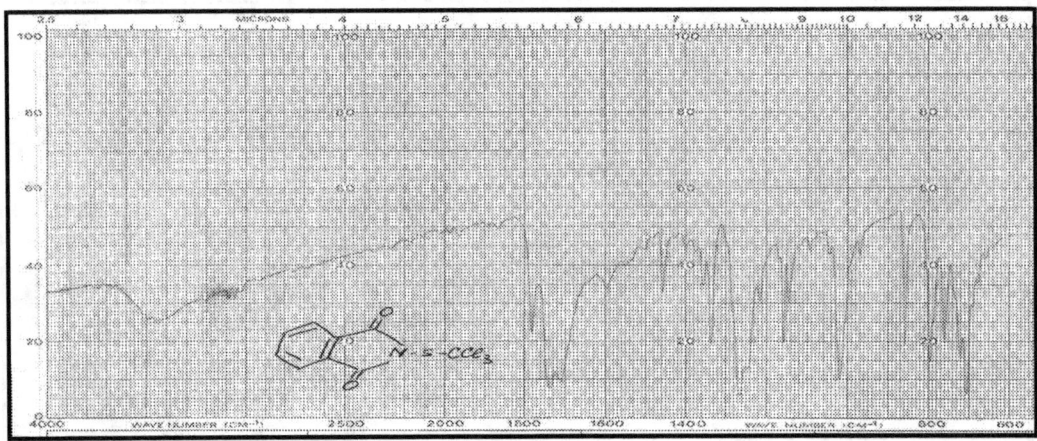

**223 - Folpet**

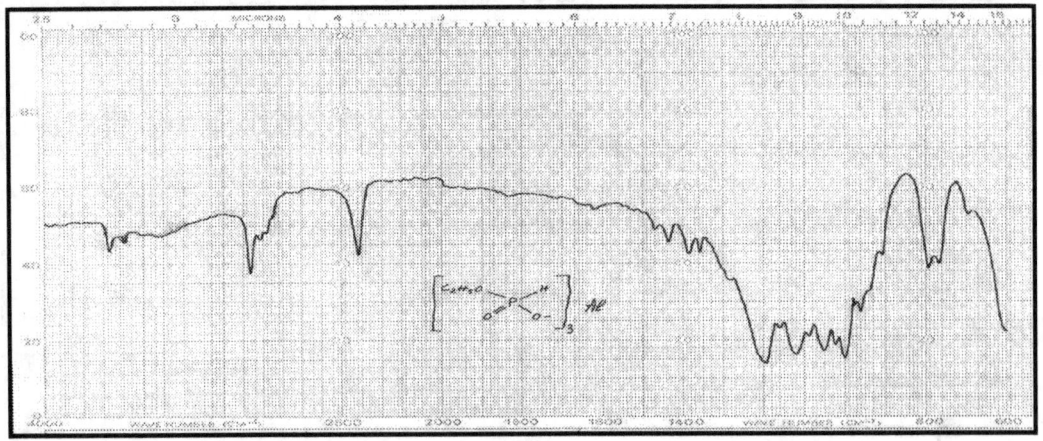

**224 - Fosetil - Al**

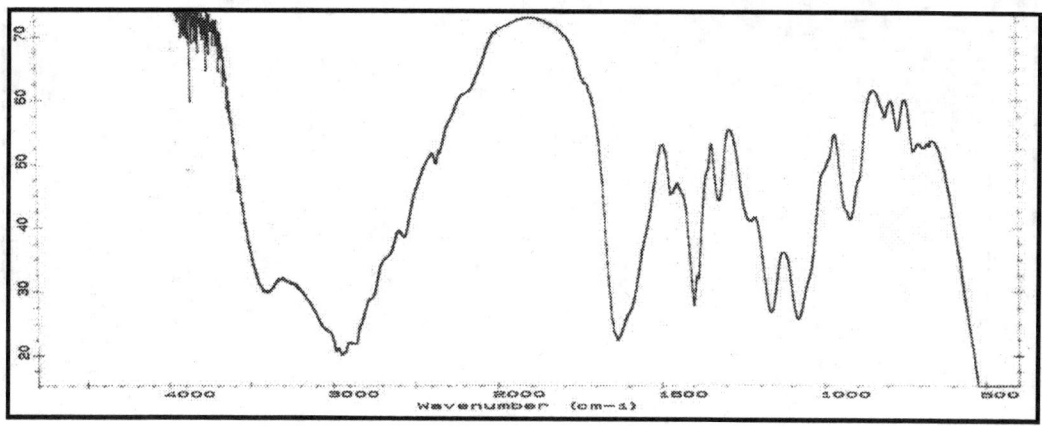

**225 - Glyphosate, sale di isopropilamina**

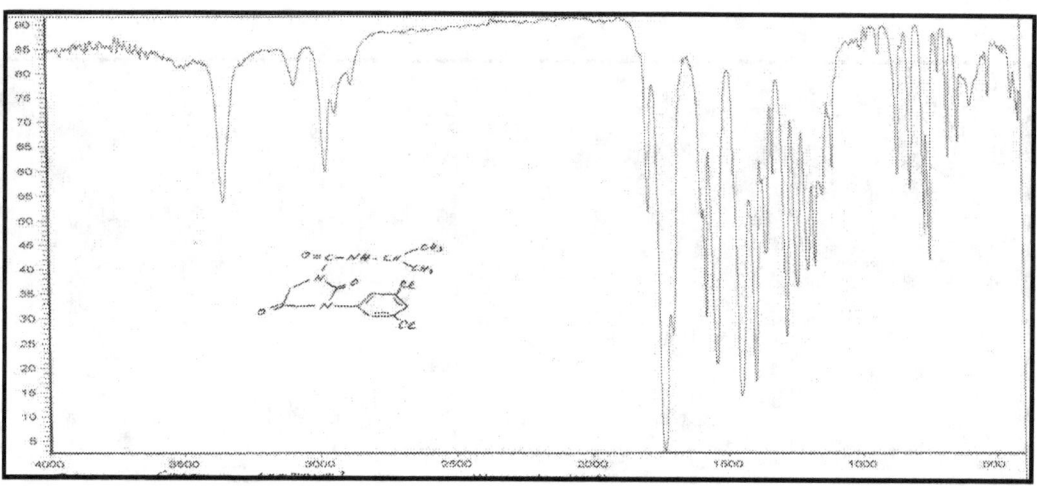

**226 - Iprodione**

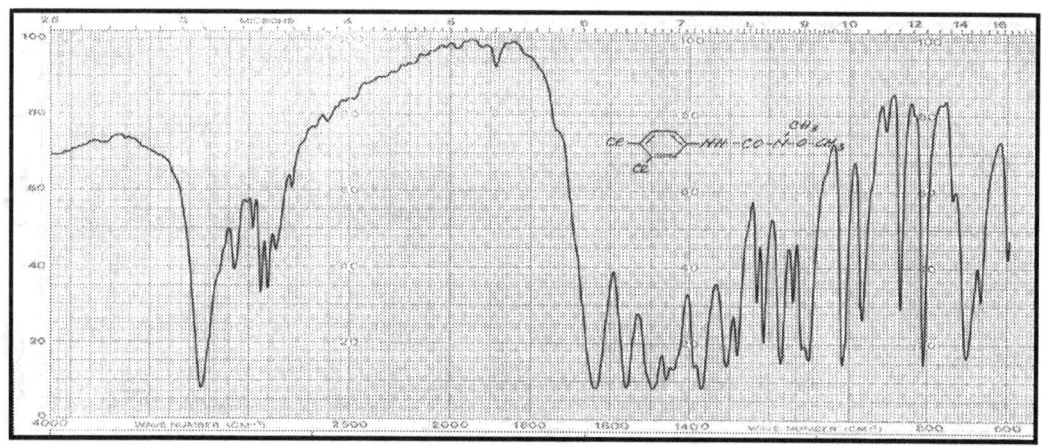

**227 - Linuron**

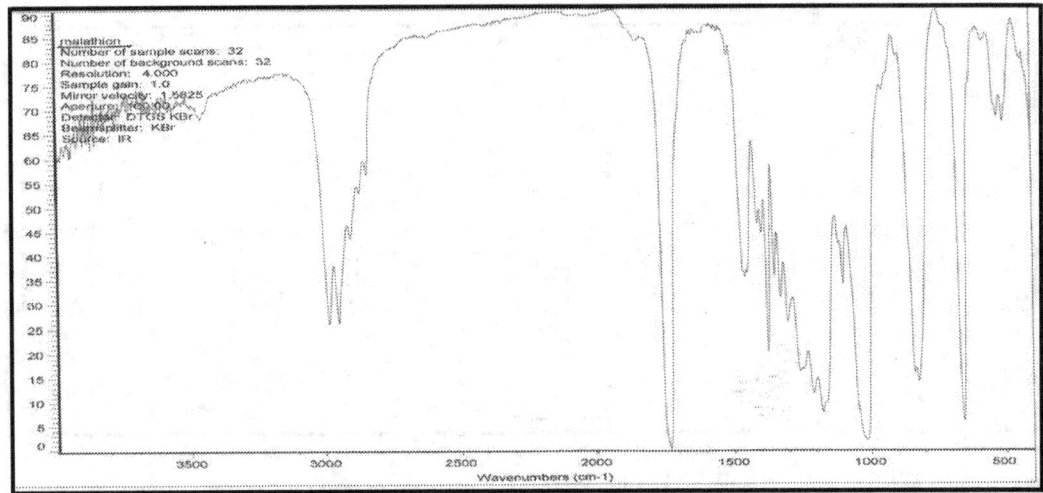

**228 - Malathion**

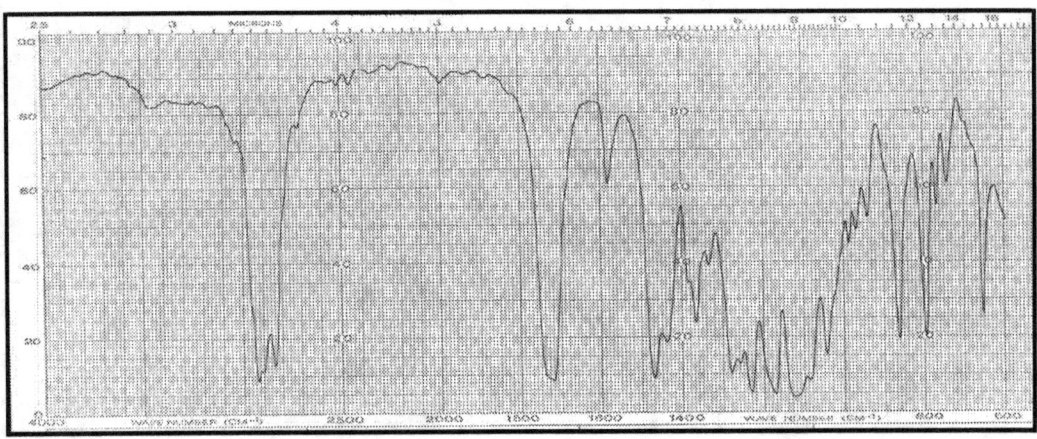

**229 - Mecoprop butilglicolato**

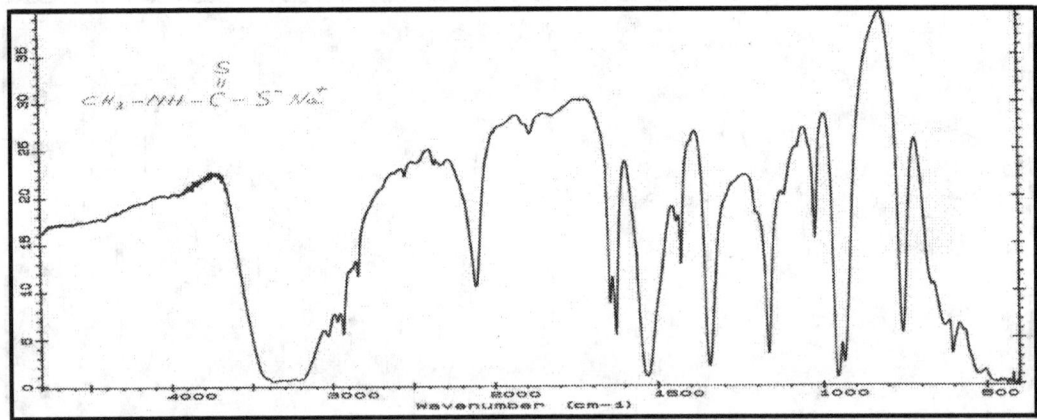

**230 - Metham sodico**

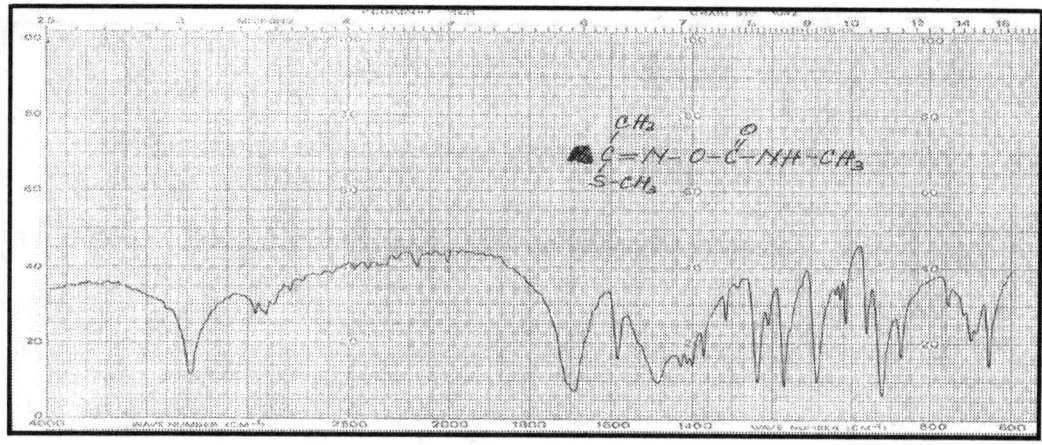

**231 - Methomyl**

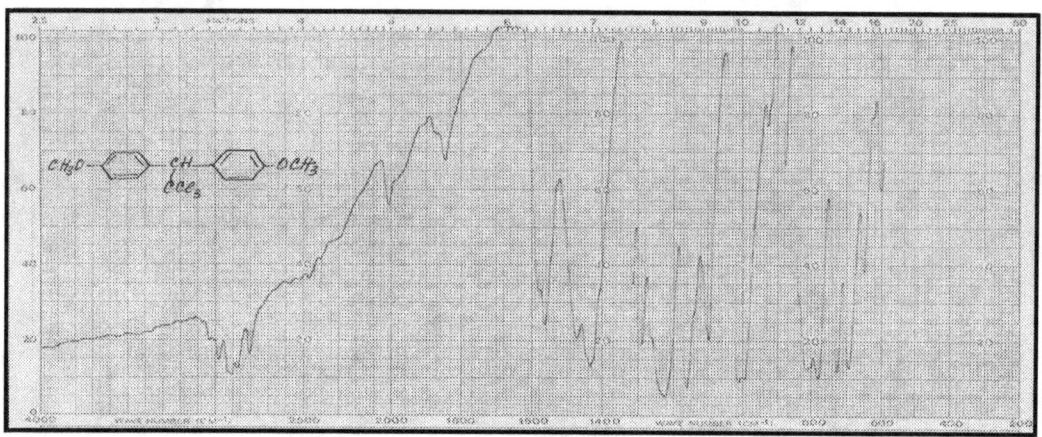

**232 - Methoxychlor**

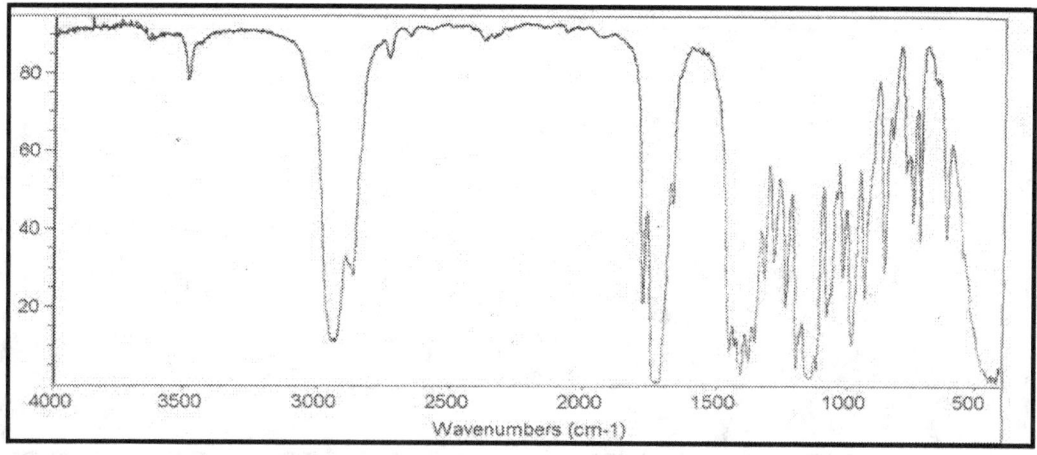

**233 - Neopinamina**

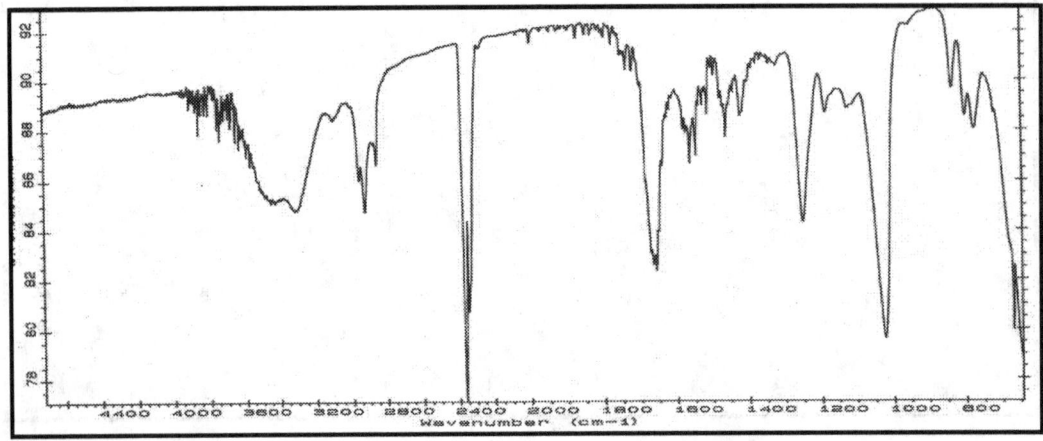

**234 - Omethoate**

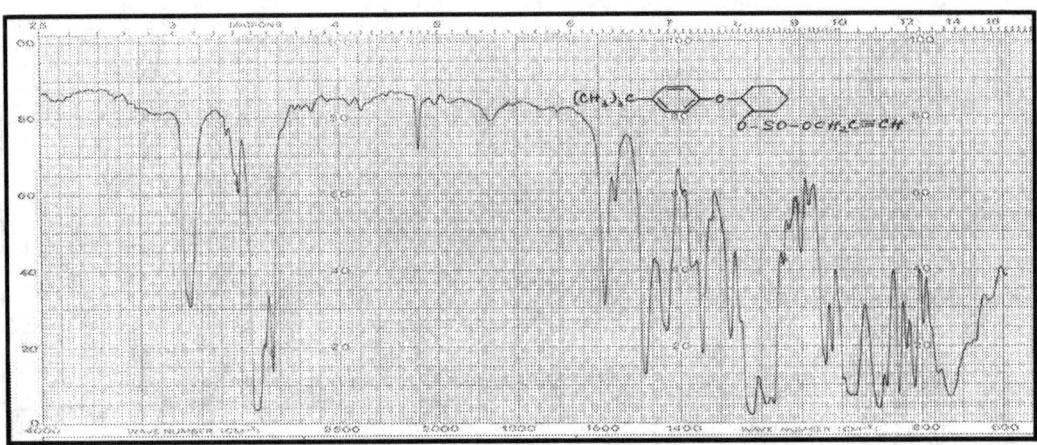

**235 - Omite**

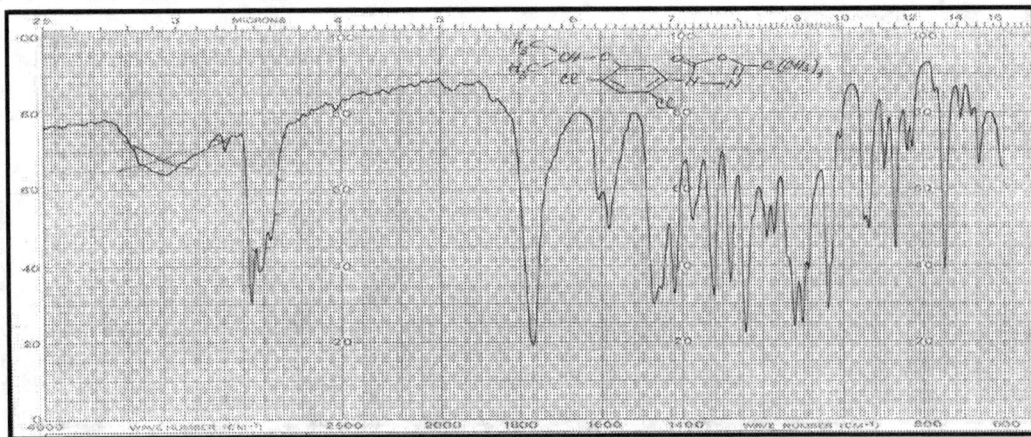

**236 - Oxadiazon**

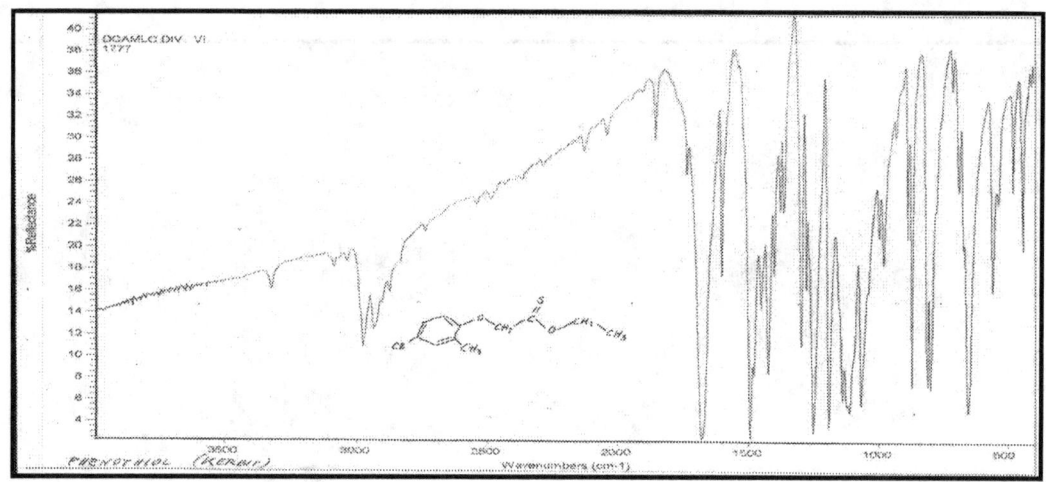

**237 - Phenothiol**

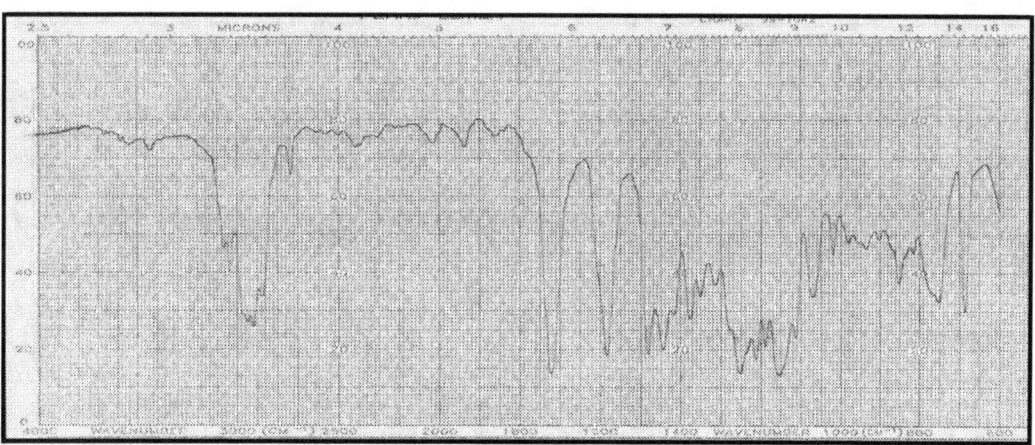

**238 - Phenothrin**

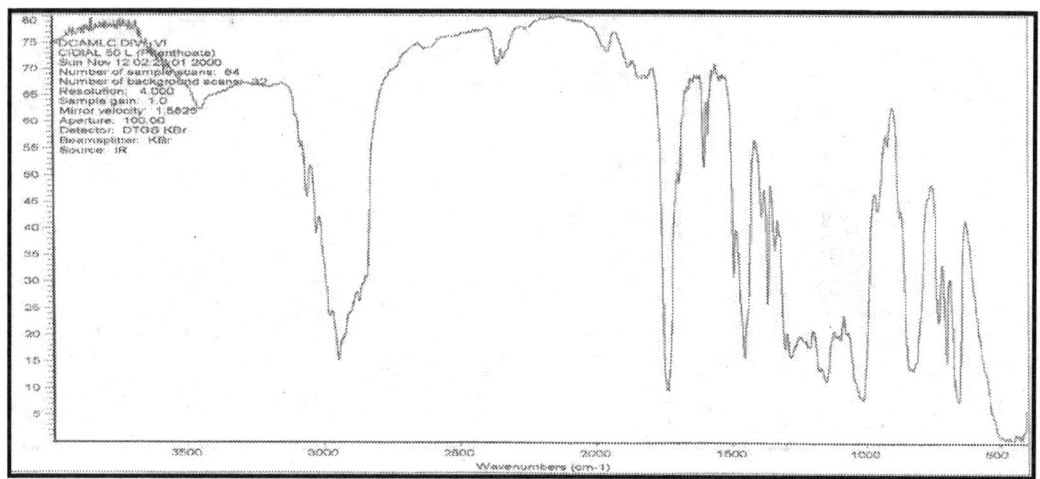

**239 - Phenthoate**

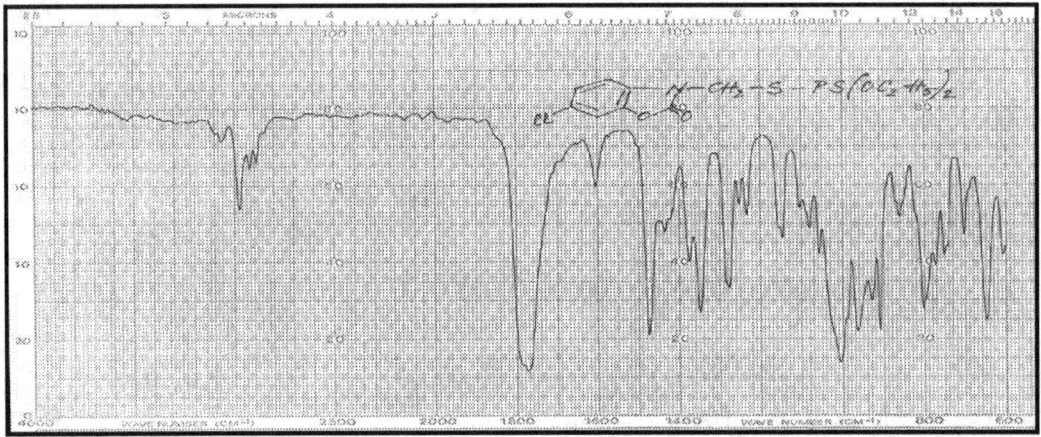

**240 - Phosalone**

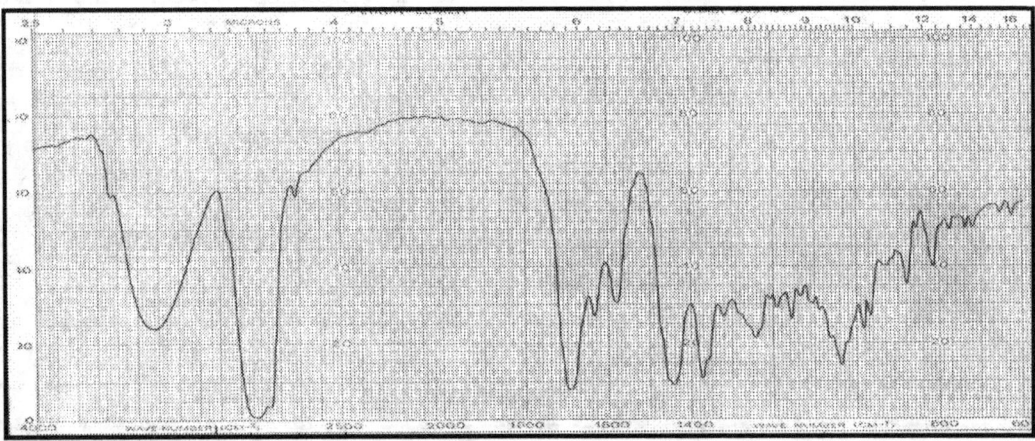

**241 - Piretro estratto**

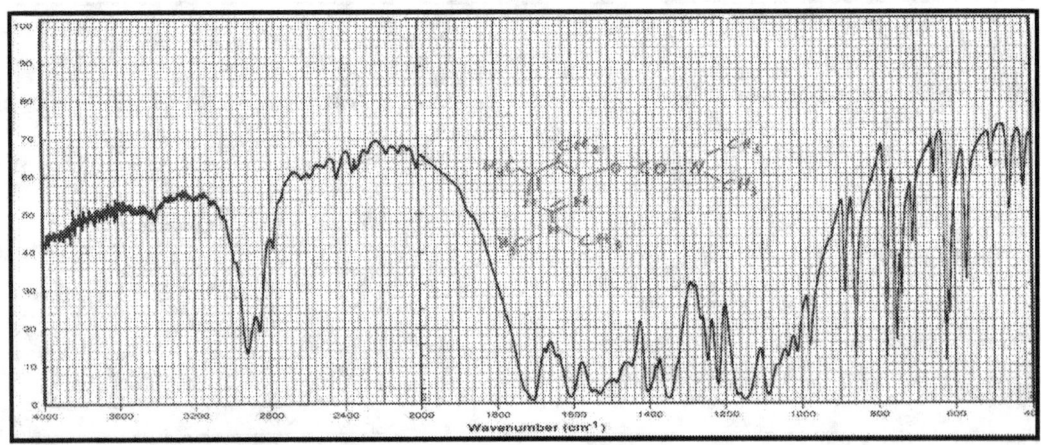

**242 - Pirimicarb**

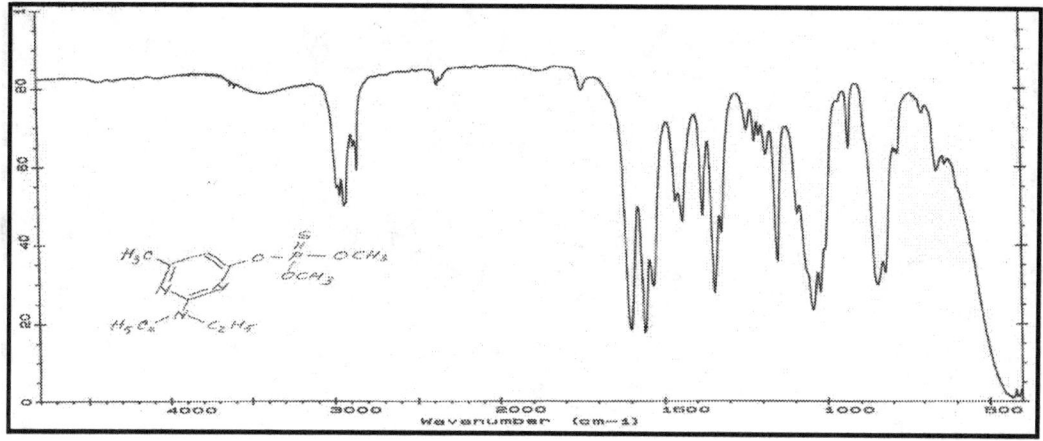

**243 - Pirimiphos Methyl**

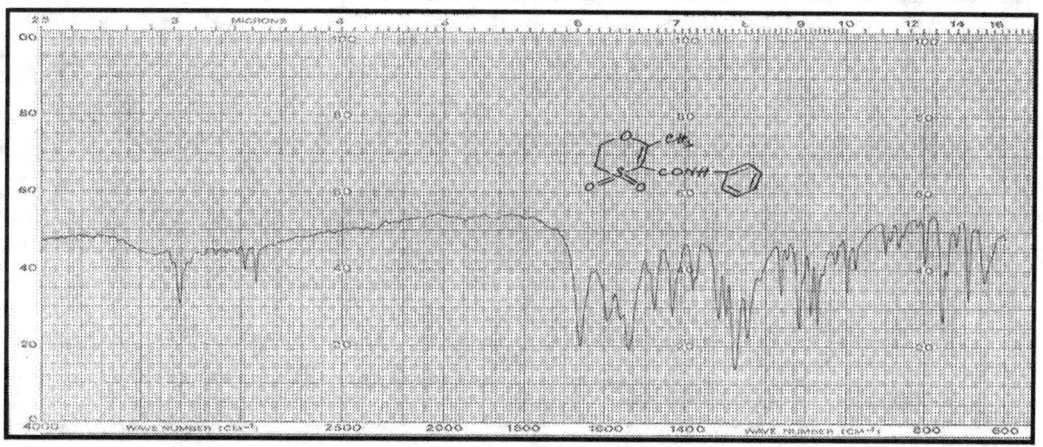

**244 - Plantvax**

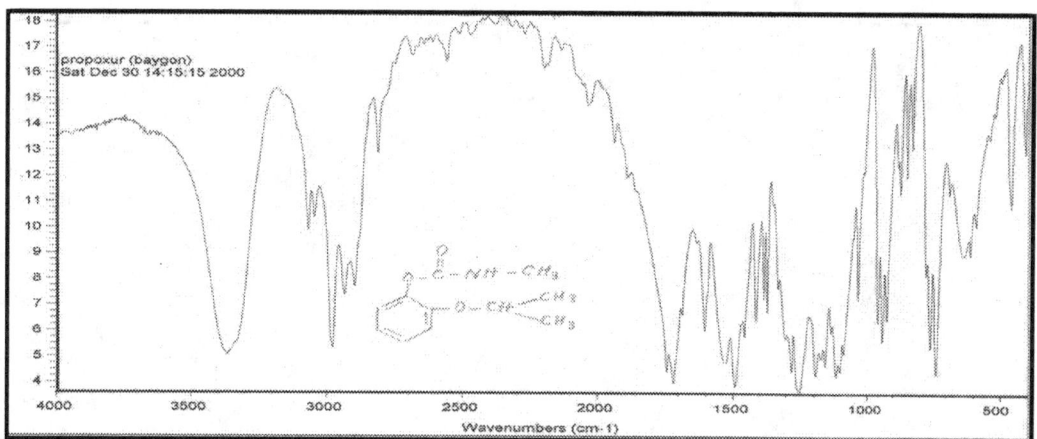

**245 - Propoxur**

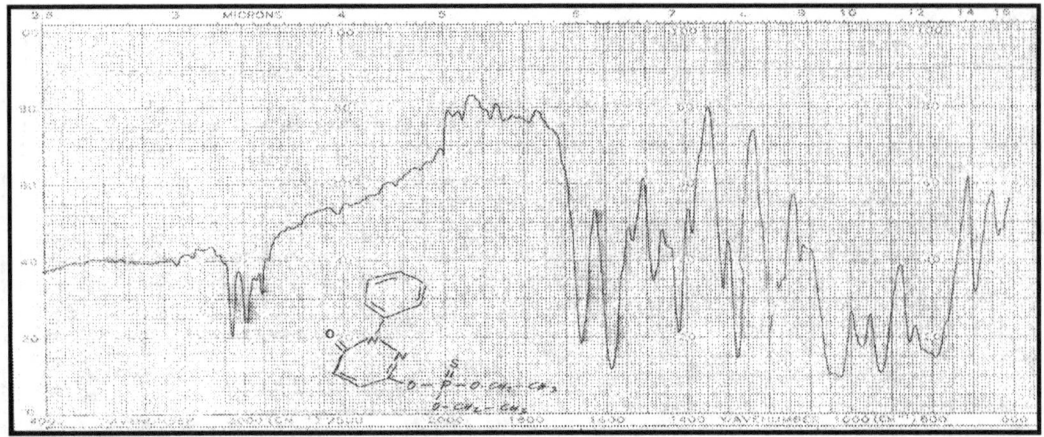

**246 - Pyridaphenthion**

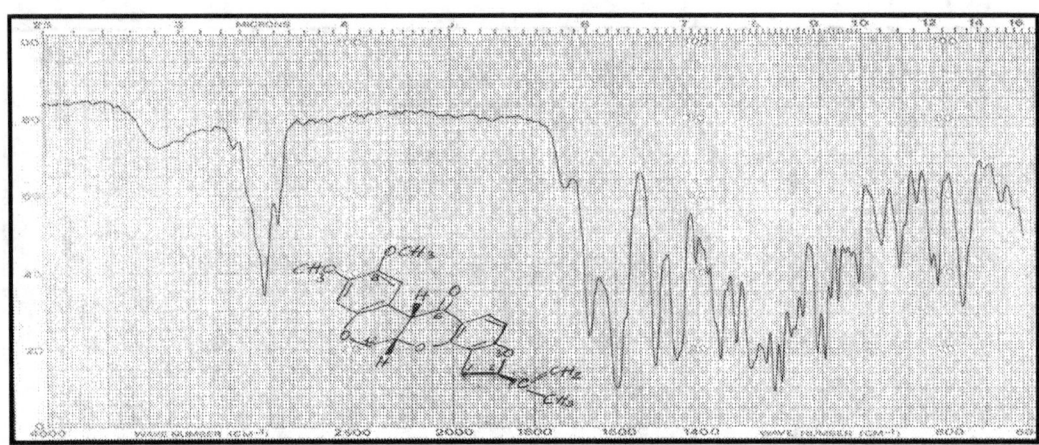

**247 - Rotenone**

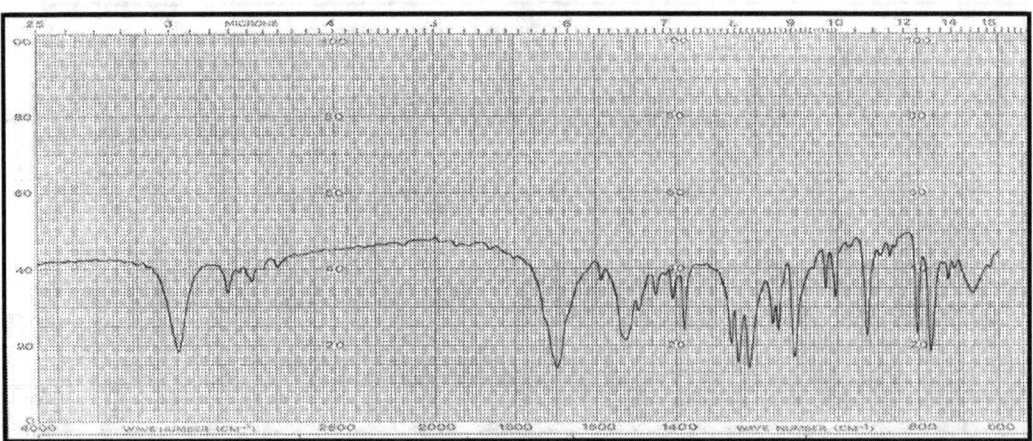

**248 - Sevin (Carbaryl)**

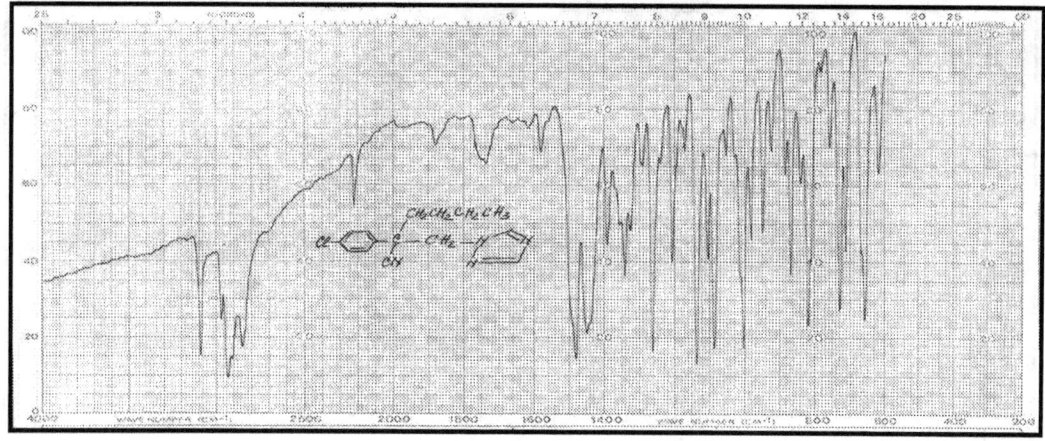

**249 - Sisthane**

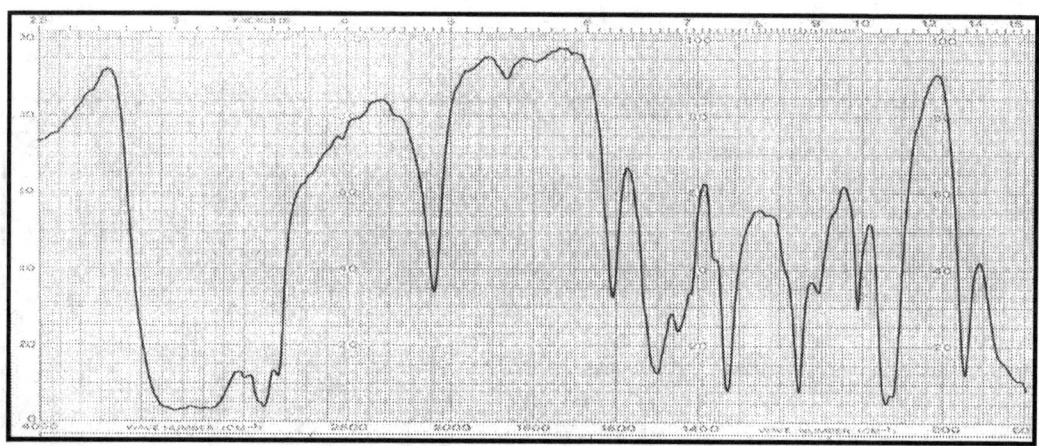

**250 - SMDC (sodio metilditiocarbamato)**

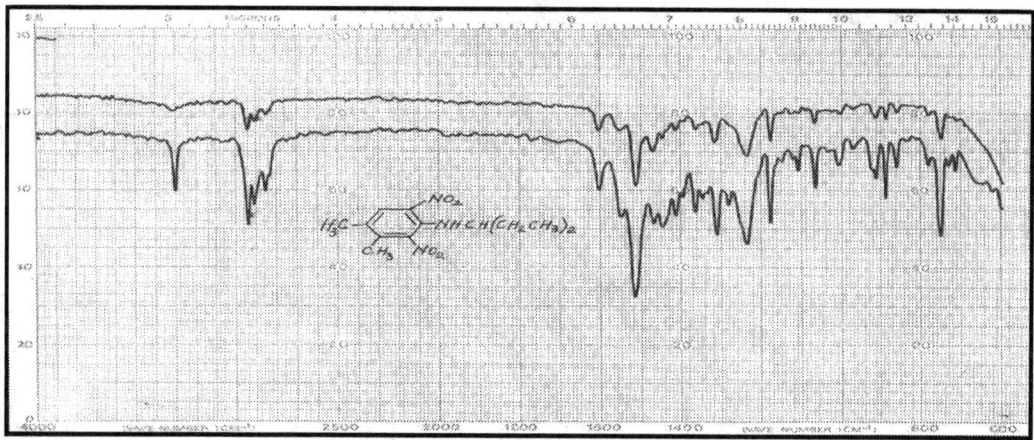

**251 - Stomp**

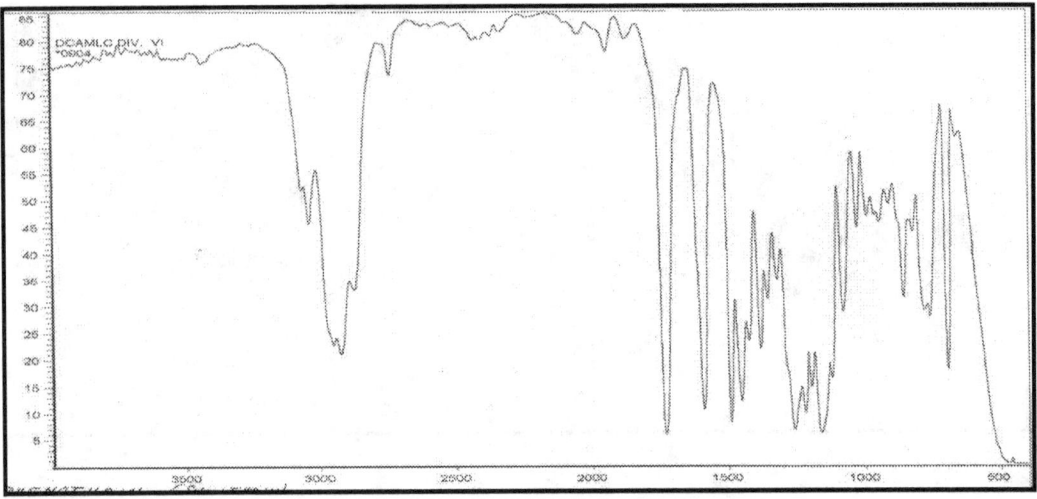

**252 - Phenothrin**

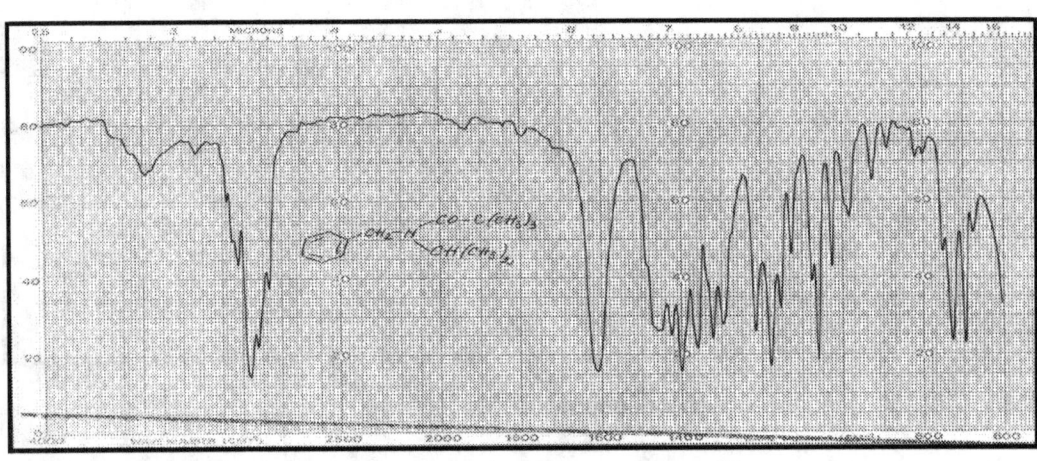

**253 - Tebutam**

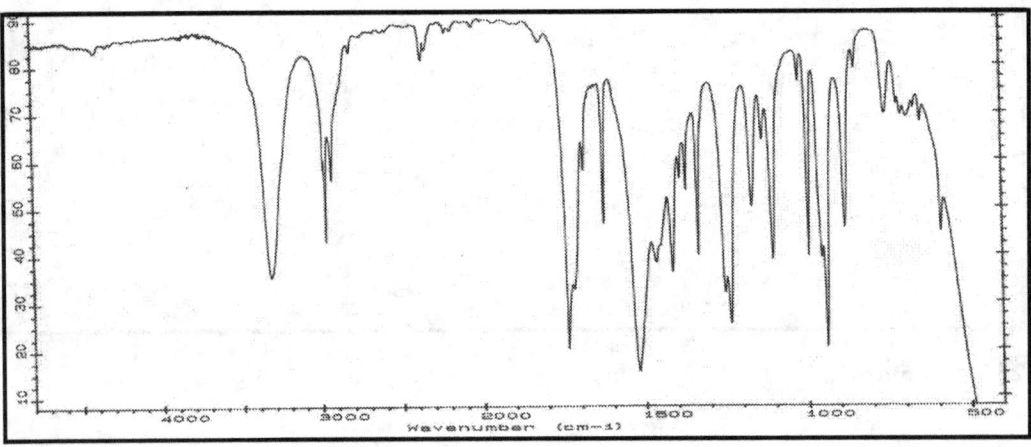

**254 - Temik**

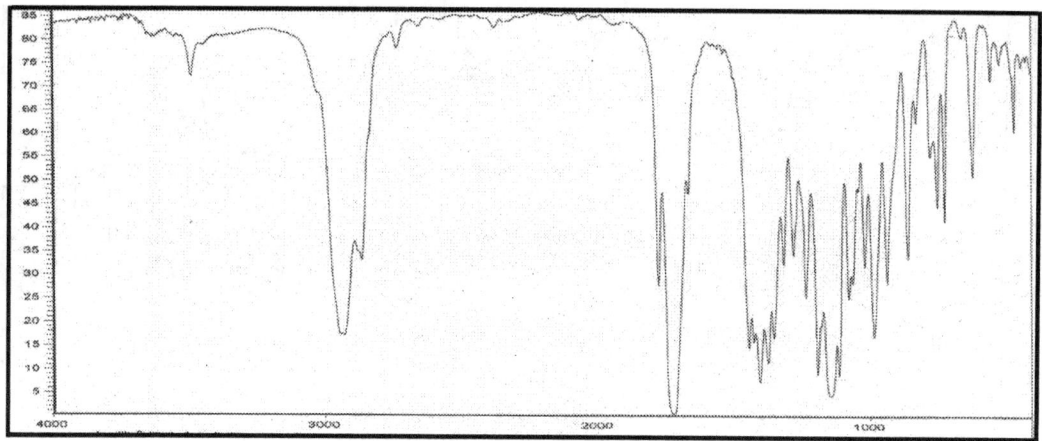

**255 - Tetrametrina**

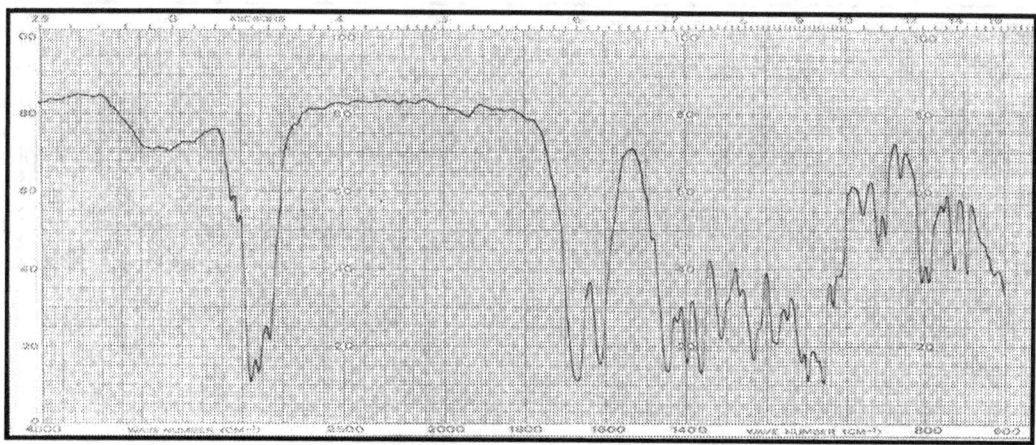

*256* - **Alachlor + Tebutam + tensioattivi**

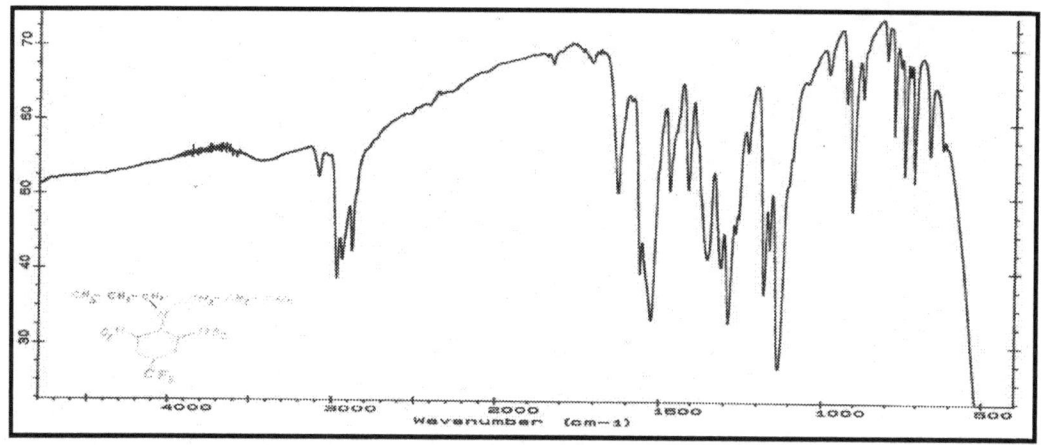

**257 - Trifluralin**

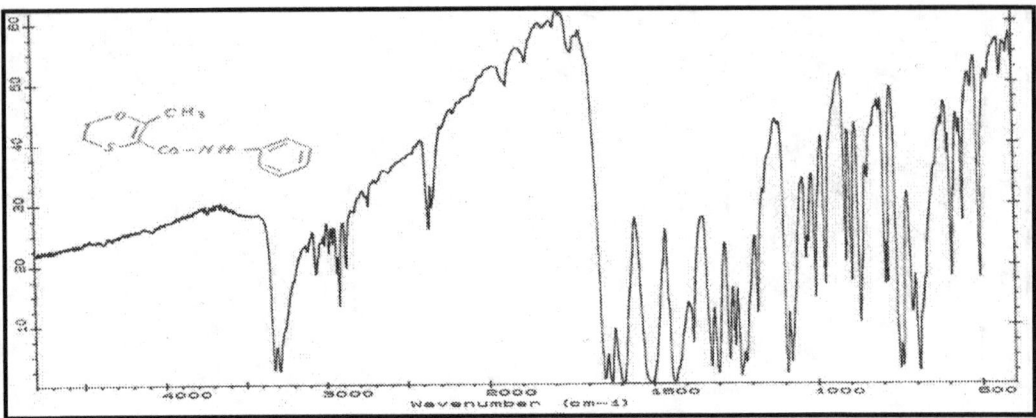

**258 - Vitavax**

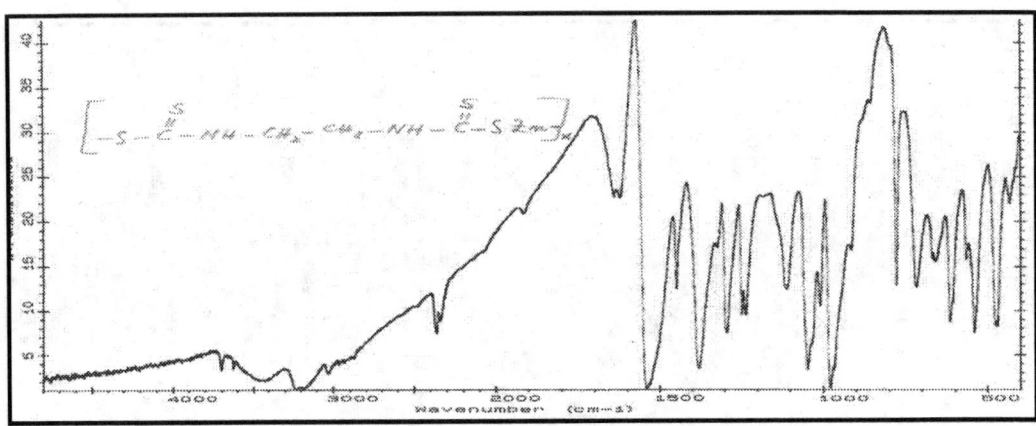

**259 - Zineb**

**TENSIOATTIVI**

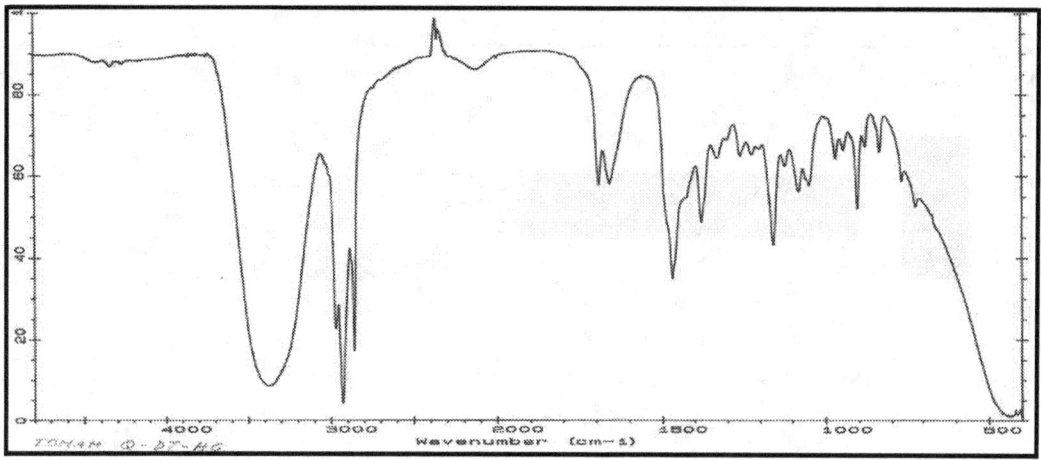

**260 - Tallow dimetil-trimetil-propilendiammonio cloruro in esilenglicol**

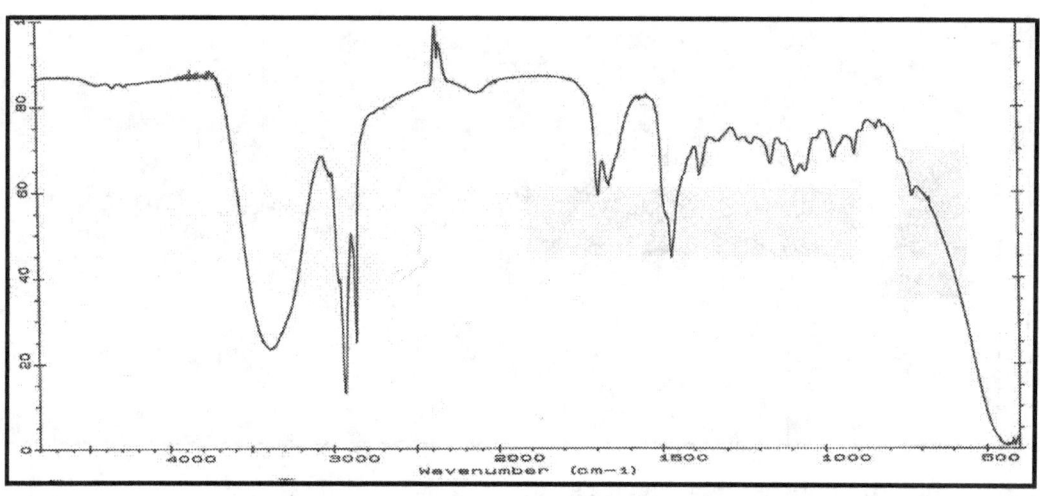

**261 - Tallow diamina quaternizzata**

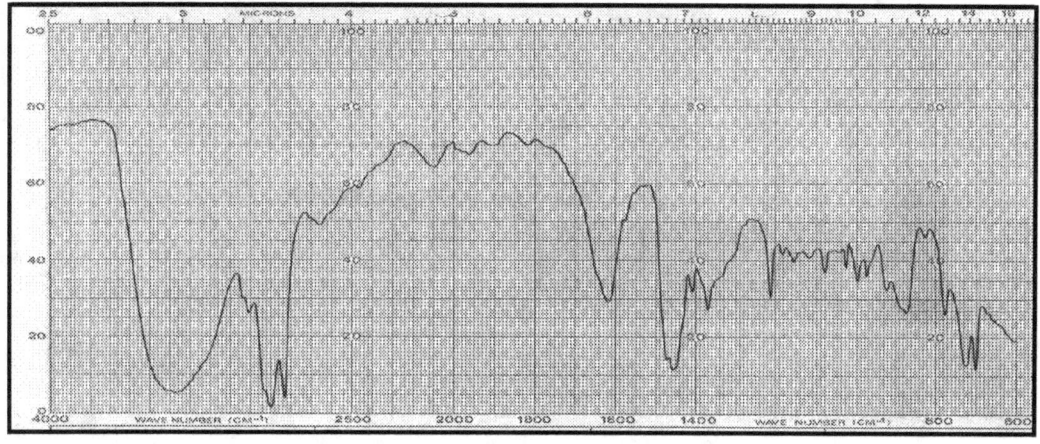

**262 - alchil-dimetil-benzilammonio cloruro**

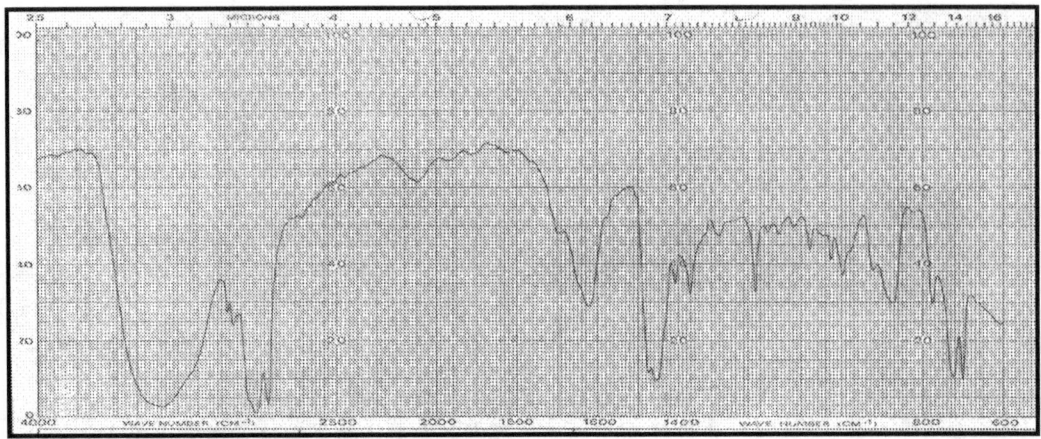

**263 - alchil-dimetil-benzilammonio cloruro**

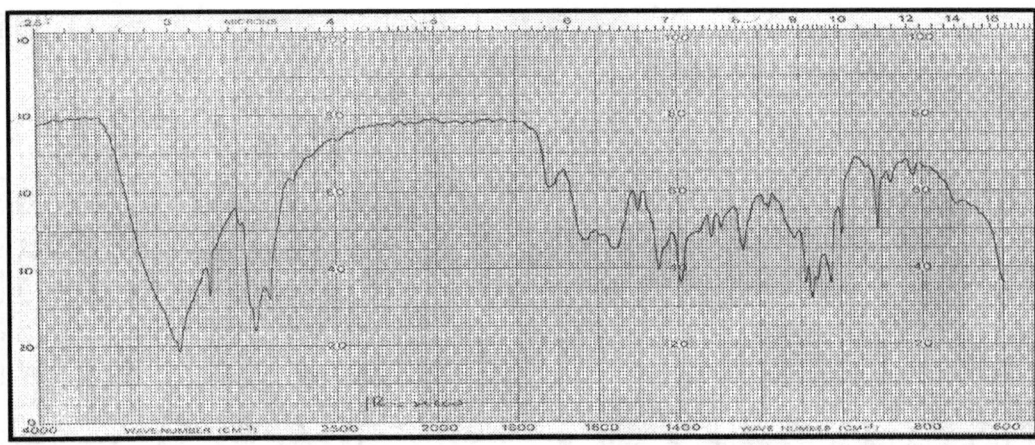

**264 - sale trietanolaminico di acidi grassi**

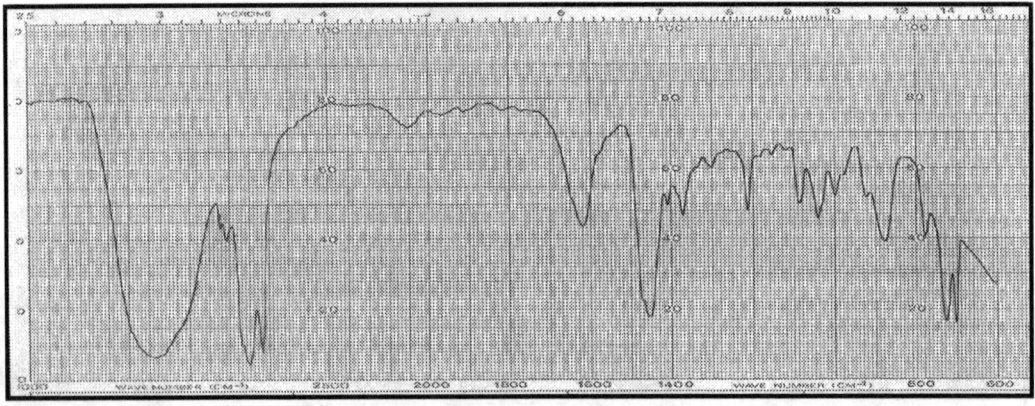

**265 - benzalconio cloruro**

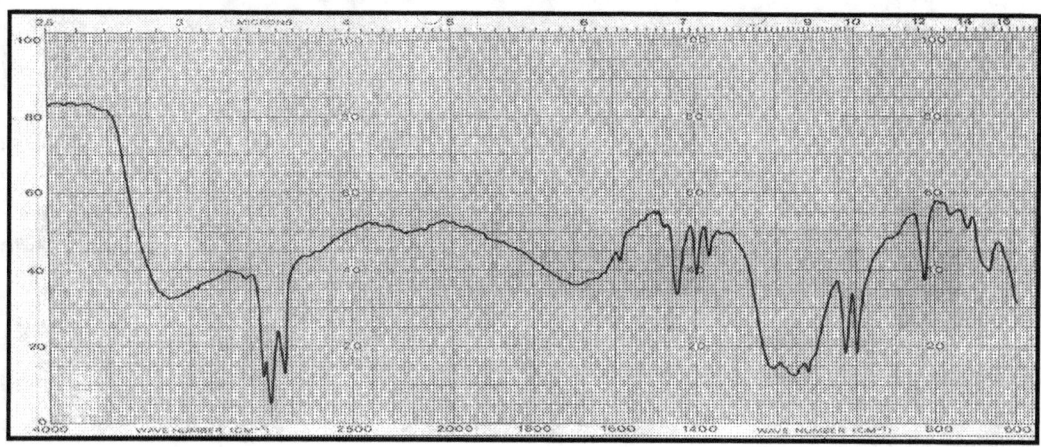

**266 - acidi solfonici**

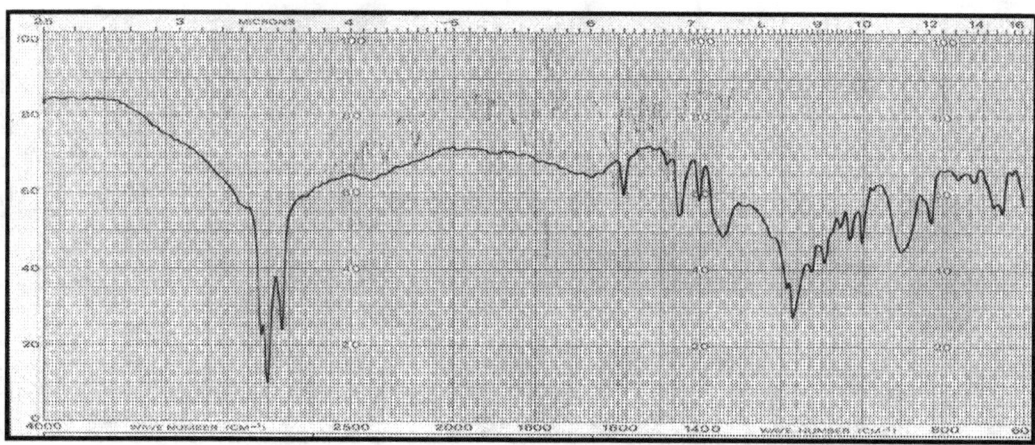

**267 - acido alchilbenzensolfonico**

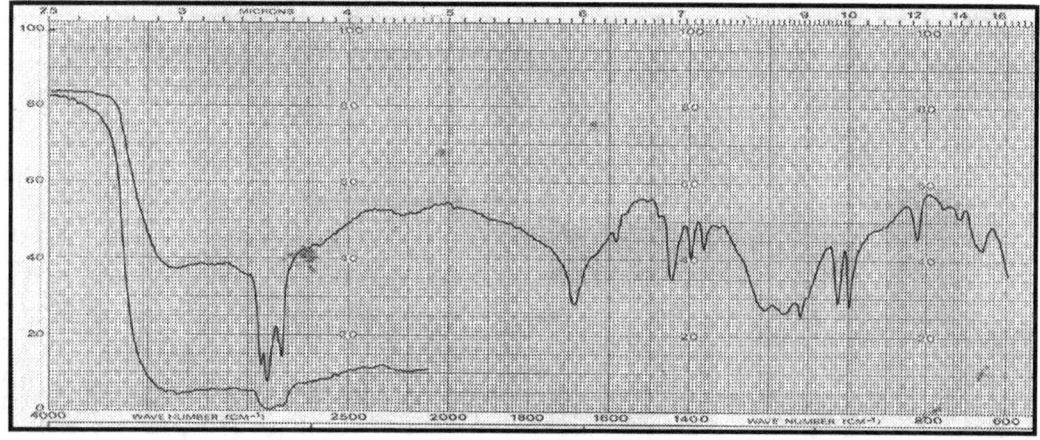

**268 - acido dodecilbenzensolfonico lineare**

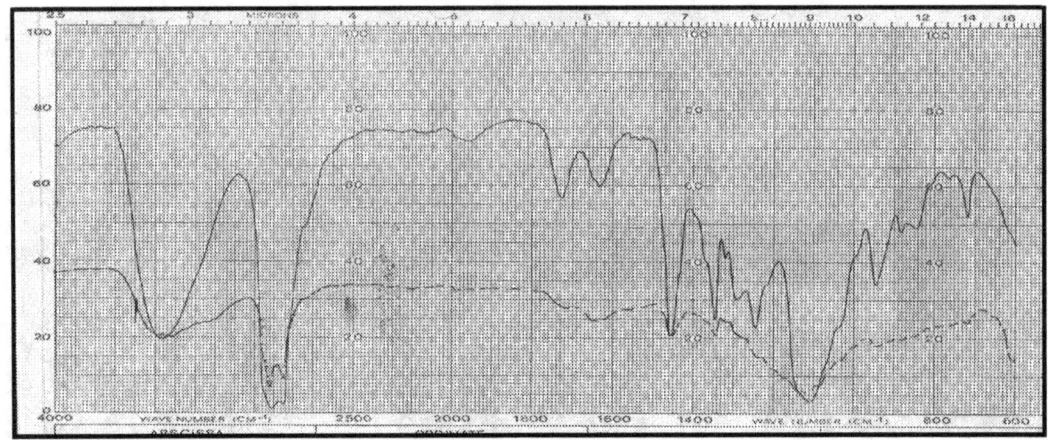

**269  -  alcool grasso solfato**

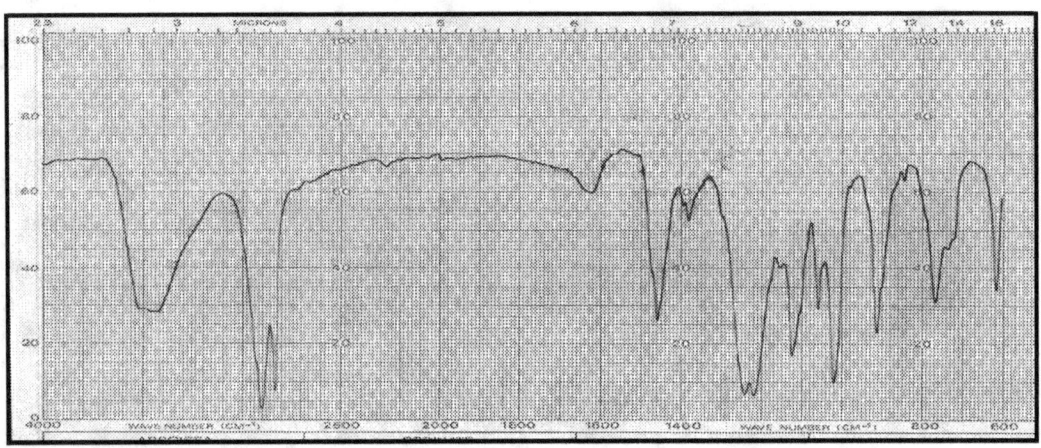

**270  -  dialchilmorfolinio etosolfato**

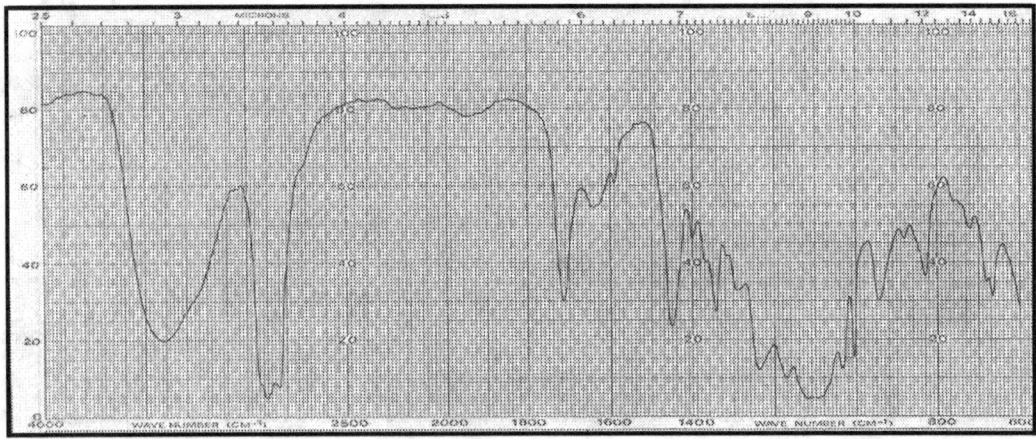

**271  -  POE sorbitanesteri di acidi grassi e resinici in miscela con alchilarilsolfonati**

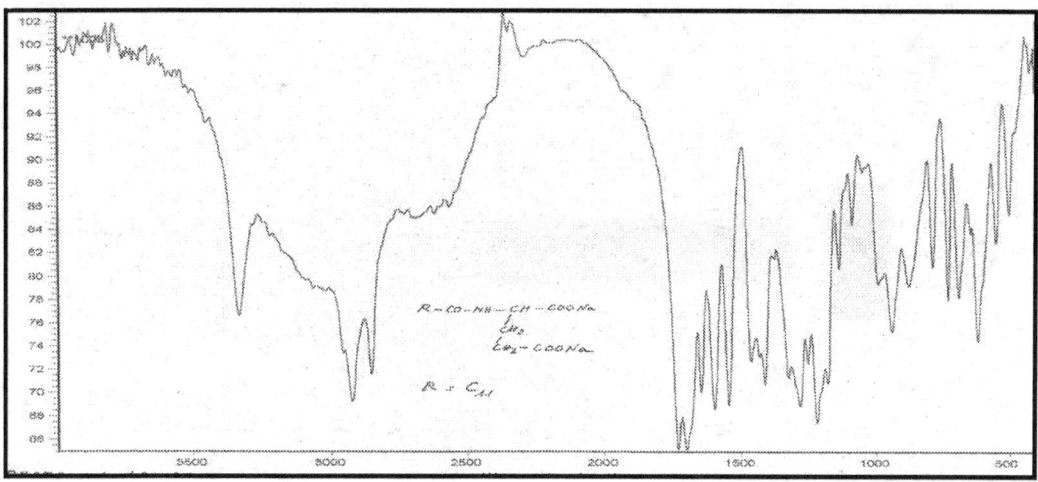

**272 - lauroilglutamato sodico**

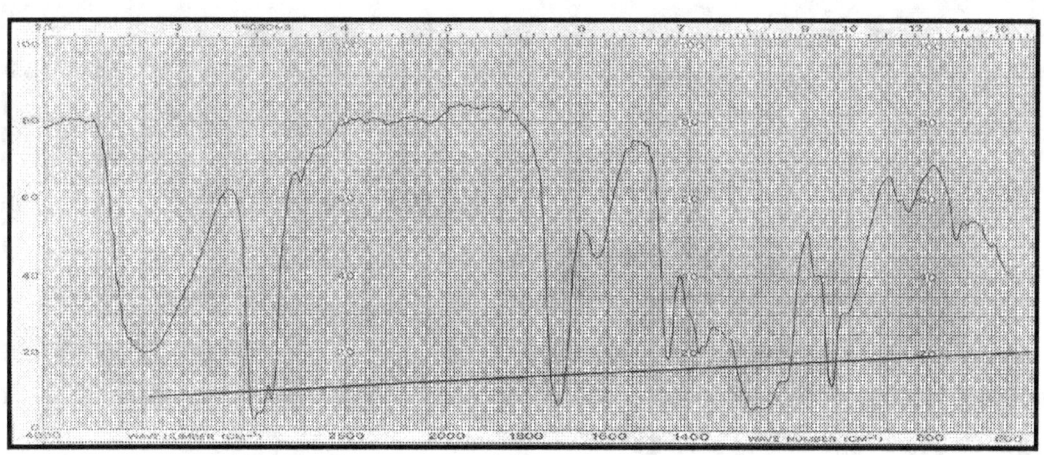

**273 - solfosuccinato sodico**

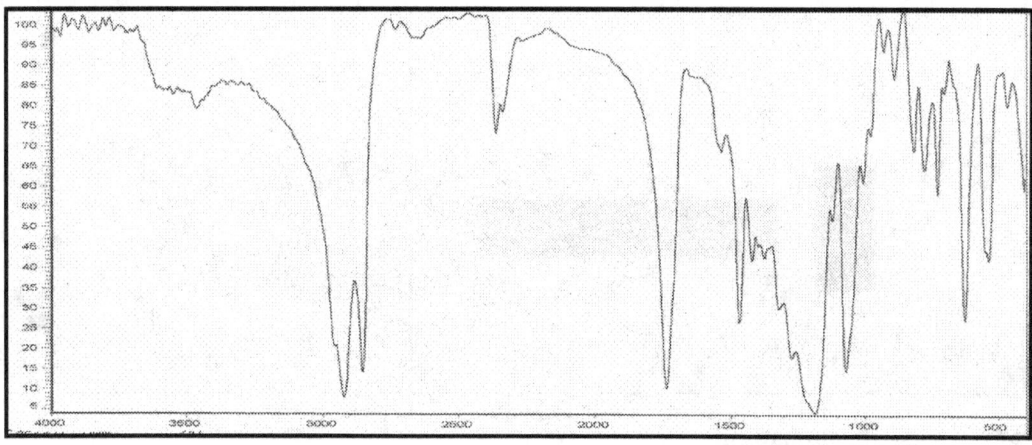

**274 - coccoil isetionato**

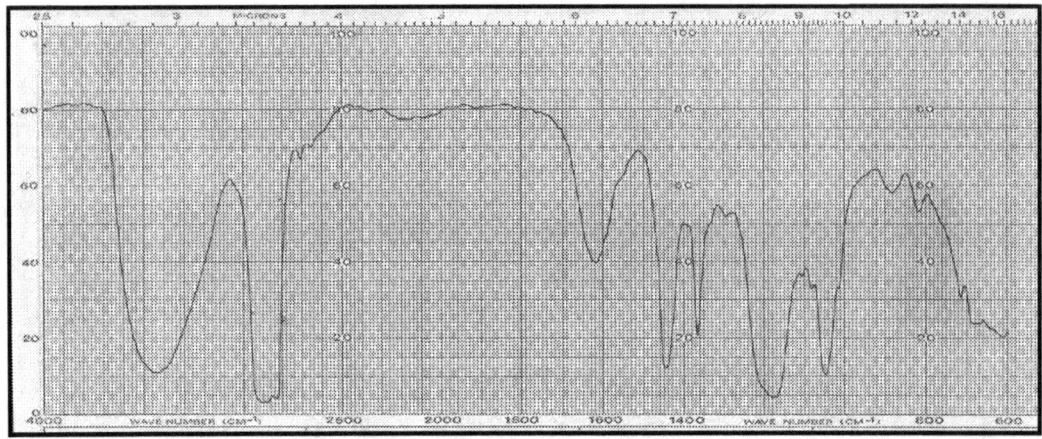

**275 - sodio solfonato di petrolio**

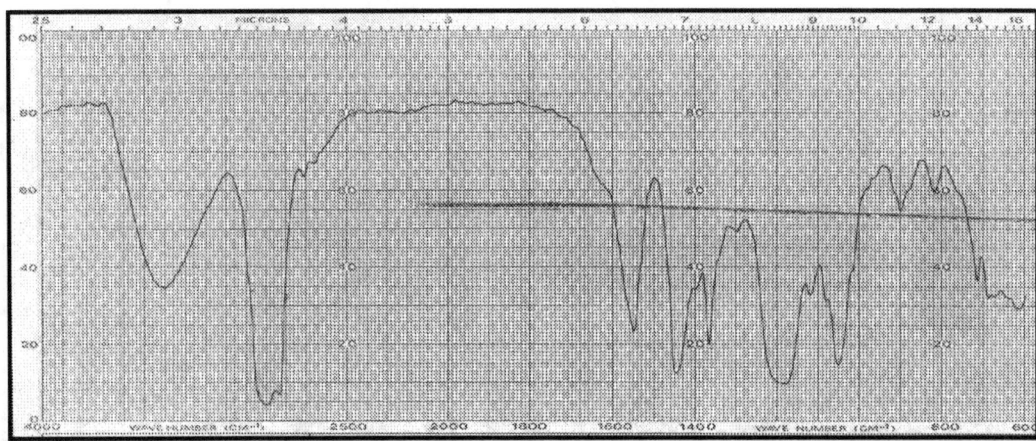

**276 - sodio solfonato di petrolio**

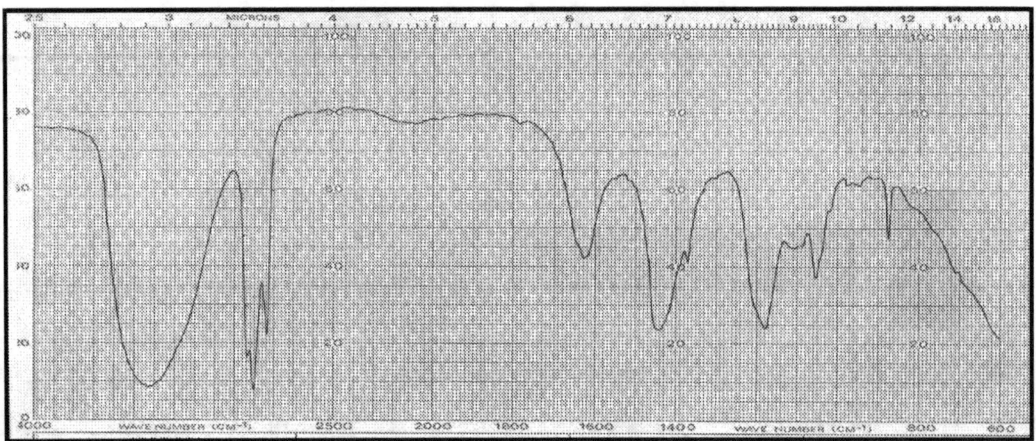

**277 - saponi solfonaftenici**

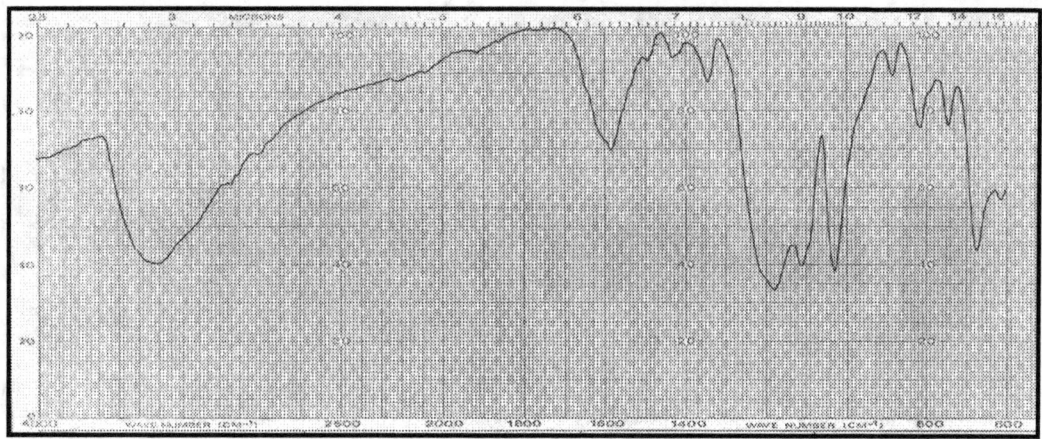

**278 - sodio naftalensolfonato policondensato con formaldeide**

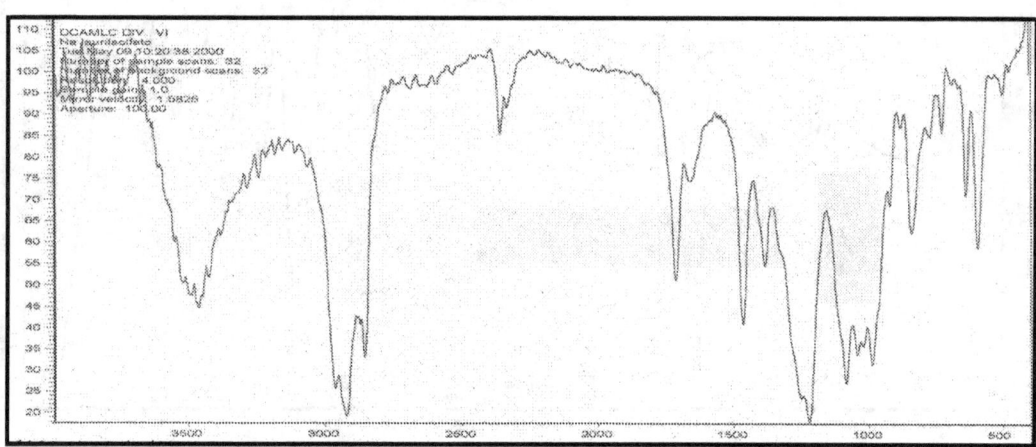

**279 - sodio laurilsolfato**

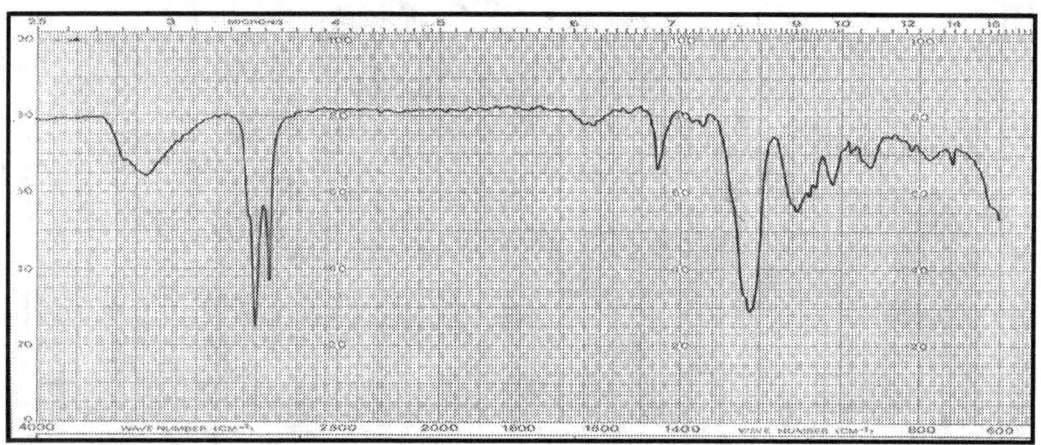

**280 - sodio laurileteresolfato(2EO)**

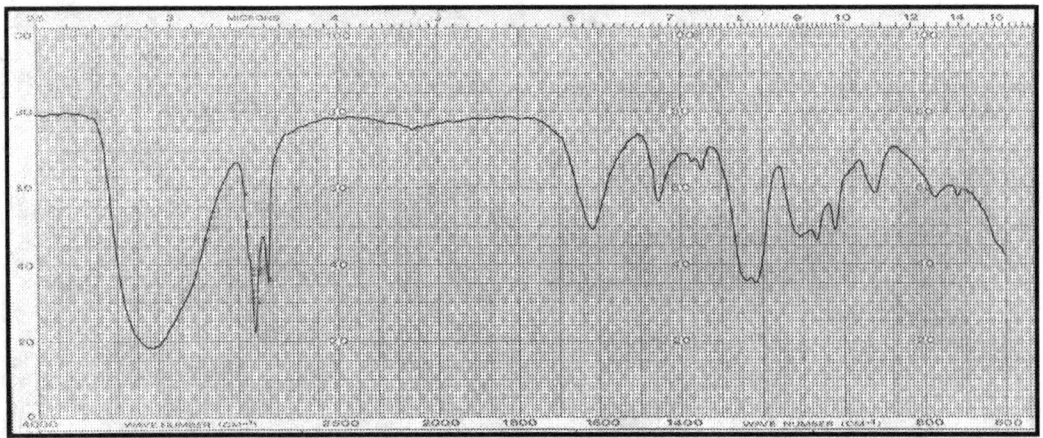

**281 - sodio laurileteresolfato**

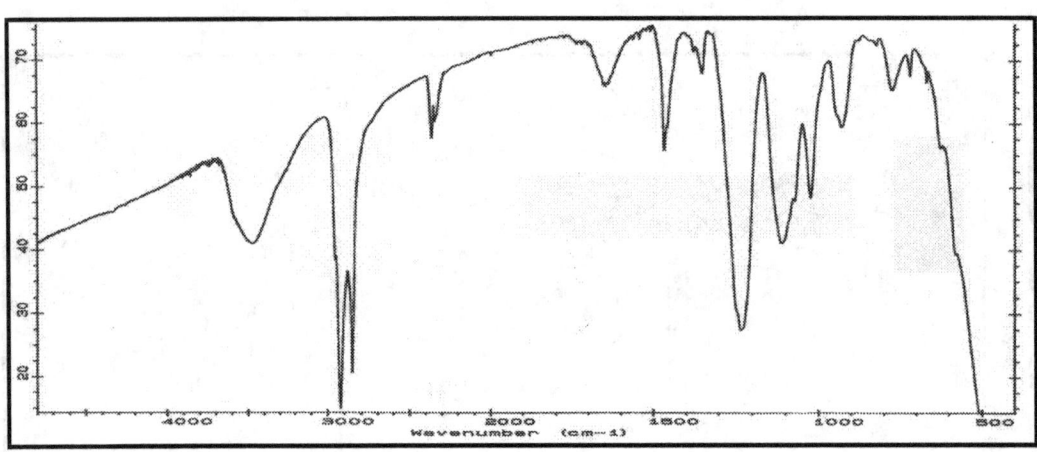

**282 - sodio alchileteresolfato**

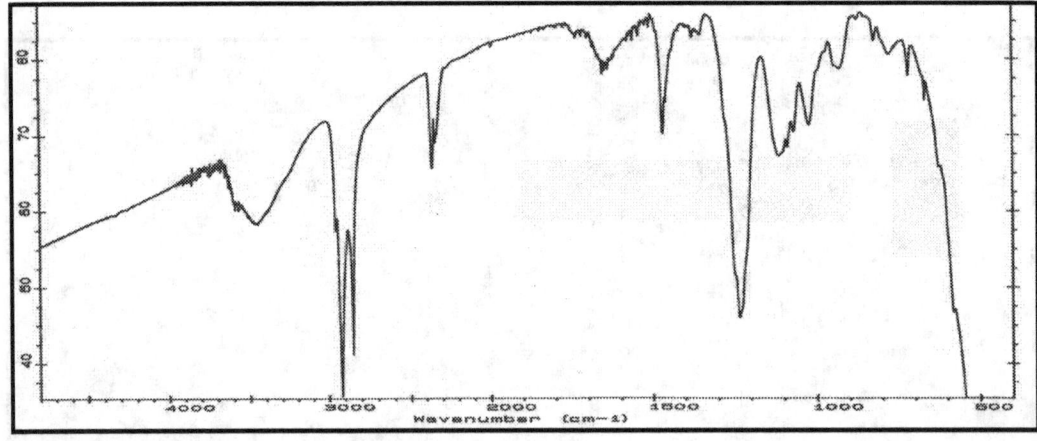

**283 - sodio alchileteresolfato**

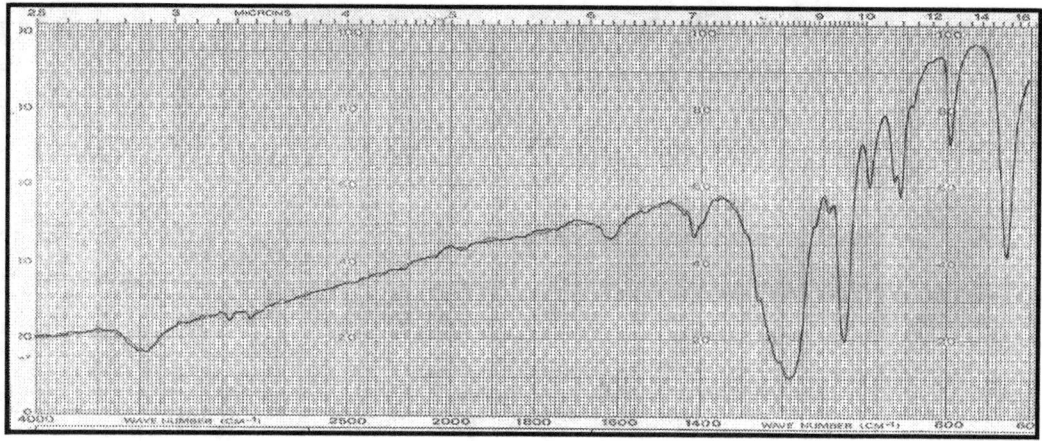

**284 - sodio arilsolfonato**

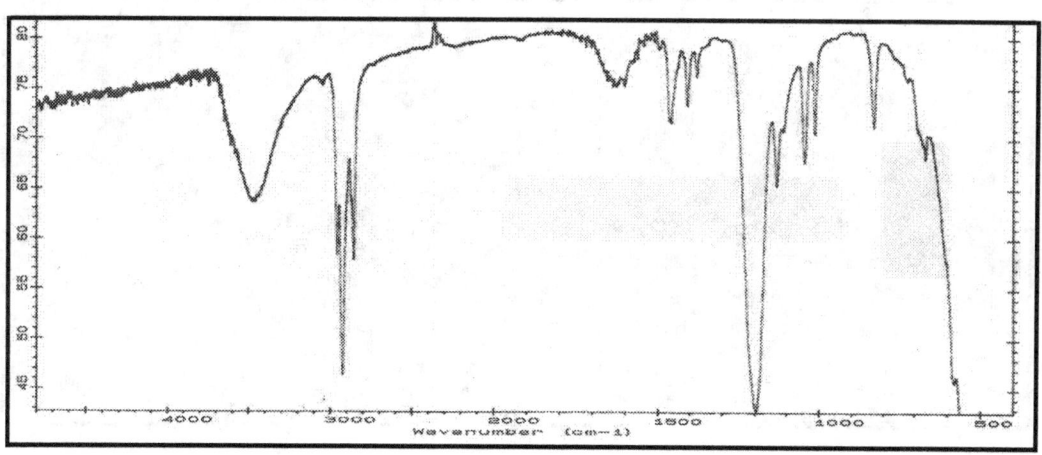

**285 - sodio alchilbenzensolfonato**

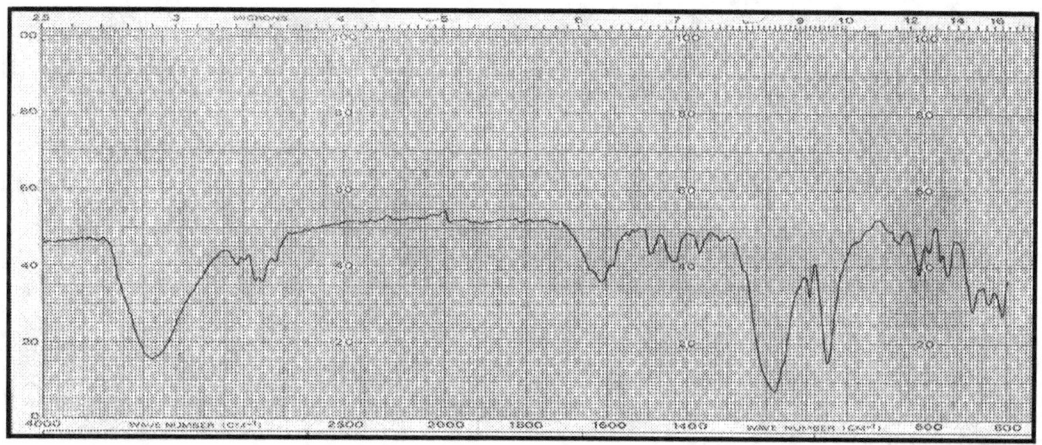

**286 - sodio alchilnaftalensolfonato**

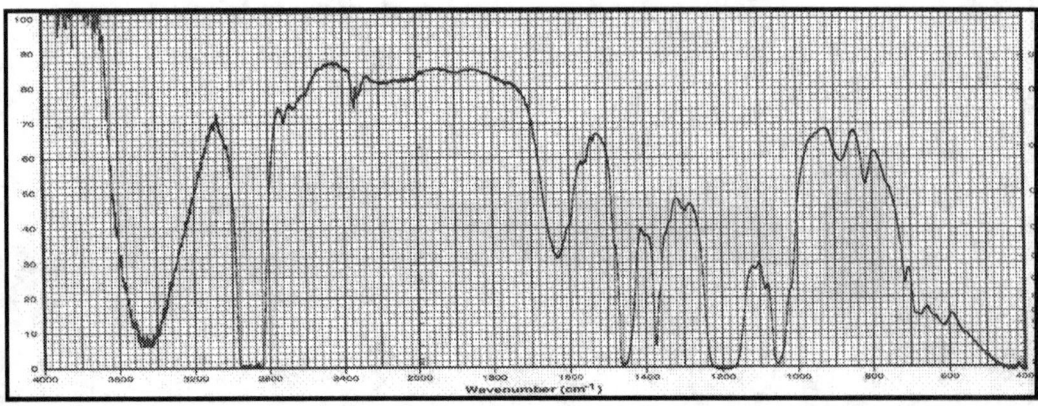

**287 - sodio alchilnaftalensolfonato + 33% olio minerale lubrificante**

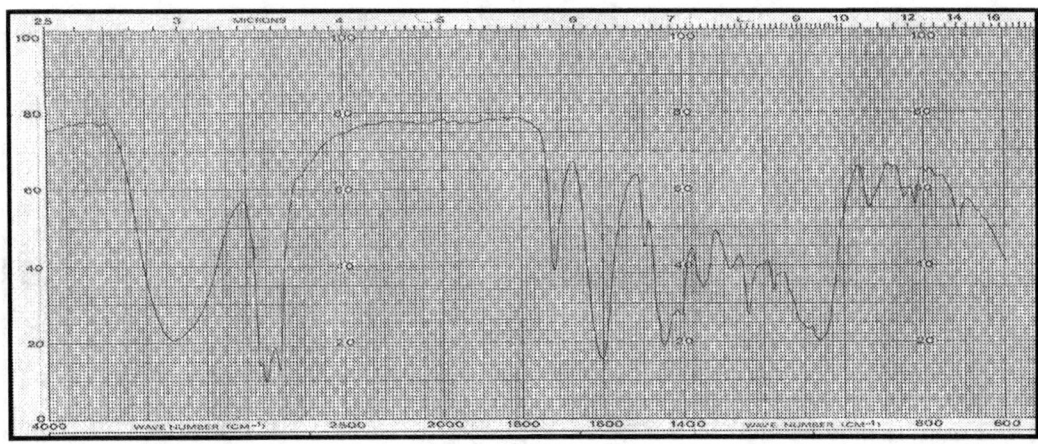

**288 - alcanolamide**

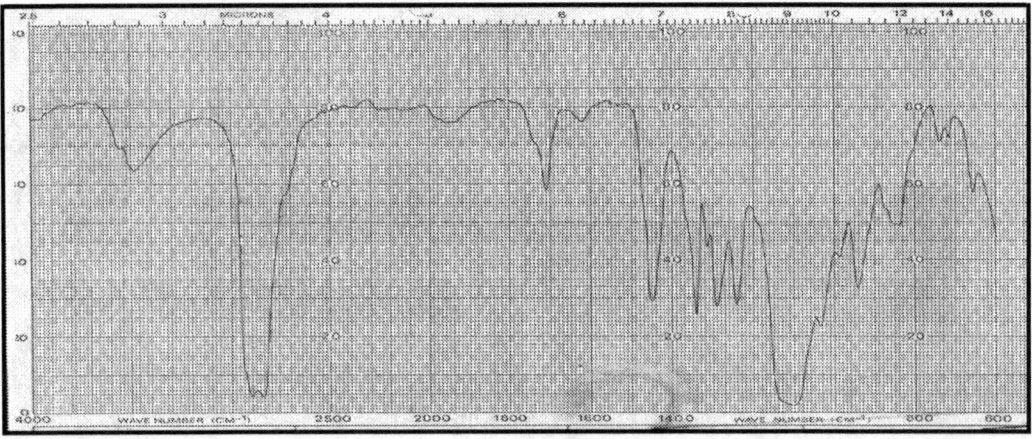

**289 - acidi grassi etossilati**

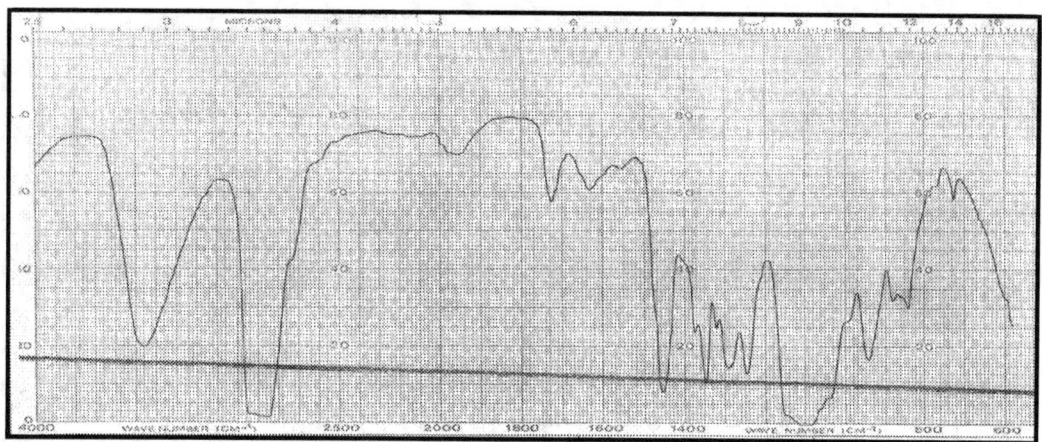

**290 - 2-etilesanolo-(8EO)**

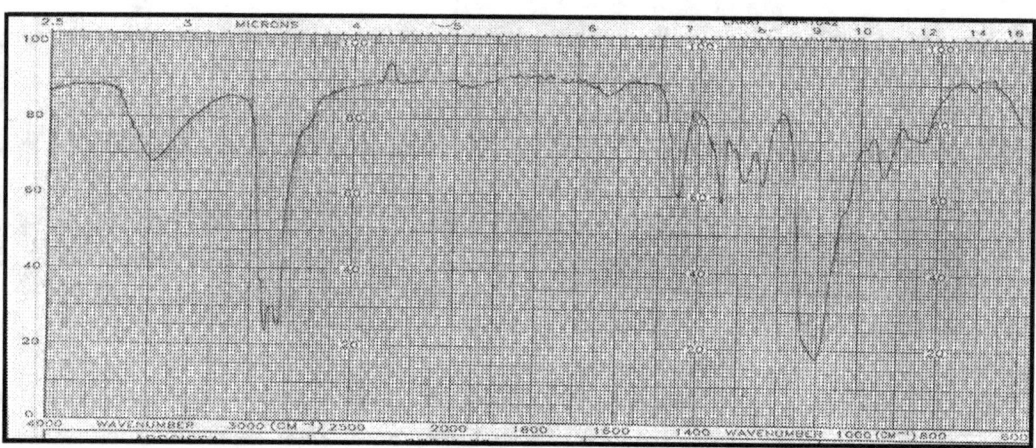

**291 - undecanolo-(10EO)**

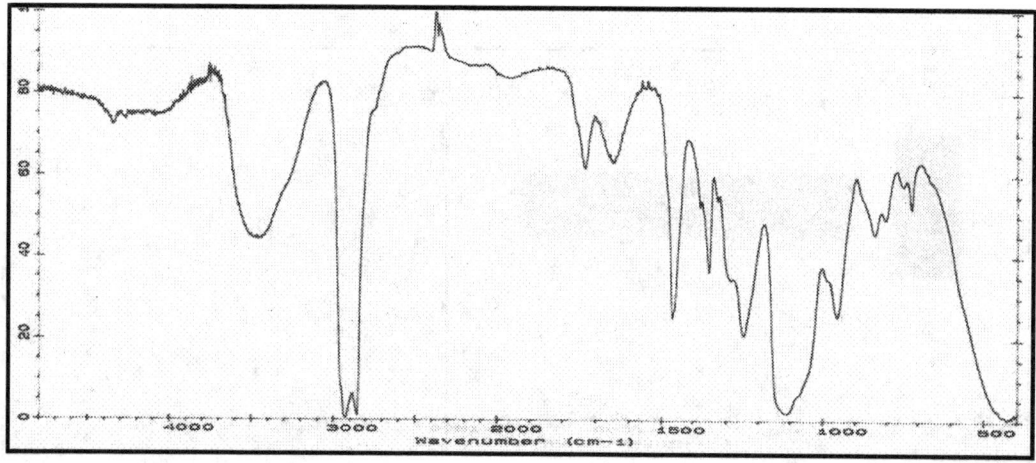

**292 - alcool etossilato**

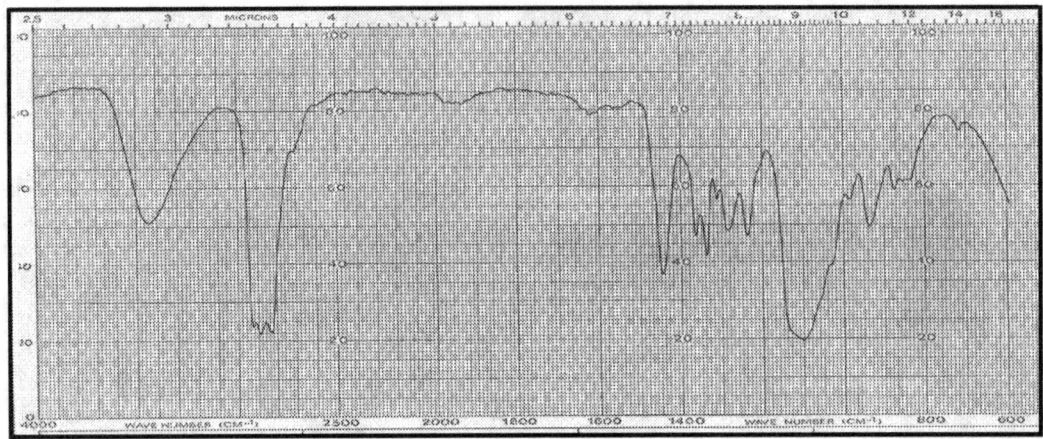

**293 - alcool etossilato**

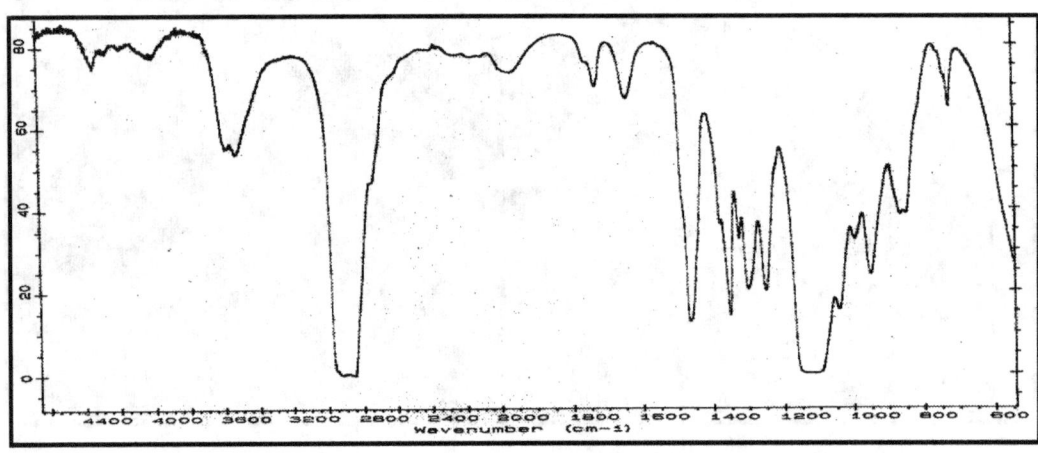

**294 - alcool etossilato**

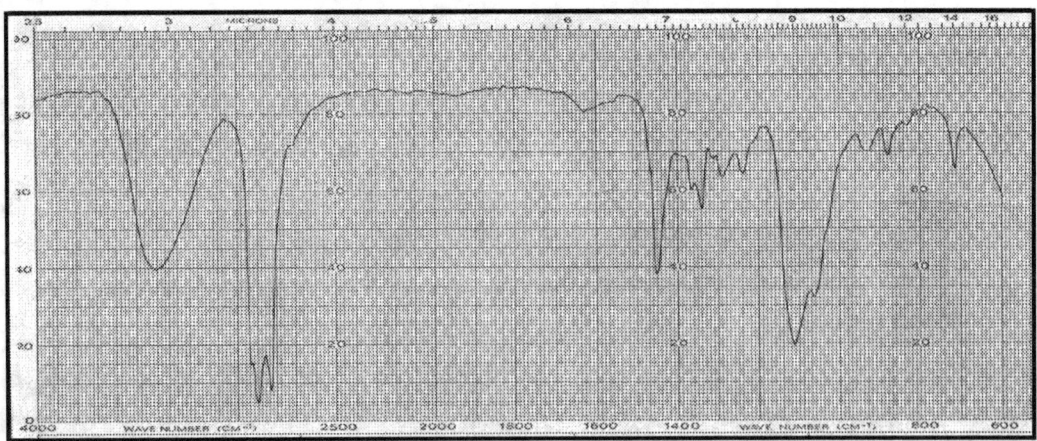

**295 - alcool grasso etossilato**

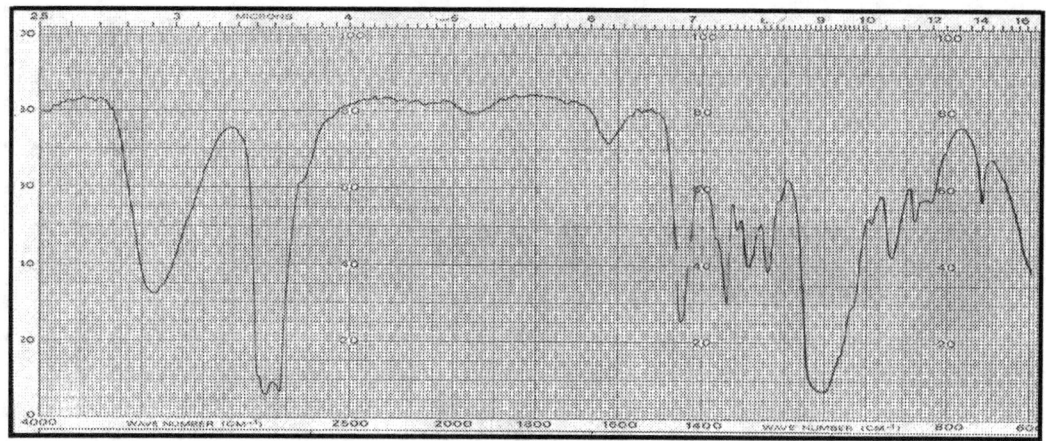

**296 - alcoli grassi etossilati**

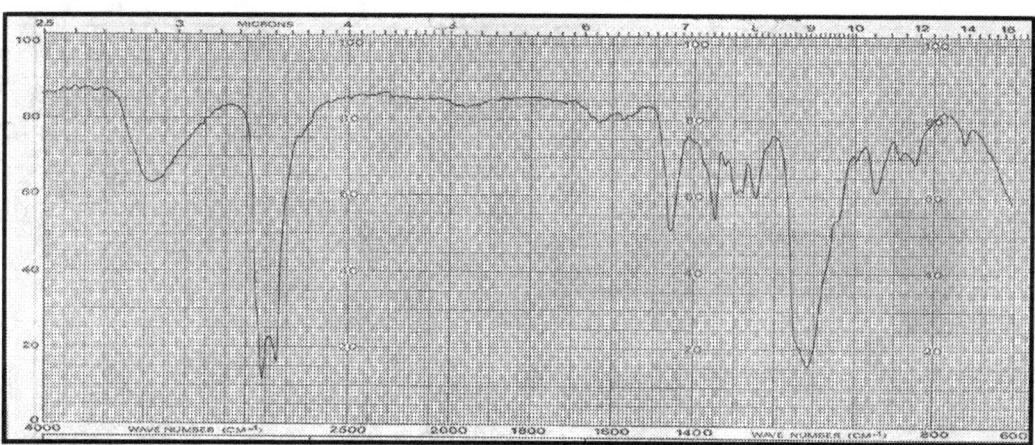

**297 - alcoli etossilati**

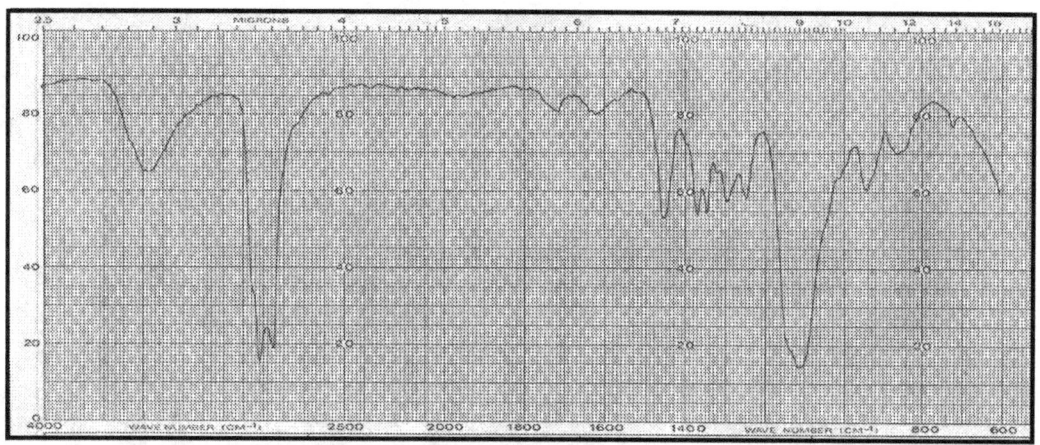

**298 - alcoli a catena ramificata alcossilati**

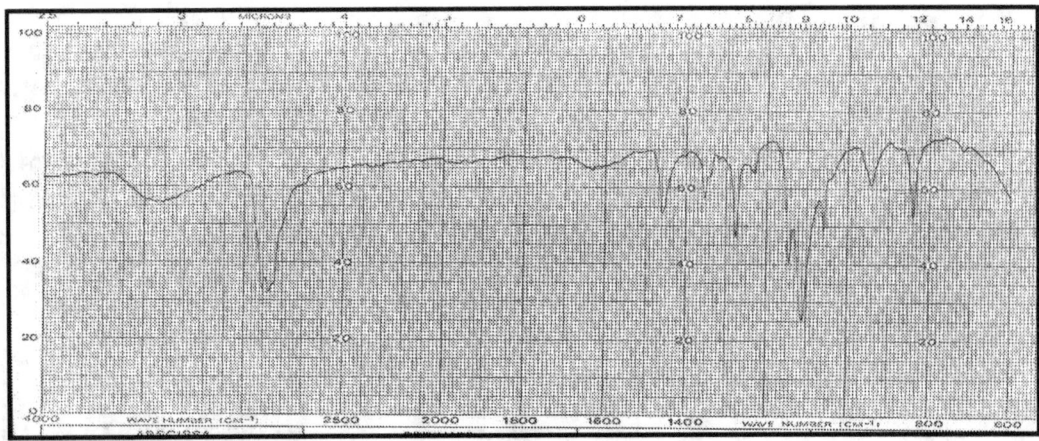

**299 - alcool grasso etossilato**

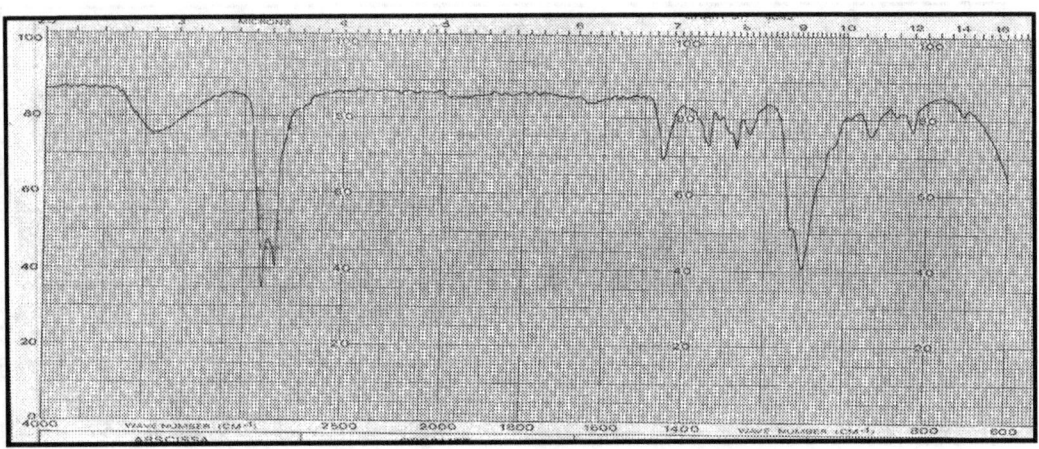

**300 - alcoli grassi C$_{12}$ – C$_{14}$ con il 60% di agente etossilante**

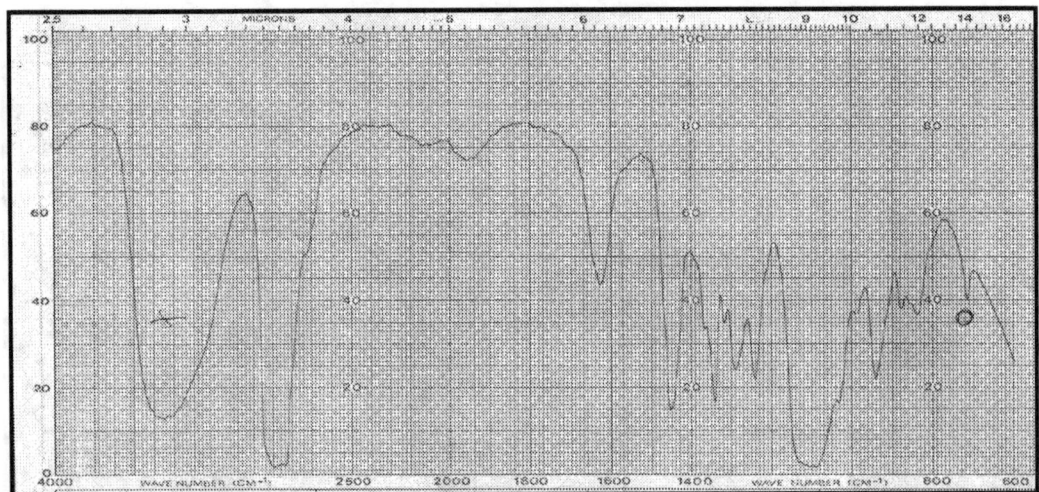

**301 - isodecanolo etossilato**

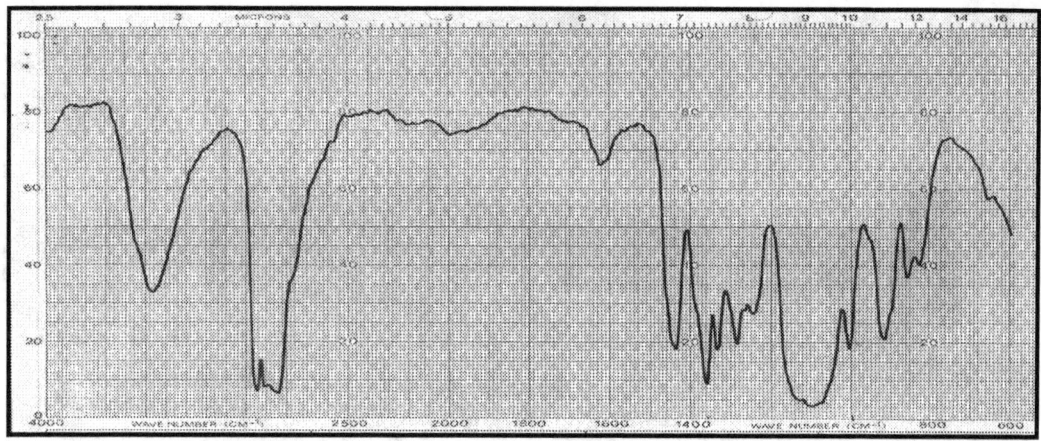

**302 - polipropilenglicol**

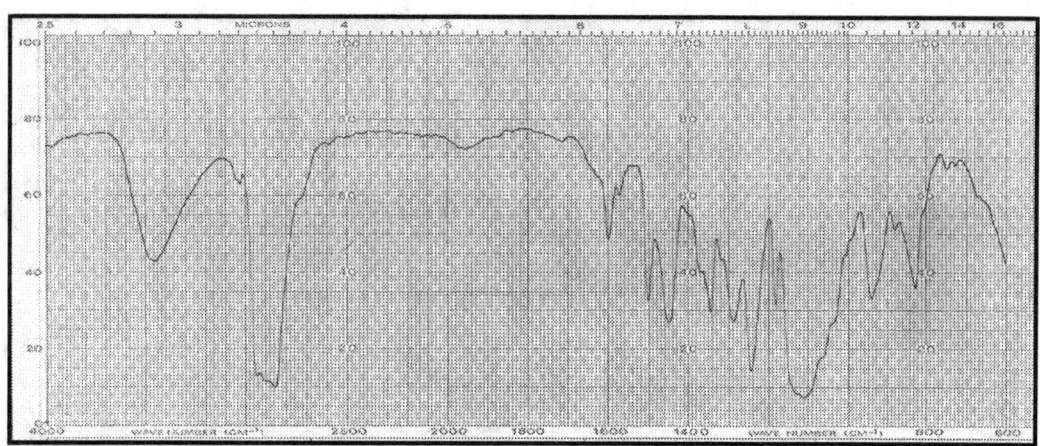

**303 - alchilfenolo etossilato**

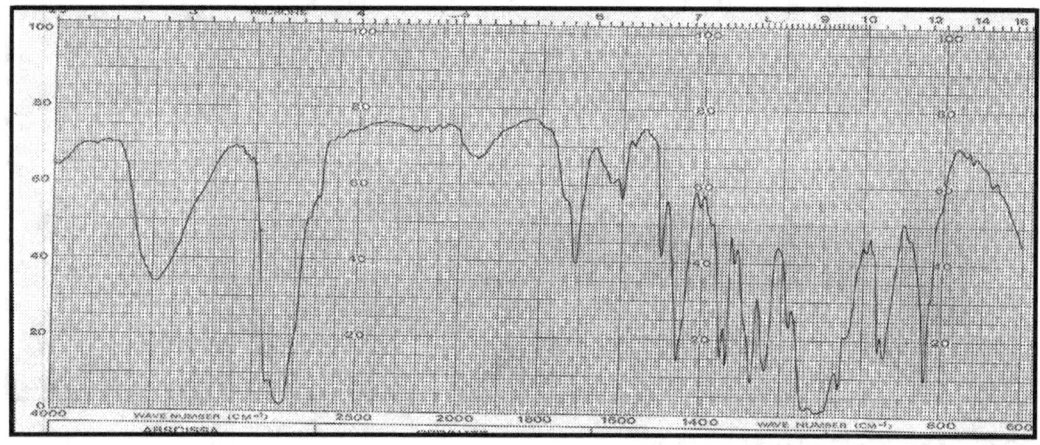

**304 - alchilfenolo-(30EO)**

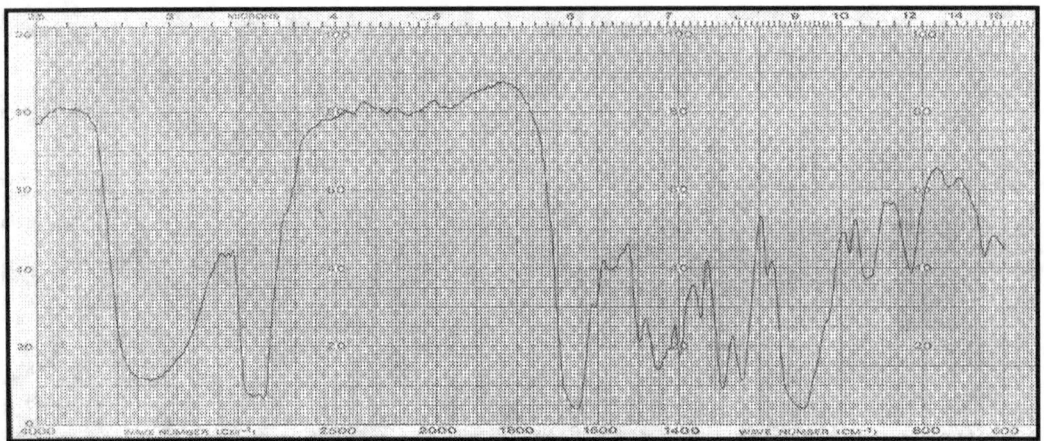

**305 - nonilfenossipolietanolo + 1-metil-2-pirrolidinone**

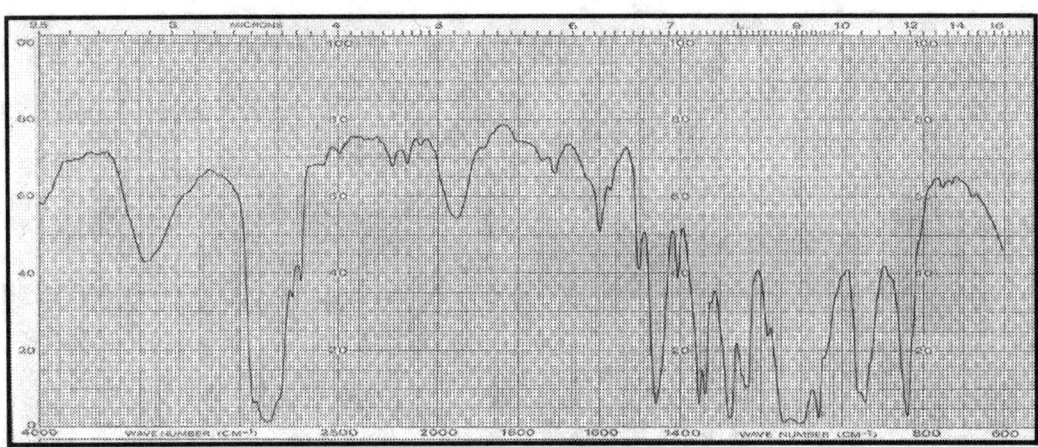

**306 - nonilfenolo-(60 EO)**

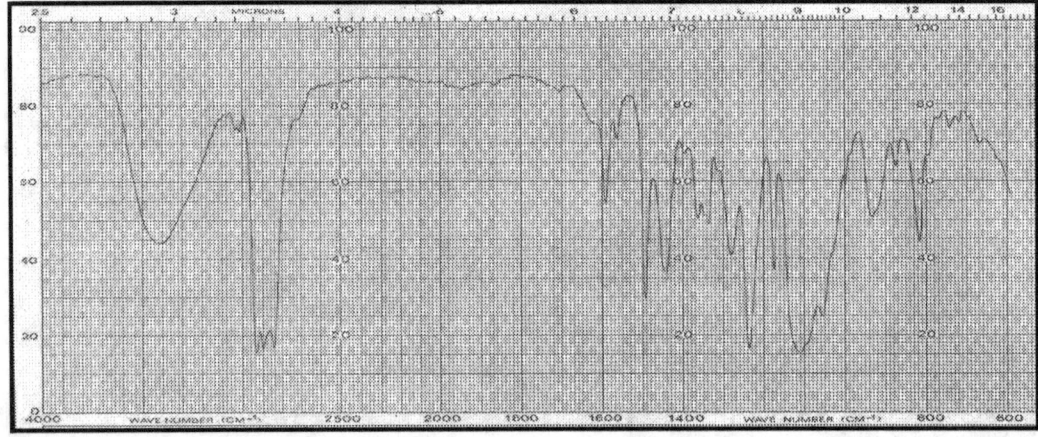

**307 - nonilfenolo-(10EO)**

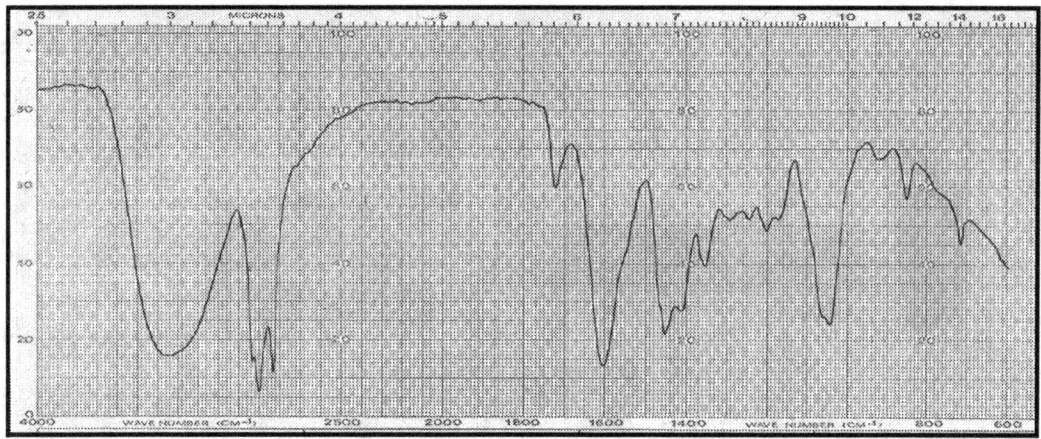

**308 - alcanolamide dell'acido laurico**

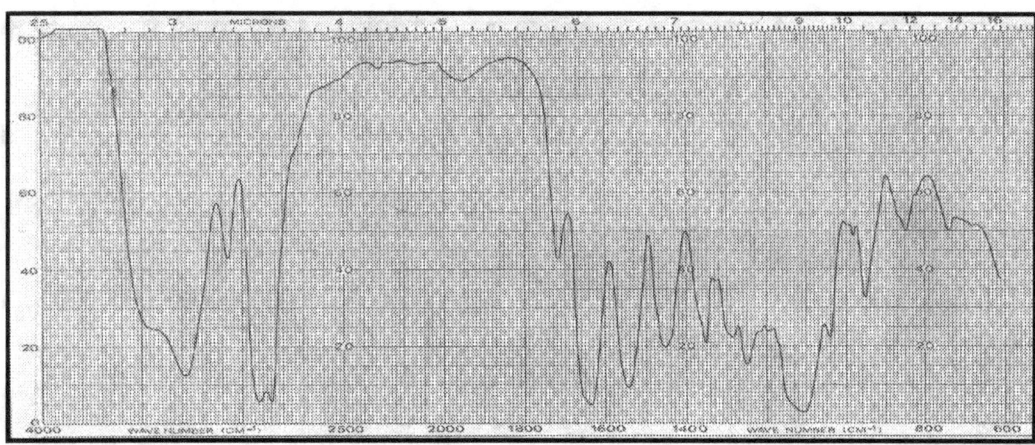

**309 - lauramide-POE**

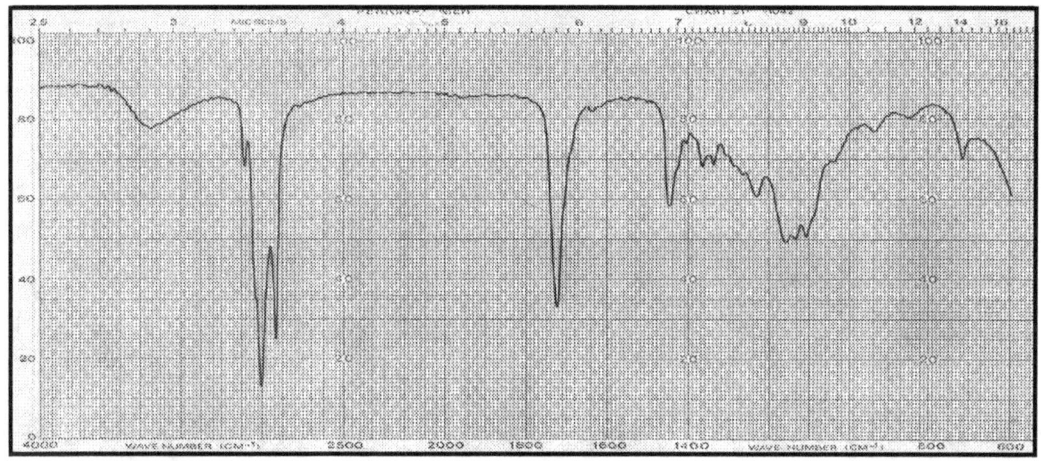

**310 - gliceridi-POE**

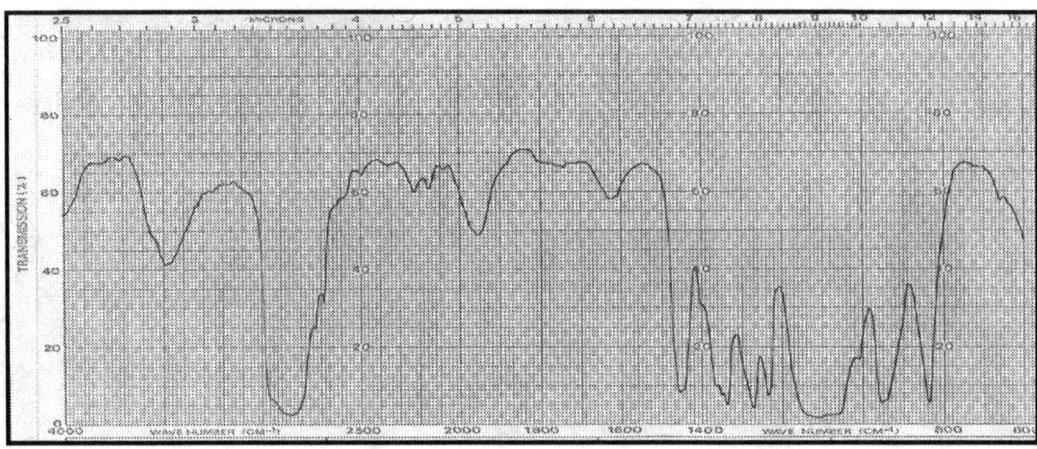

**311 - etilendiamina-POE**

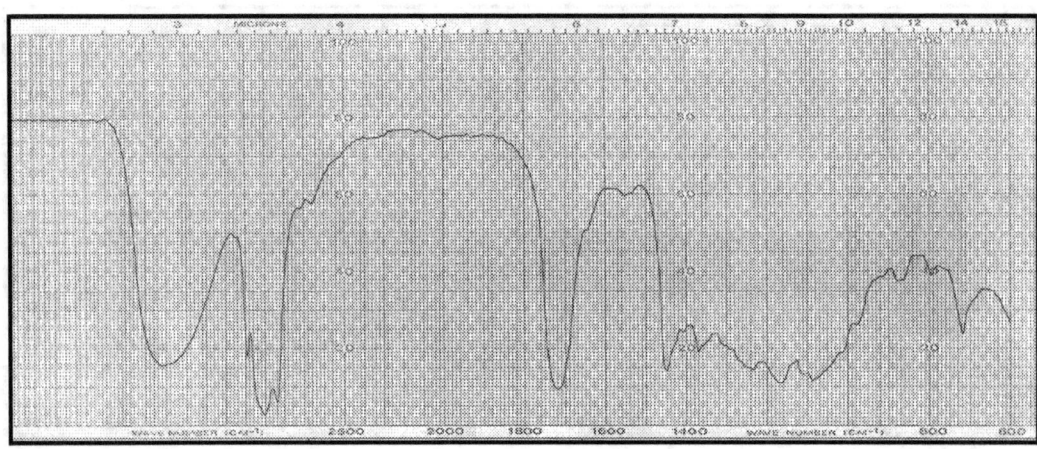

**312 - sorbitan monooleato**

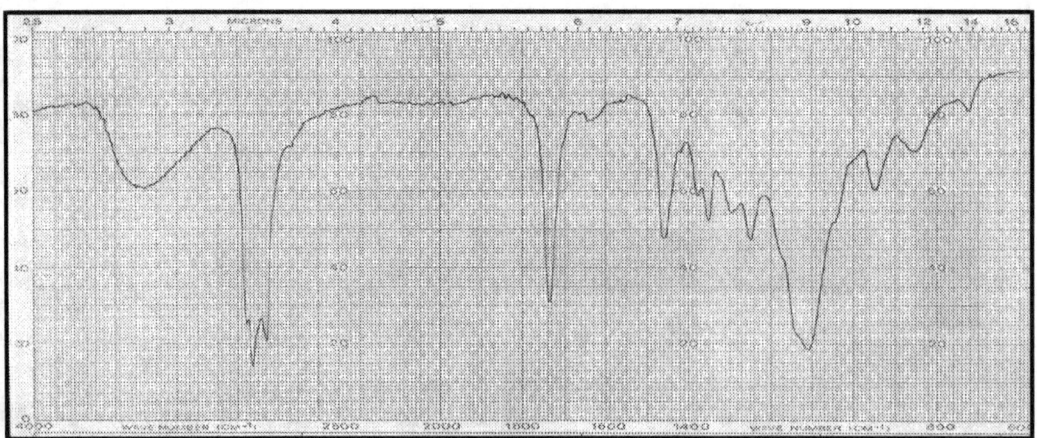

**313 - sorbitan tristearato-POE**

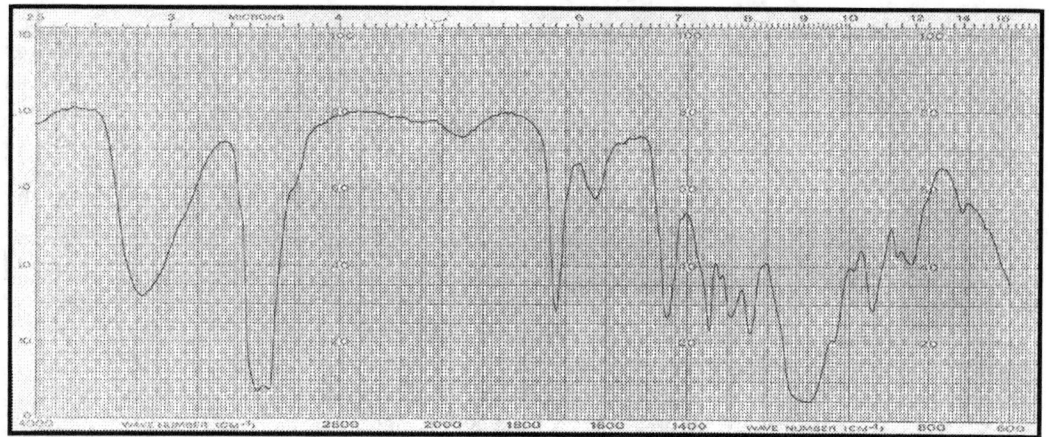

**314 - sorbitan monooleato-POE**

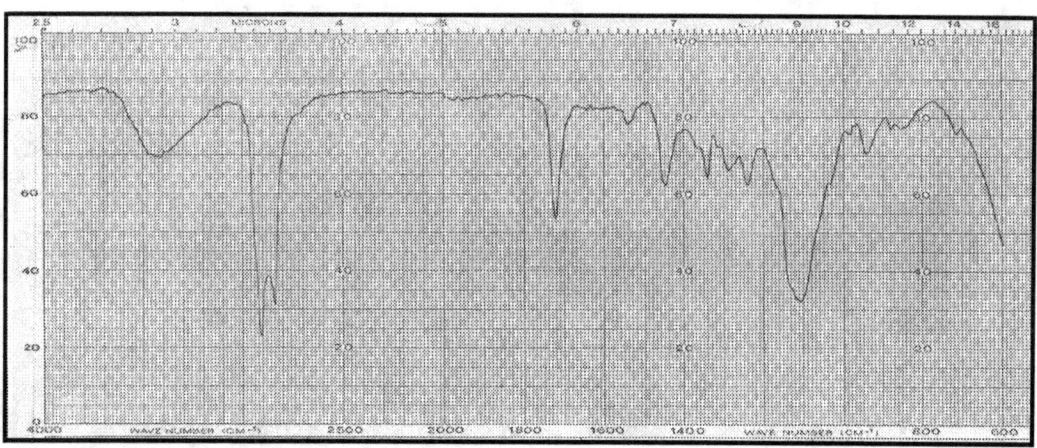

**315 - sorbitan trioleato**

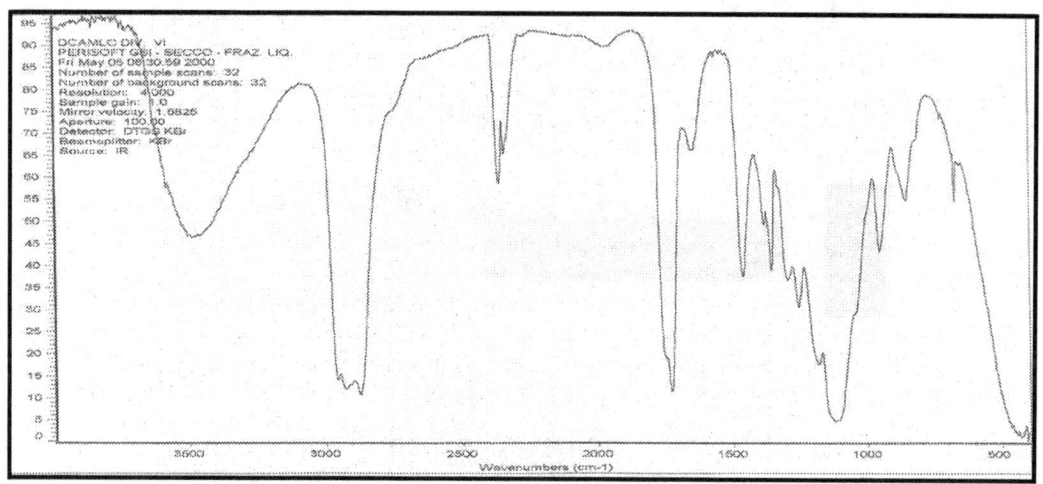

**316 - sorbitan trioleato-POE**

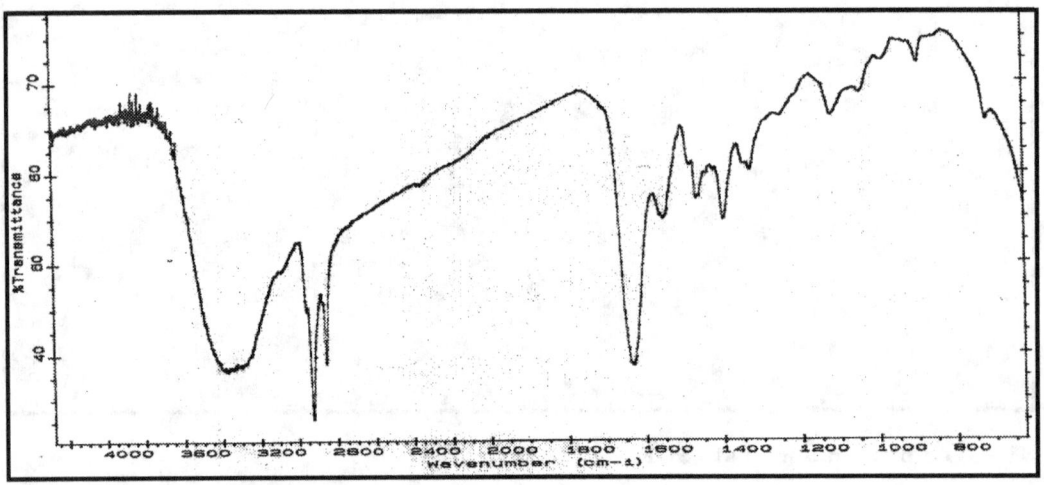

**317 - alchilamidopropilbetaina**

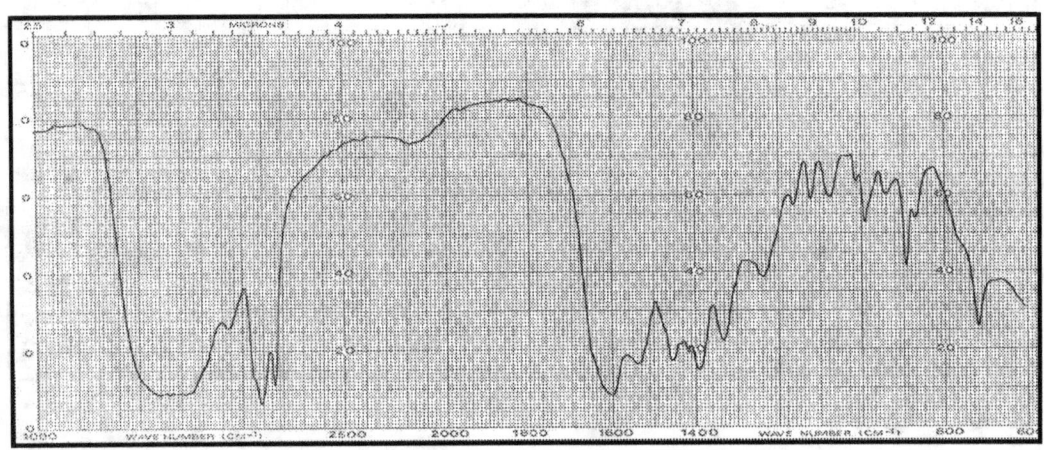

**318 - coccoamidobetaina**

# FARMACEUTICI (PRINCIPI ATTIVI, PRECURSORI, INTERMEDI)

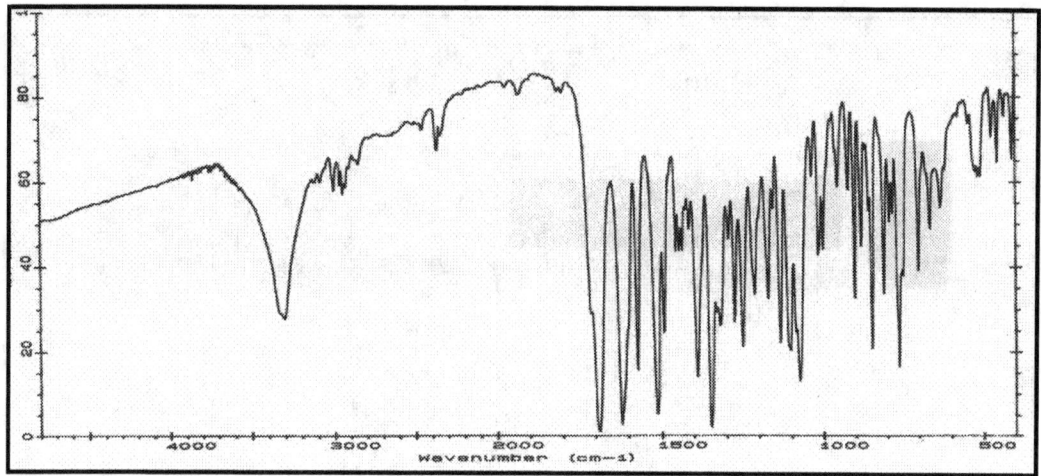

**319 - Acenocumarolo**

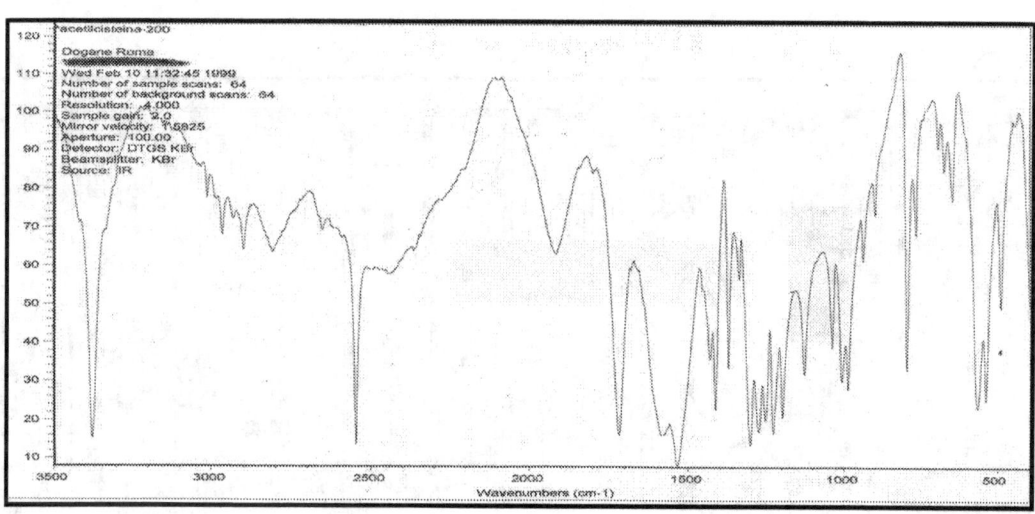

**320 - Acetilcisteina**

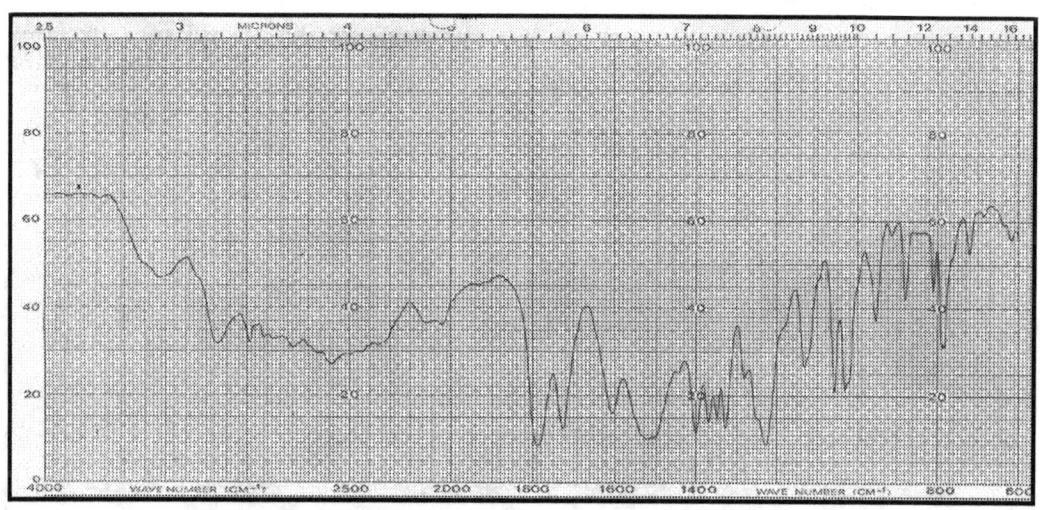

**321 - Acido 7-aminocefalosporanico**

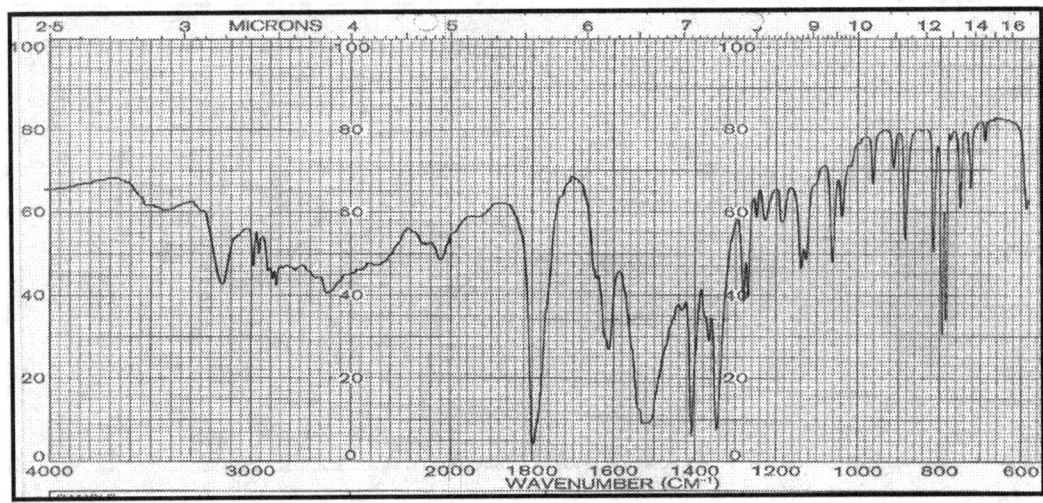

**322 - Acido 7-amino desacetossicefalosporanico**

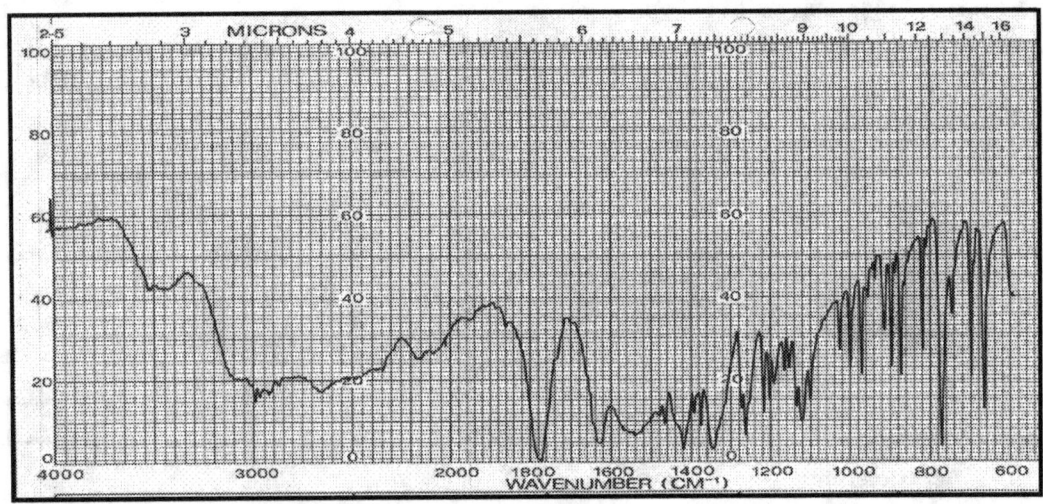

**323 - Acido 6-aminopenicillanico**

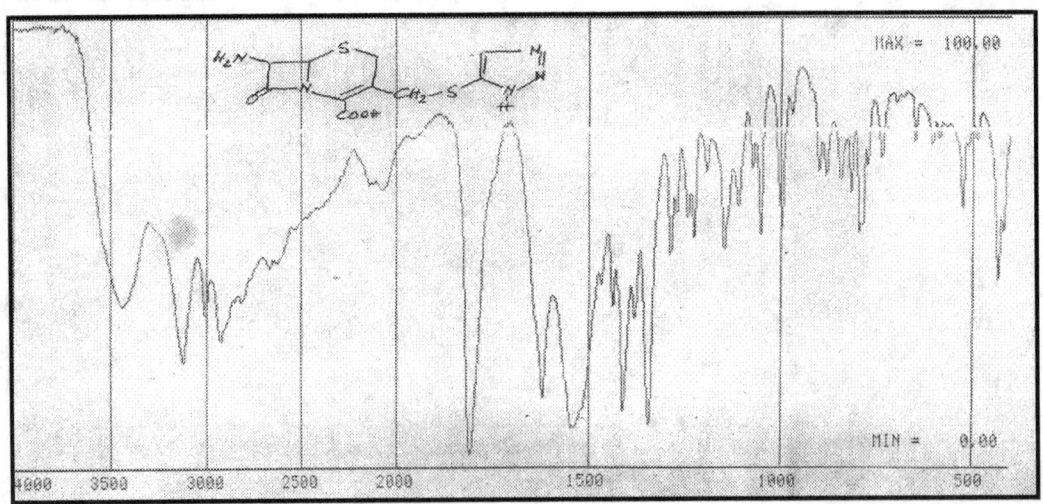

**324 - Acido 7-aminocefalosporanico-triazolo**

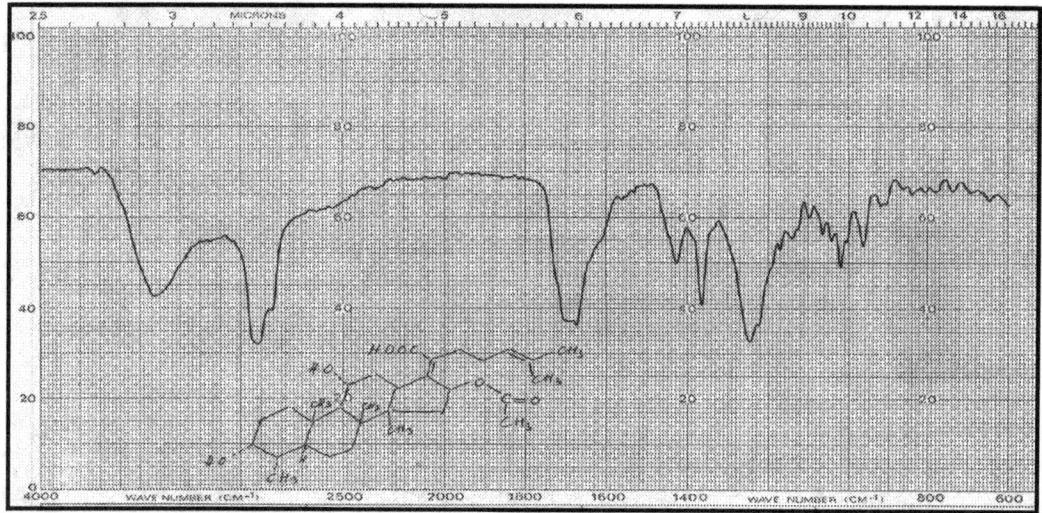

**325 - Acido fusidico**

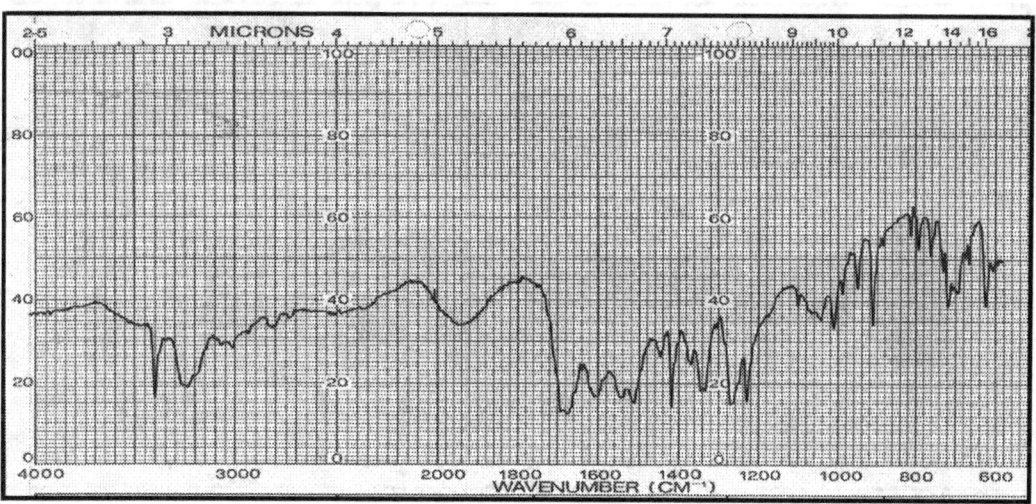

**326 - Acido joglicinico**

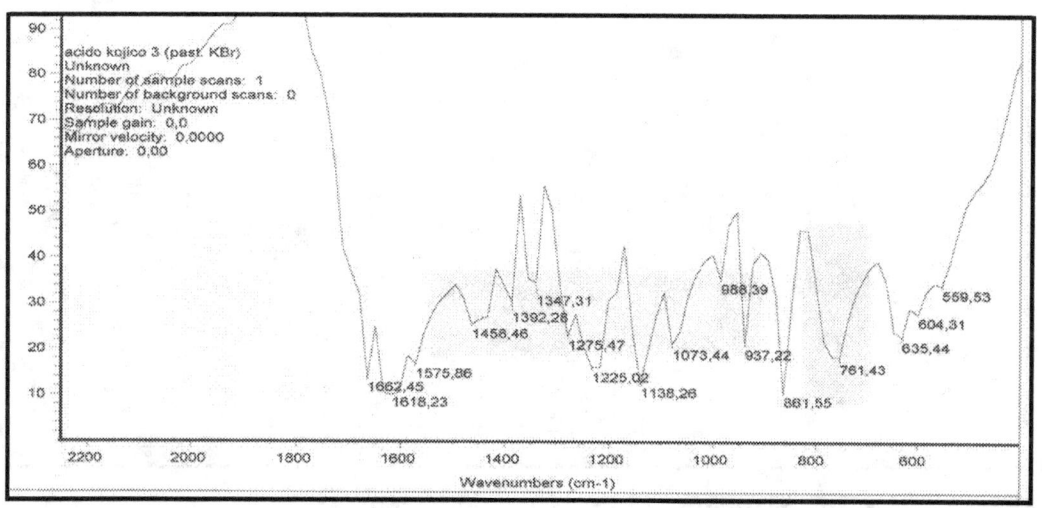

**327 - Acido kojico**

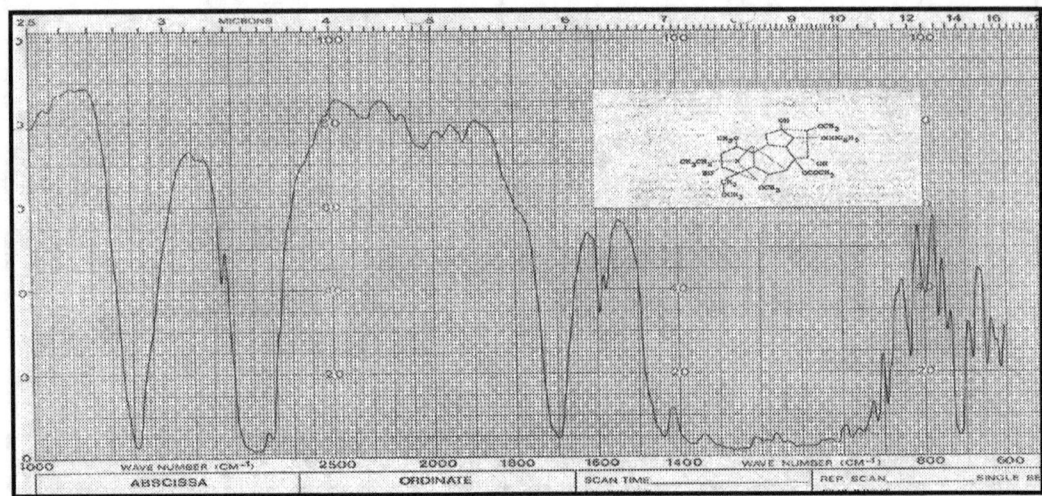

**328 - Aconitina**

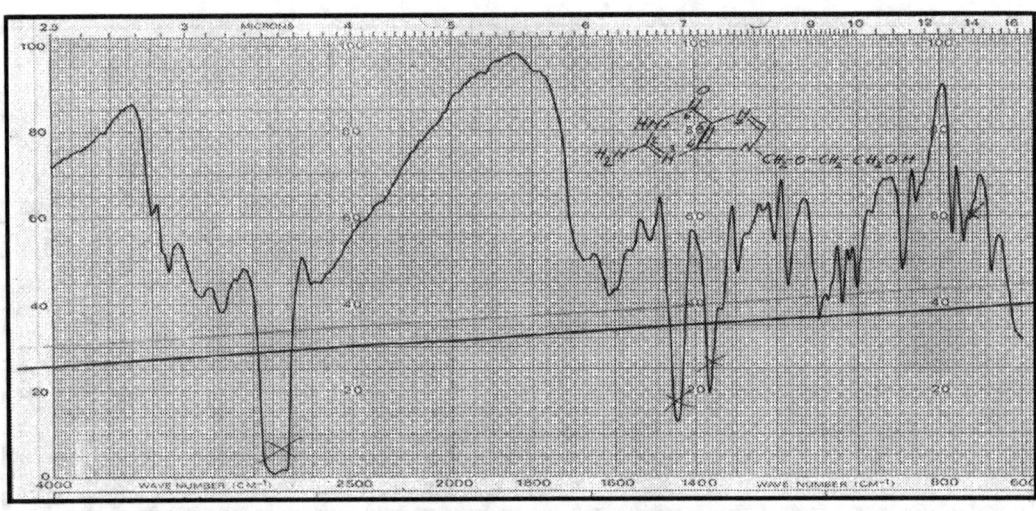

**329 - Acyclovir**

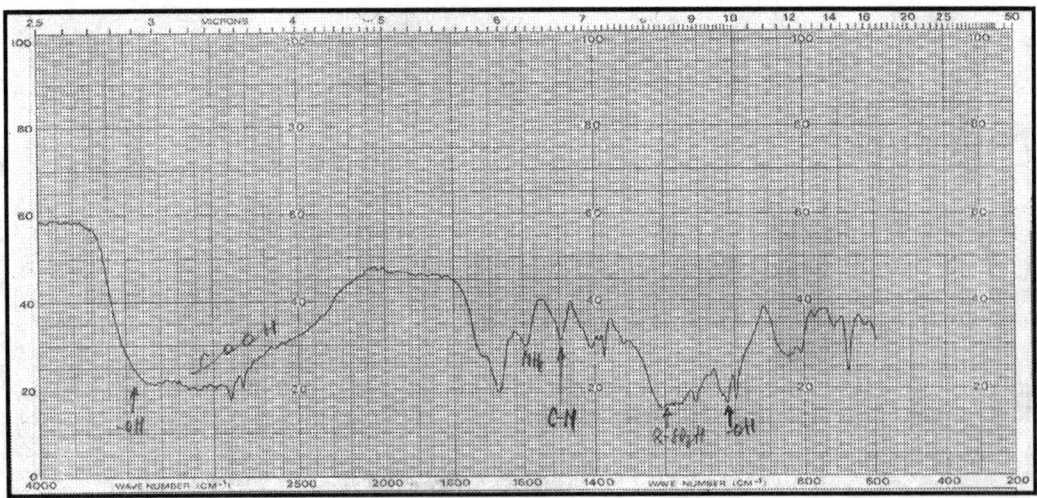

**330 - S-adenosil-L-metionina disolfato di-p-toluensolfonato**

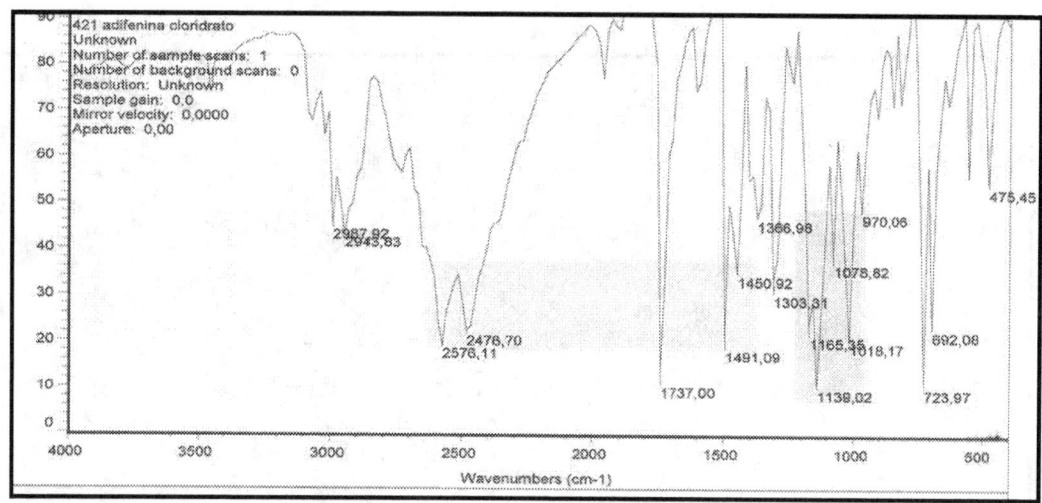

**331 - Adifenina cloridrato**

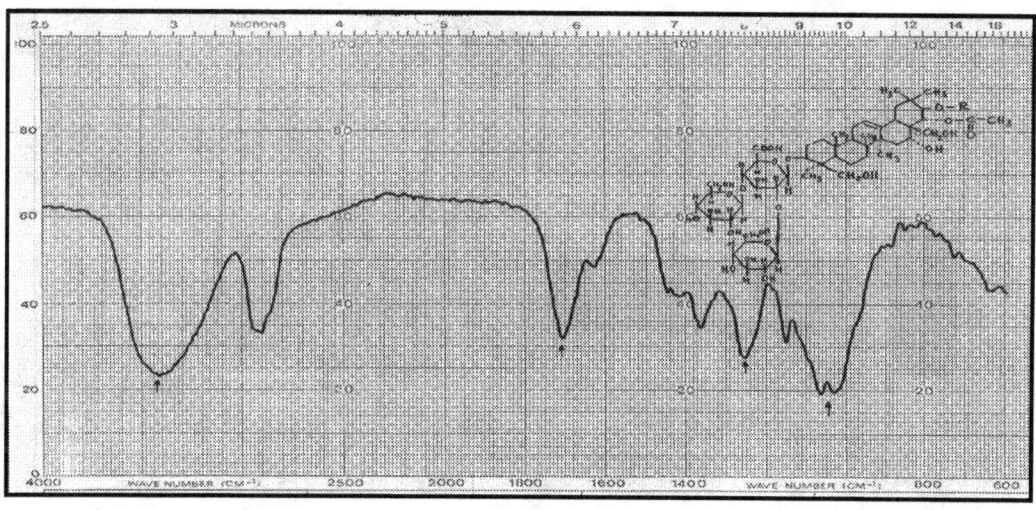

**332 - Aescina**

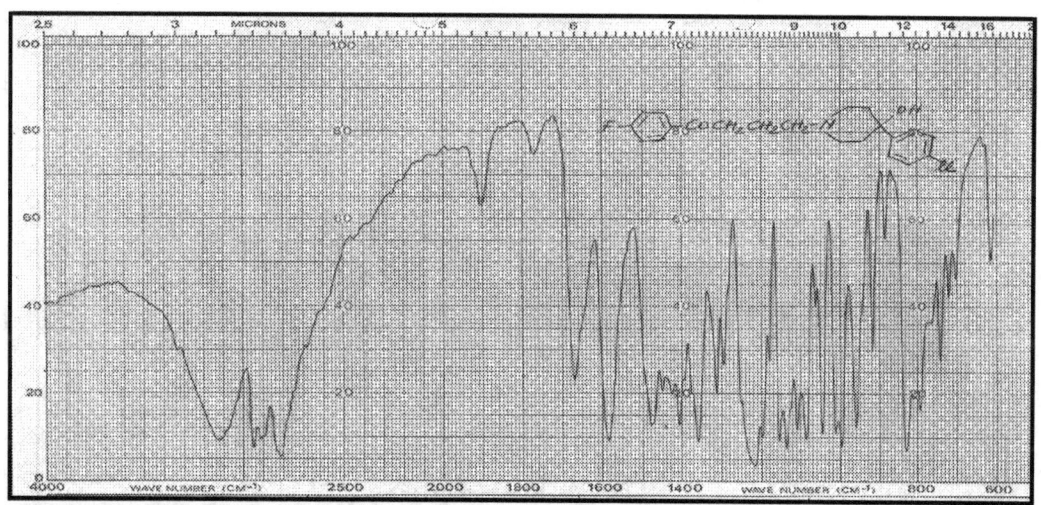

**333 - Aloperidolo**

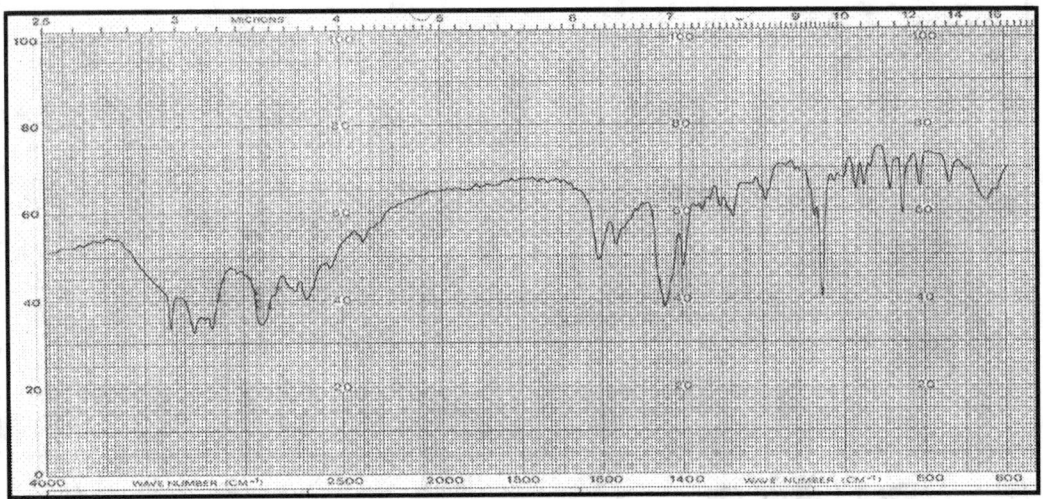

**334 - Ambroxol**

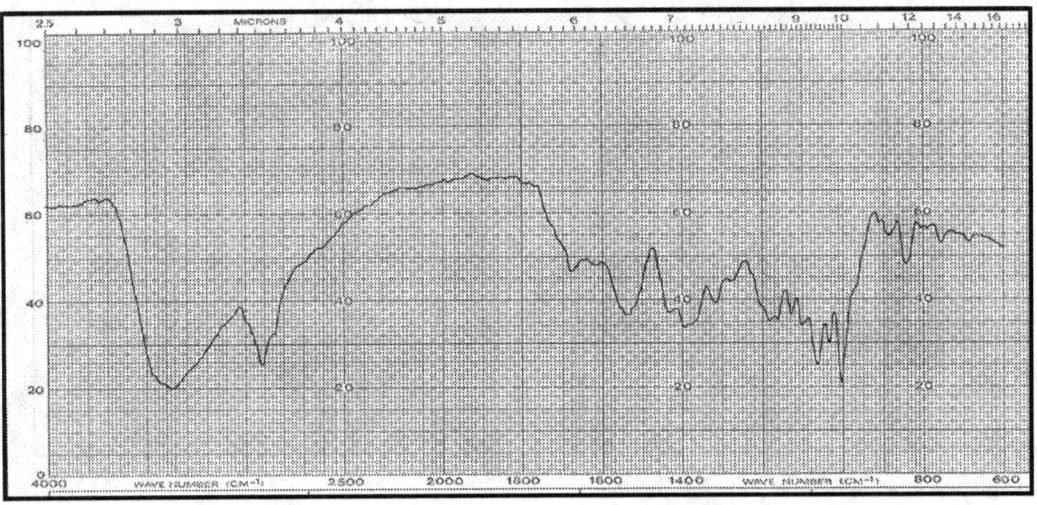

**335 - Amfotericina**

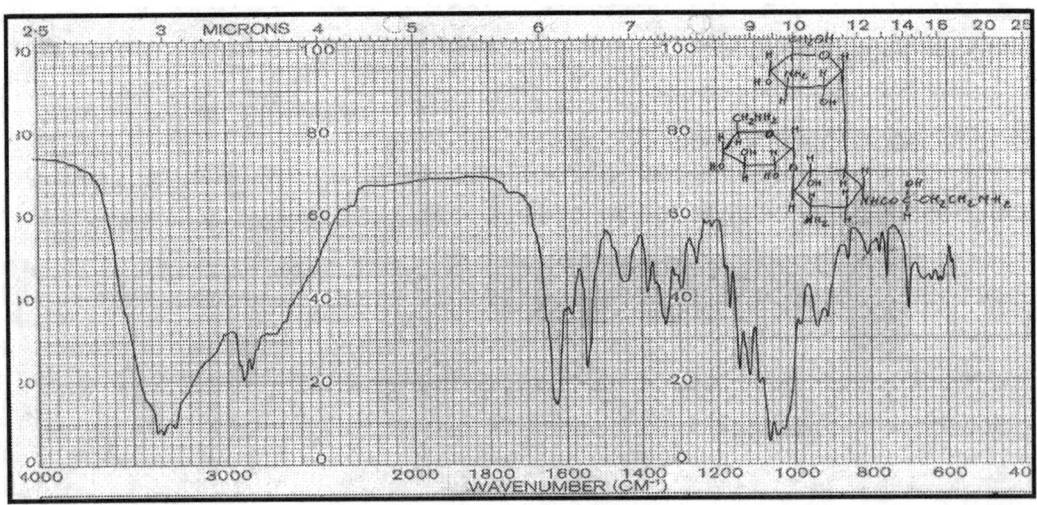

**336 - Amicacina**

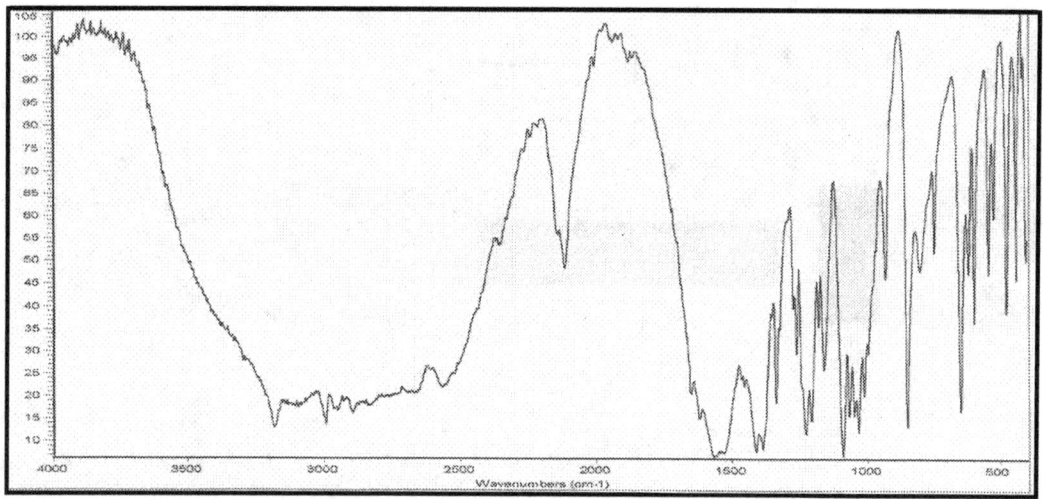

**337 - Aminodioxepane acetato**

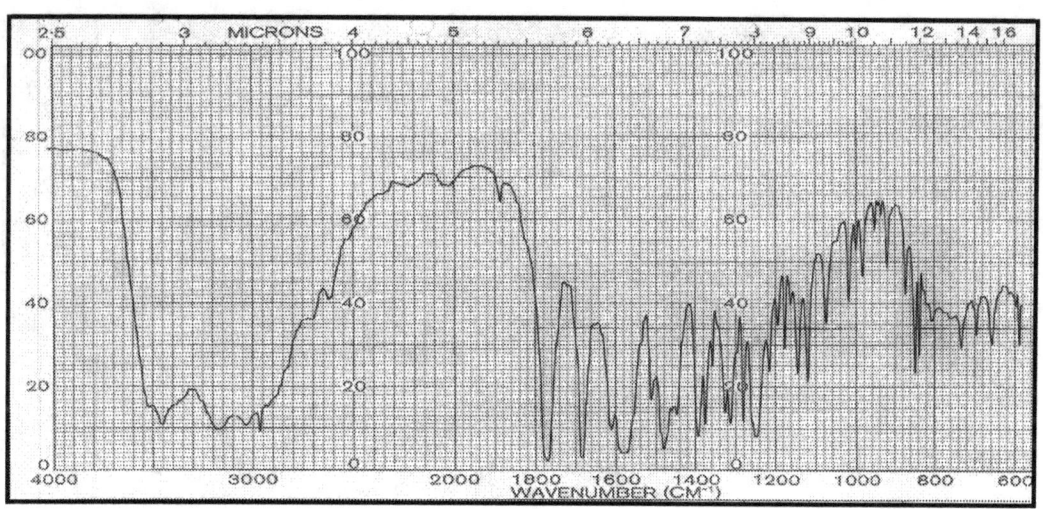

**338 - Amoxicillina triidrata**

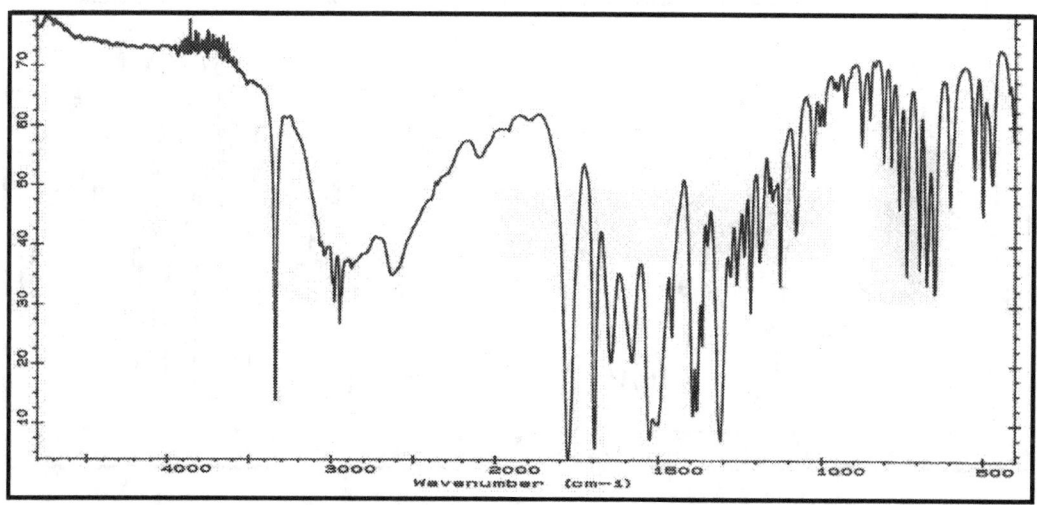

**339 - Ampicillina anidra**

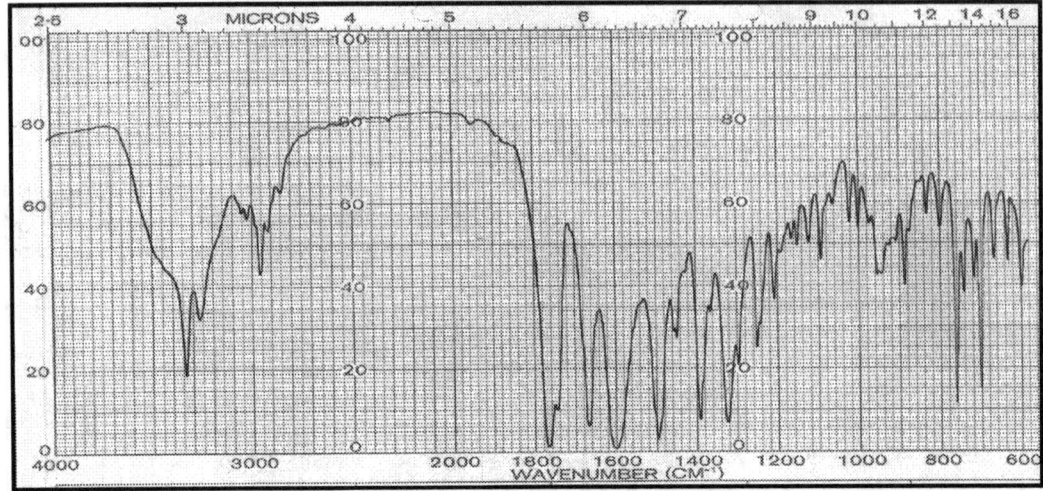

**340 - Ampicillina potassica**

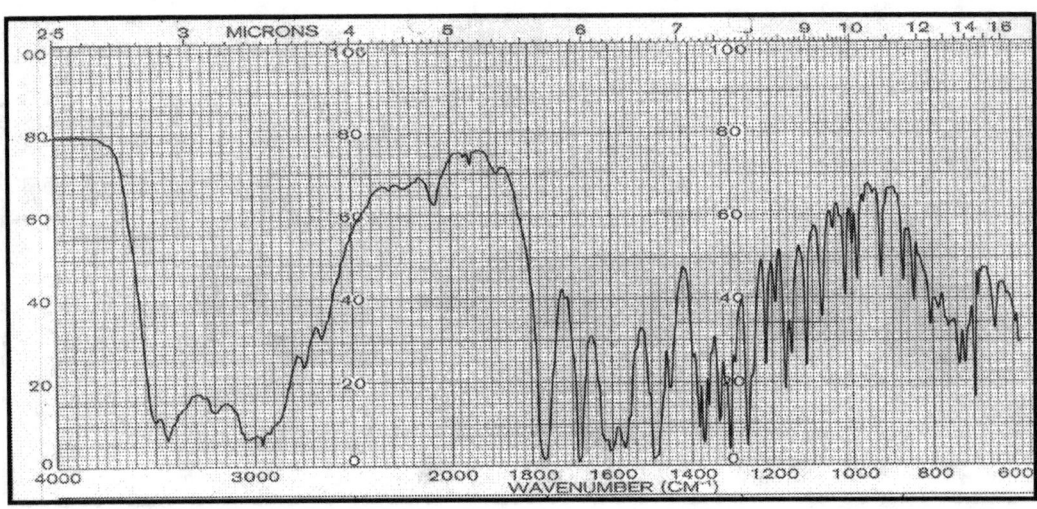

**341 - Ampicillina triidrata**

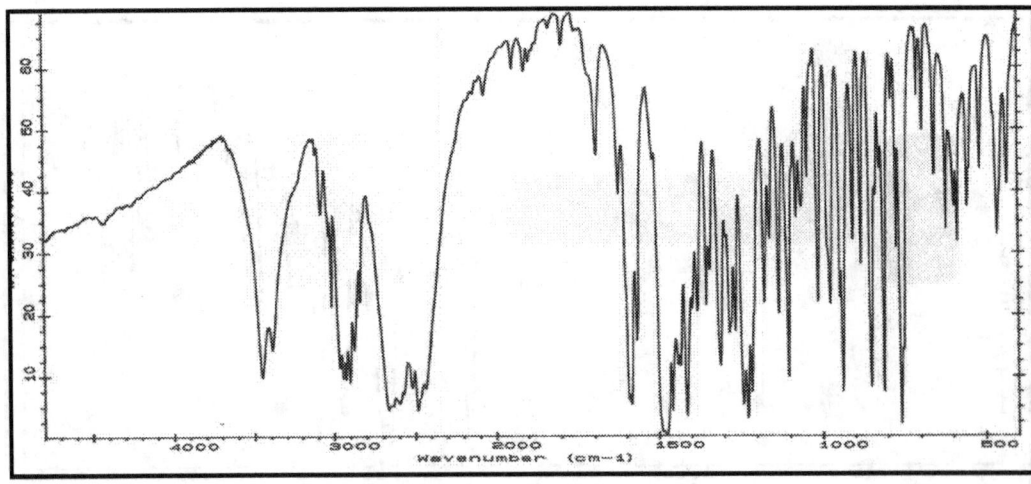

**342 - Anafranil**

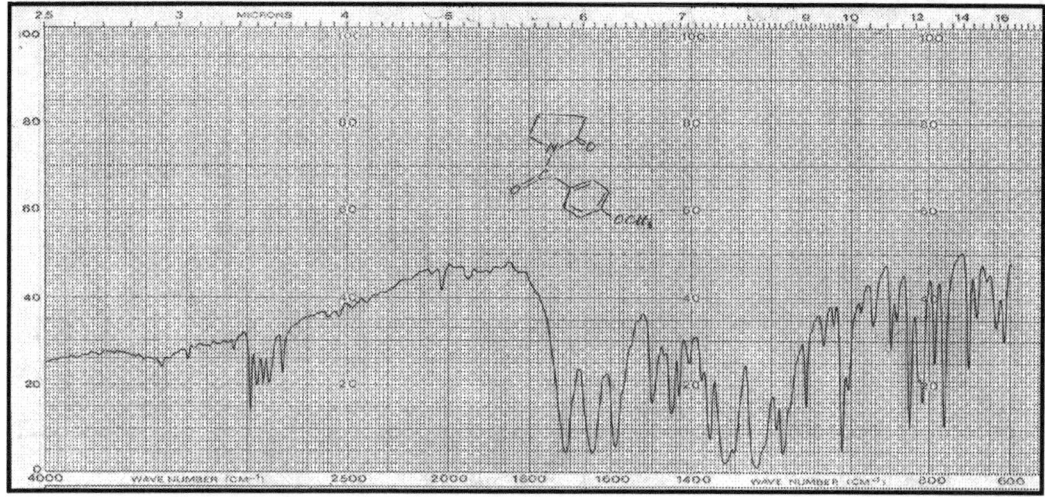

**343 - Aniracetam**

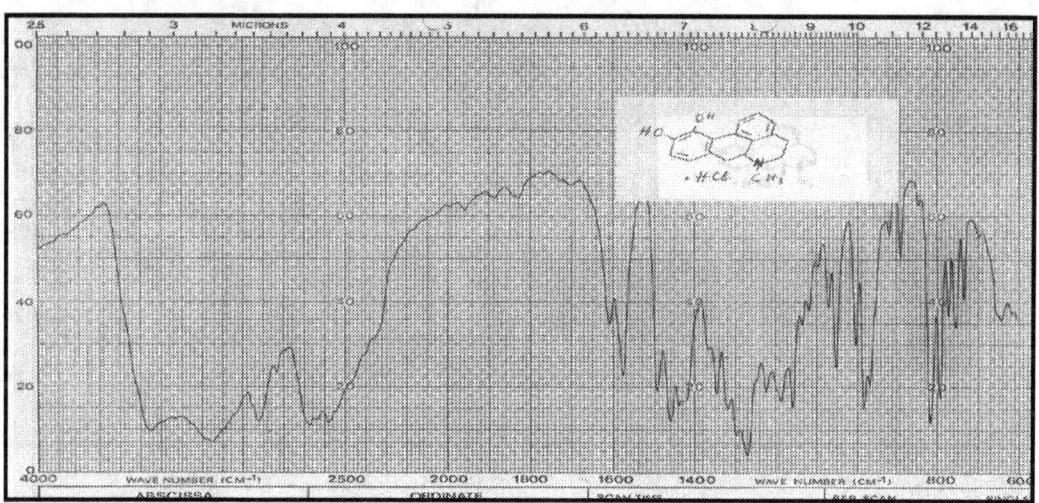

**344 - Apomorfina cloridrato**

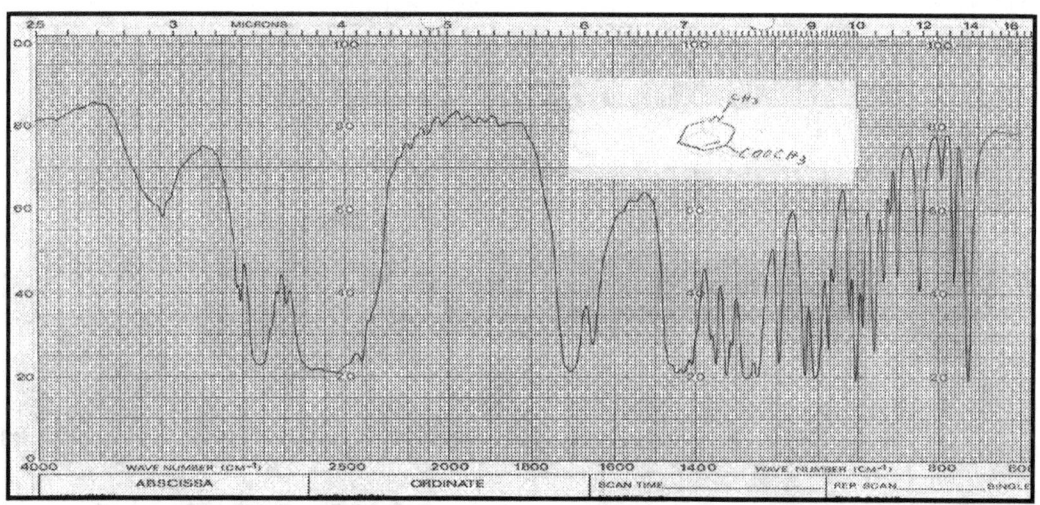

**345 - Arecolina cloridrato**

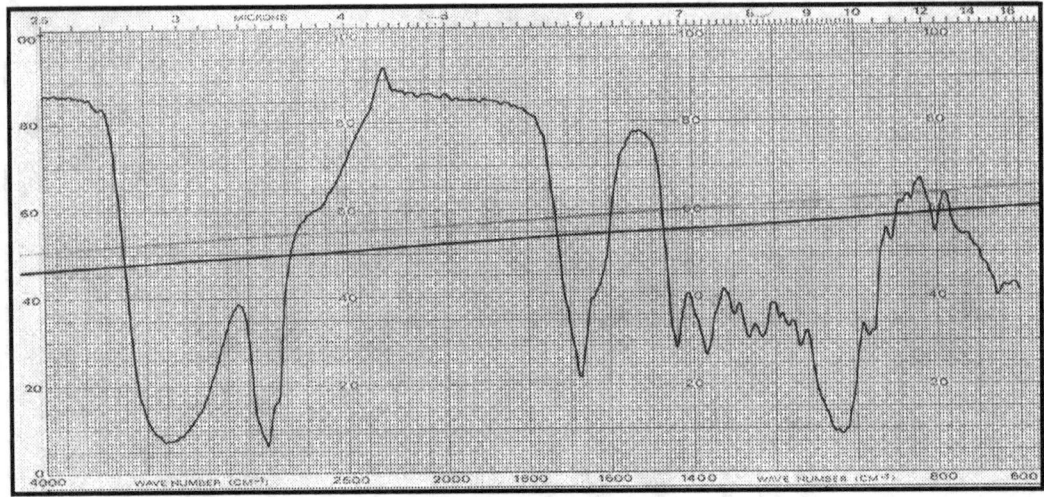

**346 - Asiaticoside**

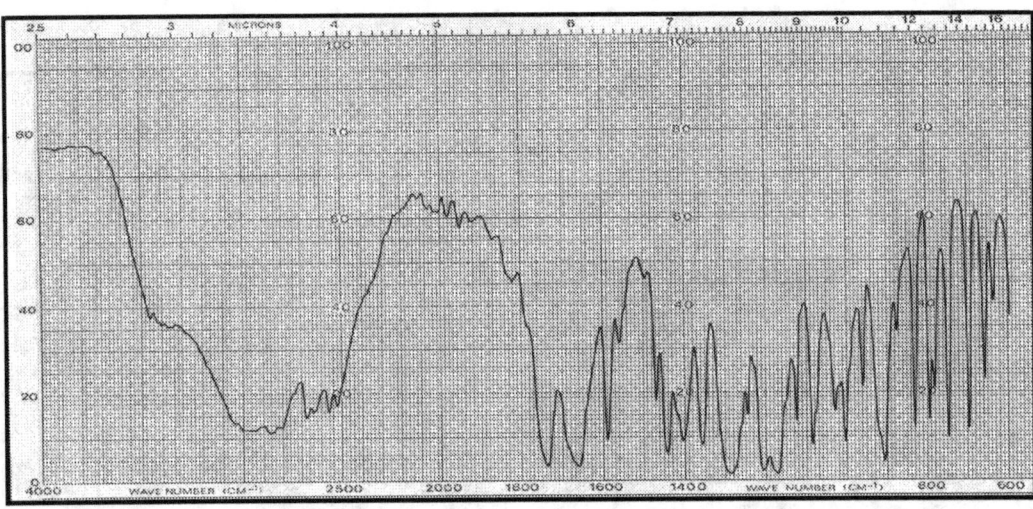

**347 - Aspirina**

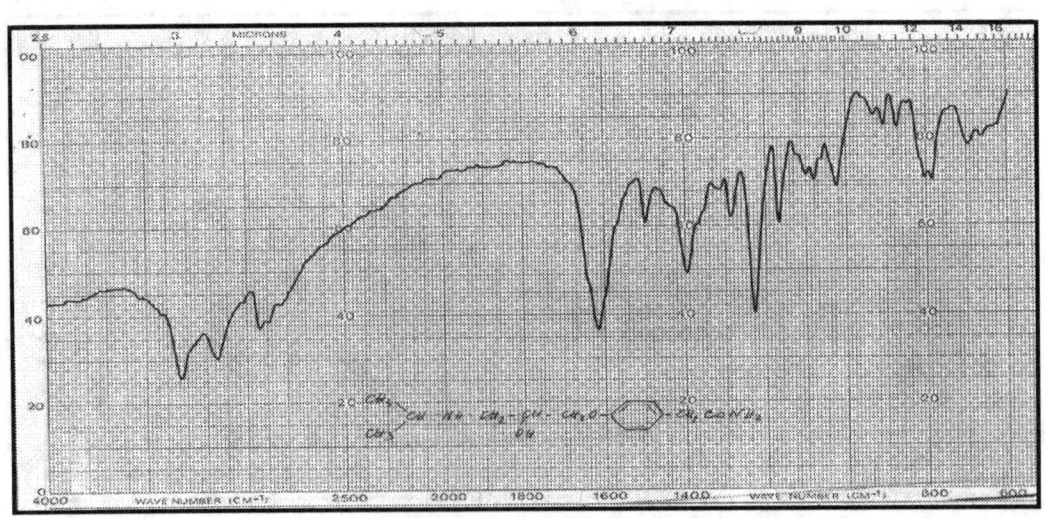

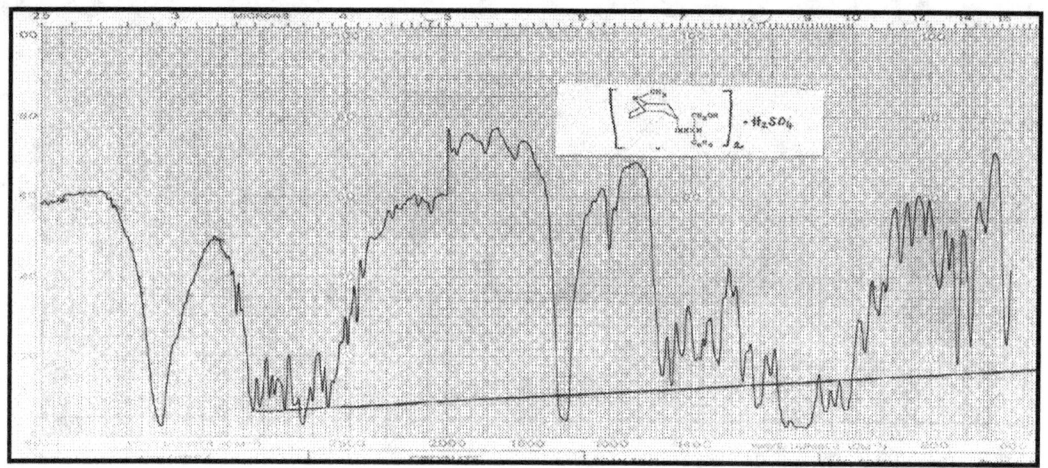

**349- Atropina solfato**

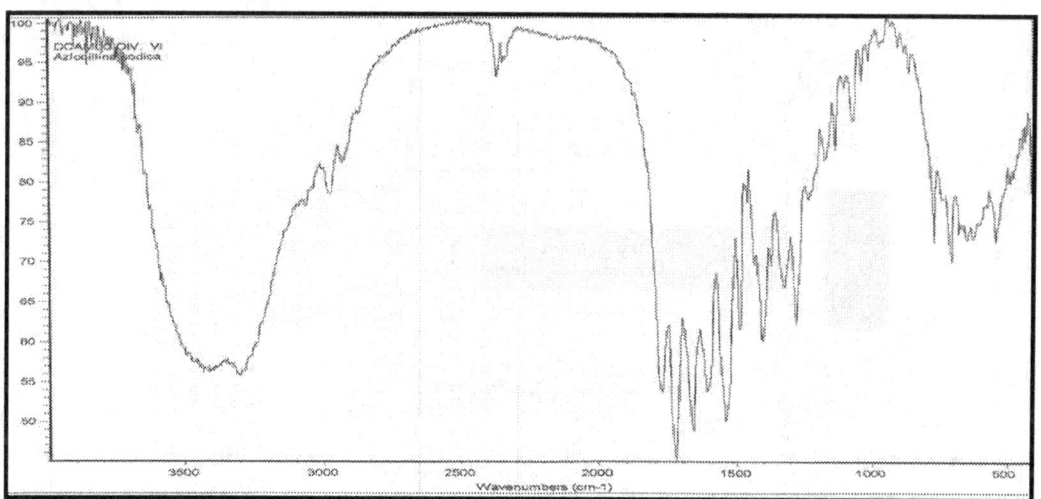

**350- Azlocillina sodica**

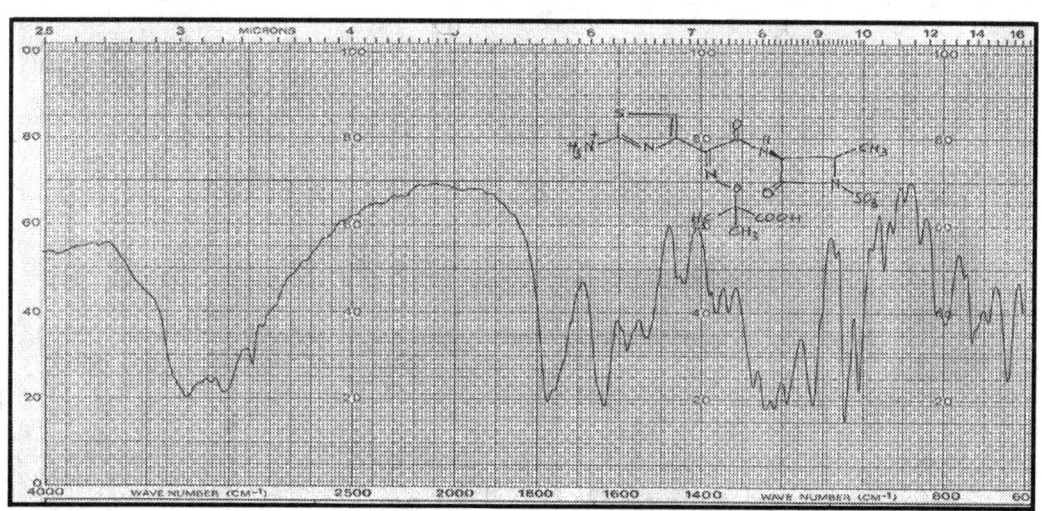

**351- Aztreonam**

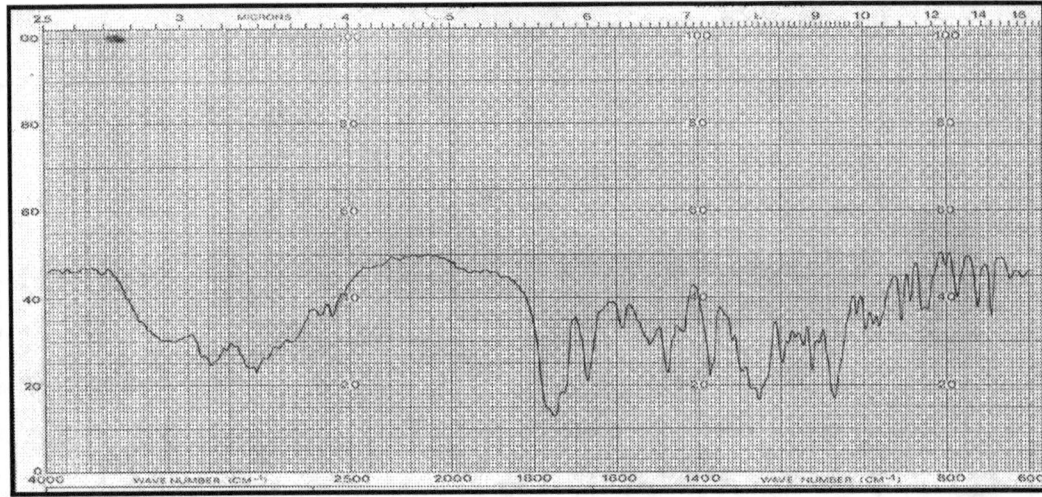

**352-  Bacampicillina cloridrato**

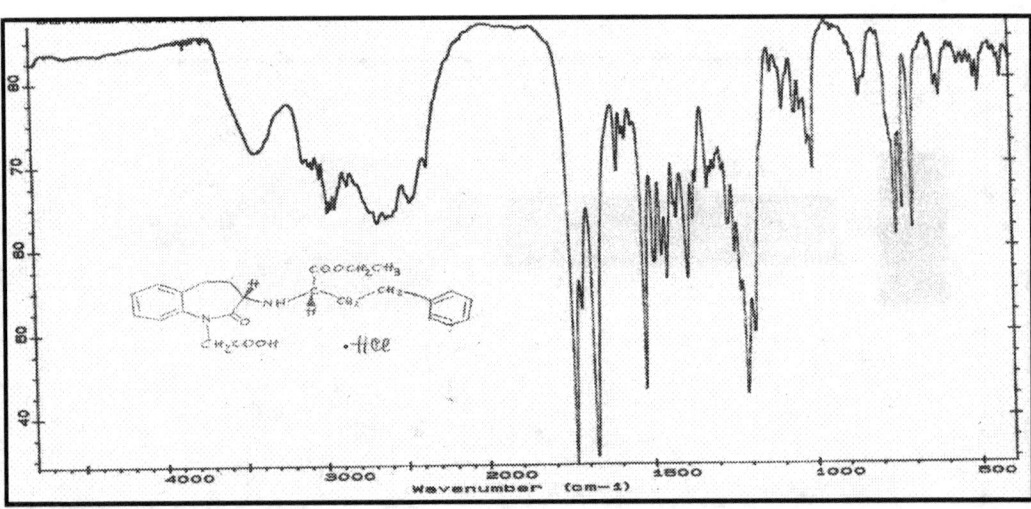

**353-  Benazepril cloridrato**

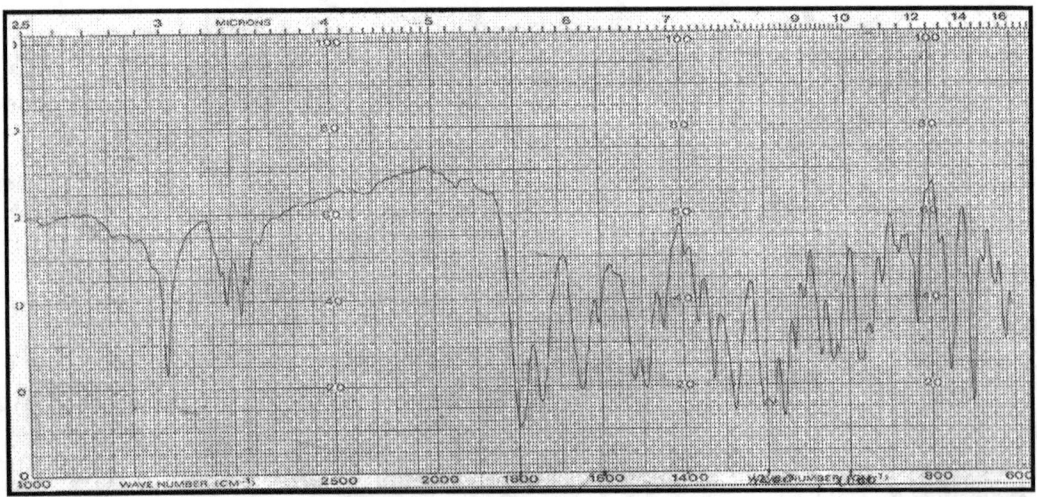

**354-  Benzidrilestere penicillanico**

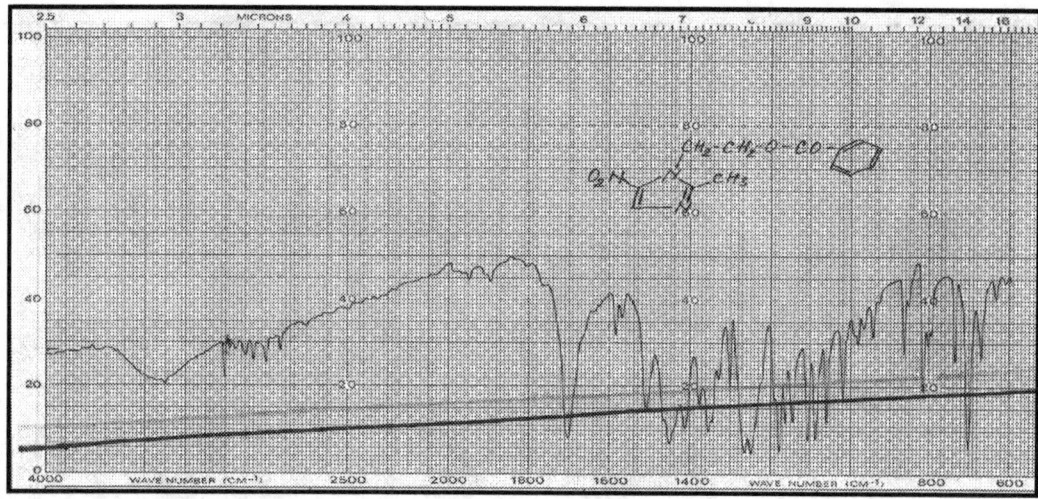

**355- Benzoil metronidazolo**

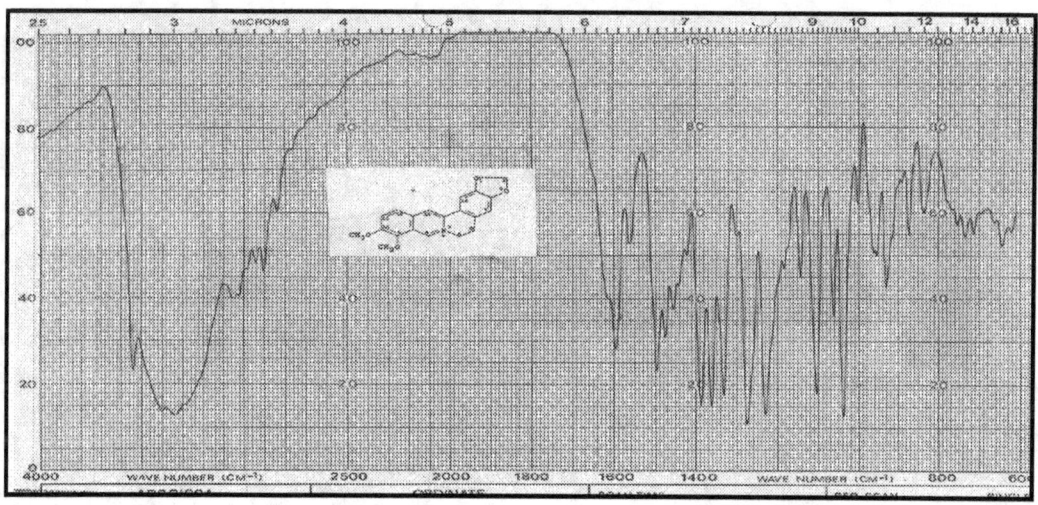

**356- Berberina**

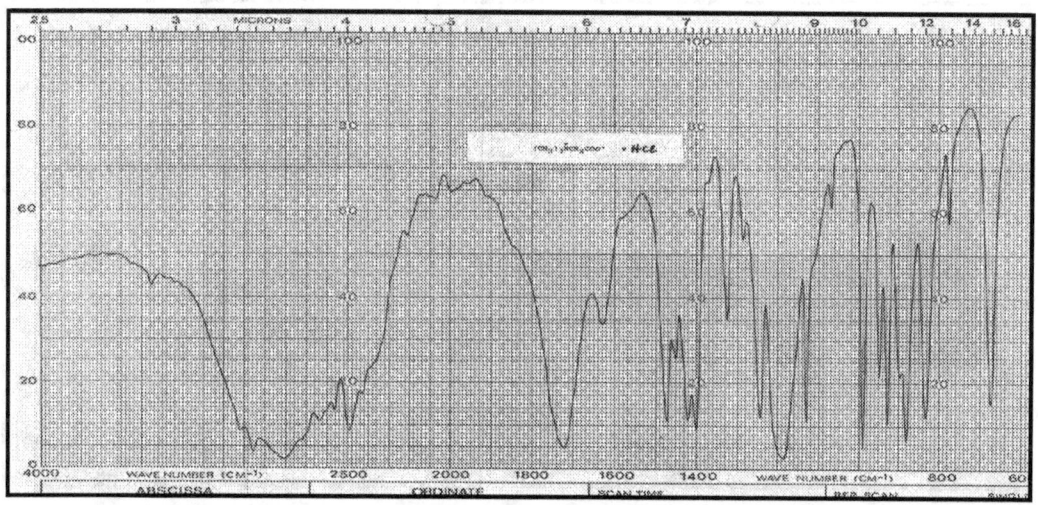

**357- Betaina cloridrato**

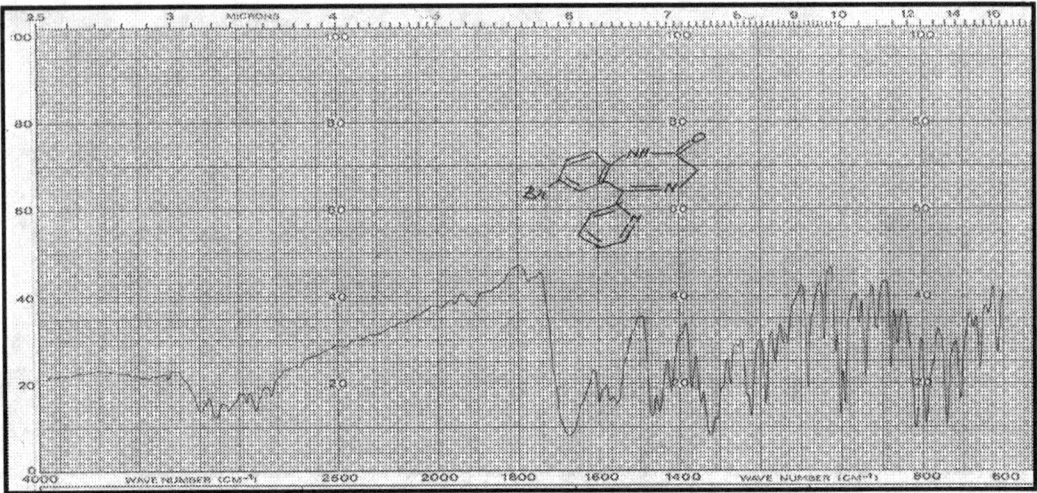

**358- Bromazepam**

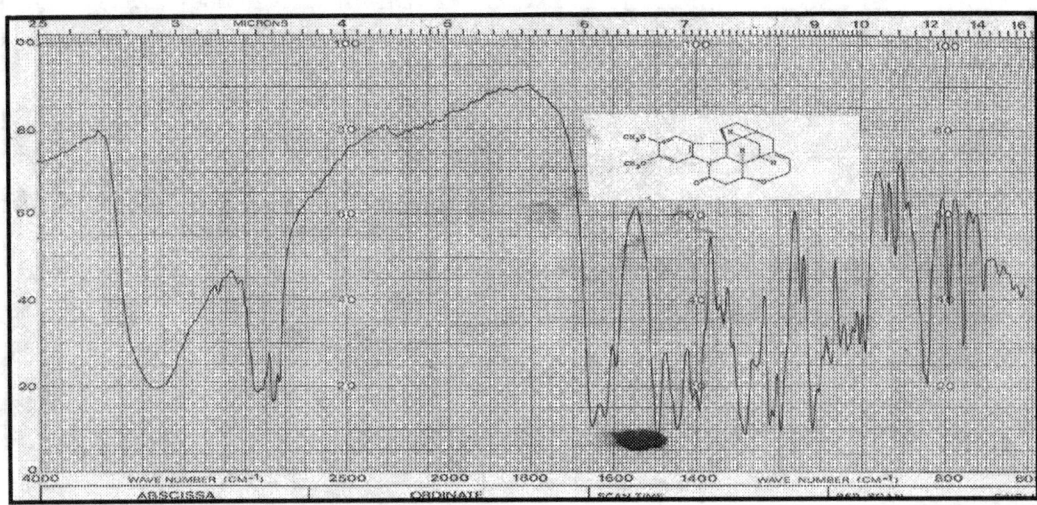

**359- Brucina**

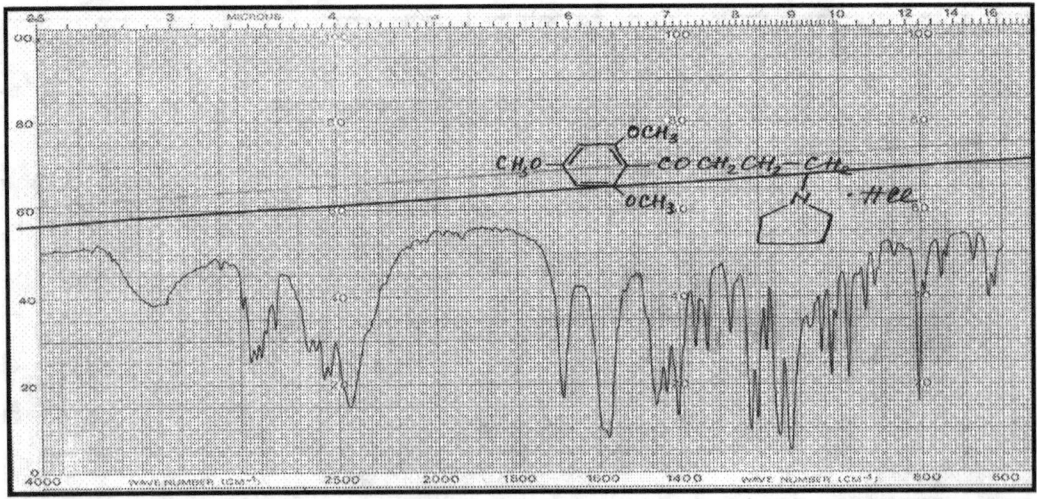

**360- Buflomedil cloridrato**

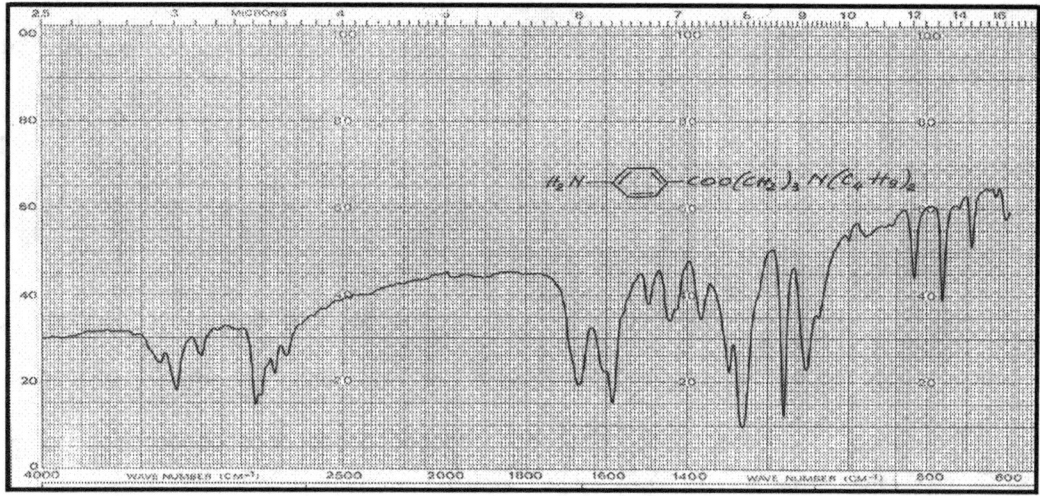

**361- Butacaina base**

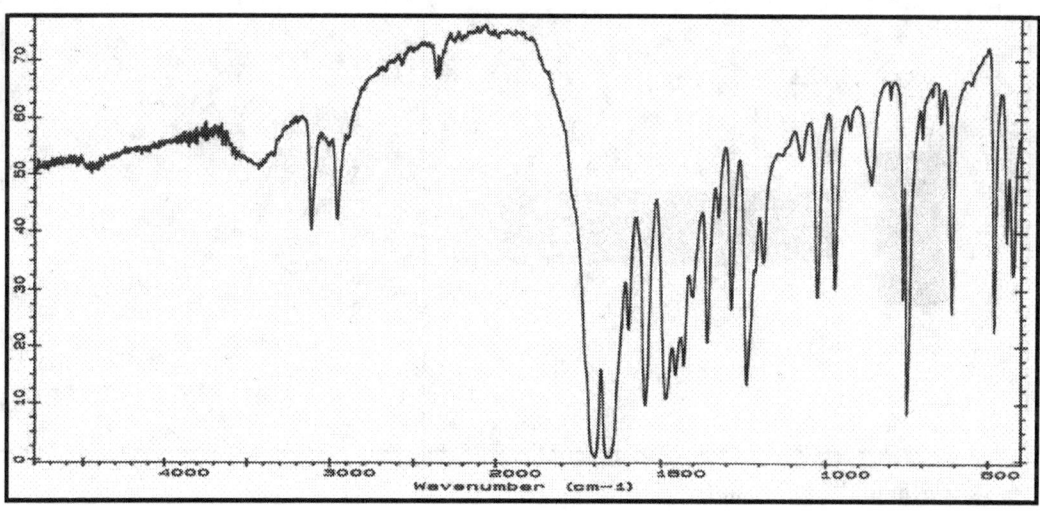

**362- Caffeina**

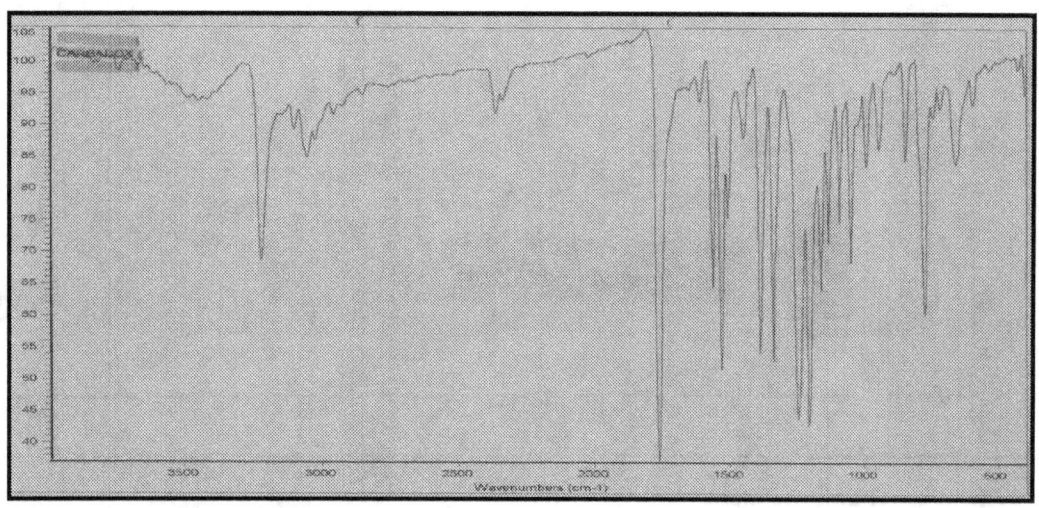

**363 - Carbadox**

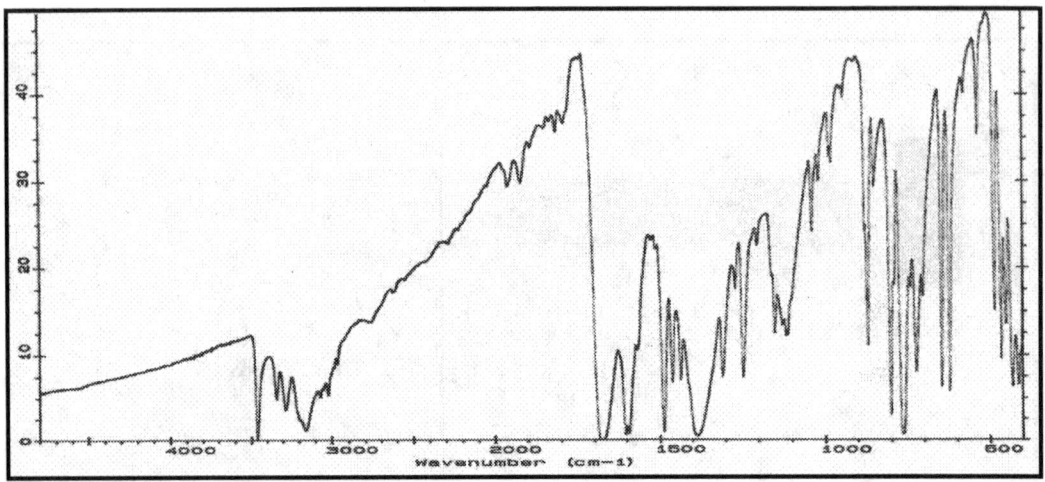

**364 - Carbamazepina**

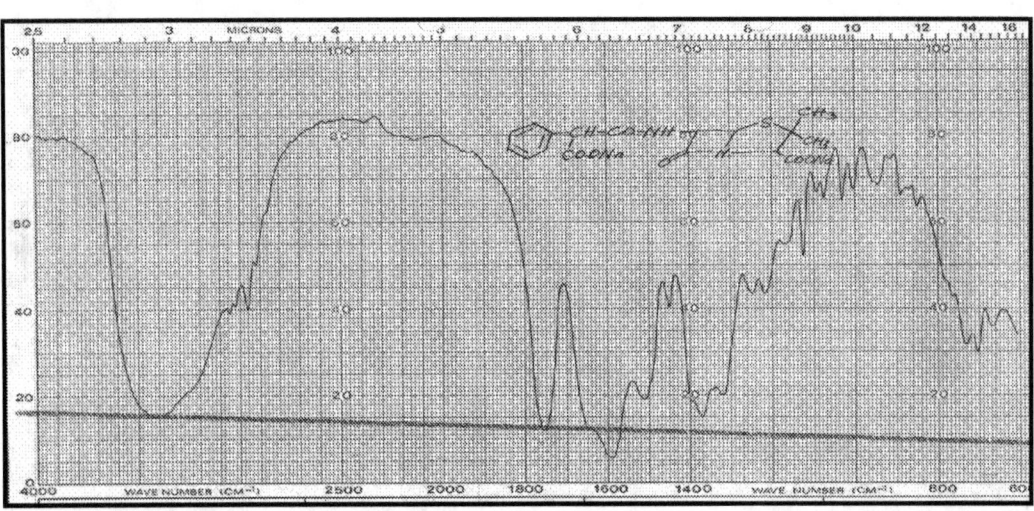

**365 - Carbenicillina disodica**

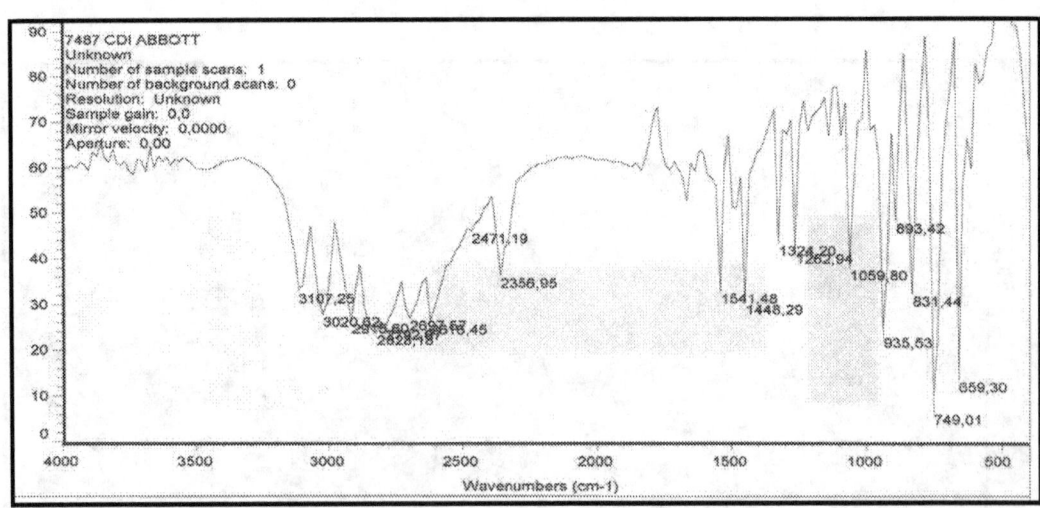

**366 - Carbonildiimidazolo**

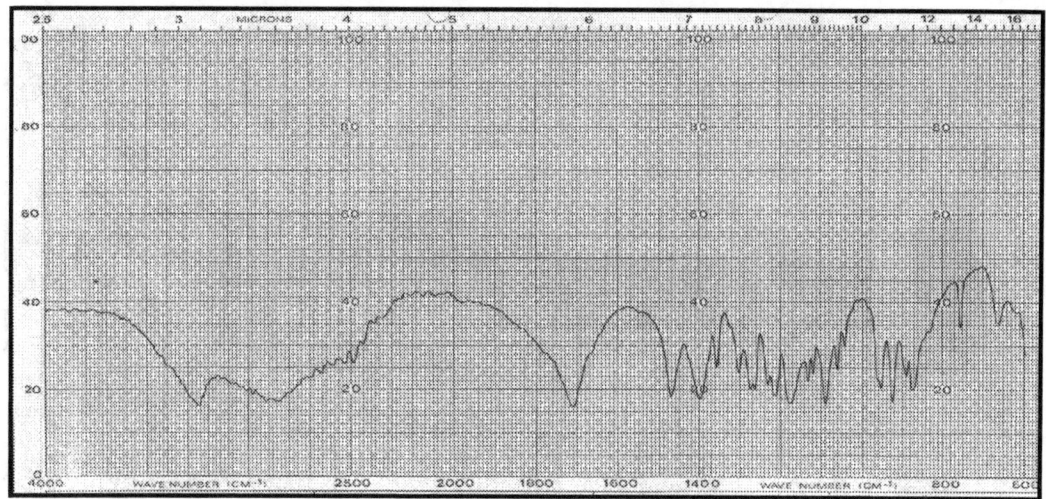

**367 - Carnitina cloridrato**

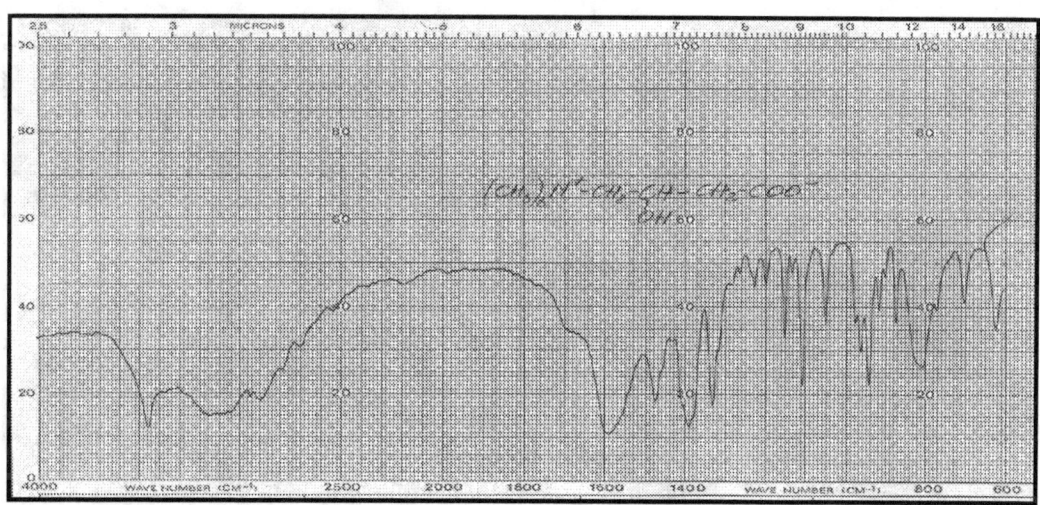

**368 - Carnitina**

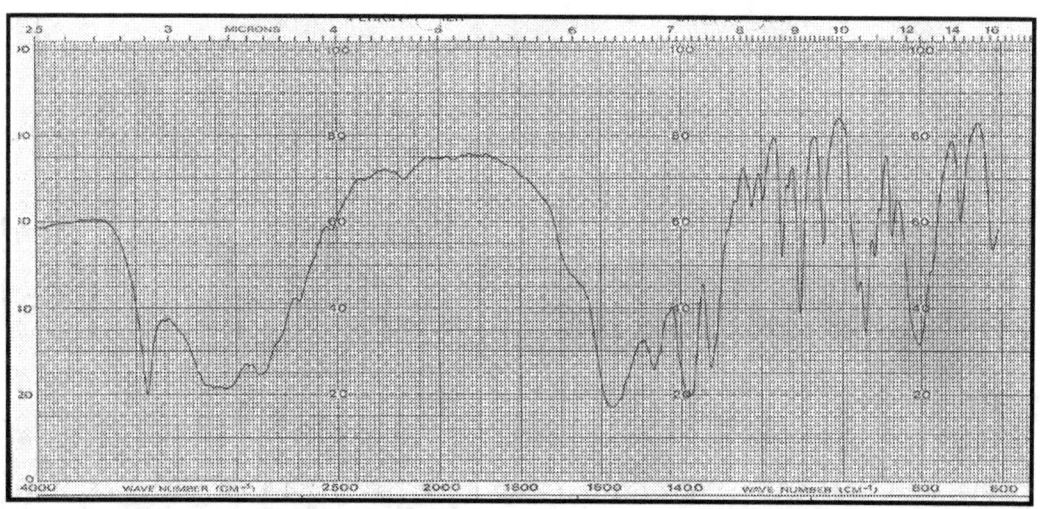

**369 - Carnitina sale interno**

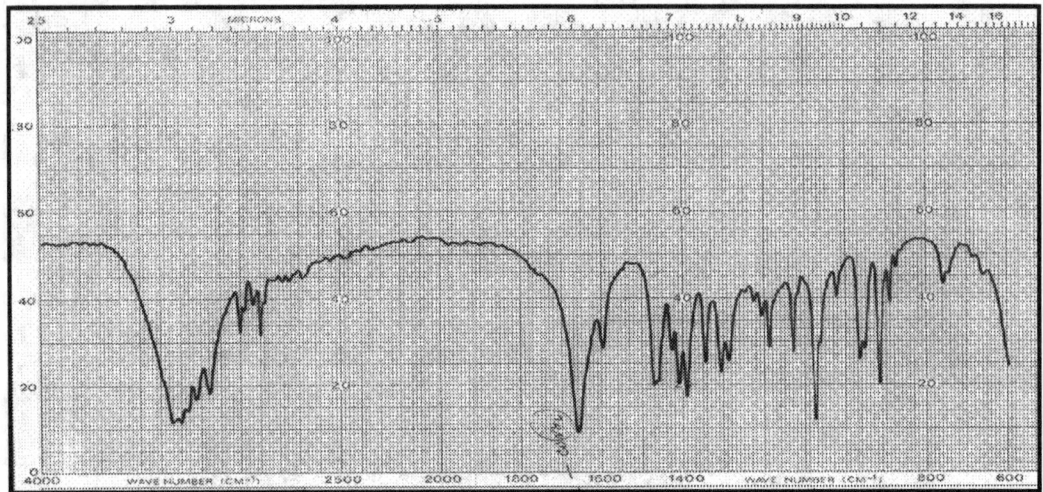

**370 - Carnitinamide**

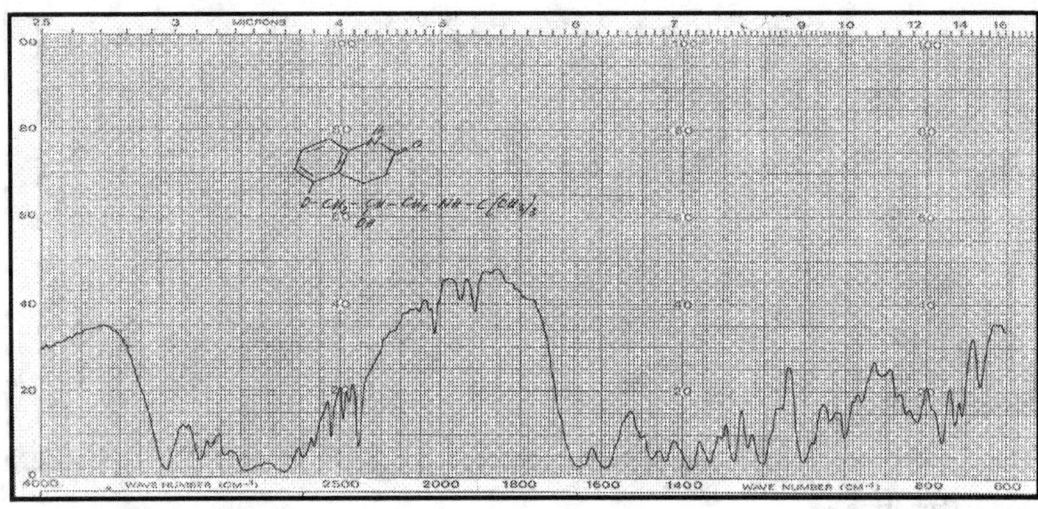

**371 - Carteololo cloridrato**

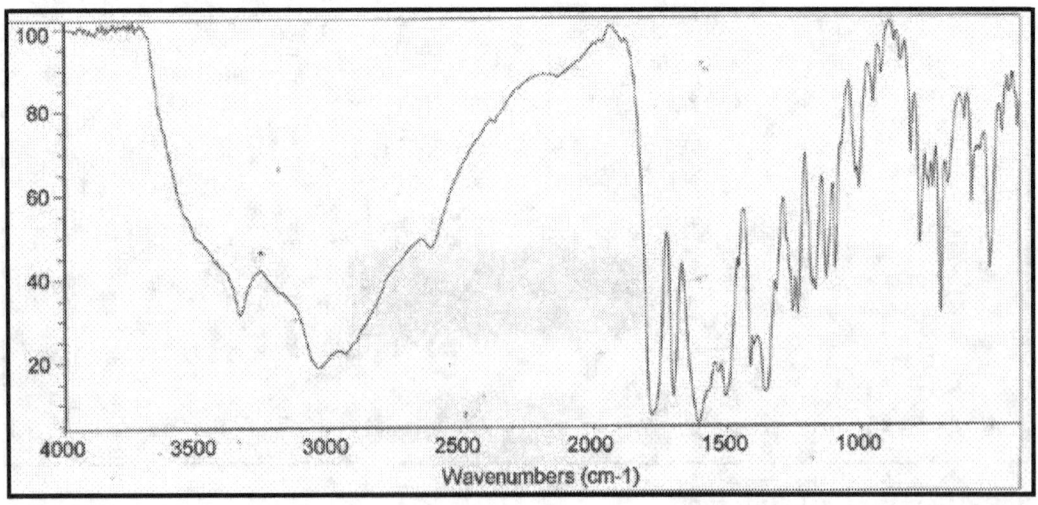

**372 - Cefaclor monoidrato**

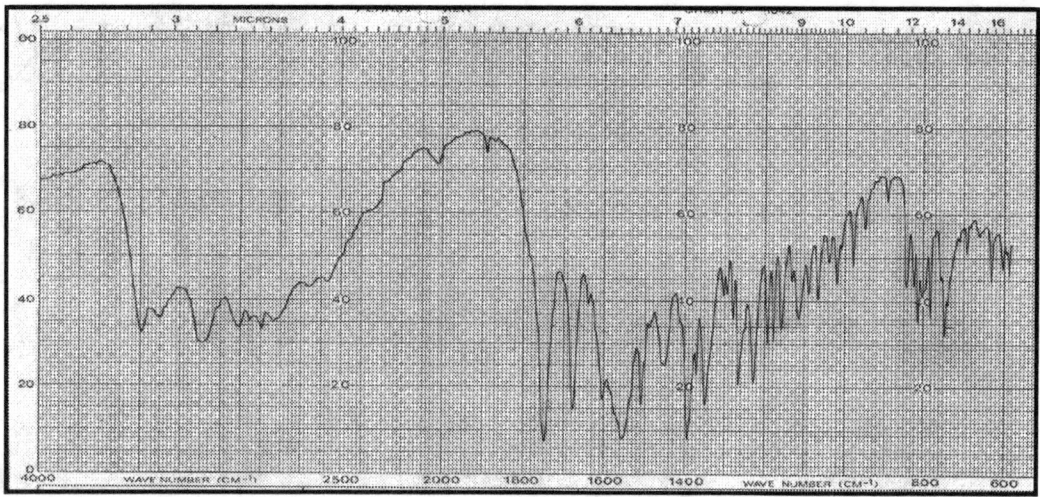

**373 - Cefadroxil monoidrato**

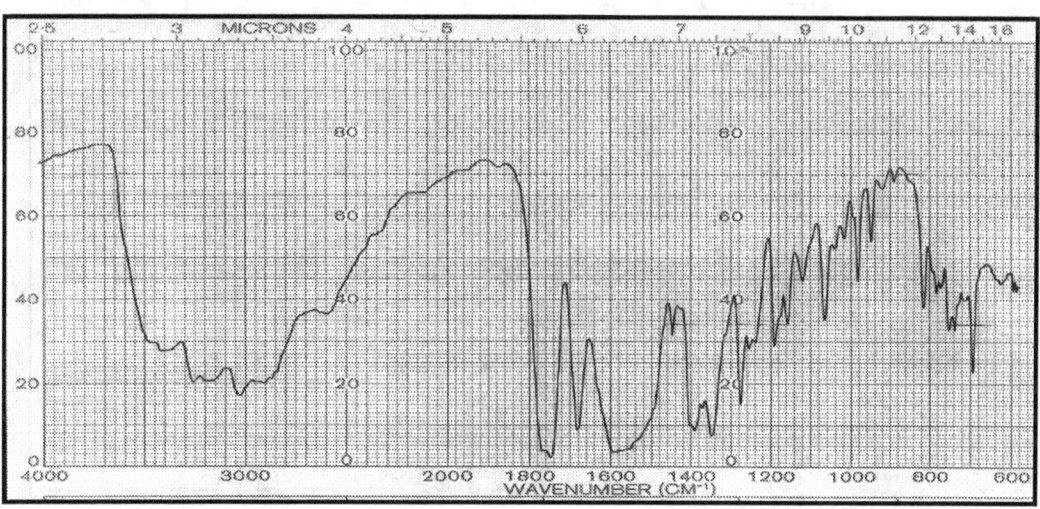

**374 - Cefalexin monoidrato**

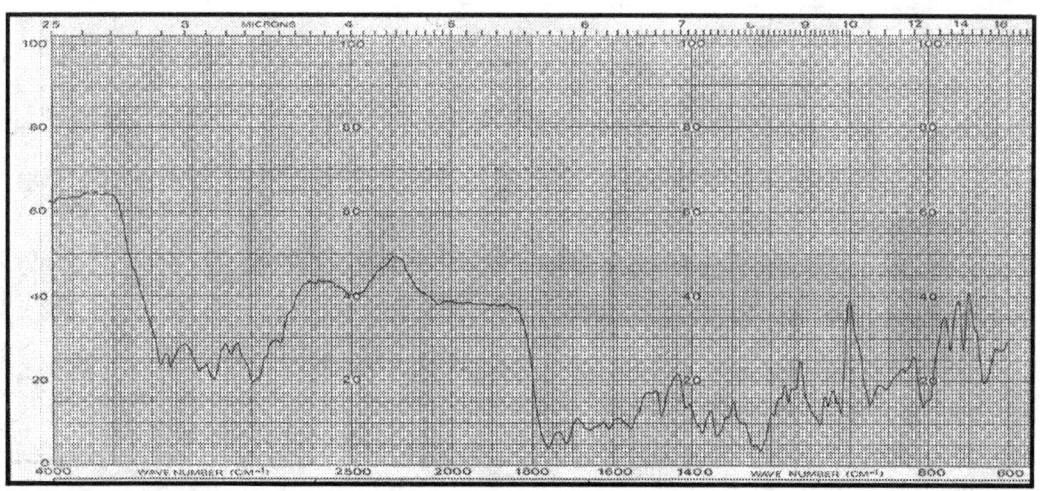

**375 - Cefapirina acido**

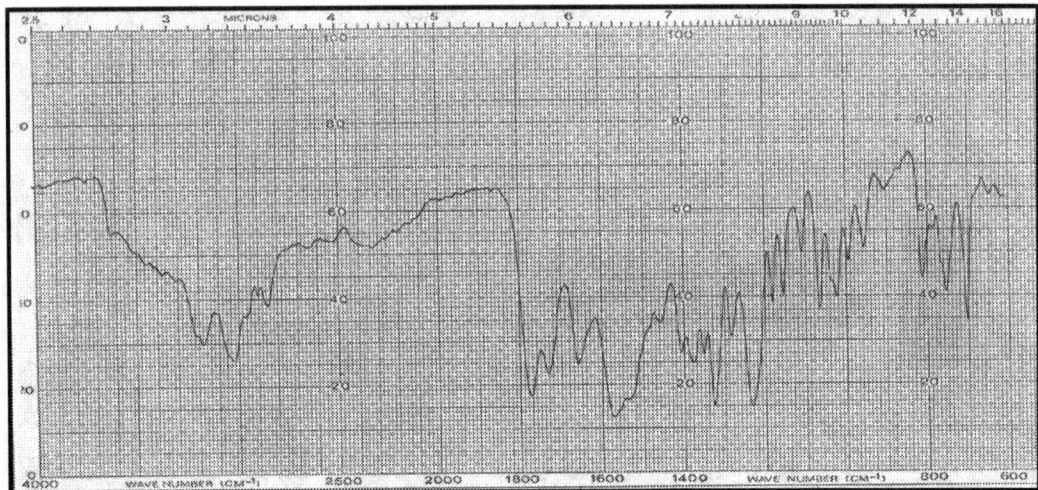

**376 - Cefapirina – dibenziletilendiamina**

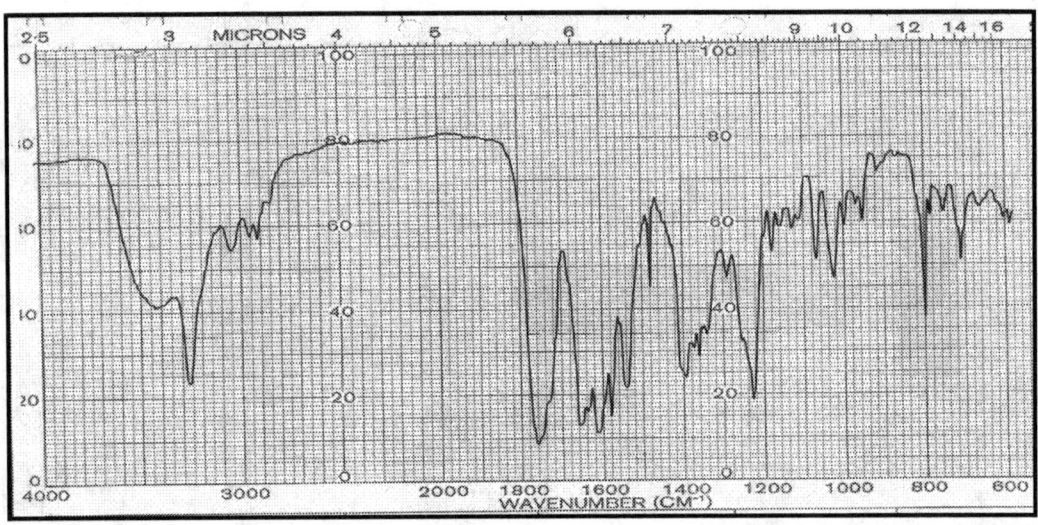

**377 - Cefapirina sodica**

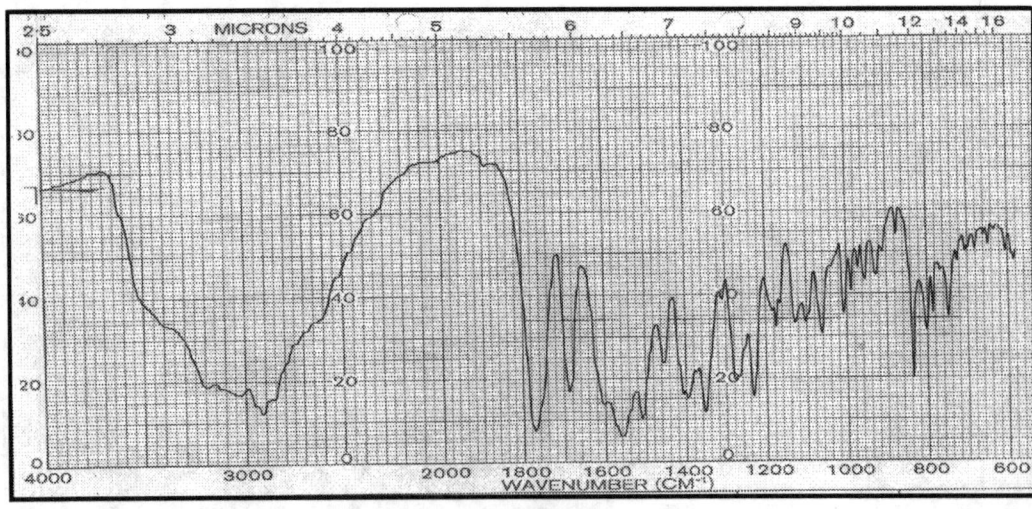

**378 - Cefatrizina propilenglicolato**

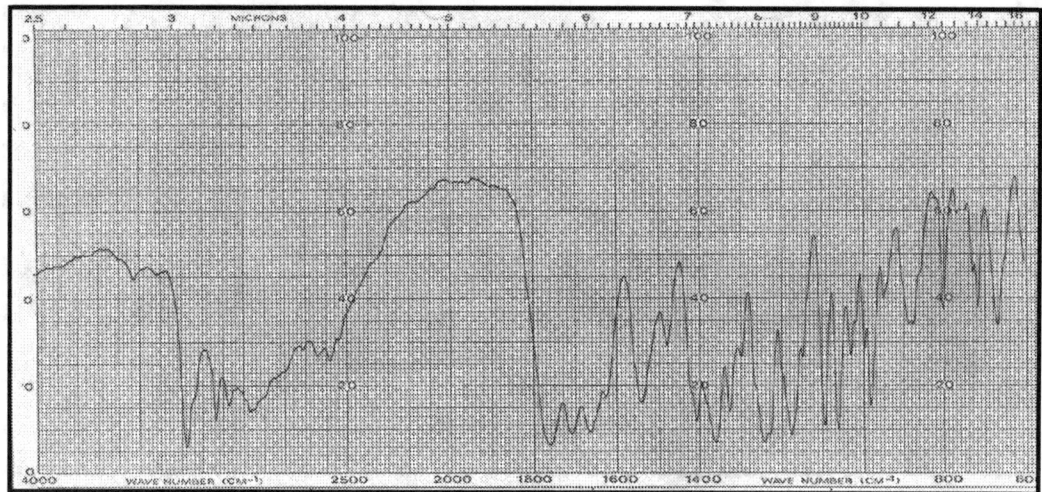

**379 - Cefazolina acido**

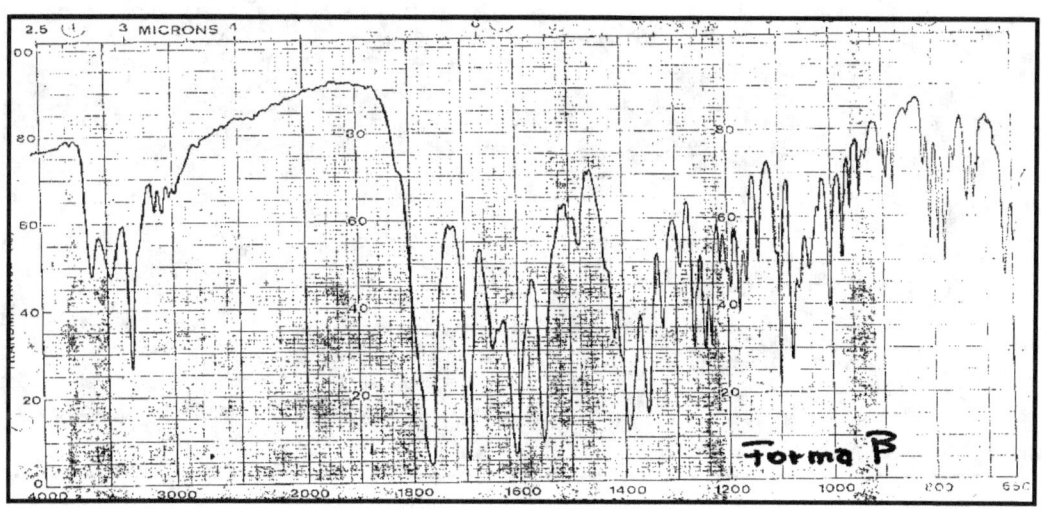

**380 - Cefazolina sodica**

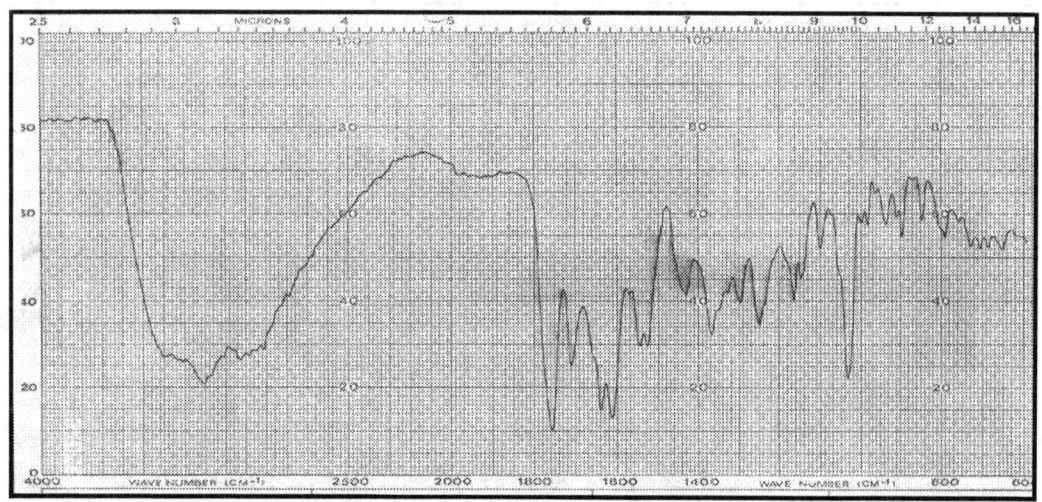

**381 - Cefepime**

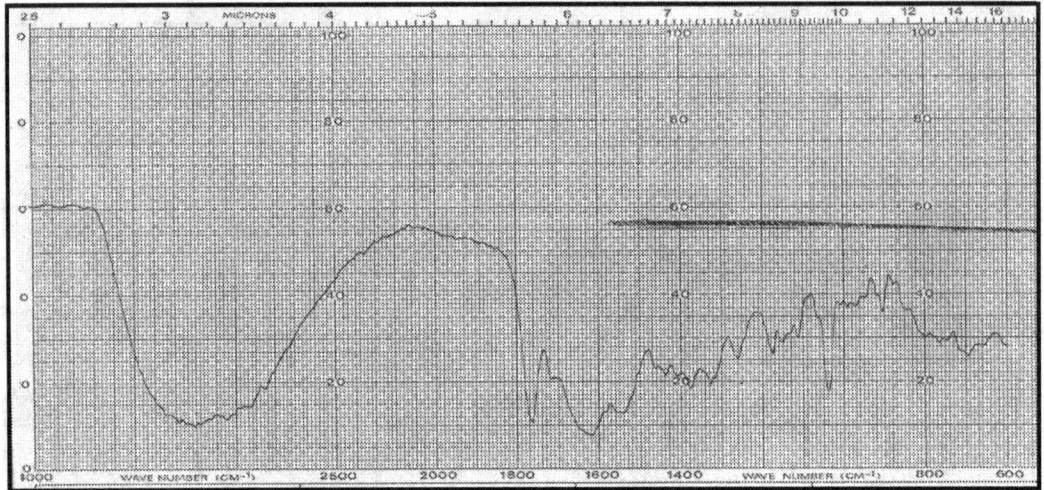

**382 - Cefepime + L-Arginina**

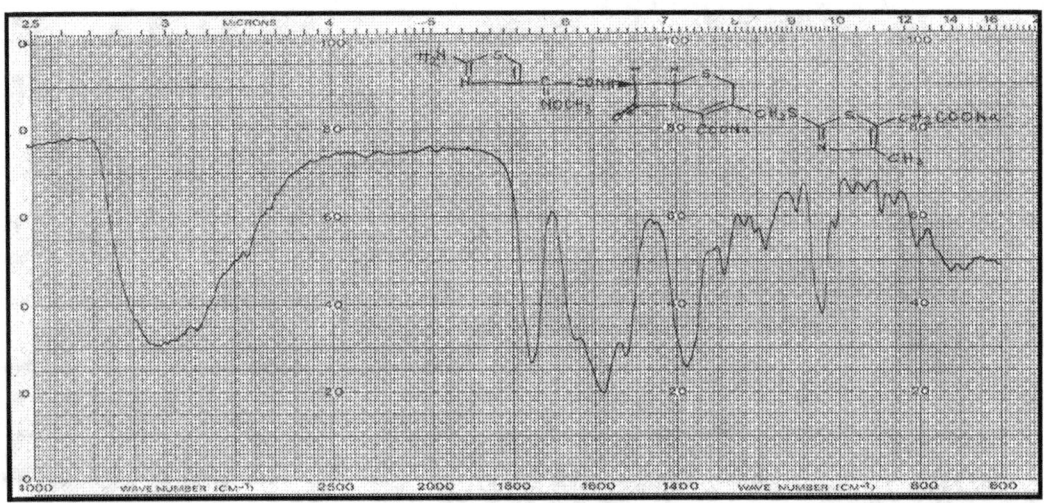

**383 - Cefodizim sodico**

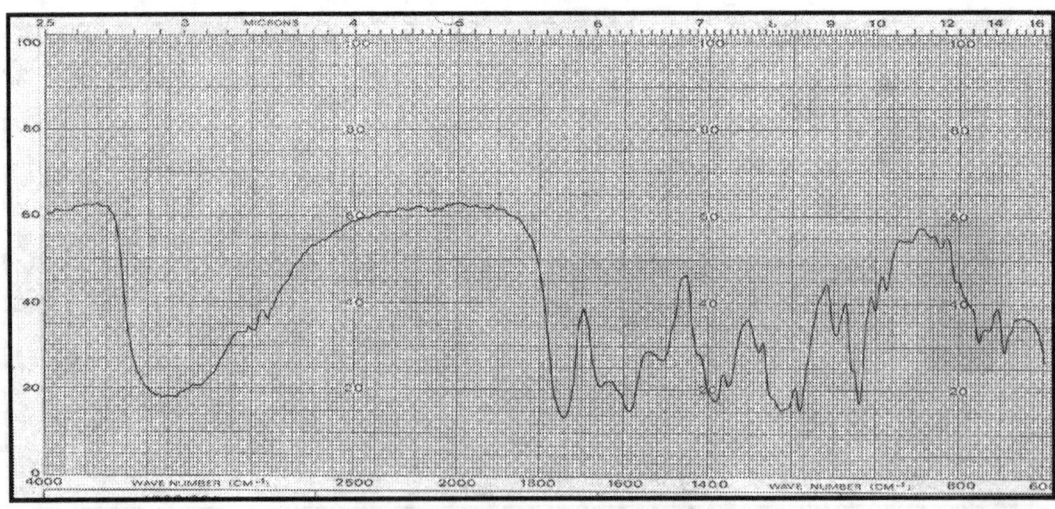

**384 - Cefonicid**

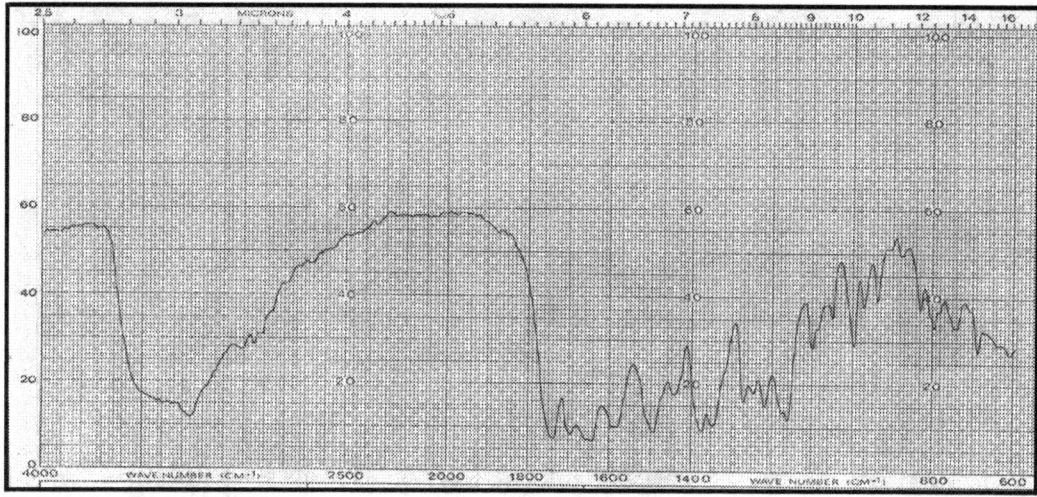

**385 - Cefoperazone sodico**

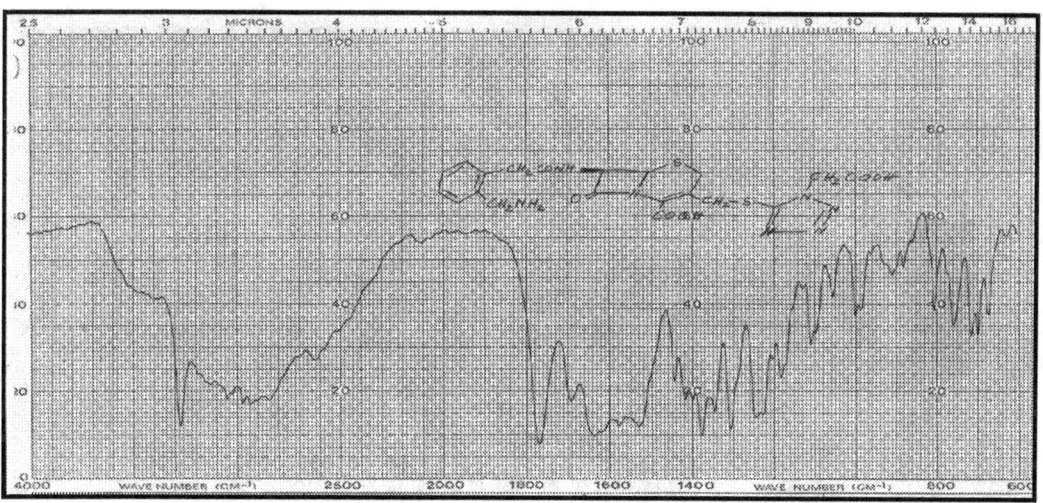

**386 - Ceforanide acido**

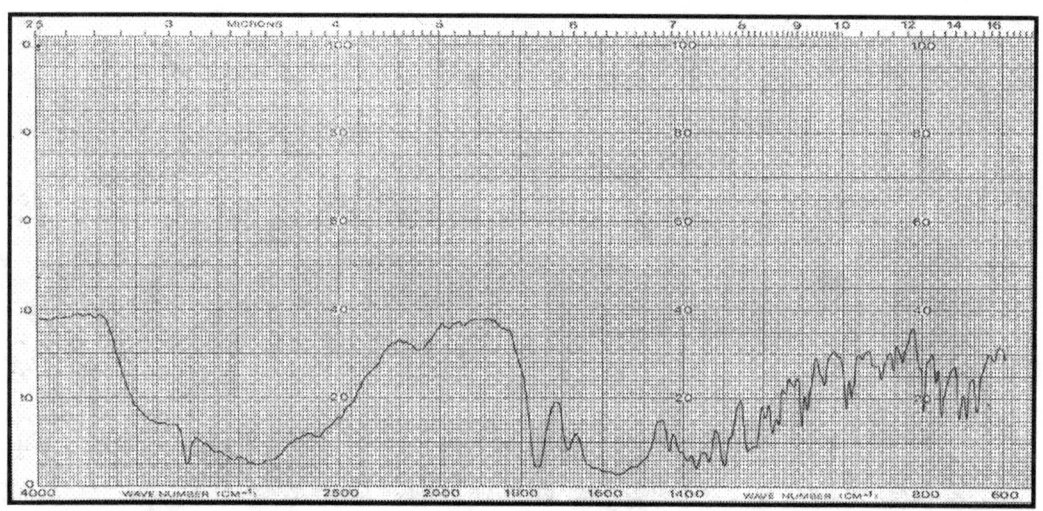

**387 - Ceforanide + Lisina**

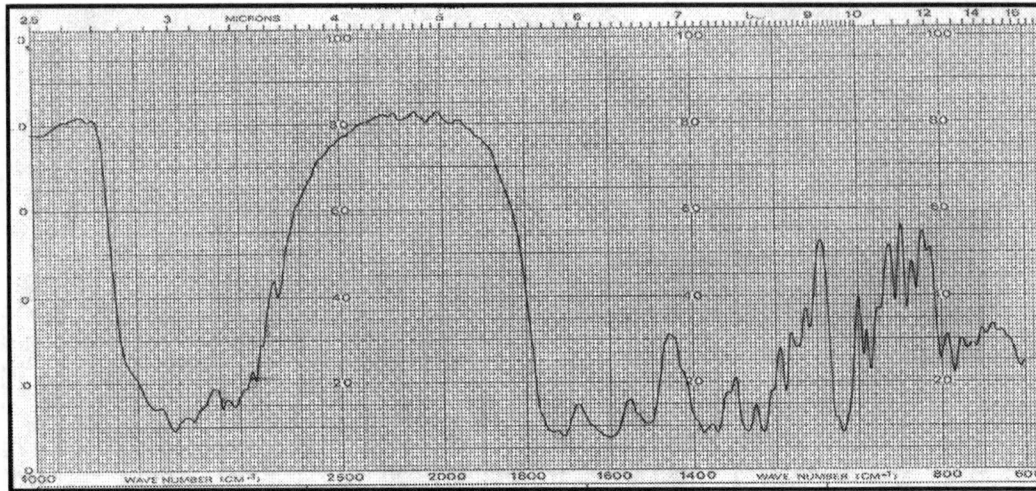

**388 - Cefotaxim**

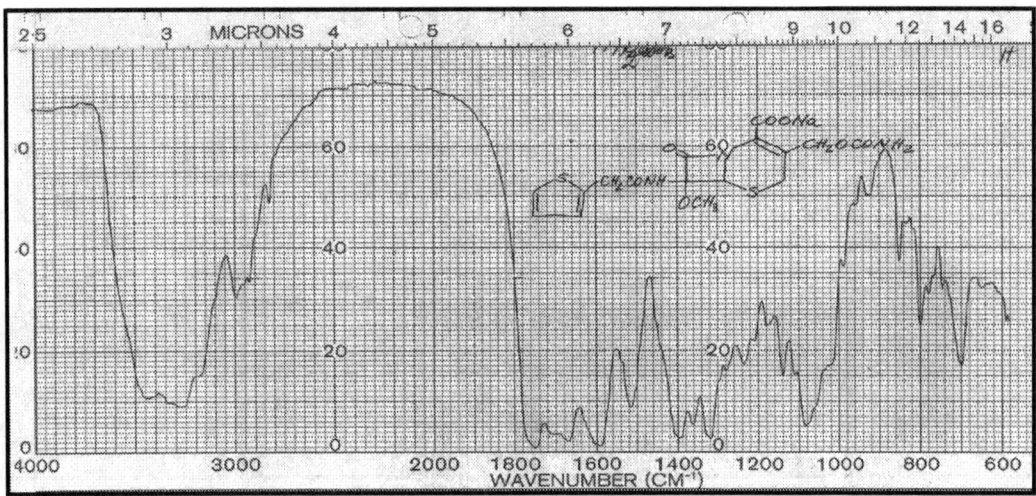

**389 - Cefoxitin**

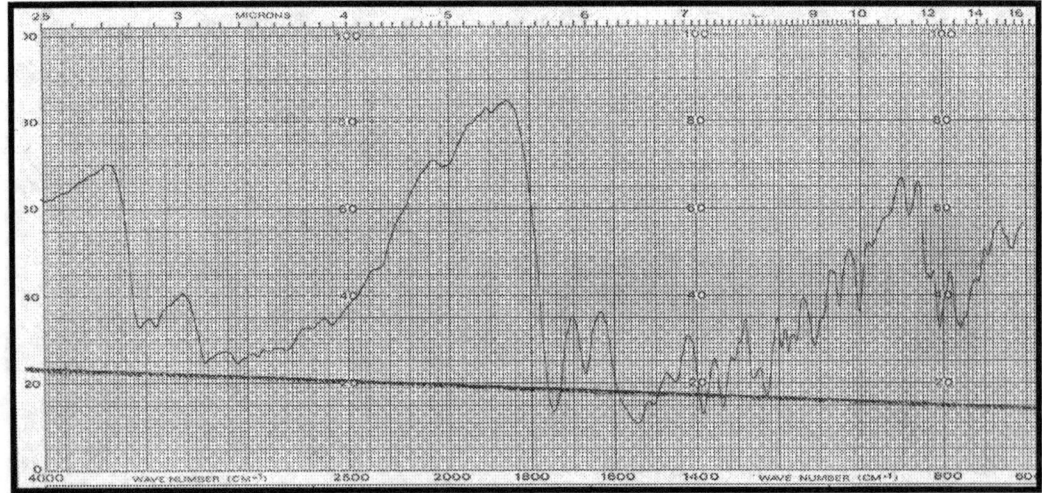

**390 - Cefprozil**

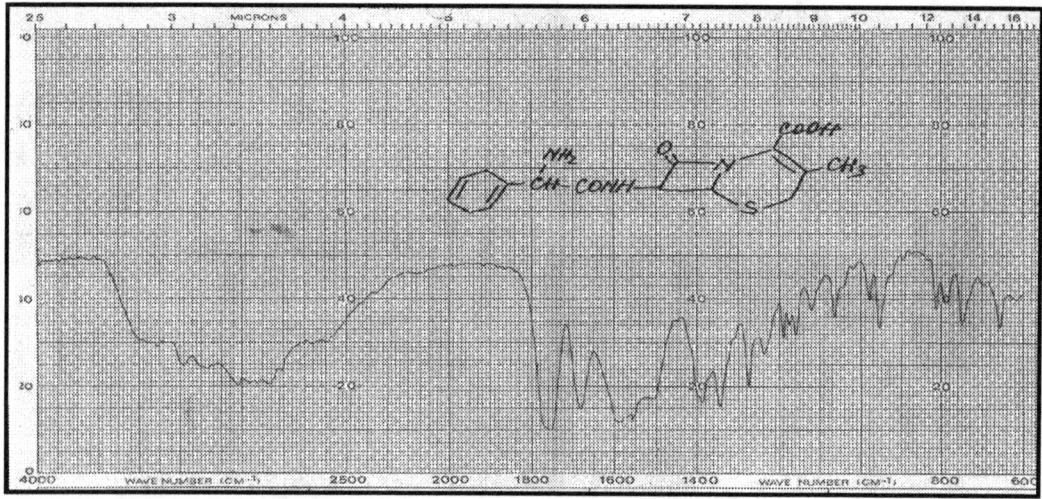

**391 - Cefradina**

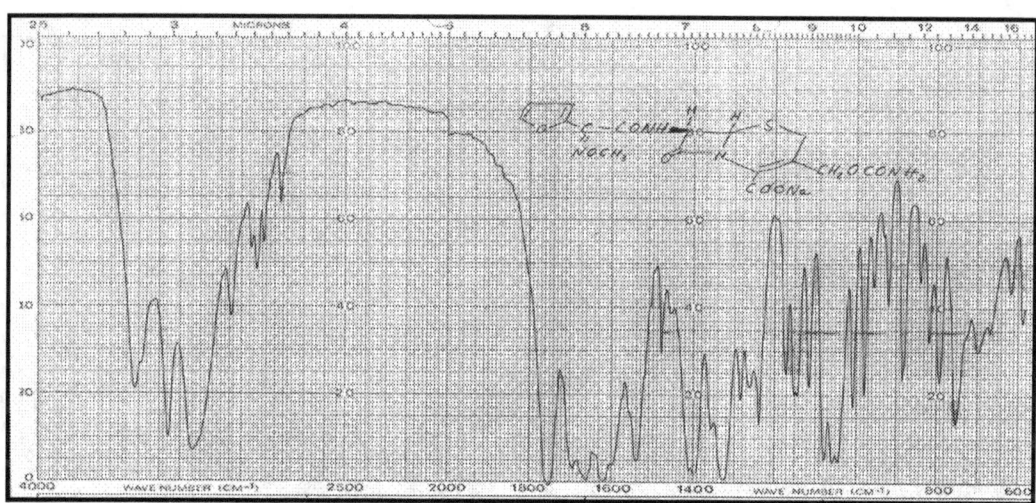

**392 - Cefuroxima sodica**

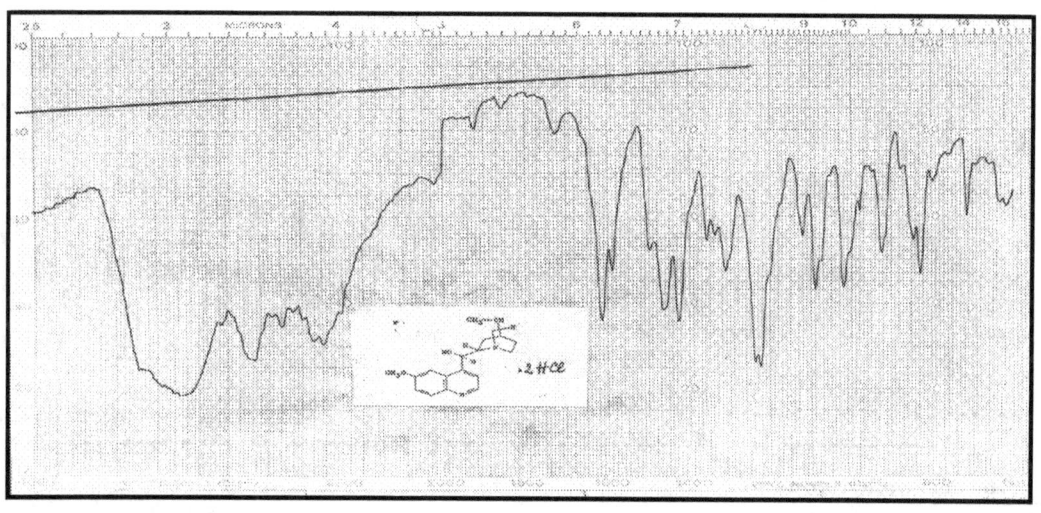

**393 - Chinina dicloridrato**

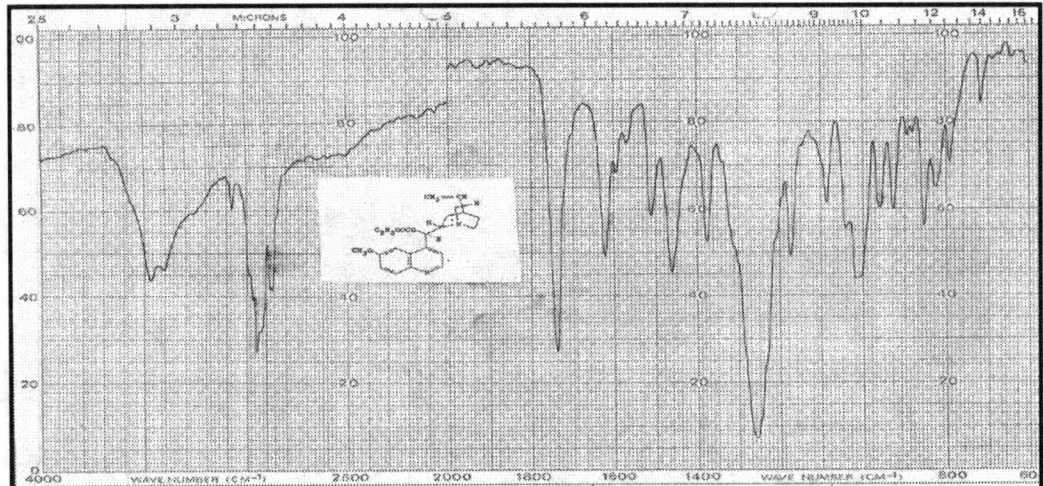

**394 - Chinina etilcarbonato**

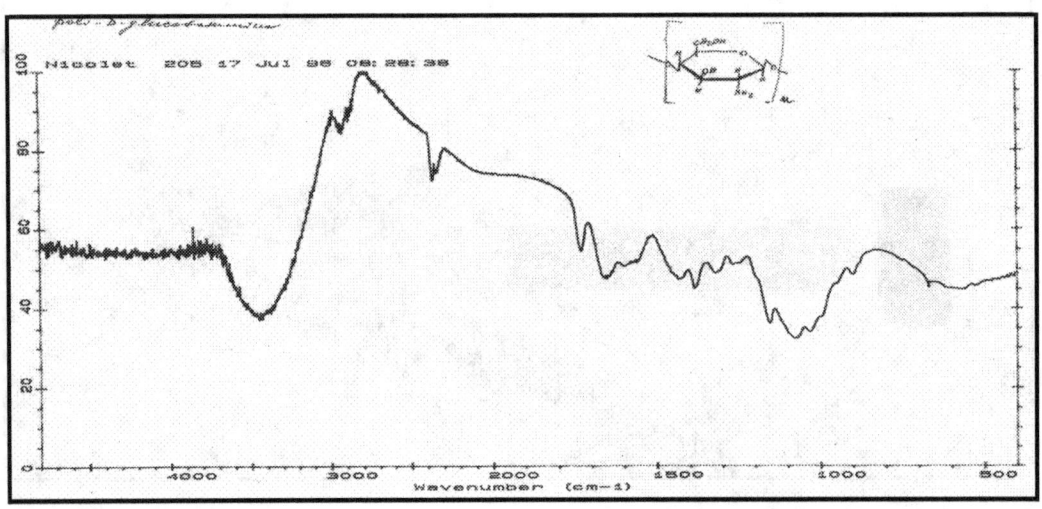

**395 - Chitosano**

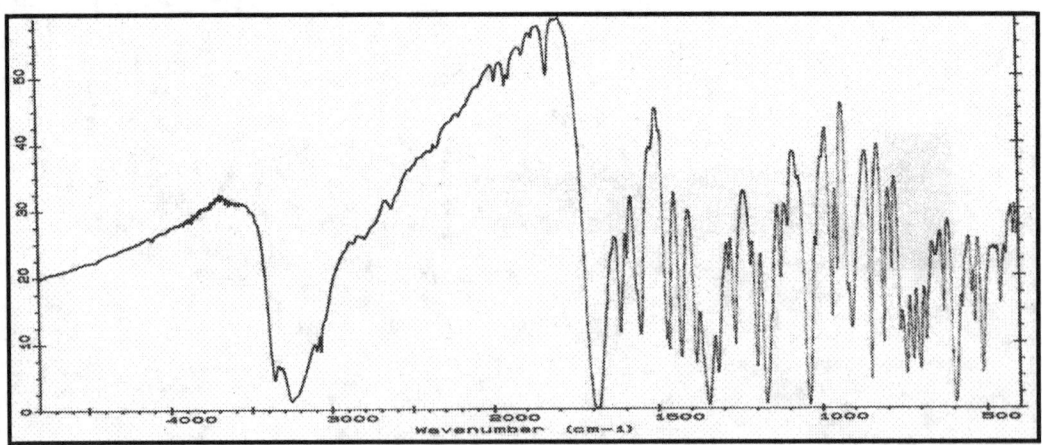

**396 - Chlorthalidone**

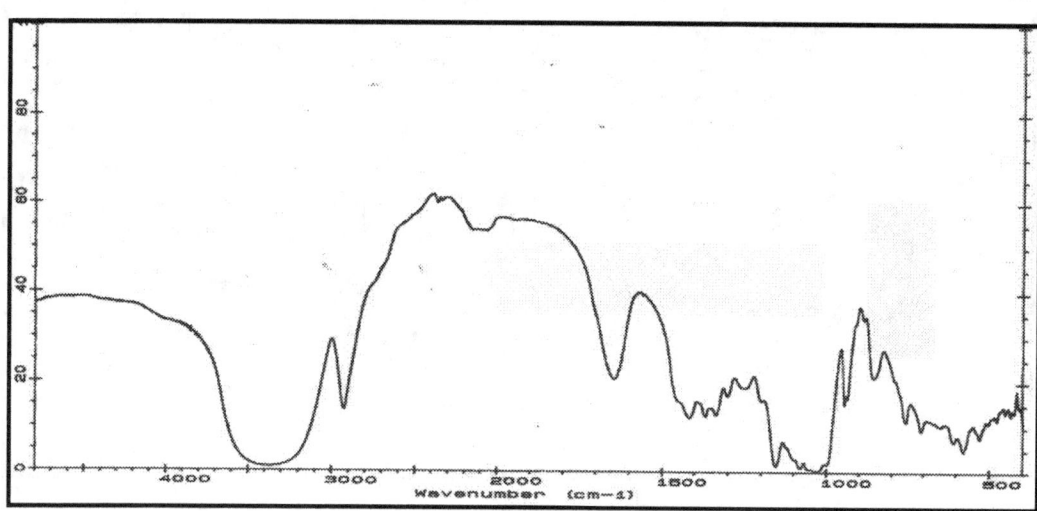

**397 - β-ciclodestrina**

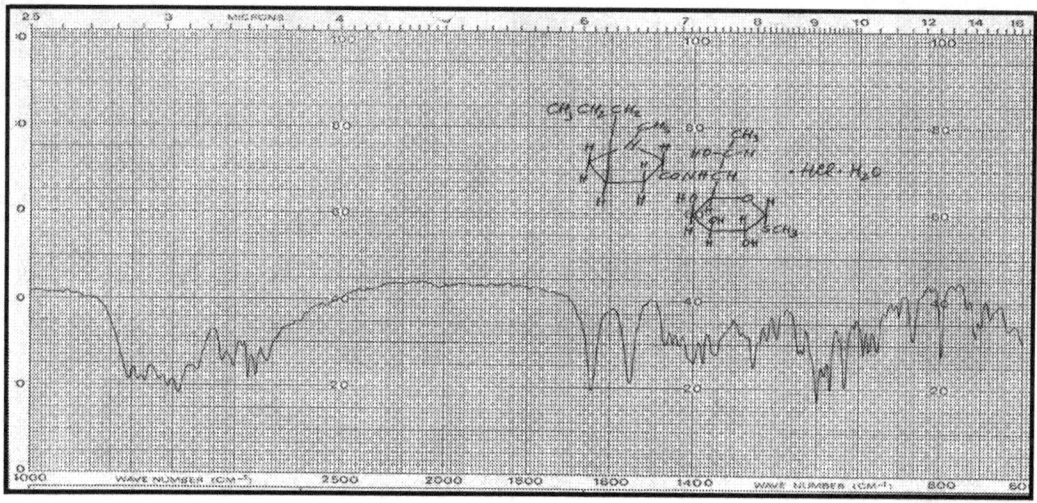

**398 - Cillimicina**

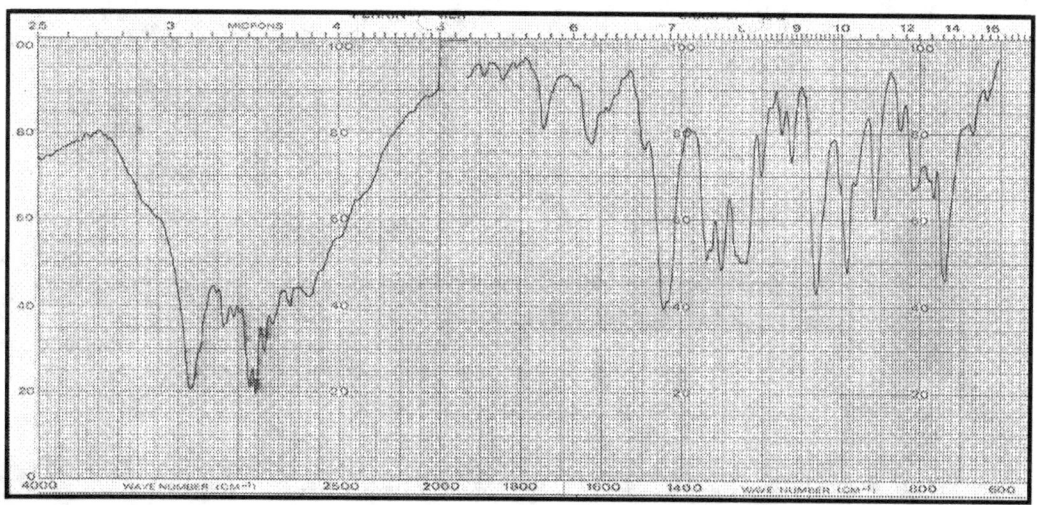

**399 - Cinconamina**

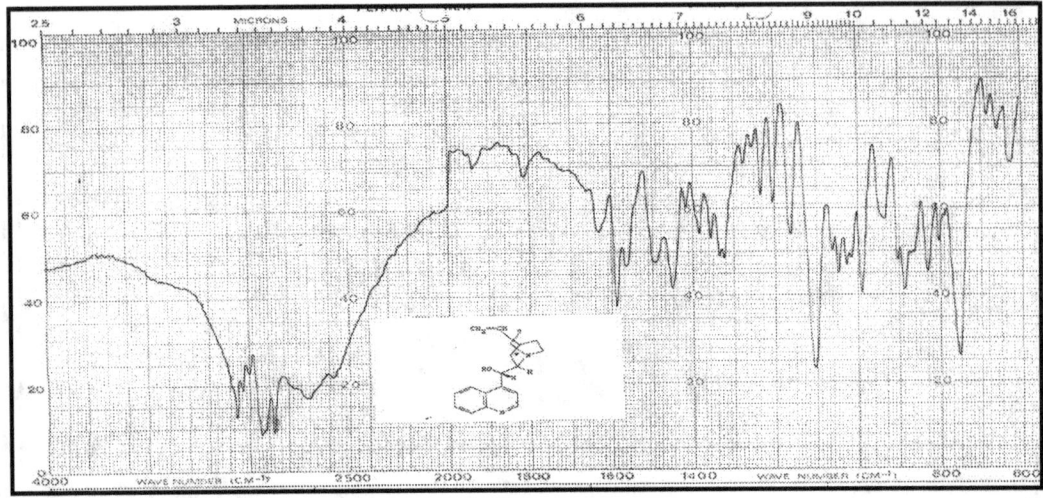

**400 - Cinconina**

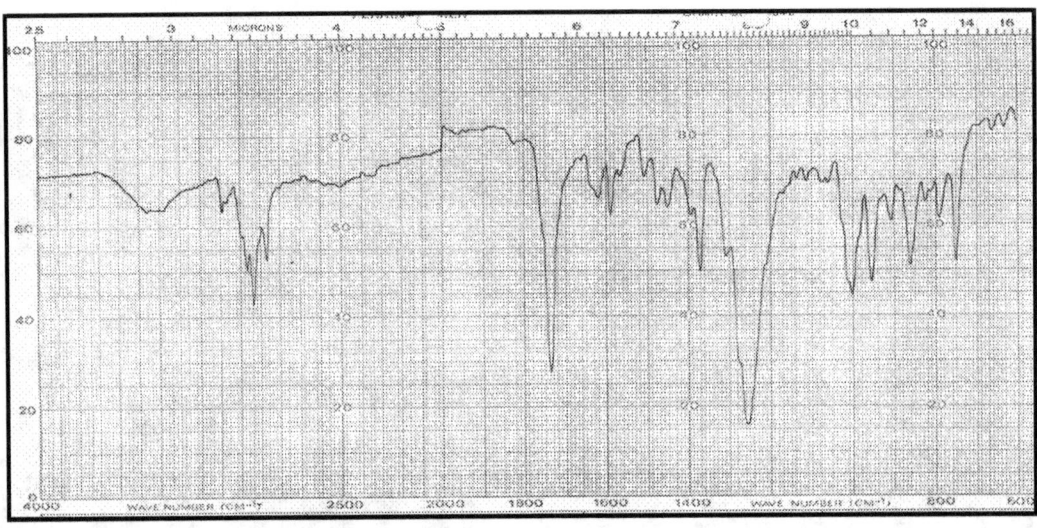

**401 - Cinconina etilcarbonato**

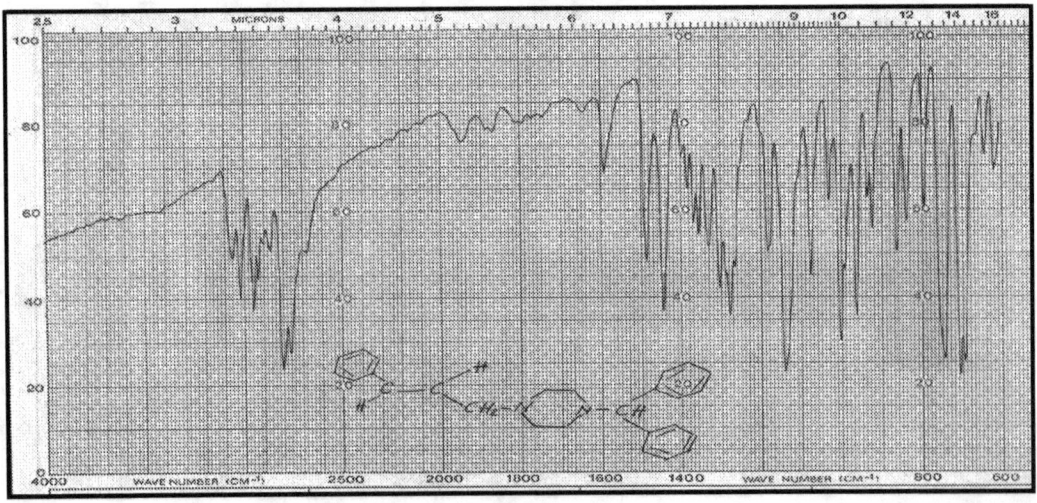

**402 - Cinnarizina base**

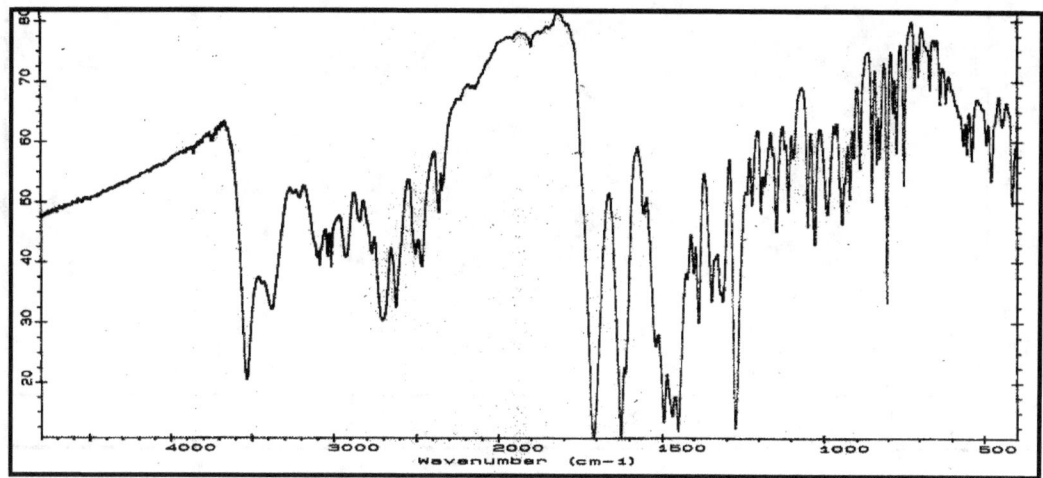

**403 - Ciprofloxacina**

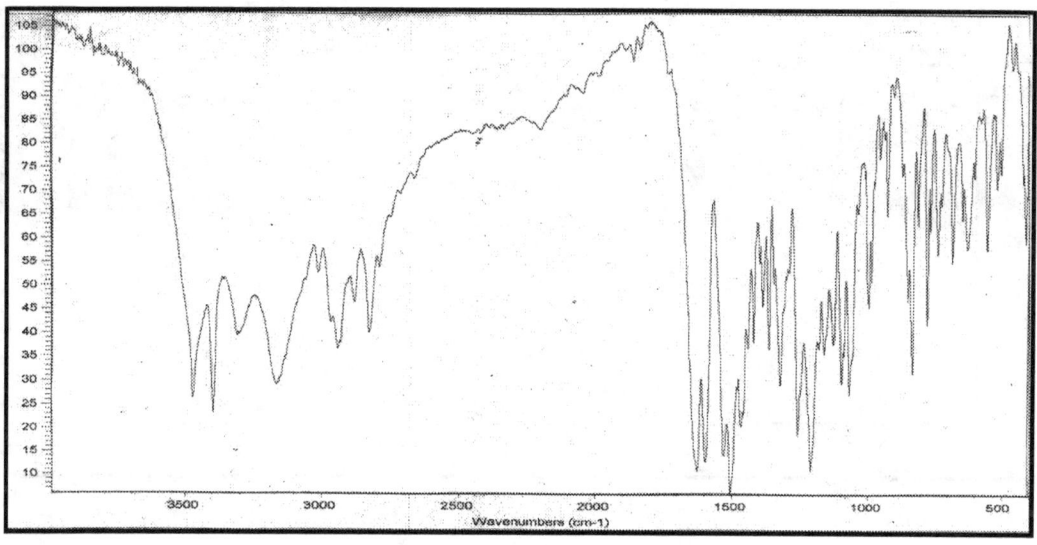

**404 - Cisapride**

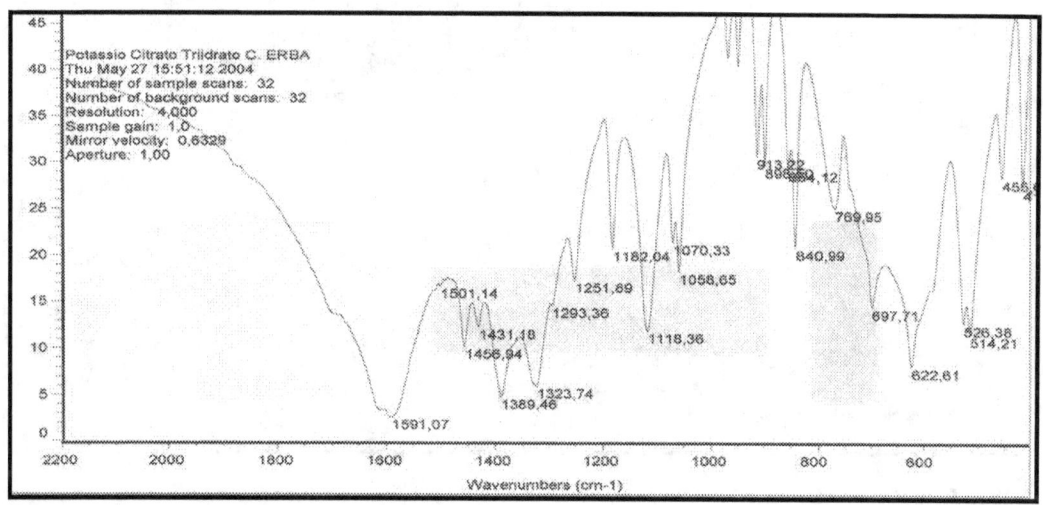

**405 - Citrato di potassio triidrato**

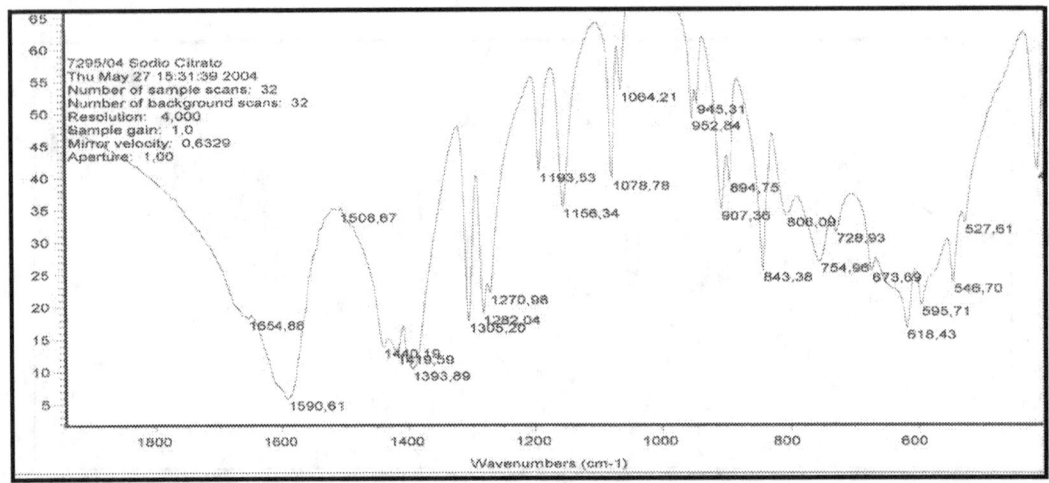

**406 - Citrato di sodio**

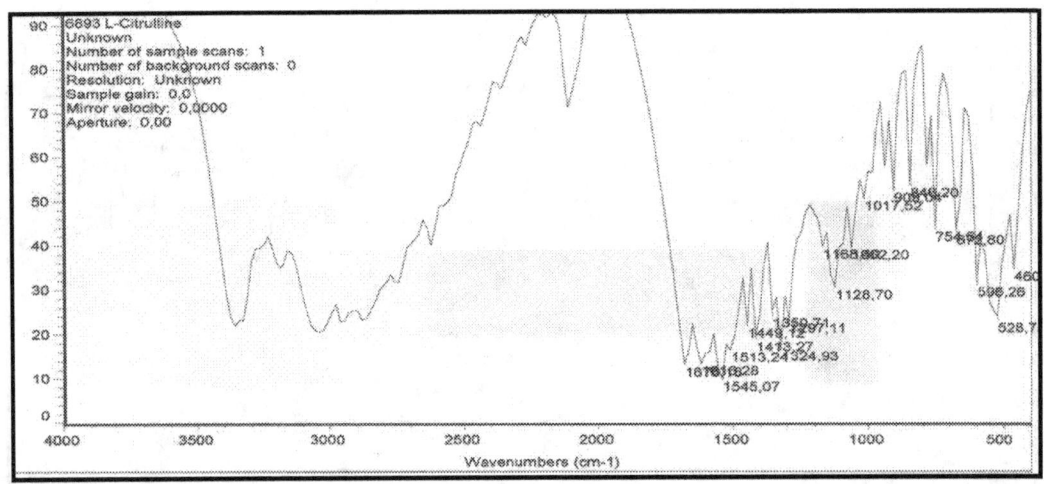

**407 - L-Citrullina**

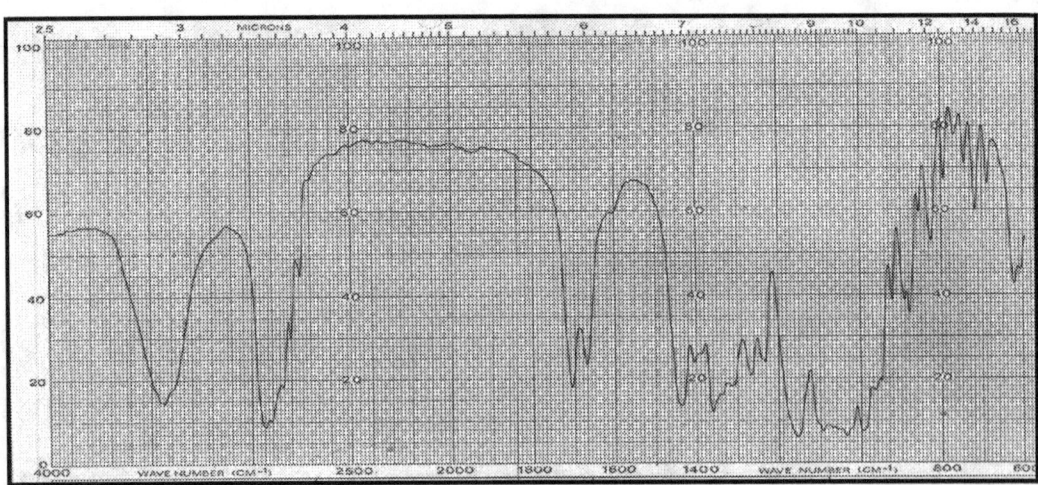

**408 - Claritromicina**

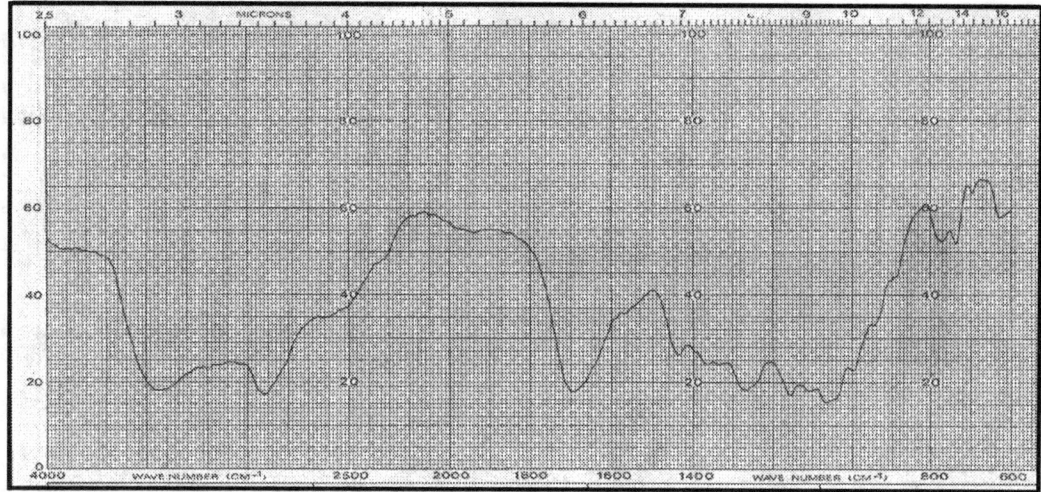

**409 - Claritromicina + Carbopol**

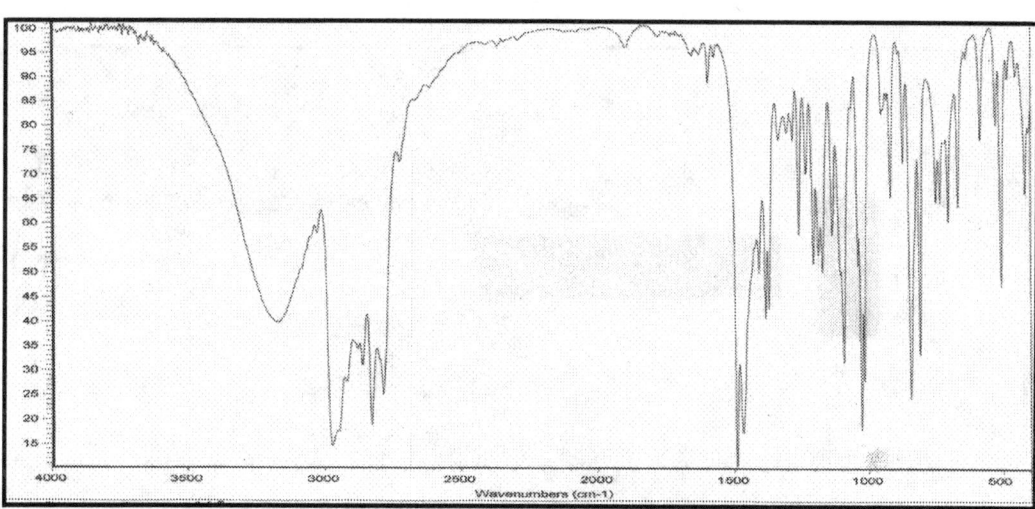

**410 - Clobutinolo base**

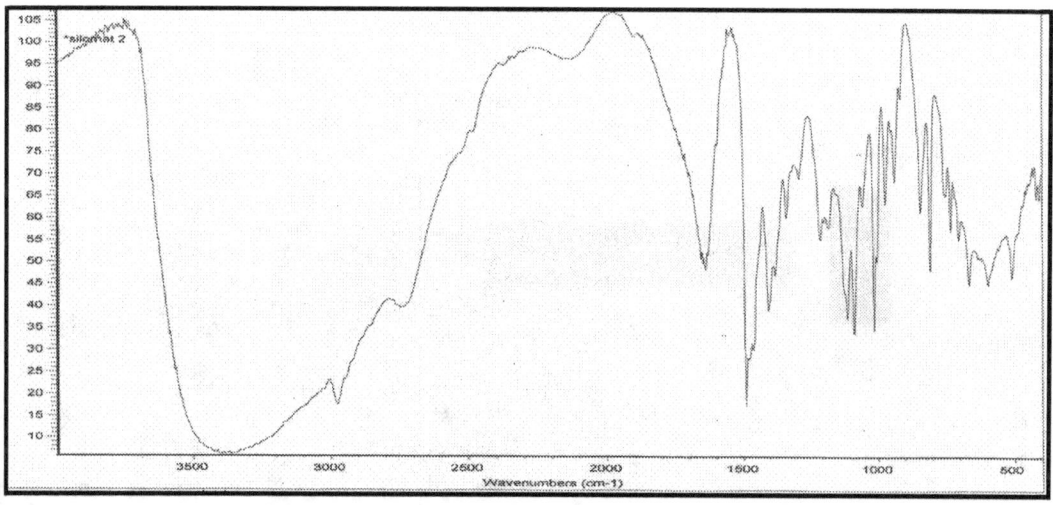

**411 - Clobutinolo cloridrato**

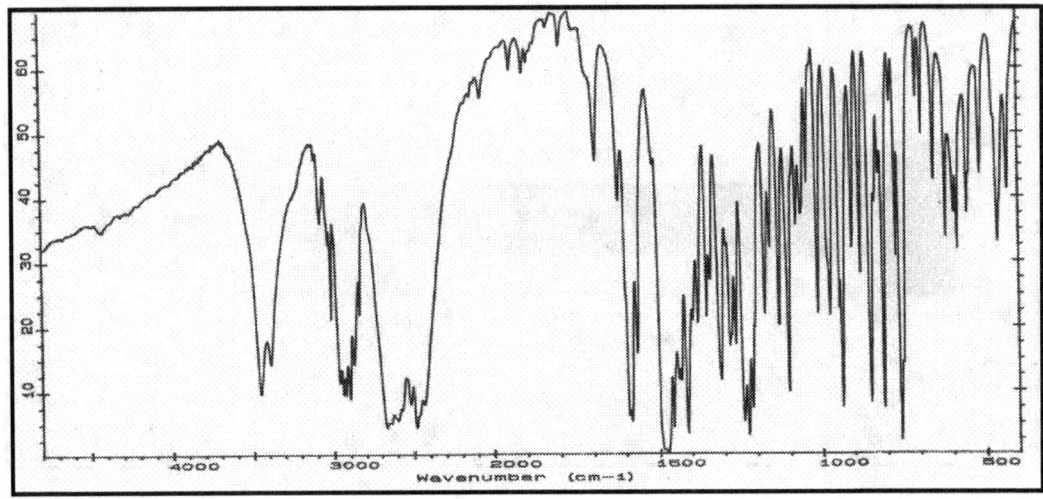

**412 - Clomipramina cloridrato**

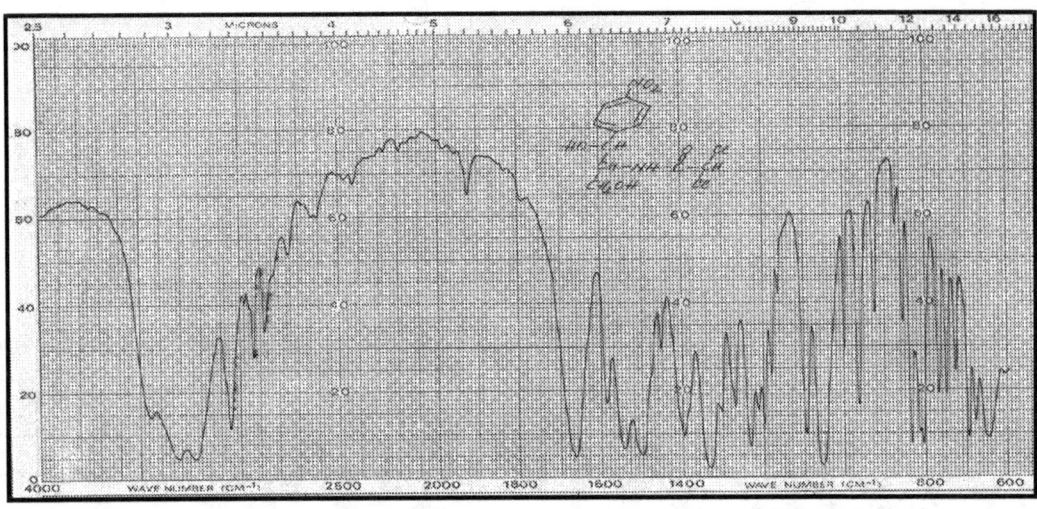

**413 - Cloramfenicolo**

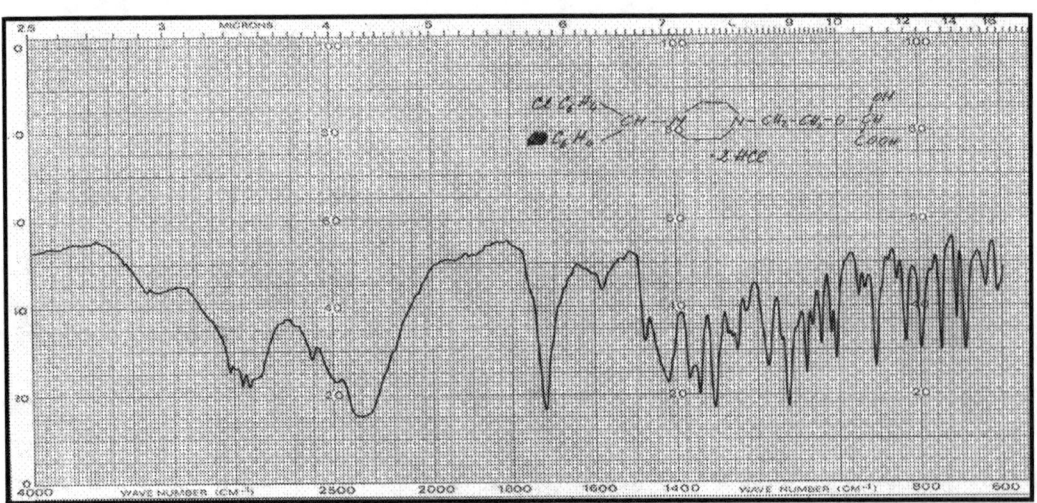

**414 - N-(4-clorobenzidril)-N'-[2-(idrossicarbossilmetilossi)etil]-piperazina**

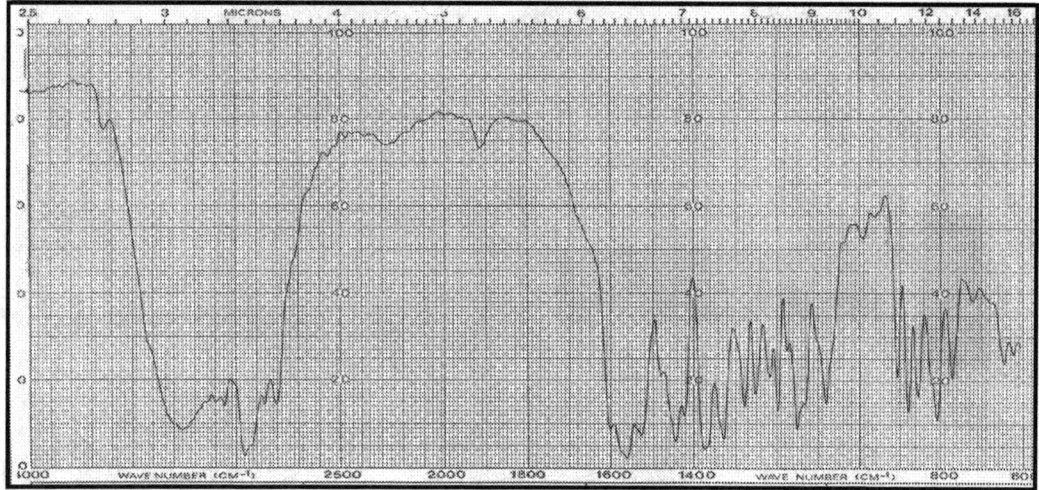

**415 - Clorochina base**

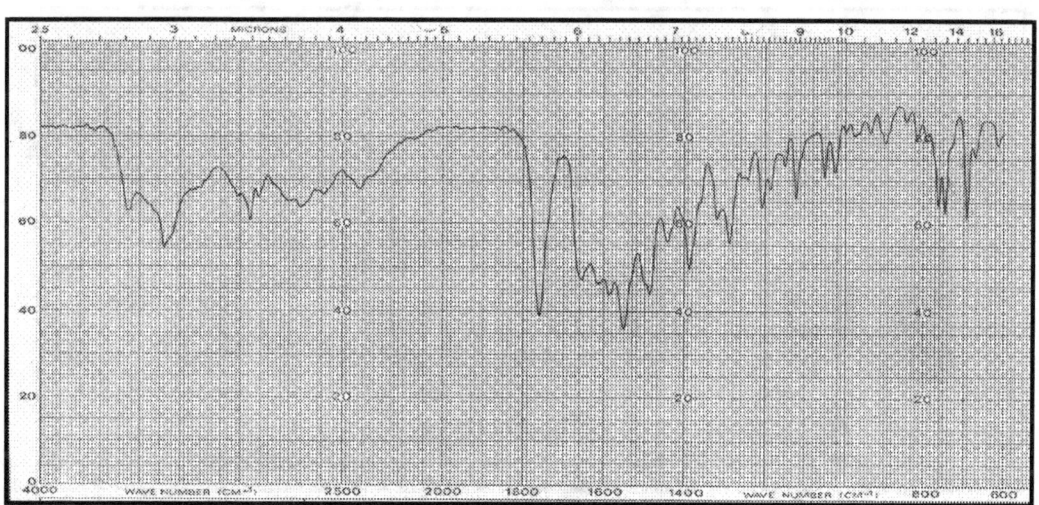

**416 - Cloxacillina – dibenziletilendiamina**

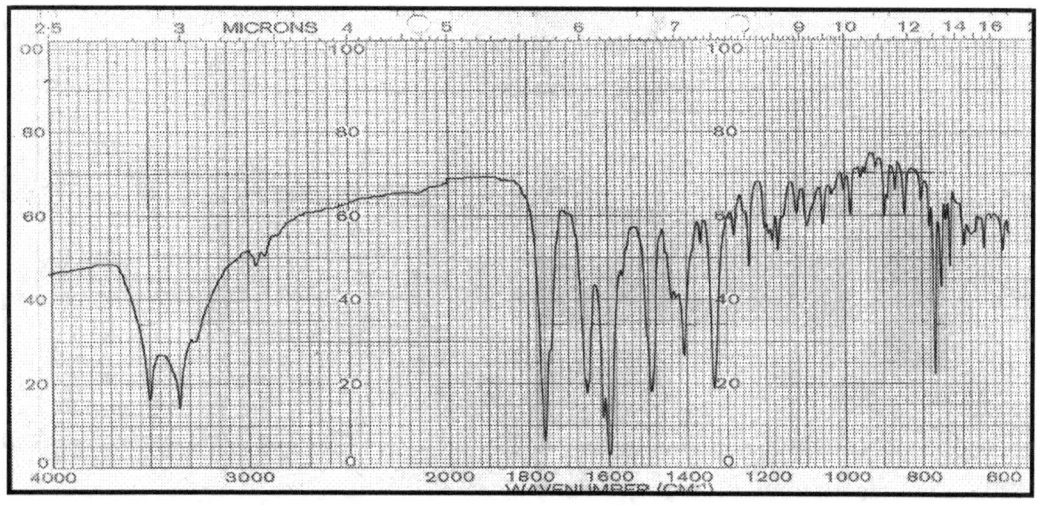

**417 - Cloxacillina sodica**

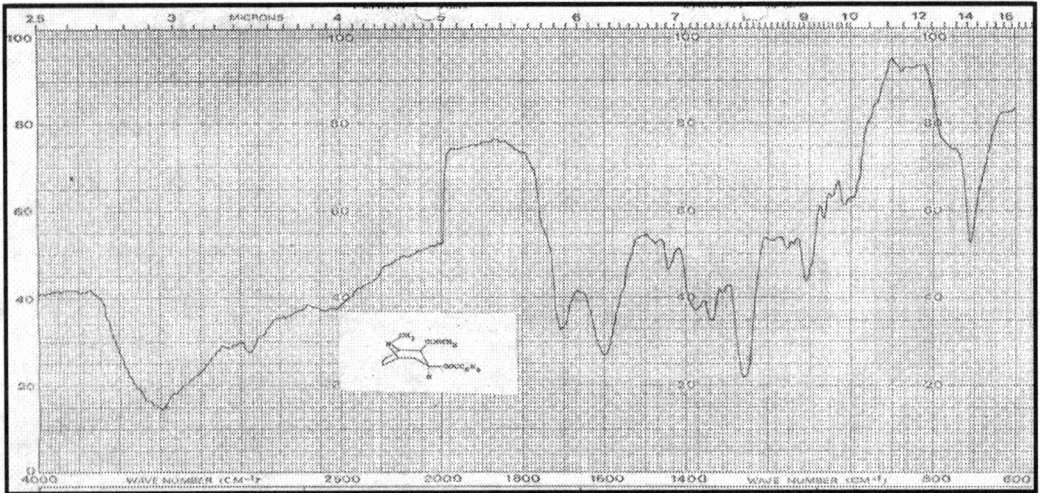

**418 - Cocaina grezza**

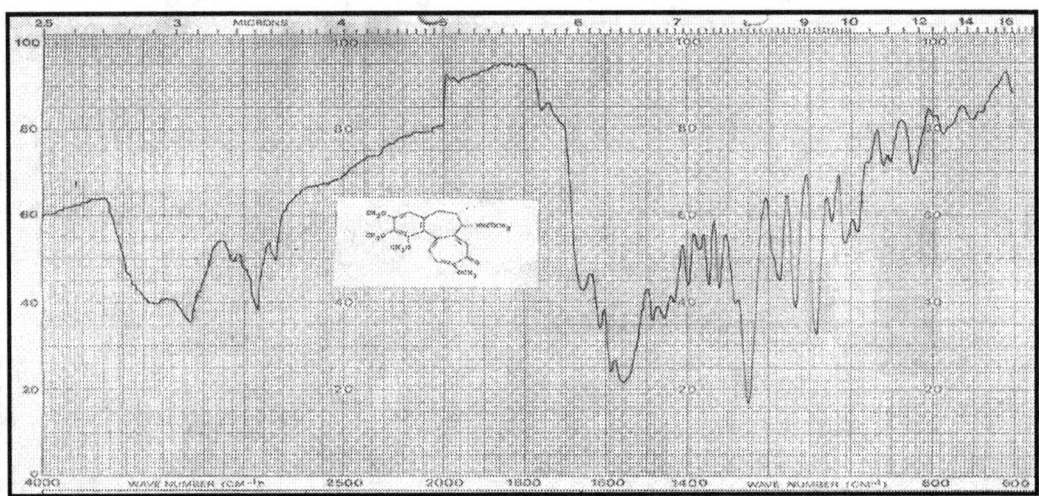

**419 - Colchicina**

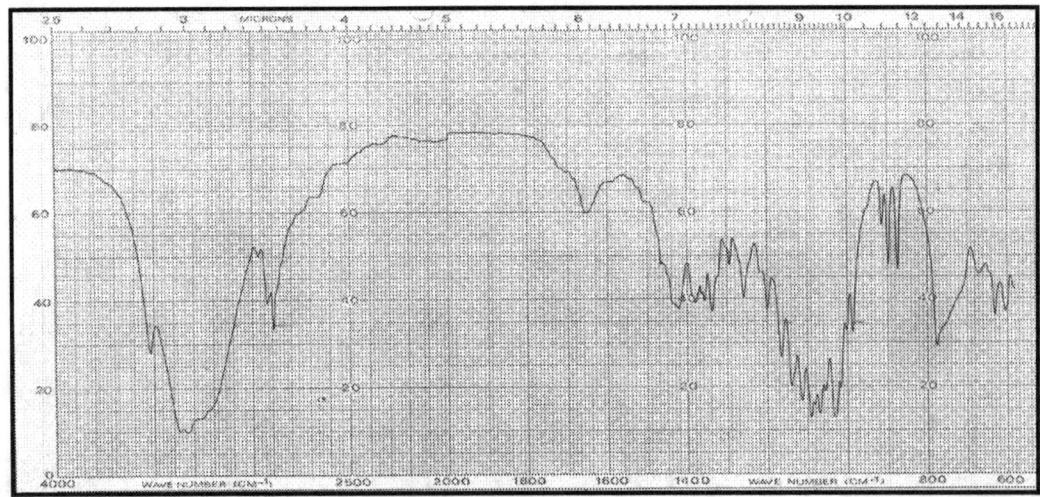

**420 - Commiphora Muku, foglie, estratto**

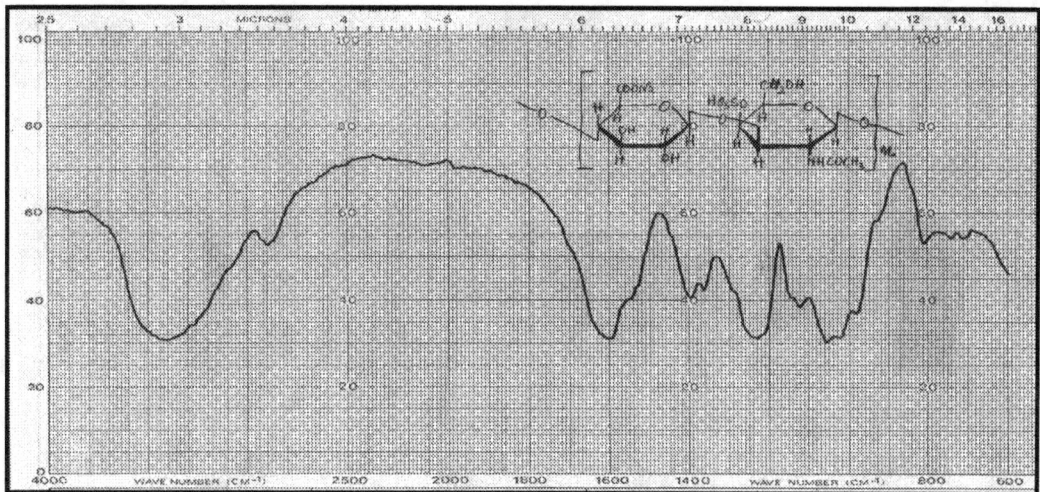

**421 - Condroitinsolfato sodico**

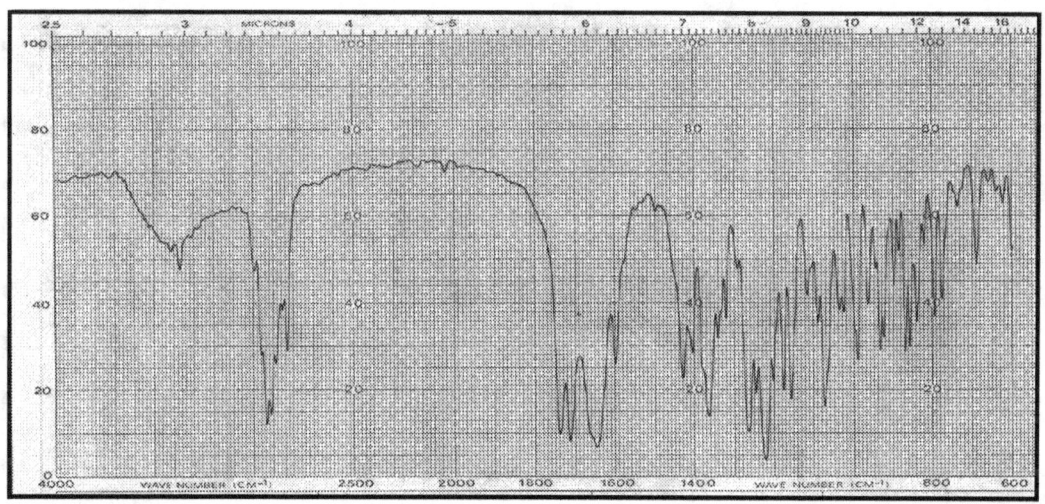

**422 - Cortiseven**

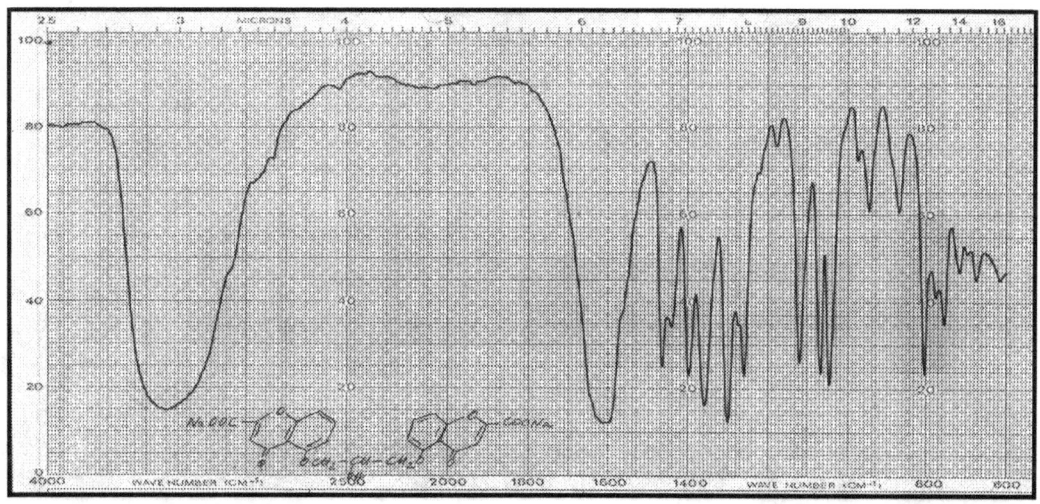

**423 - Cromoglicato sodico**

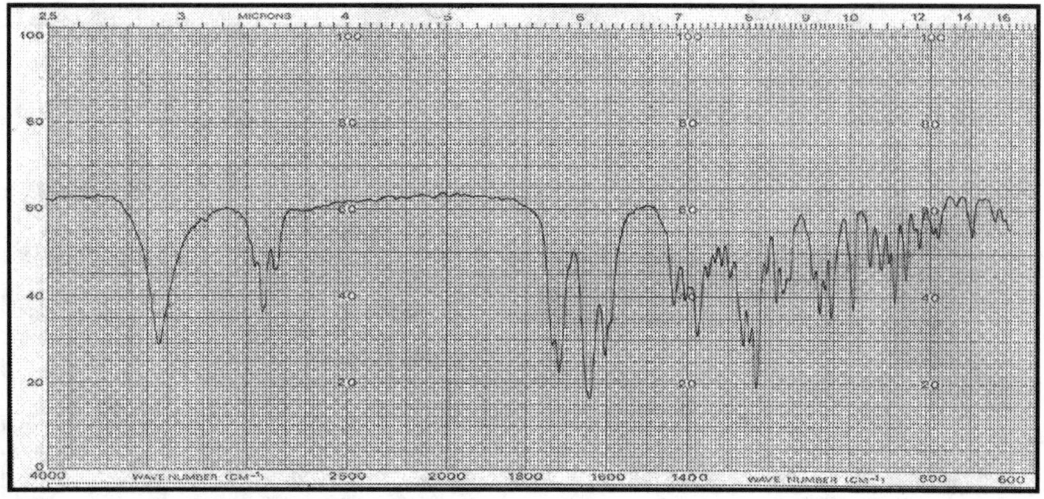

**424 - Deflazacort, 11-β,21-diidrossipregna-1,4-diene-3,20-dione(17α,16α-d)21-metil ossazolina 21-acetato**

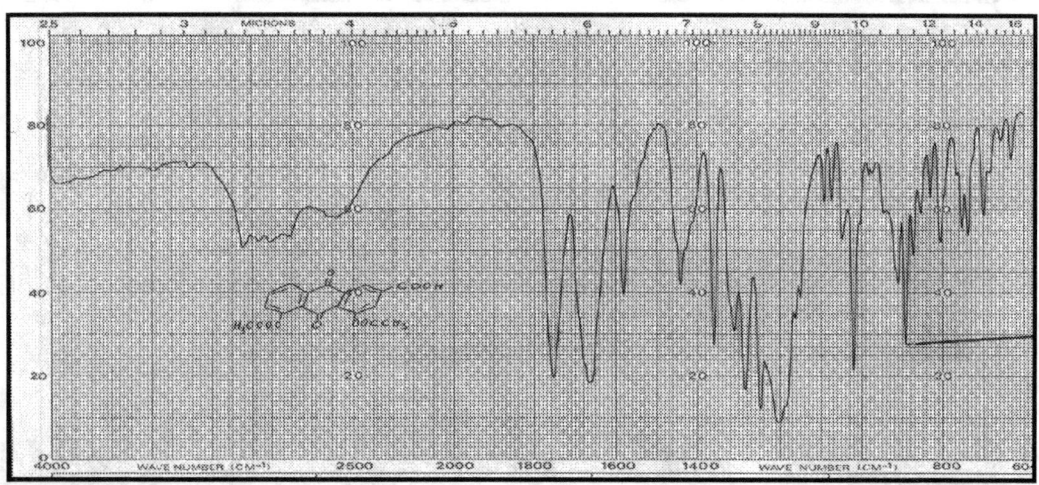

**425 - Diacereina**

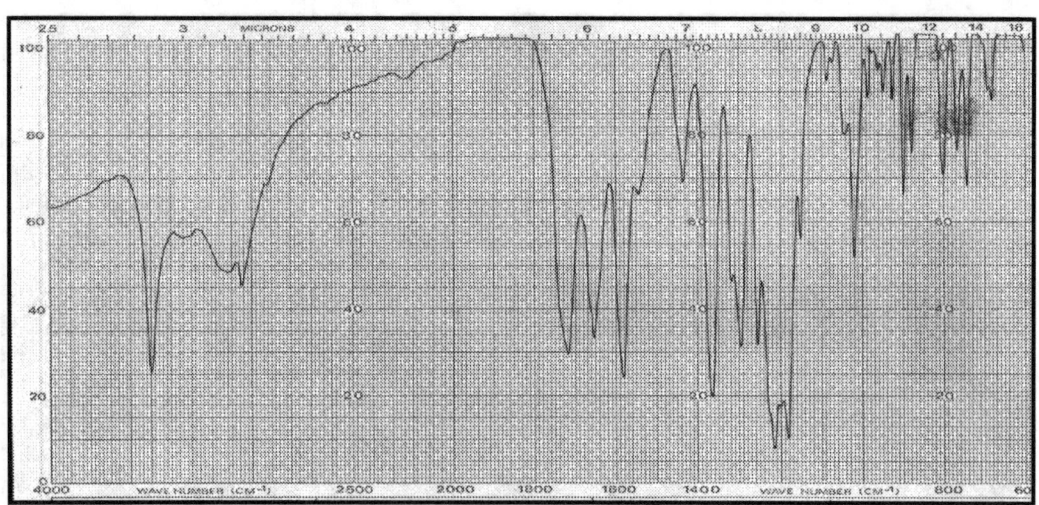

**426- Diacereina potassica**

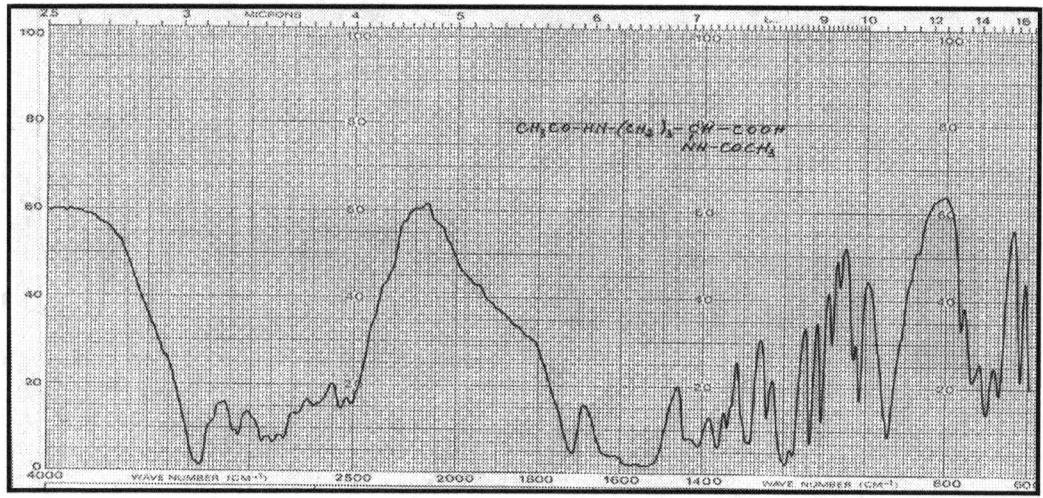

**427- Diacetilornitina**

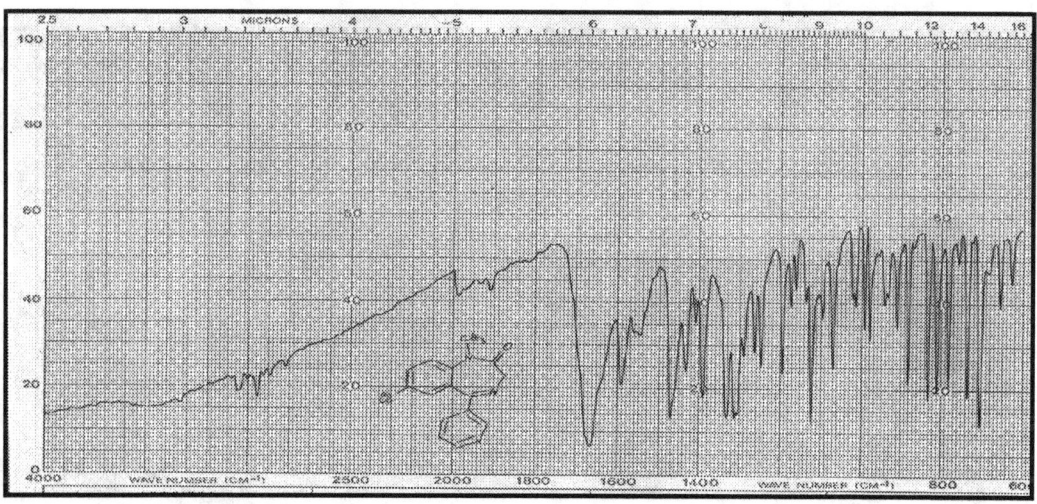

**428- Diazepam**

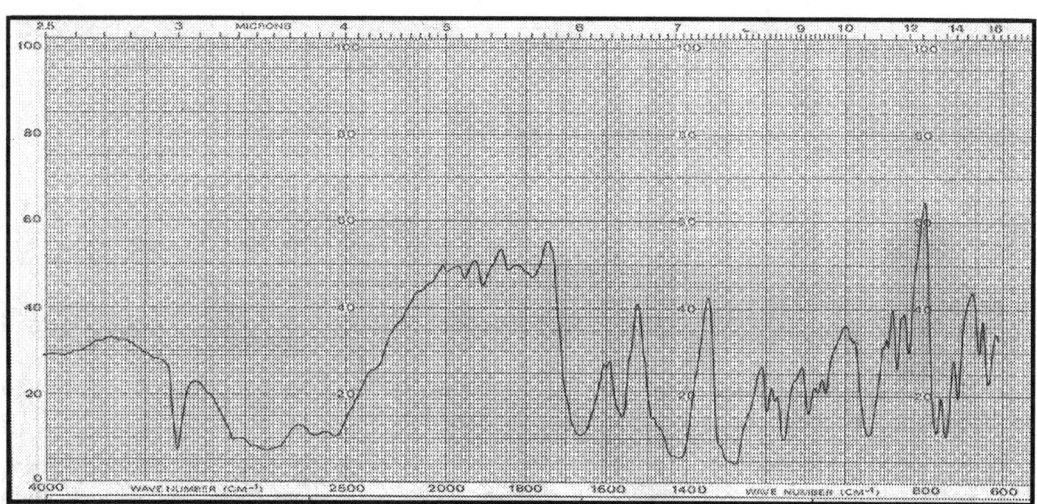

**429- Diclofenac acido**

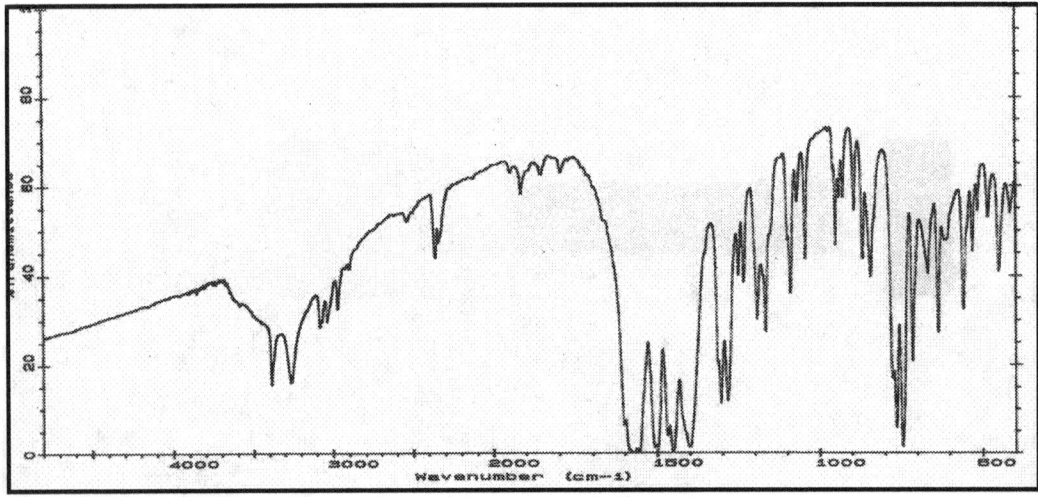

**430- Diclofenac sodico**

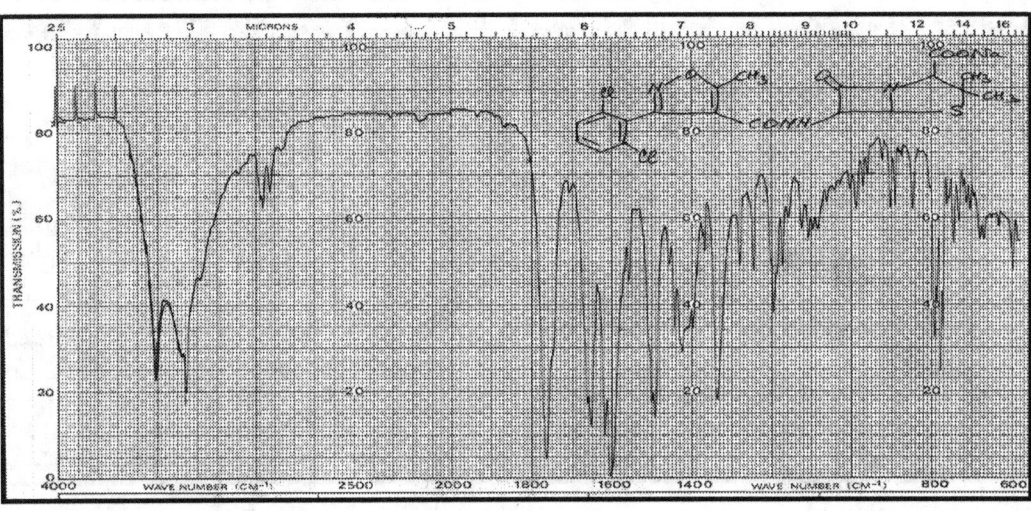

**431- Dicloxacillina sodica**

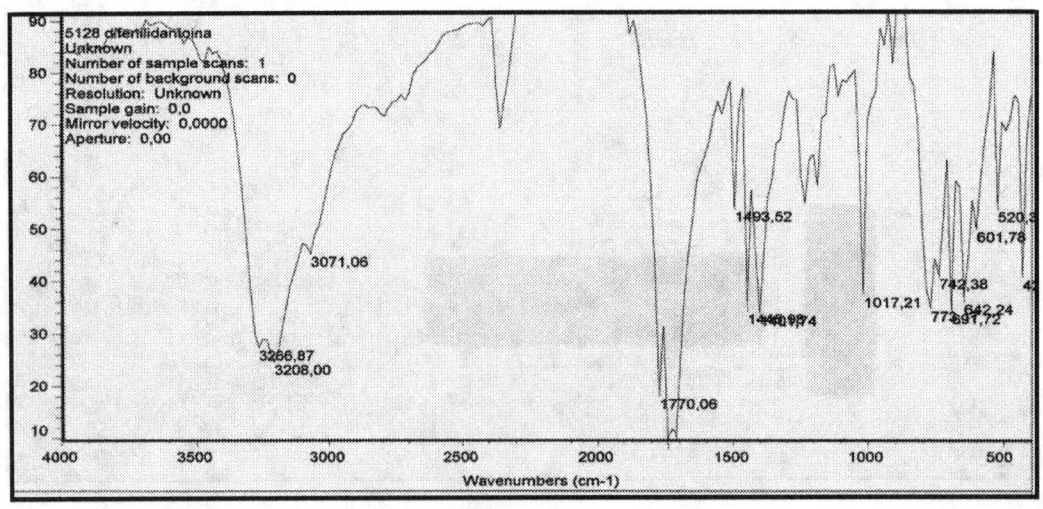

**432- Difenilidantoina**

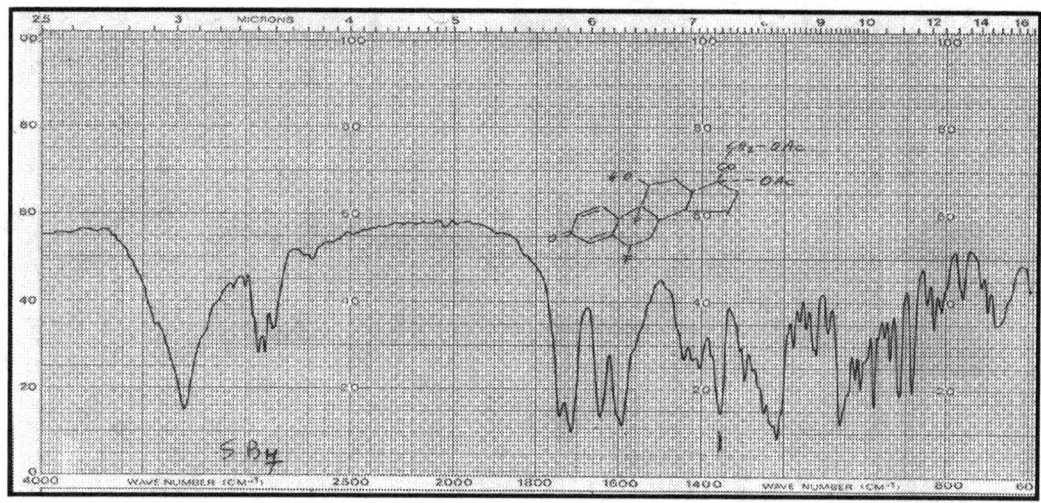

**433- 6α,9α-difluoro,11β-17,21-triidrossipregna-1,4-diene-3,20-dione 17,21-diacetato**

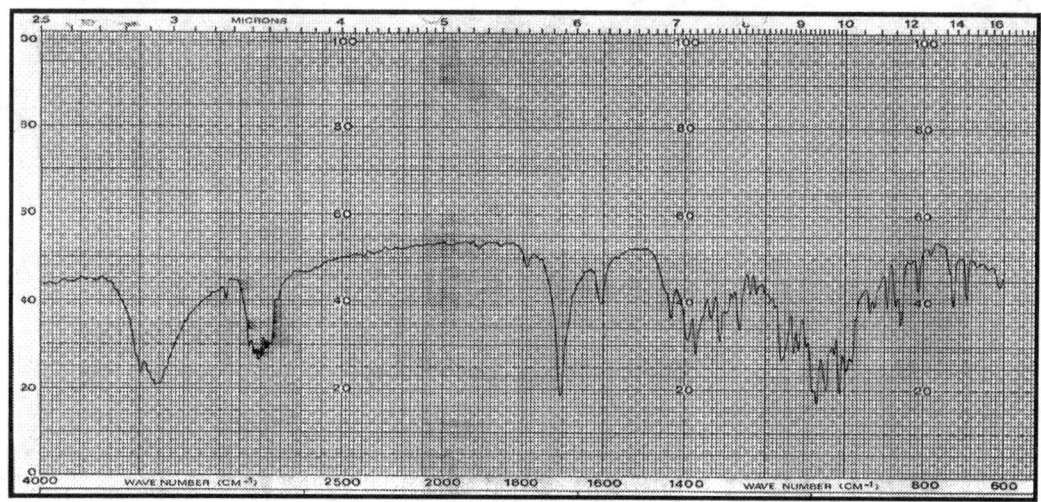

**434- Digoxina**

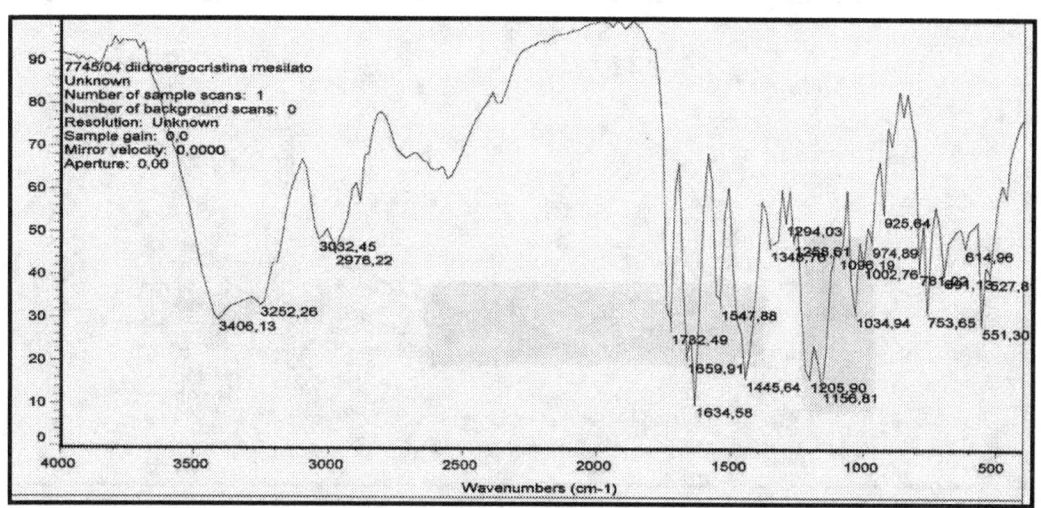

**435- Diidroergocristina mesilato**

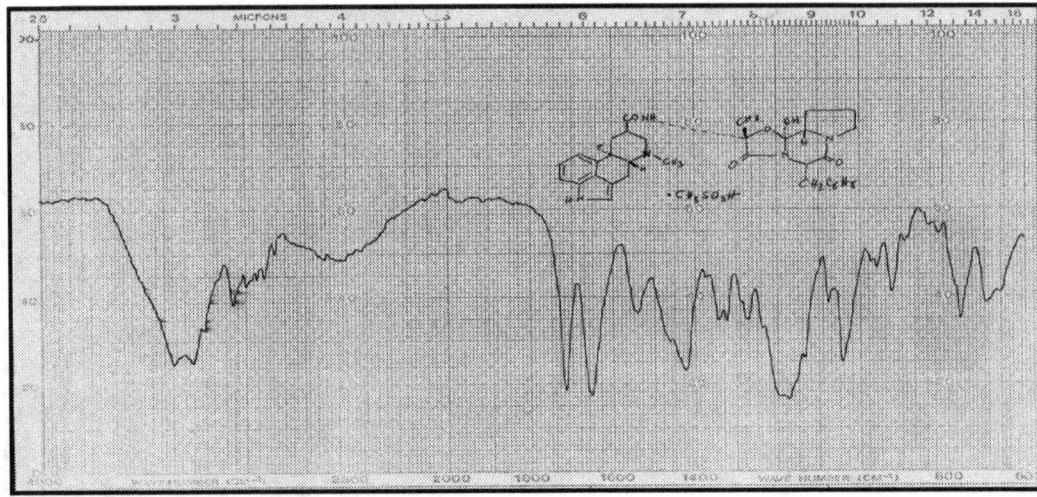

**436- Diidroergotamina mesilato**

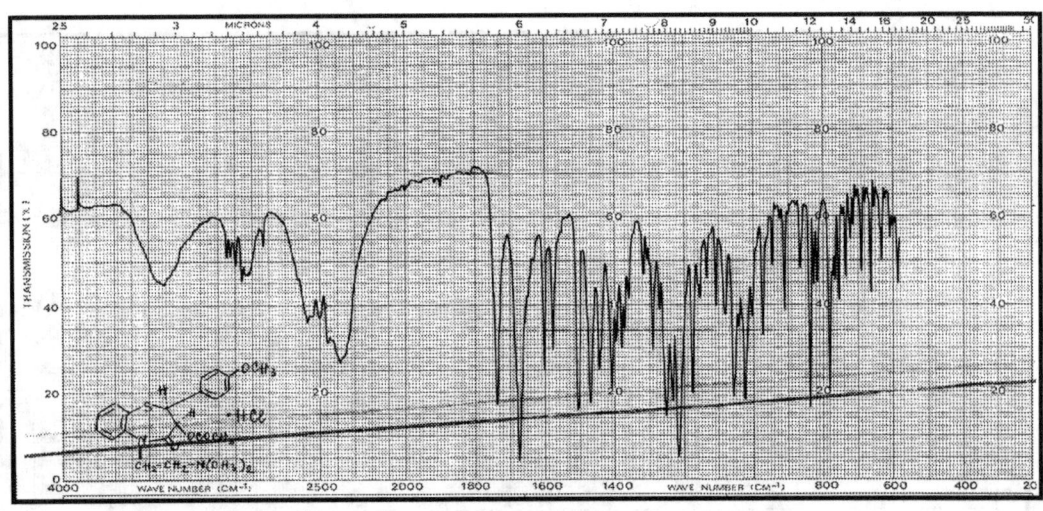

**437- Diltiazem cloridrato**

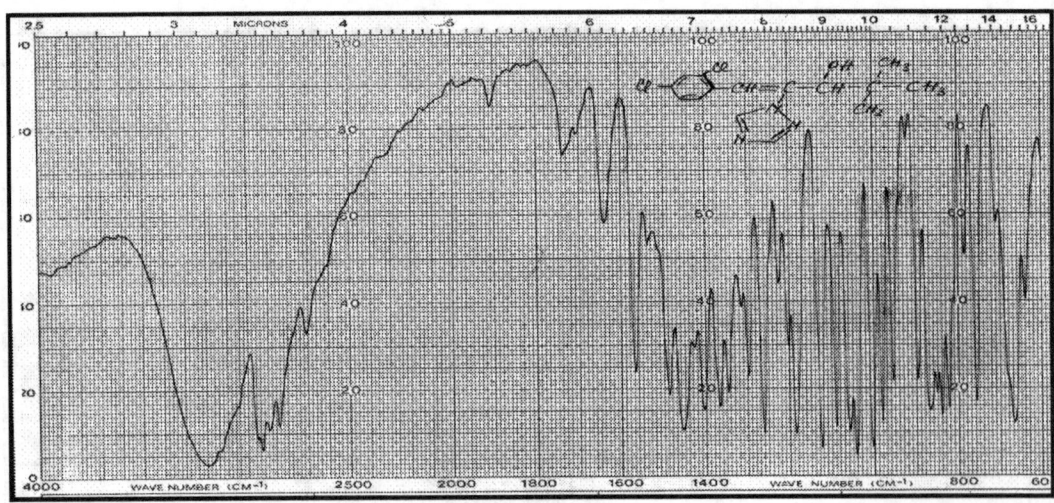

**438- Diniconazolo**

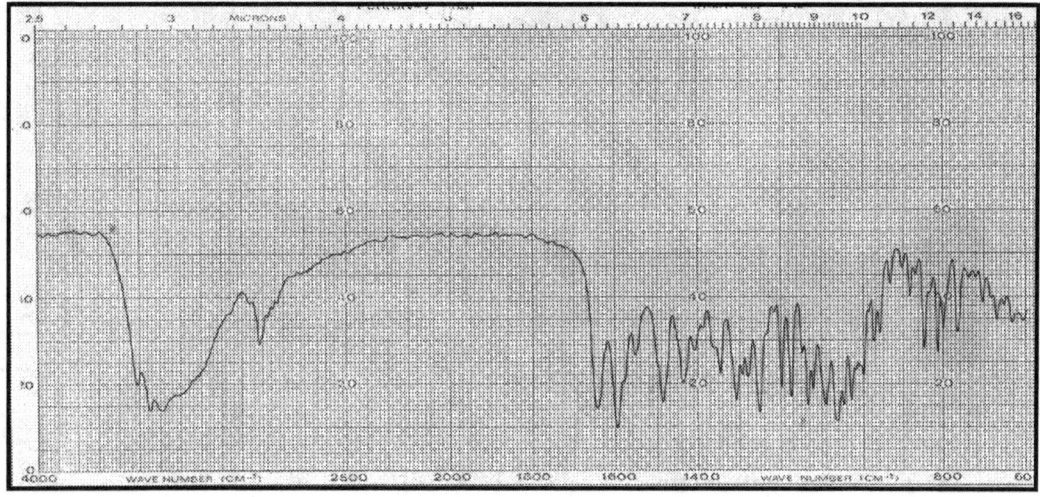

**439- Diosmina**

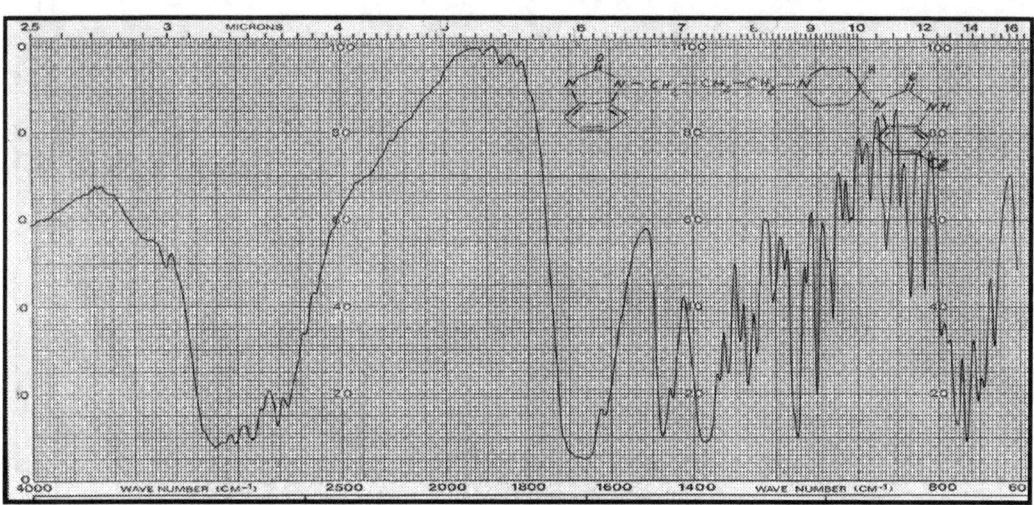

**440- Domperidone**

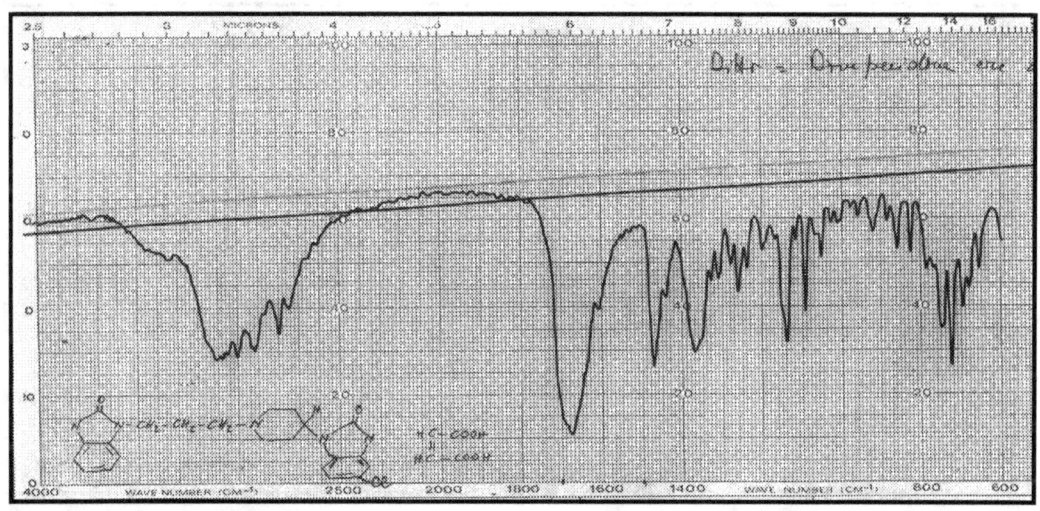

**441- Domperidone maleato**

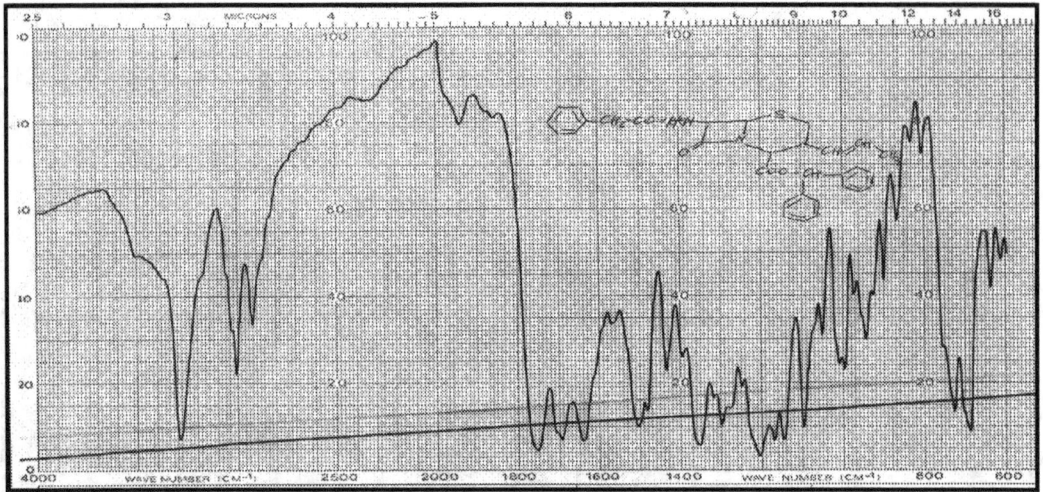

**442- Difenilmetil-7-fenilacetamido-3-(cis-1-propenil)-cef-3-em-4-carbossilato**

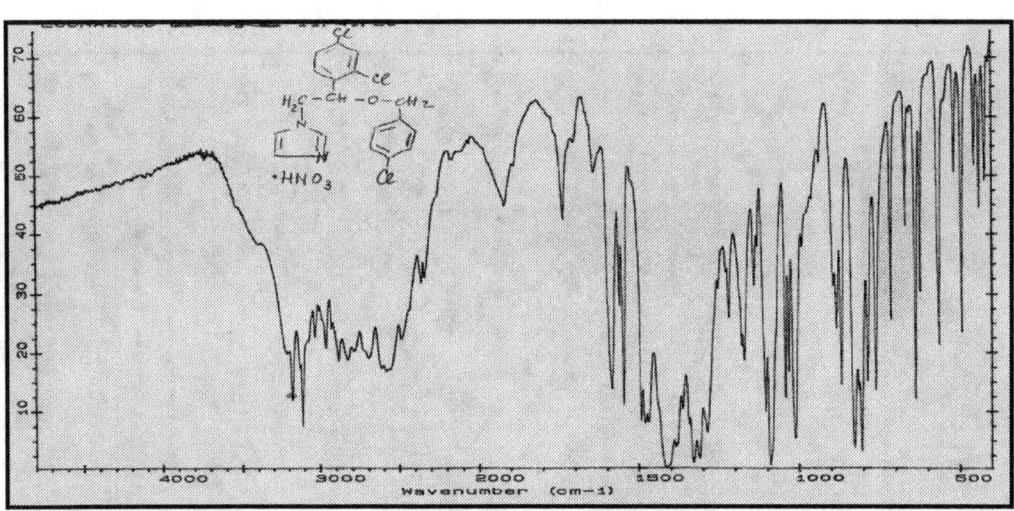

**443- Econazolo nitrato**

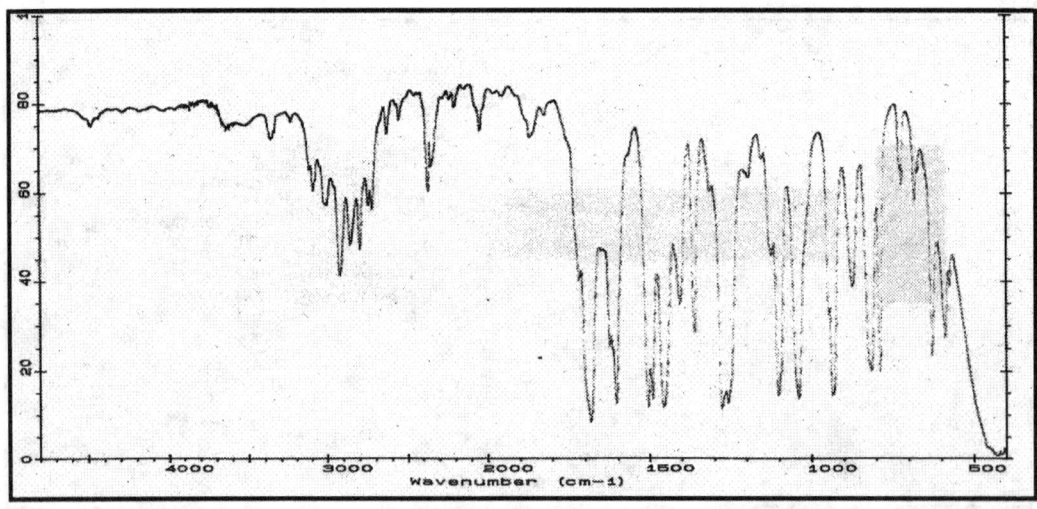

**444- Eliotropina**

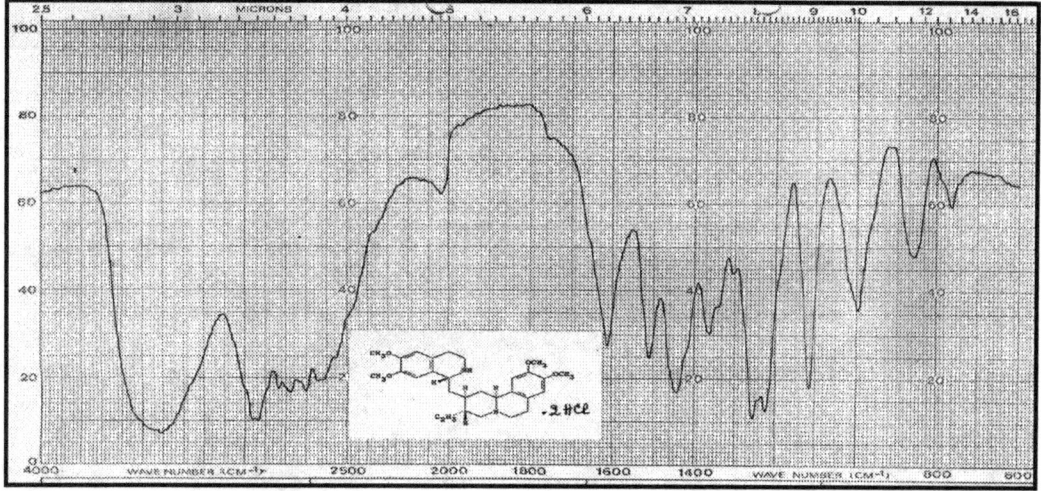

**445- Emetina dicloridrato**

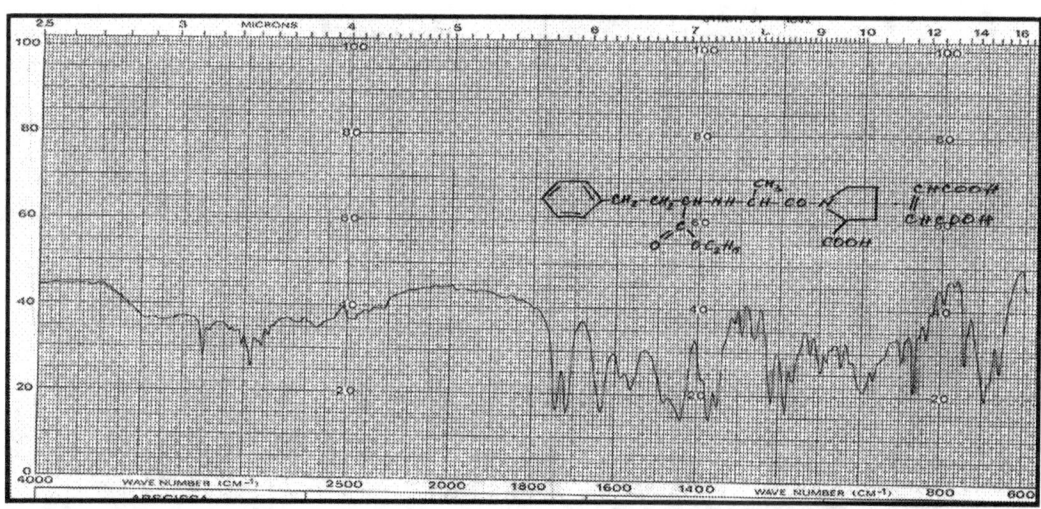

**446- Enalapril maleato**

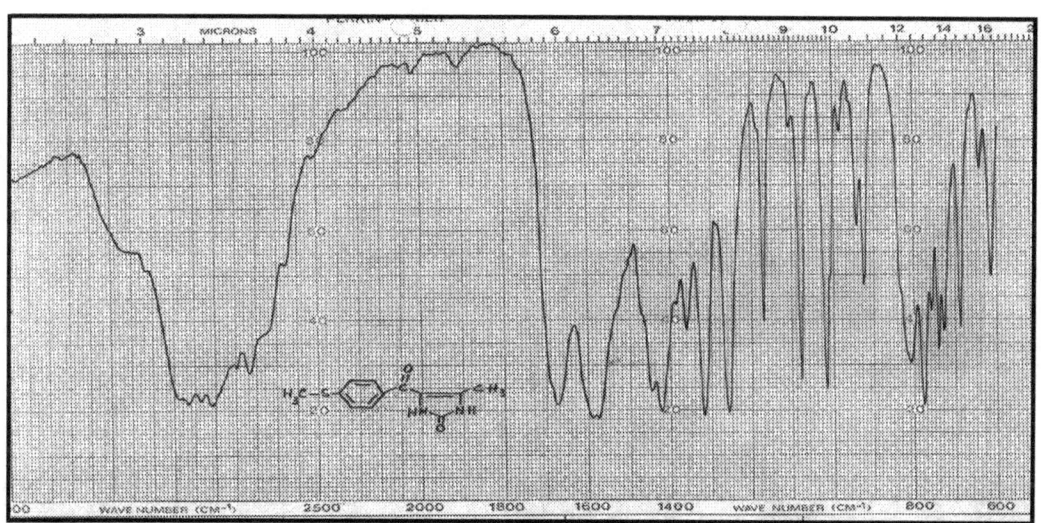

**447- Enoximone**

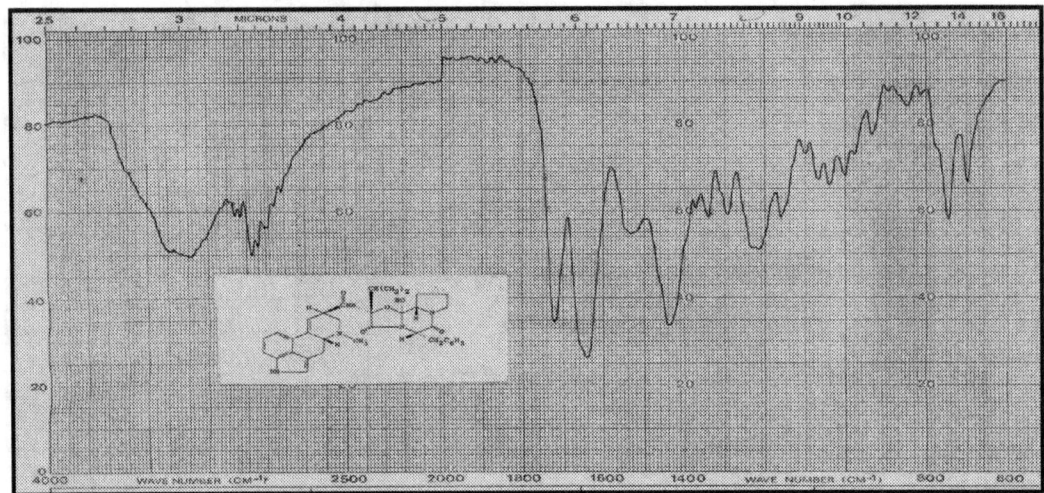

**448- Ergocristina**

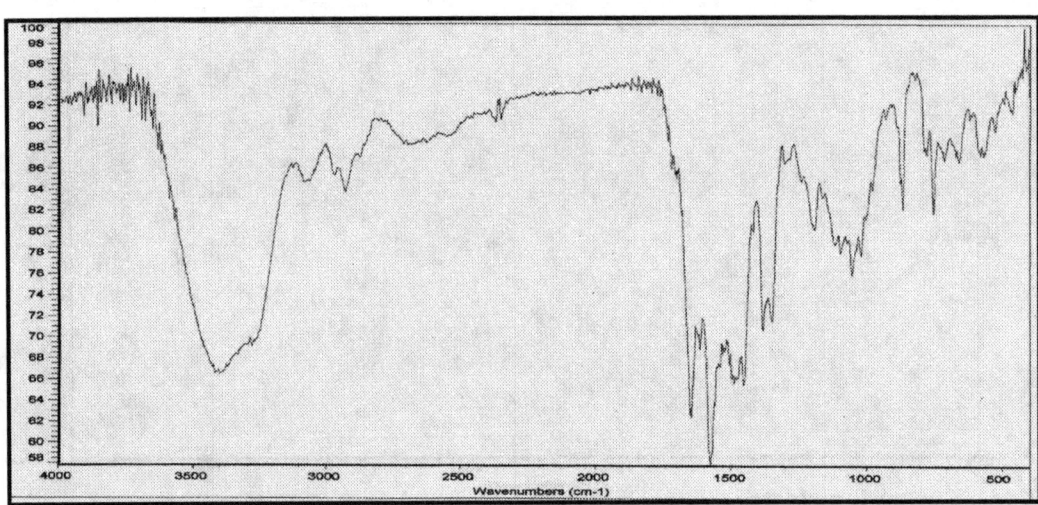

**449- Ergometrina maleato**

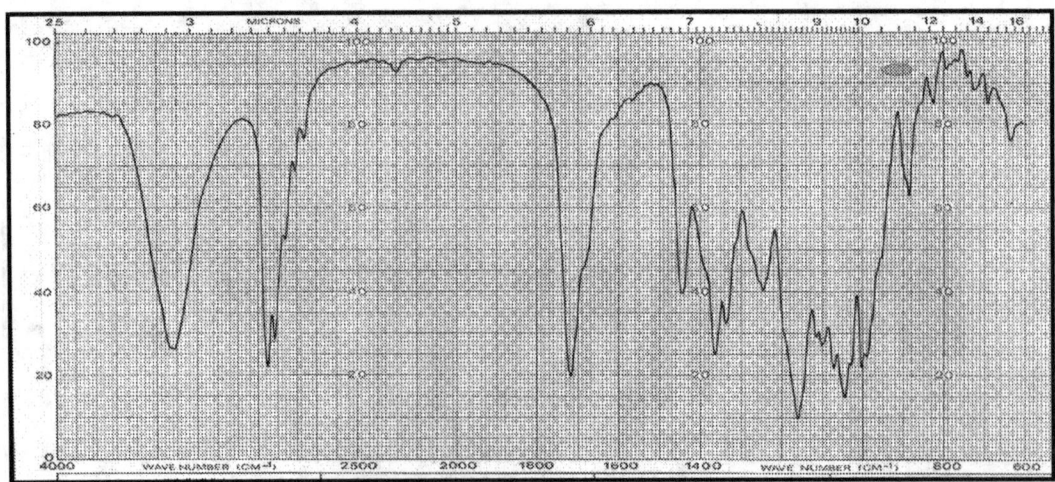

**450- Eritromicina etilsuccinato**

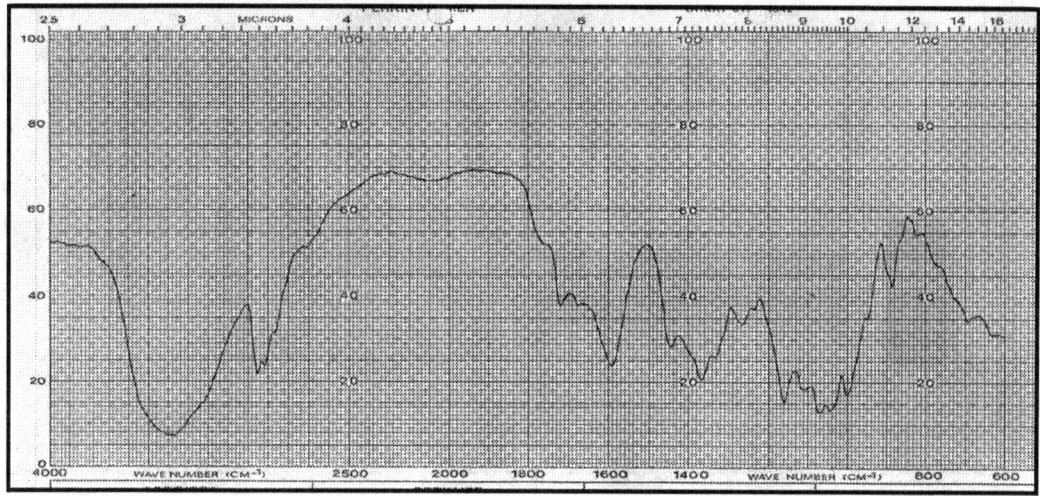

**451- Eritromicina lattobionato**

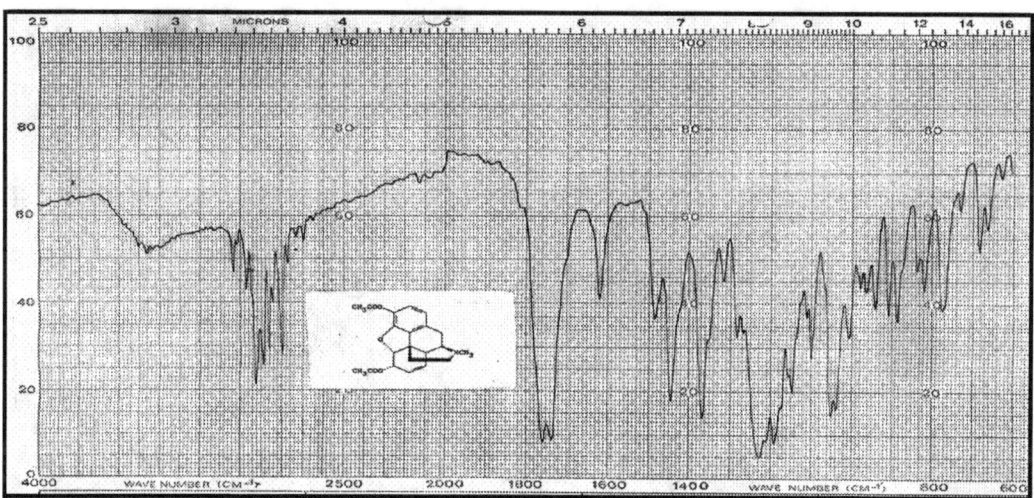

**452- Eroina**

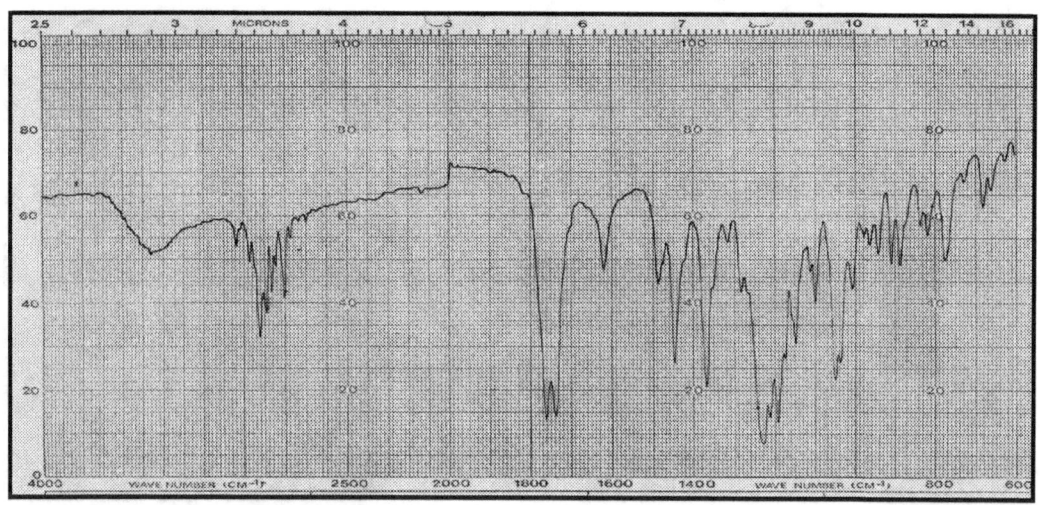

**453- Eroina ricristallizzata**

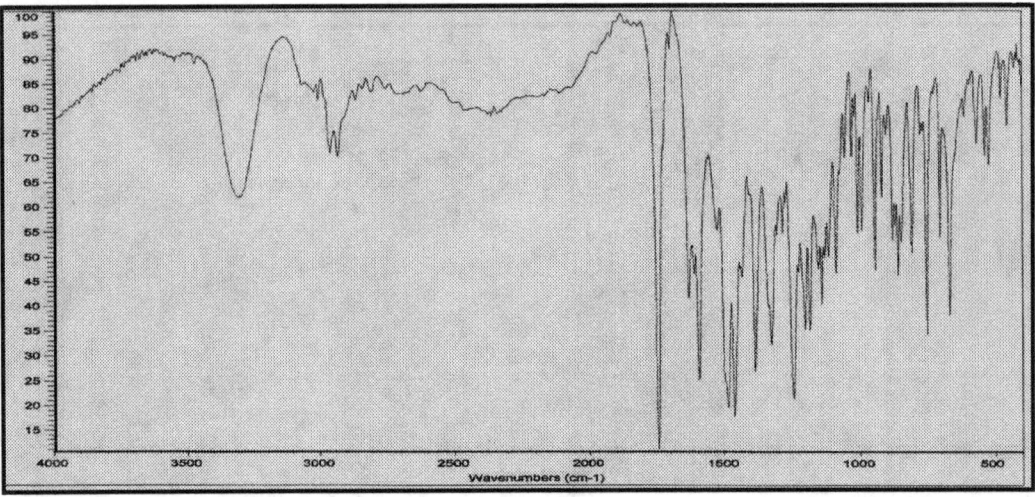

**454- Eserina salicilato**

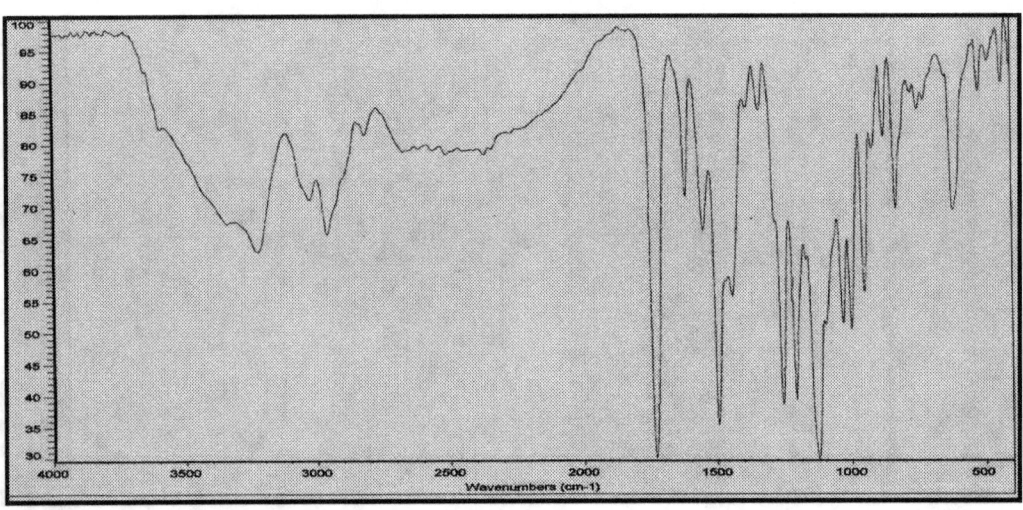

**455- Eserina solfato**

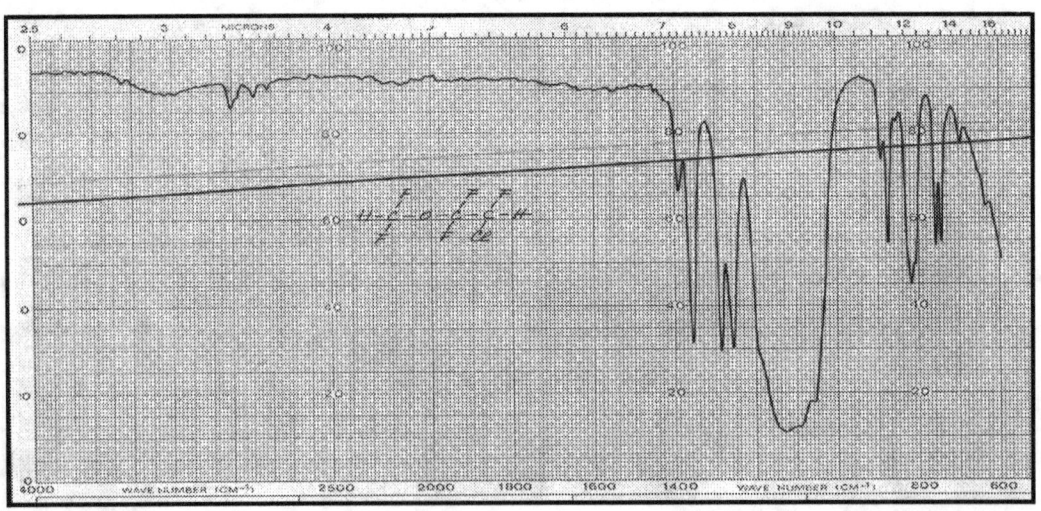

**456- Ethrane**

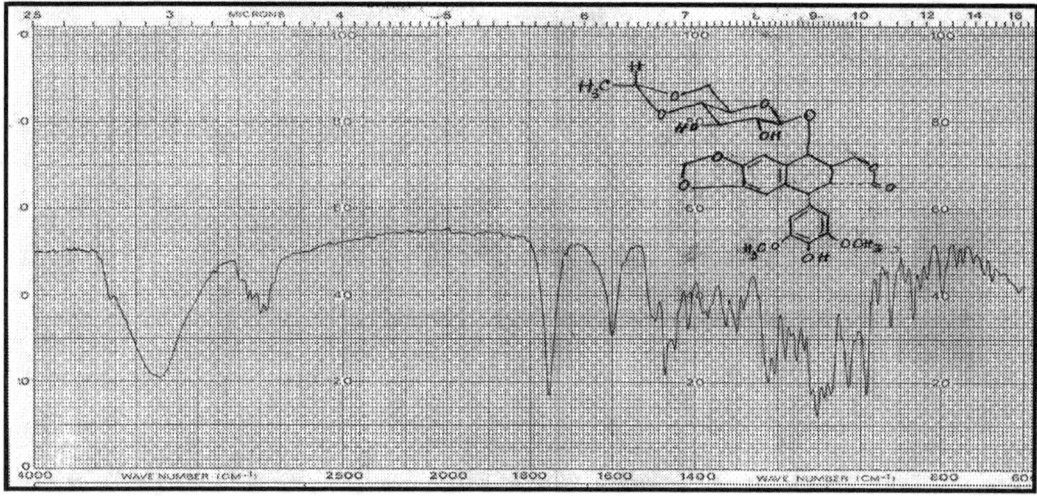

**457- Etoposide**

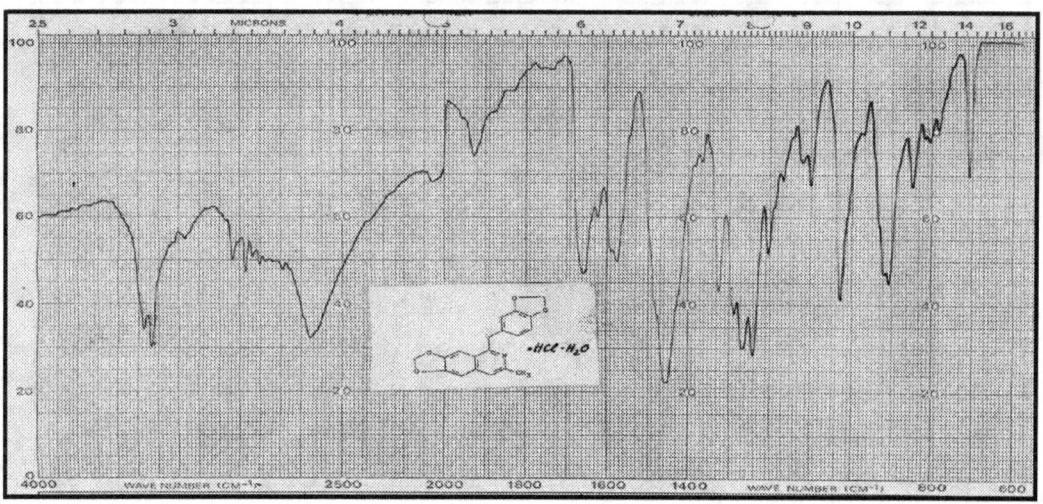

**458- Eupaverina cloridrato monoidrato**

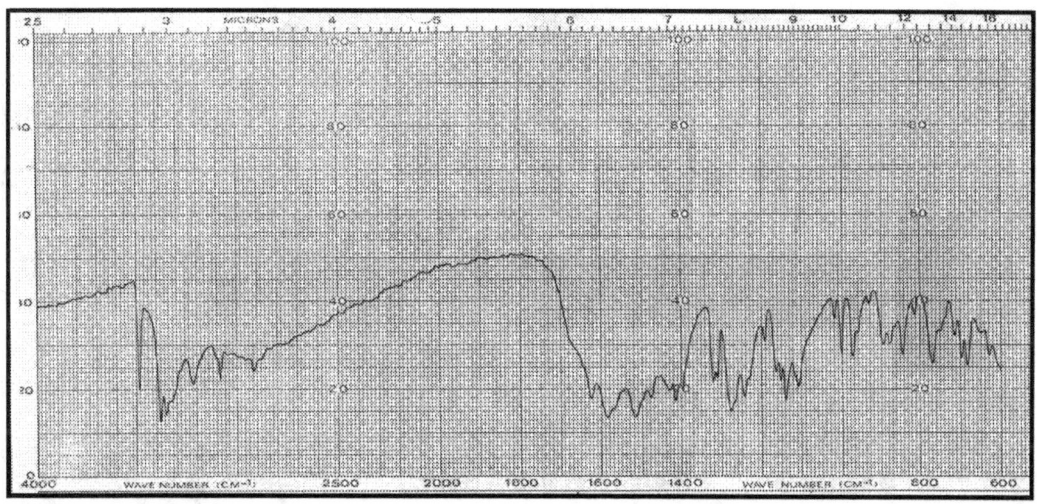

**459- Famotidina**

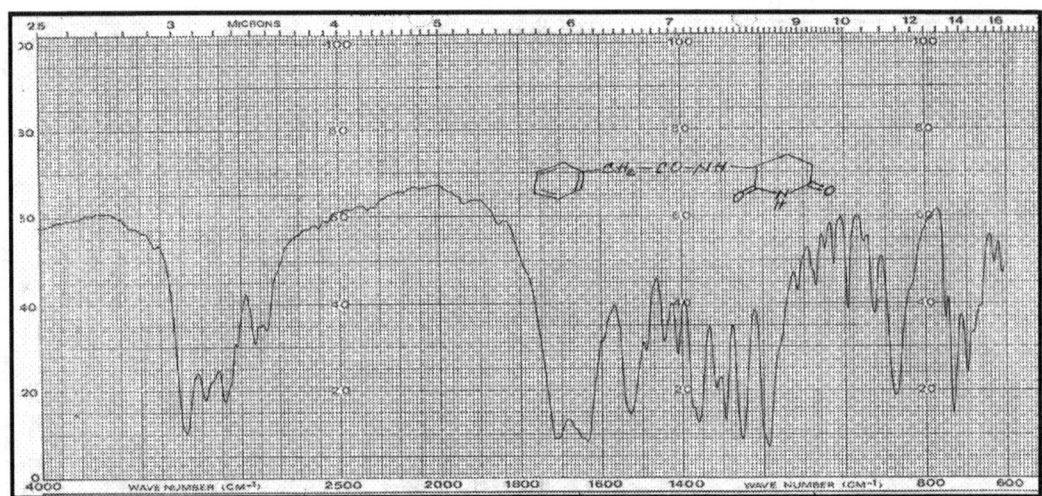

**460-  3-fenilacetamido-2,6-piperidin-dione**

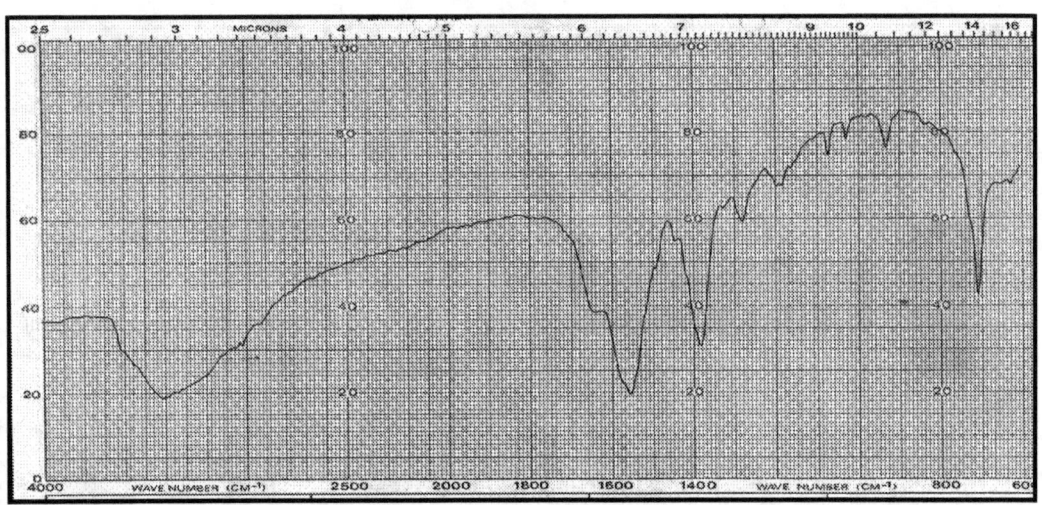

**461-  Fenilacetilglutamina sodica + fenilacetato sodico  1 : 4**

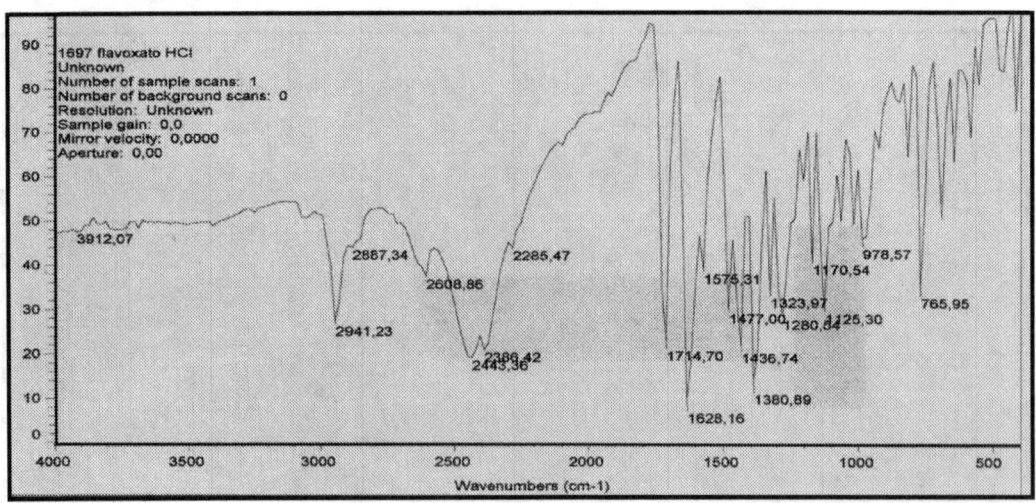

**462-  Flavoxato cloridrato**

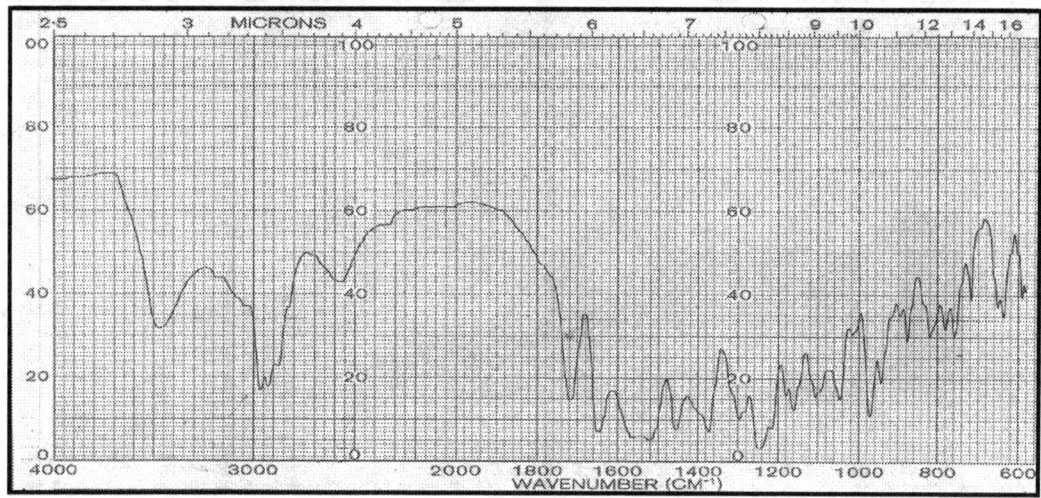

**463- 8-formil-rifamicina SV**

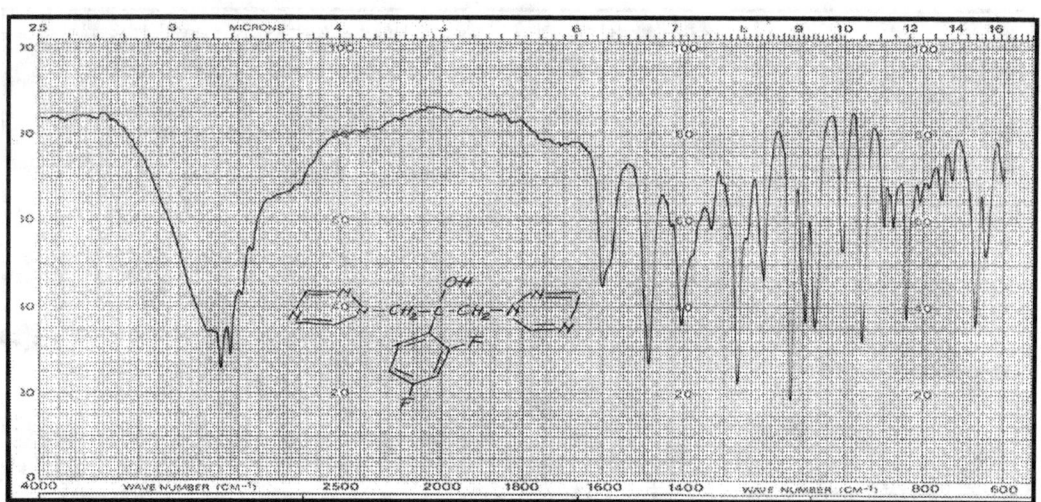

**464- Fluconazolo**

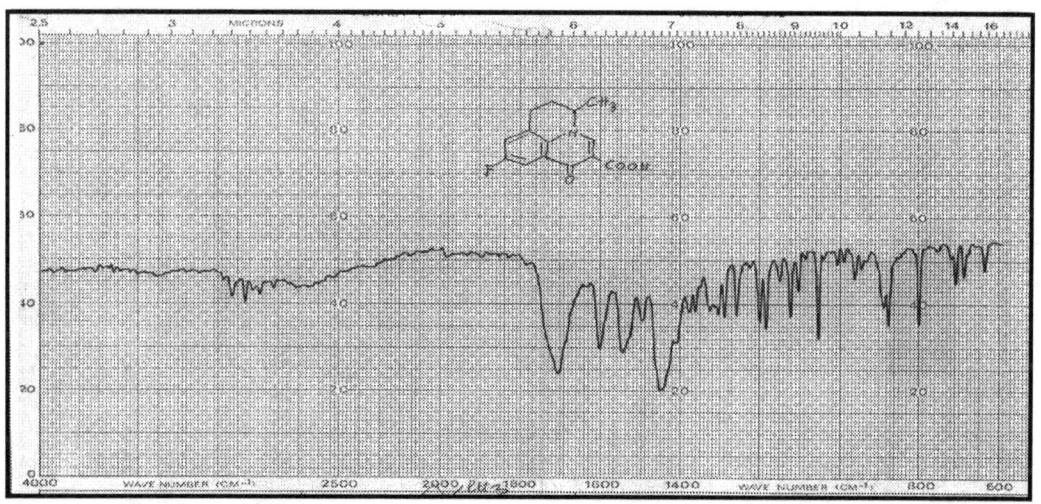

**465- Flumechina**

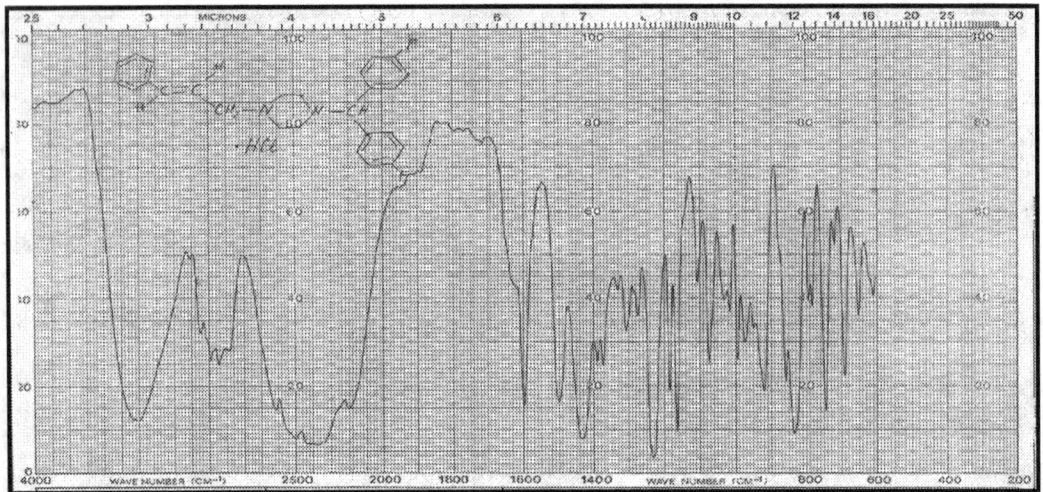

**466- Flunarizina cloridrato**

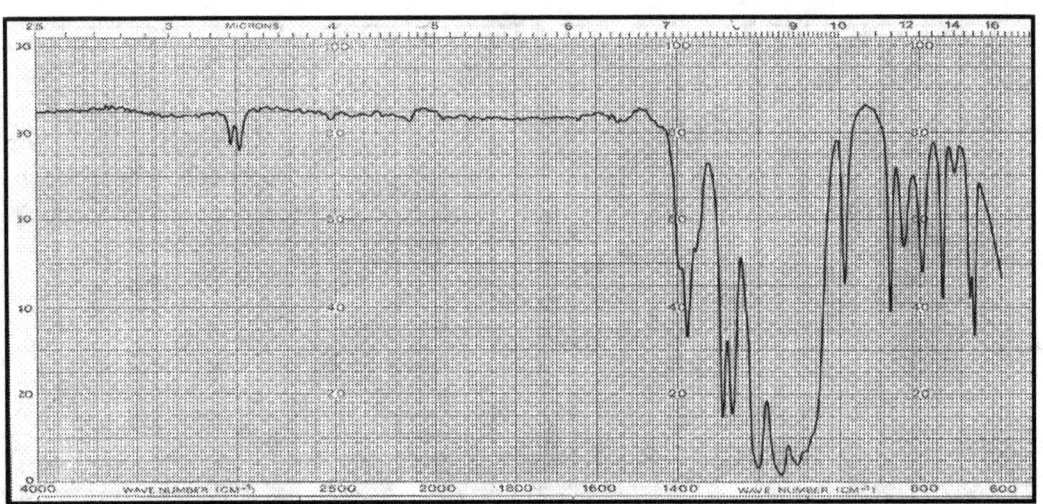

**467- Forane, o 1-cloro-2,2,2-trifluoroetil difluorometiletere**

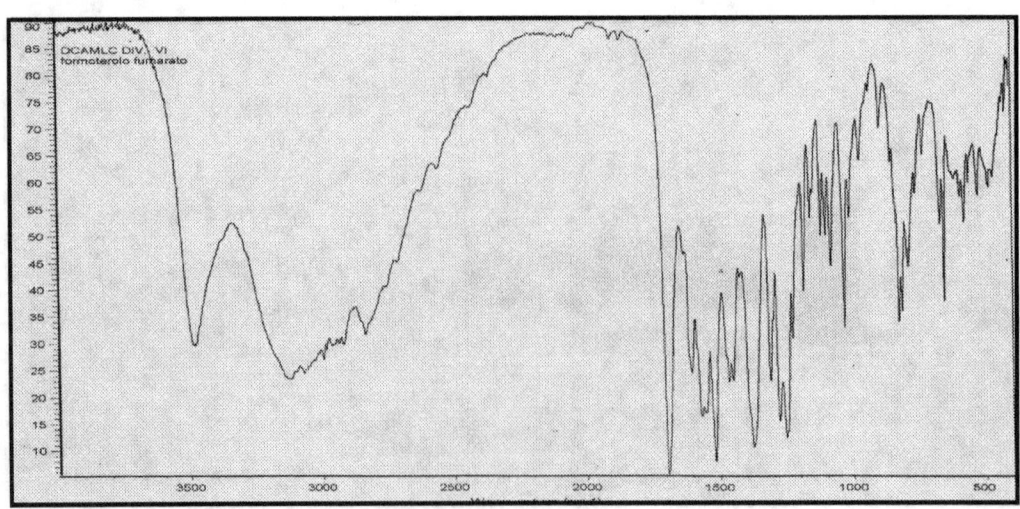

**468- Formoterolo fumarato**

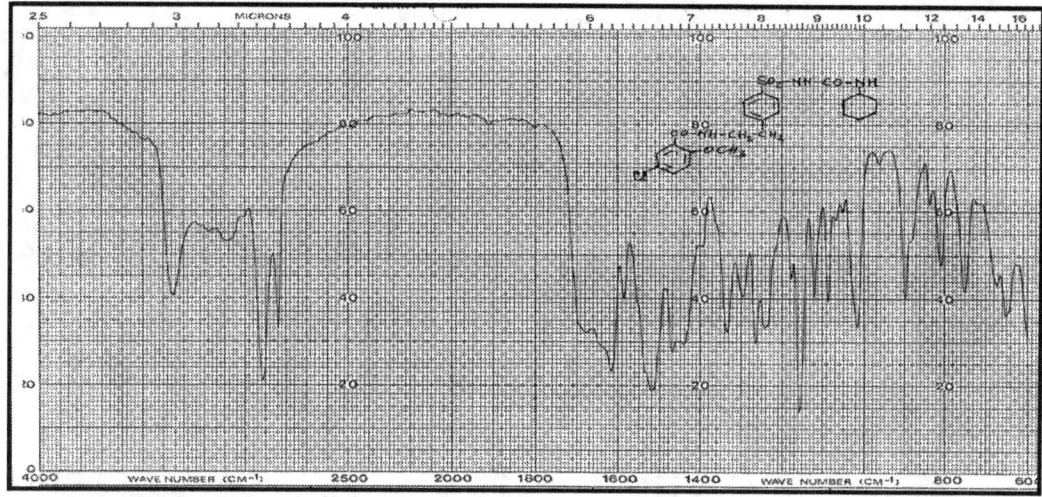

**469- Glibenclamide**

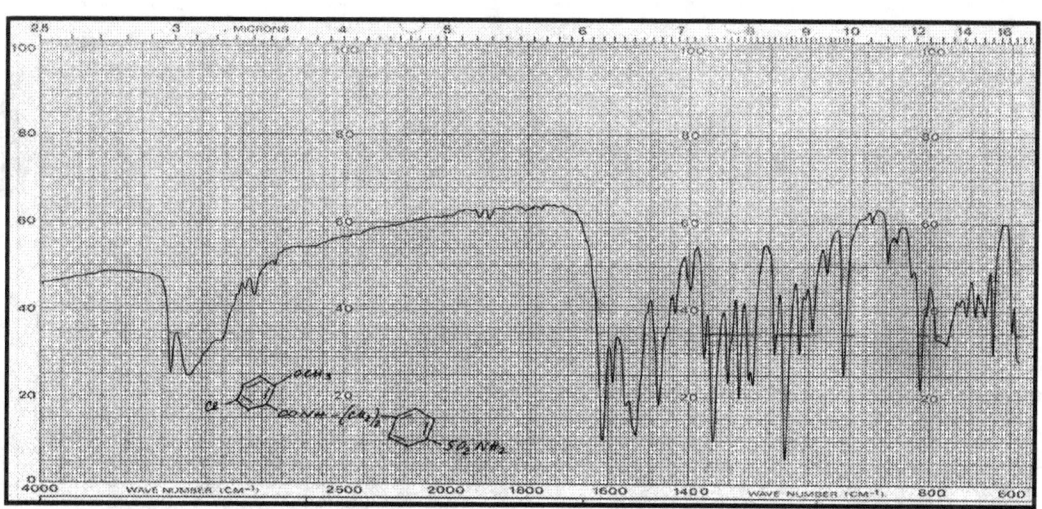

**470- Glibenclamide solfonamide**

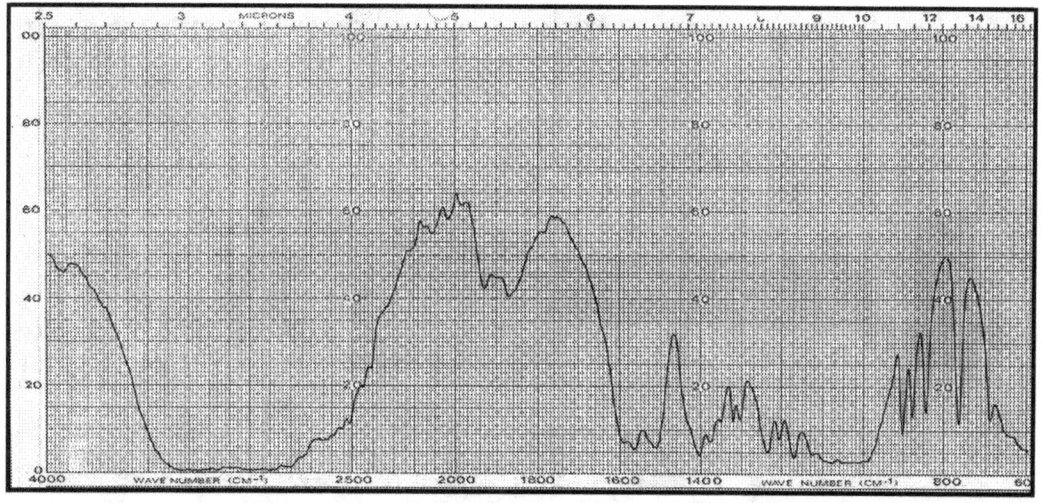

**471- Glucosamina cloridrato**

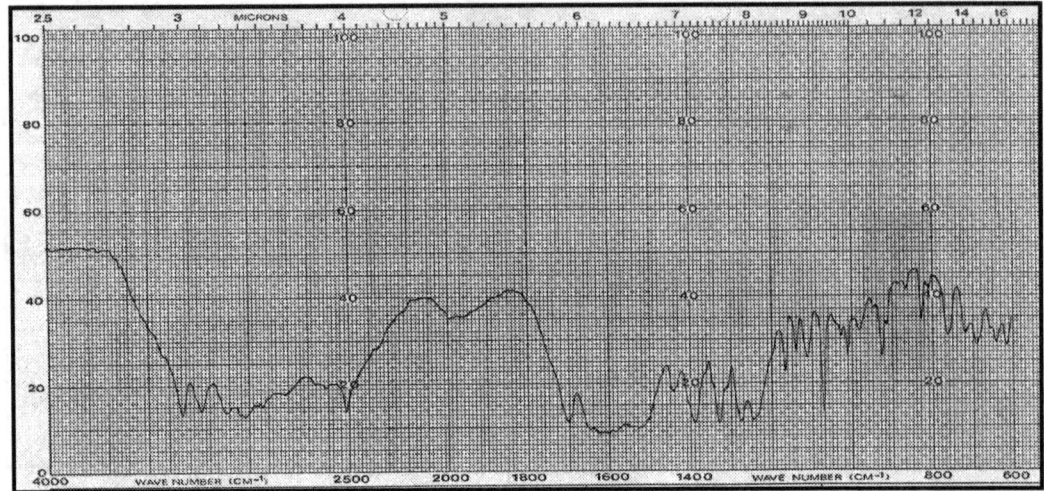

**472- Glutatione**

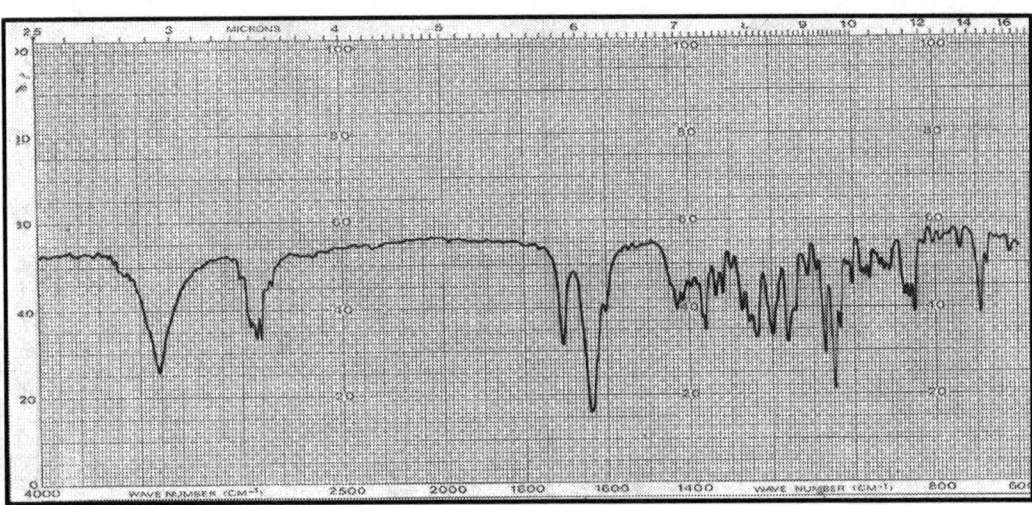

**473- Halcinonide**

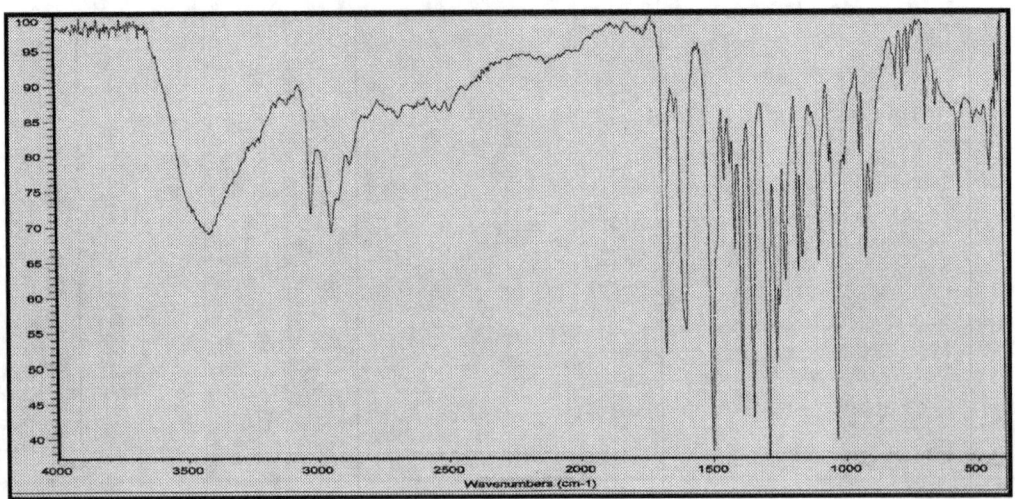

**474- Hidrastinina cloridrato**

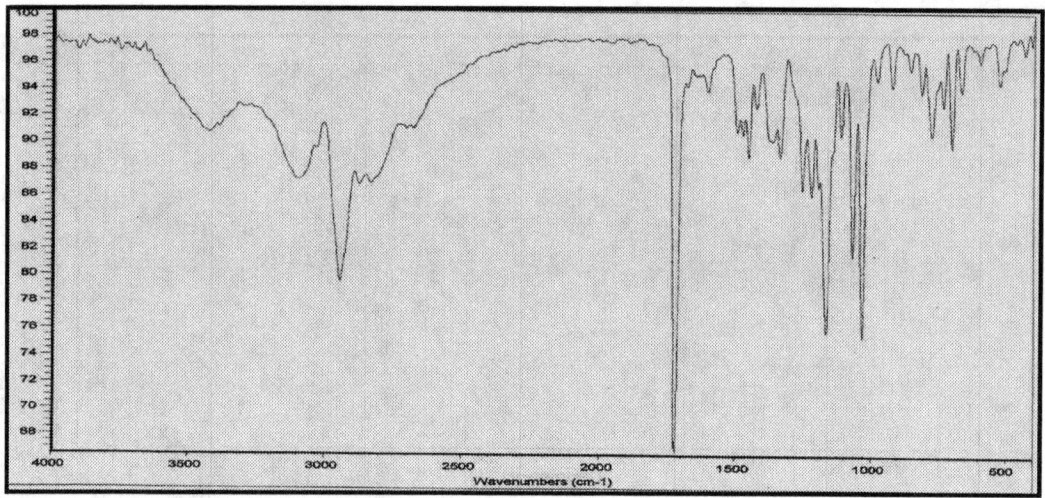

**475- Hiosciamina**

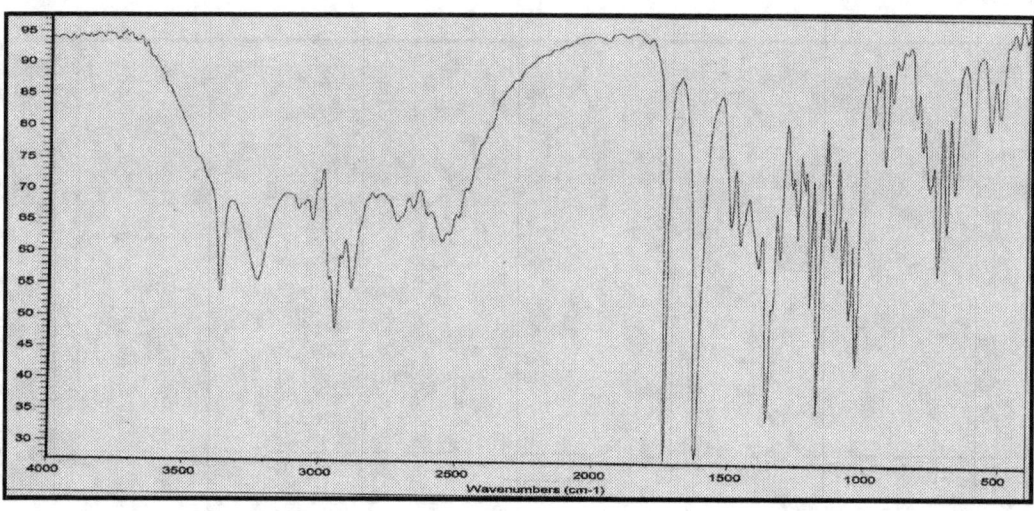

**476- Homatropina**

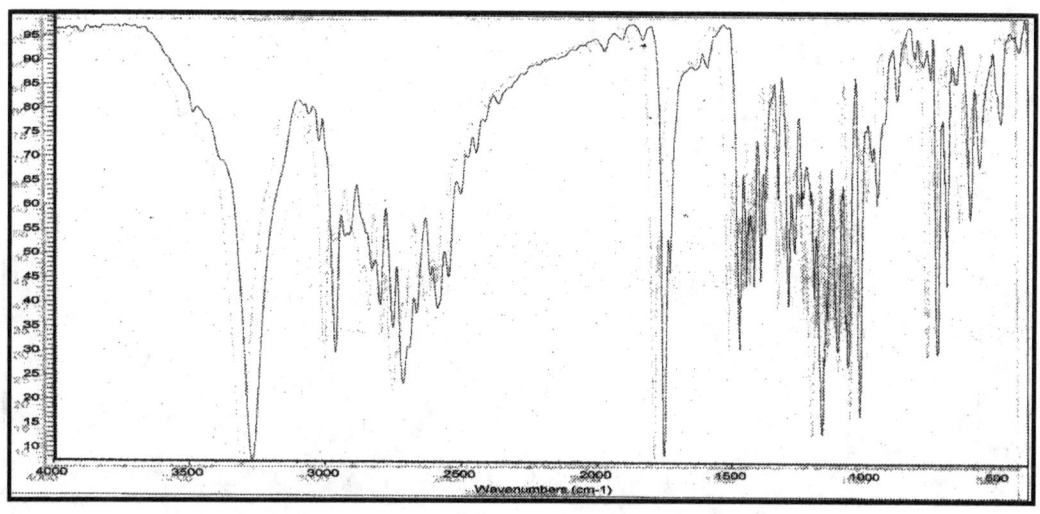

**477- Homatropina bromidrato**

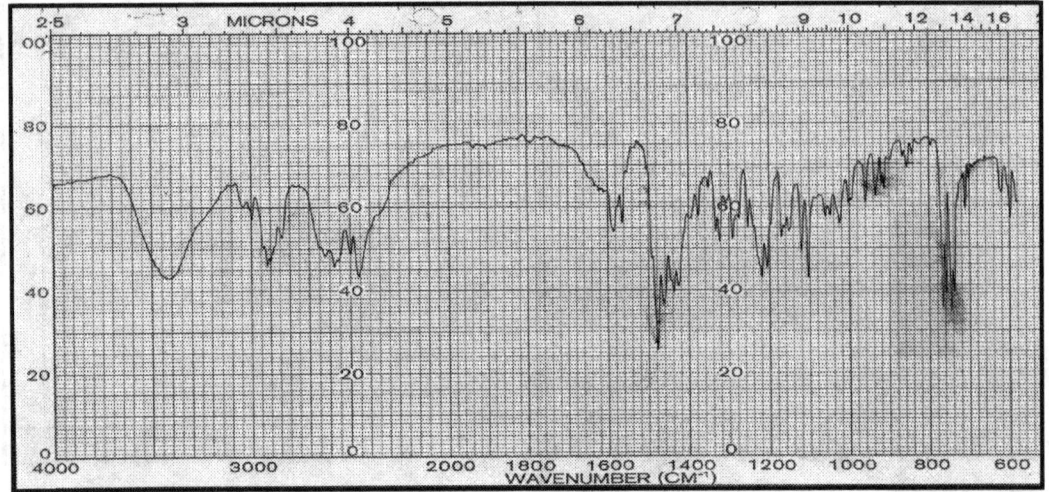

**478- Imipramina cloridrato**

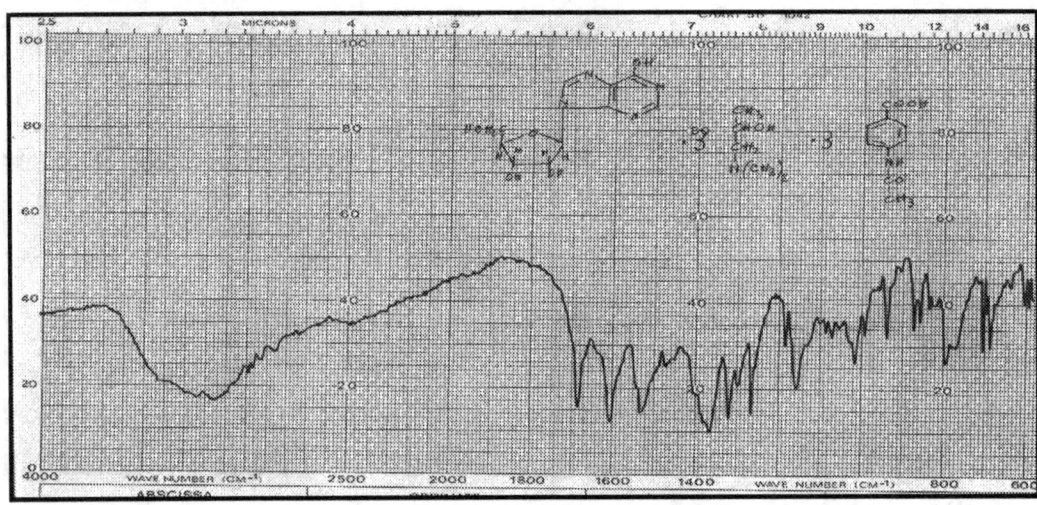

**479- Inosiplex**

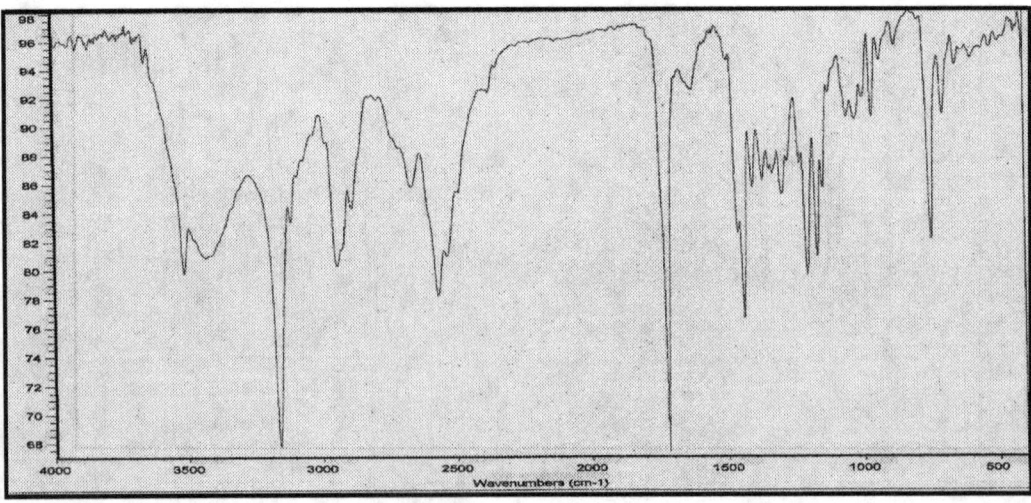

**480- Ioimbina cloridrato**

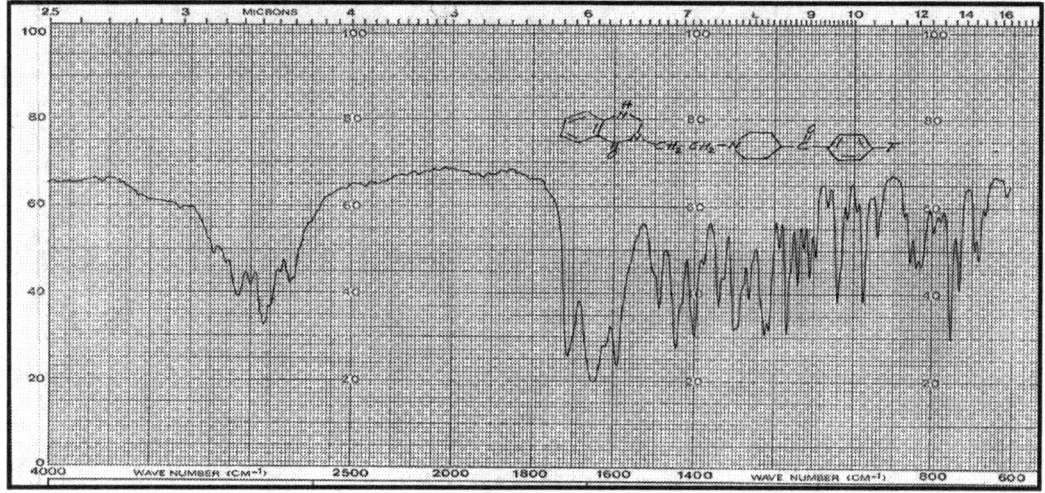

**481- Ketanserina base**

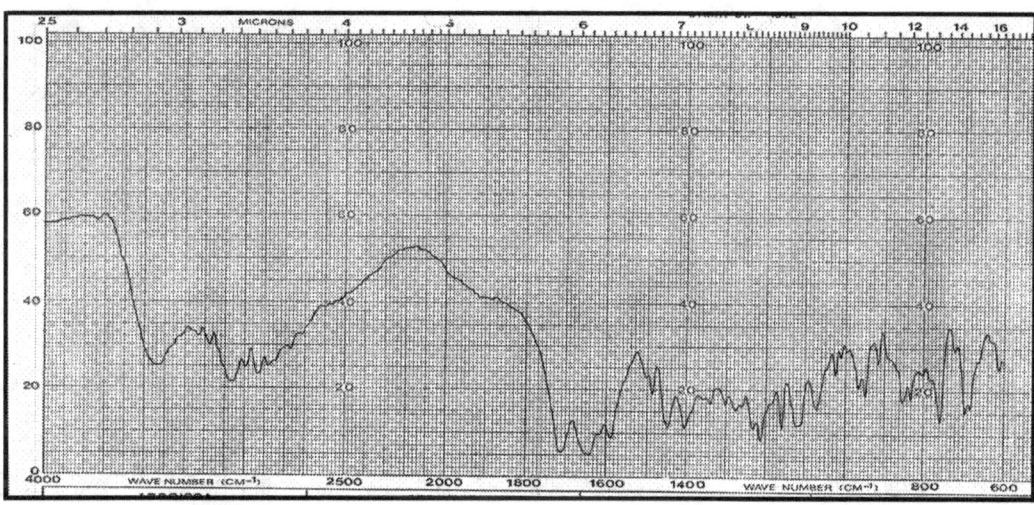

**482- Ketanserina tartrato**

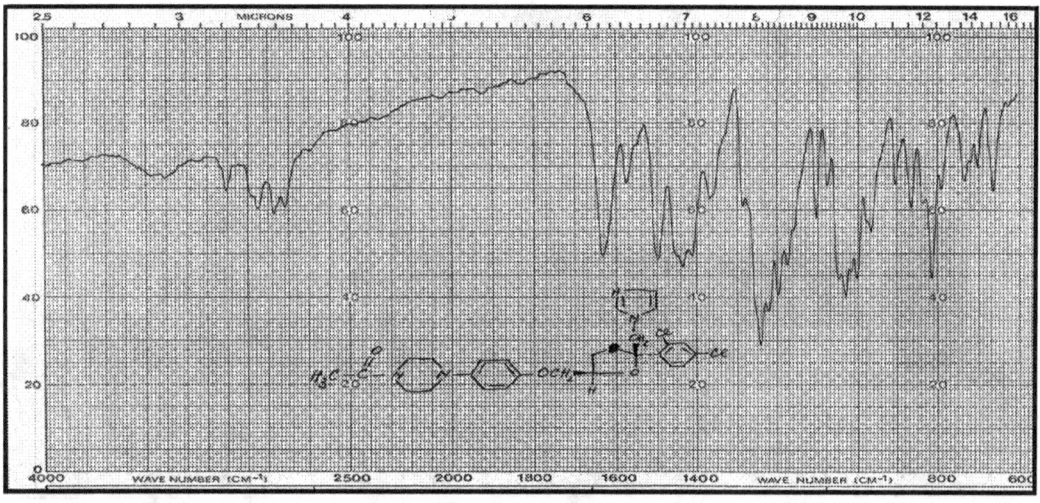

**483- Ketoconazolo**

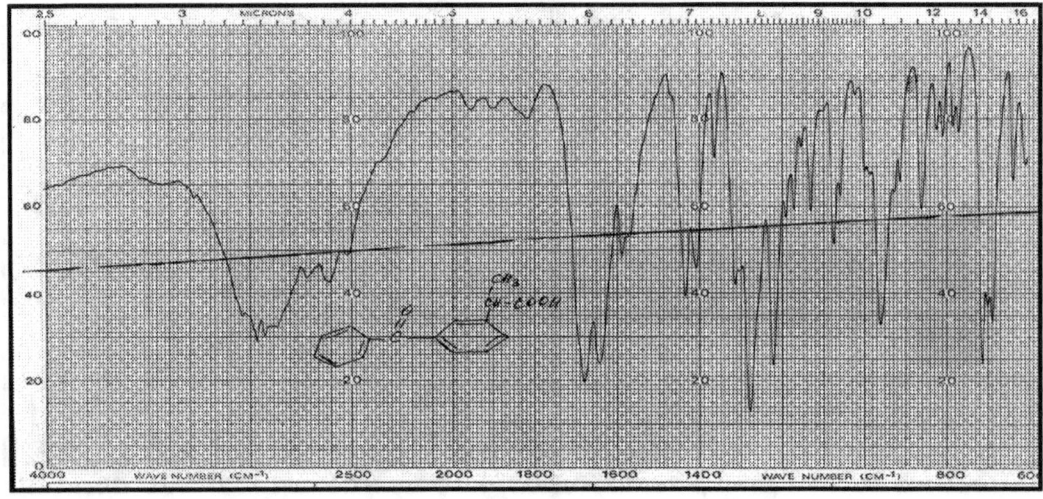

**484- Ketoprofene**

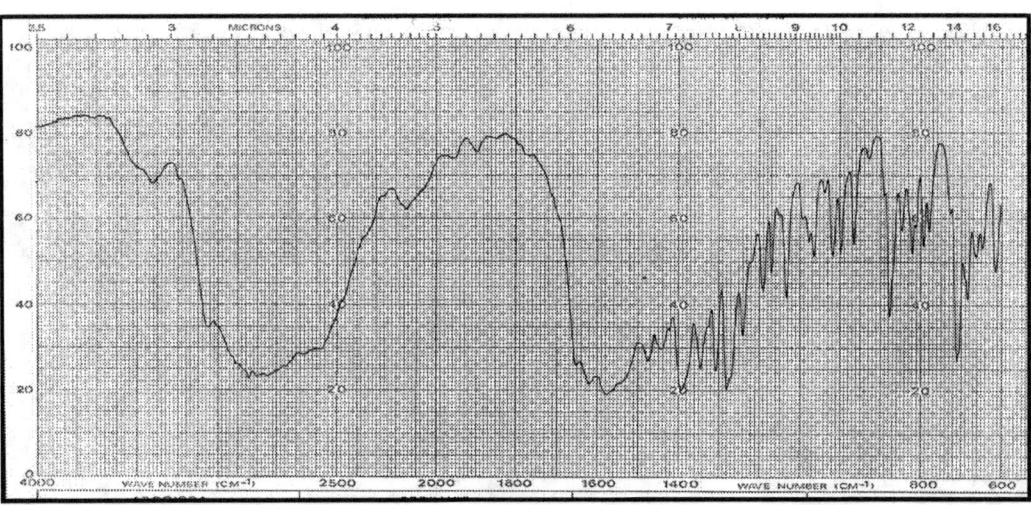

**485- Ketoprofene + L-lisina**

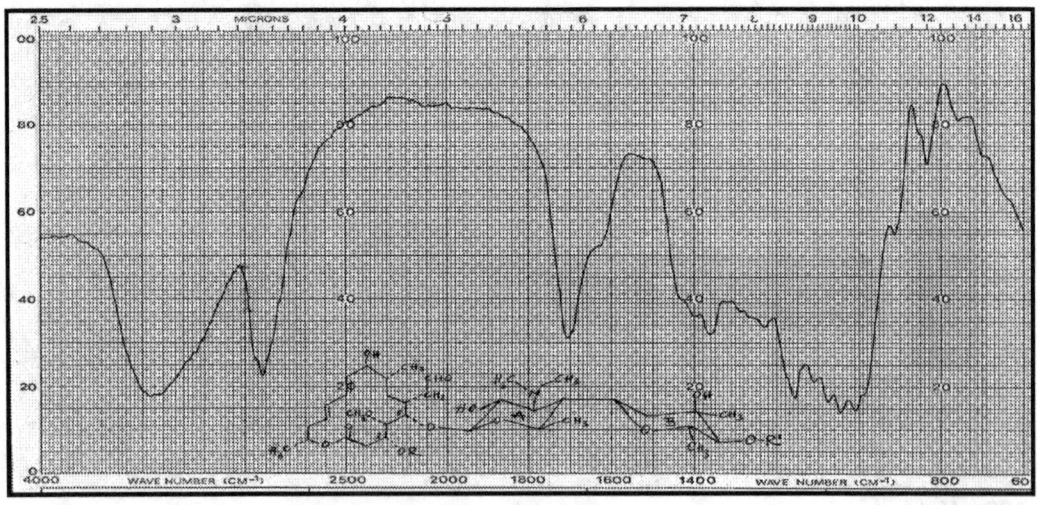

**486- Kitasamicina (Leucomicina)**

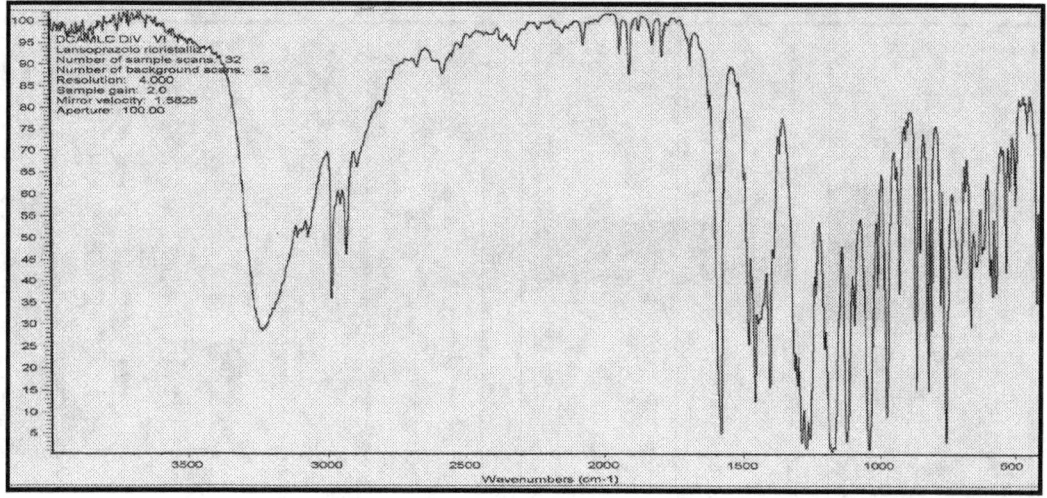

**487- Lansoprazolo**

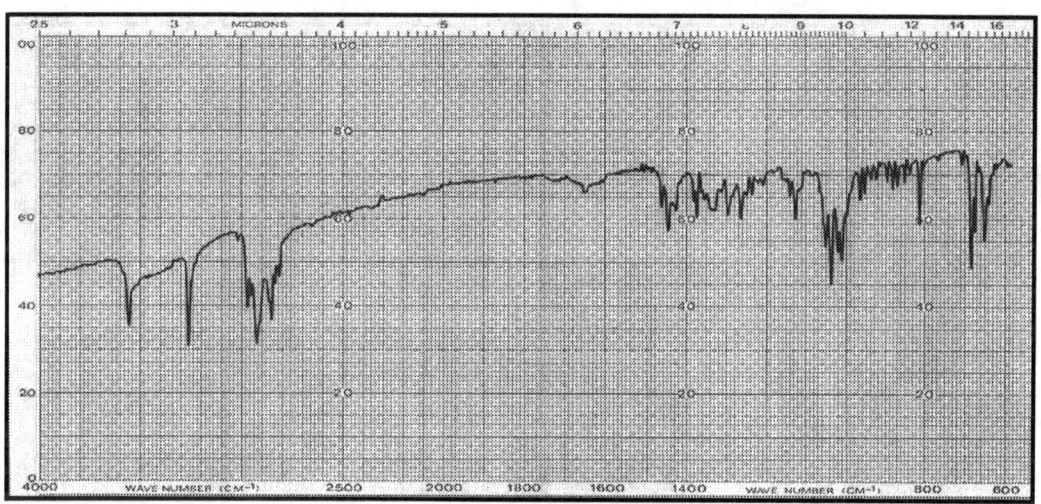

**488- Linestrenolo**

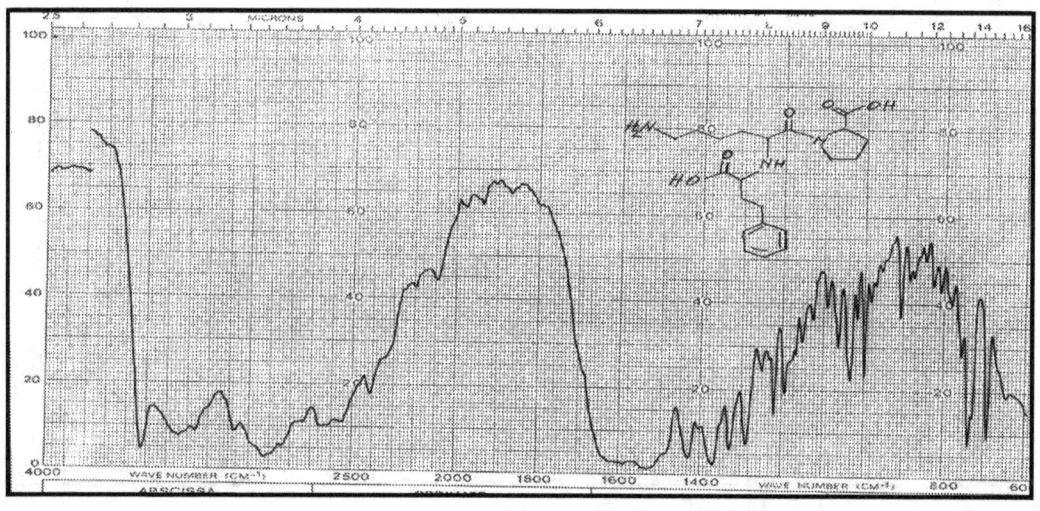

**489- Lisinopril**

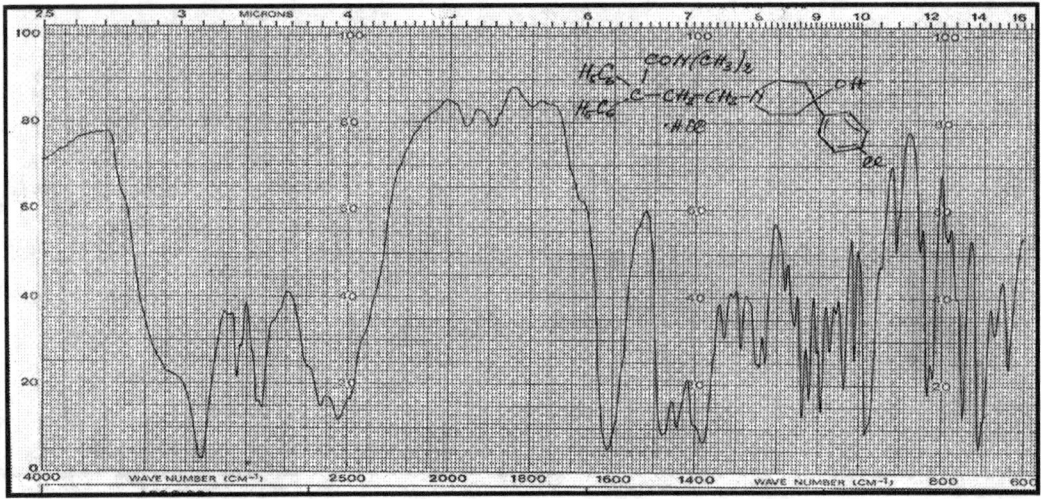

**490- Loperamide cloridrato**

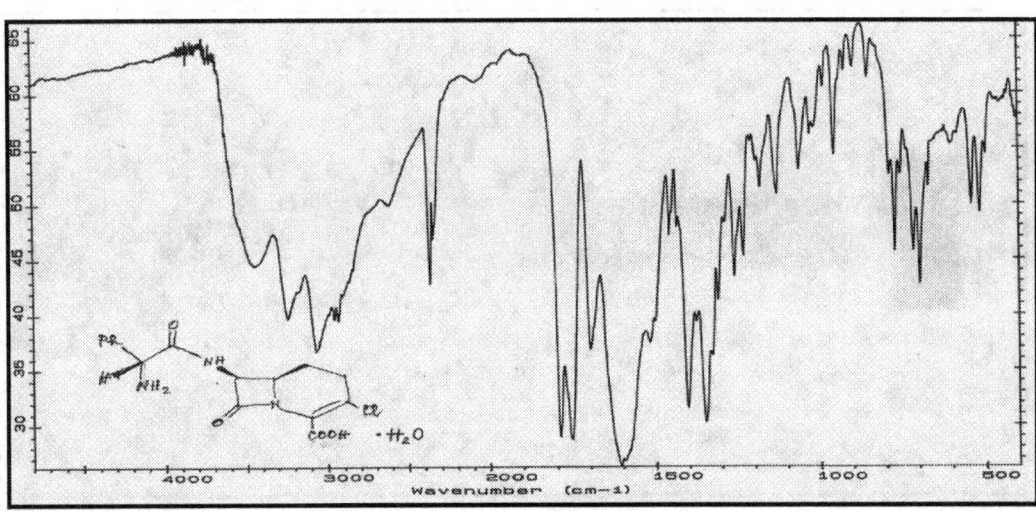

**491- Loracarbef**

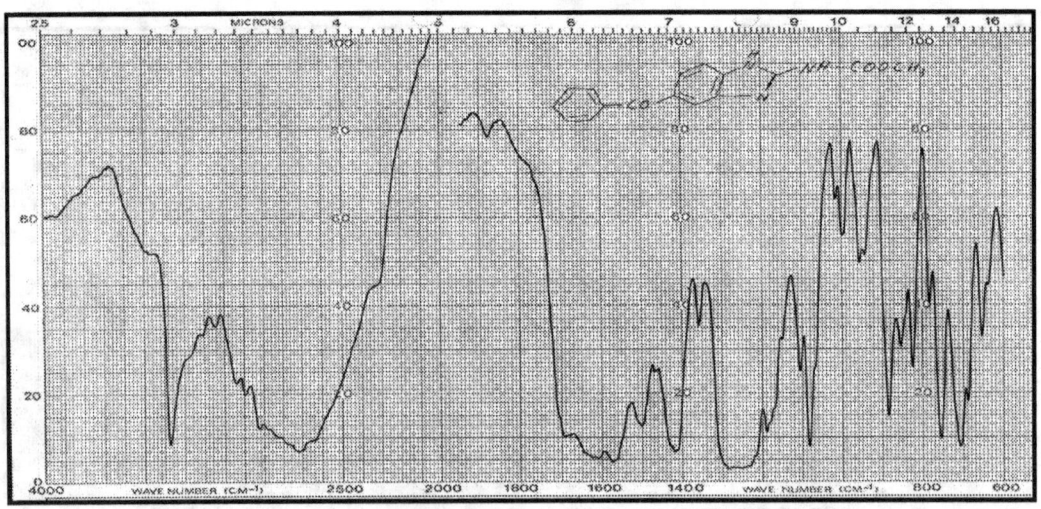

**492- Mebendazolo**

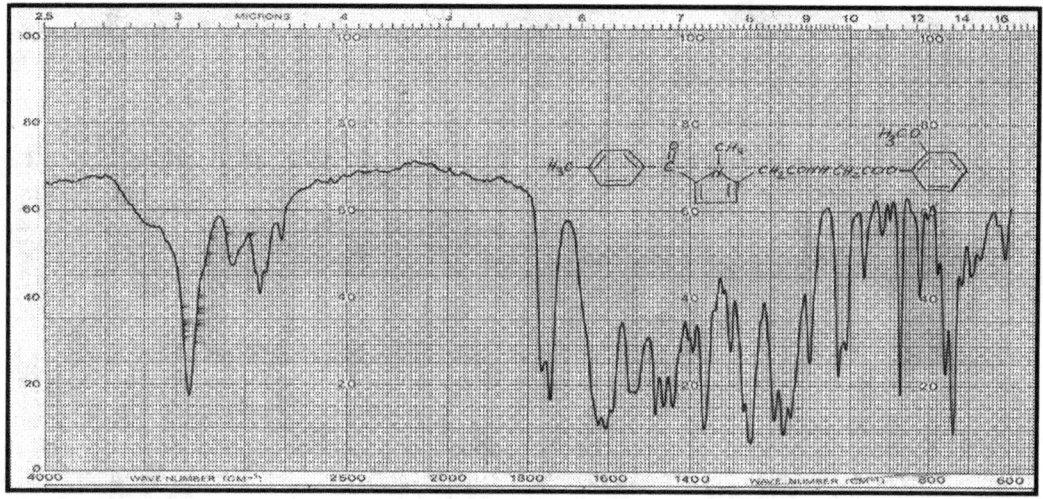

**493- Medosan**

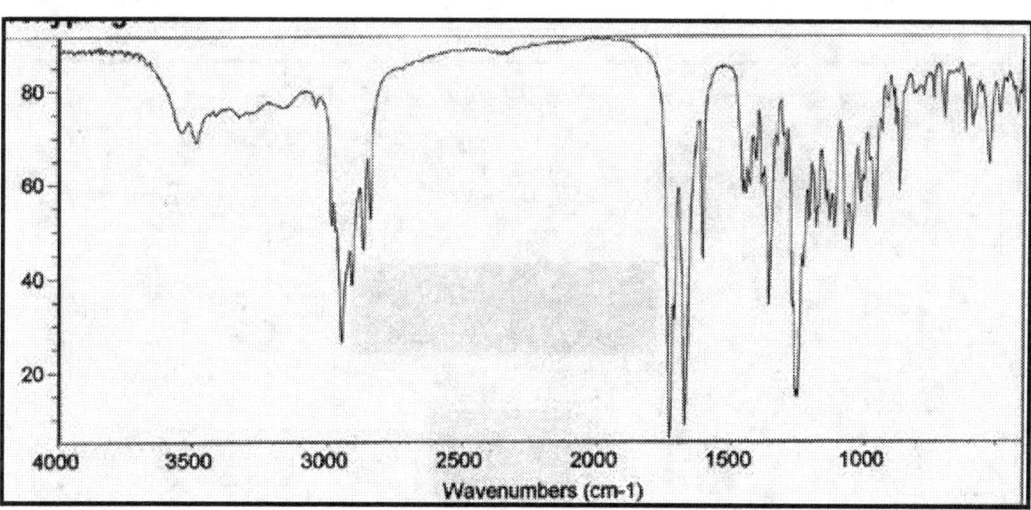

**494- Medrossiprogesterone acetato**

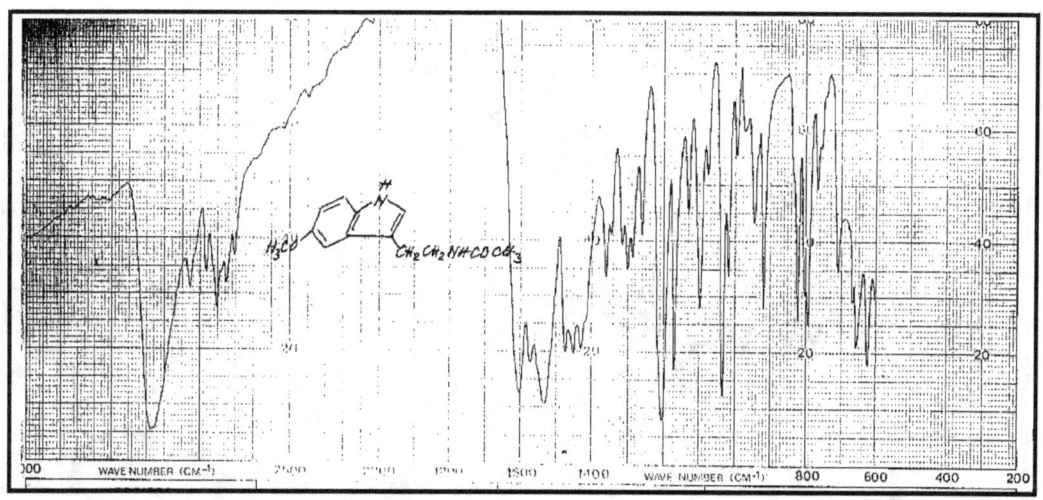

**495- Melatonina**

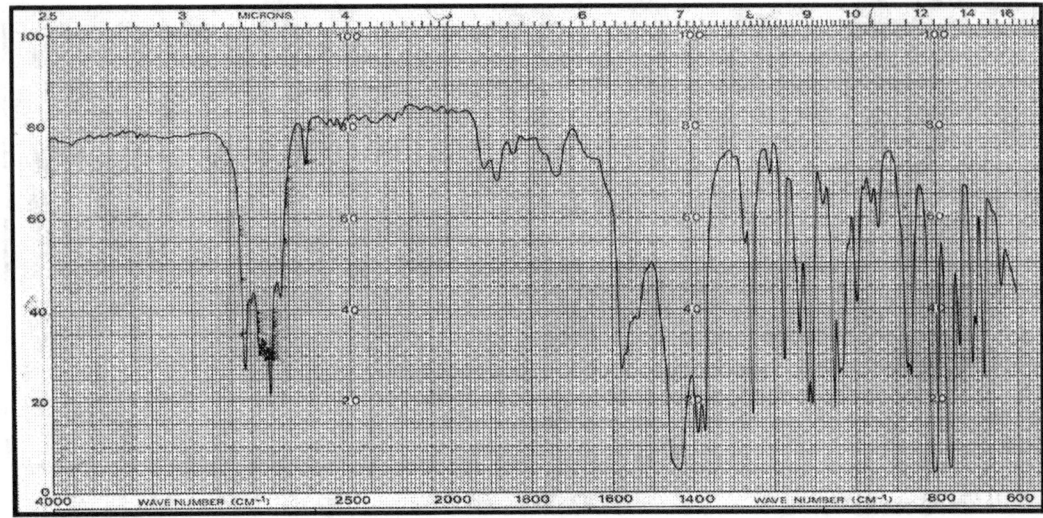

**496- Mesulfene**

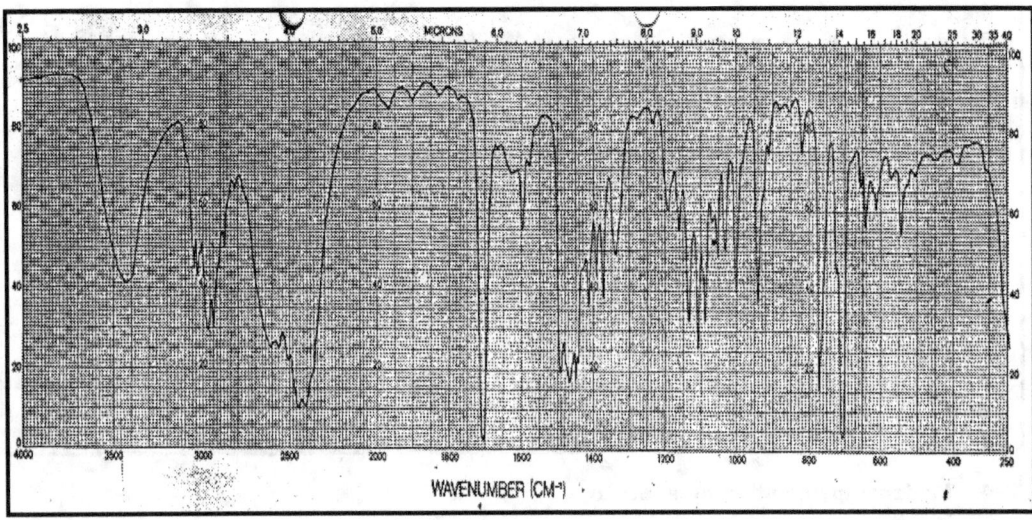

**497- Metadone cloridrato**

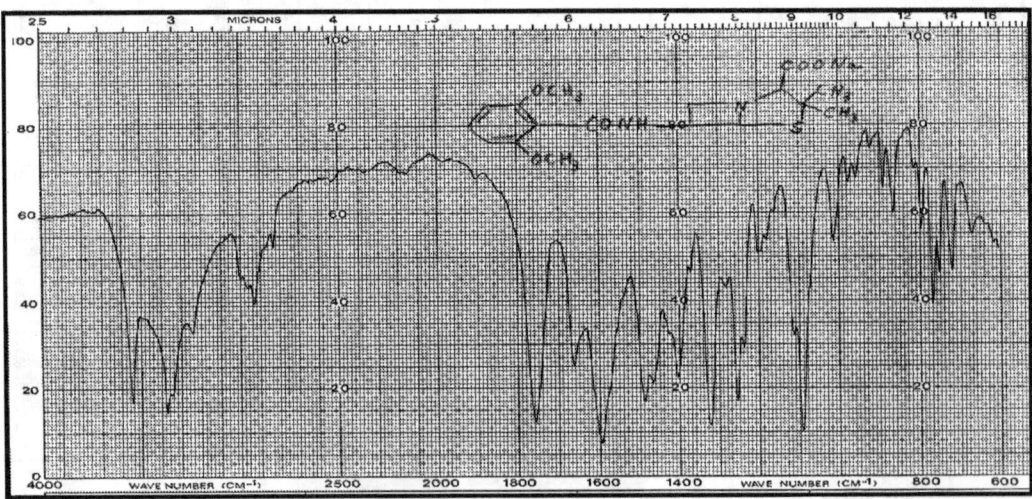

**498- Meticillina sodica tamponata**

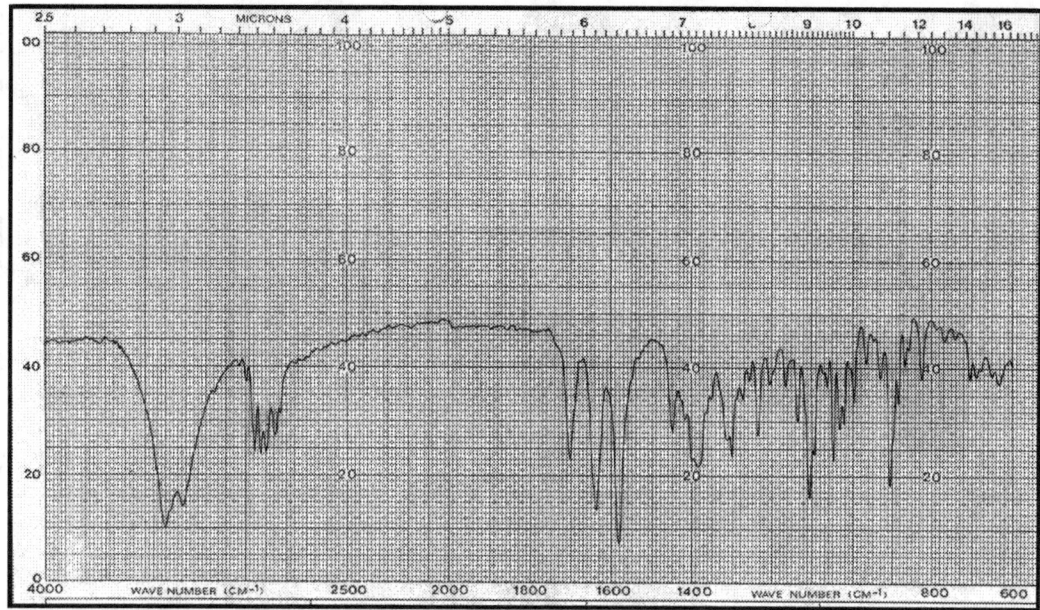

**499- Metilprednisolone**

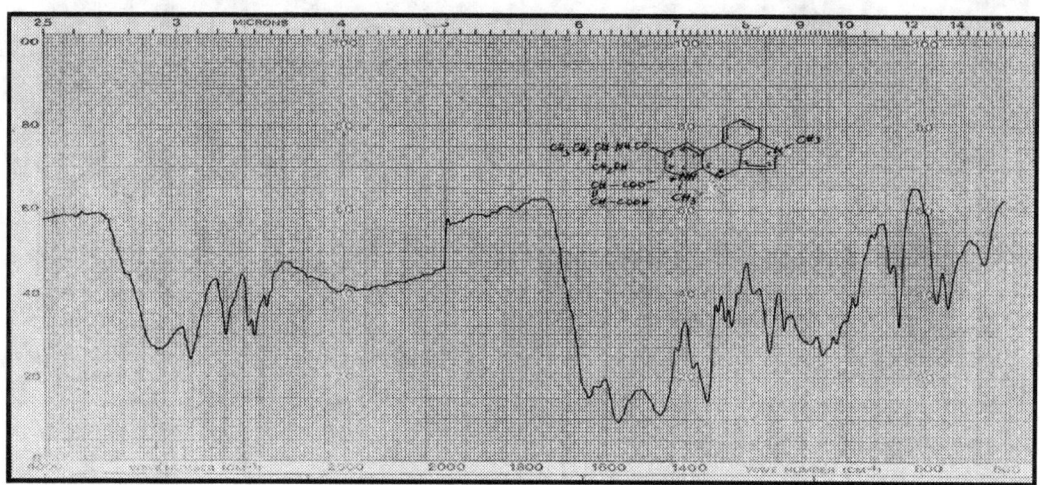

**500- Metisergide idrogenomaleato**

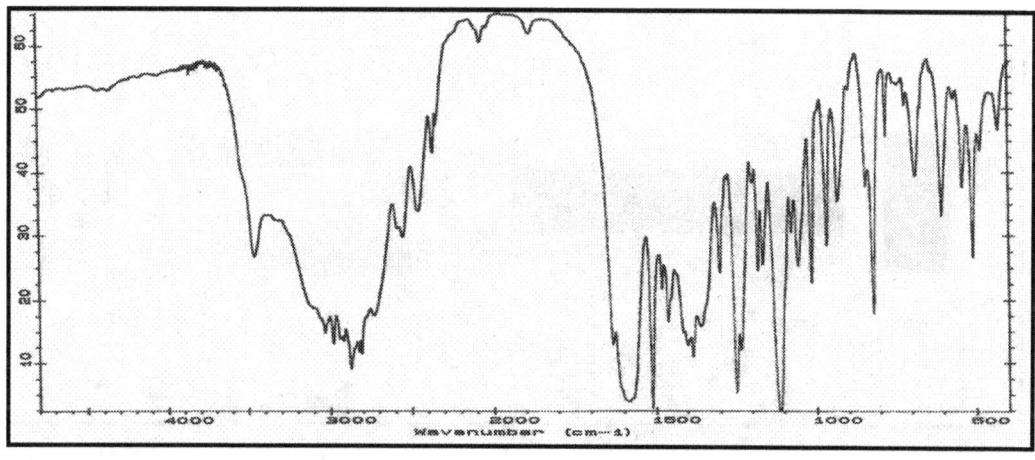

**501 - Metoprololo tartrato**

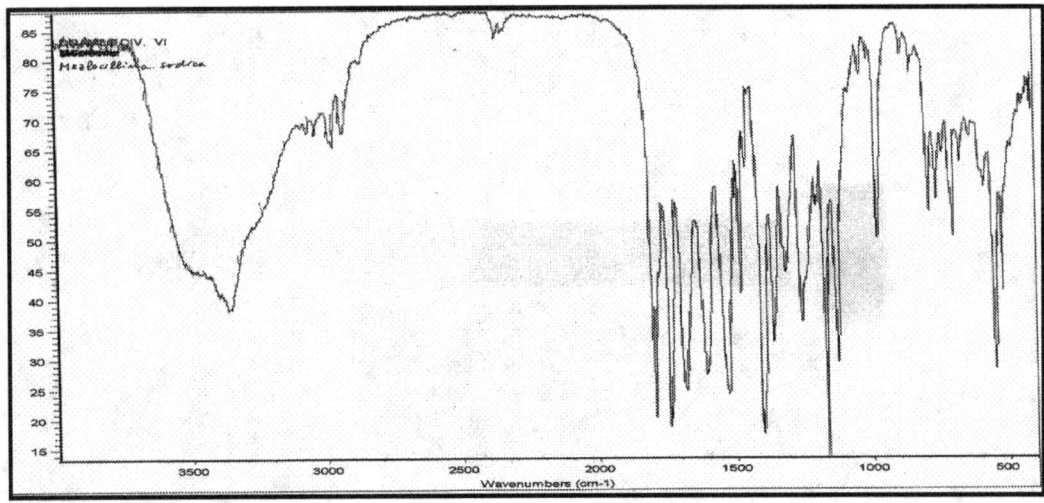

**502- Mezlocillina sodica**

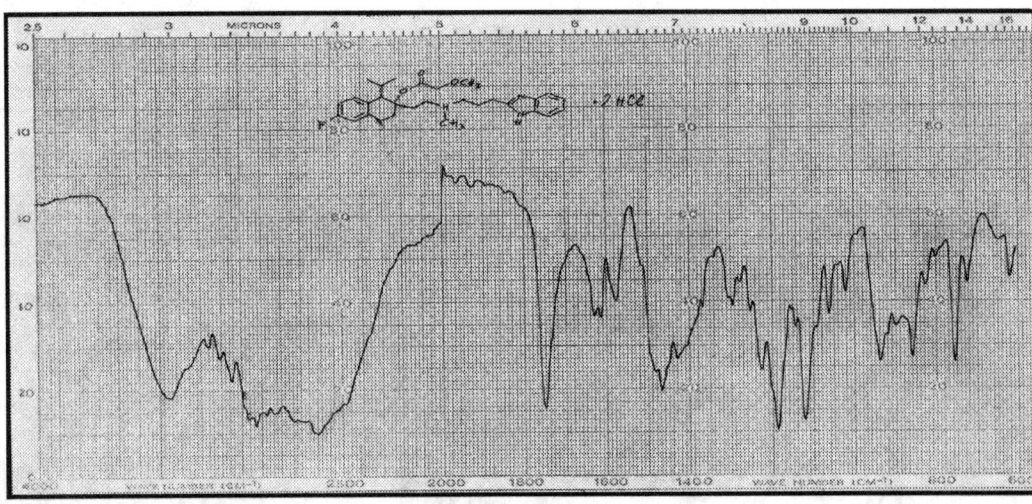

**503 - Mibefradil dicloridrato**

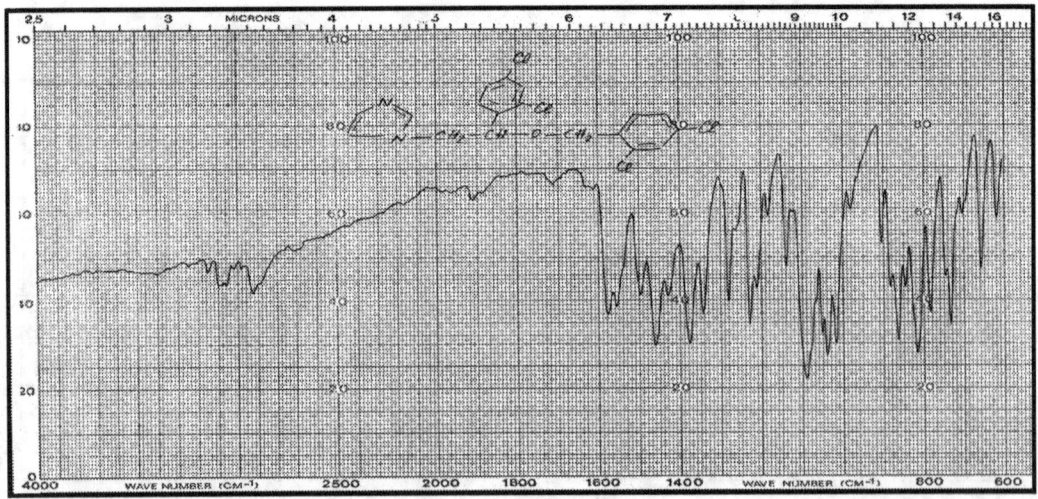

**504- Miconazolo base**

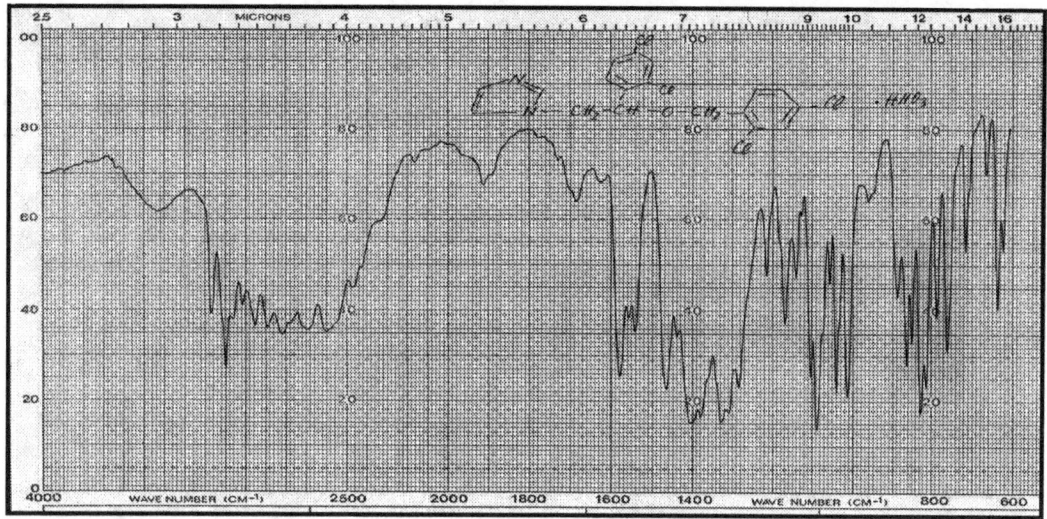

**505- Miconazolo nitrato**

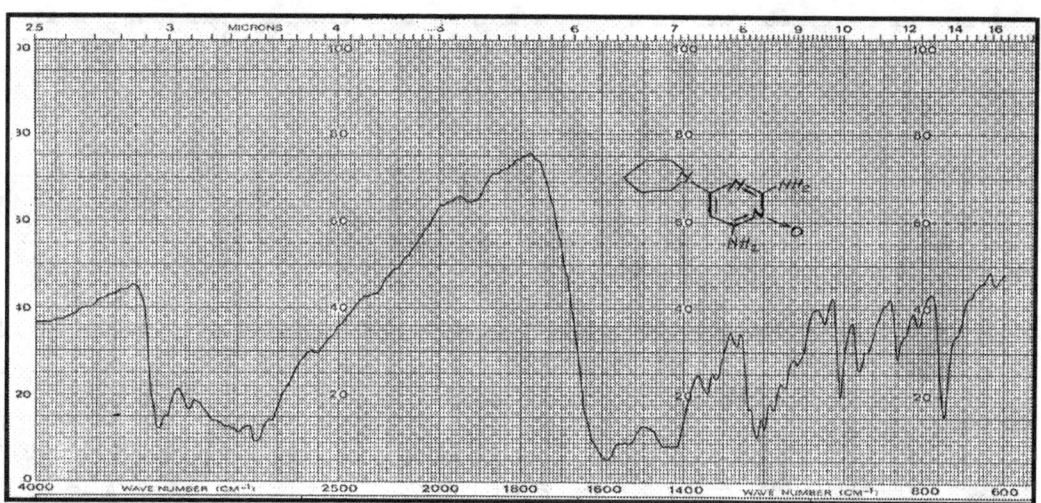

**506- Minoxidil**

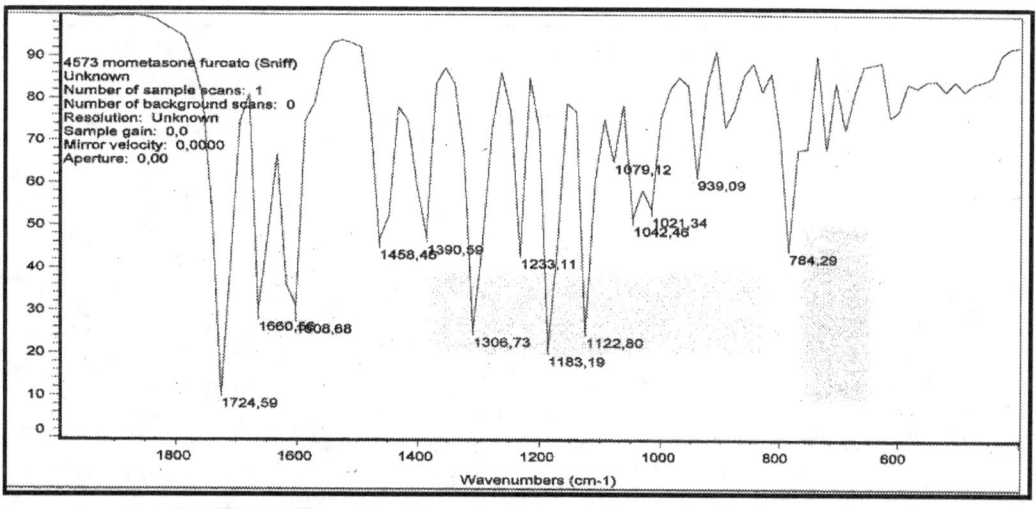

**507- Mometasone furoato**

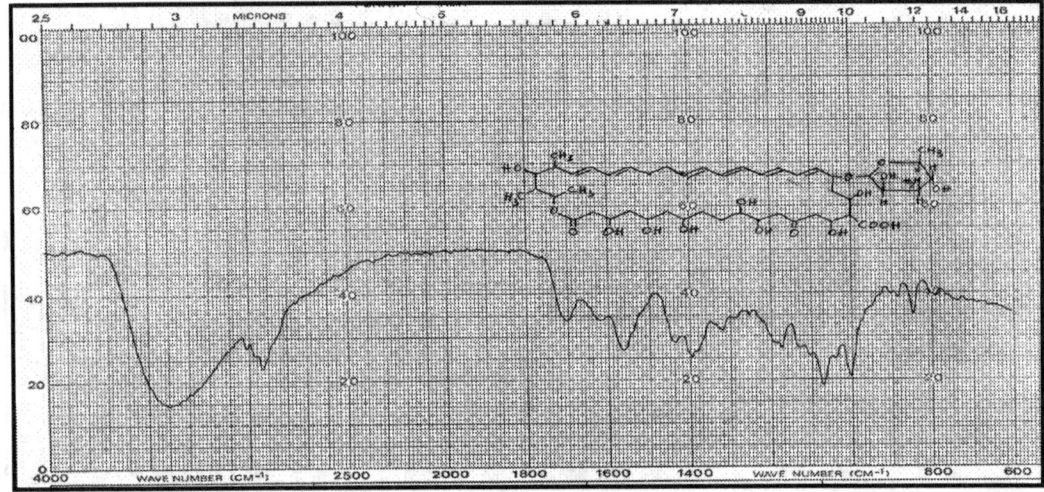

**508- Mycostatin**

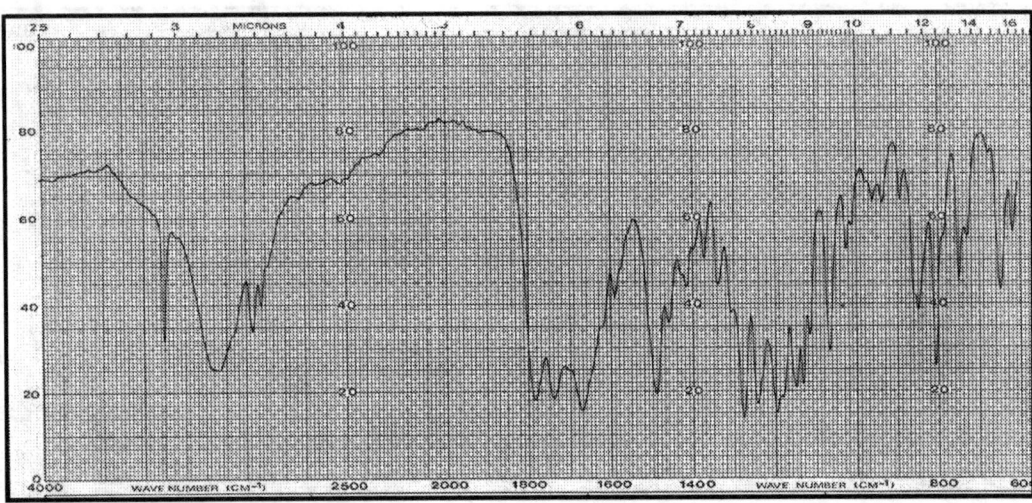

**509- Nafcillina acido**

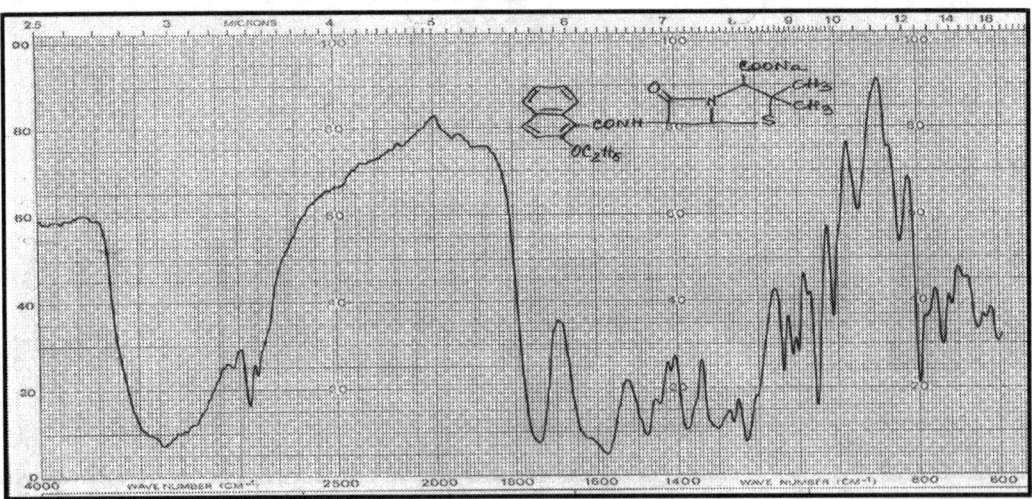

**510- Nafcillina sodica**

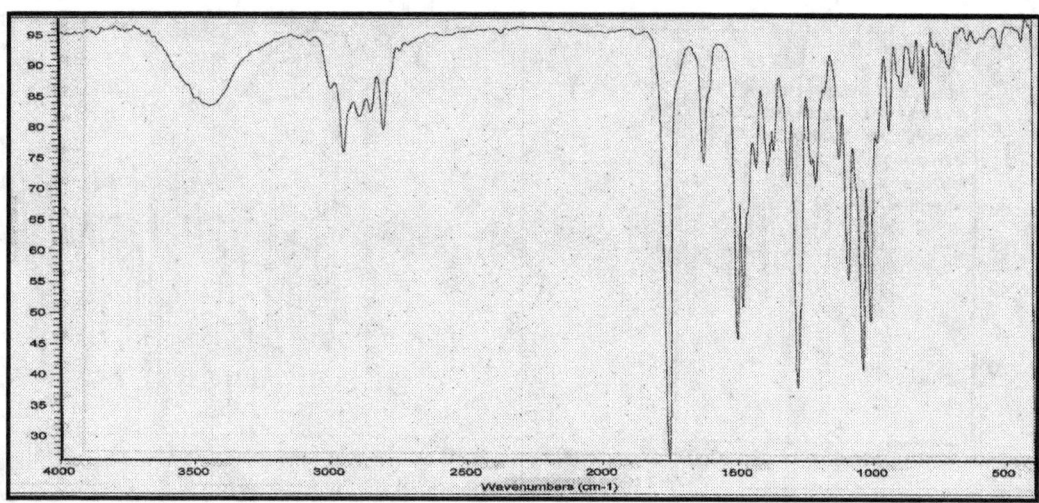

**511- Narcotina**

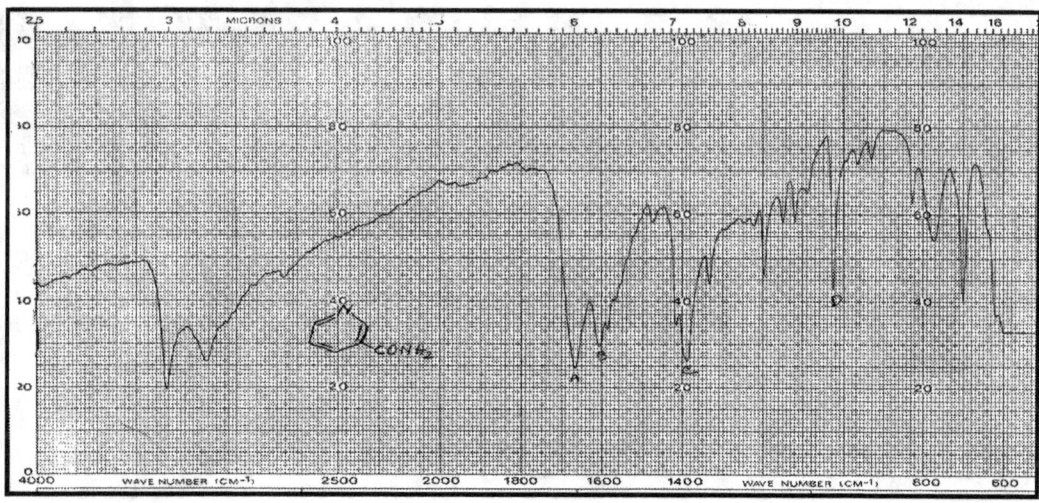

**512- Nicotinamide**

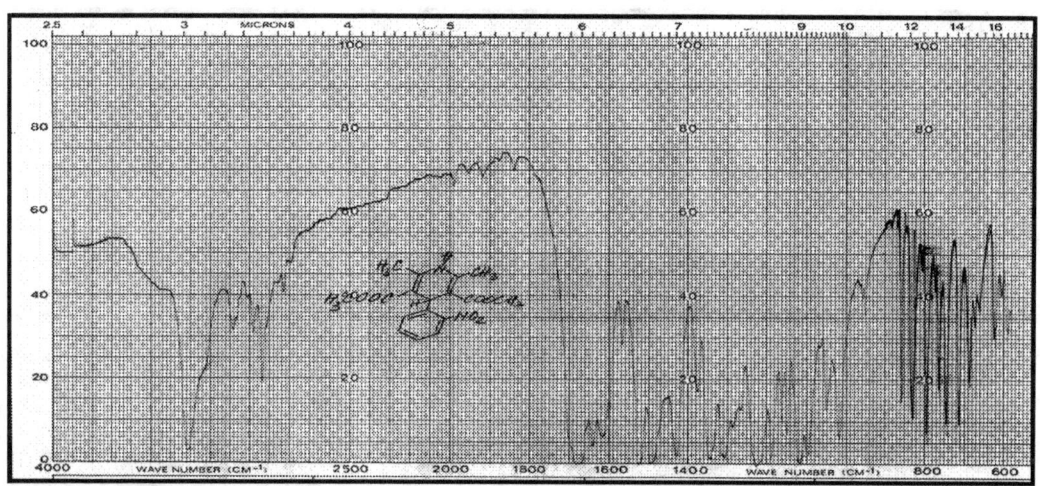

**513- Nifedipina**

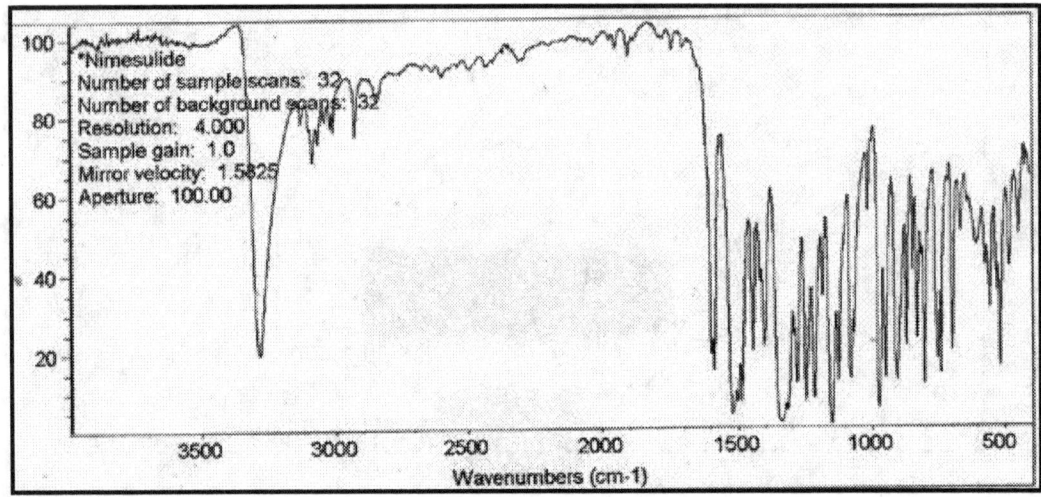

**514- Nimesulide**

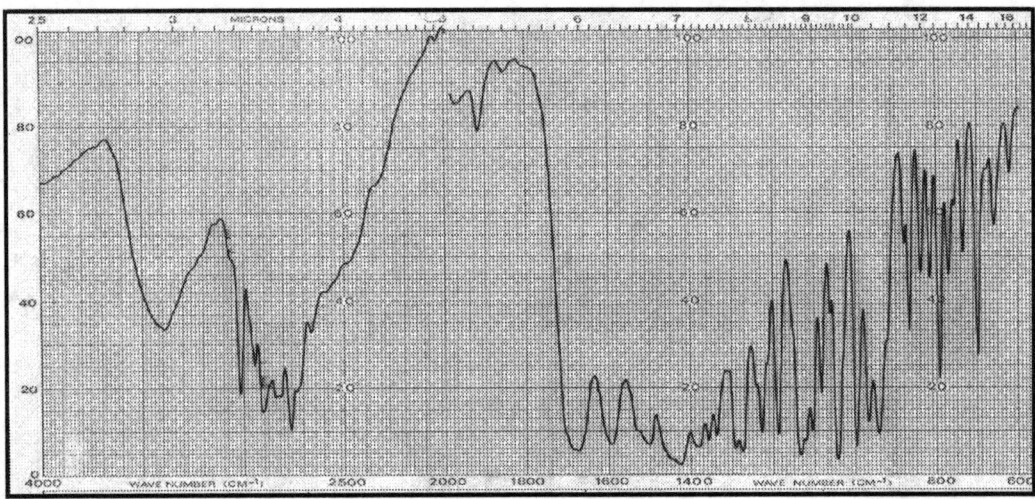

**515- Ofloxacina**

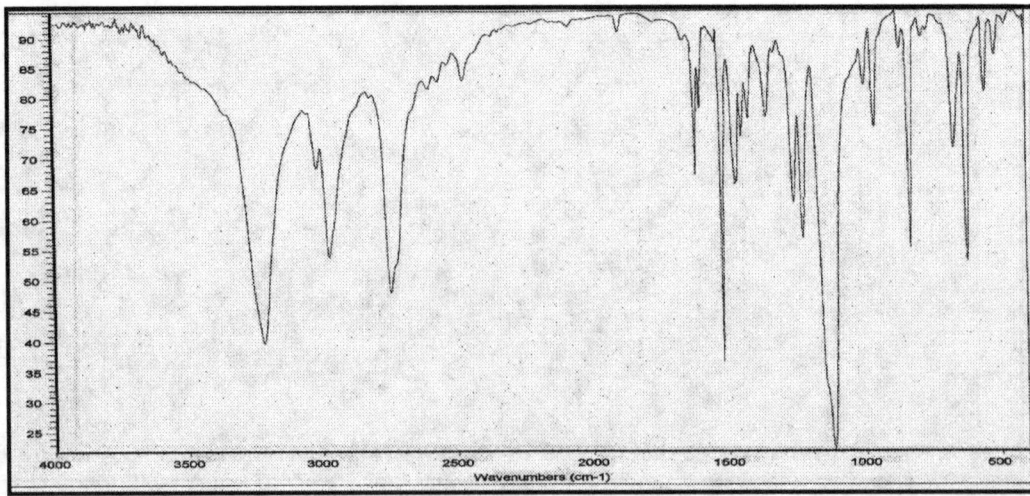

**516- Ordenina solfato**

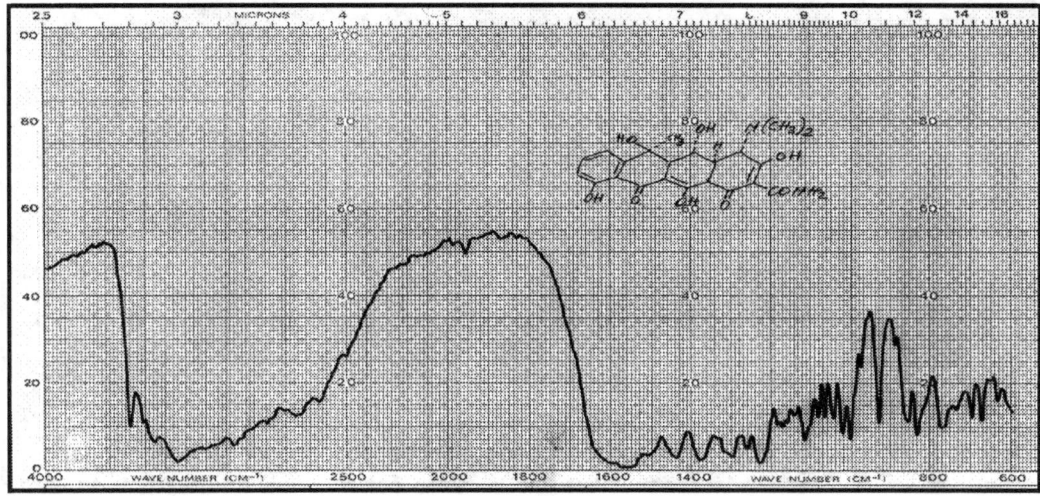

**517- Ossitetraciclina**

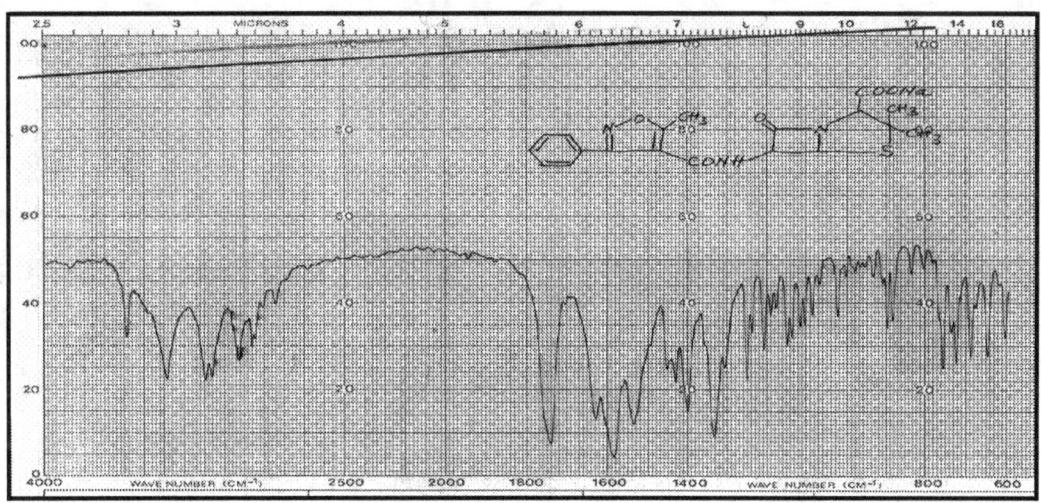

**518- Oxacillina sodica**

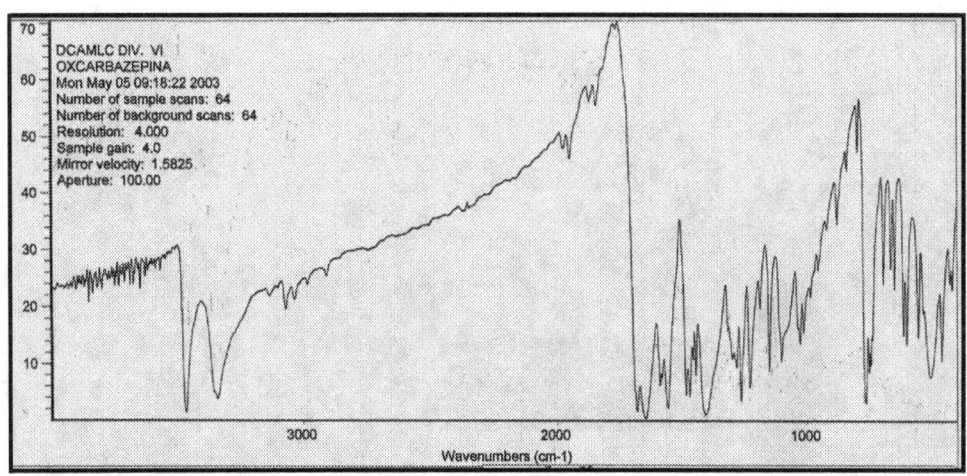

**519- Oxcarbazepina**

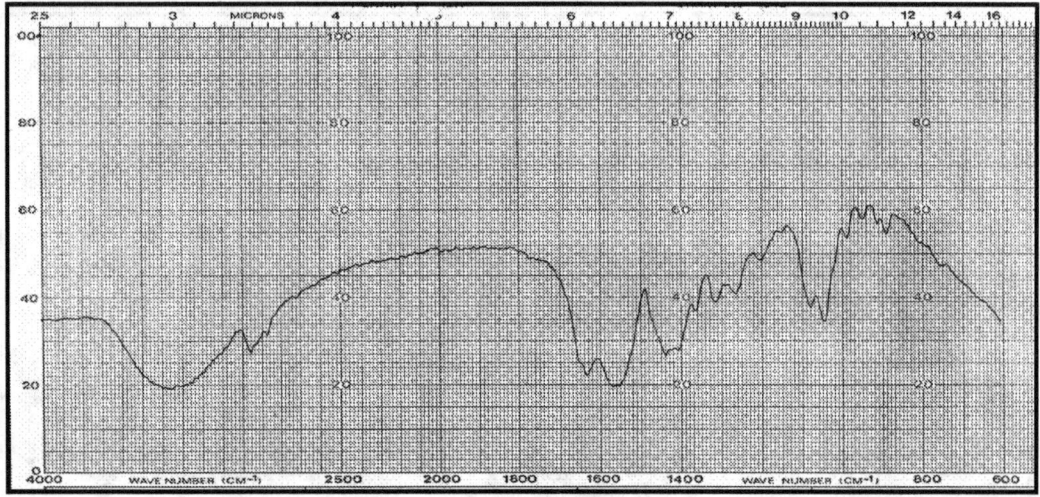

**520- Pantotenato di calcio**

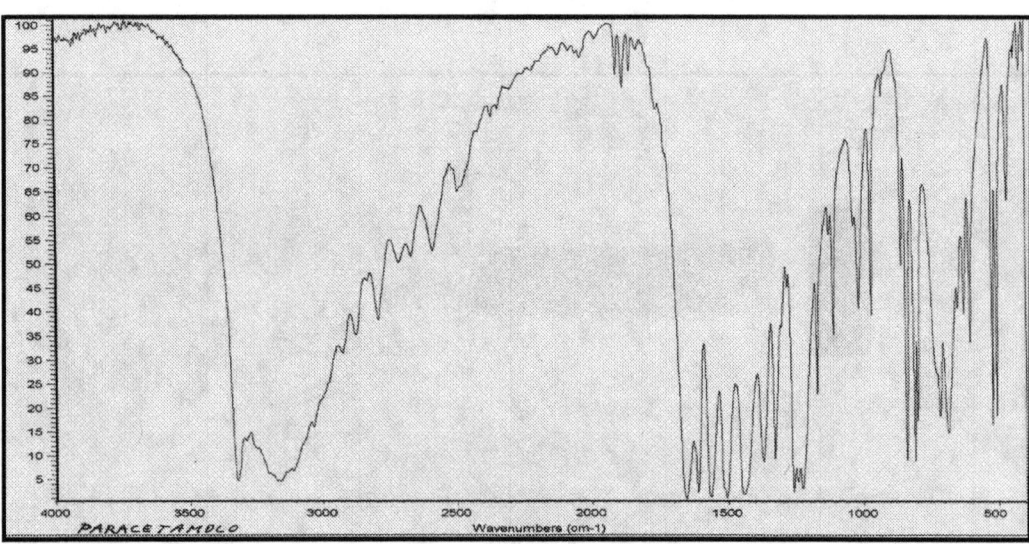

**521- Paracetamolo**

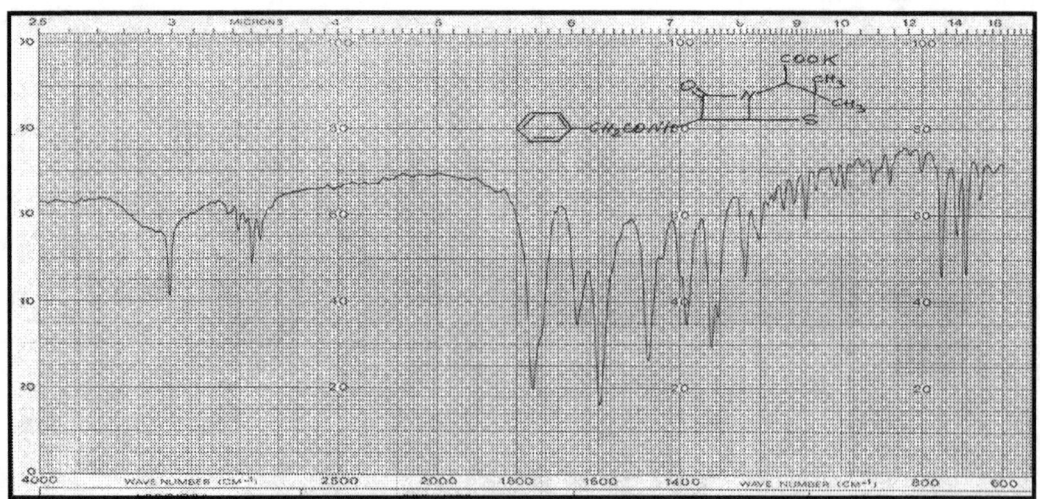

**522- Penicillina G potassica**

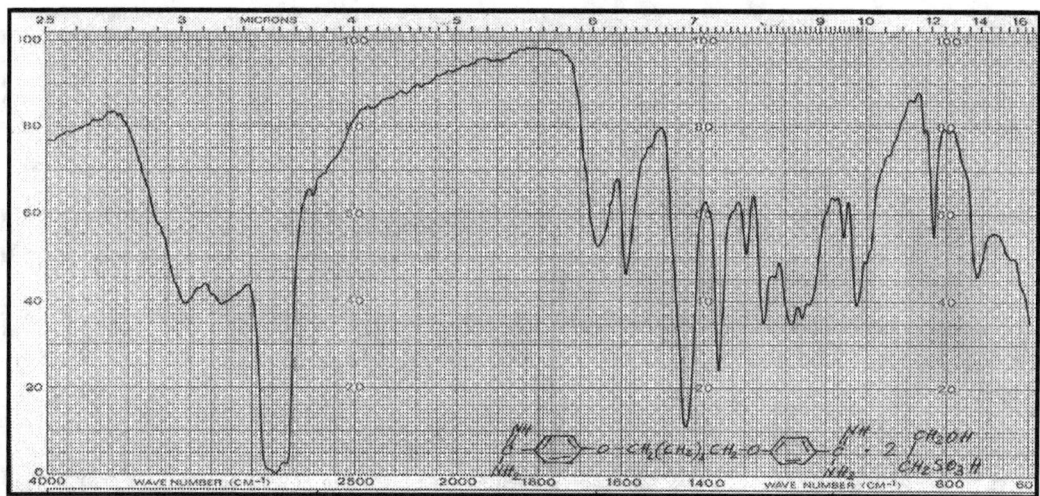

**523- Pentamidina isetionato**

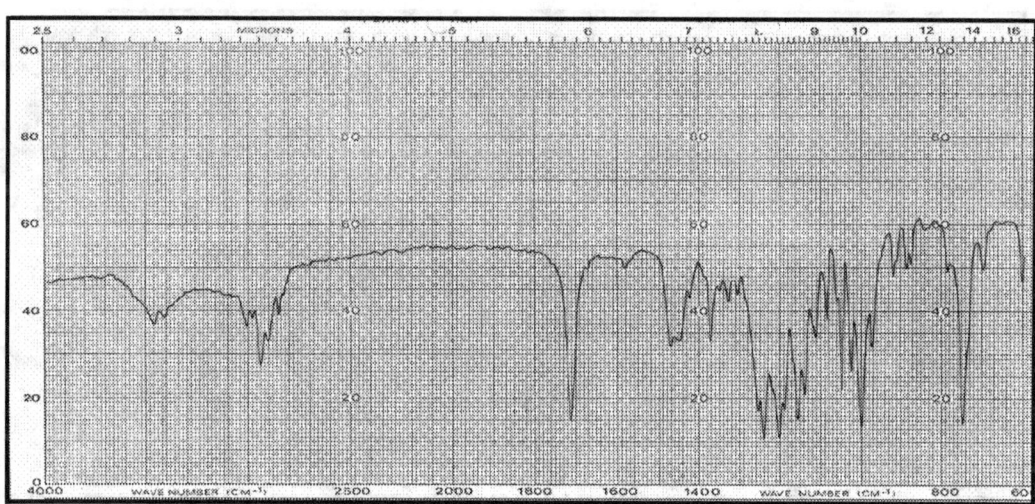

**524- Pentapiperide metilsolfato**

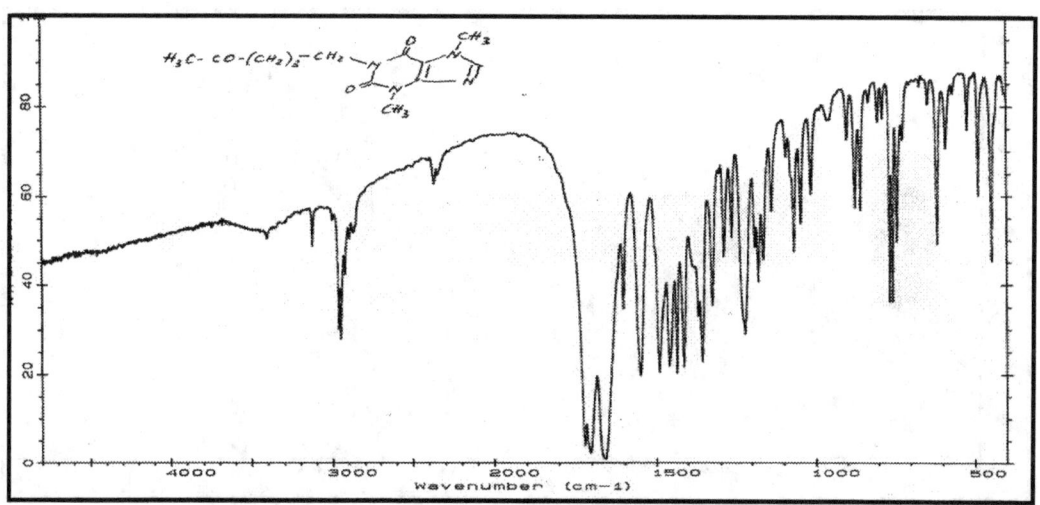

**525- Pentossifillina**

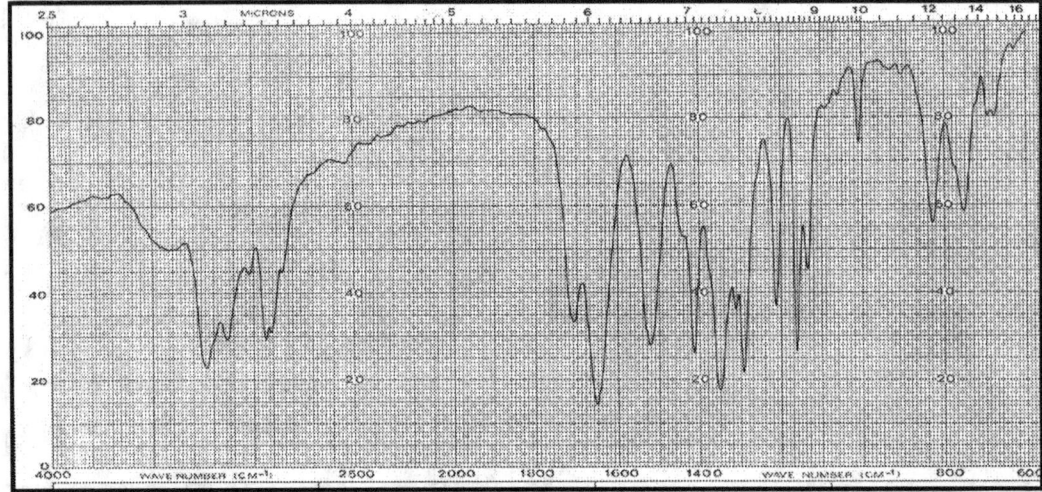

**526- Pentothal acido**

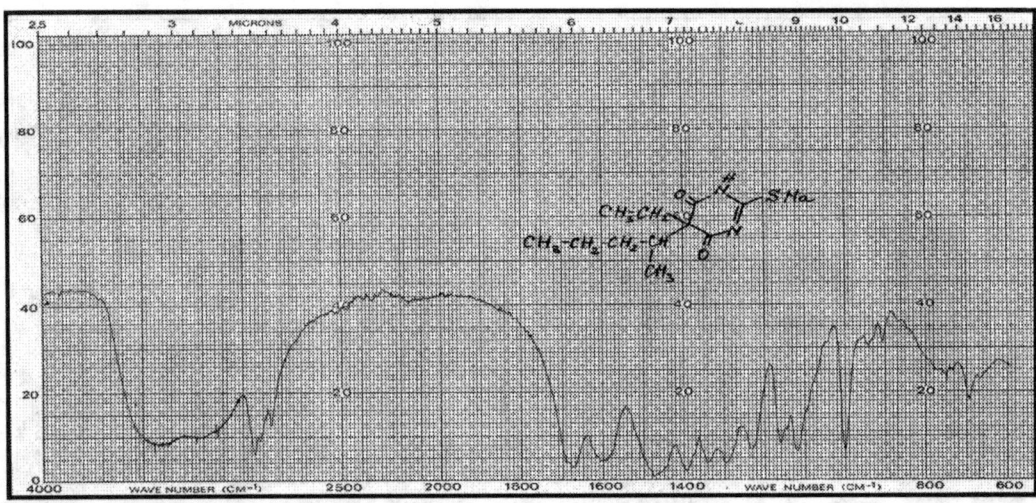

**527- Pentothal sodico**

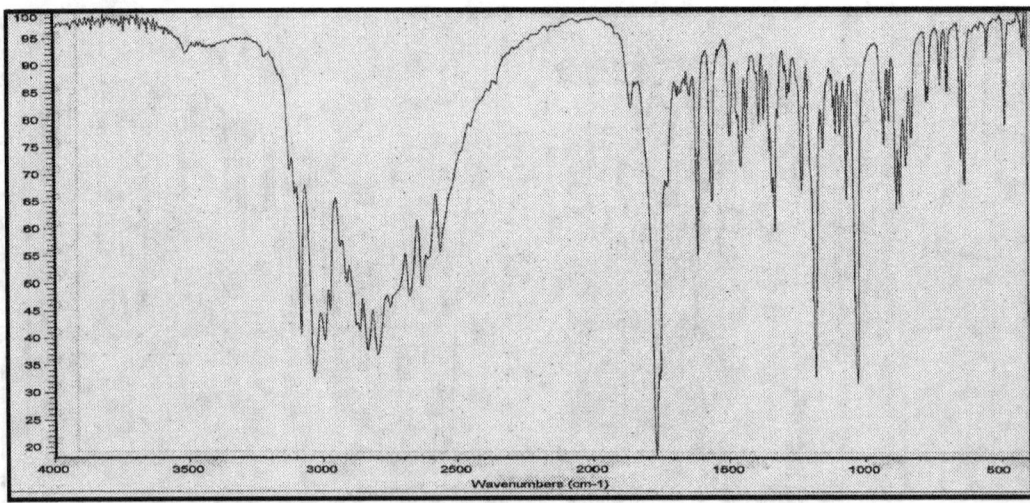

**528- Pilocarpina cloridrato**

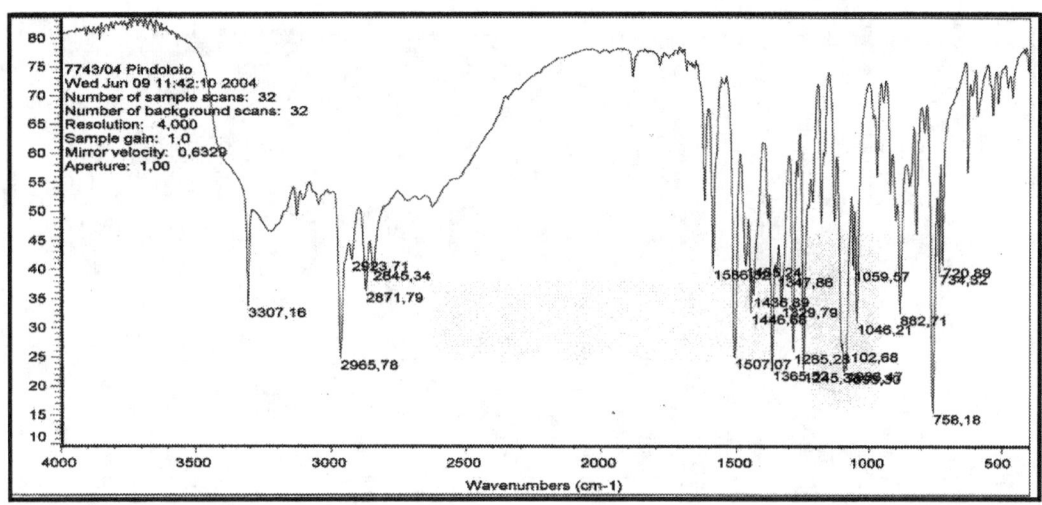

**529- Pindololo**

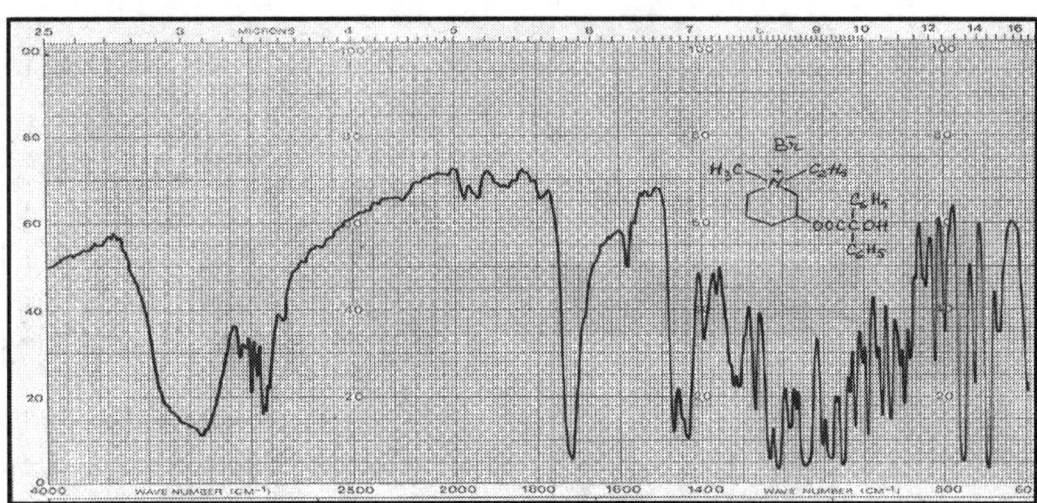

**530- Pipenzolato bromuro**

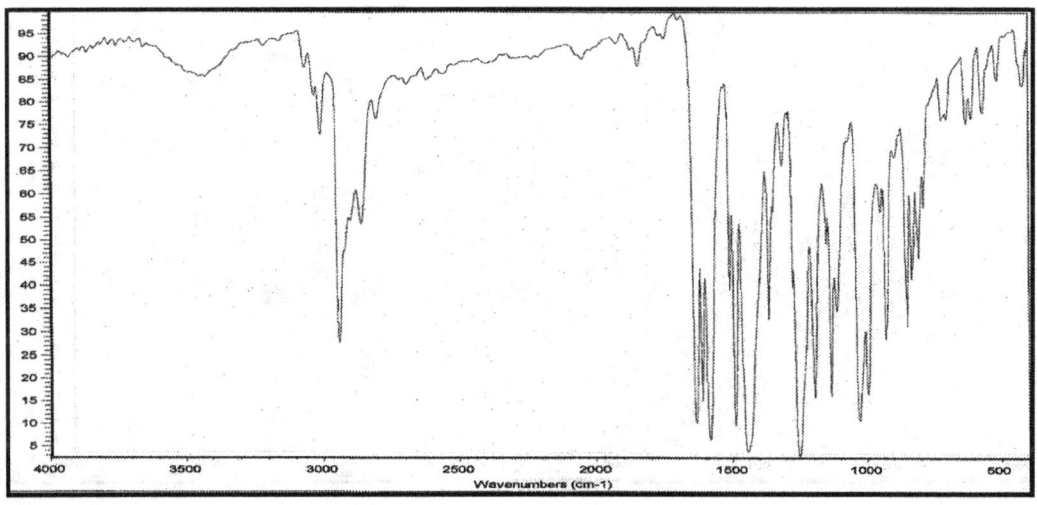

**531- Piperina**

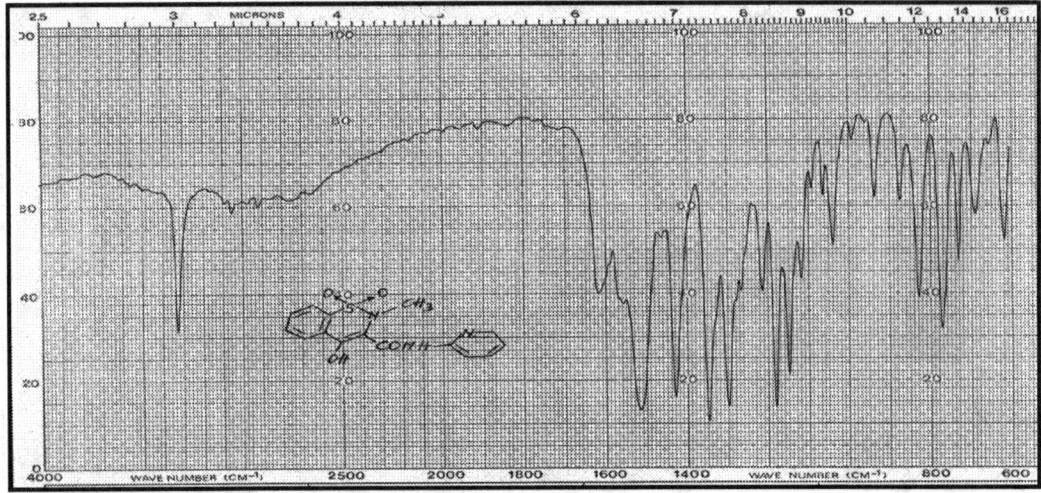

**532- Piroxicam**

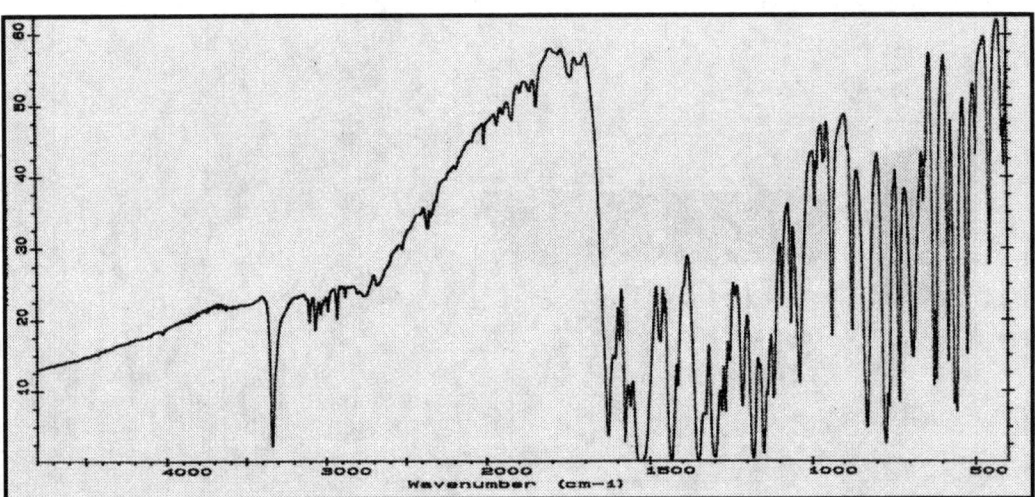

**533- Piroxicam**

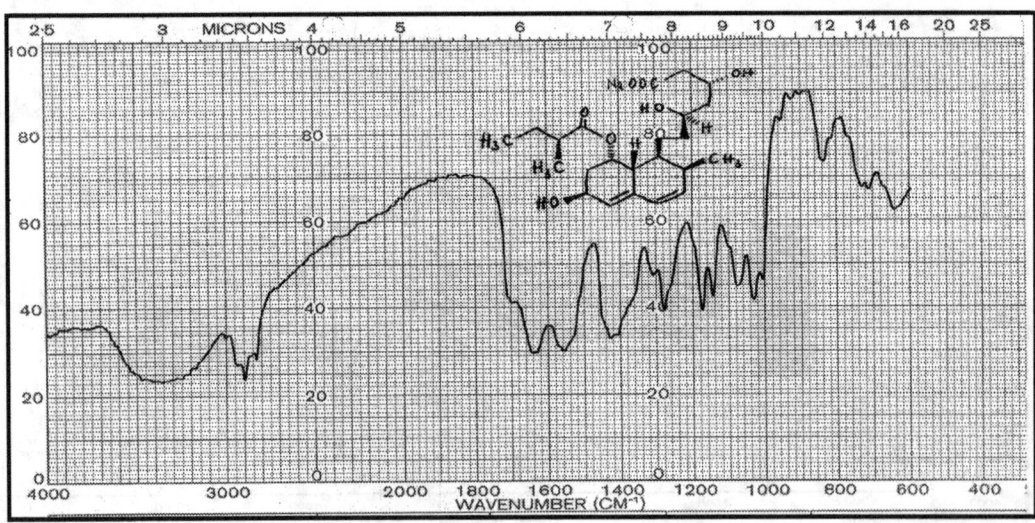

**534- Pravastatin**

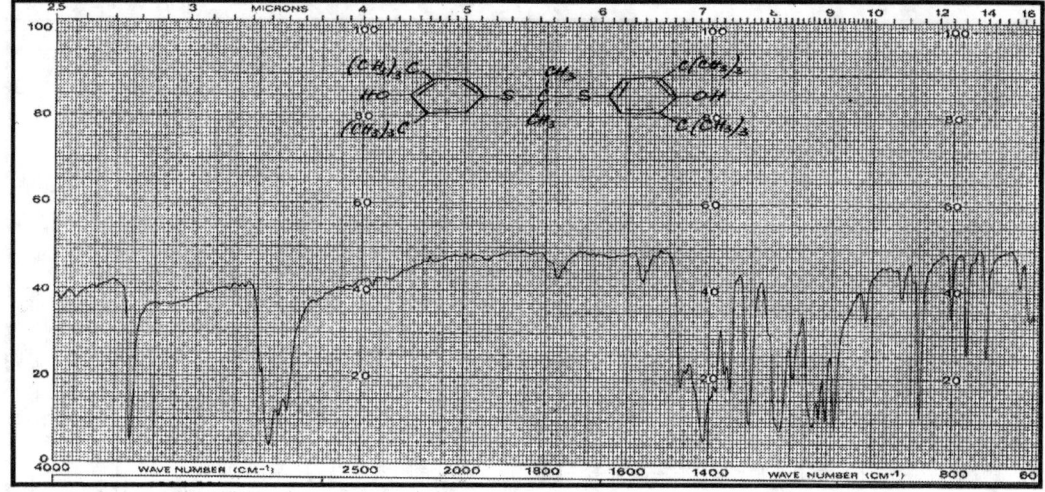

**535- Probucol**

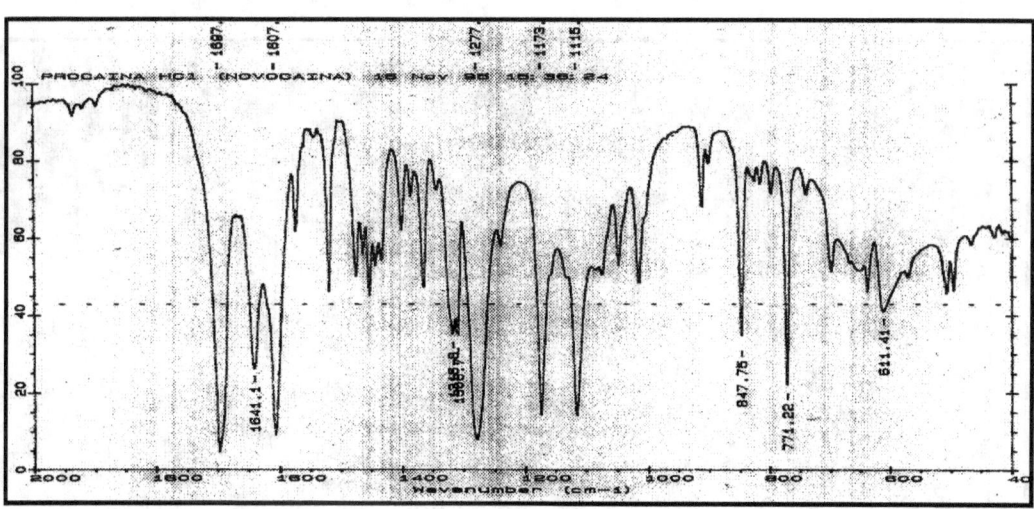

**536- Proocaina cloridrato**

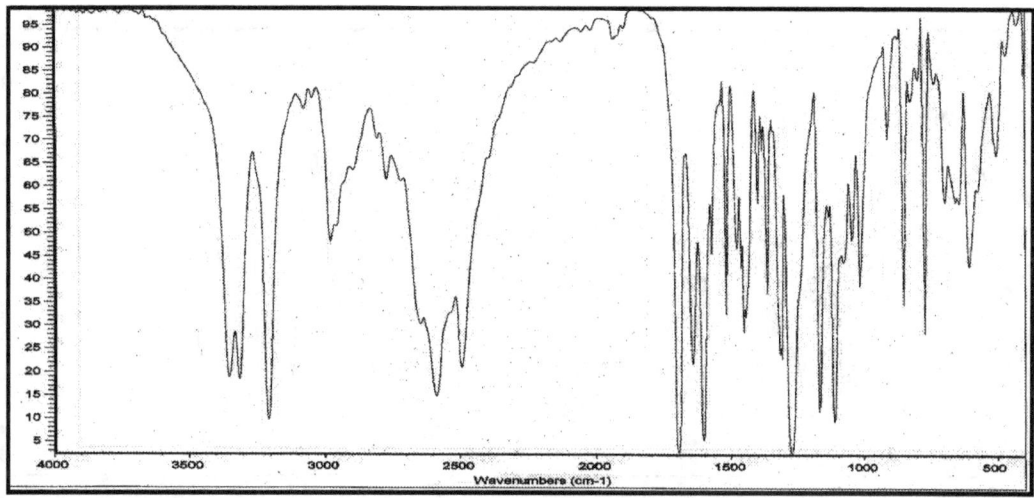

**537- Procaina cloridrato**

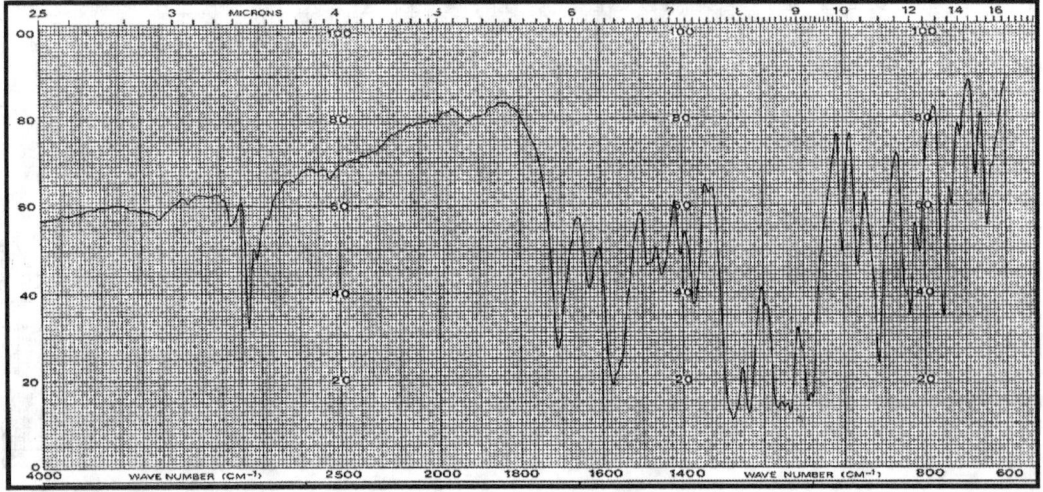

**538- Procetofene**

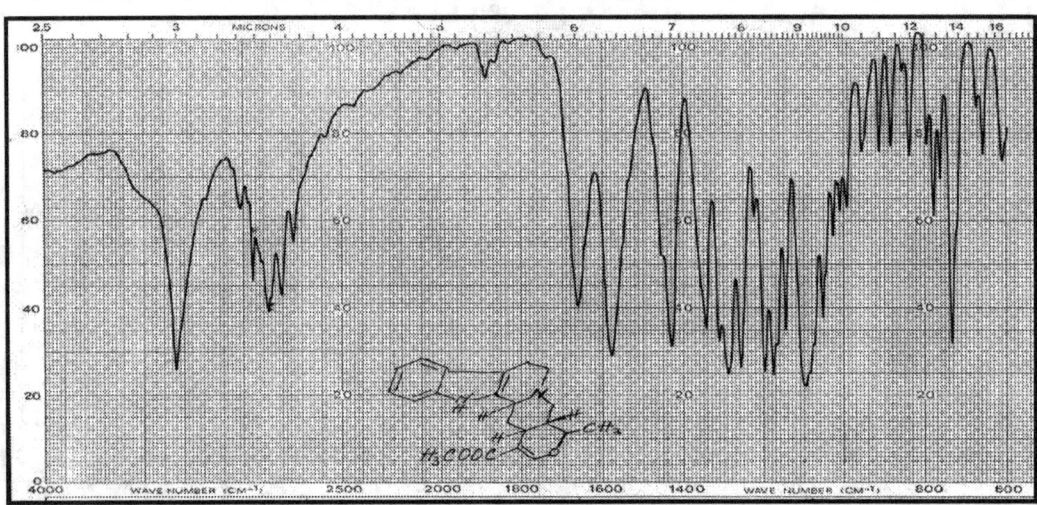

**539- Raubasina**

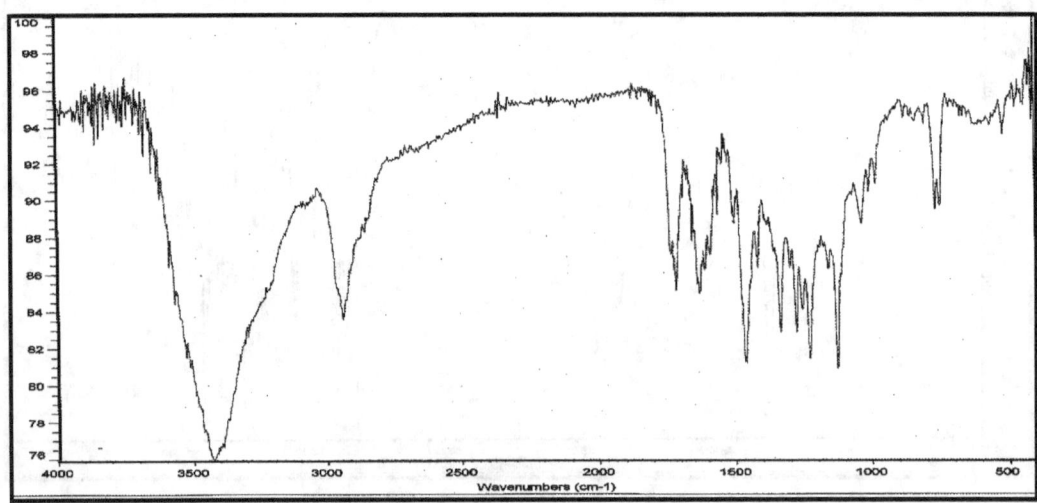

**540- Rauwolfia**

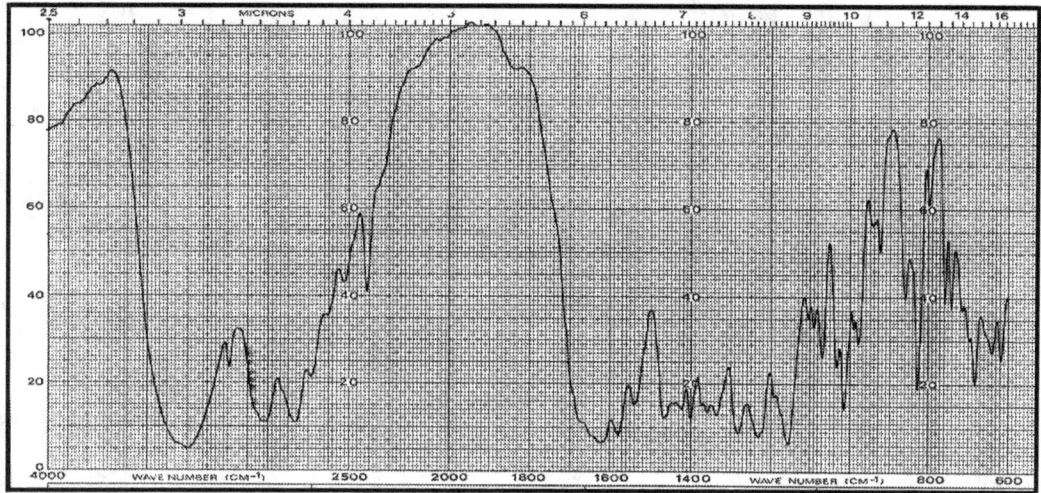

**541- Reproterolo cloridrato**

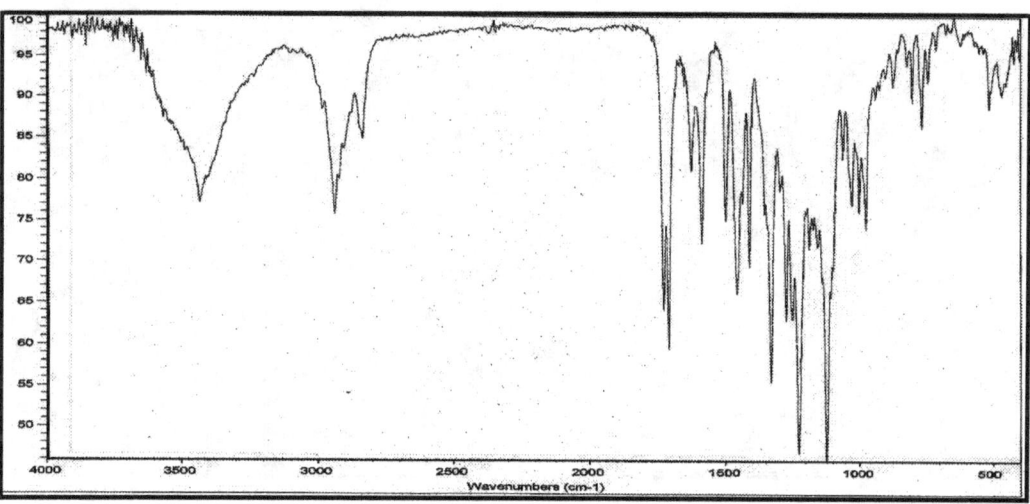

**542- Reserpina**

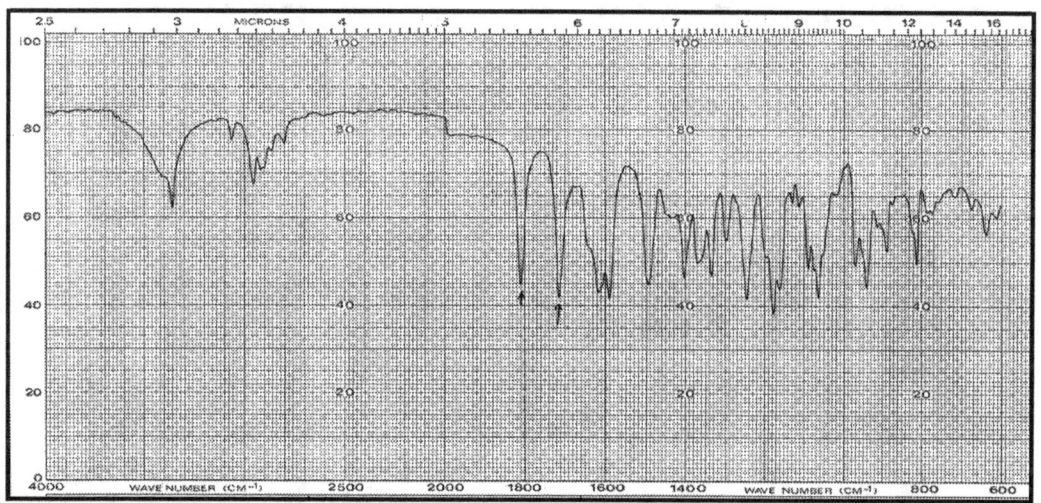

**543- Rifamicina O**

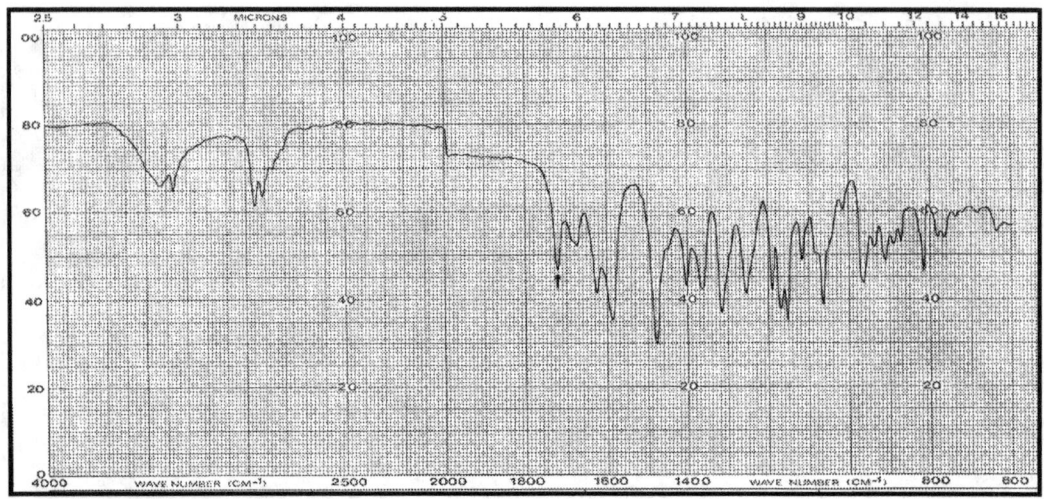

**544- Rifamicina S**

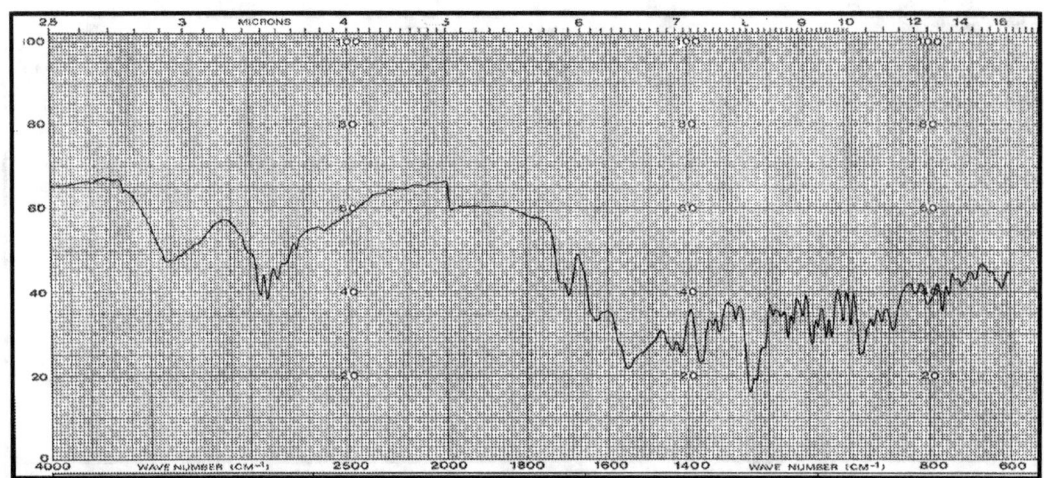

**545- Rifampicina**

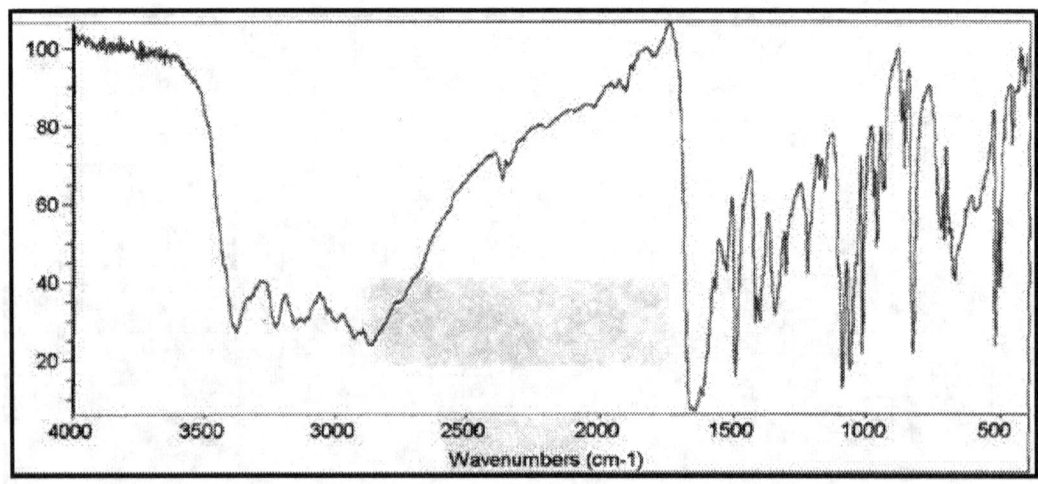

**546- Robenidina cloridrato**

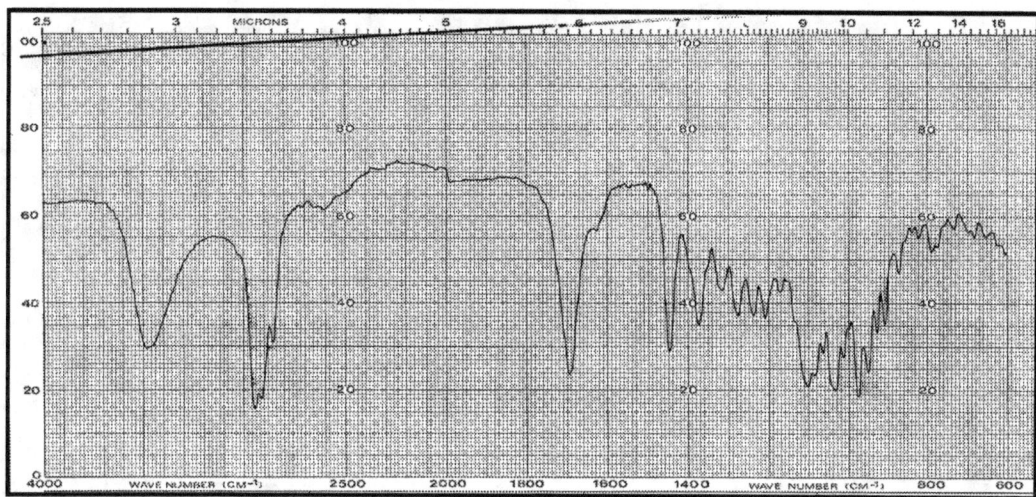

**547- Salinomicina acido**

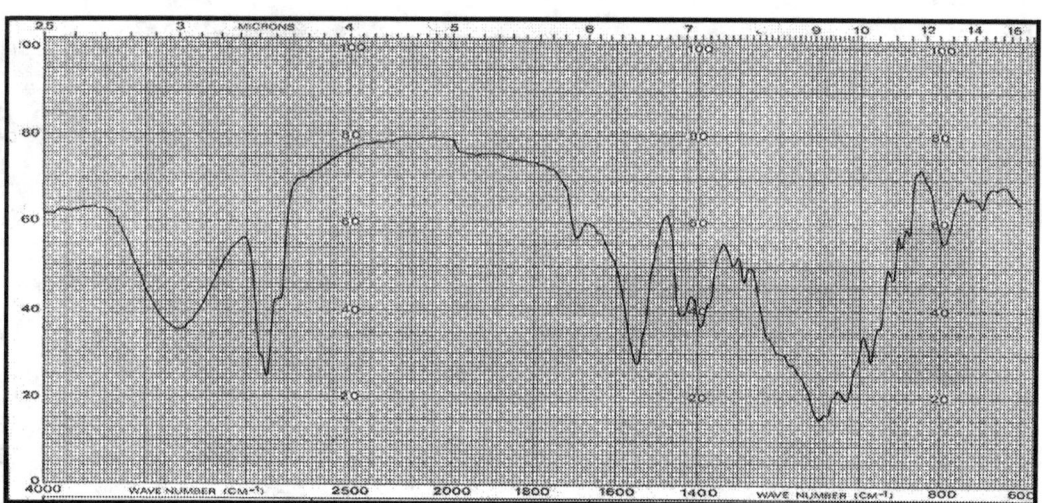

**548- Salinomicina sodica**

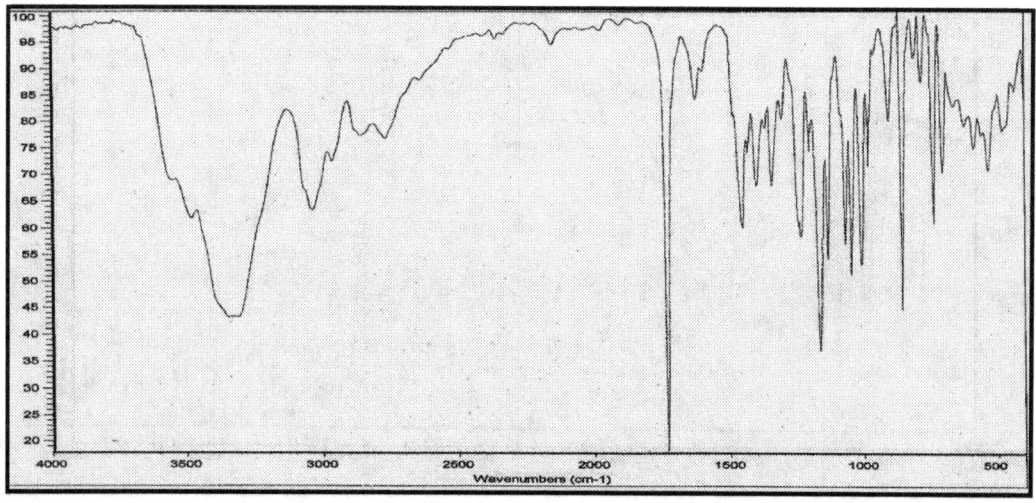

**549- Scopolamina bromidrato**

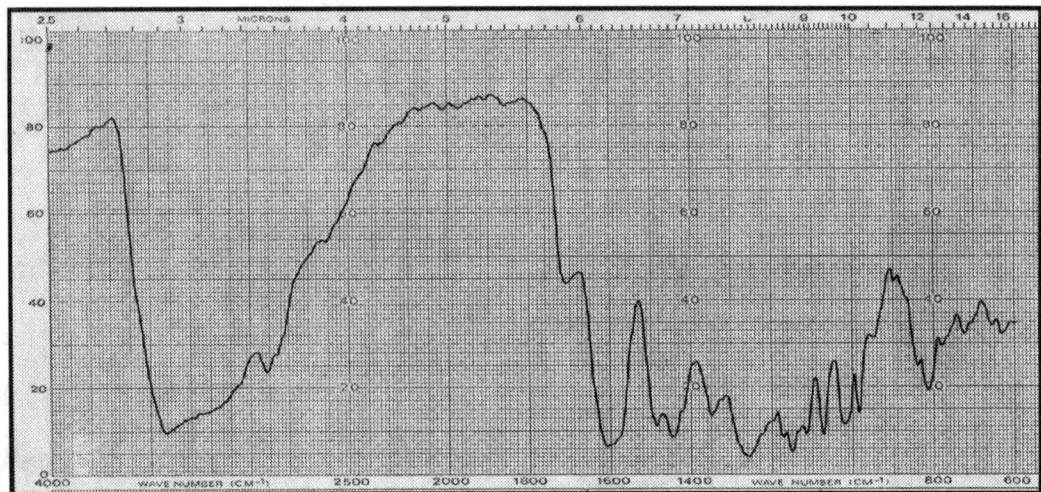

**550- Silimarina**

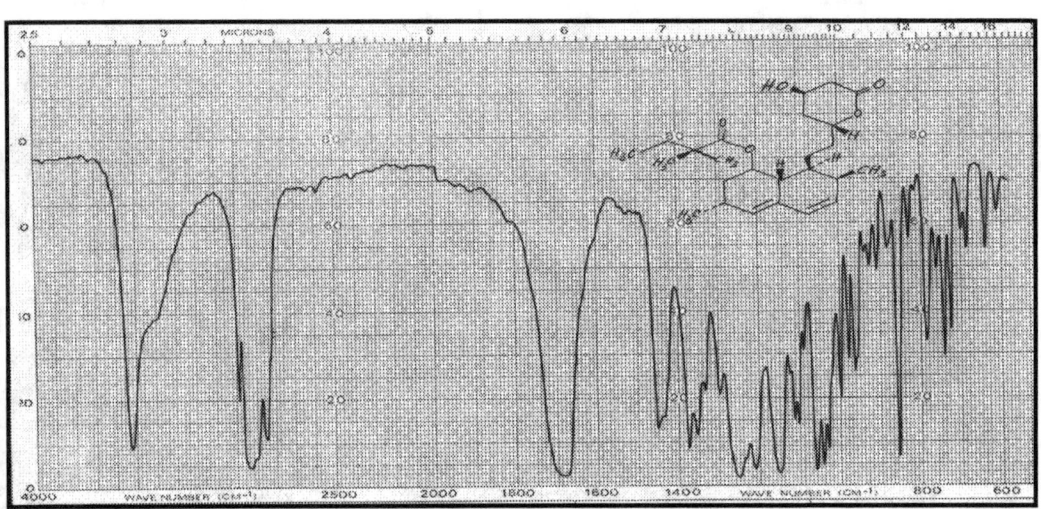

**551- Simvastatin**

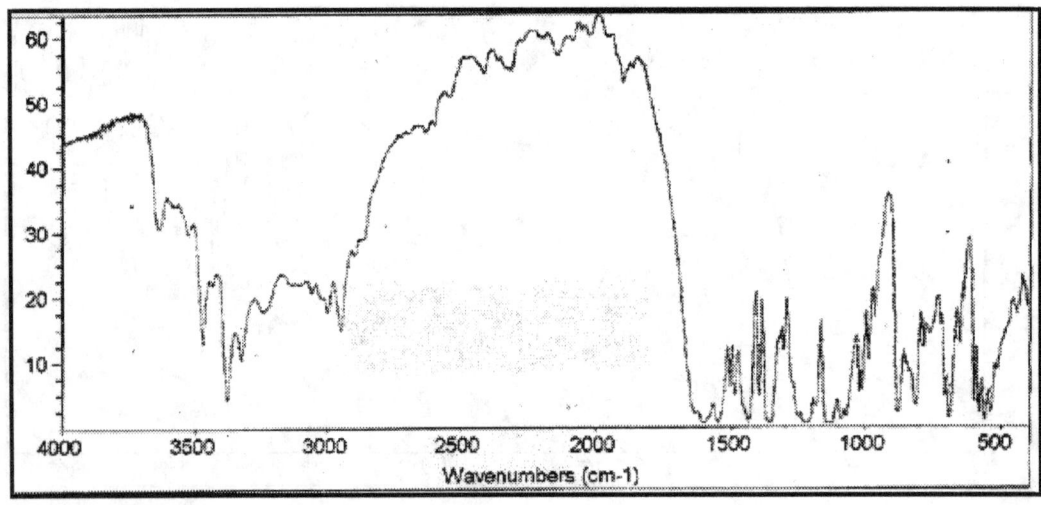

**552- Solfadimetossina sodica**

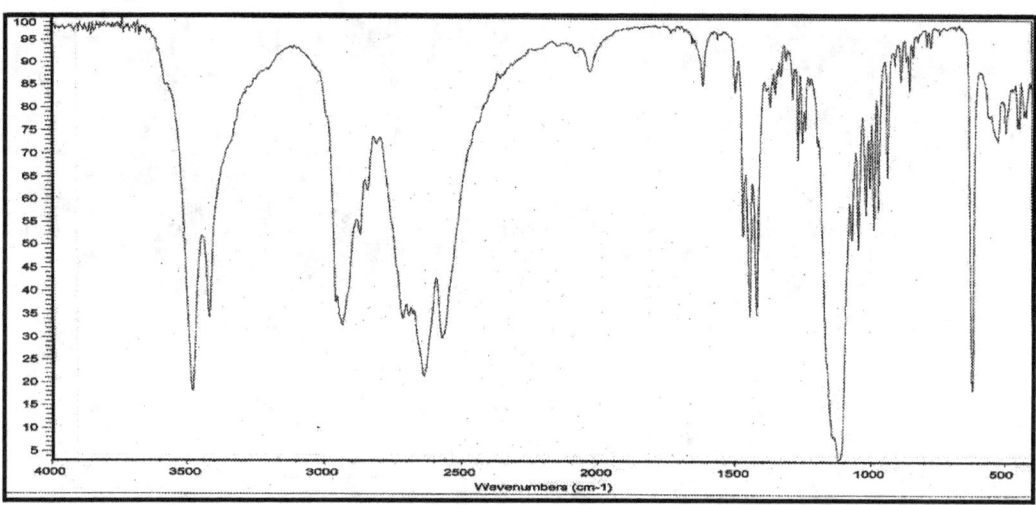

**553- Sparteina solfato**

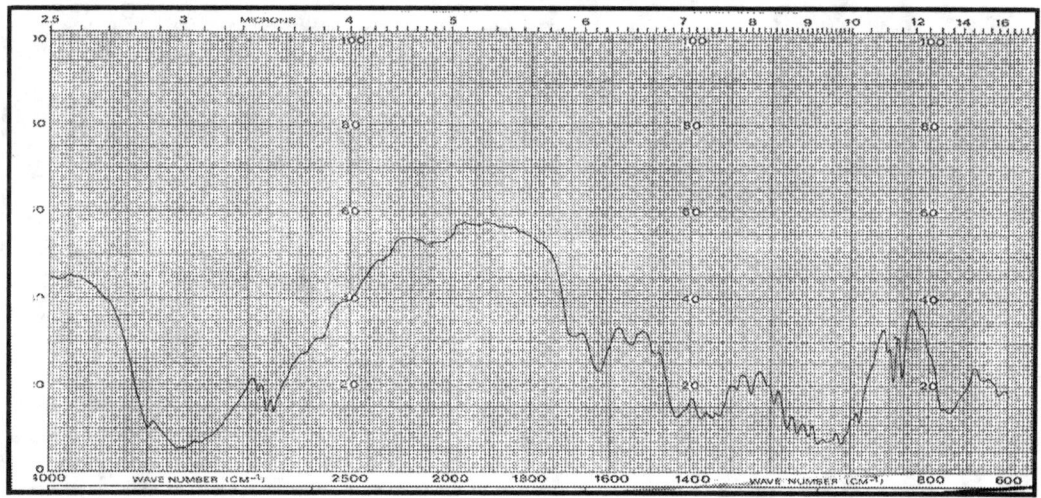

**554- Spiramicina**

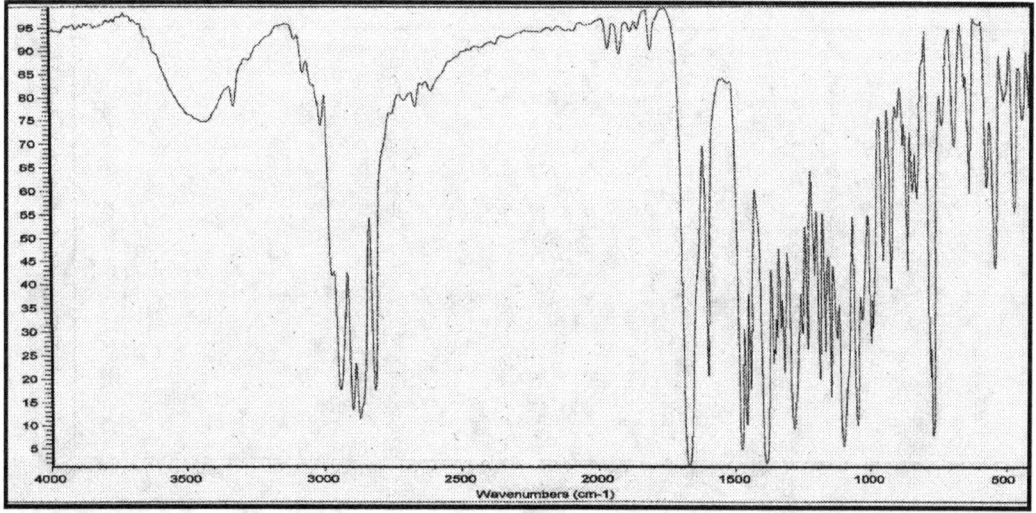

**555- Stricnina**

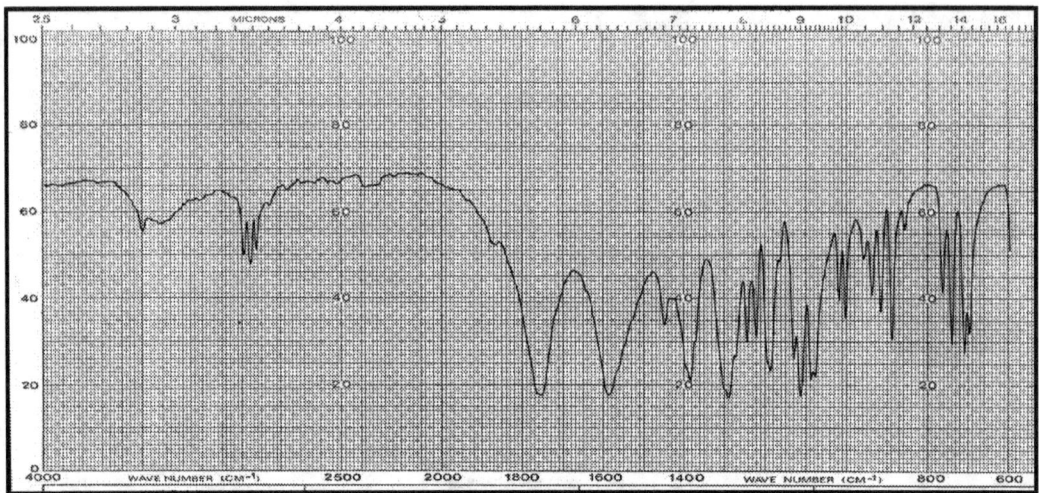

**556- Sulbactam sodico**

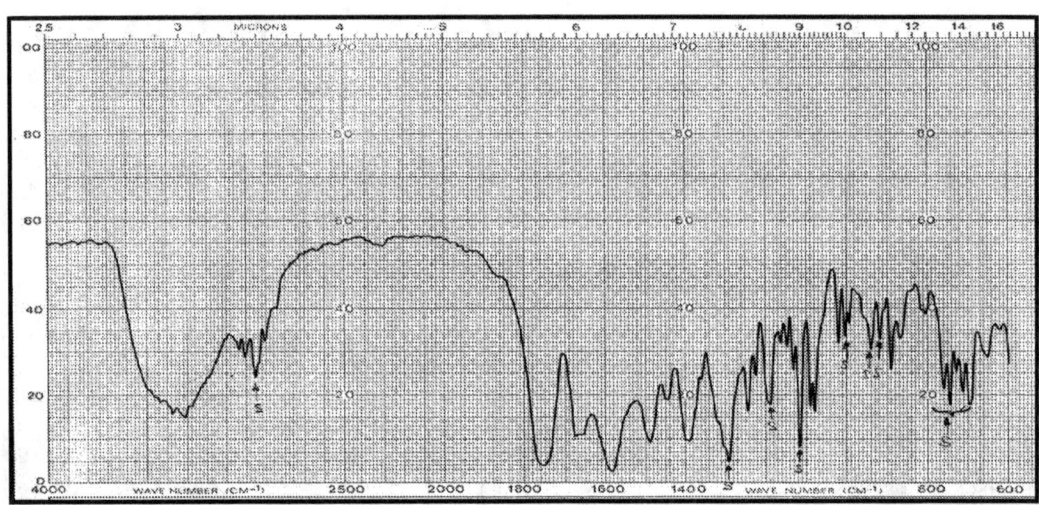

**557- Sulbactam sodico + Ampicillina sodica**

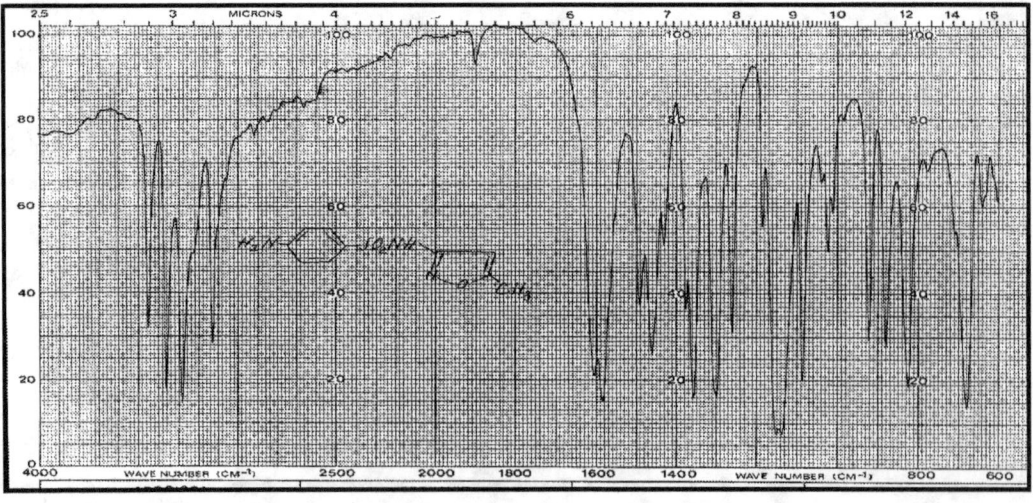

**558- Sulfametossazolo**

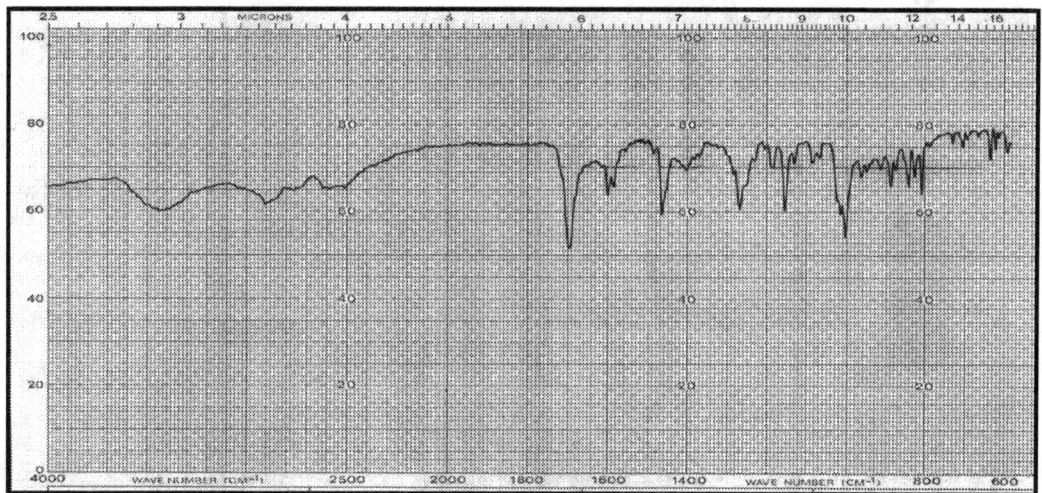

**559- Sulindac**

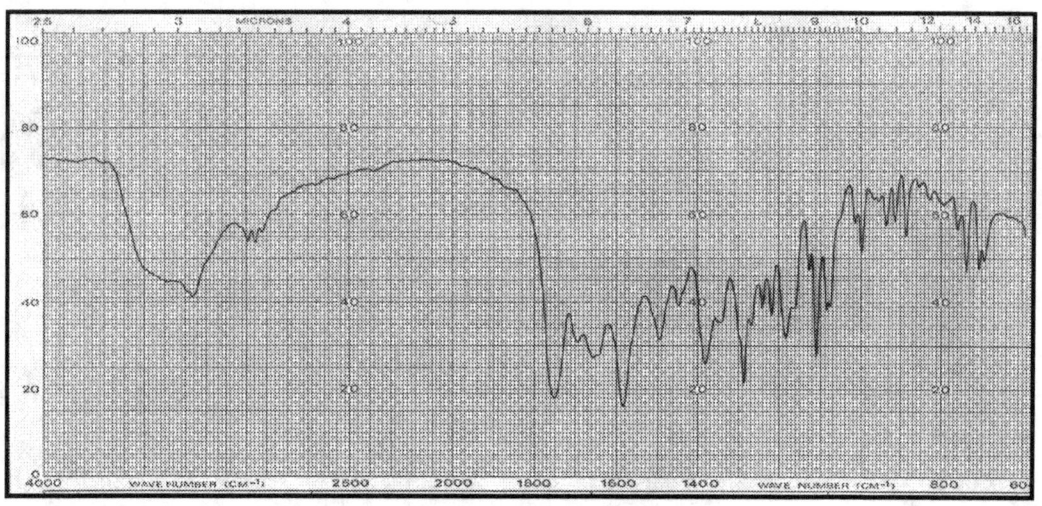

**560- Sulperazone (Sulbactam sodico + Cefoperazone sodico)**

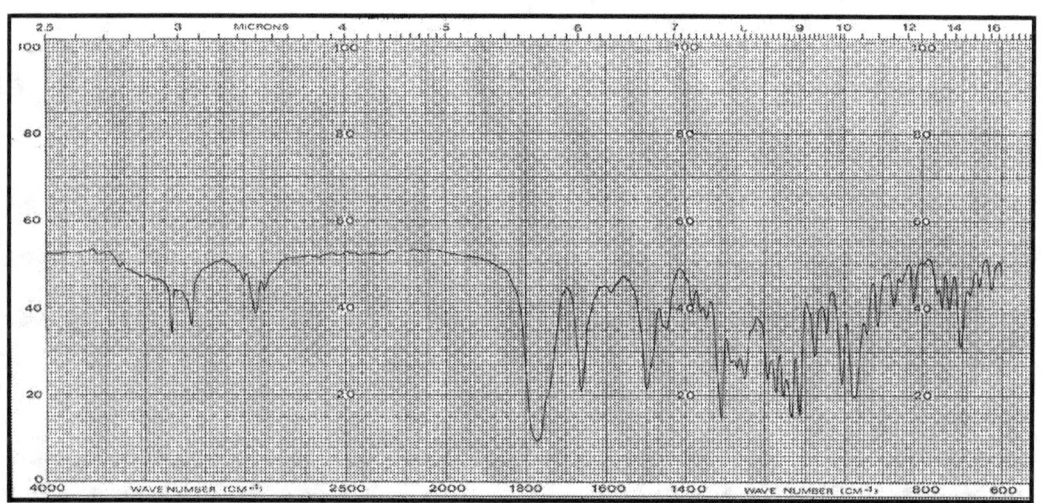

**561- Sultamicillina base**

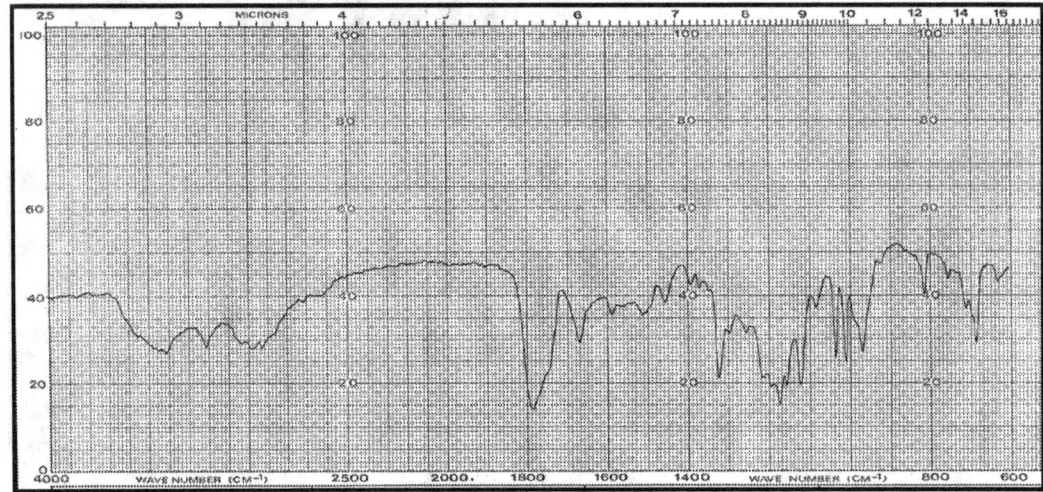

**562- Sultamicillina tosilato**

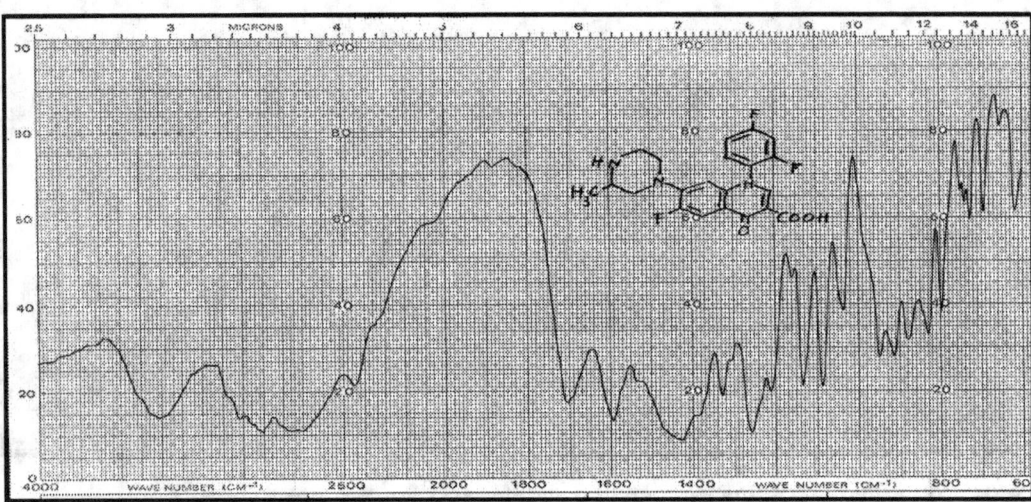

**563- Temafloxacina**

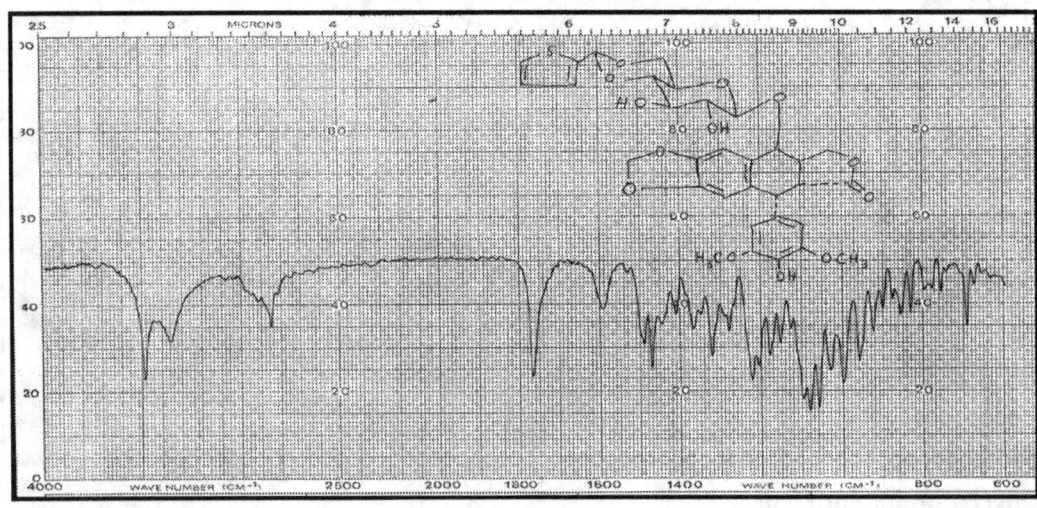

**564- Teniposide**

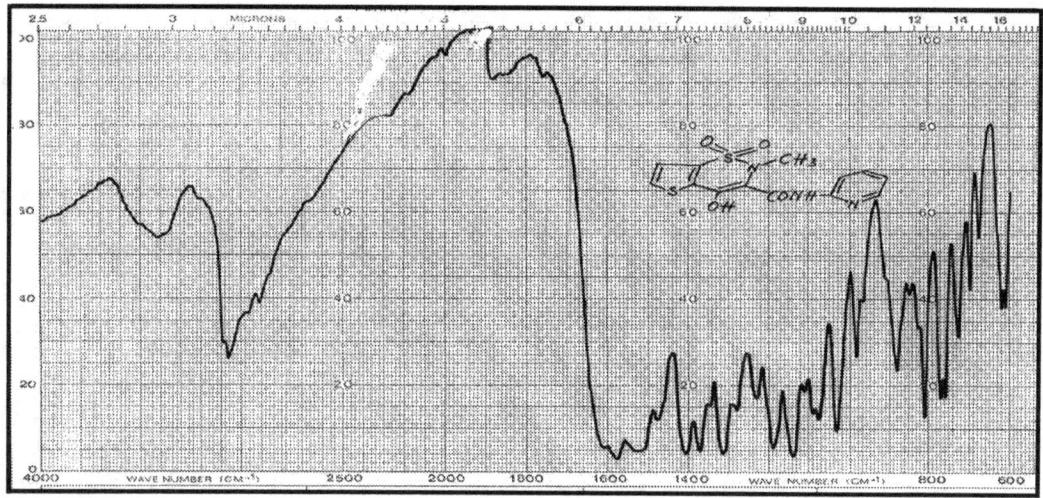

**565- Tenoxicam**

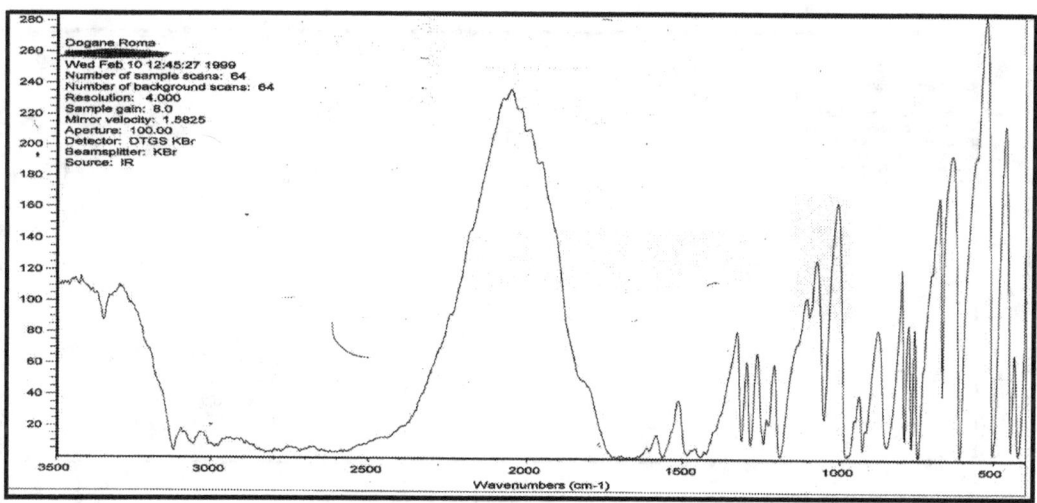

**566- Teofillina**

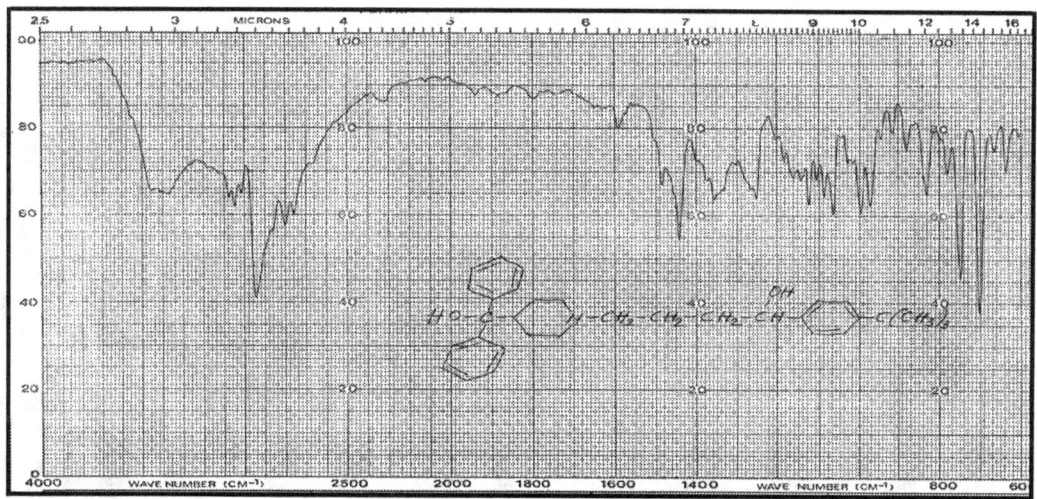

**567- Terfenadina**

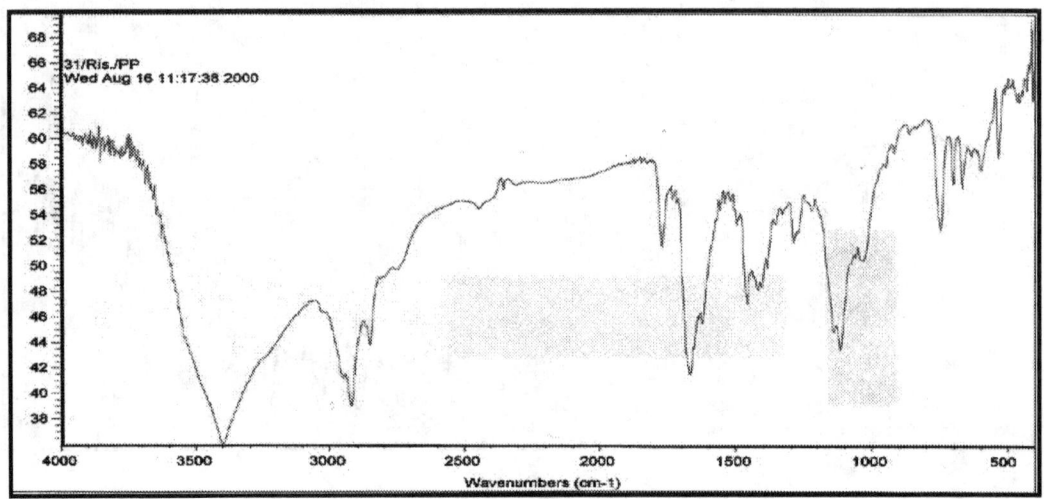

**568- Tetraciclina cloridrato**

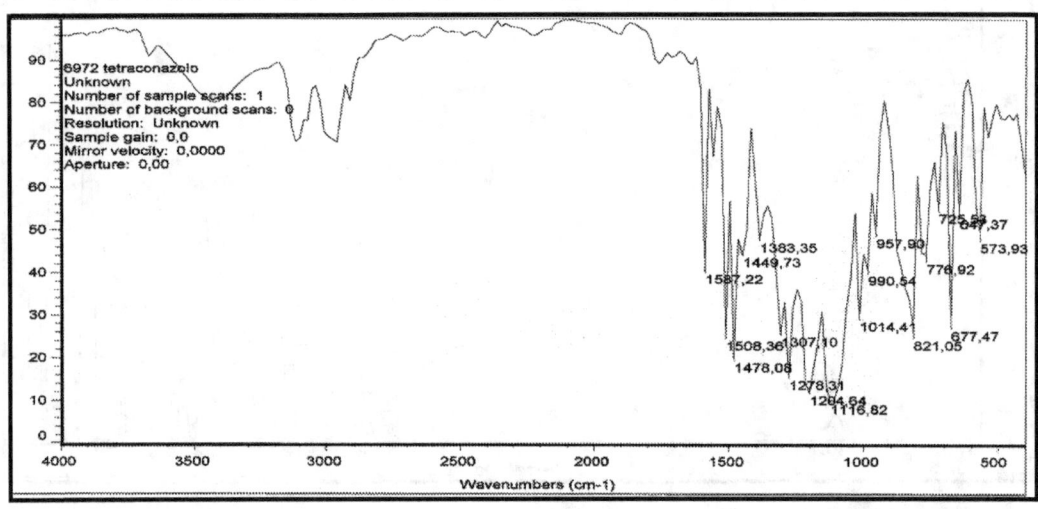

**569- Tetraconazolo**

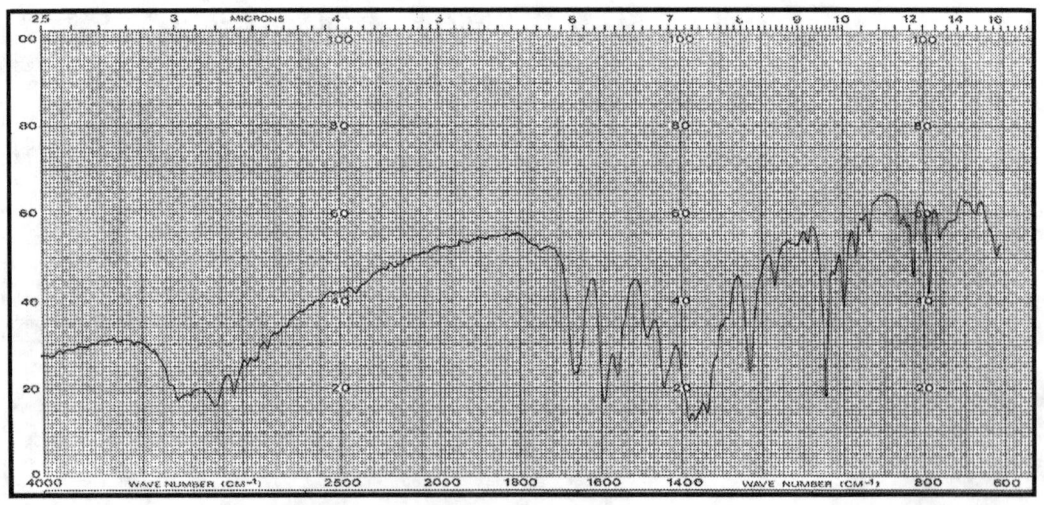

**570- Tiamina mononitrato**

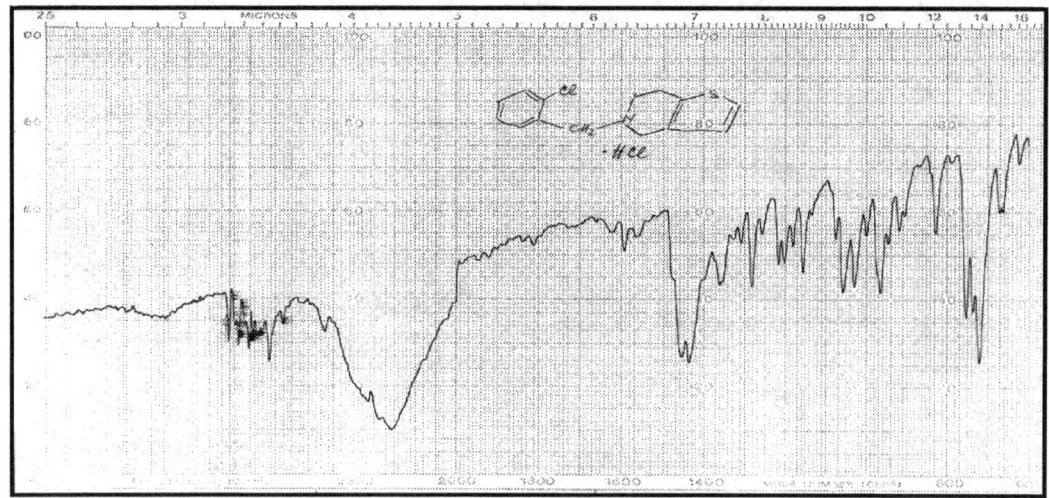

**571- Ticlopidina cloridrato**

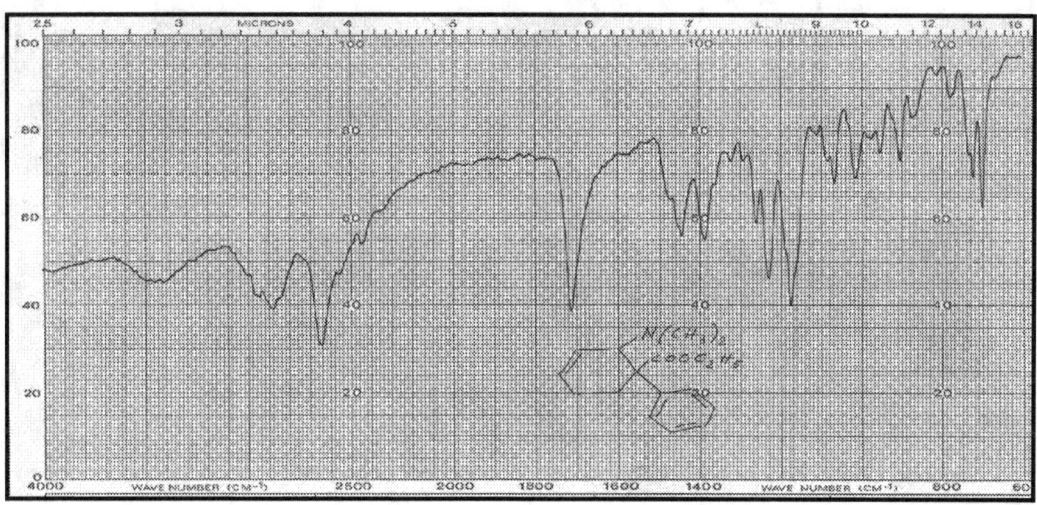

**572- Tilidina cloridrato emidrato**

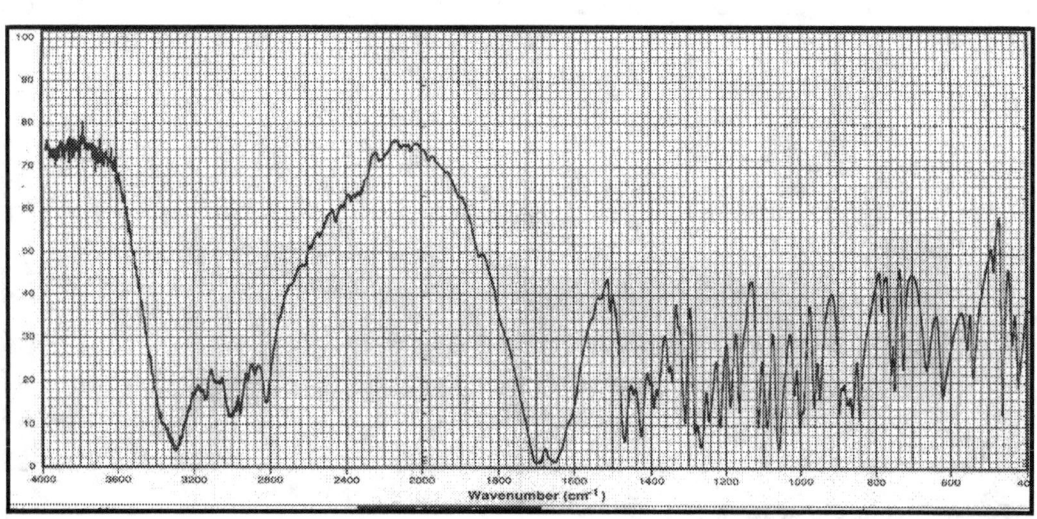

573- Timidina

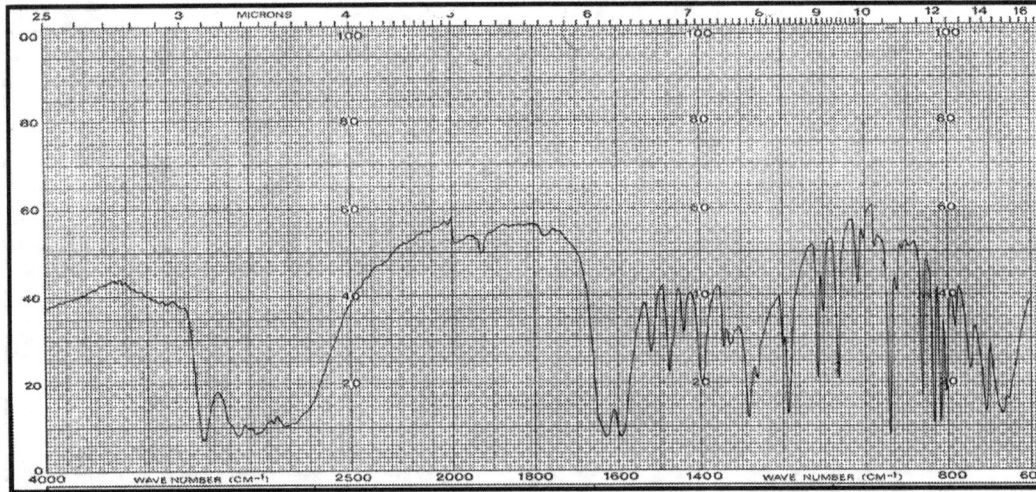

**574- Tizanidina cloridrato**

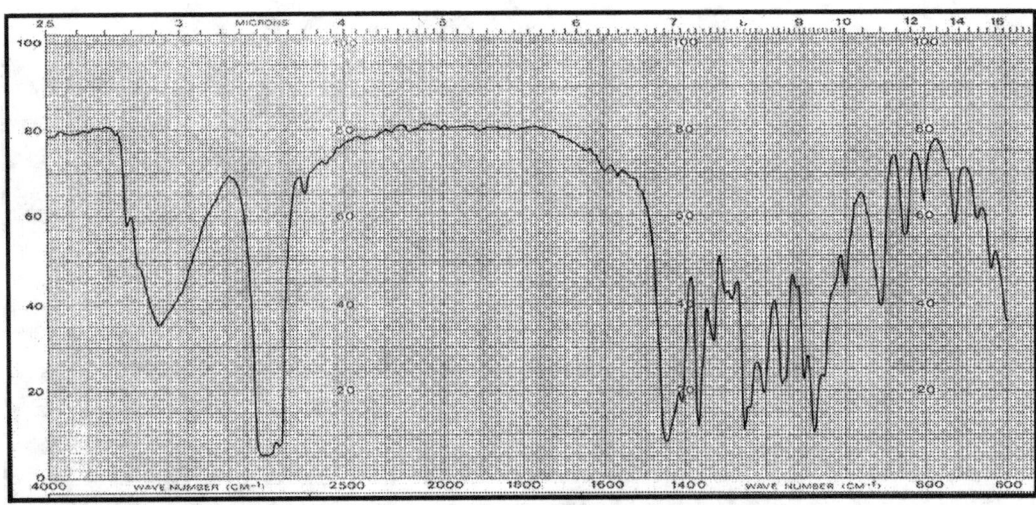

**575- α-Tocoferolo base**

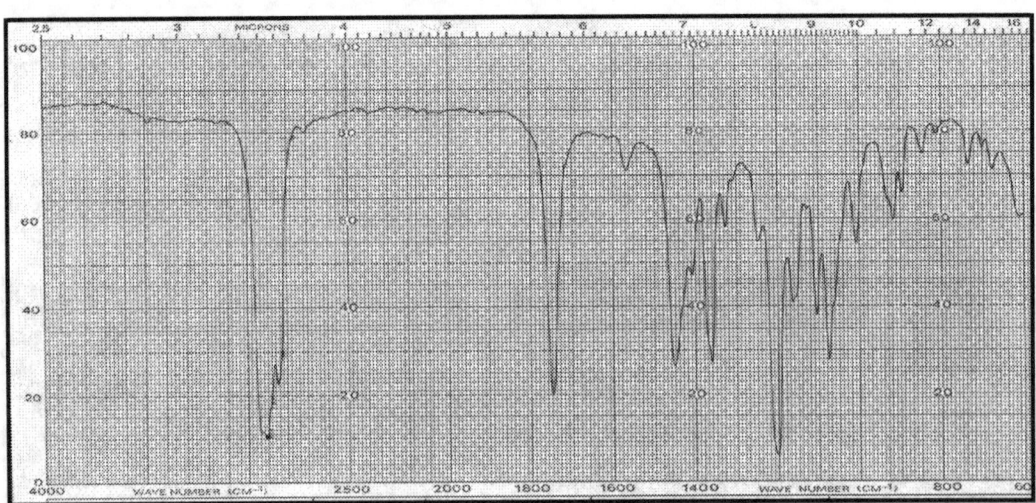

**576- α-Tocoferolo acetato**

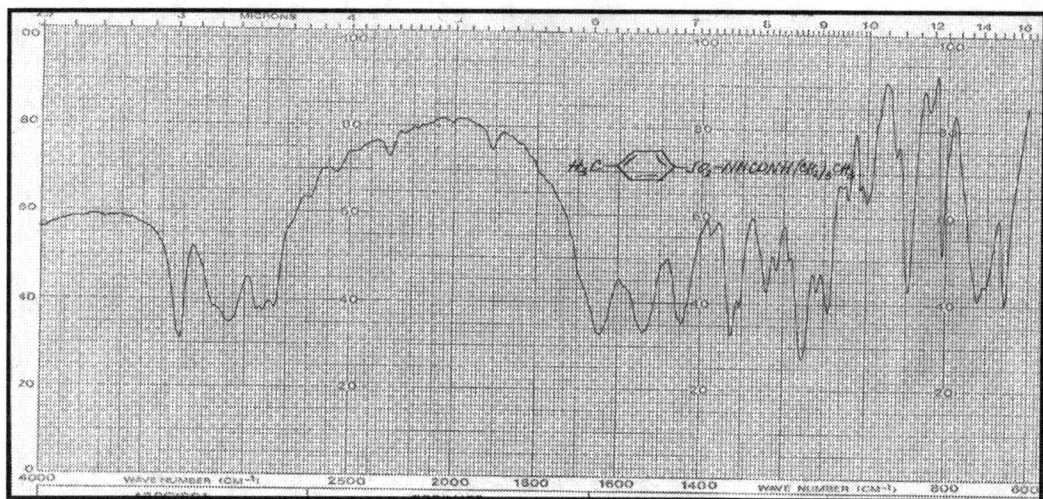

**577- Tolbutamide**

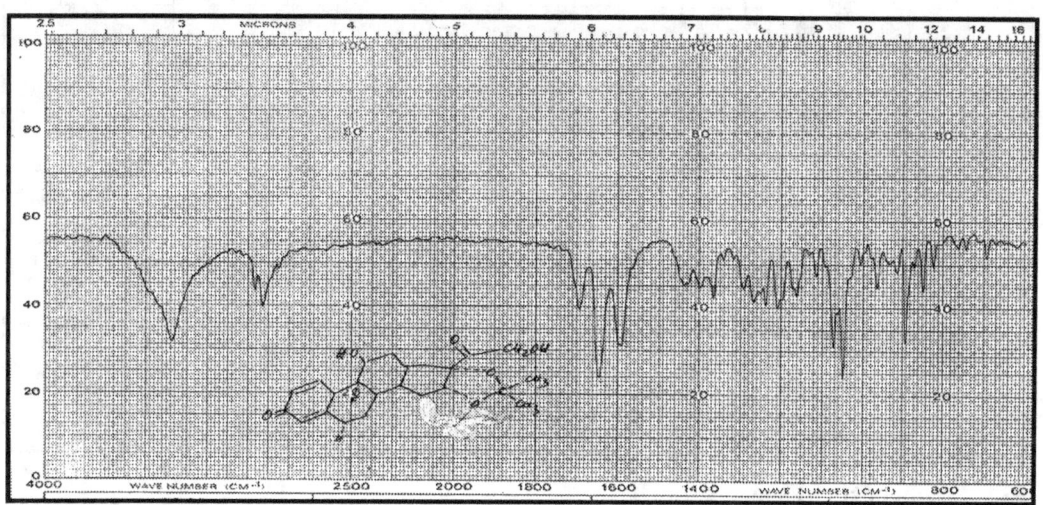

**578- Triamcinolone acetonide**

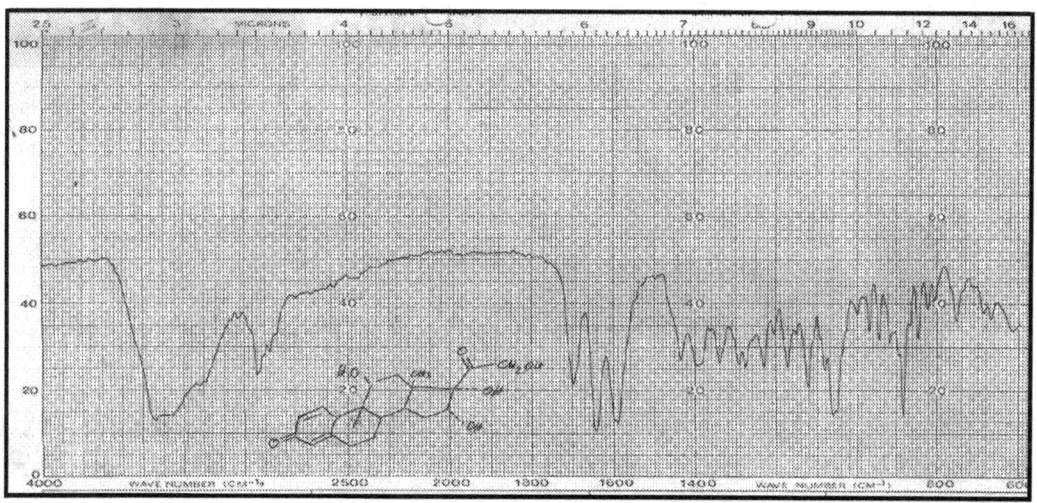

**579- Triamcinolone alcool**

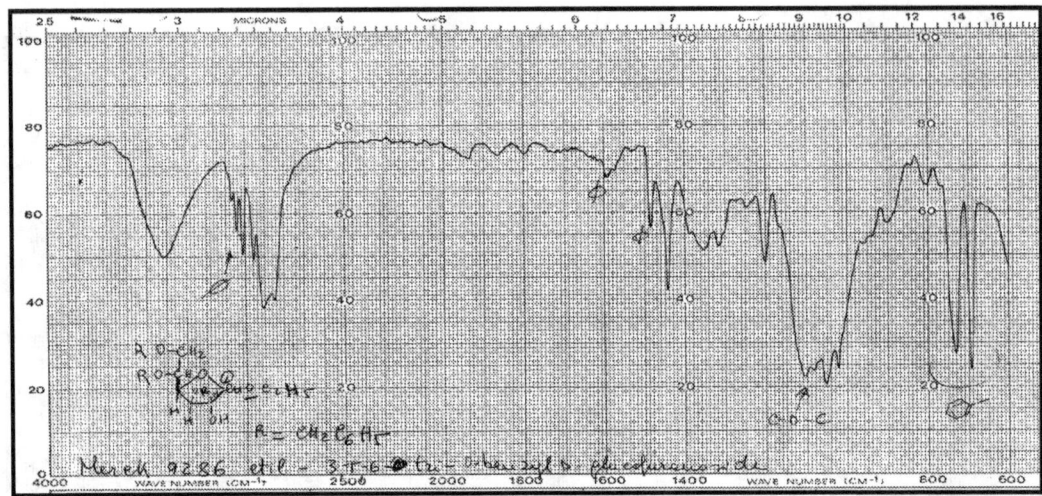

**580- Tribenoside**

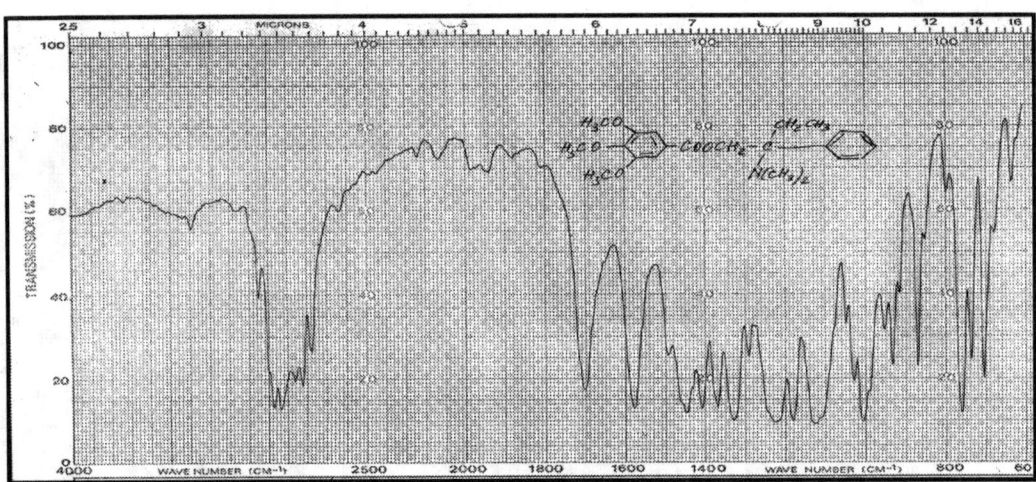

**581- Trimebutina base**

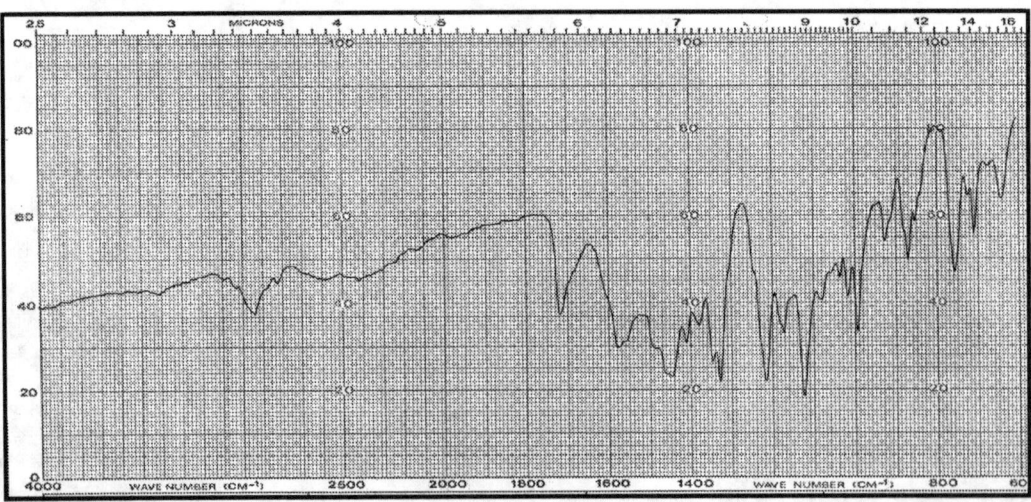

**582- Trimebutina maleato**

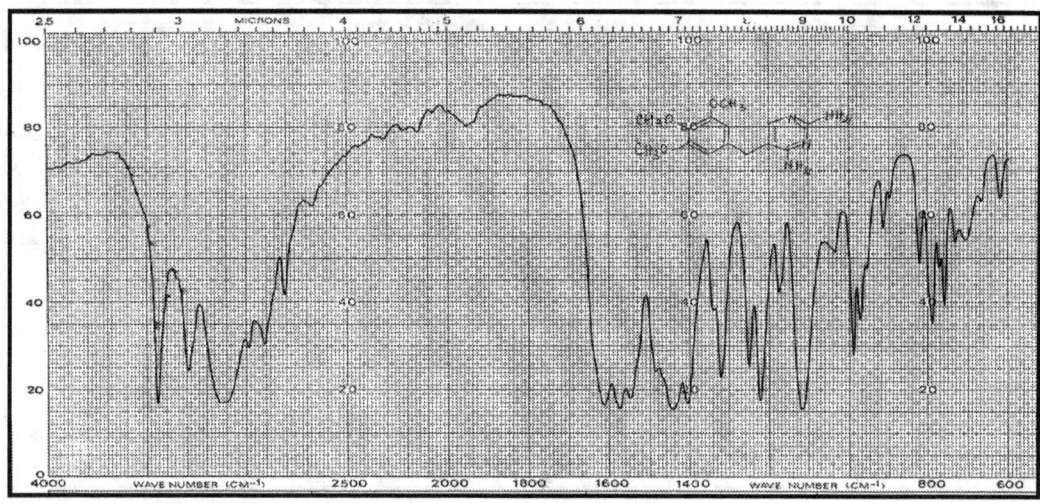

**583- Trimethoprim**

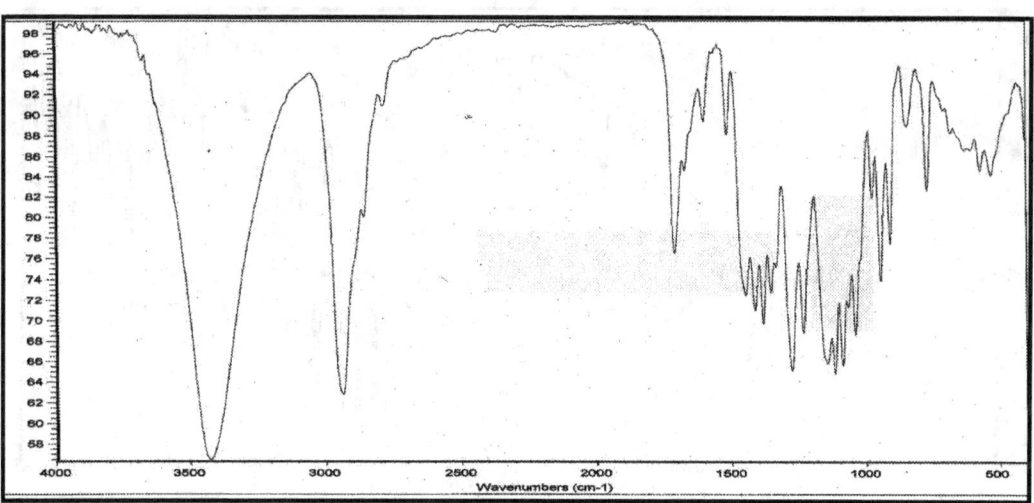

**584- Veratrina**

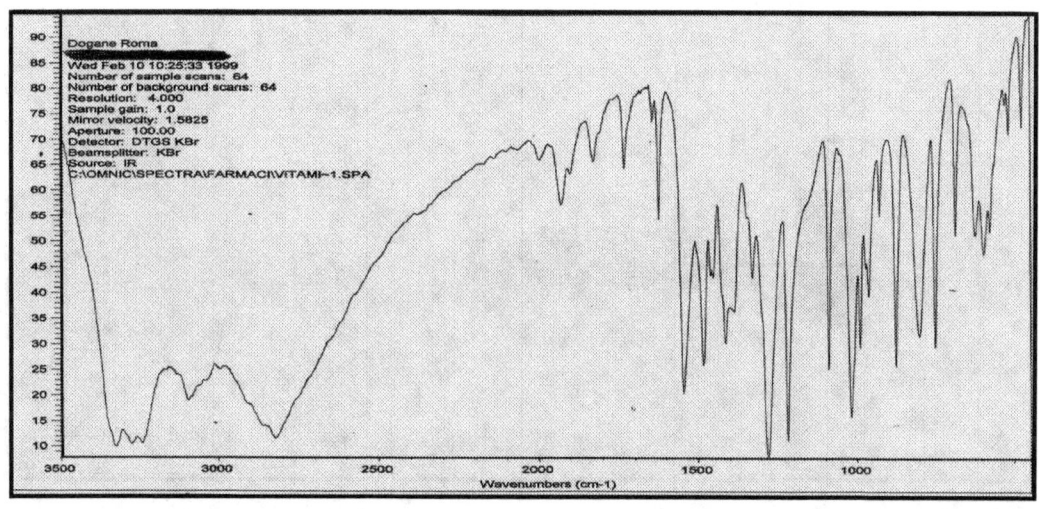

**585- Vitamina B₆ (Piridossina)**

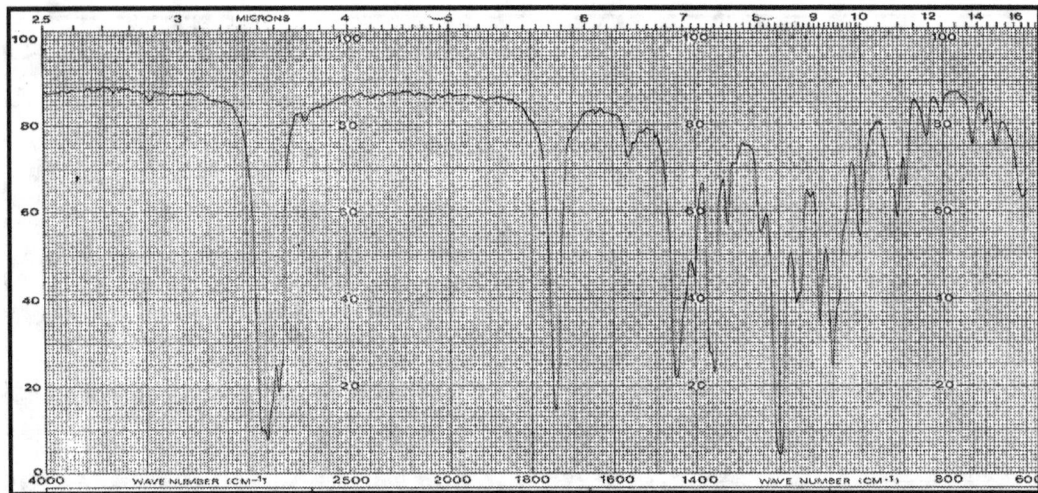

**586- Vitamina E (Tocoferilacetato)**

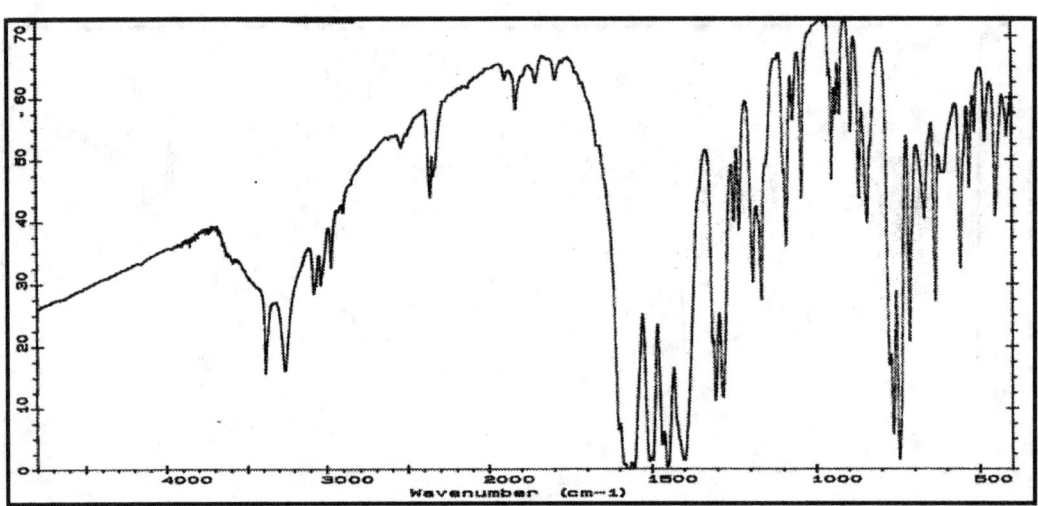

**587- Voltaren (Diclofenac sodico**

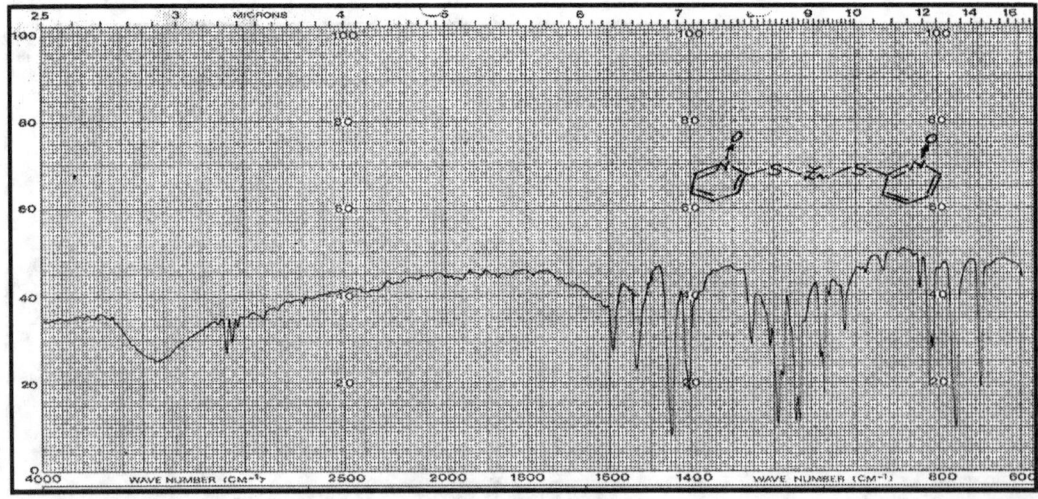

**588- Zinc Pyrion**

# ALTRI PRODOTTI CHIMICI ORGANICI

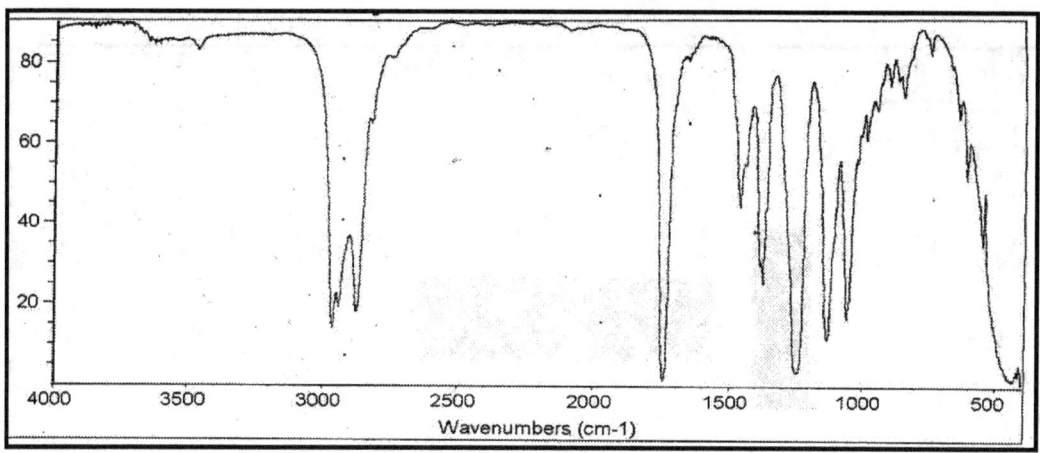

**589 - acetato di butilglicol**

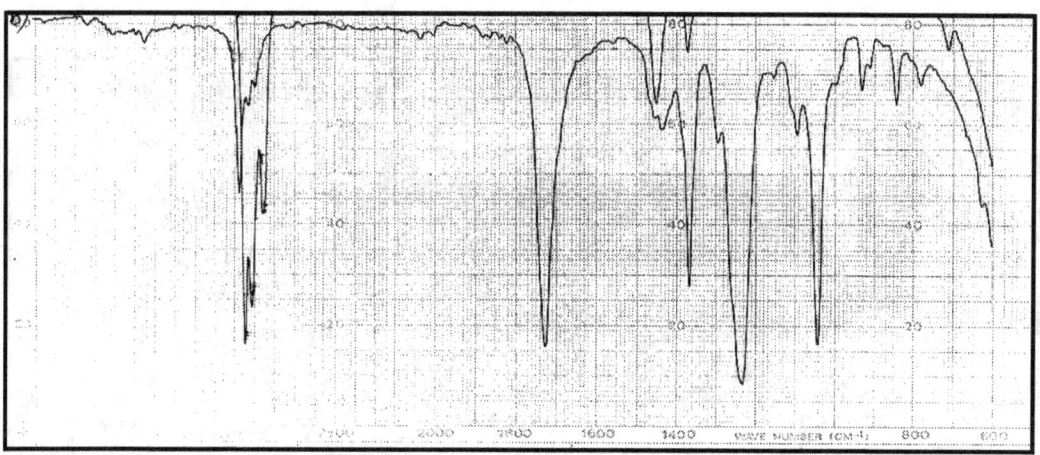

**590 - acetato di etile**

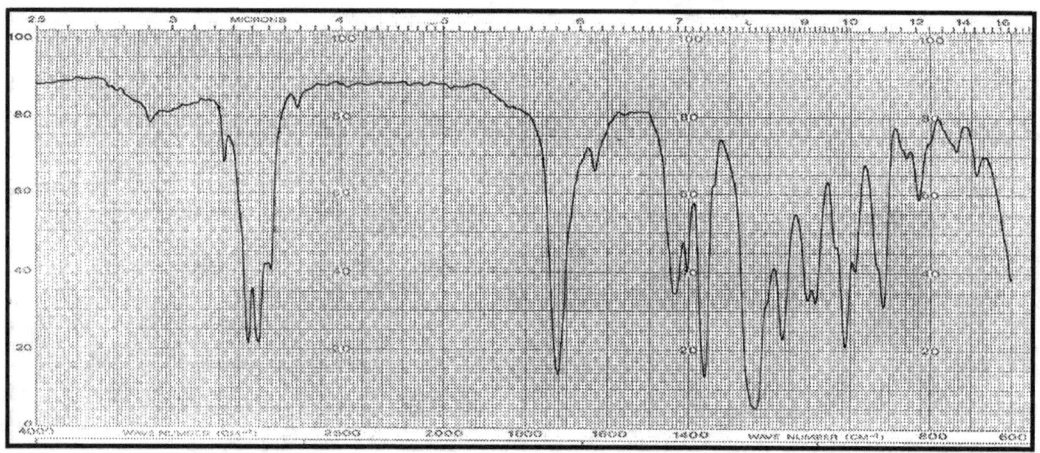

**591 - Acetato di linalile**

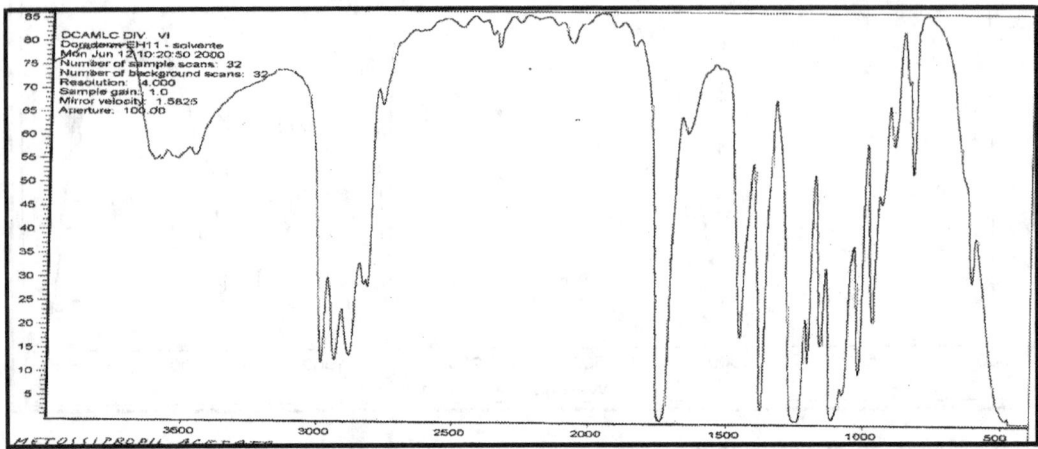

**592  -  Acetato di 2-metossipropile**

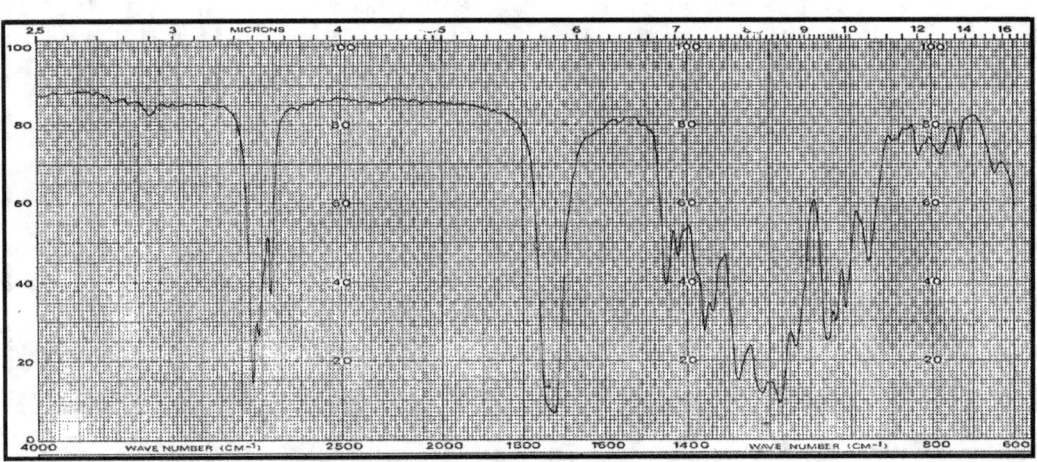

**593  -  Acetil-tri-n-butilcitrato**

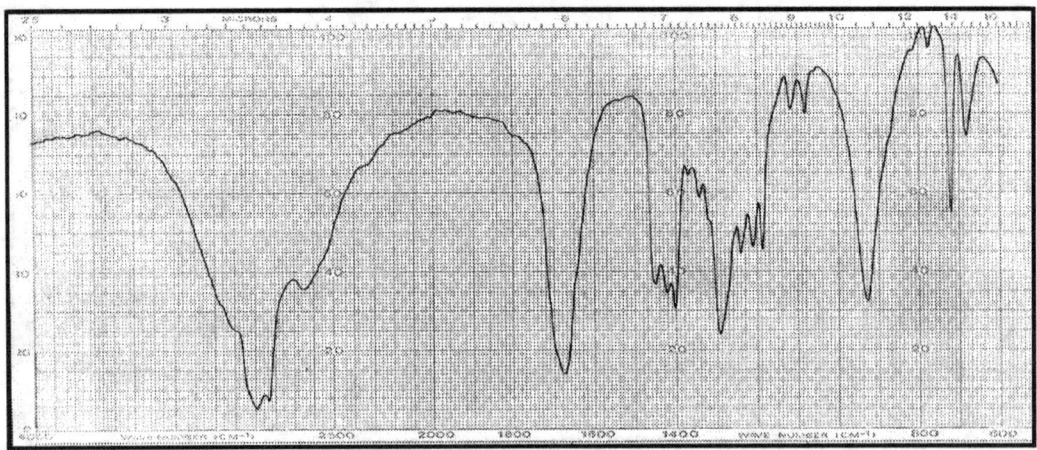

**594  -  Acidi grassi**

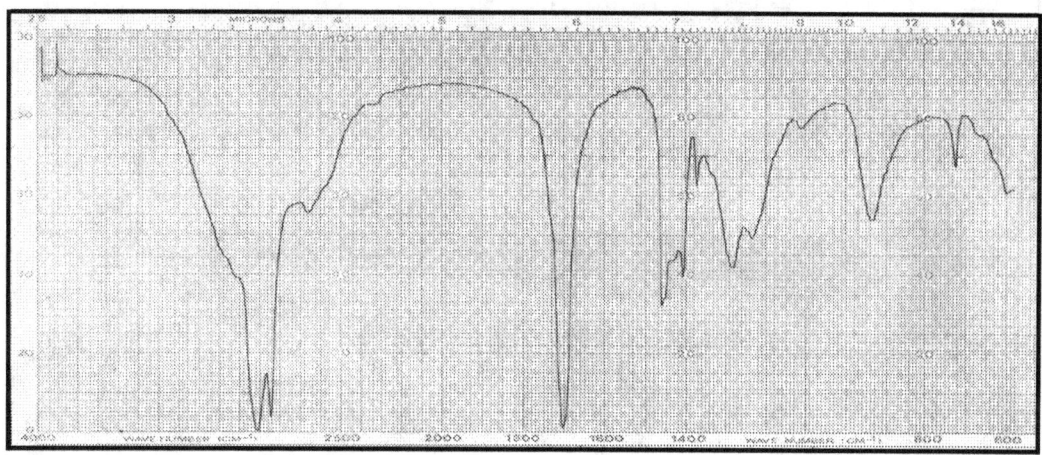

**595 - Acidi grassi dimerizzati**

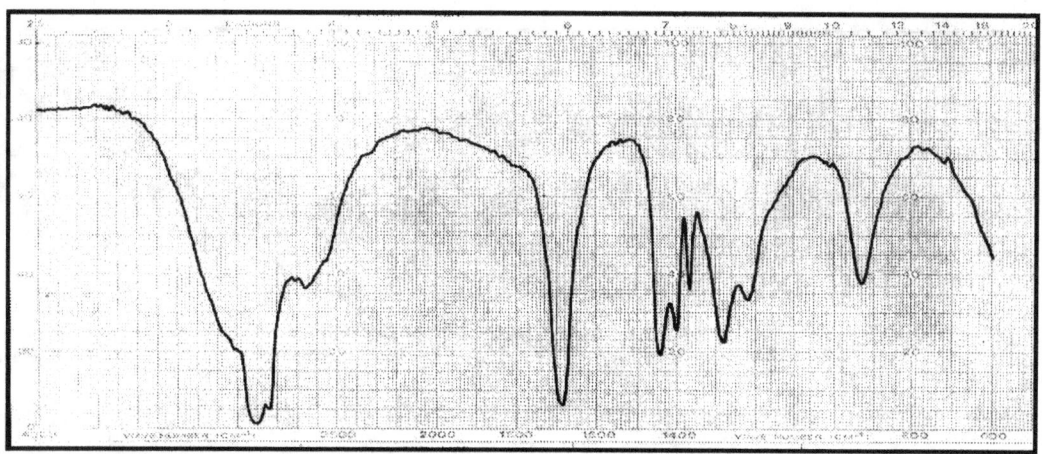

**596 - Acidi naftenici**

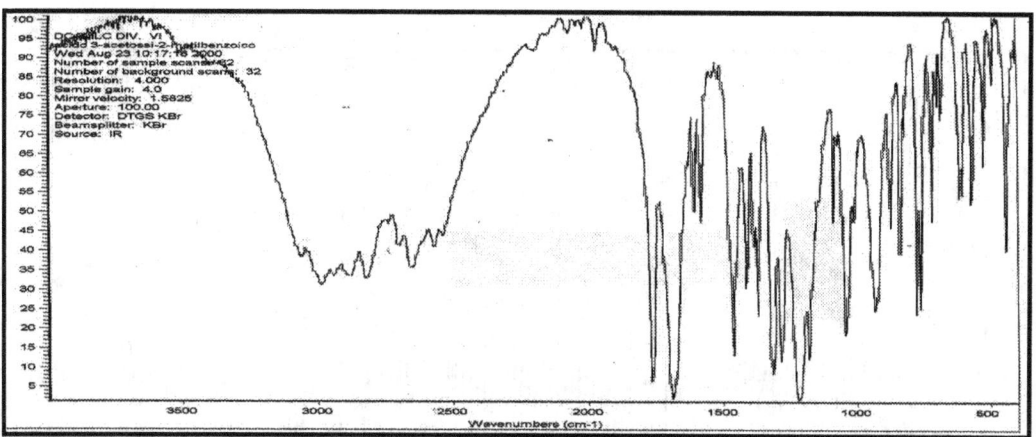

**597 - Acido 3-acetossi-2-metilbenzoico**

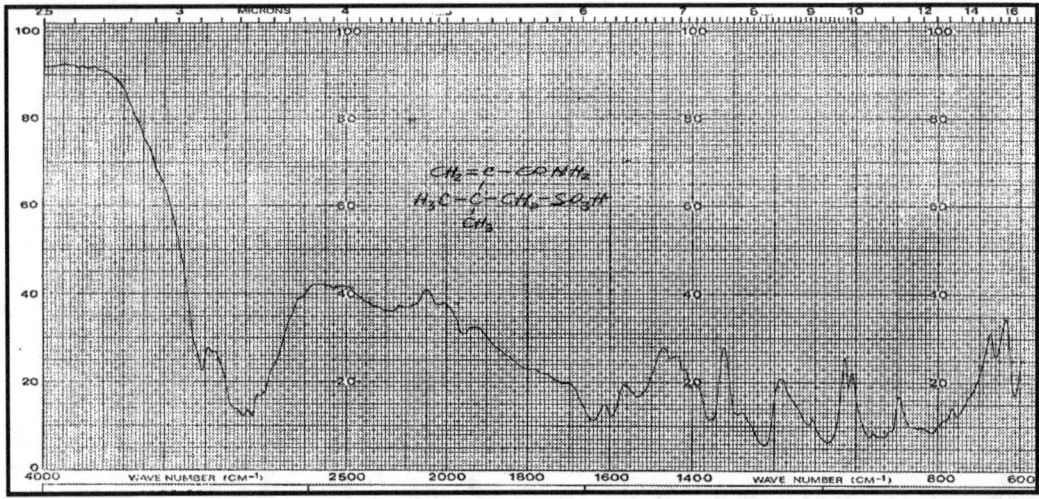

**598  -  Acido 2-acrilamido-2-metilpropansolfonico**

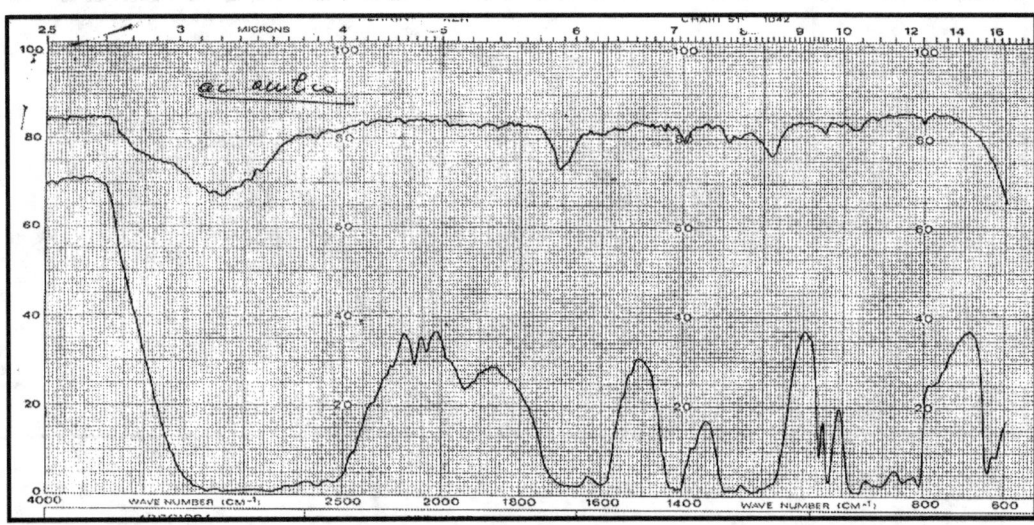

**599  -  Acido acrilico**

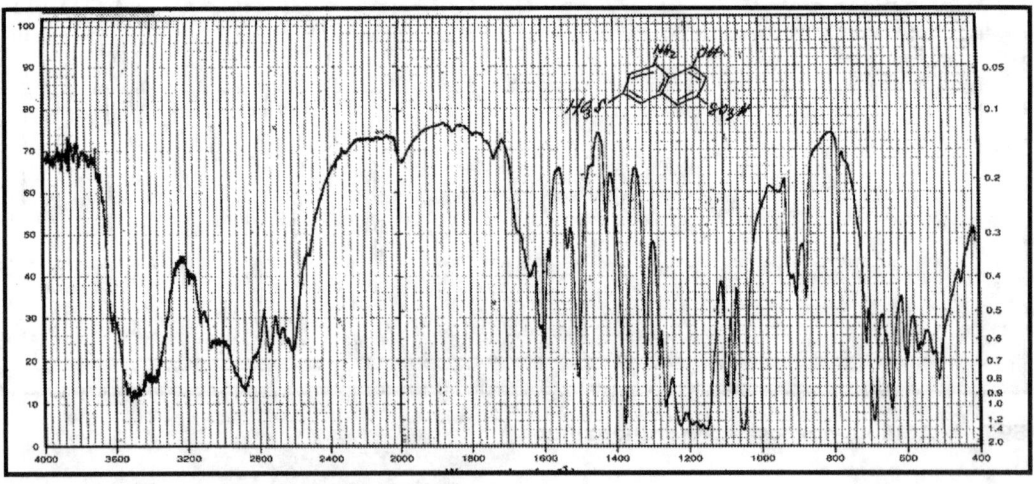

**600  -  Acido 1-amino-8-idrossinaftalensolfonico**

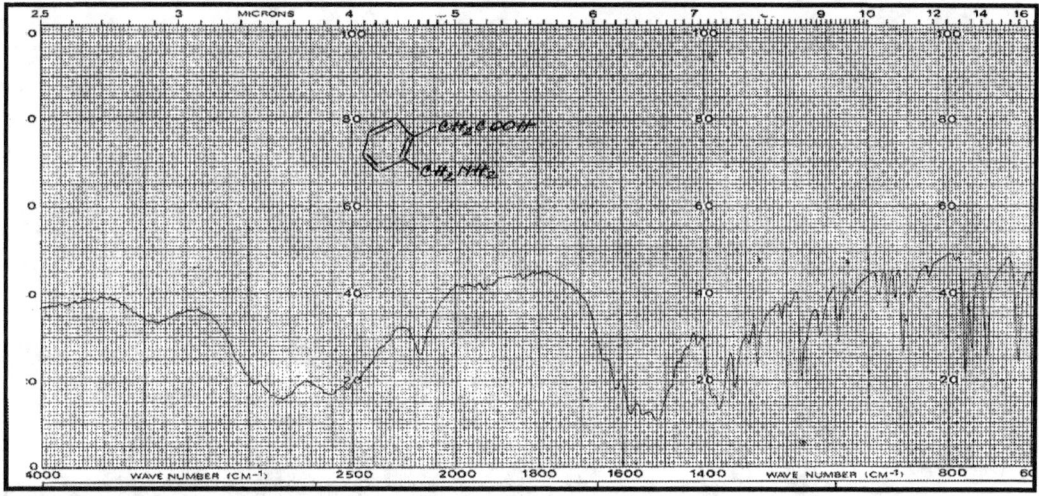

**601 - Acido o-aminometil-fenilacetico**

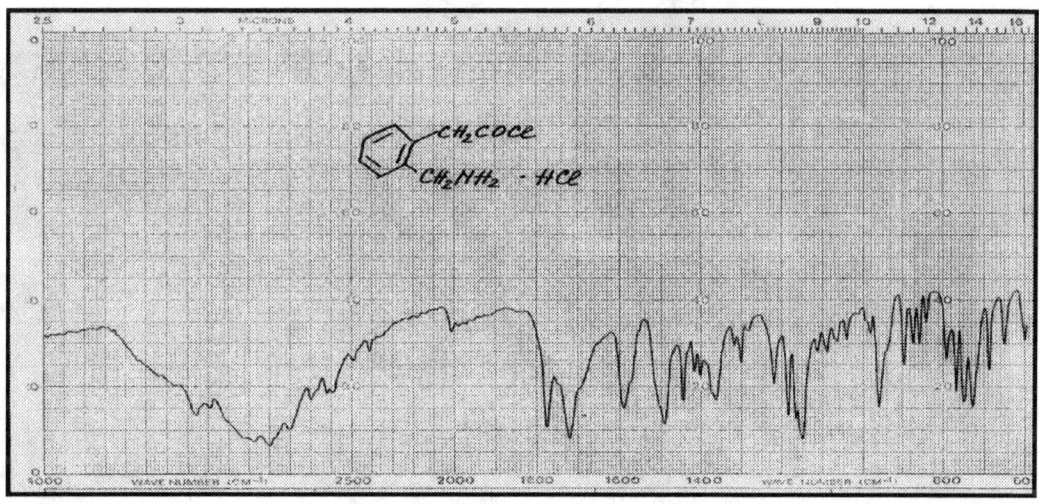

**602 - Acido o-aminometil-fenilacetico cloruro cloridrato**

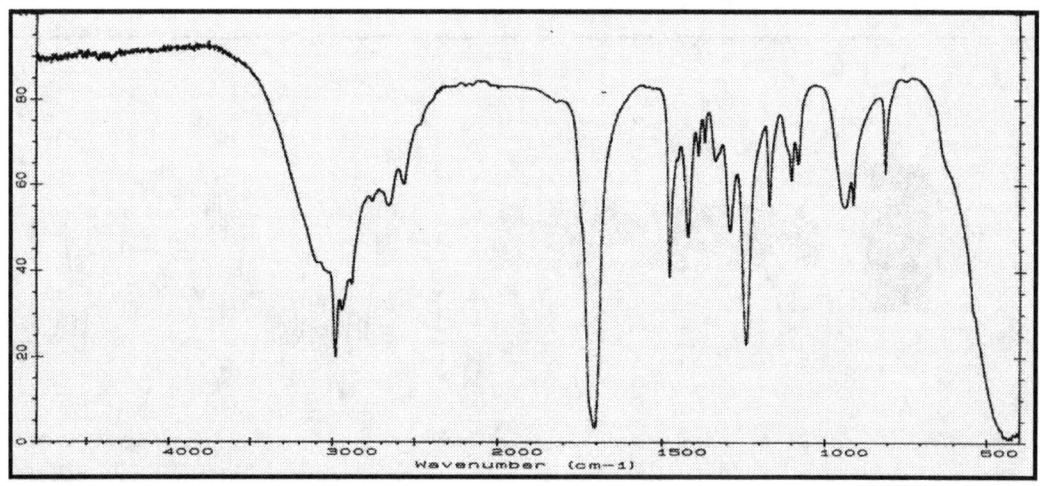

**603 - Acido isobutirrico**

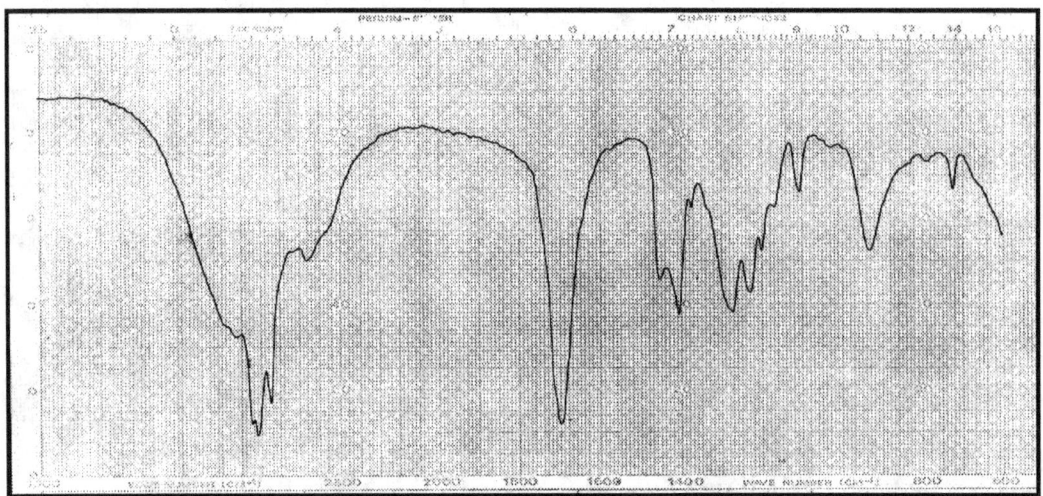

**604 - acido caprilico**

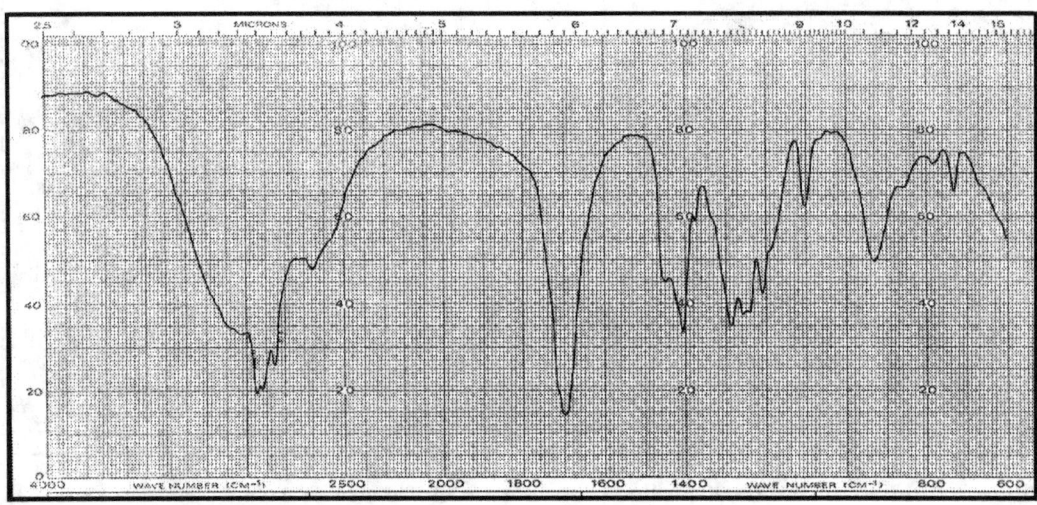

**605 - acido capronico**

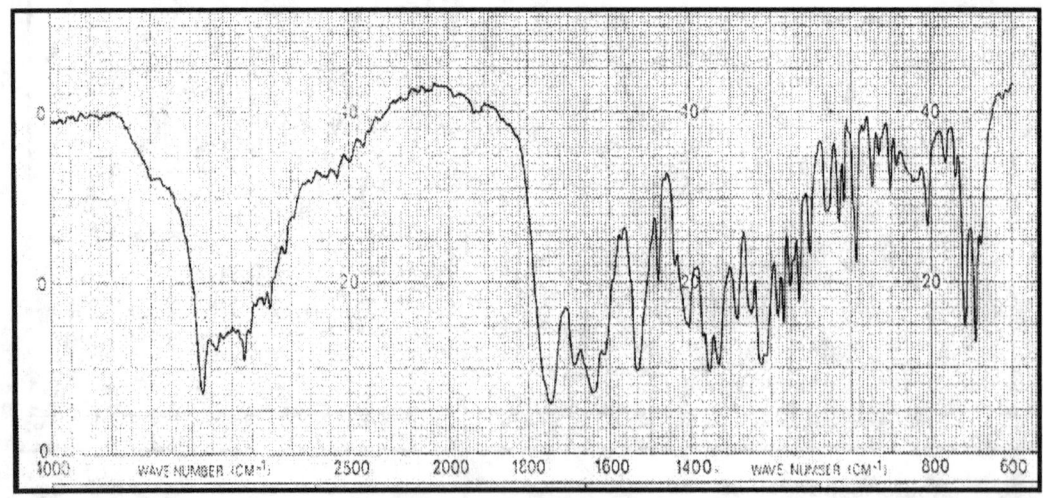

**606 - Acido G cefalosporanico**

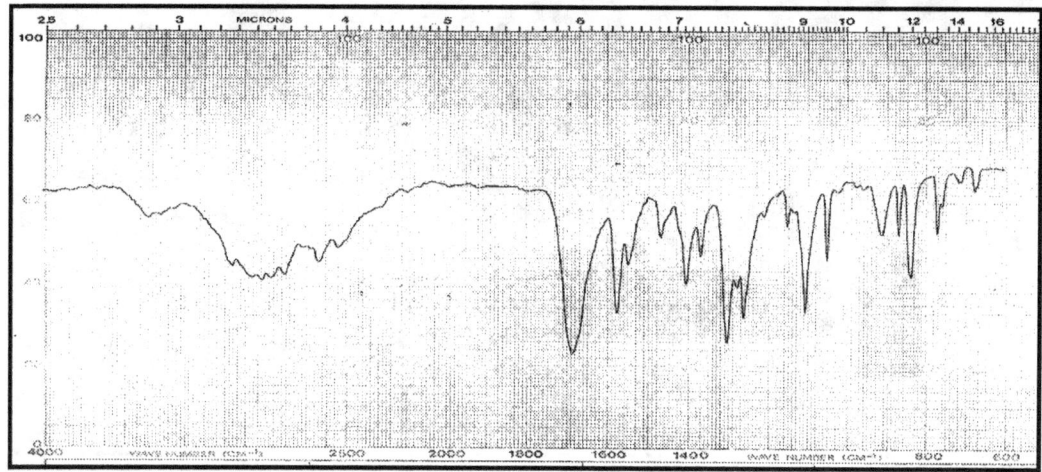

**607 - Acido 2,4-diclorobenzoico**

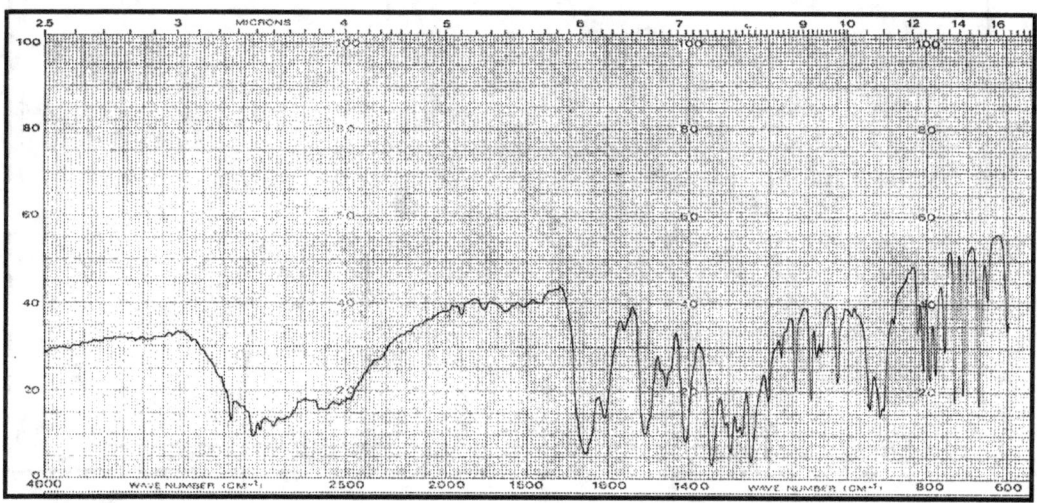

**608 - Acido etil-m-nitrocinnamico**

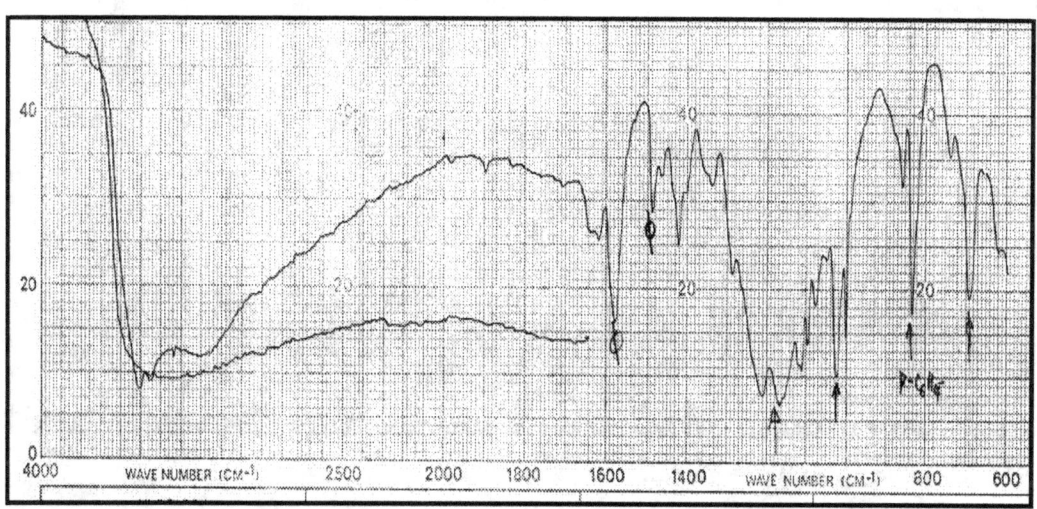

**609 - Acido p-fenolsolfonico**

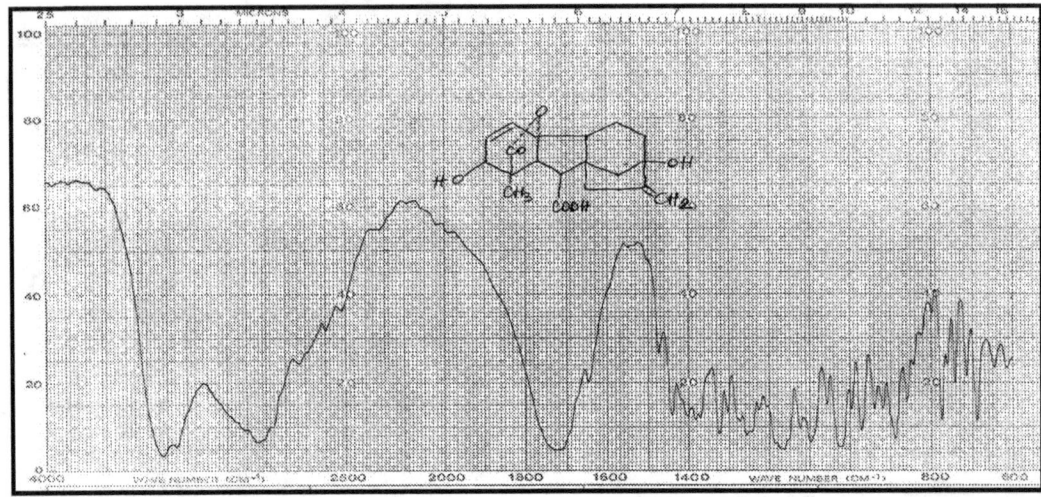

**610 - Acido gibberellico**

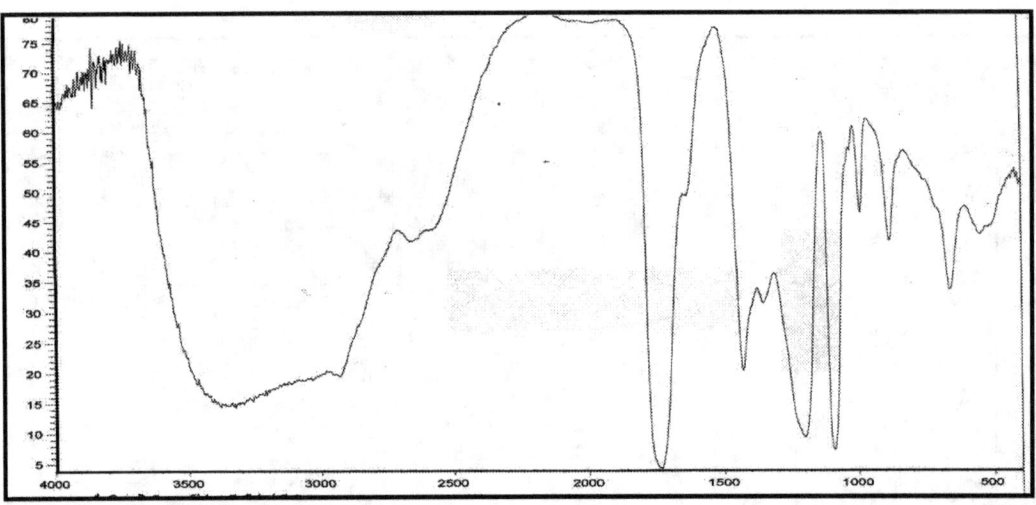

**611 - Acido glicolico**

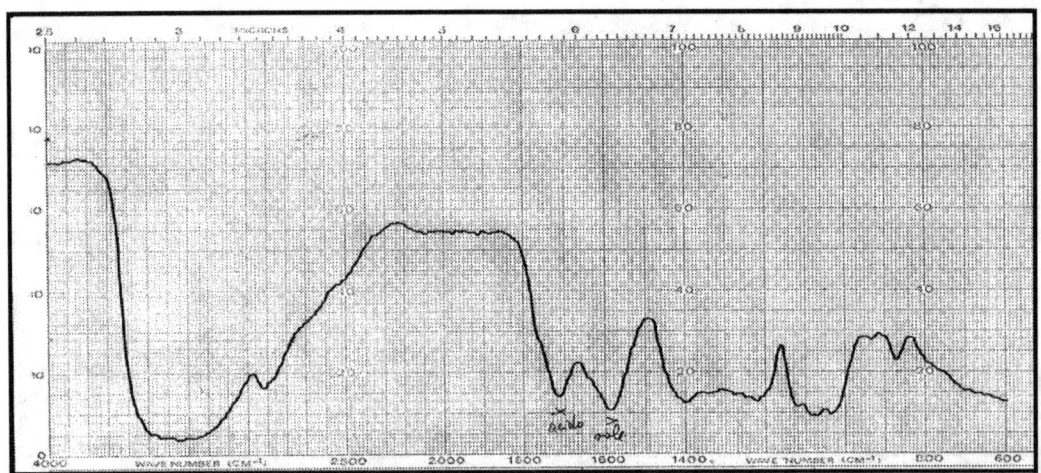

**612 - Acido gluconico + gluconato sodico**

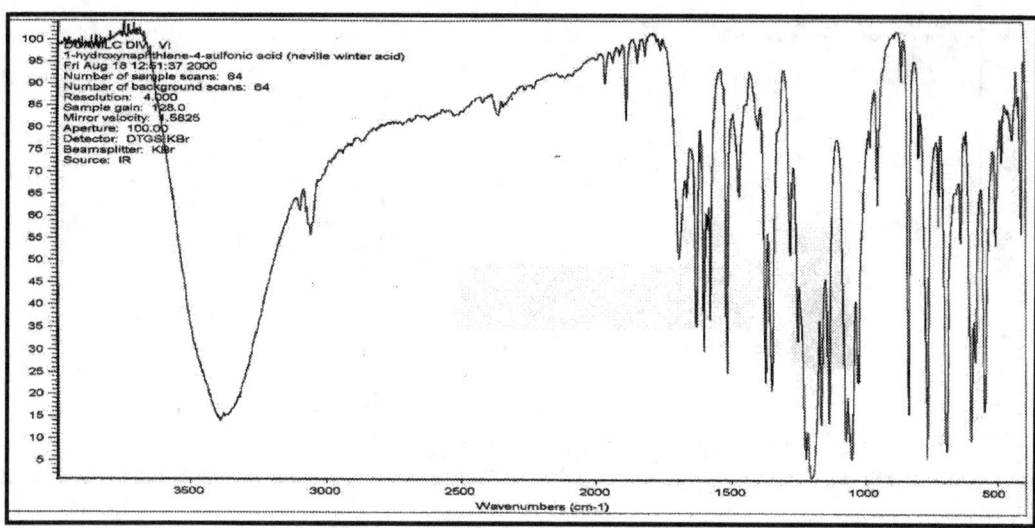

**613 - Acido 1-idrossinaftalen-4-solfonico**

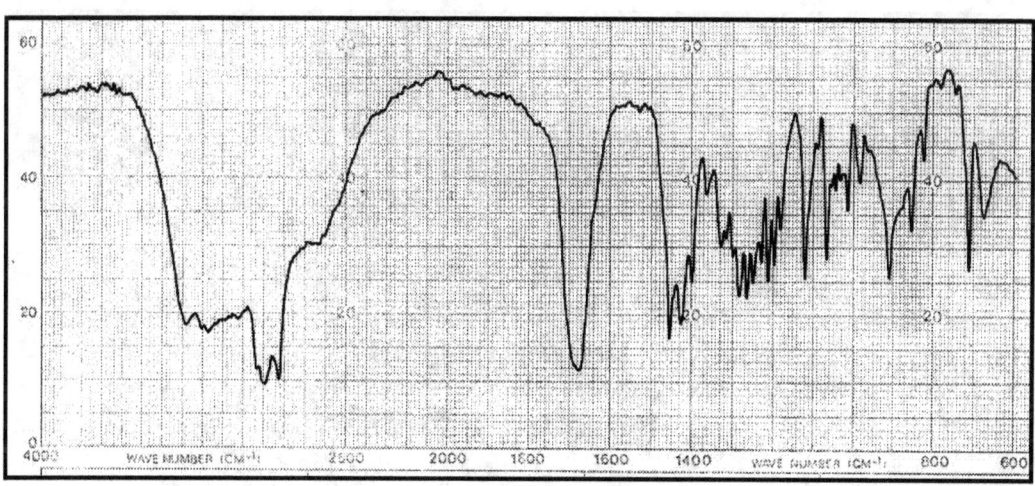

**614 - Acido 12-idrossistearico**

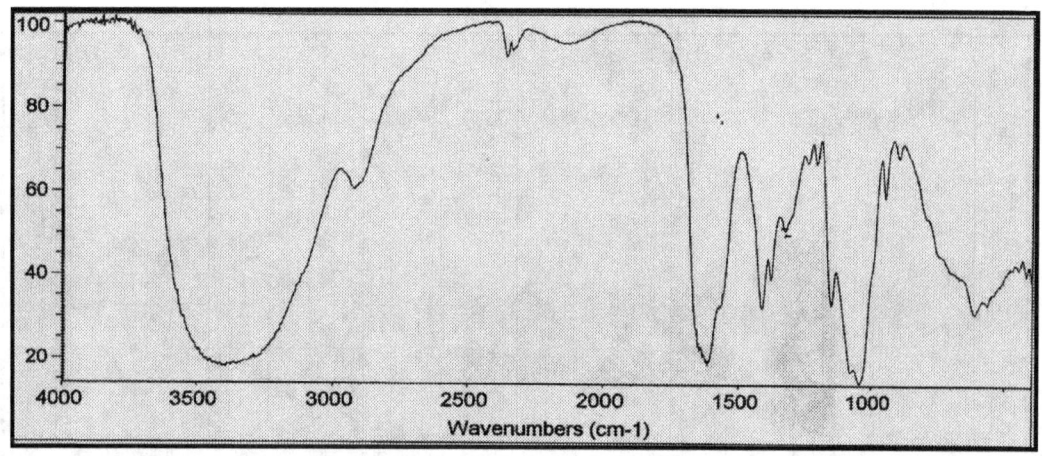

**615 - Acido jaluronico**

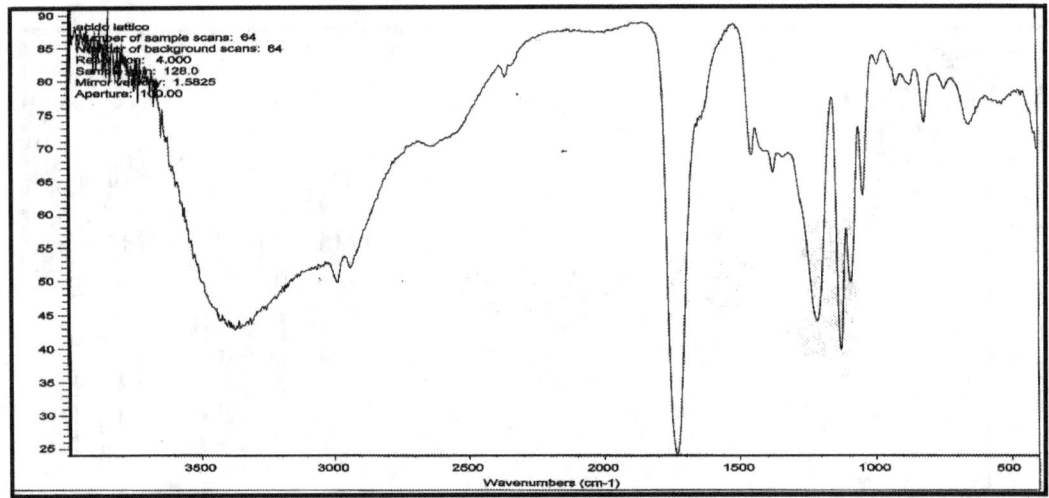

**616  -  Acido lattico**

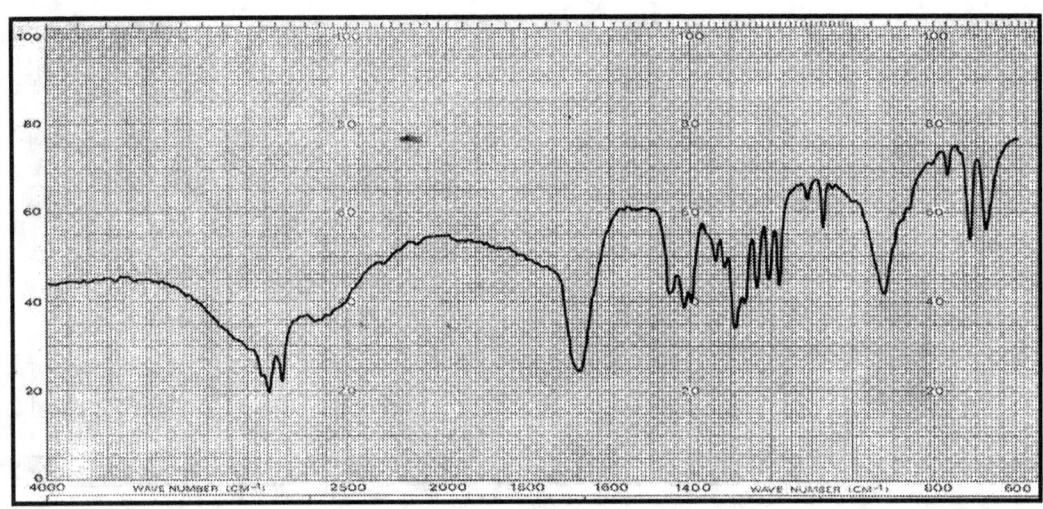

**617  -  Acido laurico**

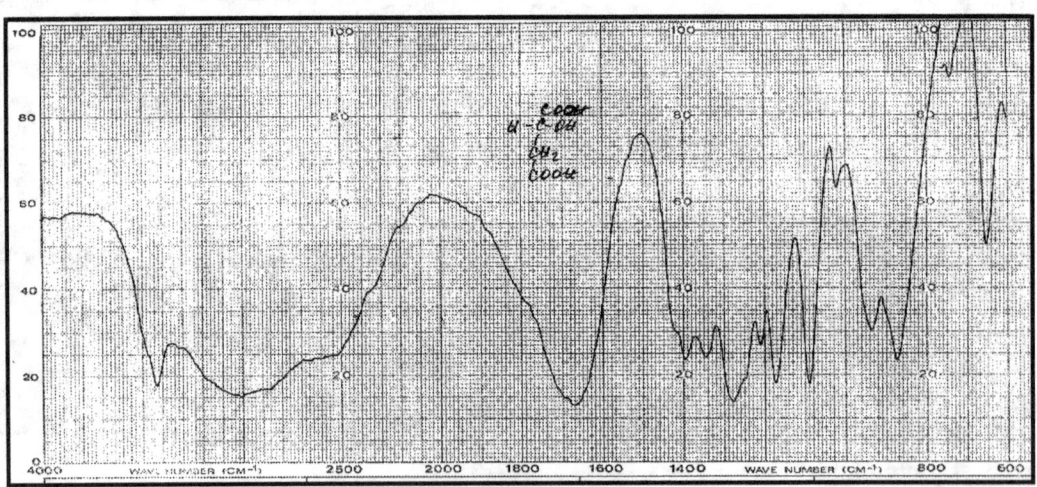

**618  -  Acido malico**

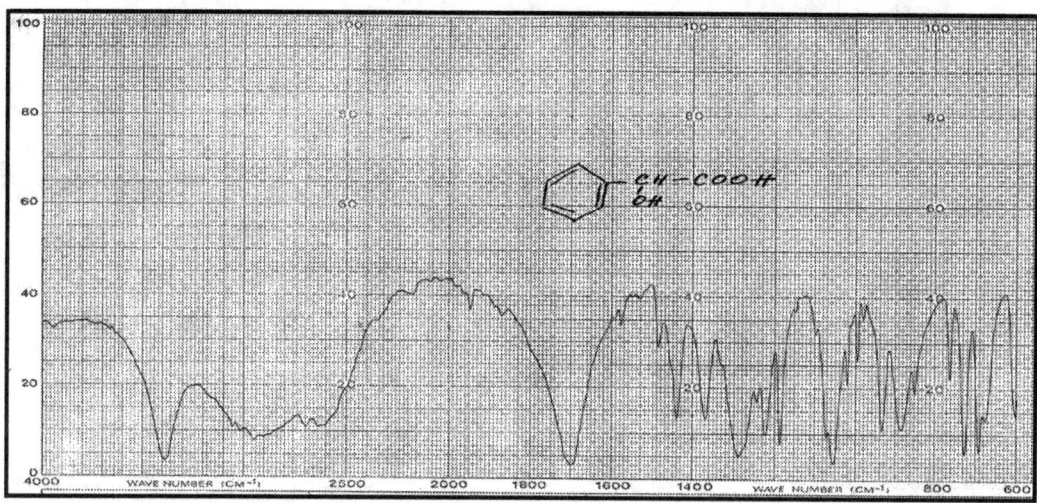

**619 - Acido mandelico**

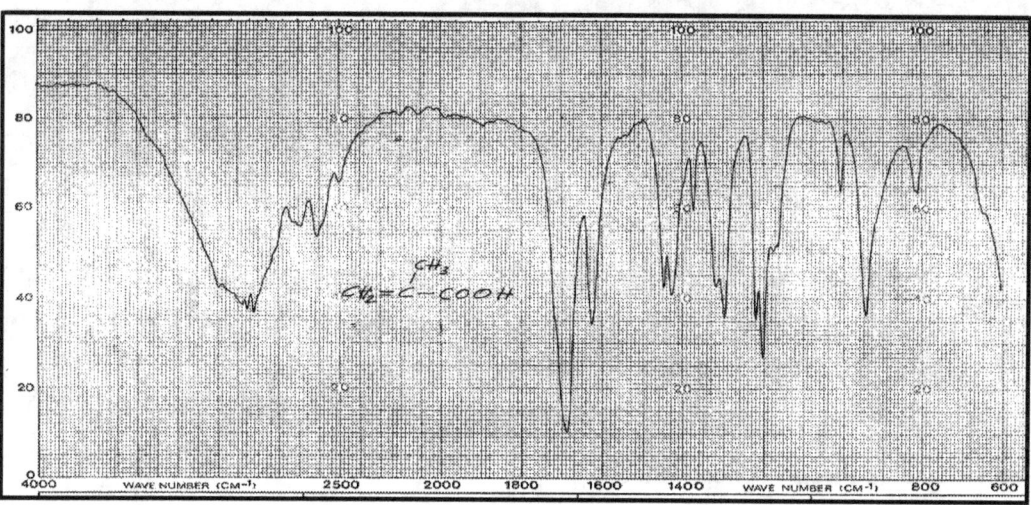

**620 - Acido metacrilico**

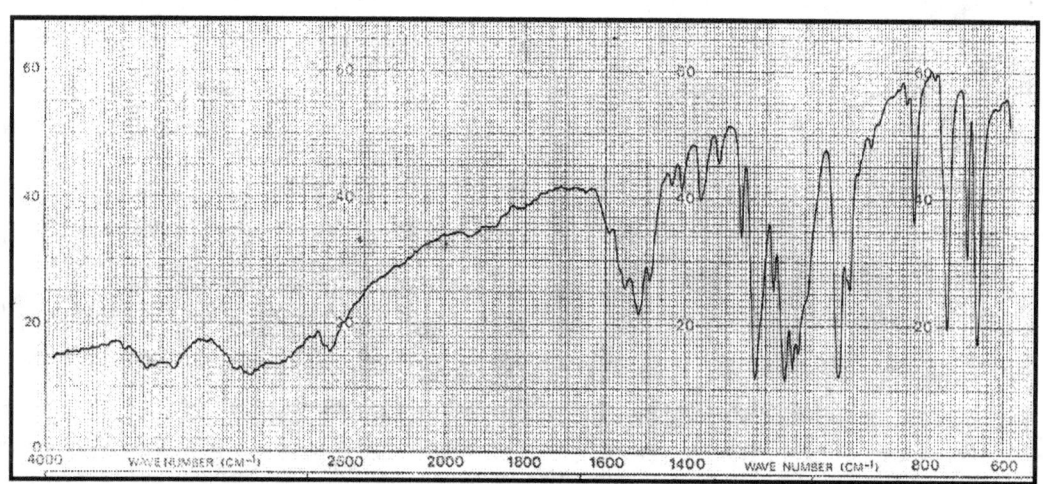

**621 - Acido naftionico**

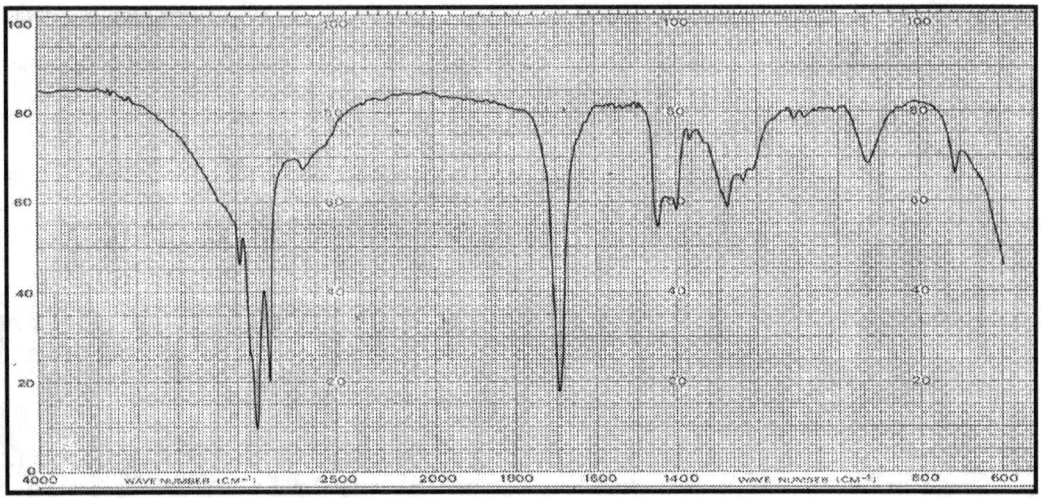

**622  -  Acido oleico**

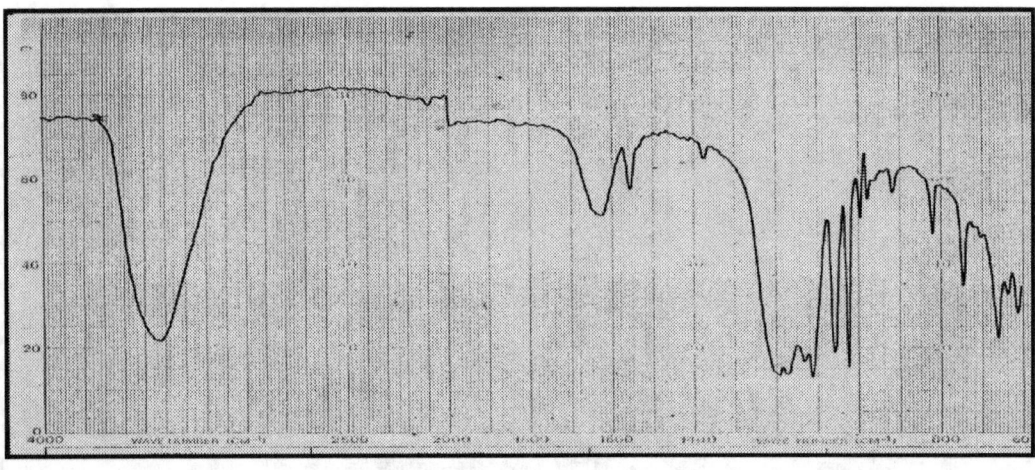

**623  -  Acido piren-tetrasolfonico**

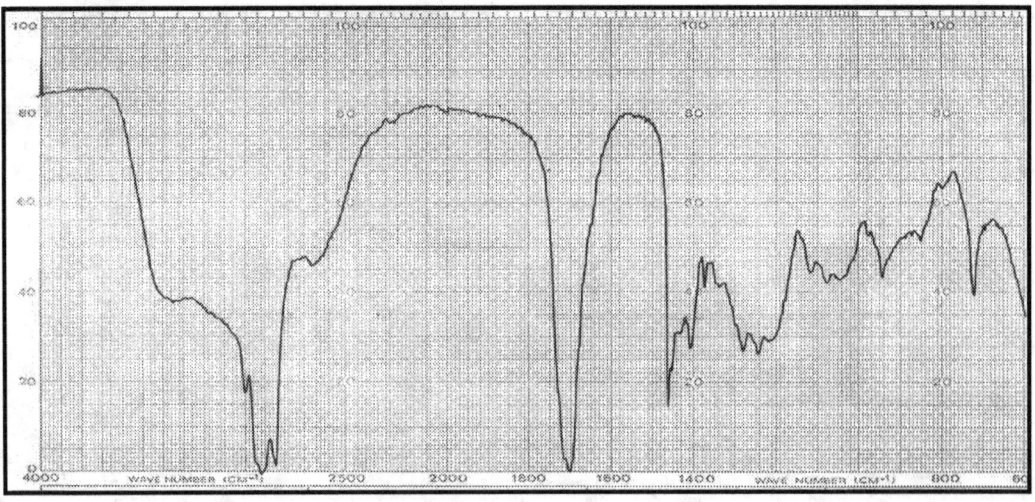

**624  -  Acido ricinoleico**

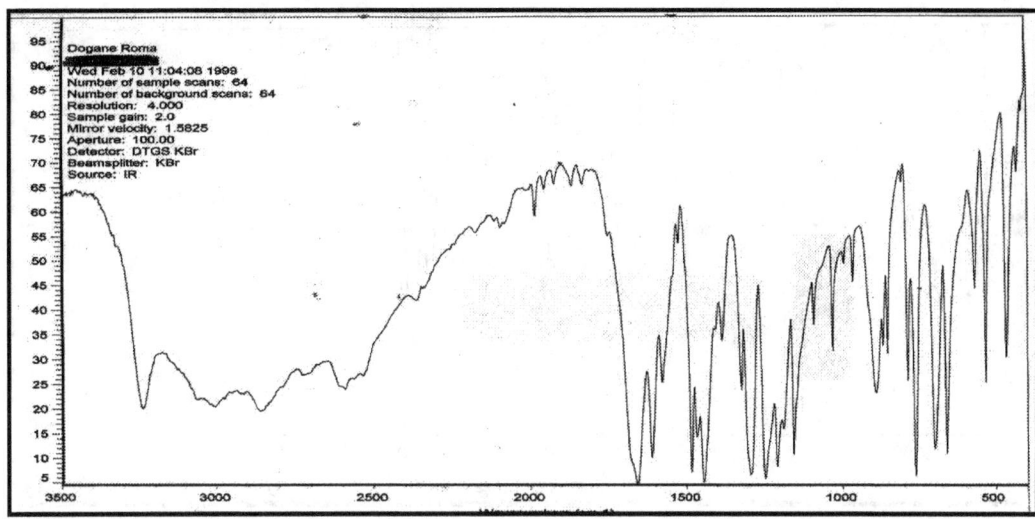

**625 - Acido salicilico**

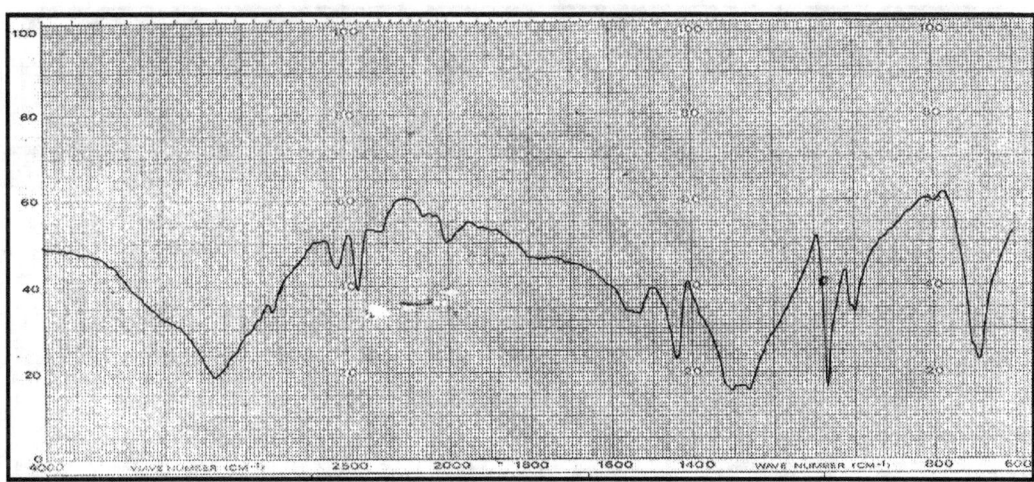

**626 - Acido solfamico**

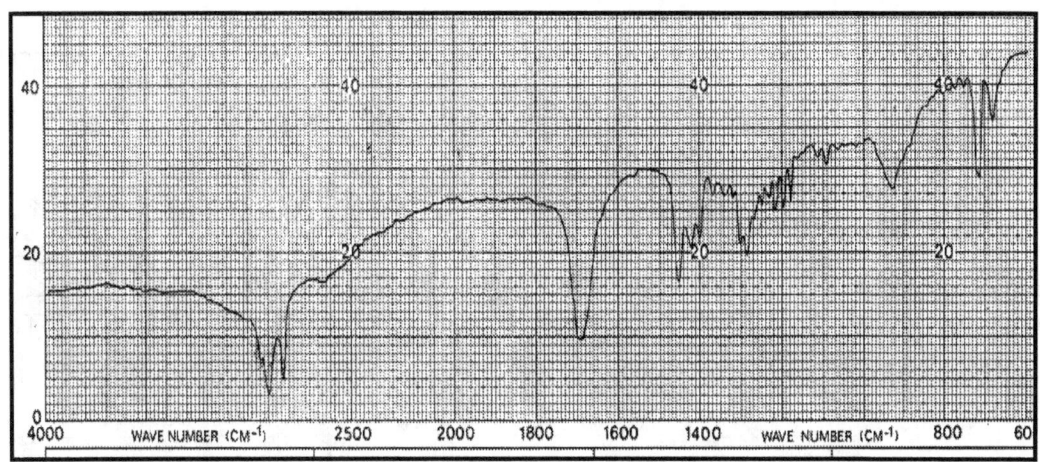

**627 - Acido stearico**

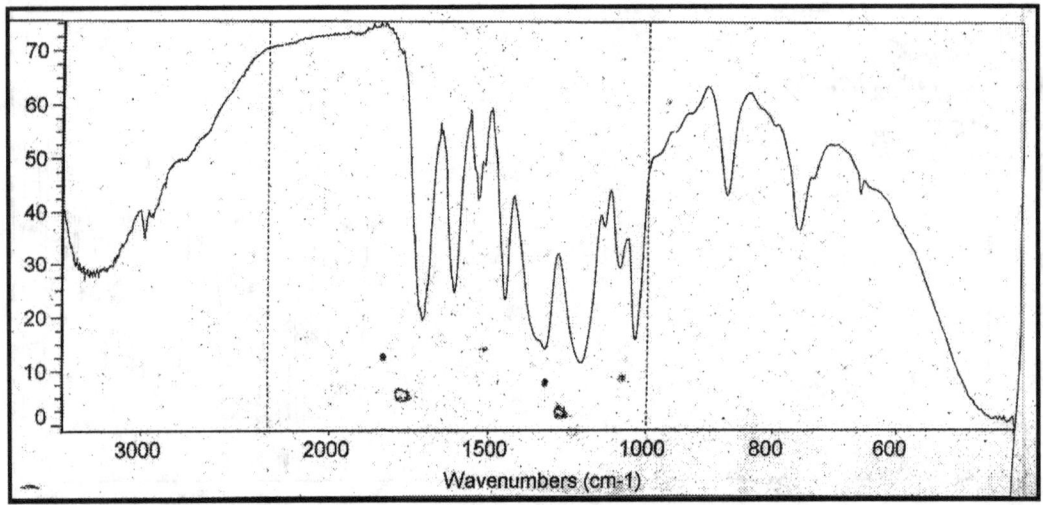

**628  -  Acido tannico**

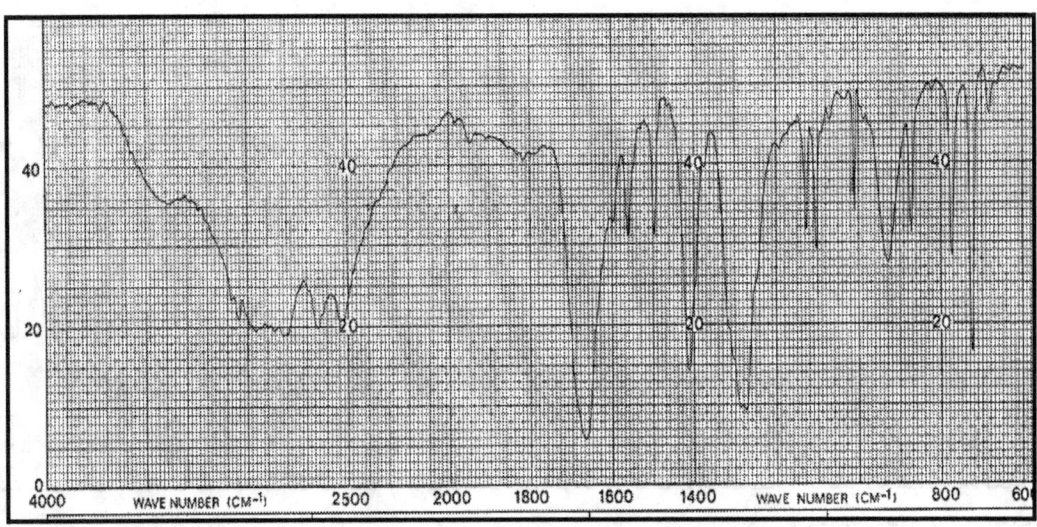

**629  -  Acido tereftalico**

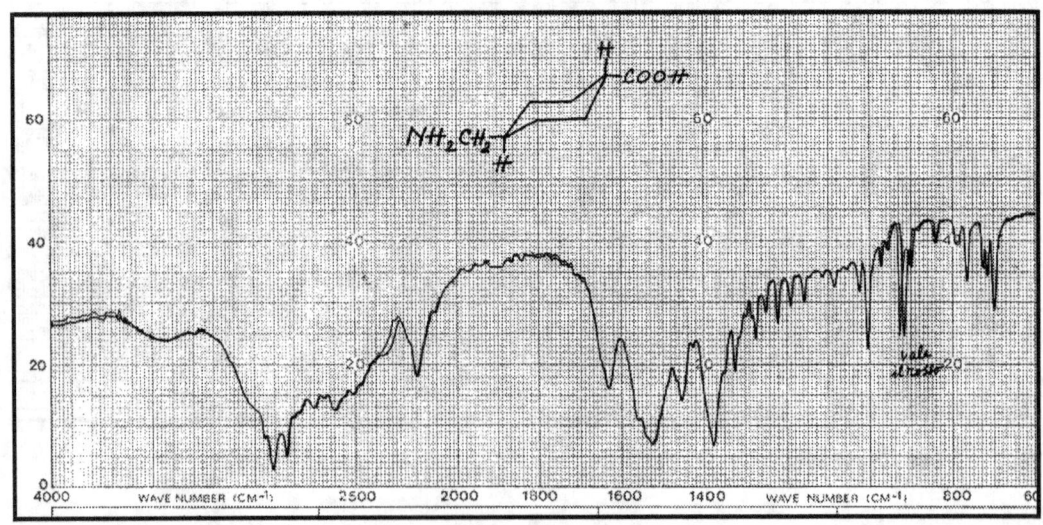

**630  -  Acido tranexamico**

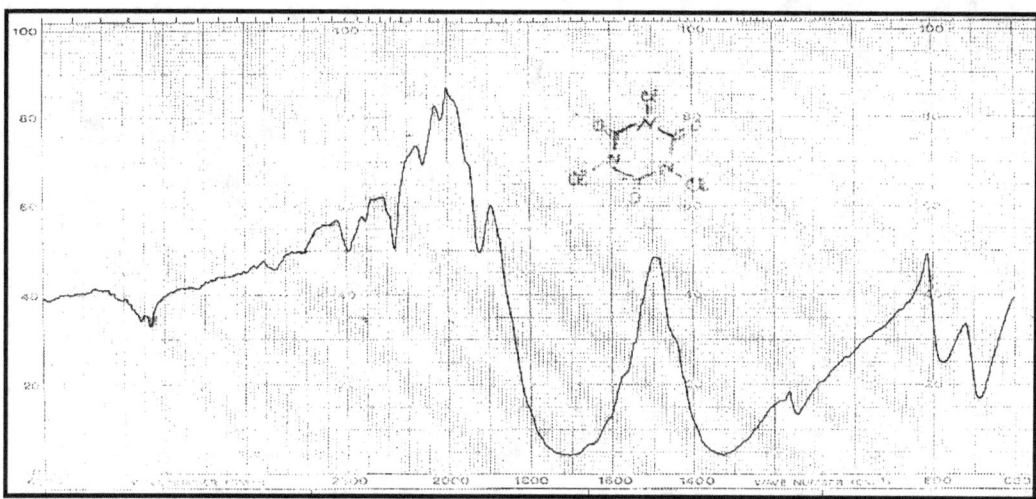

**631 - Acido tricloroisocianurico**

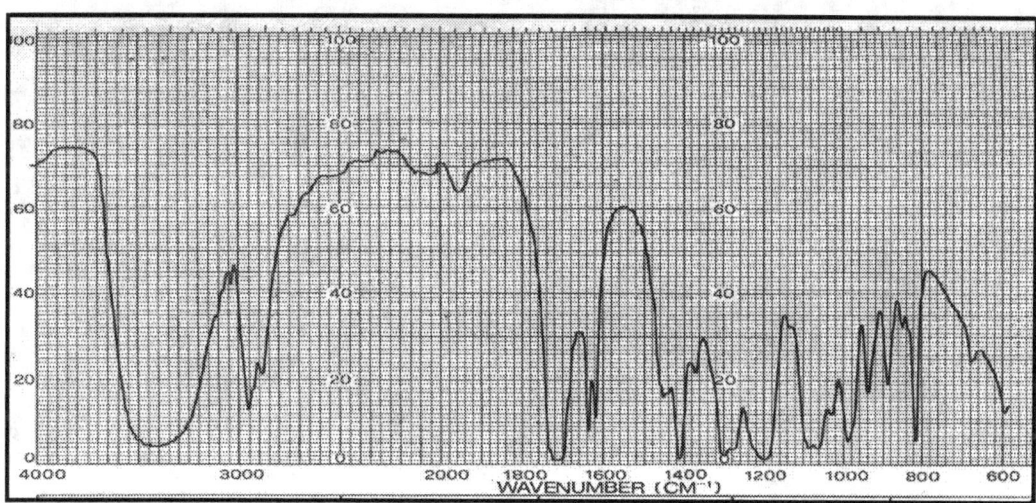

**632 - Acrilato di idrossietile**

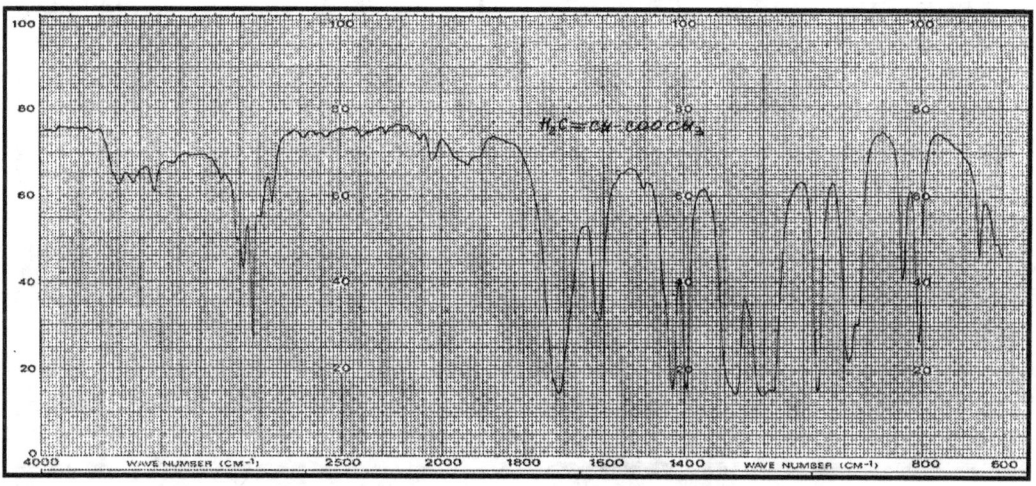

**633 - Acrilato di metile**

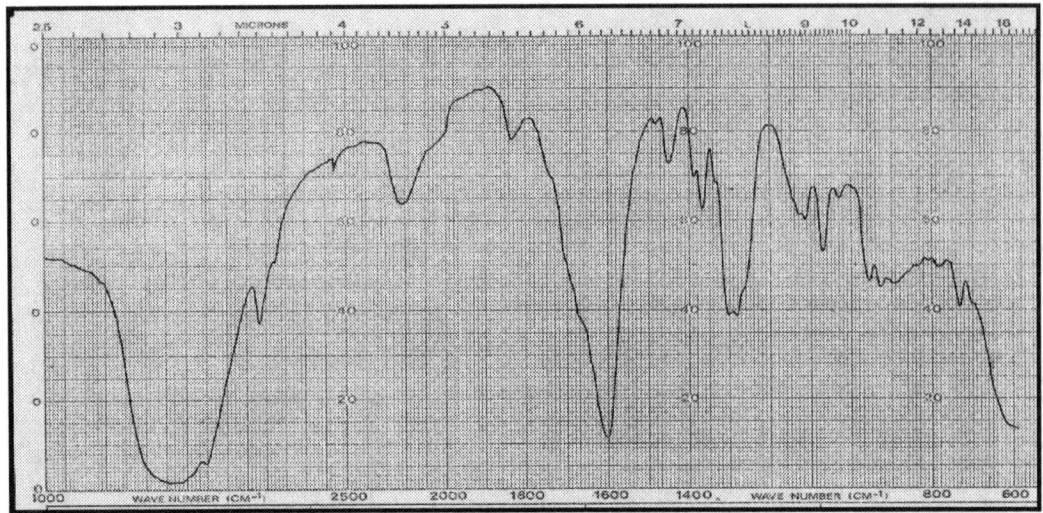

**634 - Addotto cloruro di magnesio / etanolo, con siti attivi di atomi di titanio**

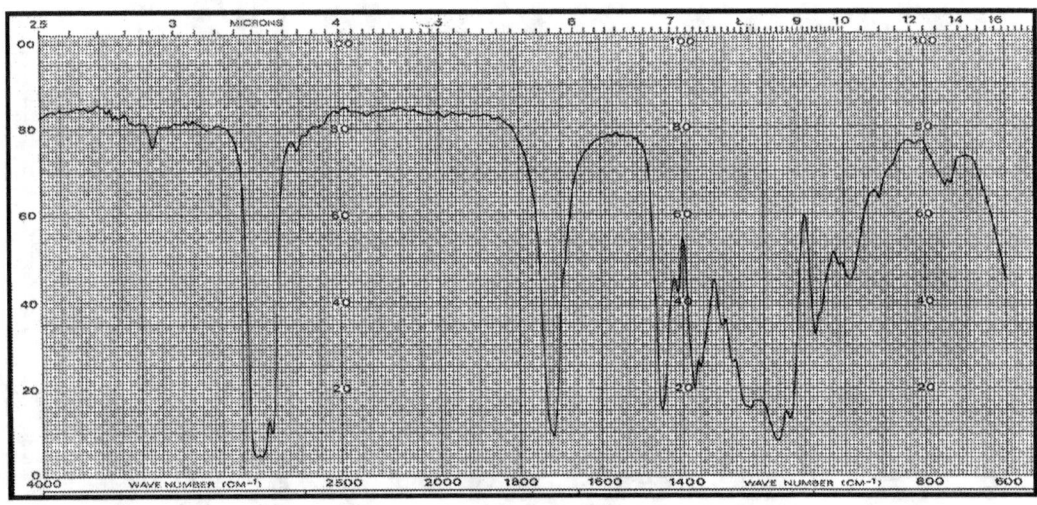

**635 - adipato di di-isoottile**

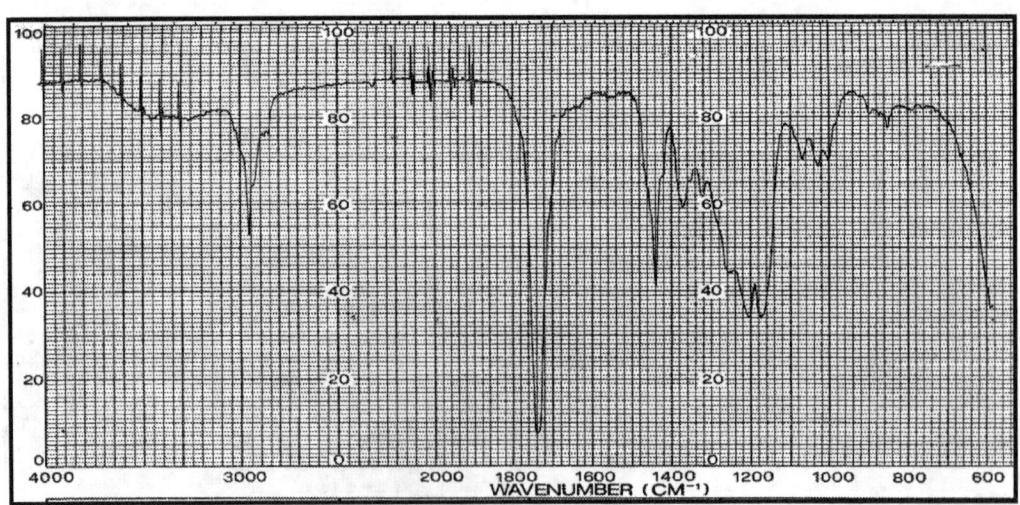

**636 - adipato di di-metile**

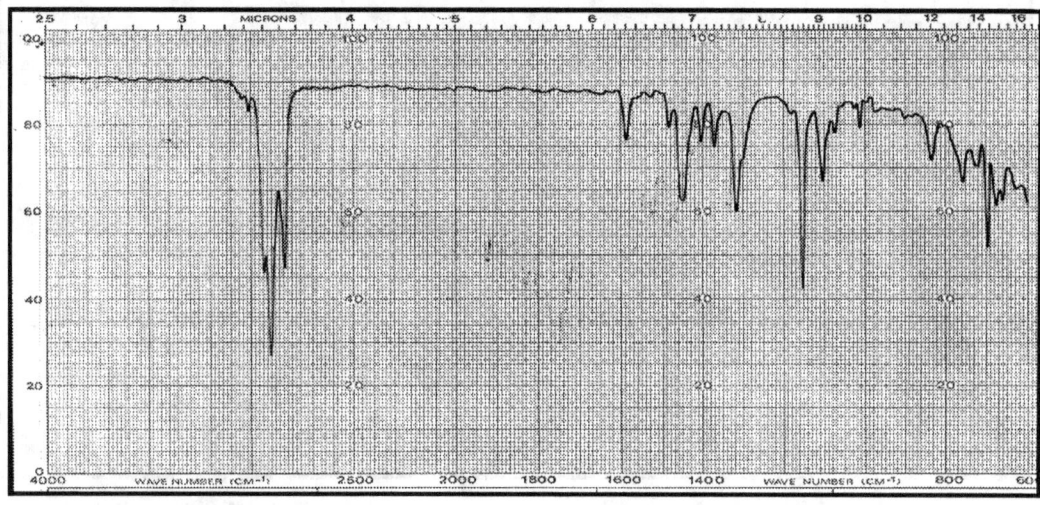

**637  -  alchilbenzene**

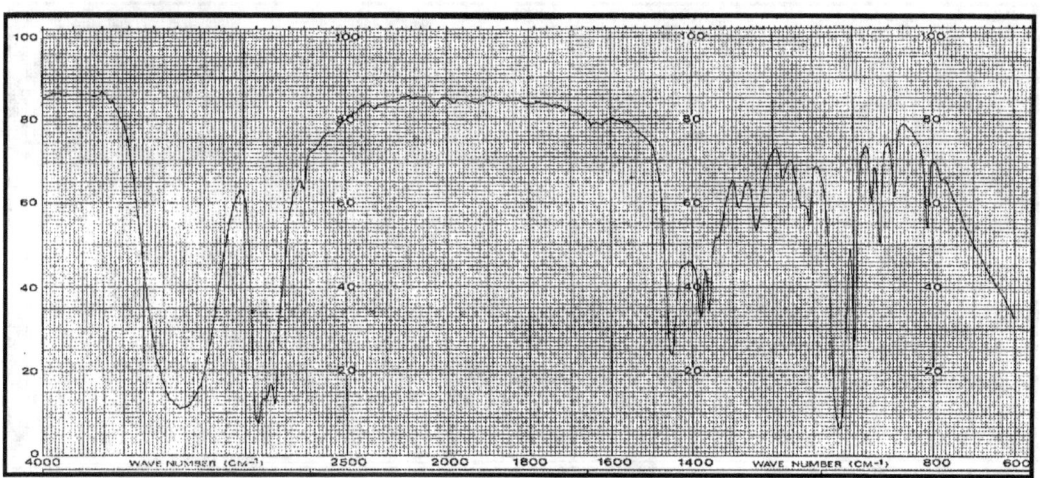

**638  -  alcool isobutilico**

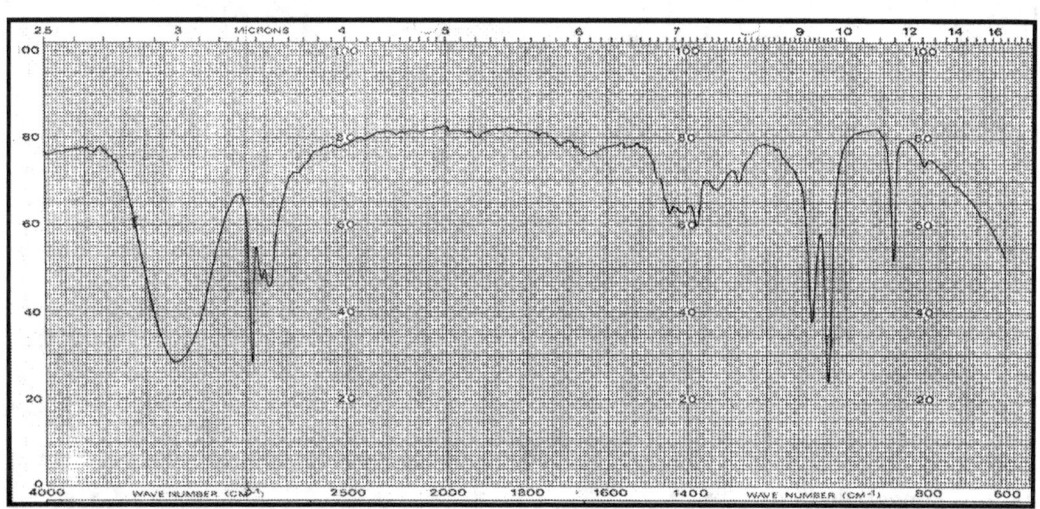

**639  -  alcool etilico**

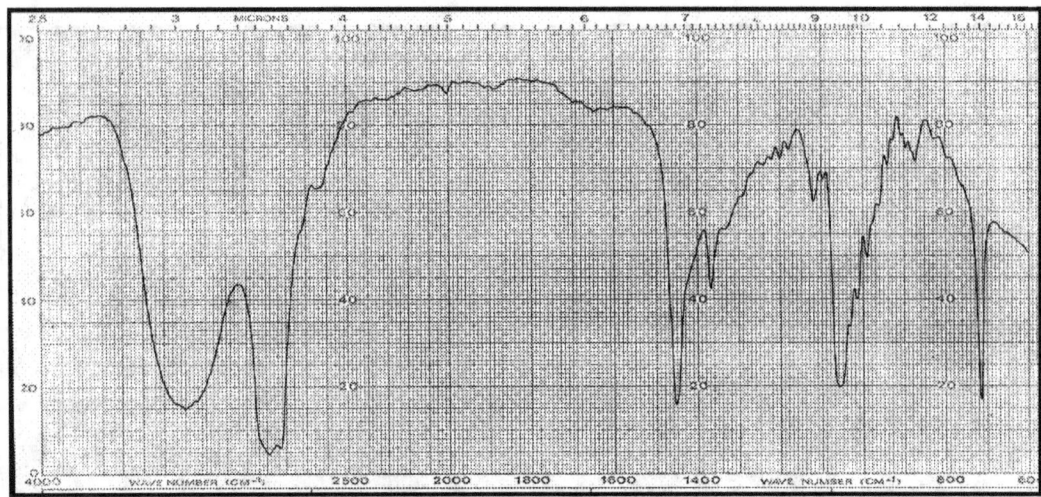

**640 - alcoli grassi**

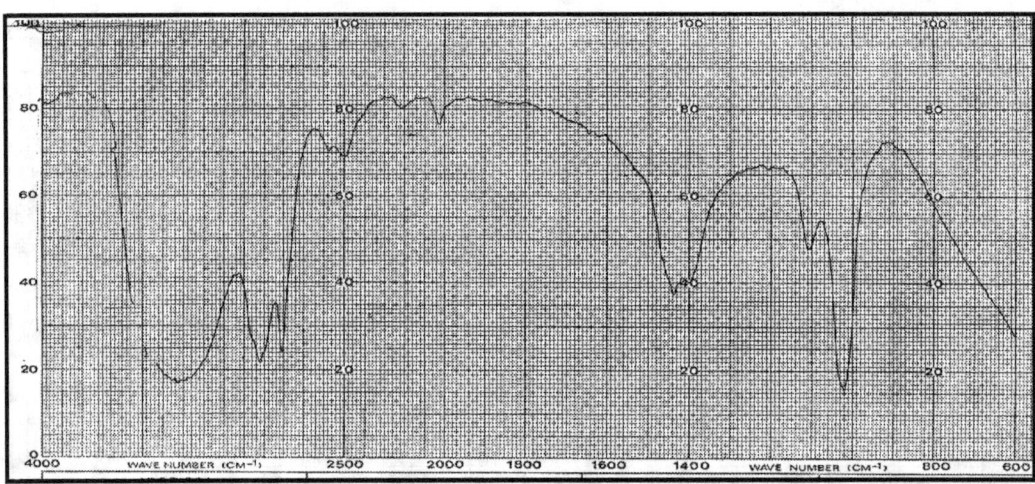

**641 - alcool metilico**

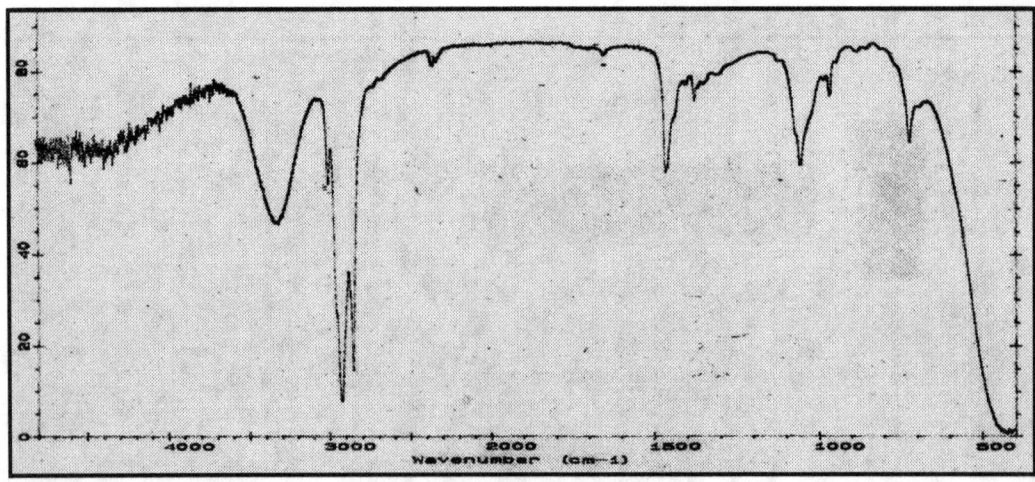

**642 - alcool oleilico**

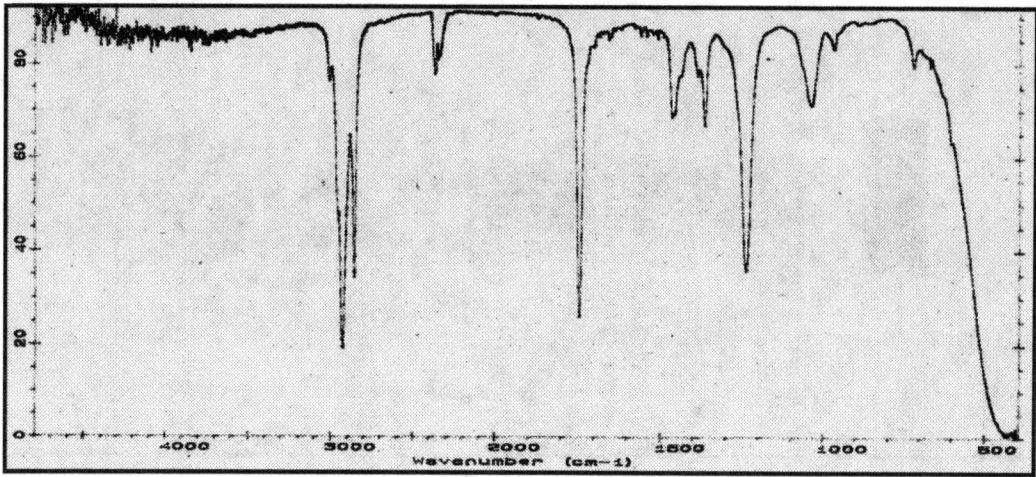

**643 - alcool oleilico acetilato**

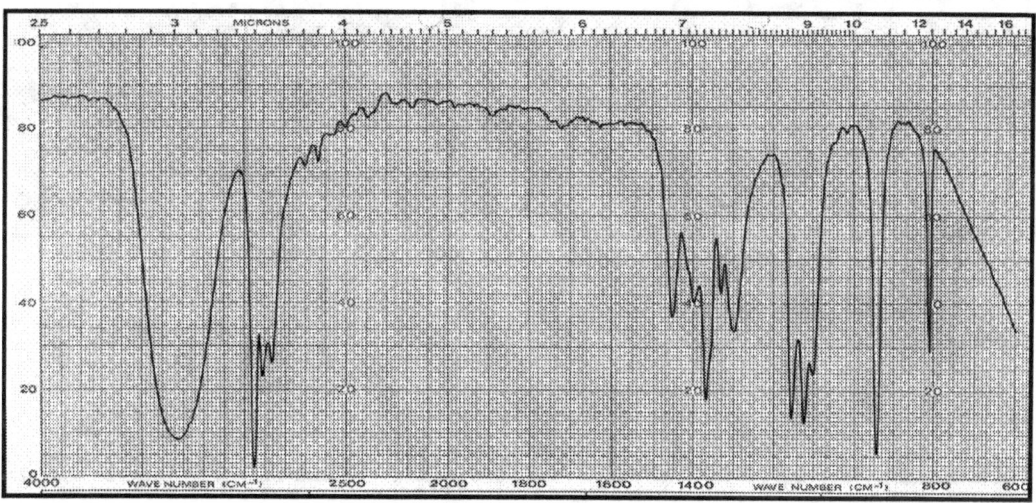

**644 - alcool isopropilico**

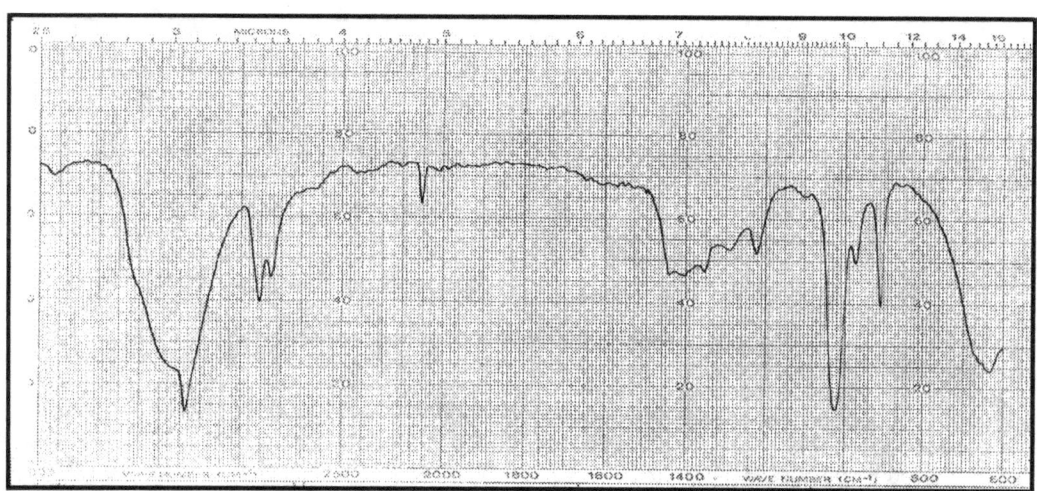

**645 - alcool propargilico**

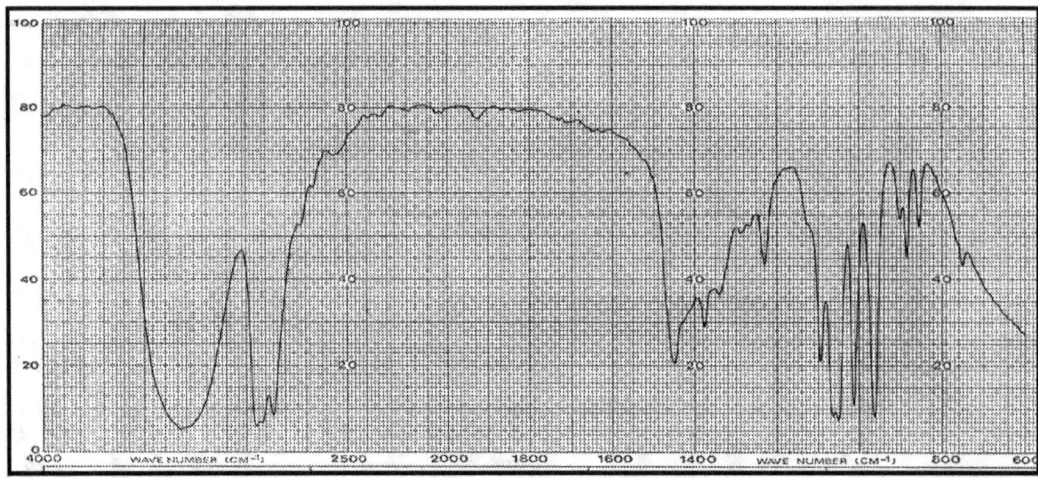

**646 - alcool n- propilico**

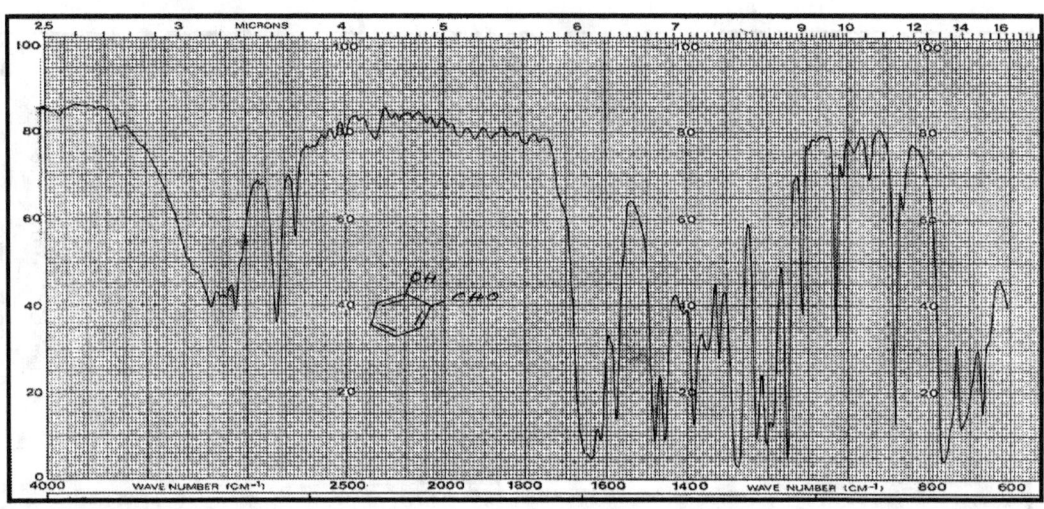

**647 - aldeide salicilica**

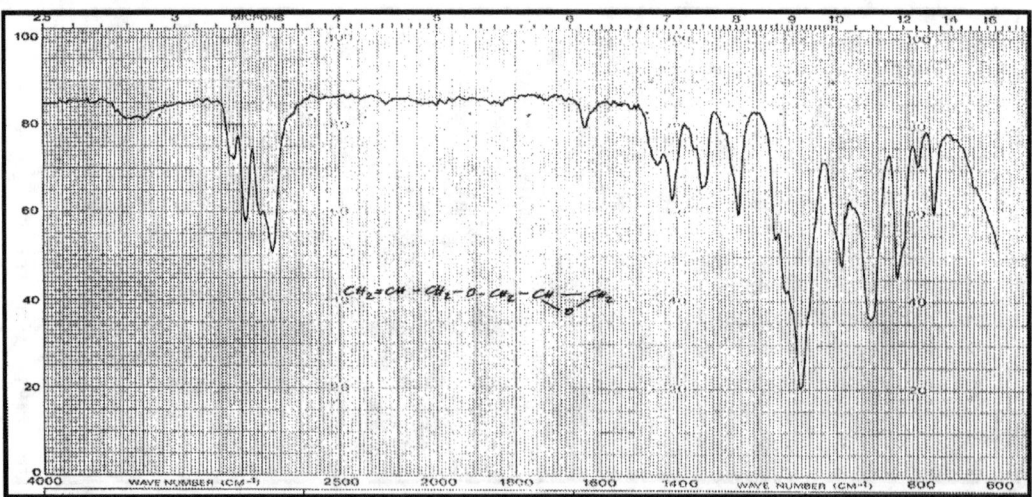

**648 - allil-glicidiletere**

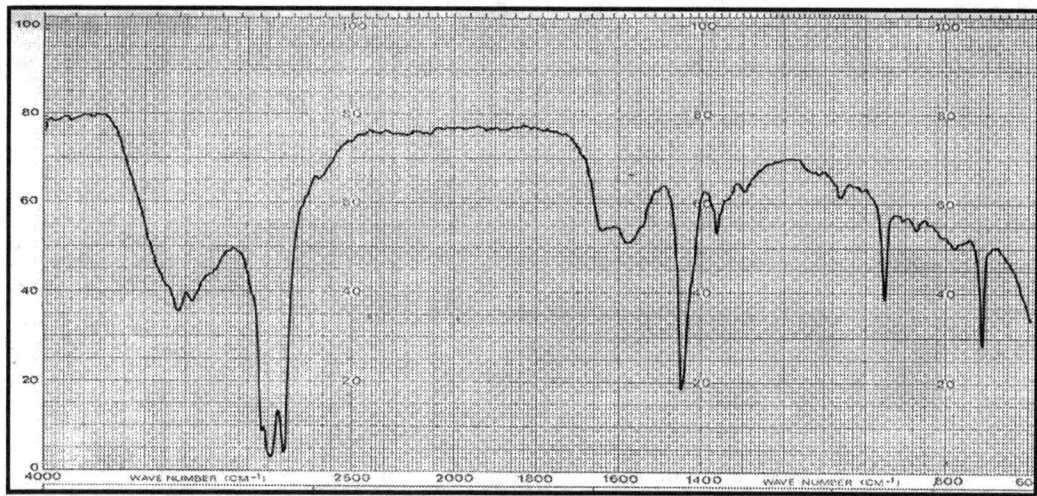

**649 - ammina grassa**

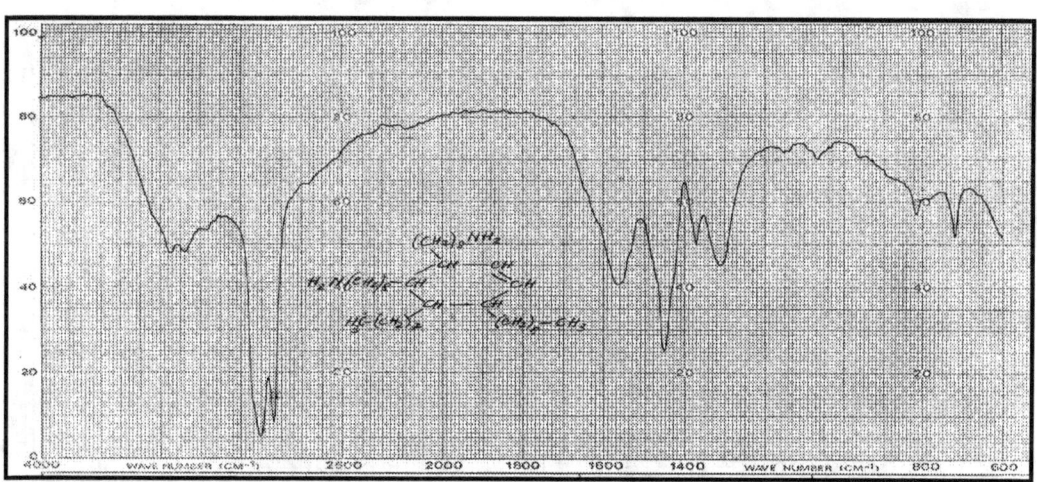

**650 - ammine grasse dimerizzate**

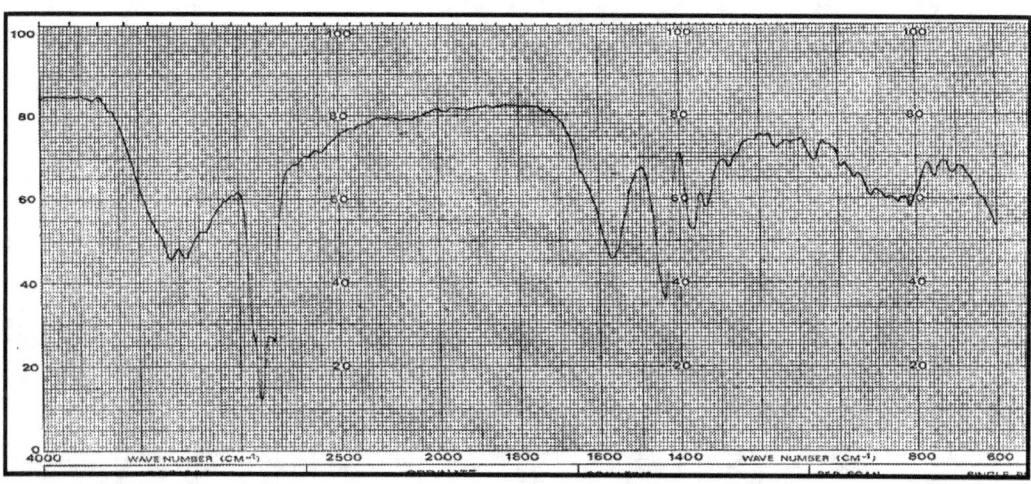

**651 - diammina cicloalifatica**

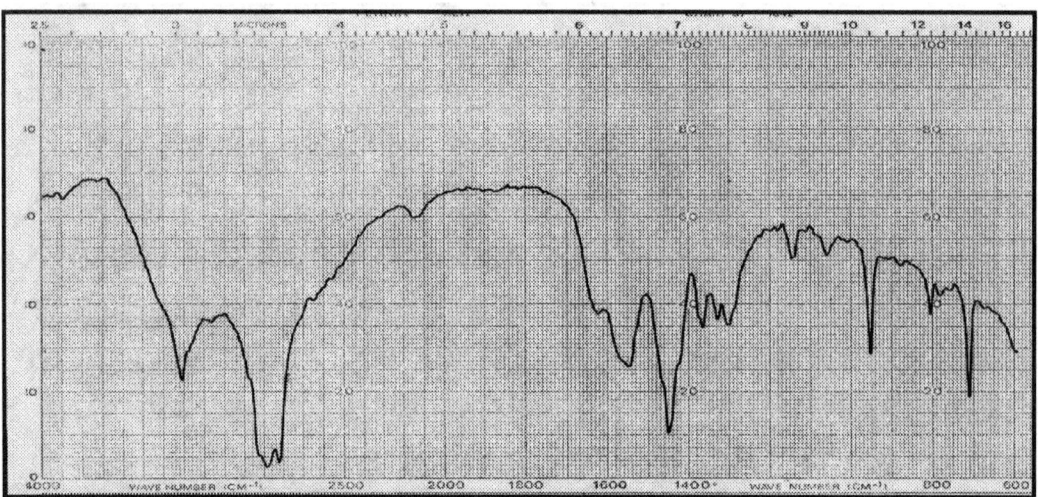

**652  -  ammina grassa parzialmente neutralizzata con acidi organici**

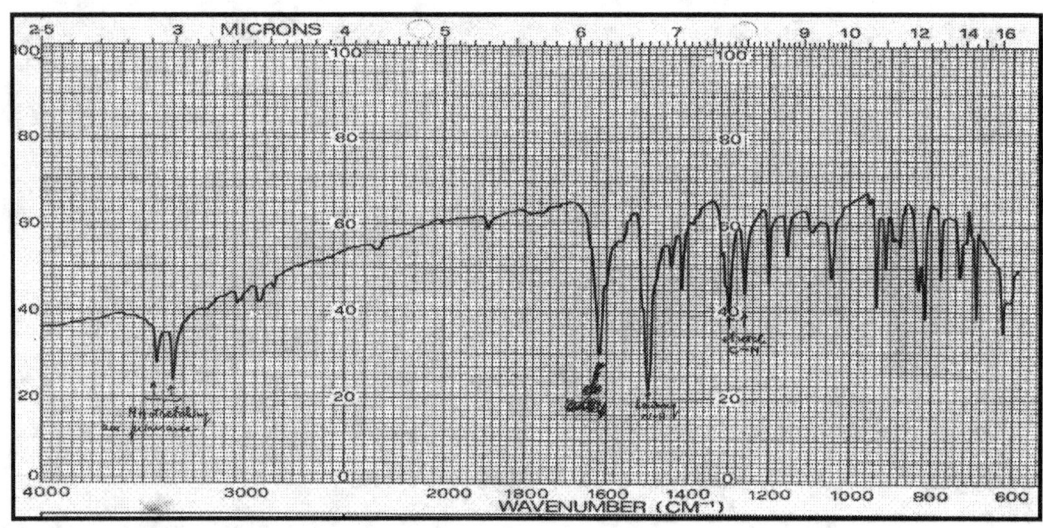

**653  -  ammina primaria aromatica**

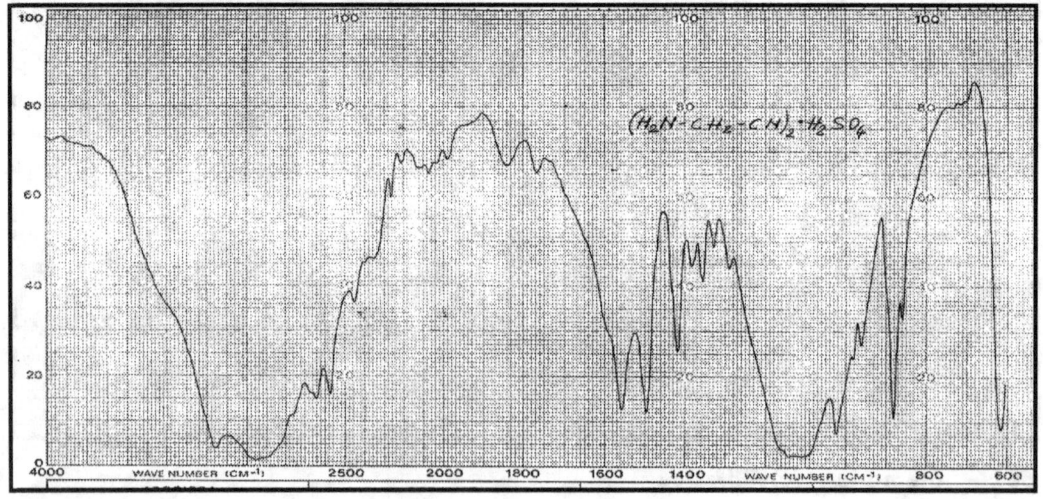

**654  -  amminoacetonitrile solfato**

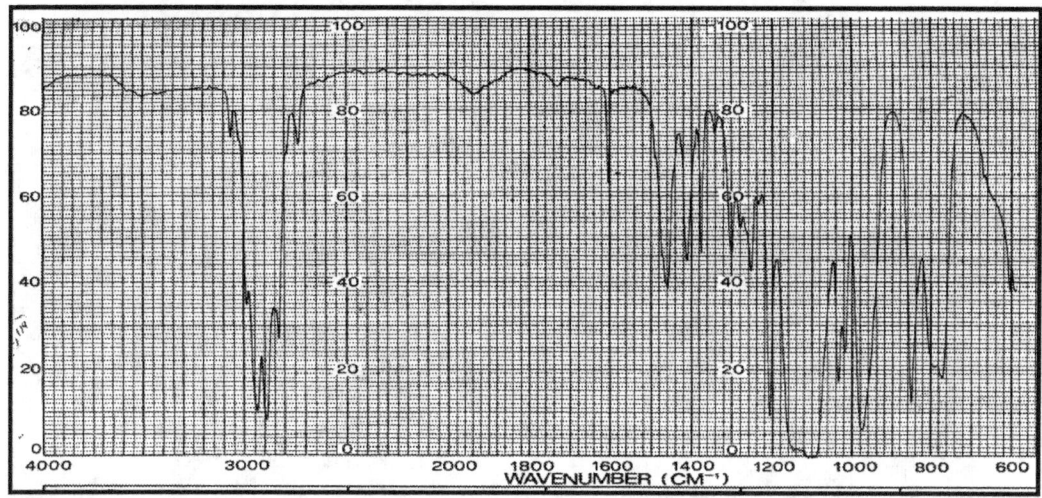

**655 - amminoalchiltrimetossisilano**

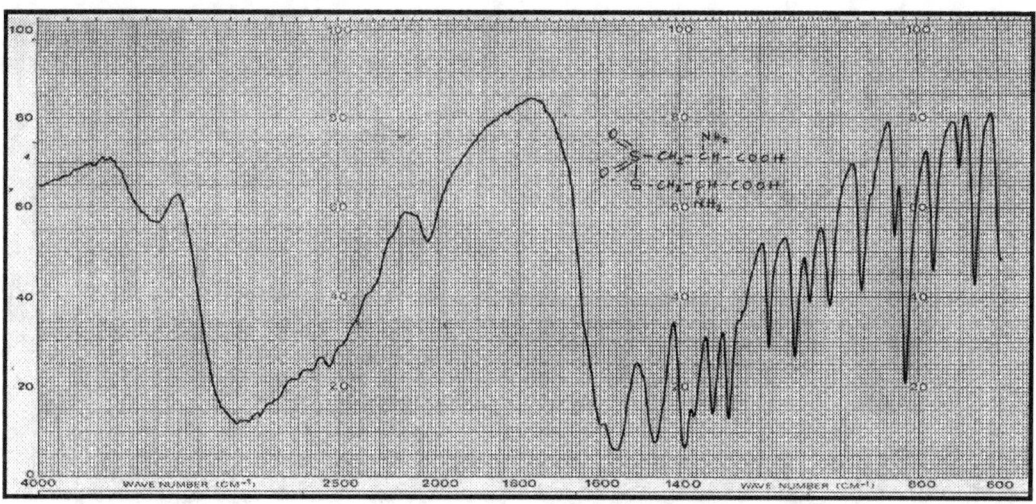

**656 - 2-ammino-2-carbossietil-2-amino-2-carbossietantiosolfonato**

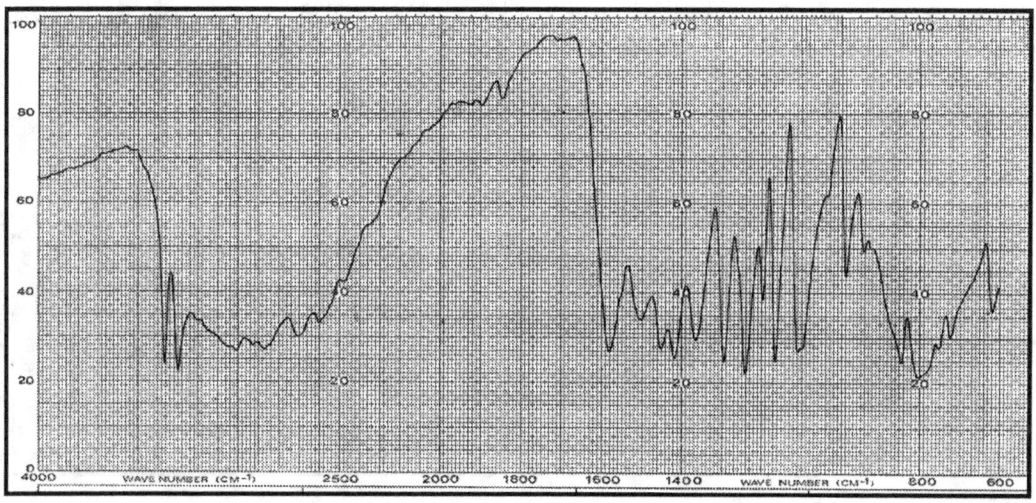

**657 - p-ammino-o-cresolo**

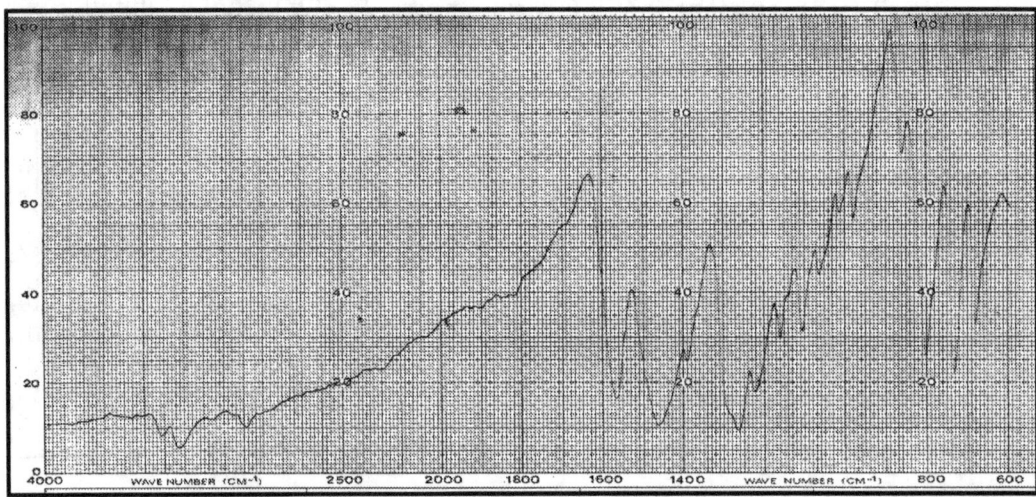

**658 - p-amminodifenilammina**

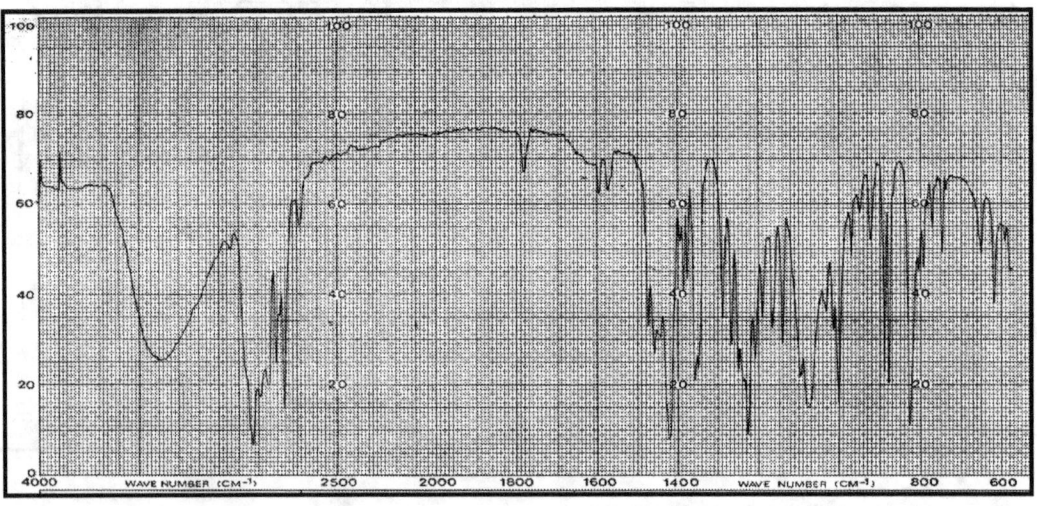

**659 - amminofenolo**

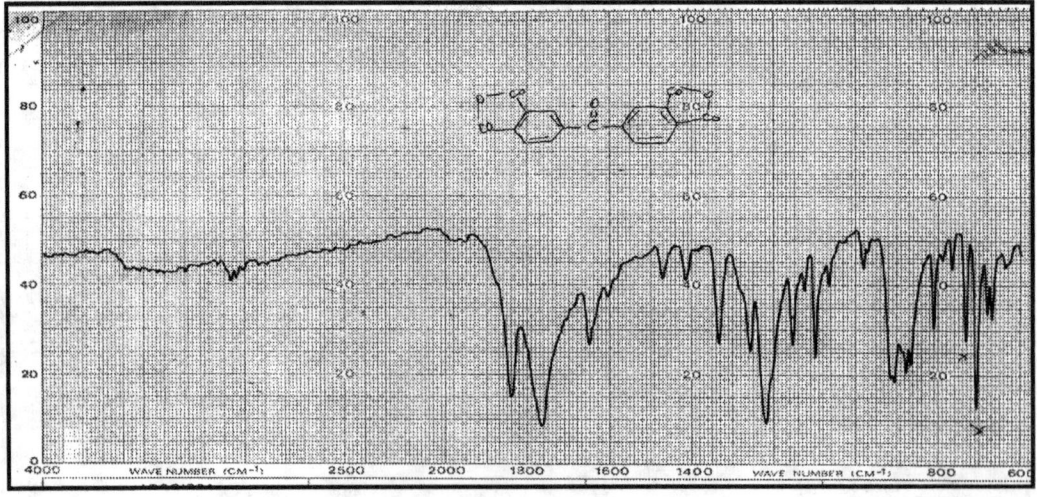

**660 - anidride dell'acido 3,3',4,4'-benzofenon-tetracarbossilico**

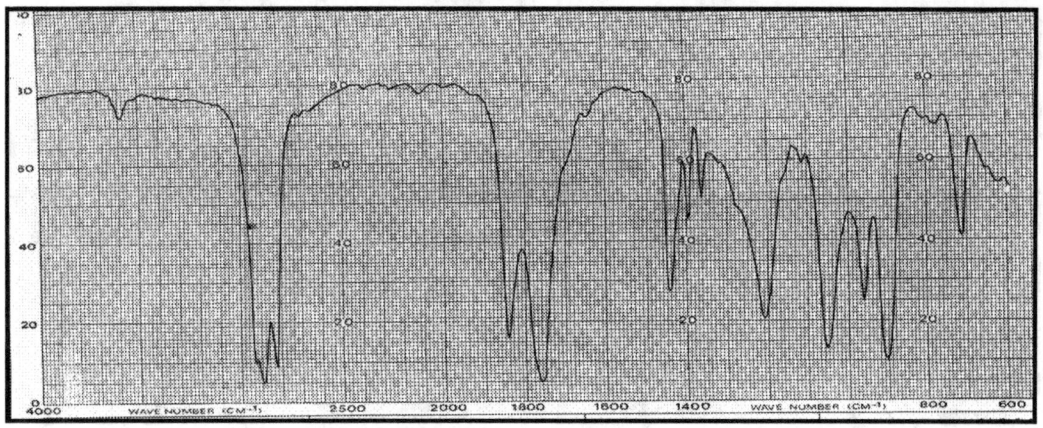

**661  -  anidride dodecenilsuccinica**

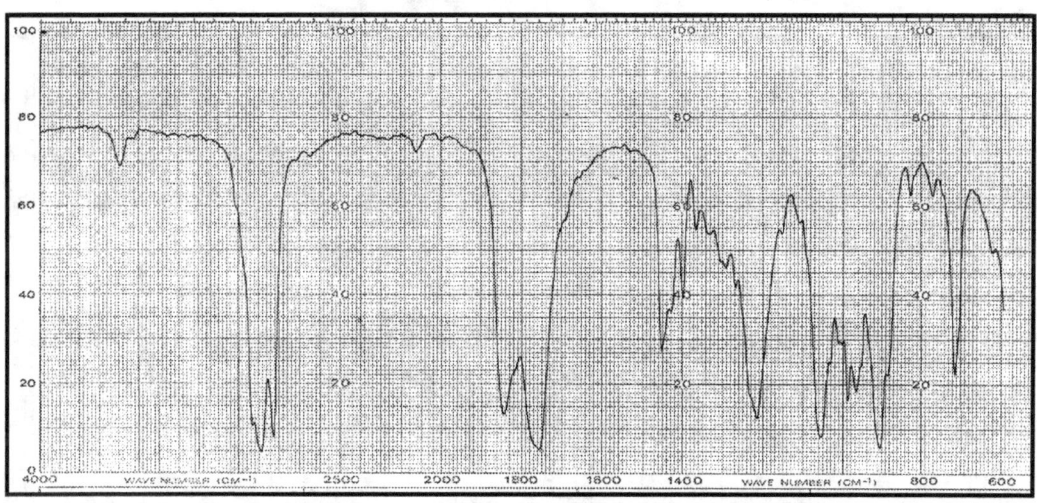

**662  -  anidride dodecenil-tetradecenilsuccinica**

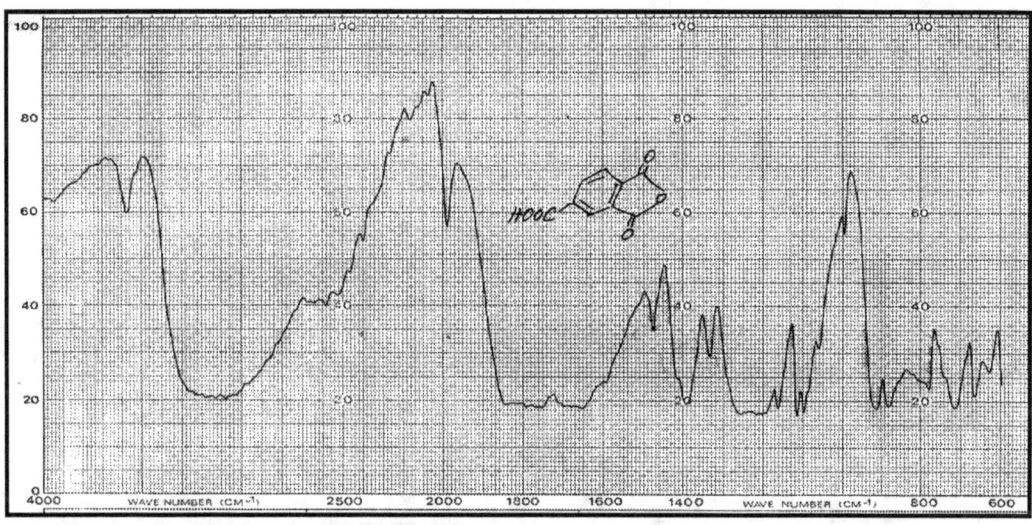

**663  -  anidride trimellitica**

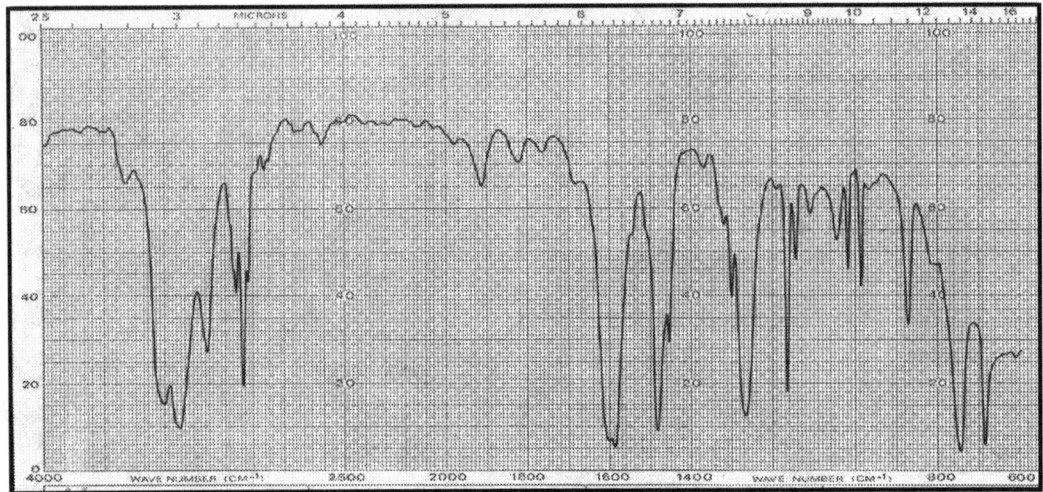

**664  -  anilina**

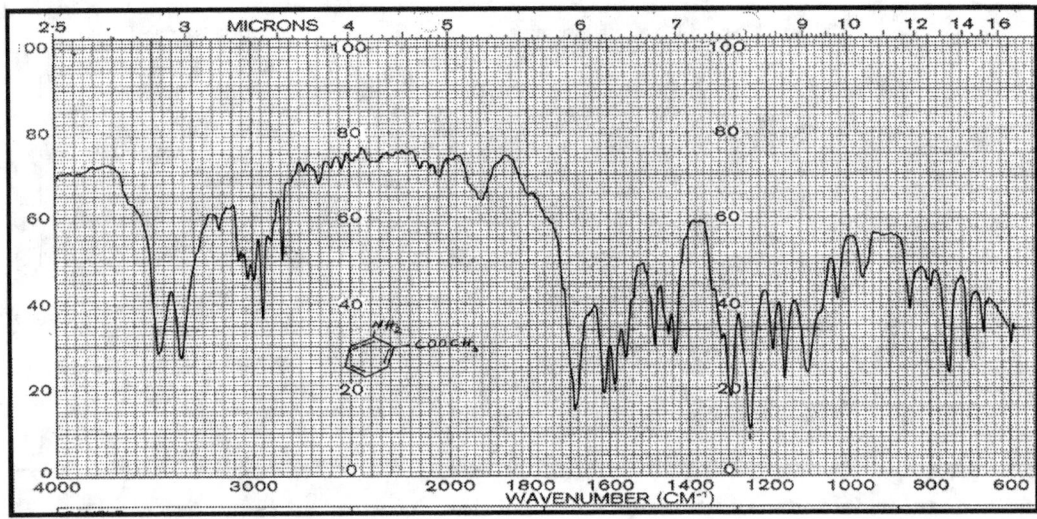

**665  -  antranilato di metile**

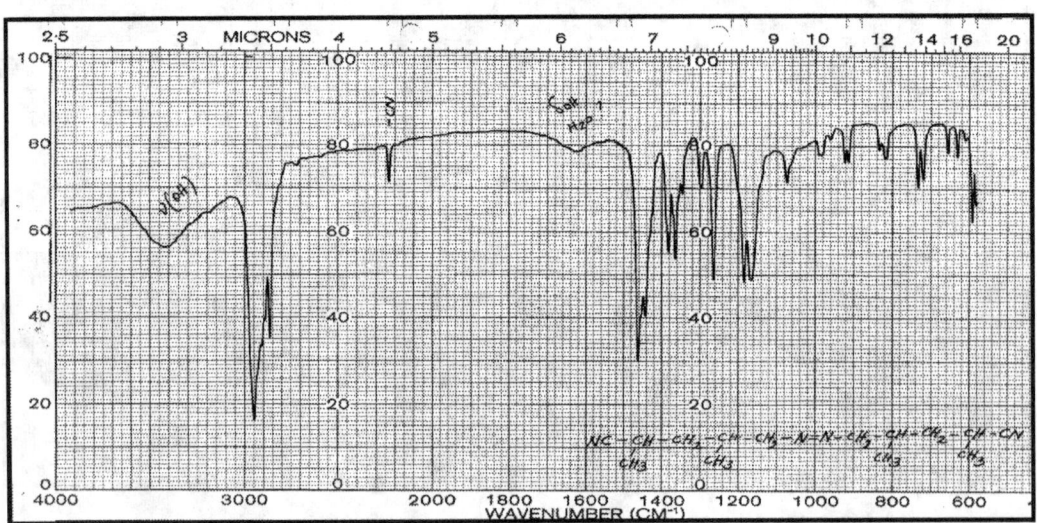

**666  -  2,2'-azobis-(2,4-dimetilvaleronitrile)**

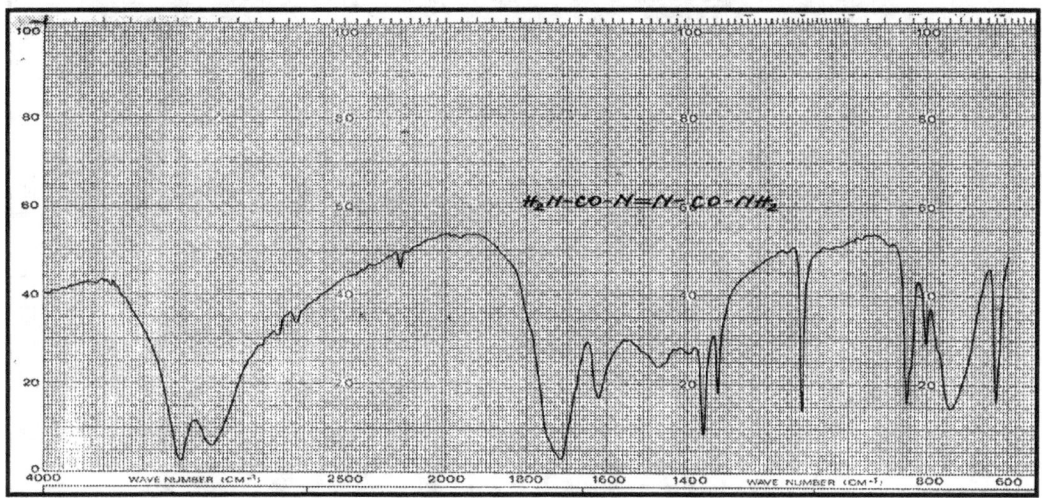

**667 - azobis-formamide**

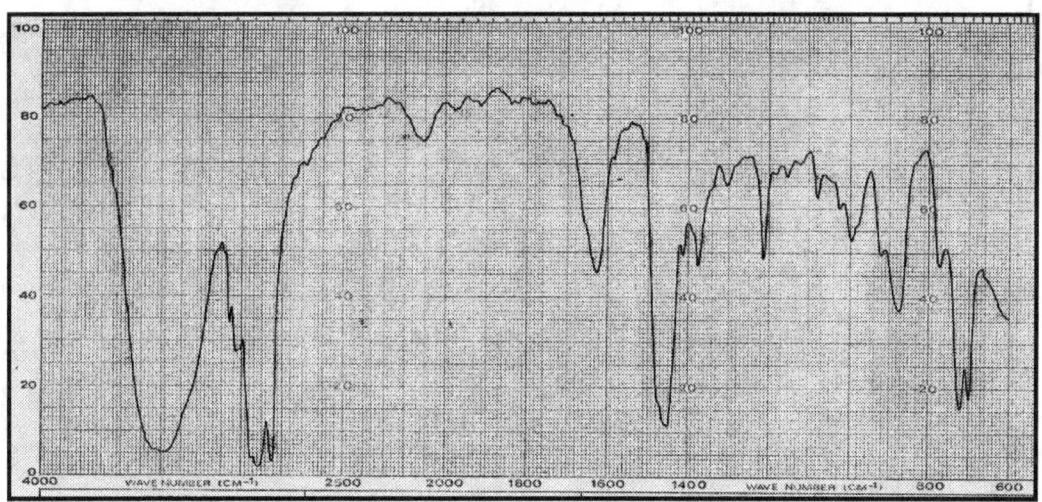

**668 - benzalconio cloruro**

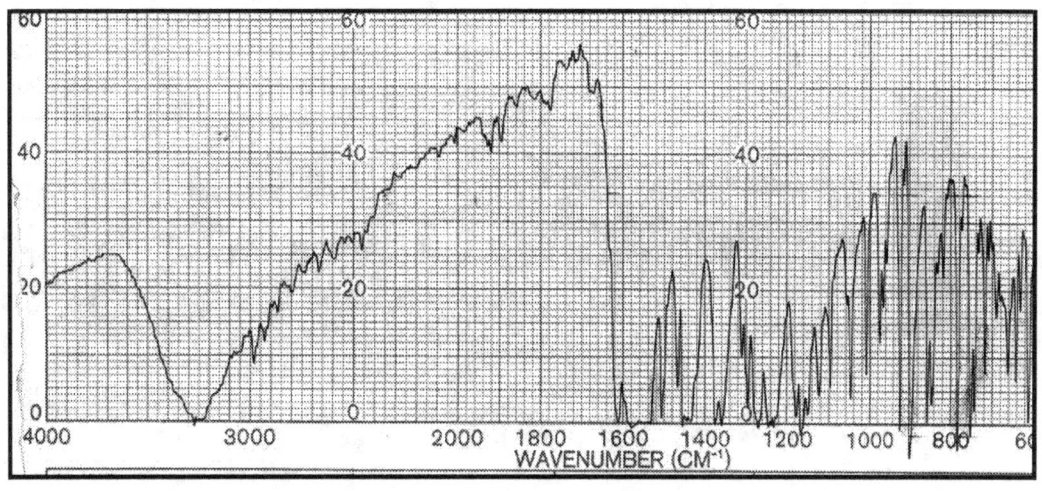

**669 - Benzarone, o 2-etil-3-(4-idrossibenzoil)-benzofurano**

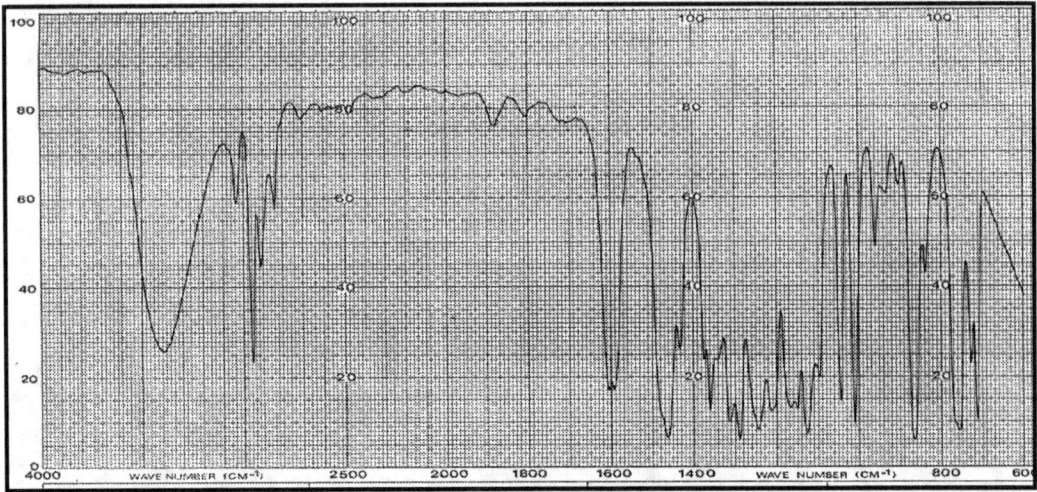

**670  -  Benzofuranolo**

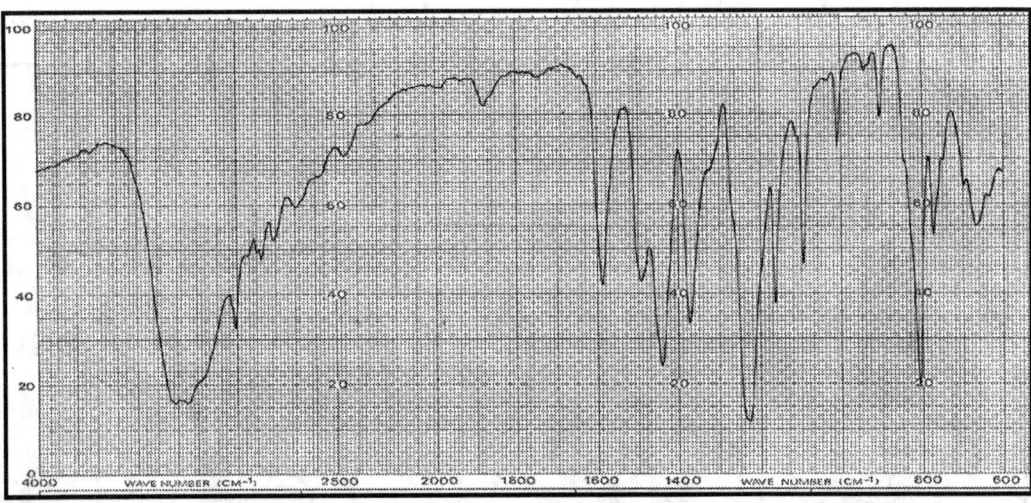

**671  -  bisfenolo F**

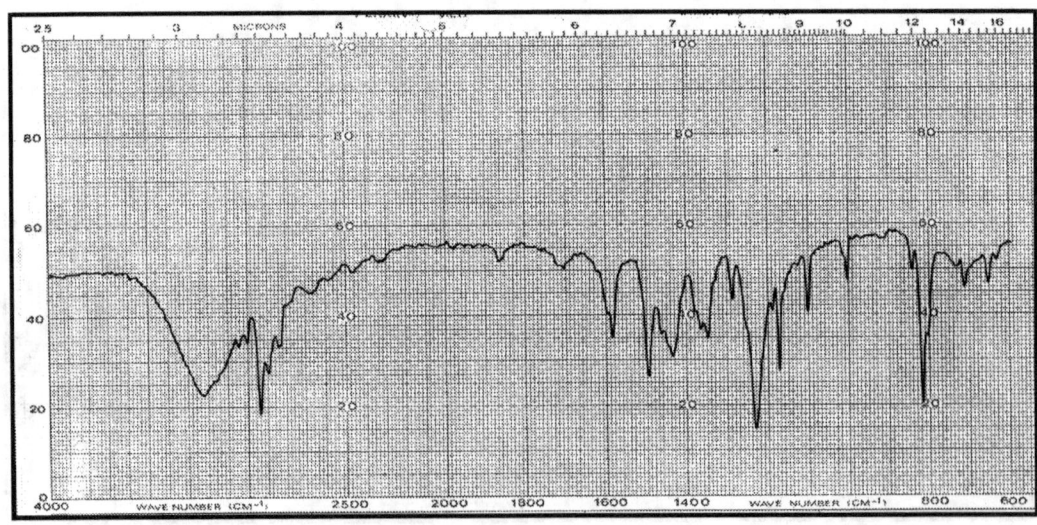

**672  -  p-terbutilfenolo**

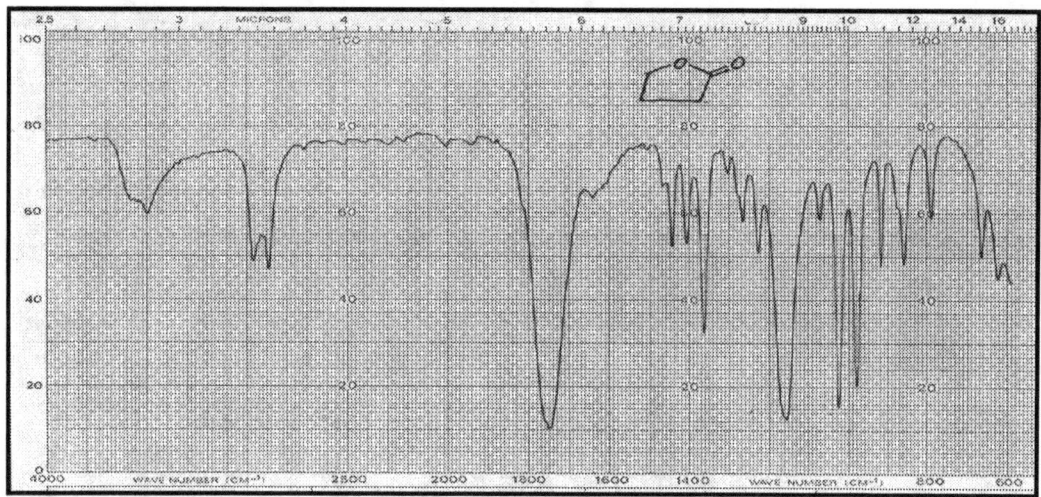

**673 - butirrolattone**

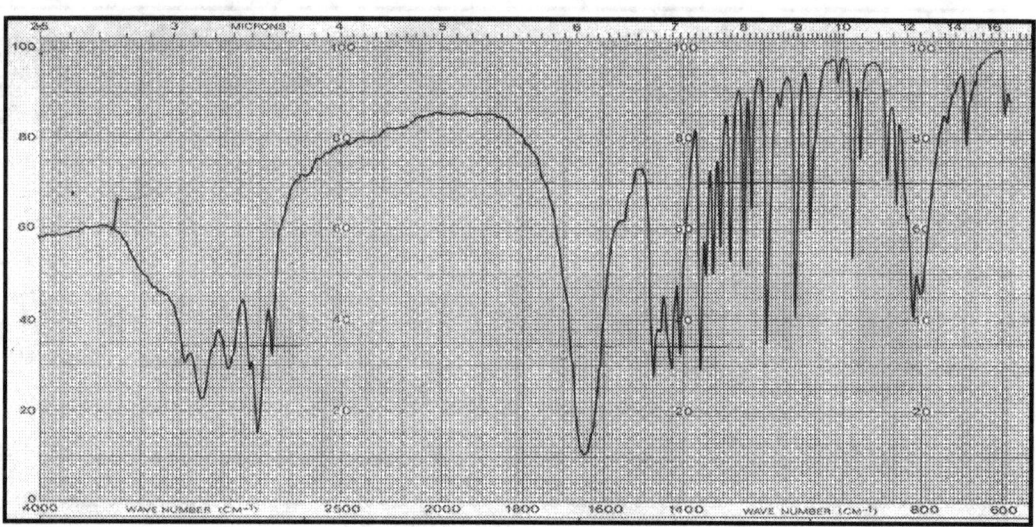

**674 - ε-caprolattame**

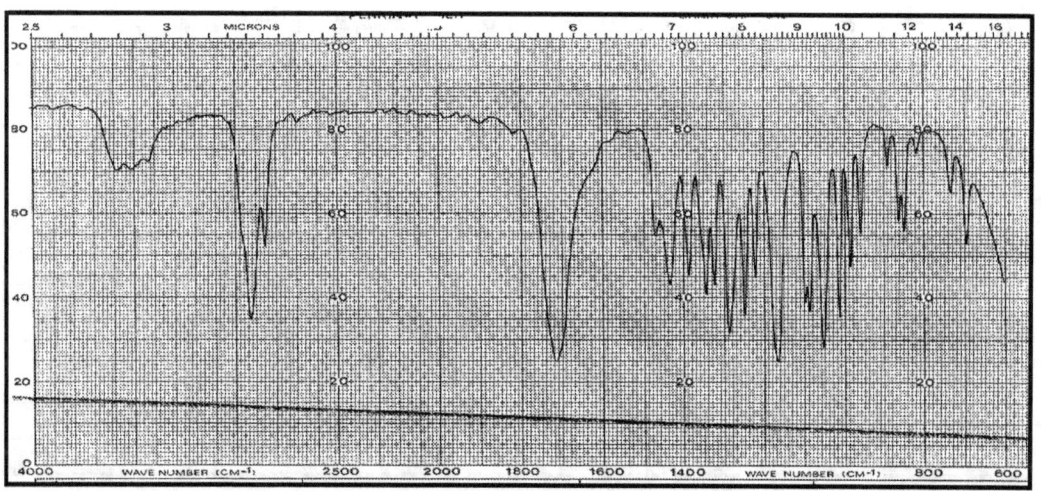

**675 - ε-caprolattone**

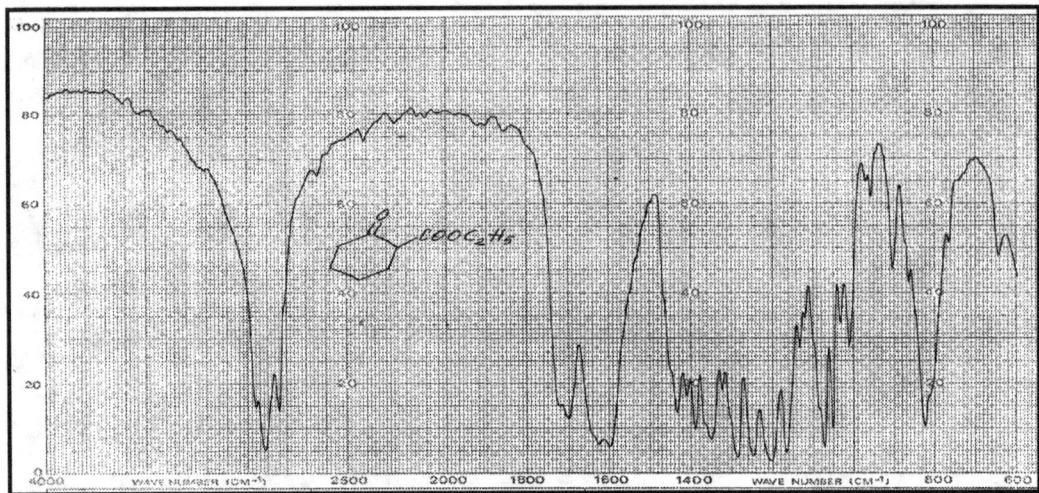

**676 - 2-carbetossi-cicloesanone**

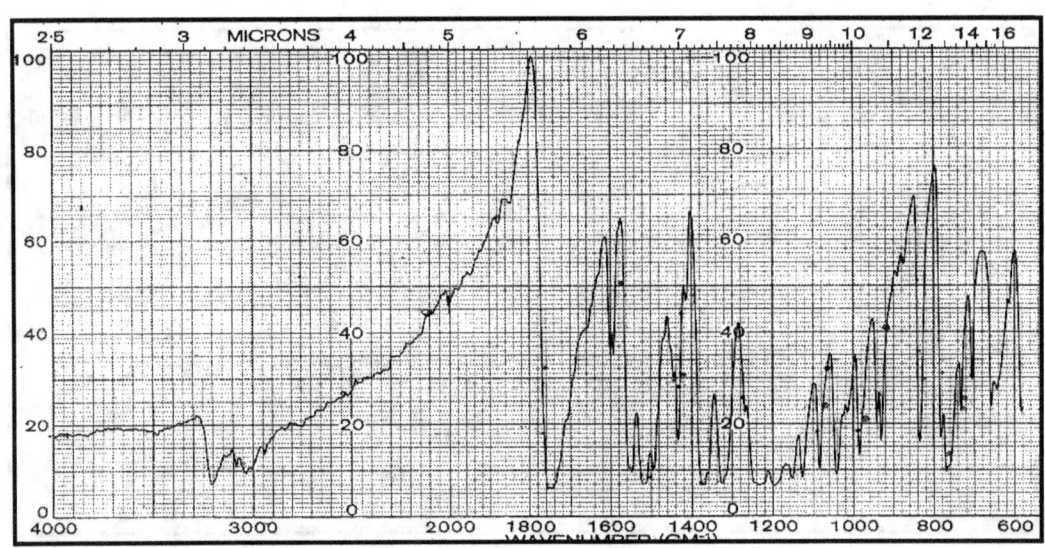

**677 - carbometossi-idrazina**

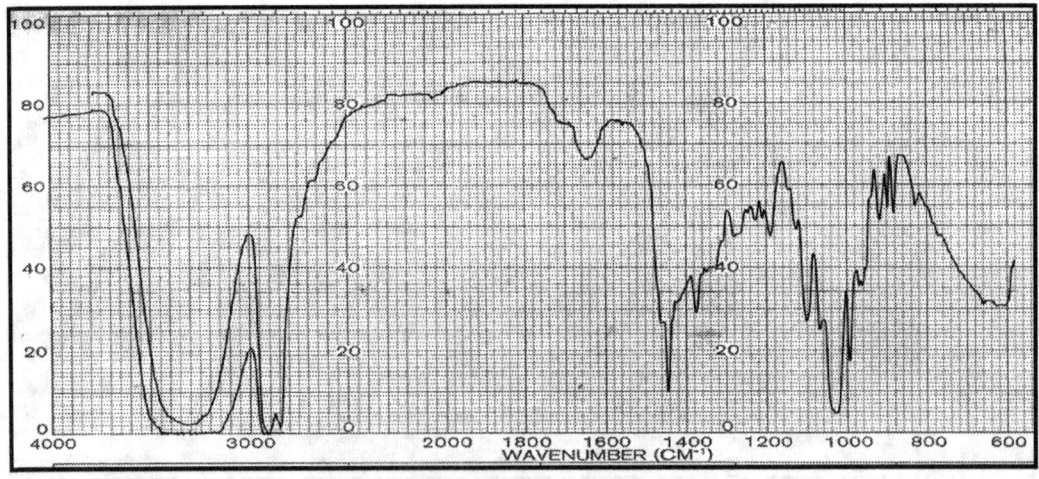

**678 - 1,6-cicloesandimetanolo**

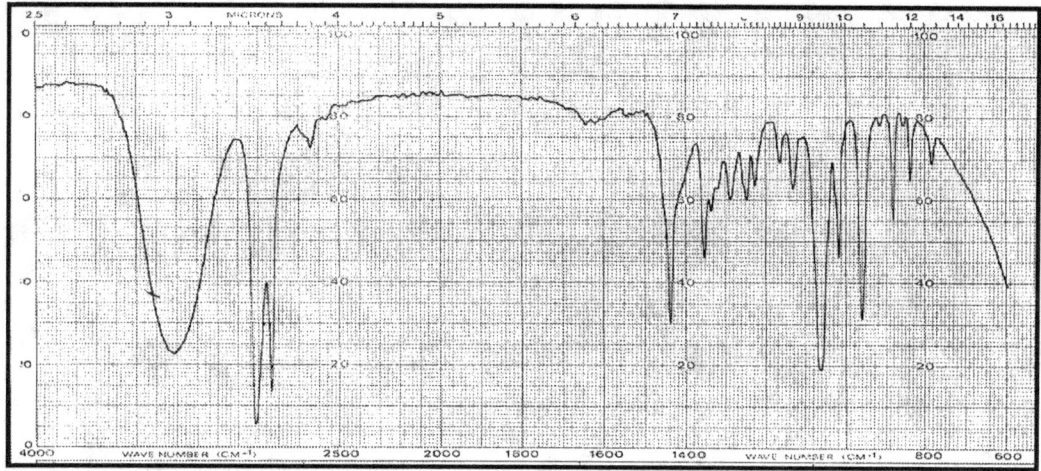

**679  -  cicloesanolo**

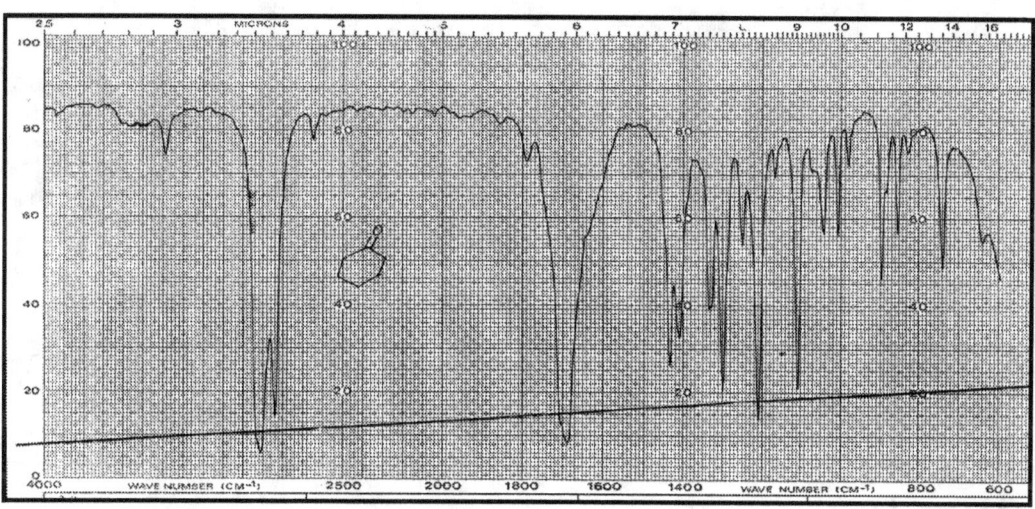

**680  -  cicloesanone**

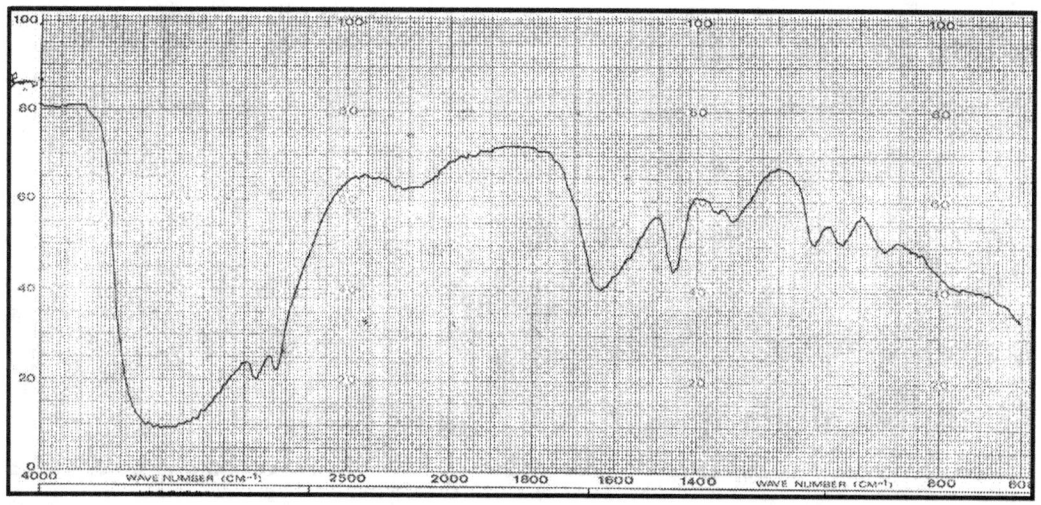

**681  -  cicloesilen-1,3-diammina**

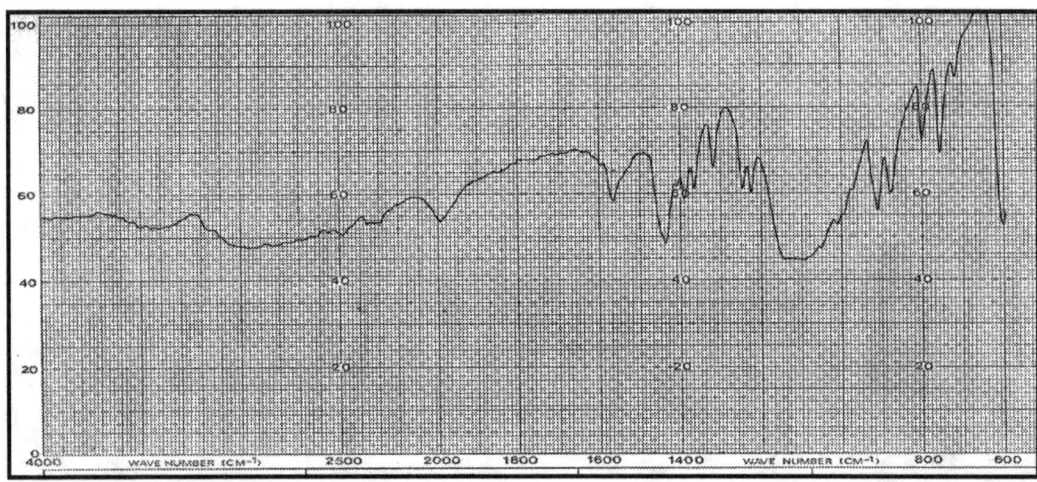

**682 - cistamina solfato**

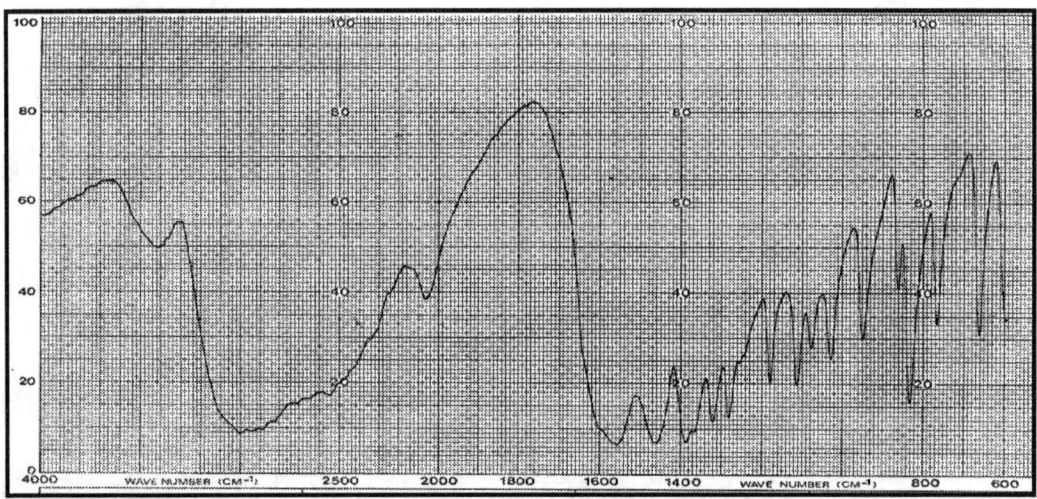

**683 - cistina**

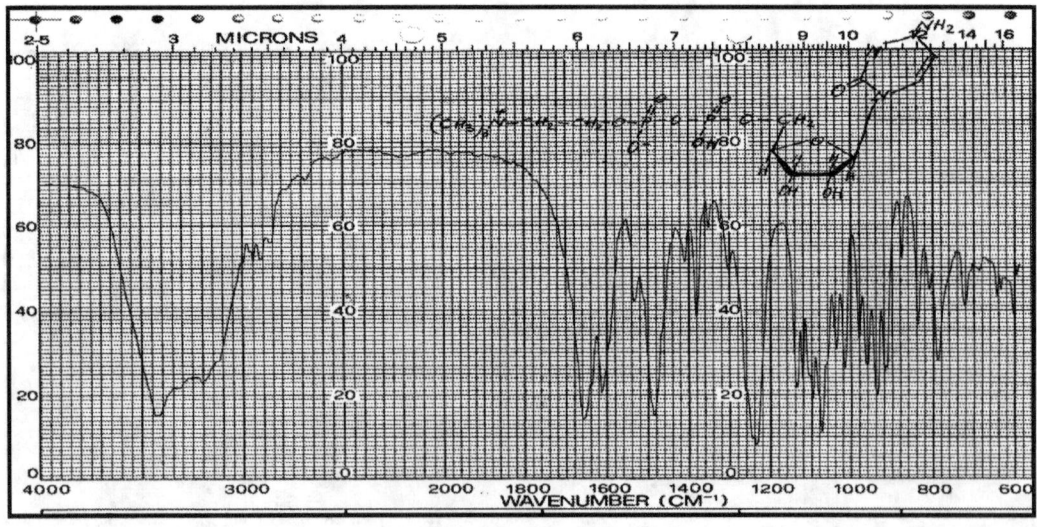

**684 - citicolina**

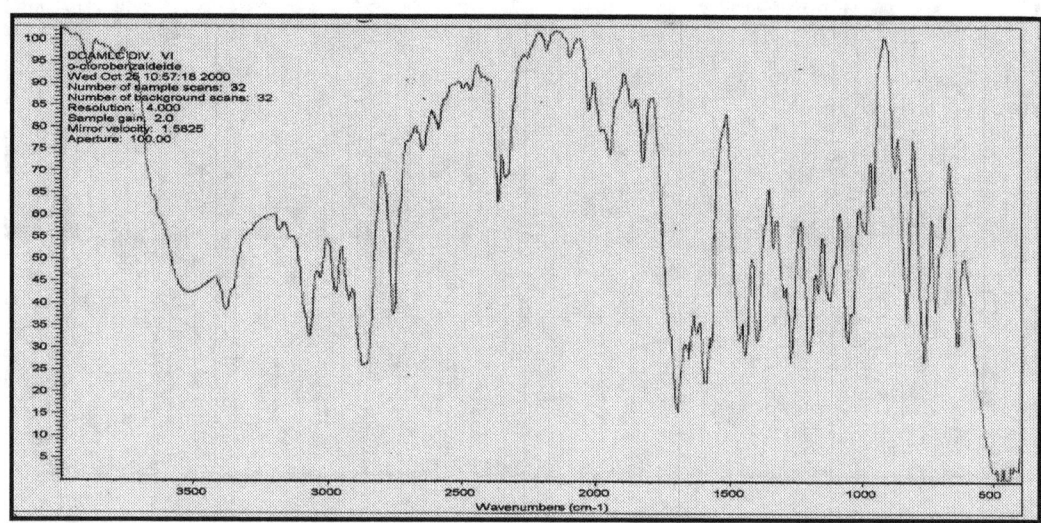

**685 - o-clorobenzaldeide**

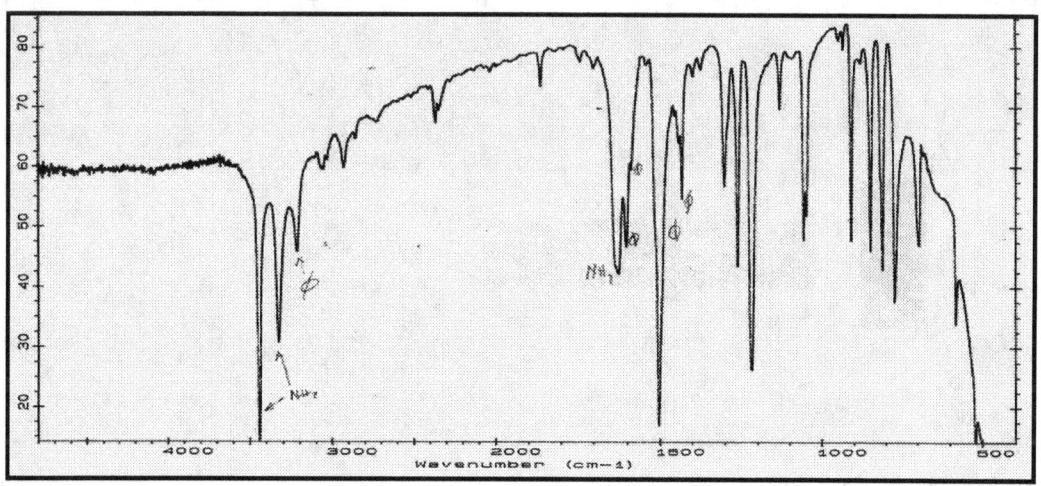

**686 - 3-cloro-4-fluoroanilina**

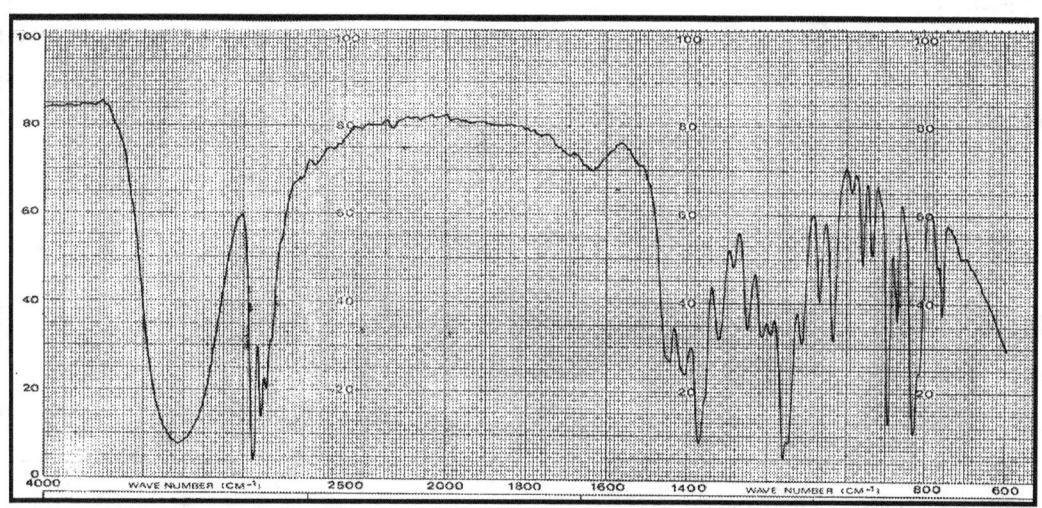

**687 - clorosolfone**

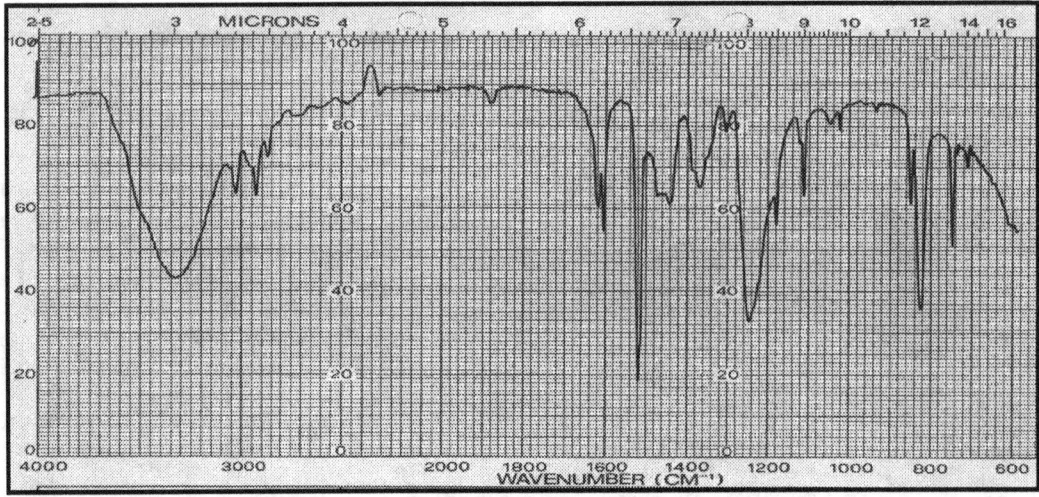

**688 - p-cresolo**

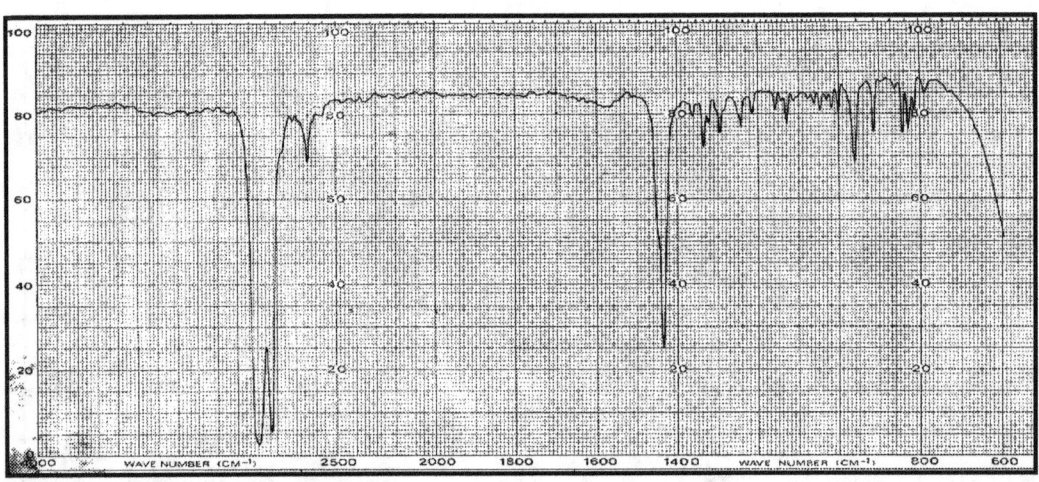

**689 - trans-decalina**

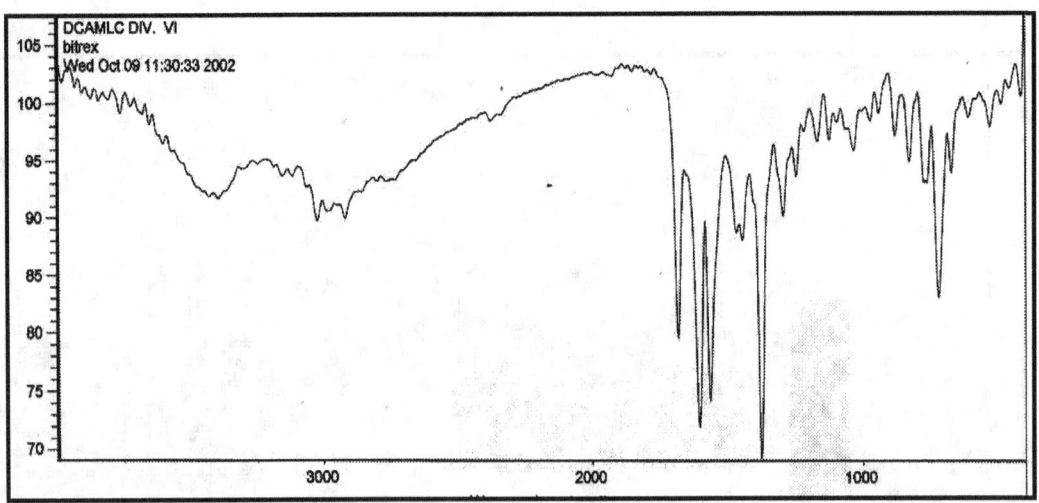

**690 - denatonio benzoato**

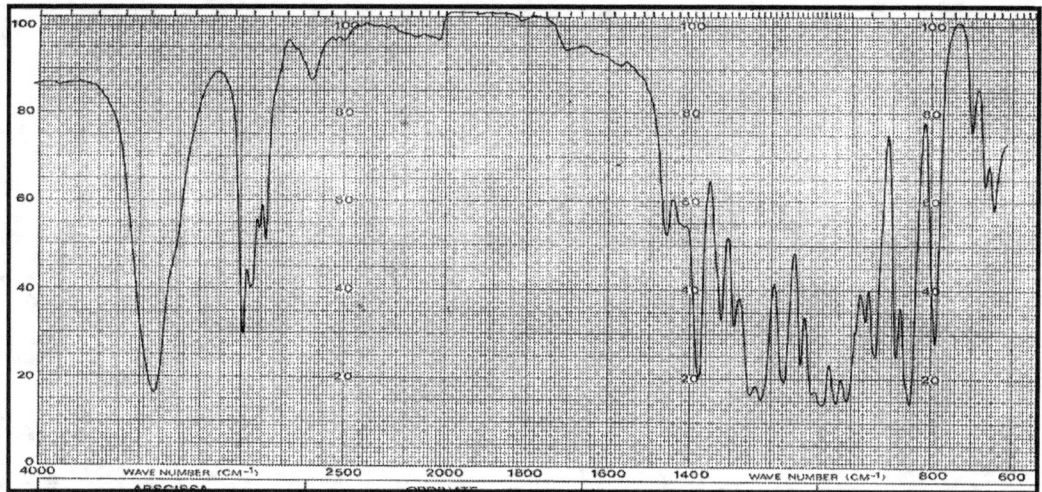

**691 - diacetonglucosio**

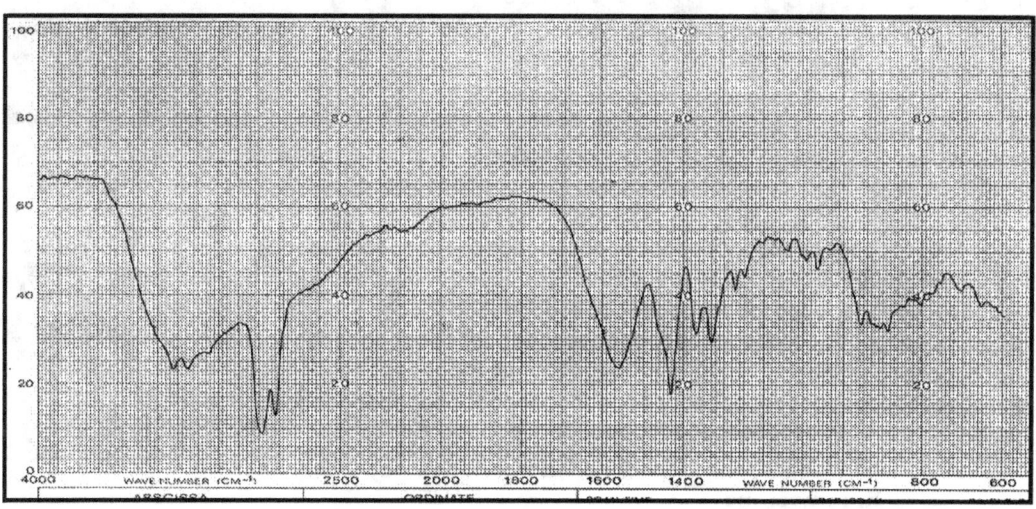

**692 - 4,4'-diammino-di-cicloesilmetano**

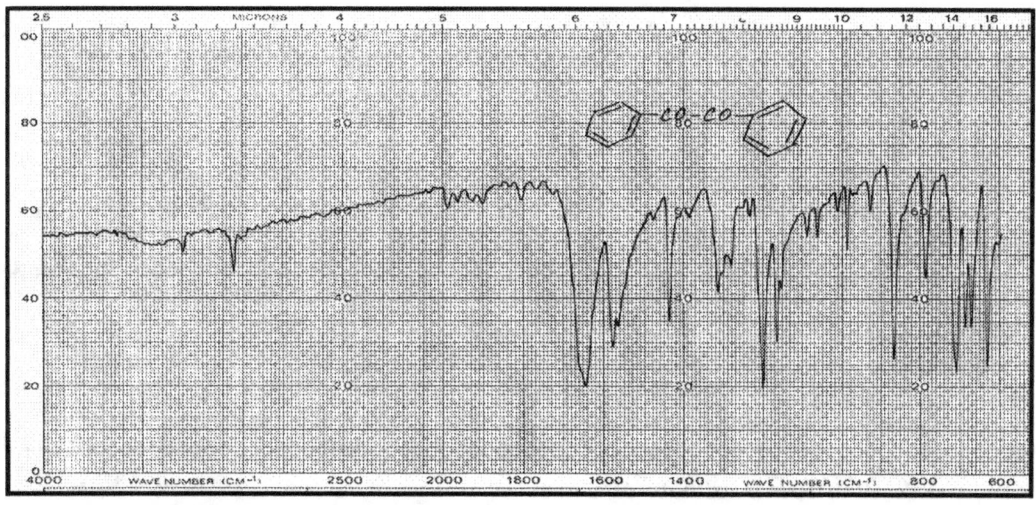

**693 - di-benzoile**

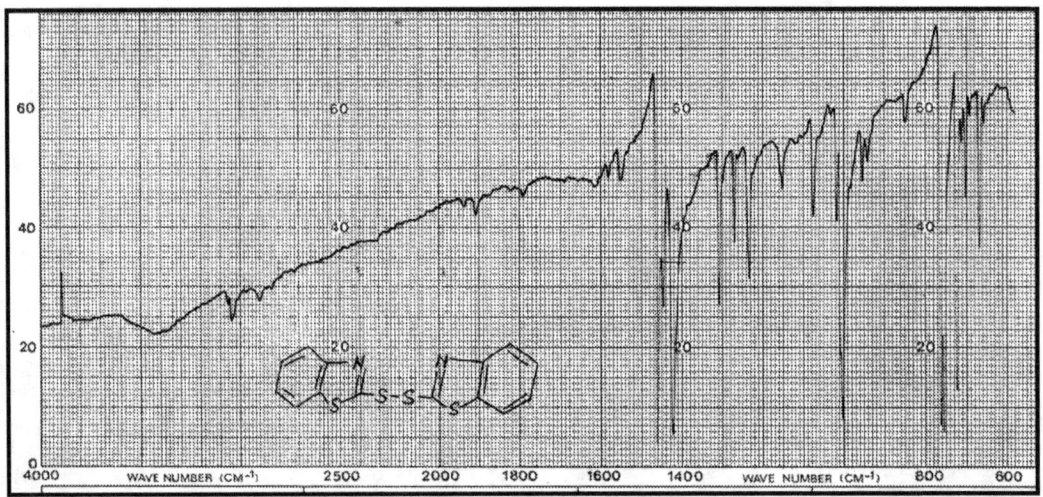

**694 - di-2-benzotiazildisolfuro**

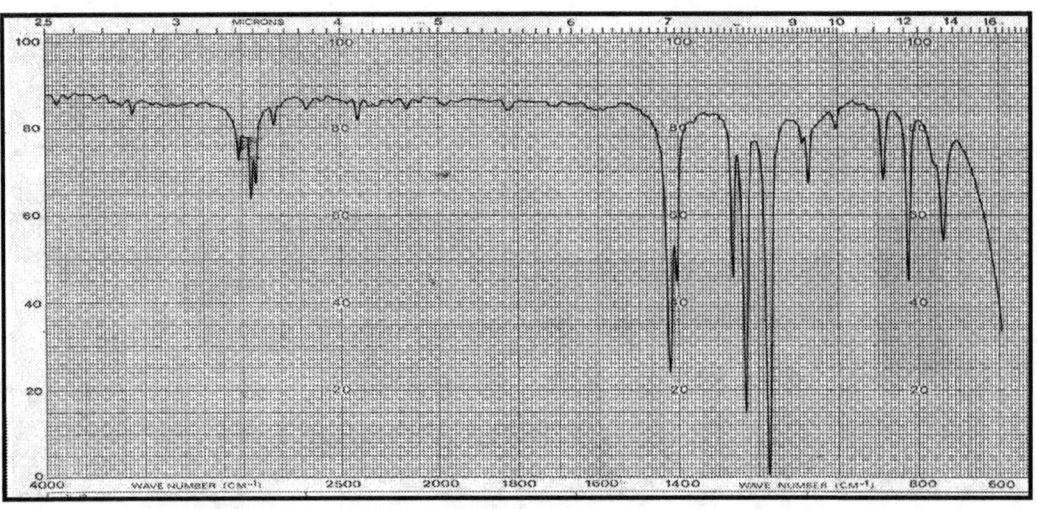

**695 - 1,2-dibromoetano**

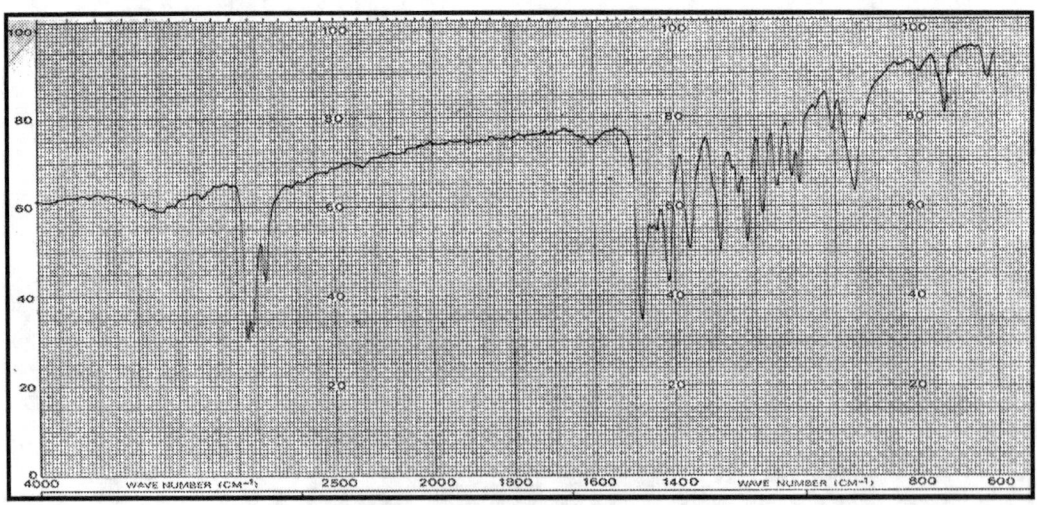

**696 - dibutil-ditiocarbammato di zinco**

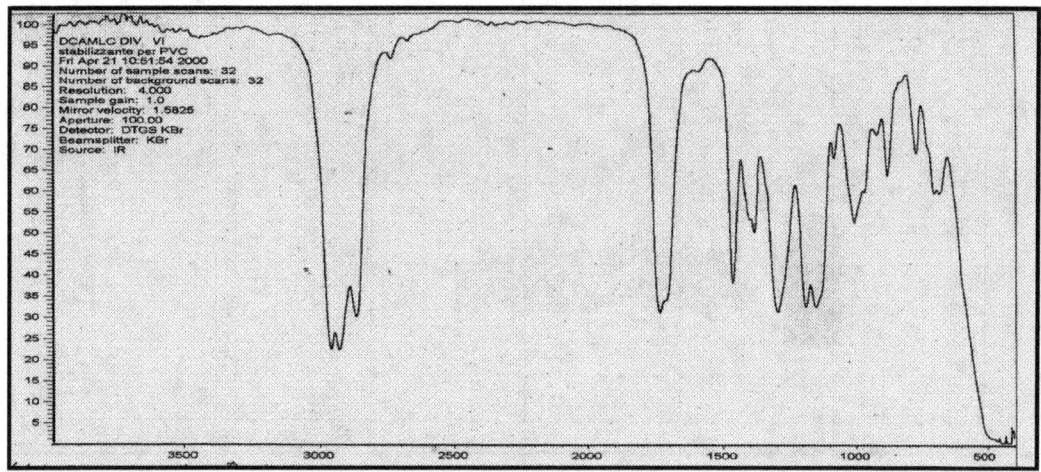

**697 - dibutilstagno-di-isoottiltioglicolato**

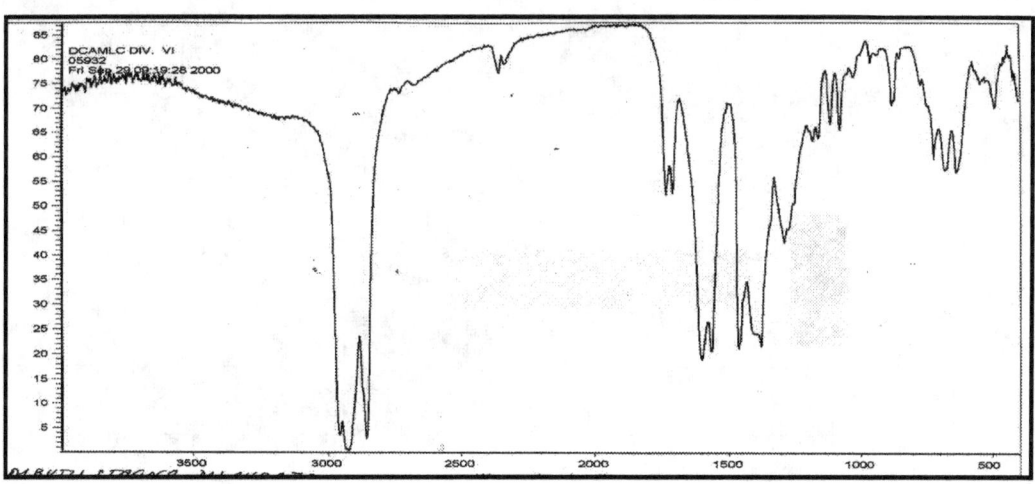

**698 - dibutilstagno dilaurato**

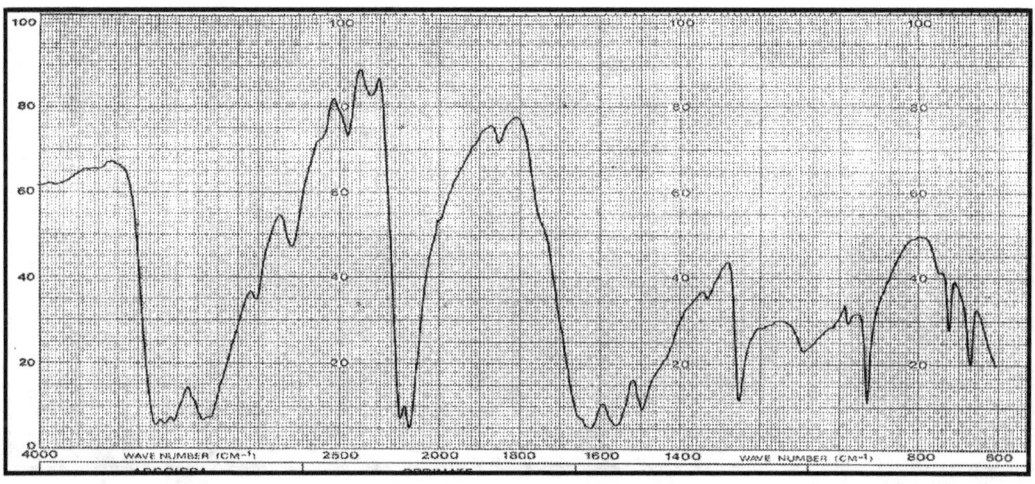

**699 - Diciandiamide**

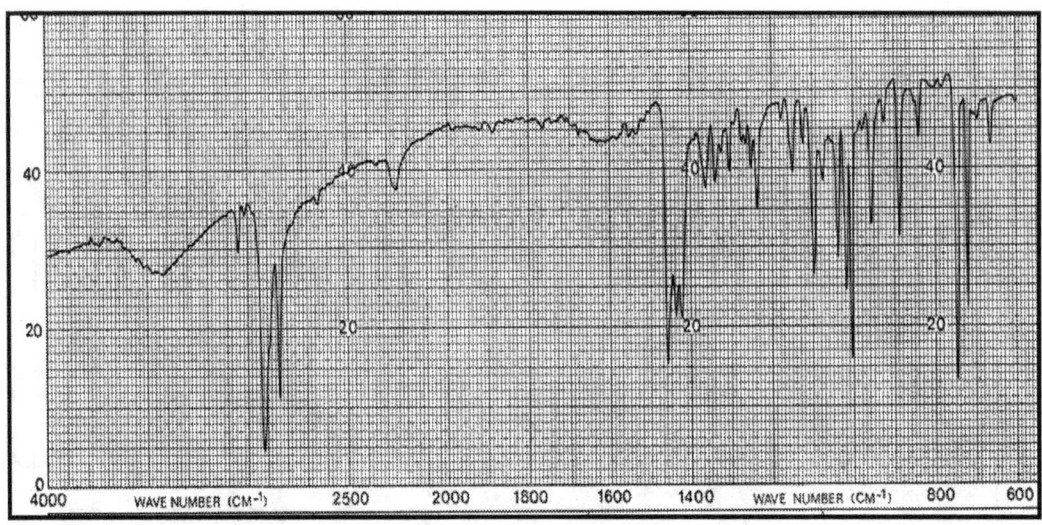

**700  -  N,N-di-cicloesil-2-benzotiazol-sulfenamide**

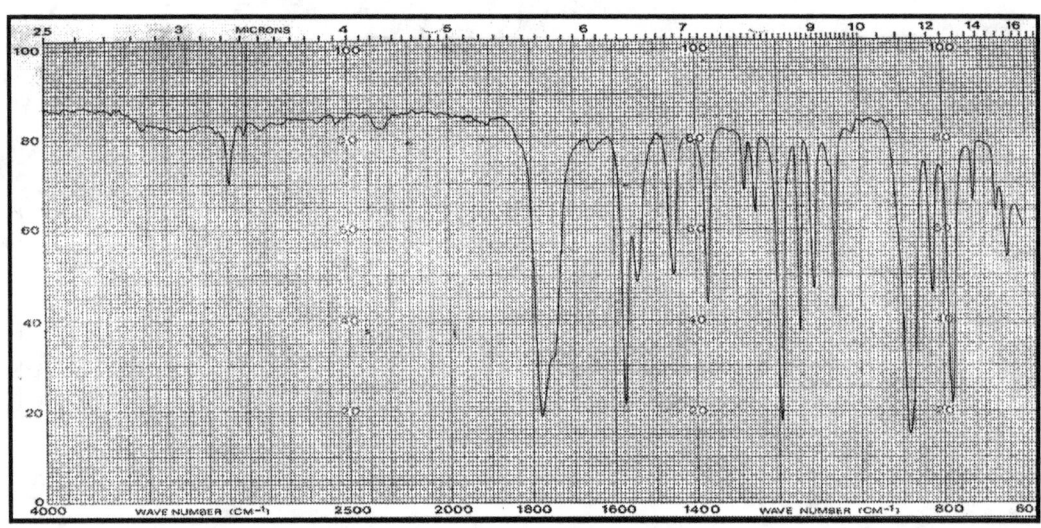

**701  -  2,4-diclorobenzoilcloruro**

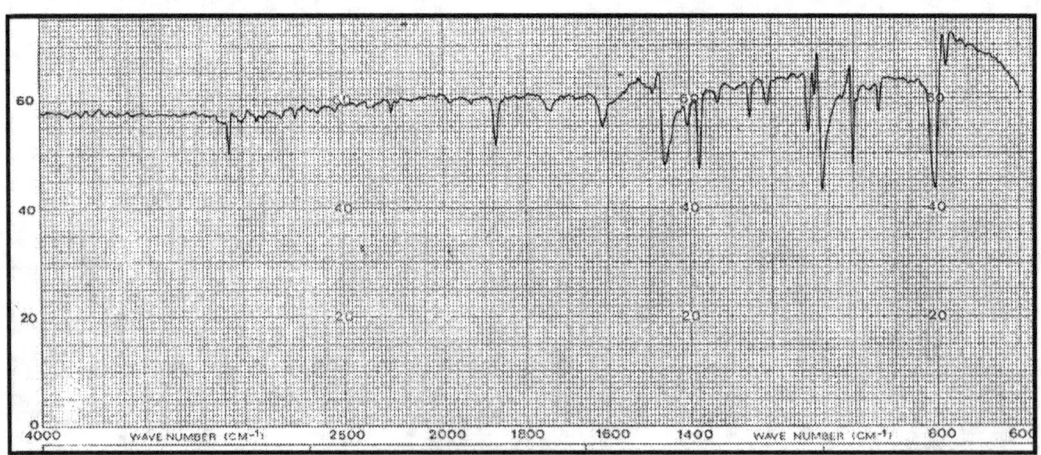

**702  -  p-diclorobenzene**

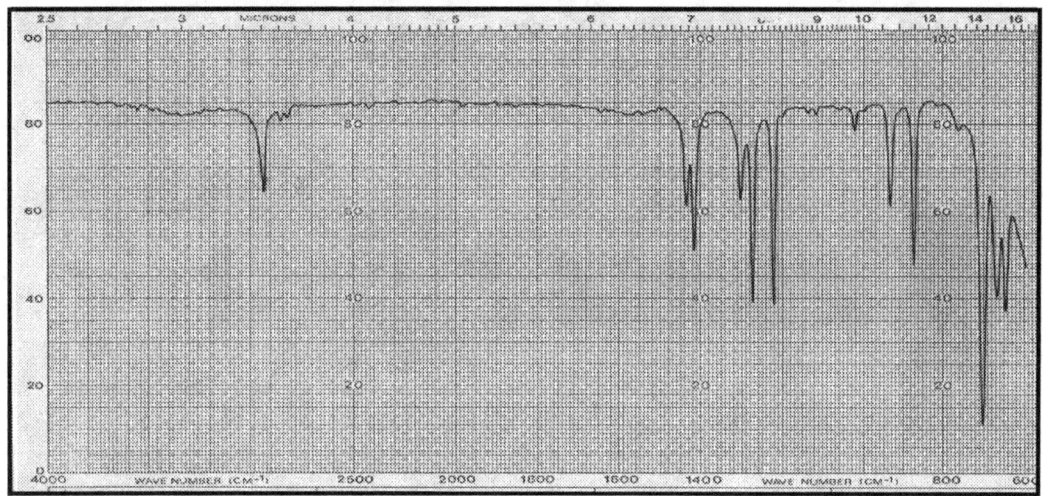

**703 - 1,2-dicloroetano**

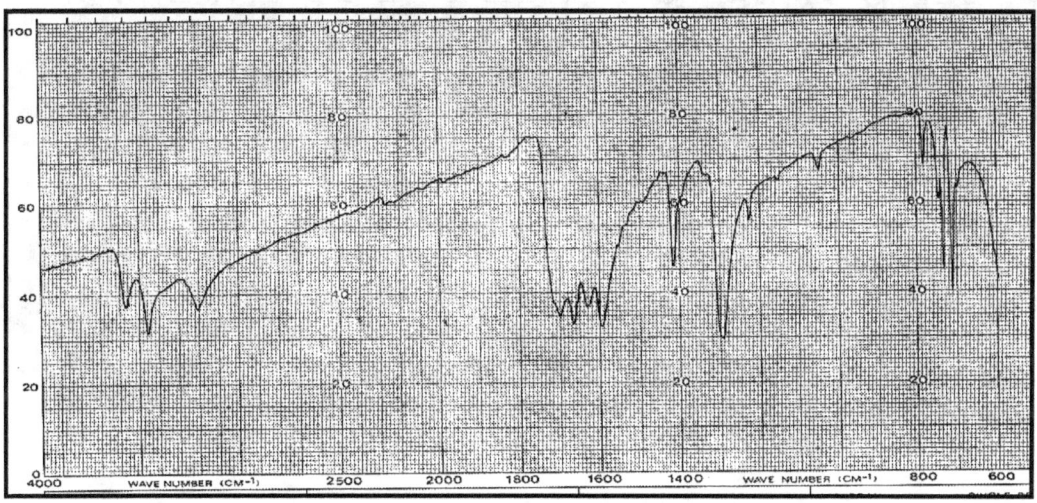

**704 - dicloroisocianurato sodic**

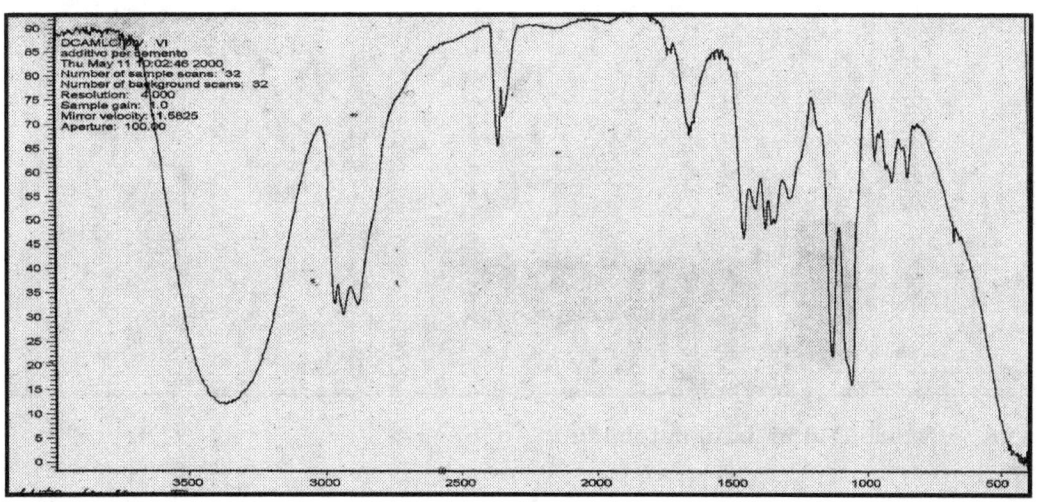

**705 - dietilenglicol**

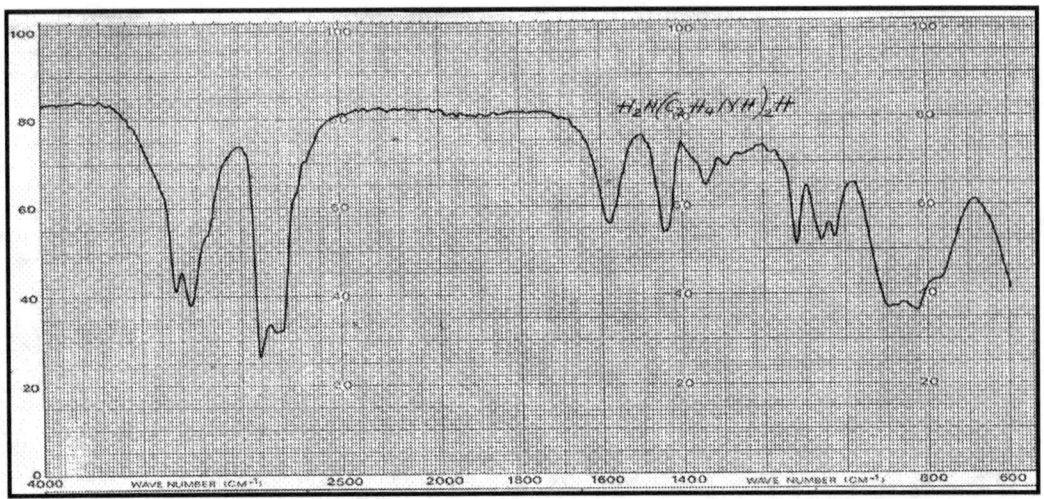

**706 - dietilentriammina**

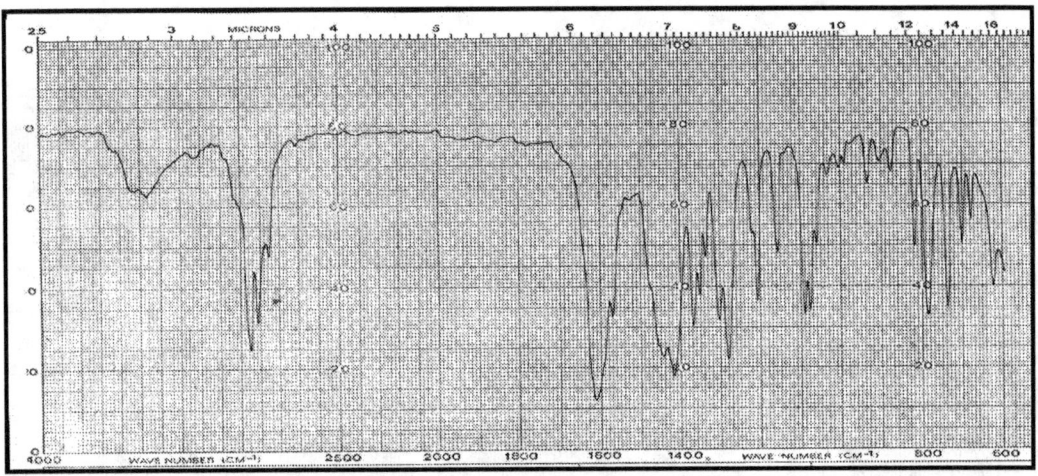

**707 - N,N-dietil-m-toluamide**

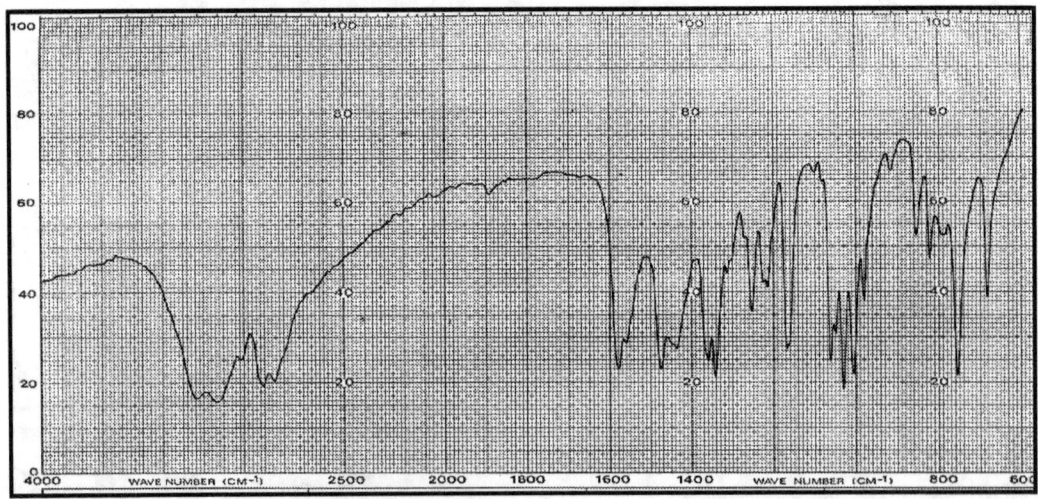

**708 - N,N-di-(2-idrossietil)-m-toluidina**

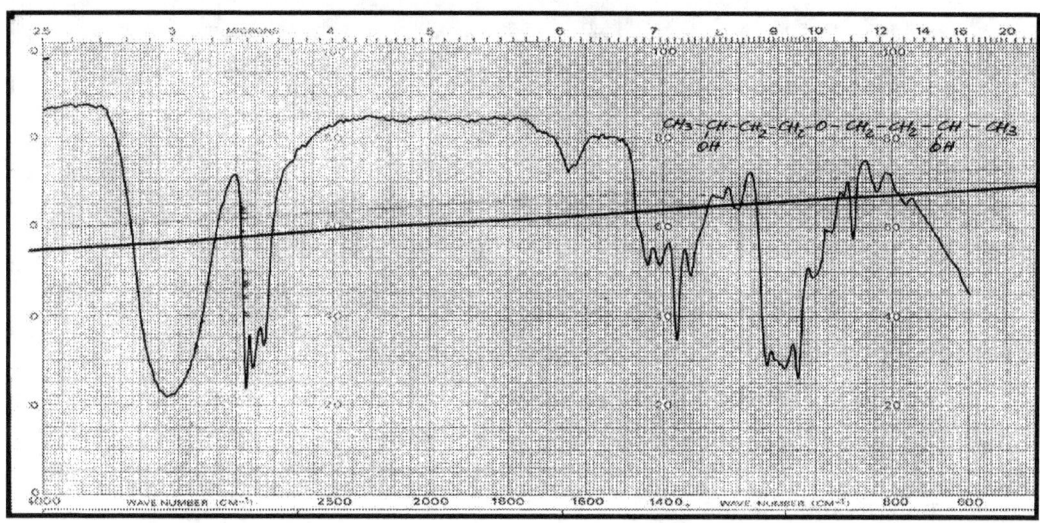

709 - **Diidrossidibutiletere**

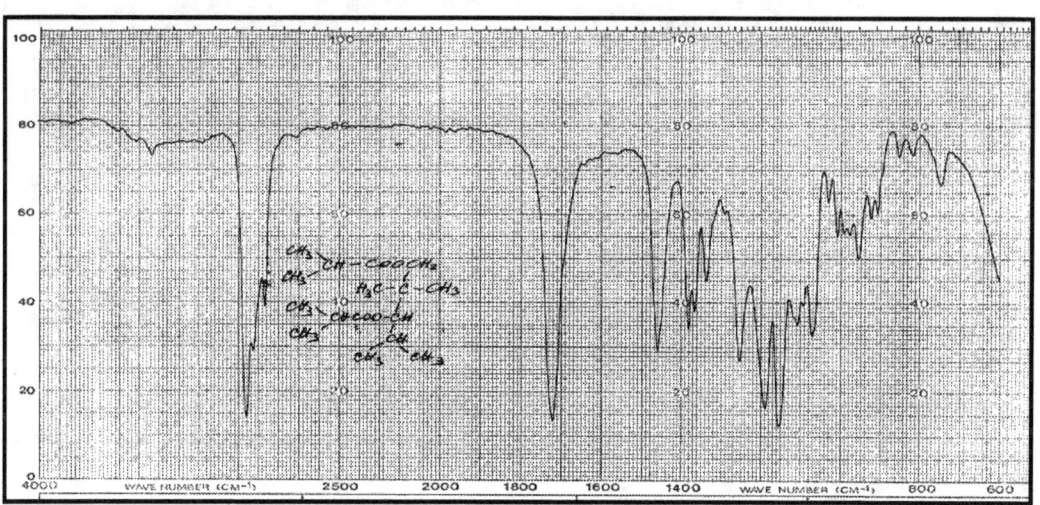

710 - **2,2,4-trimetil-1,3-pentandiol-diisobutirrato**

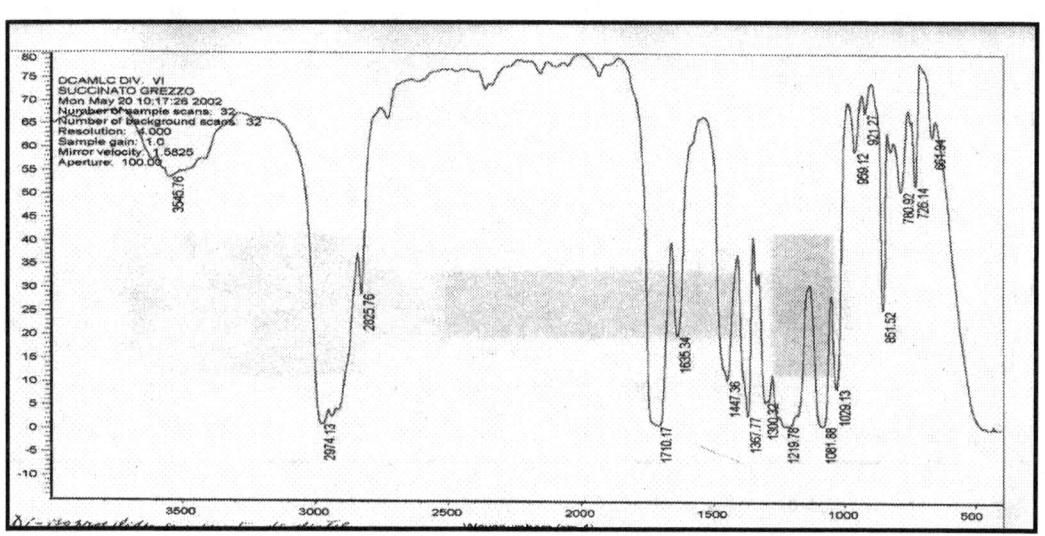

711 - **di-isopropilidensuccinato di dietile**

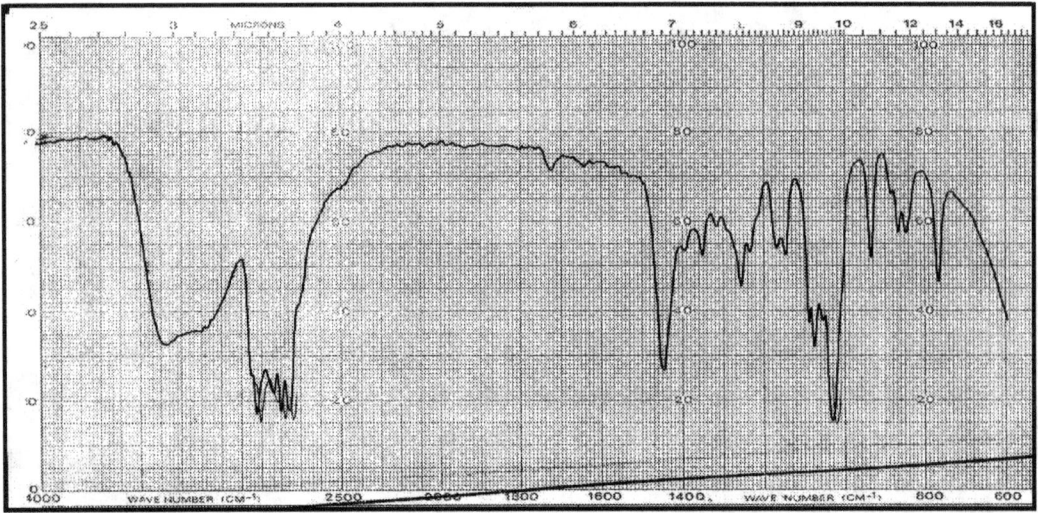

**712  -  dimetilamminoetanolo**

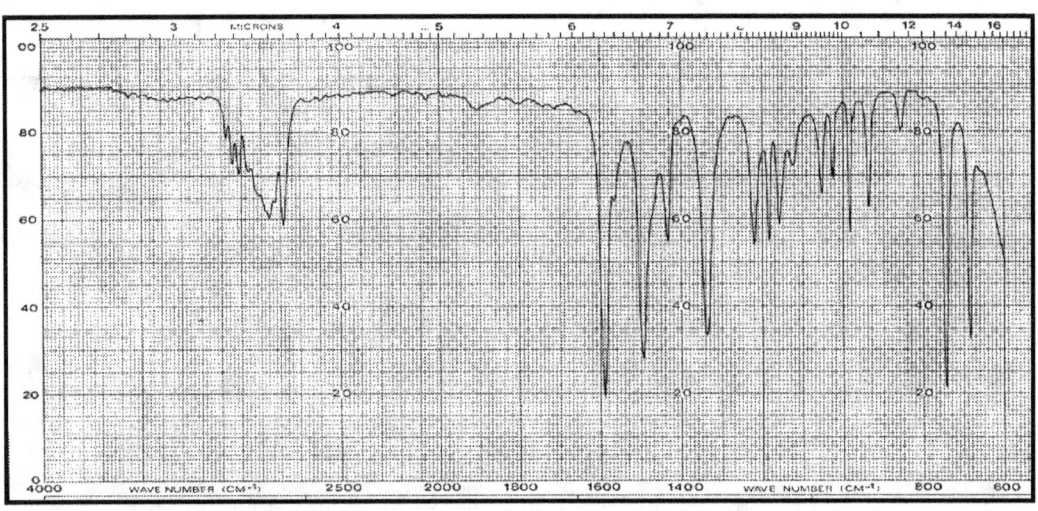

**713  -  N,N-dimetilanilina**

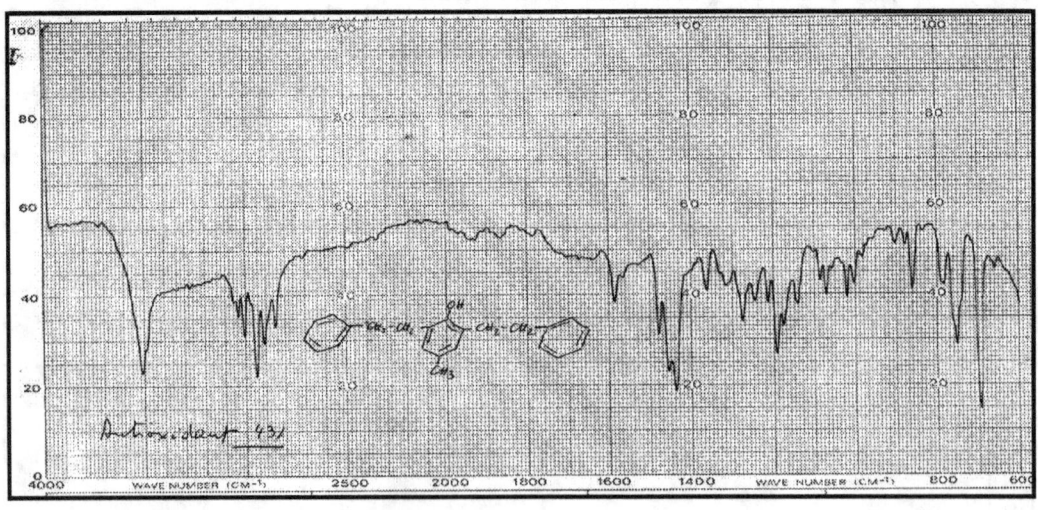

**714  -  2,6-dimetil-benzil-p-cresolo**

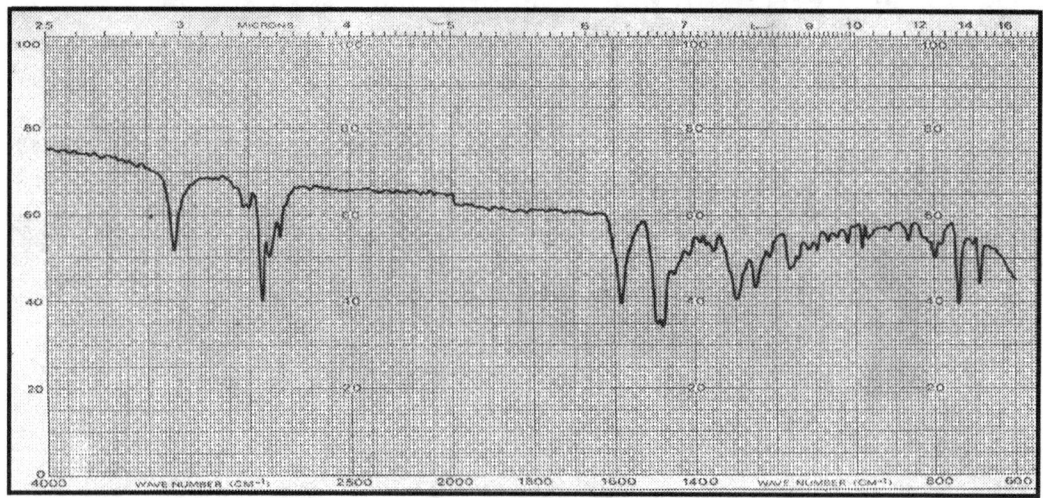

**715 - N-1,3-dimetilbutil-N'-fenil-p-fenilendiamina**

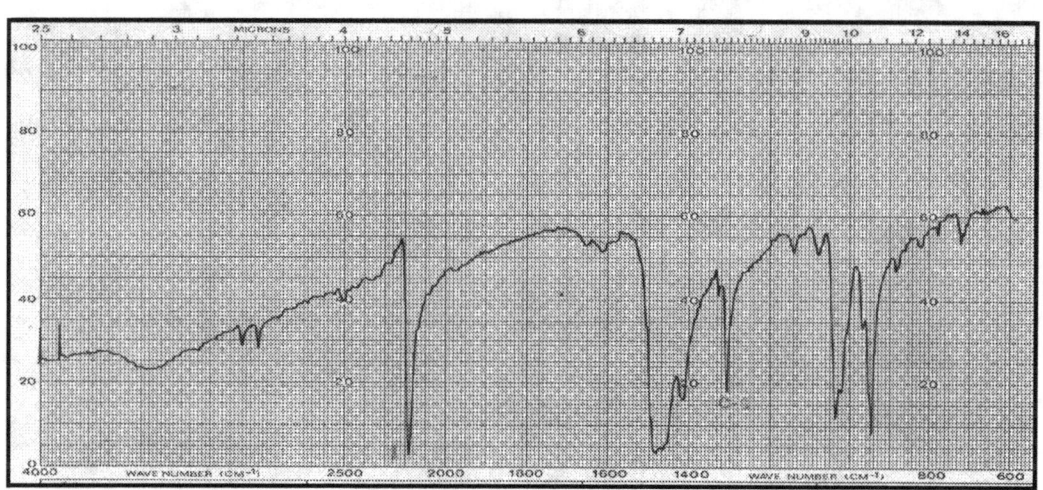

**716 - Dimetilcianoditioimminocarbonato**

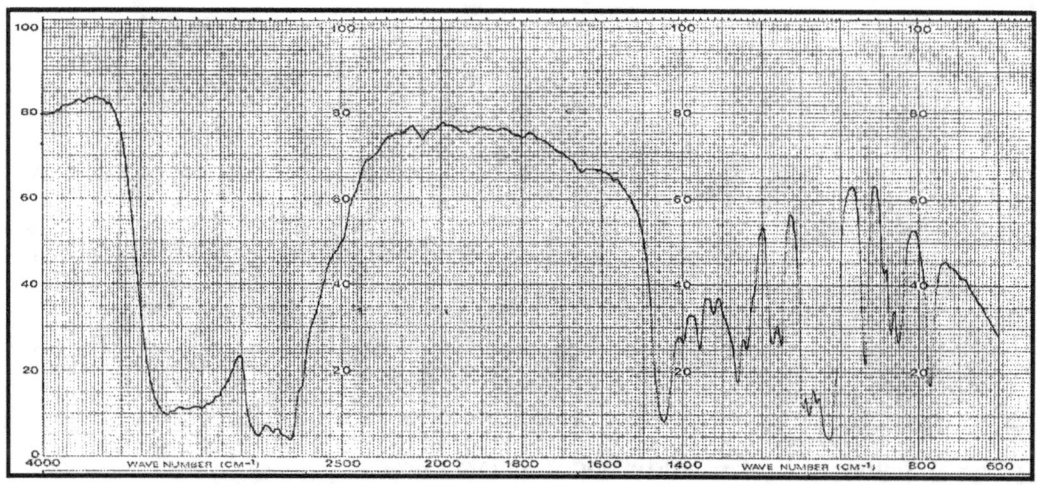

**717 - dimetiletanolammina**

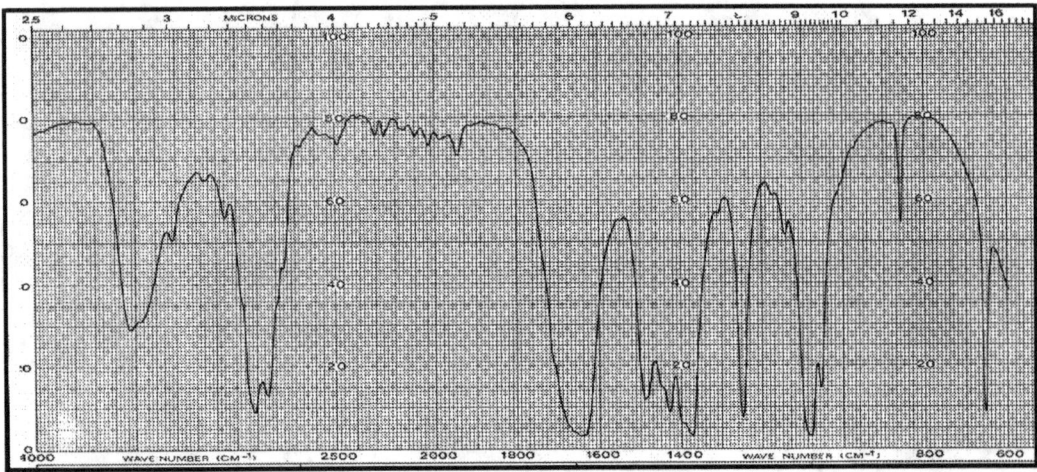

**718  -  N,N-dimetilformamide**

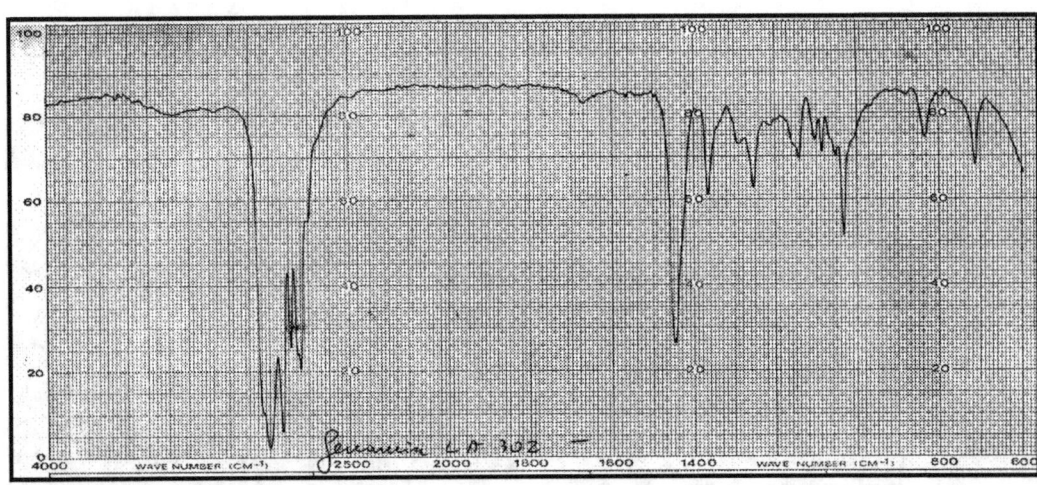

**719  -  N,N-dimetil-laurilamina**

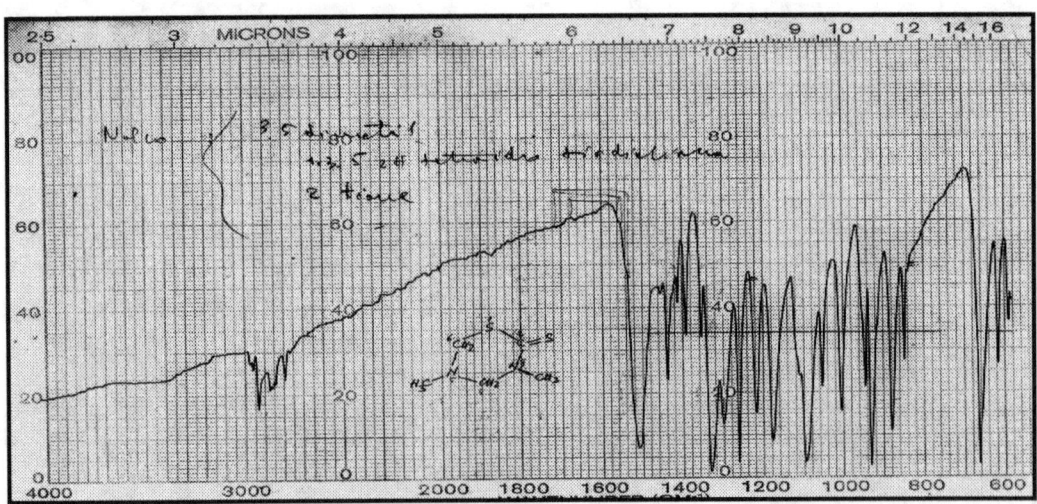

**720  -  3,5-dimetil-1,3,5—(2H)-tetraidrotiadiazin-2-tione**

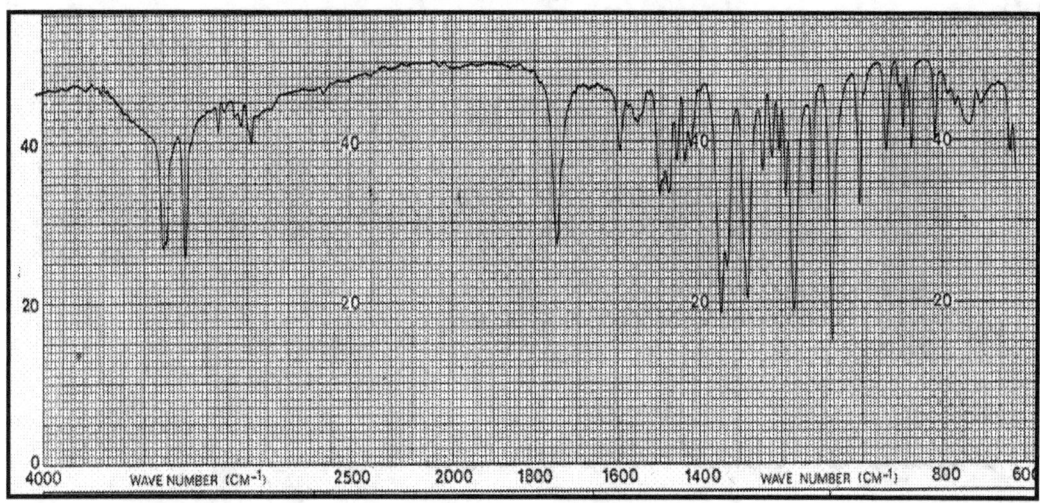

**721 - 2,3-dimetossi-5-sulfamoilbenzoato di metile**

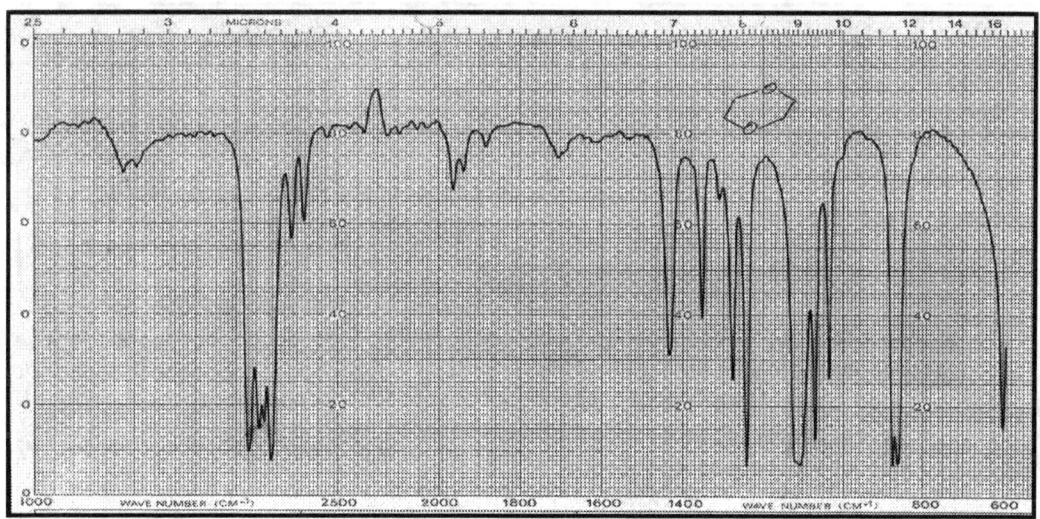

**722 - diossano**

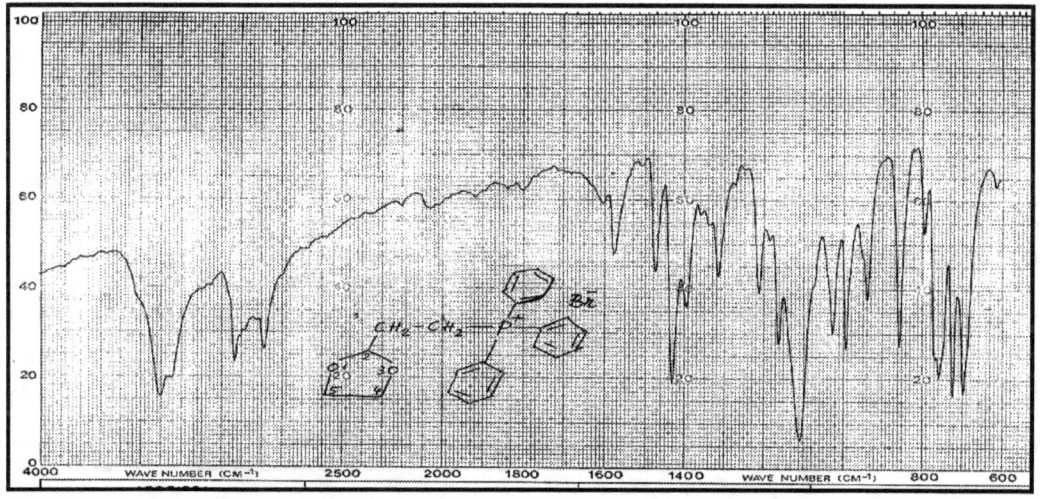

**723 - [2-(1,3-diossolan-2-il)-etil]-trifenilfosfonio bromuro**

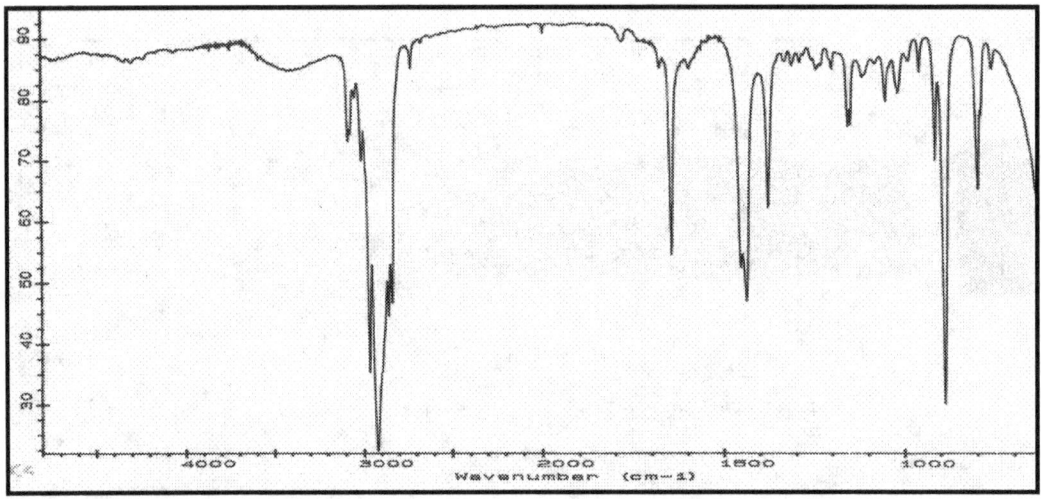

**724 - dipentene**

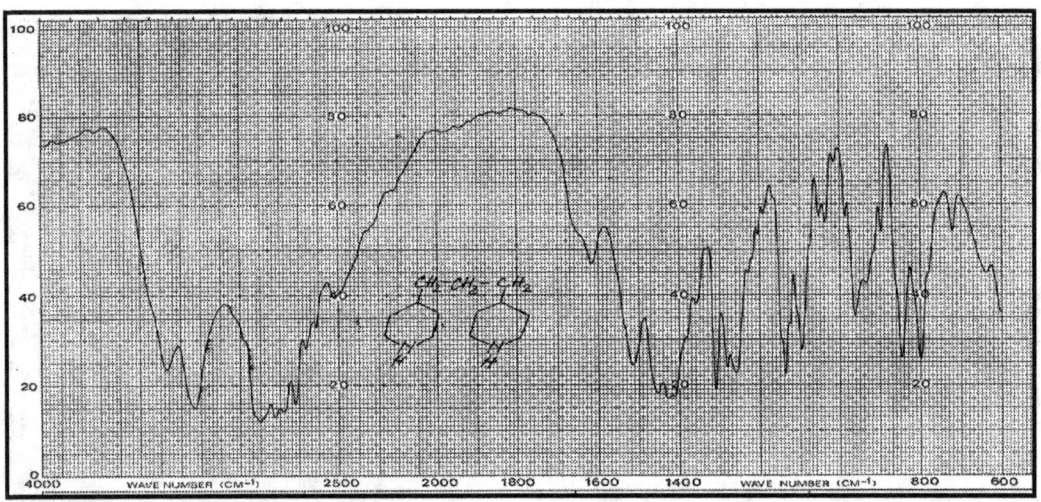

**725 - 1,3-di-4-piperidilpropano**

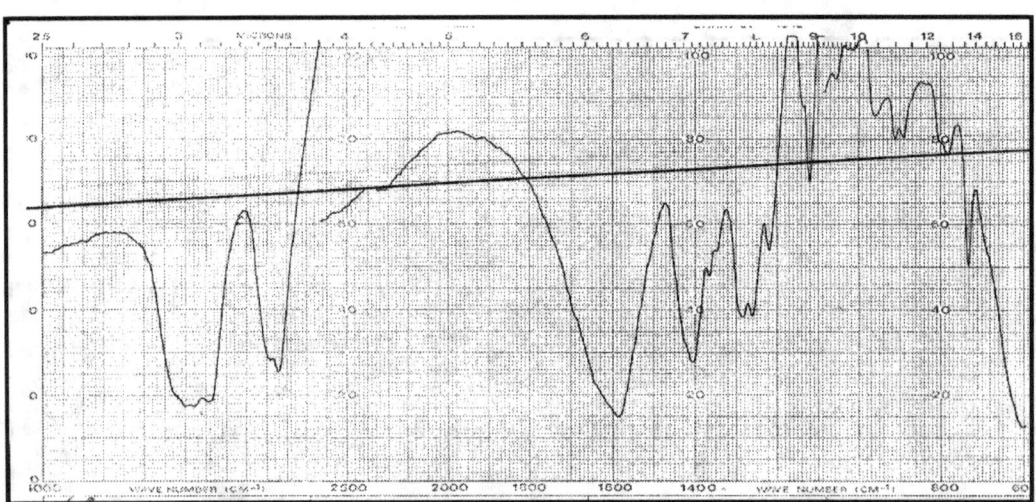

**726 - dipropilacetammide**

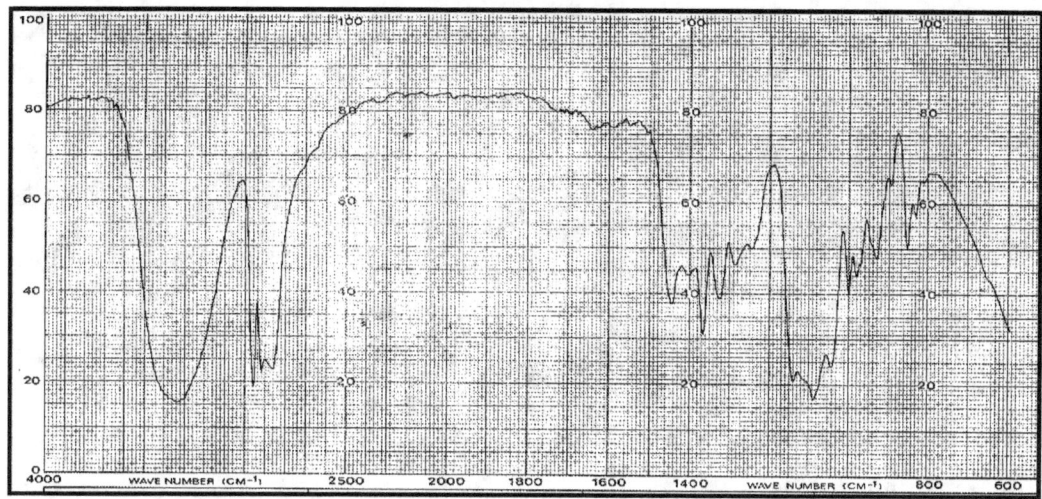

**727 - 1,2-dipropilenglicol**

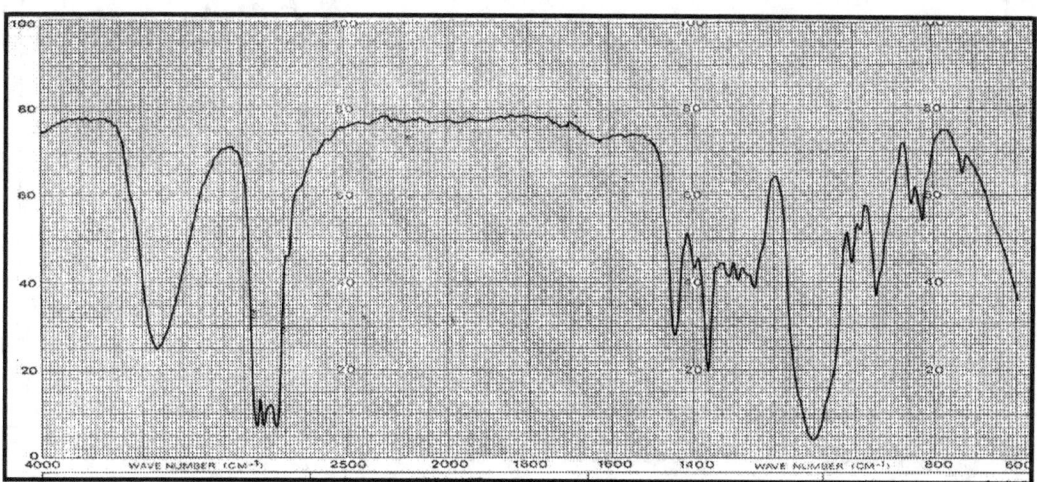

**728 - dipropilenglicol-n-butiletere**

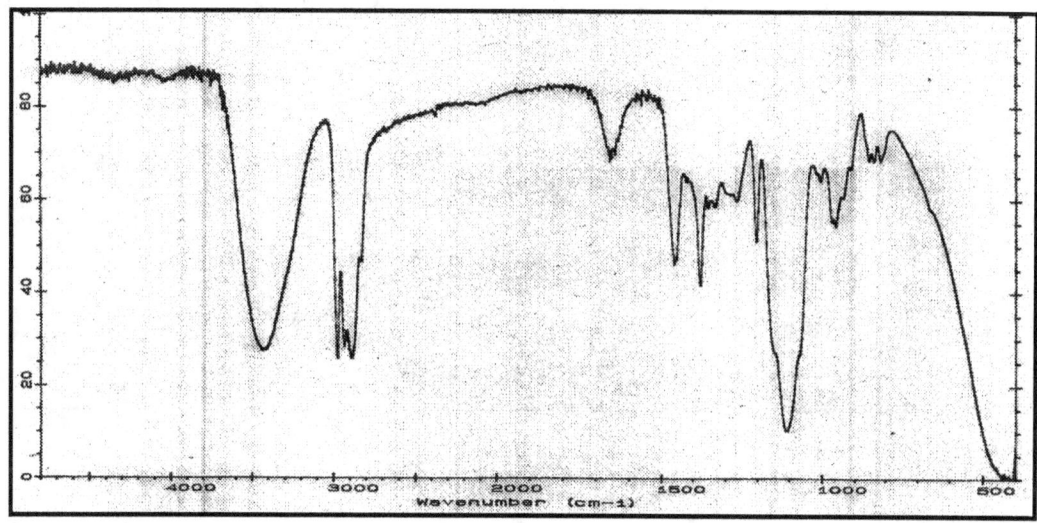

**729 - dipropilenglicol monometiletere**

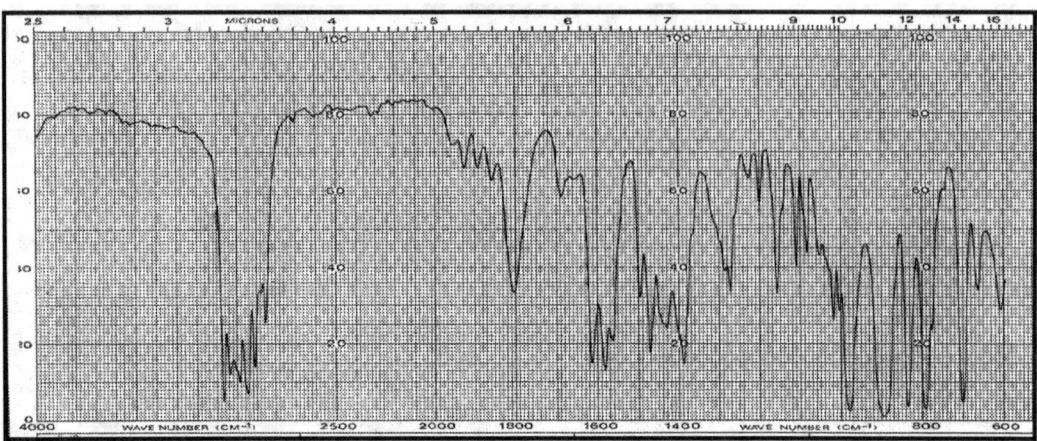

**730 - Divinilbenzene**

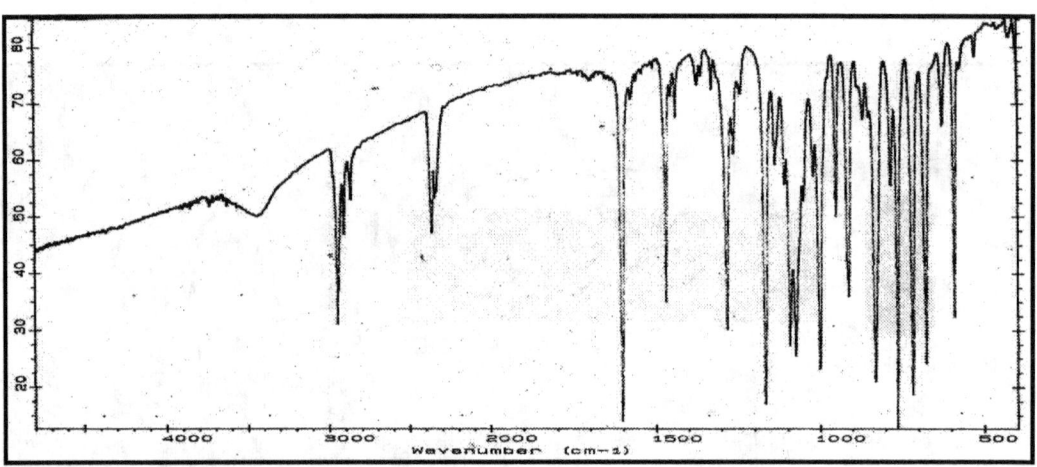

**731 - Dodecacloropentacicloottadeca-7,15-diene**

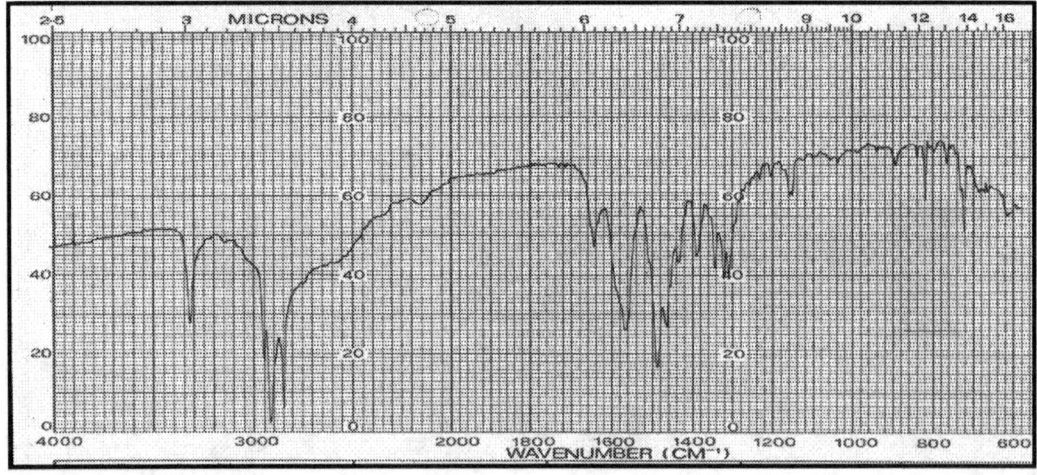

**732 - Dodecilammina**

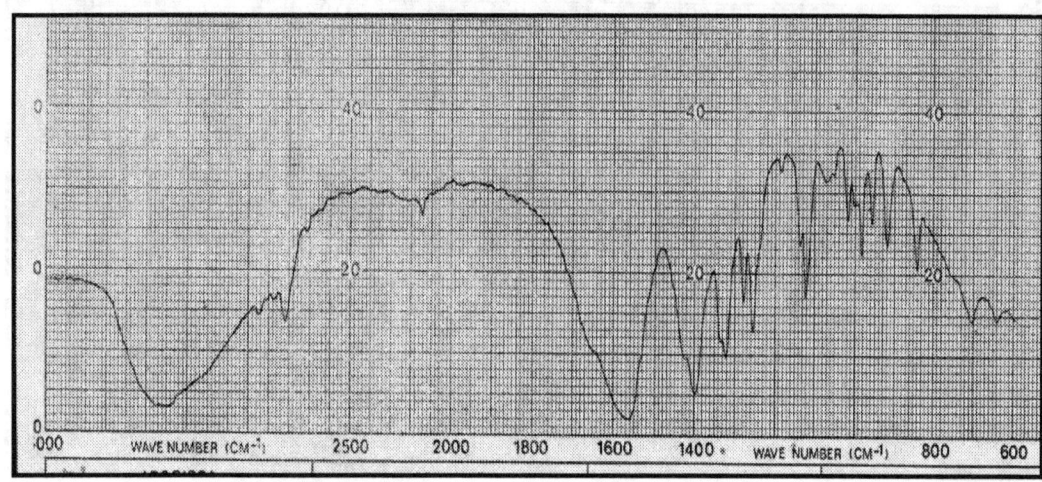

**733 - EDTA tetrasodico**

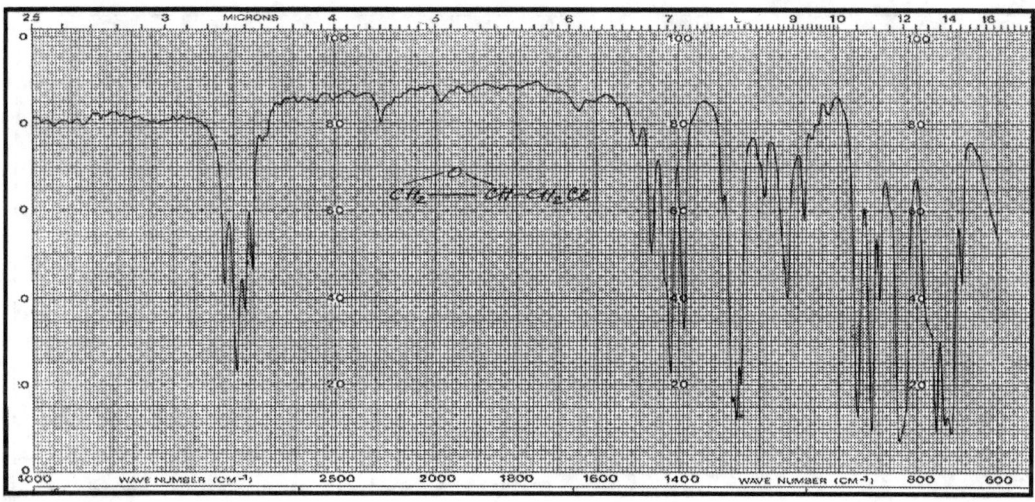

**734 - epicloridrina**

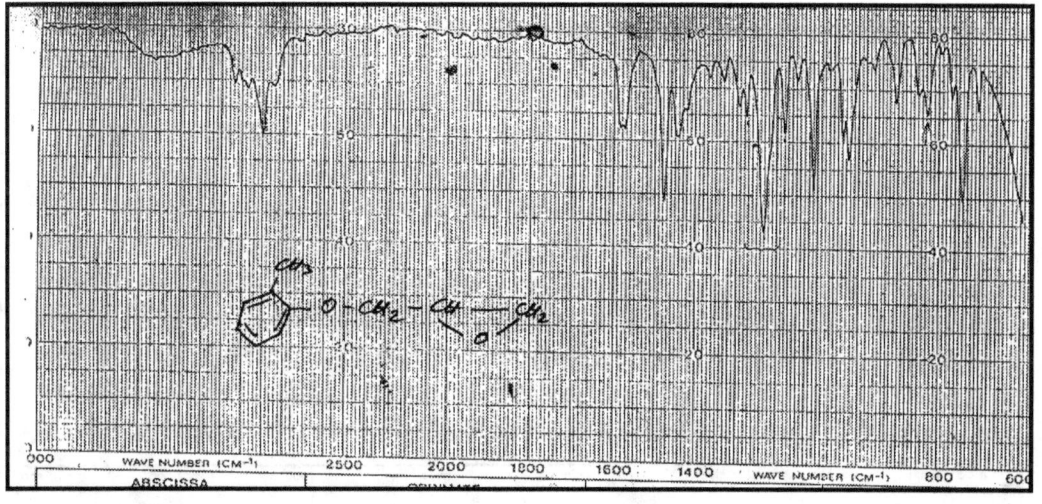

**735 - epossipropil-toluiletere**

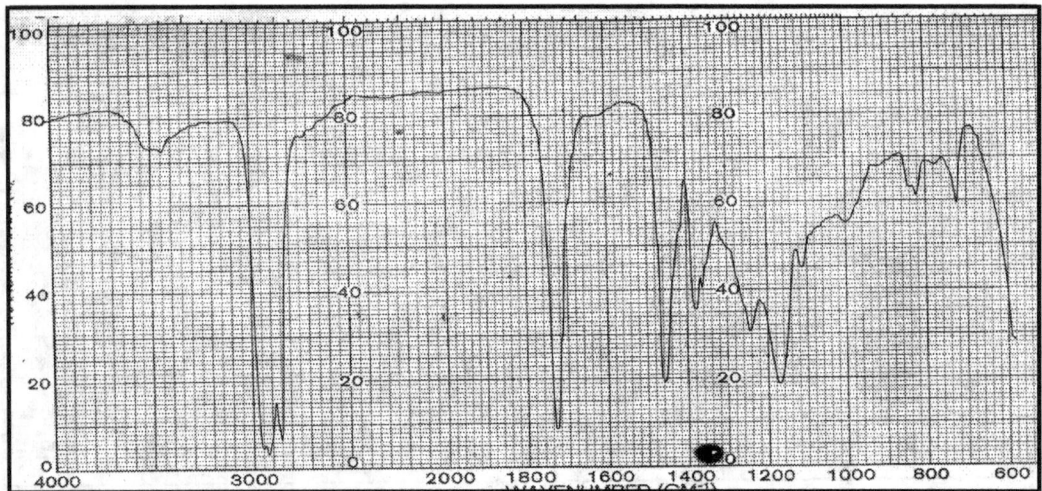

**736 - epossistearato di ottile**

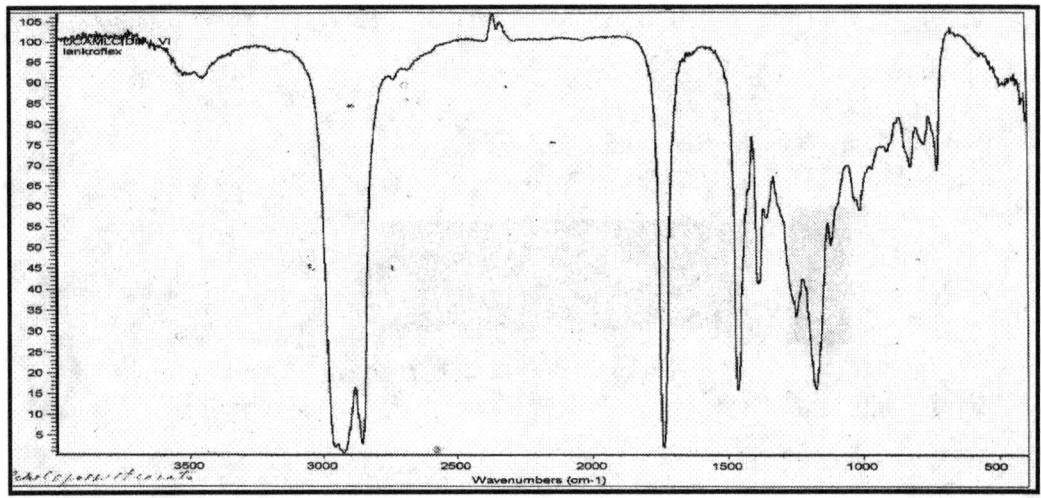

**737 - epossistearato di alchile**

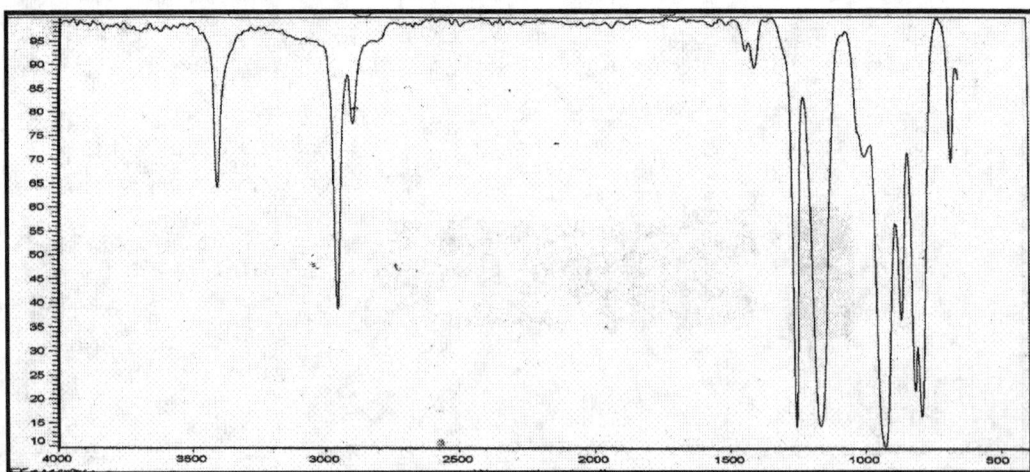

**738 - esametilciclotrisilazano**

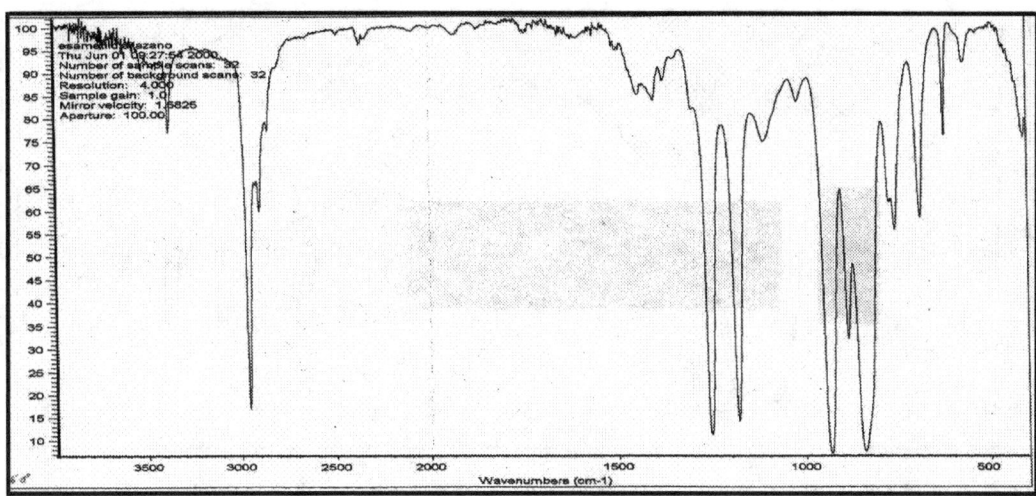

**739 - esametildisilazano**

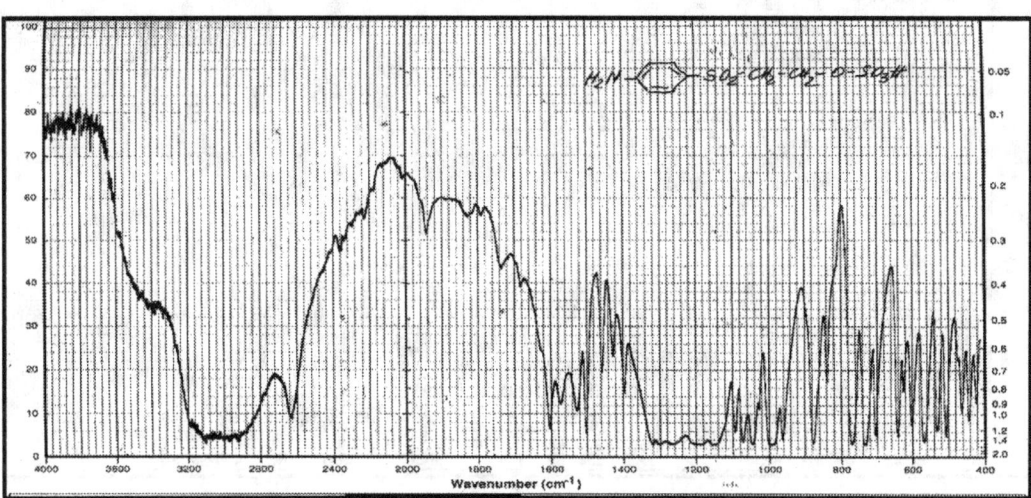

**740 - etanolo-2-[(4-aminofenil)-solfonil]-idrogenosolfato**

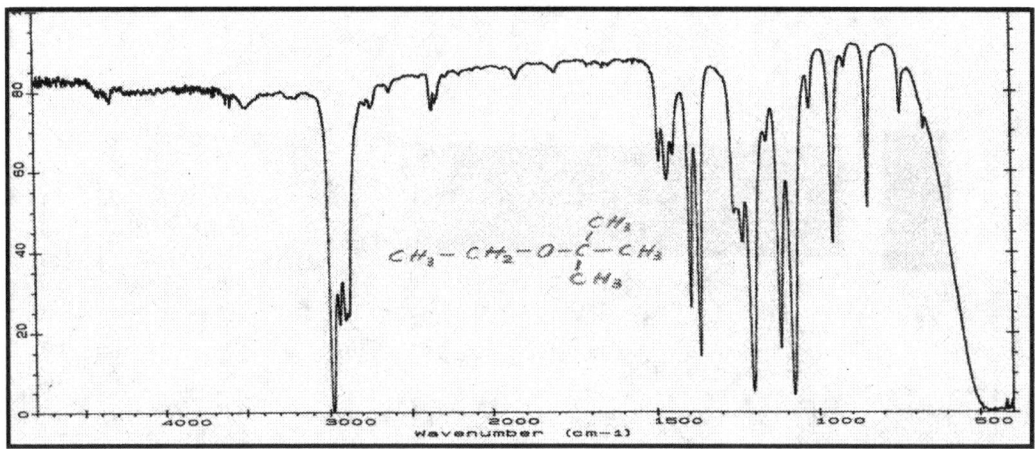

**741 - etere etil-ter-butilico**

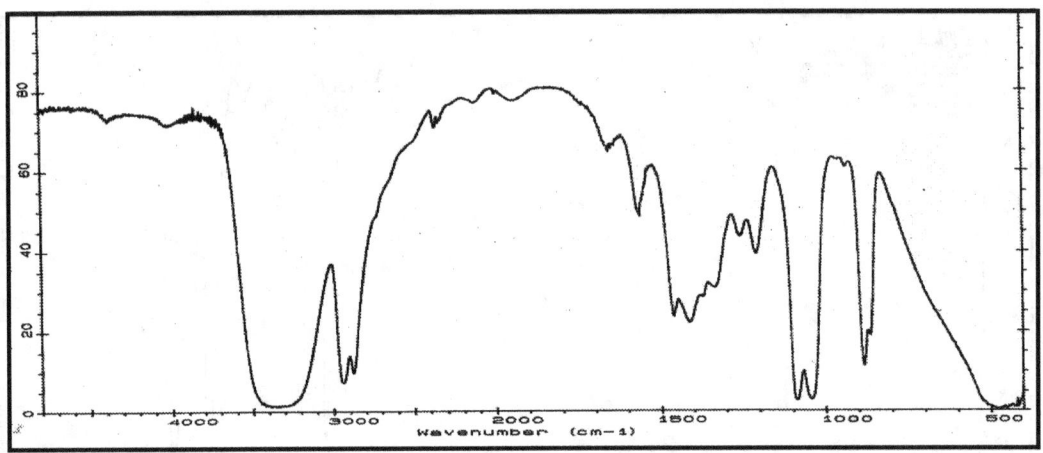

**742  -  etilenglicol**

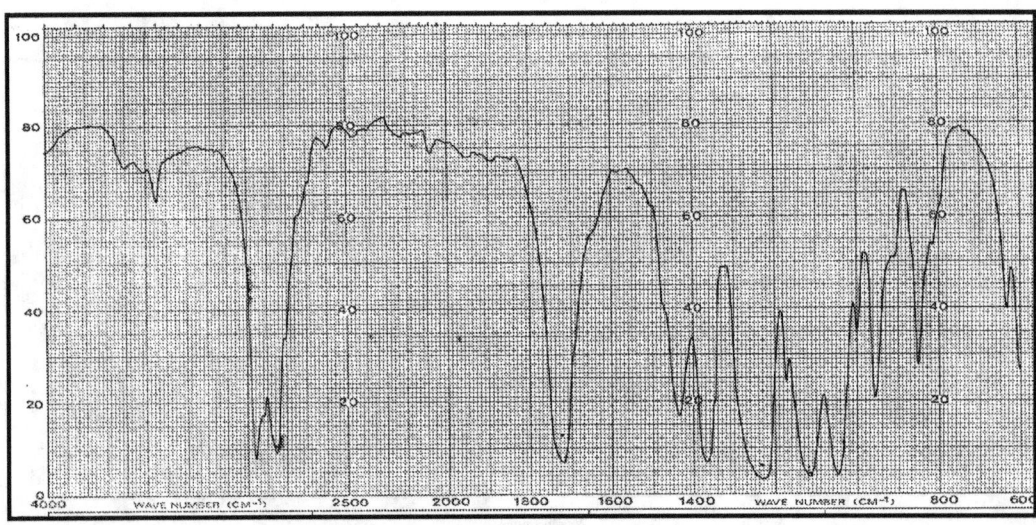

**743  -  etilenglicolmonoetiletere acetato**

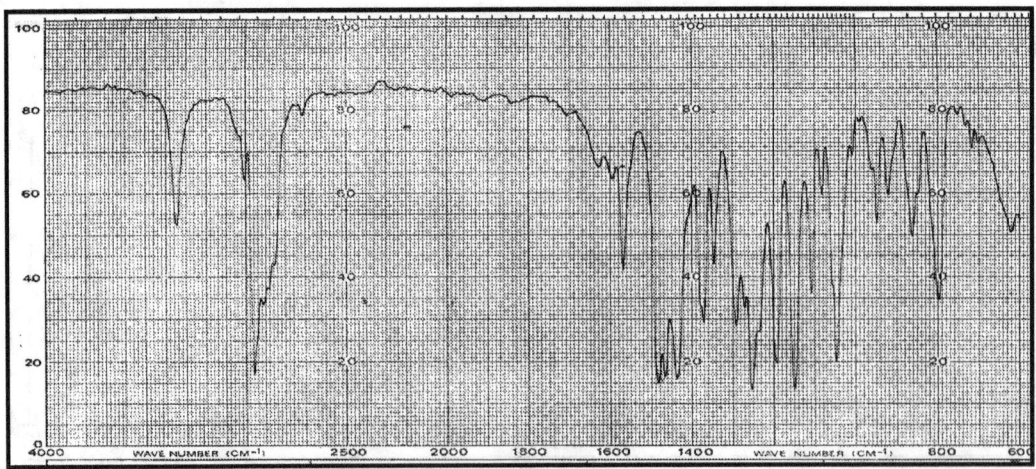

**744  -  6-etossi-1,2-diidro-2,2,4-trimetilchinolina**

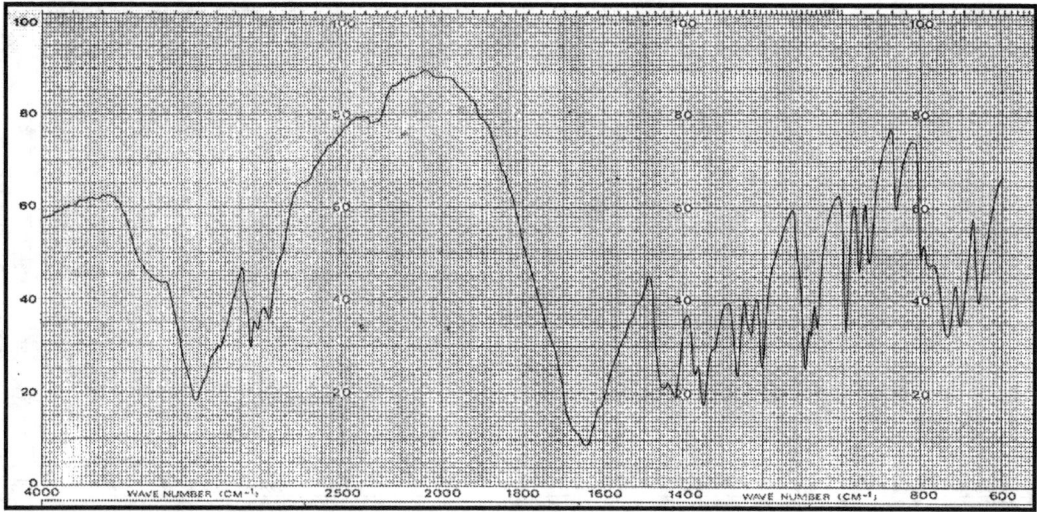

**745 - etilpiperazin-2,3-dione**

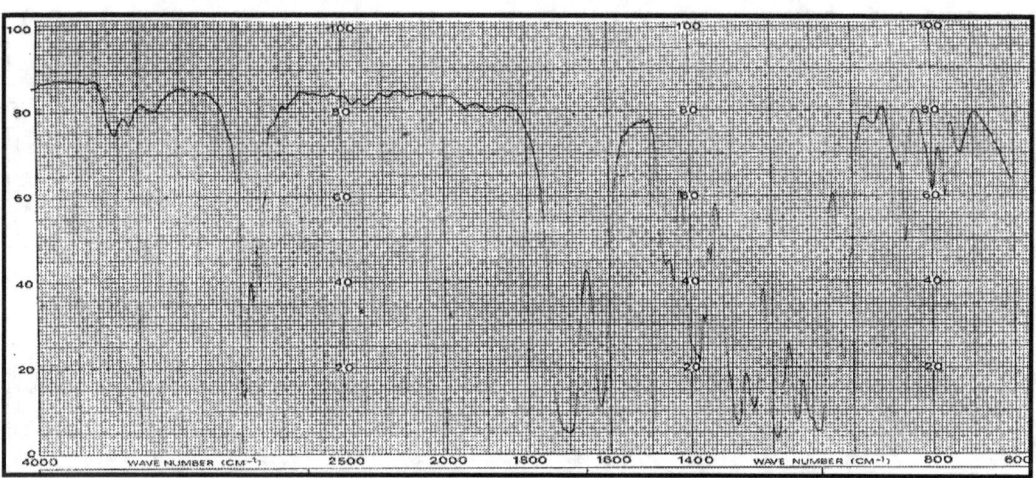

**746 - etossimetilenmalonato di dietile**

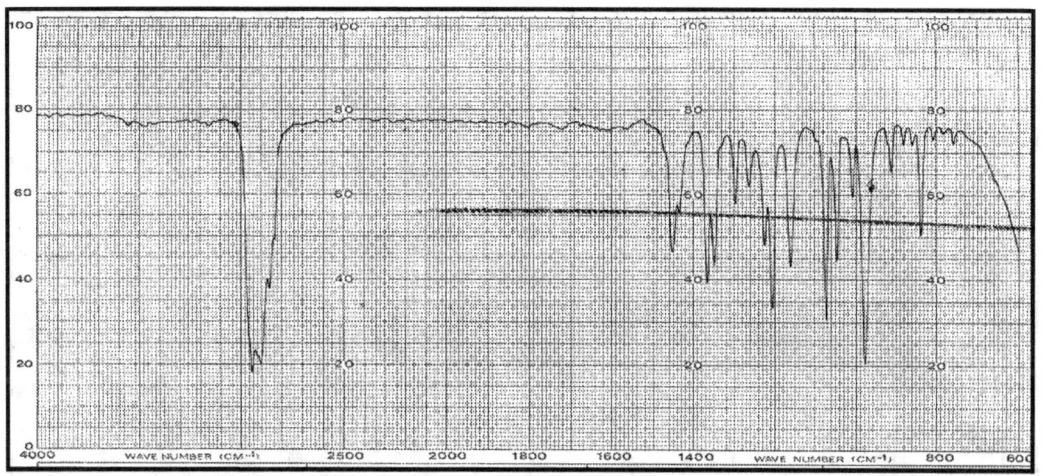

**747 - eucaliptolo**

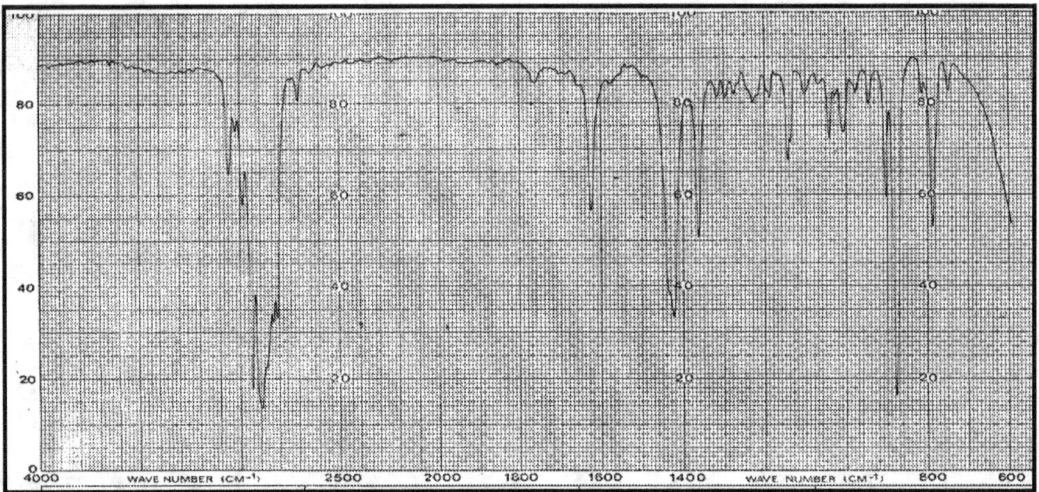

**748  -  fellandrene**

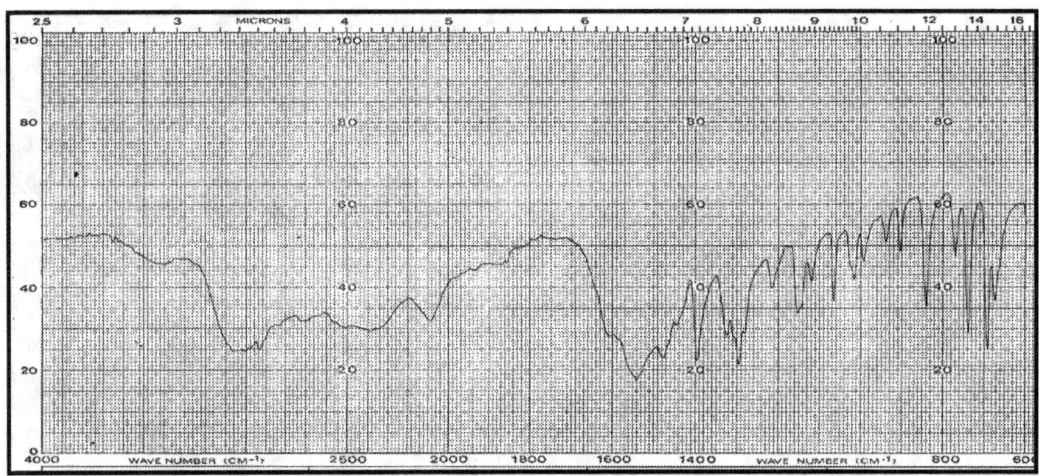

**749  -  fenilalanina**

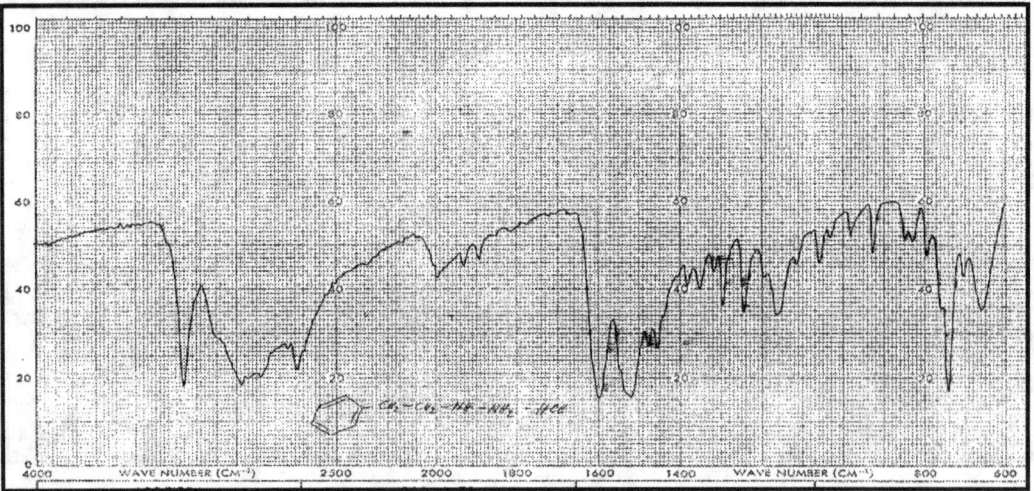

**750  -  2-feniletilidrazina cloridrato**

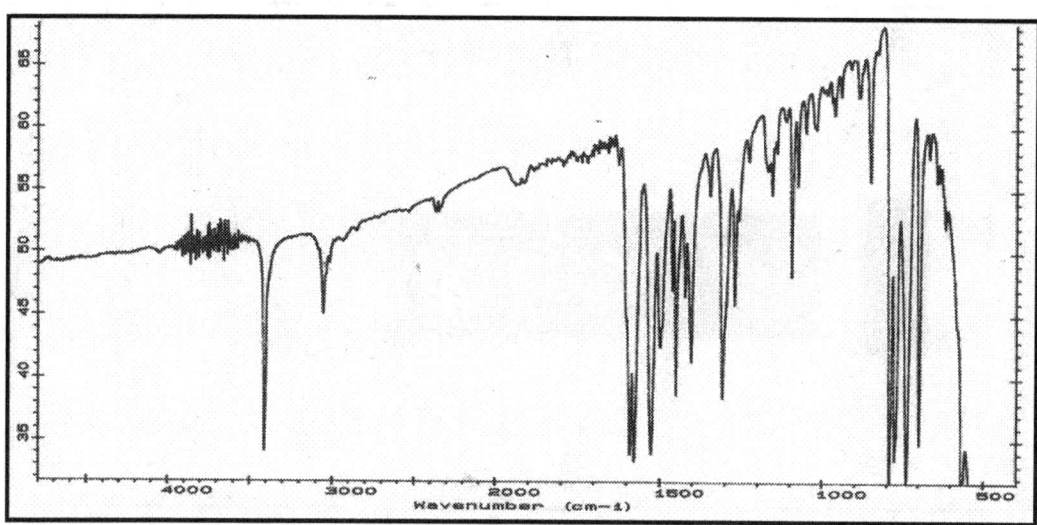

**751 - fenil-α-naftilamina**

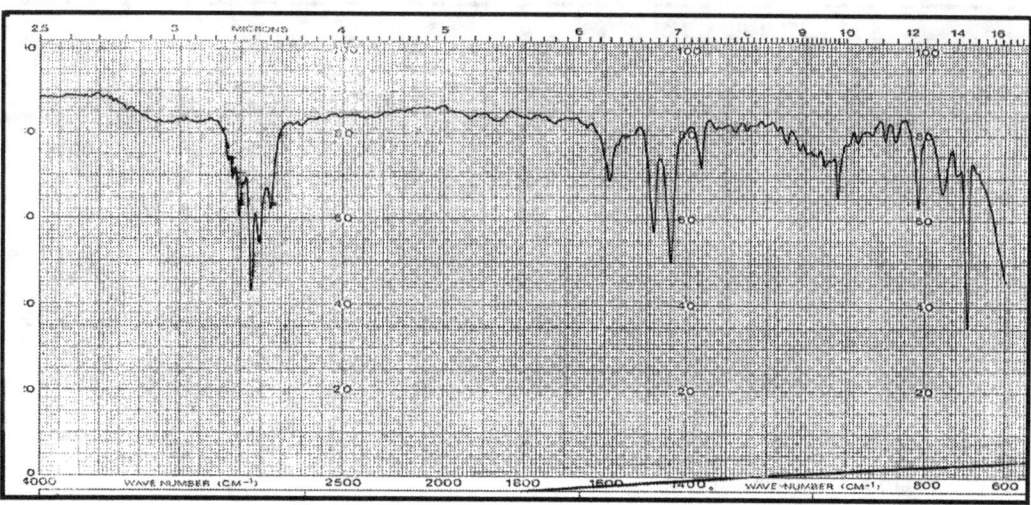

**752 - fenil-xilil-etano**

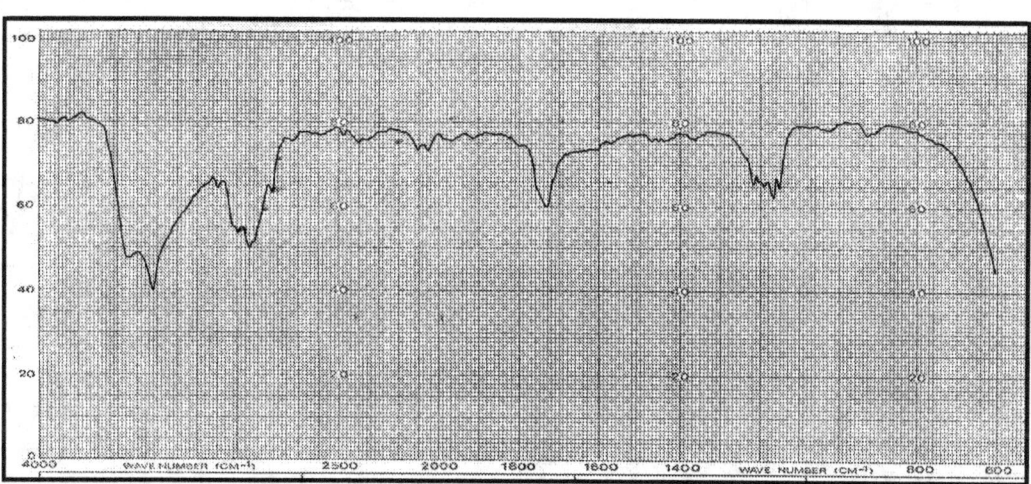

**753 - formiato di metile**

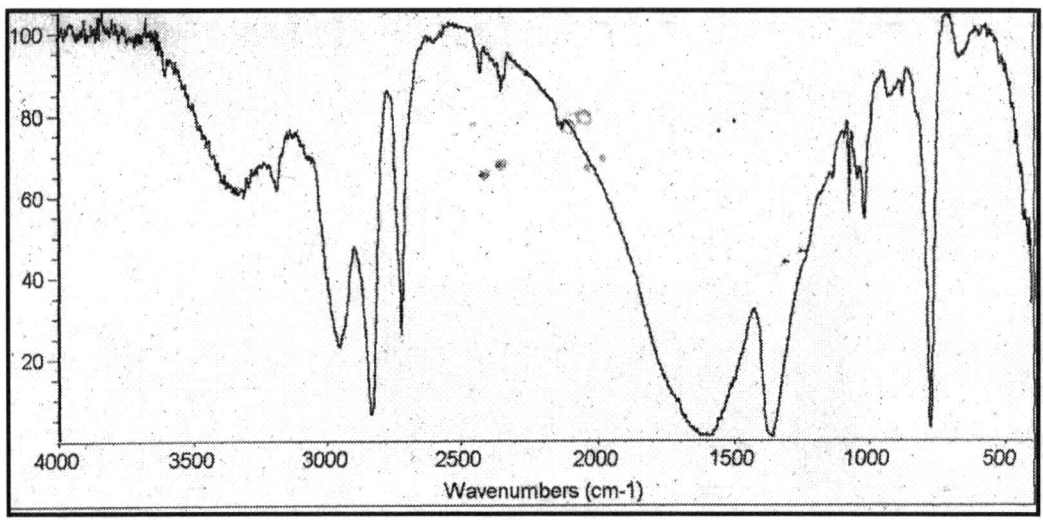

**754 - formiato sodico**

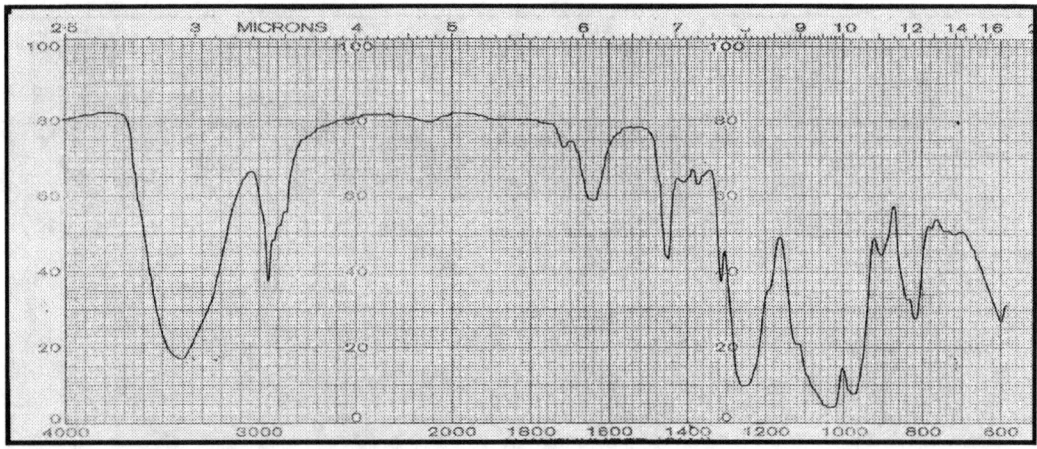

**755 - fosfonato di alchile**

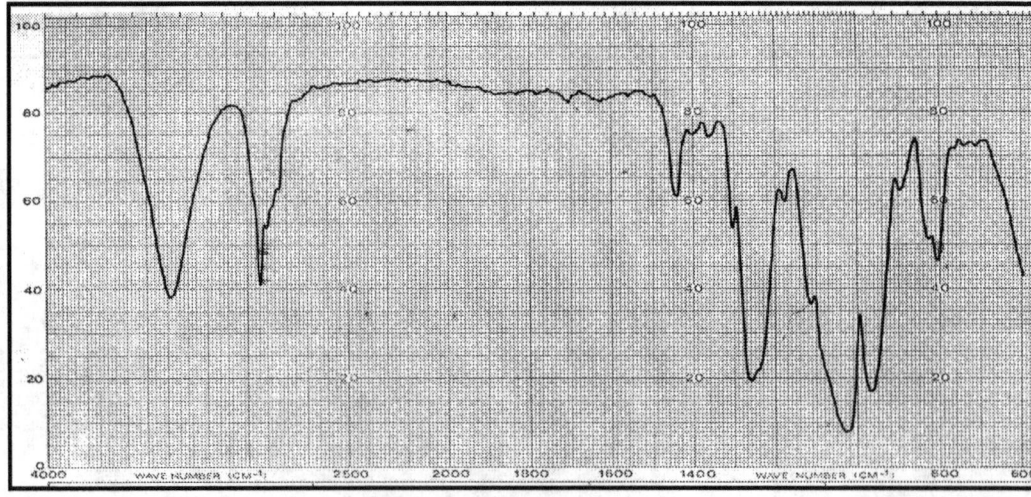

**756 - fosfonato di alchile con gruppi ossidrile liberi**

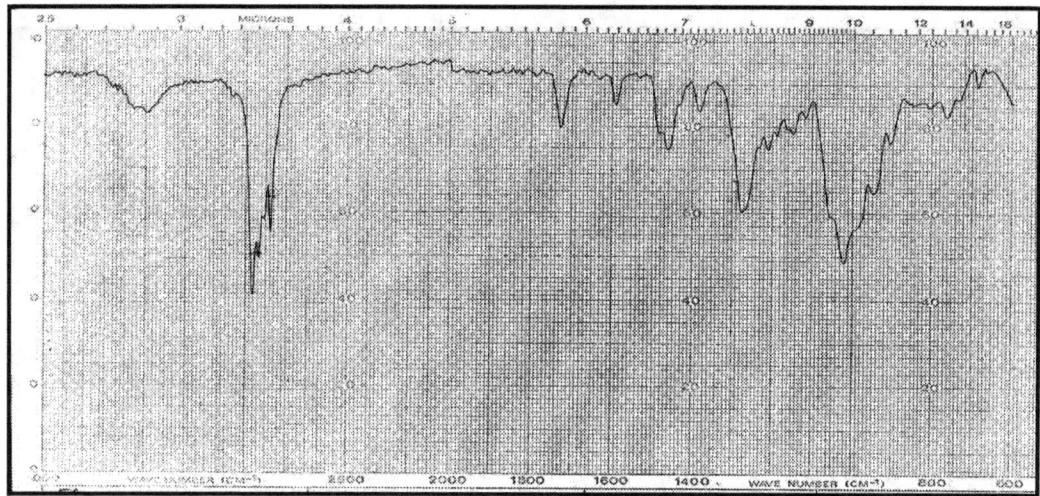

**757 - fosfato di tributile + additivi**

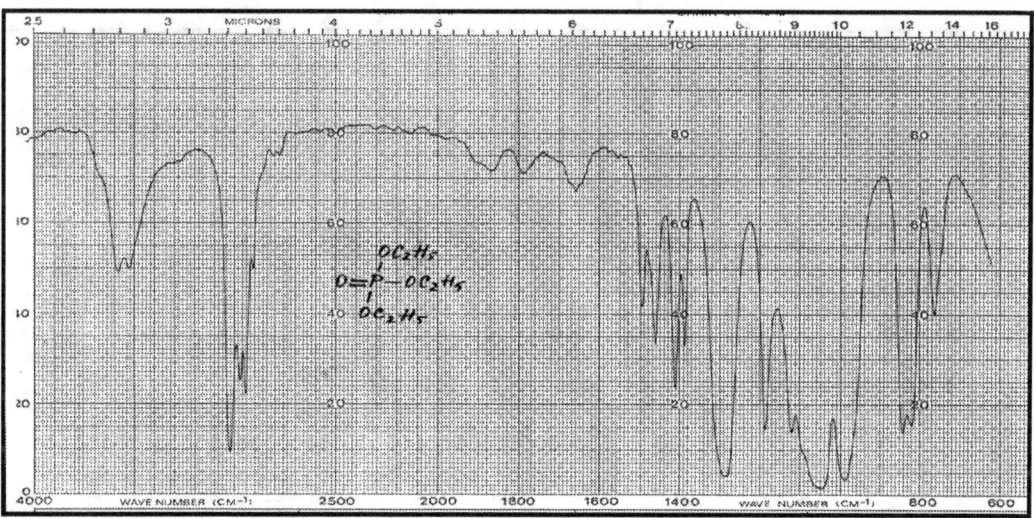

**758 - fosfato di trietile**

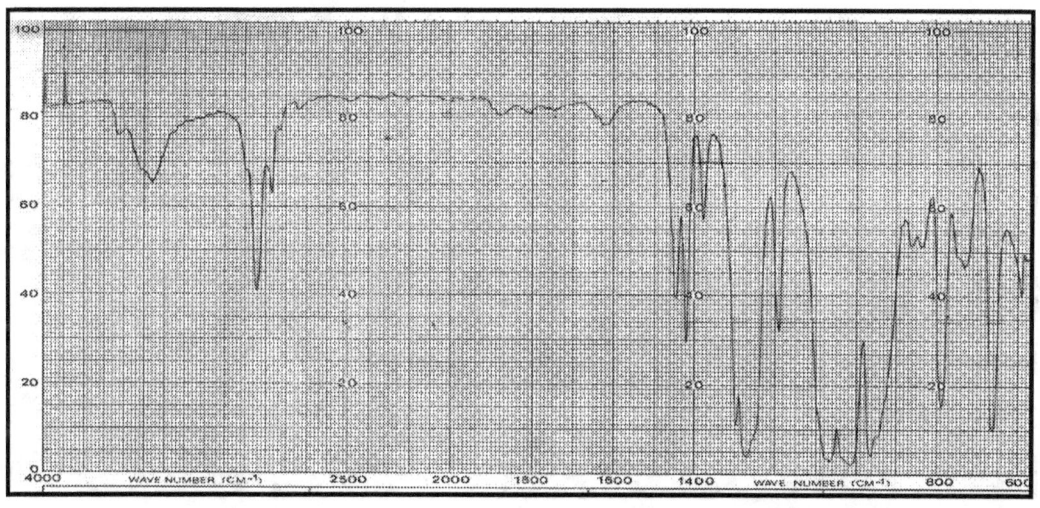

**759 - fosfato di tris(2-cloroetile)**

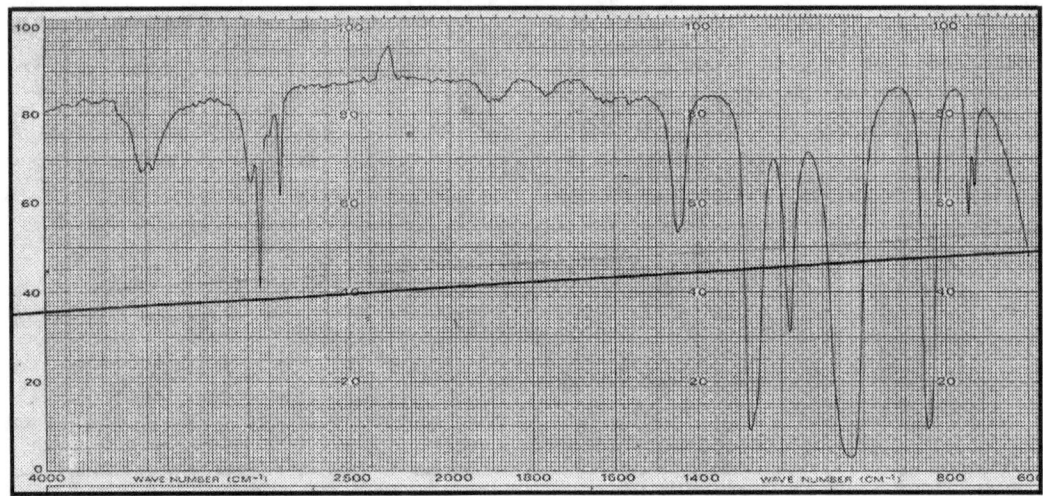

**760 - fosfato di trimetile**

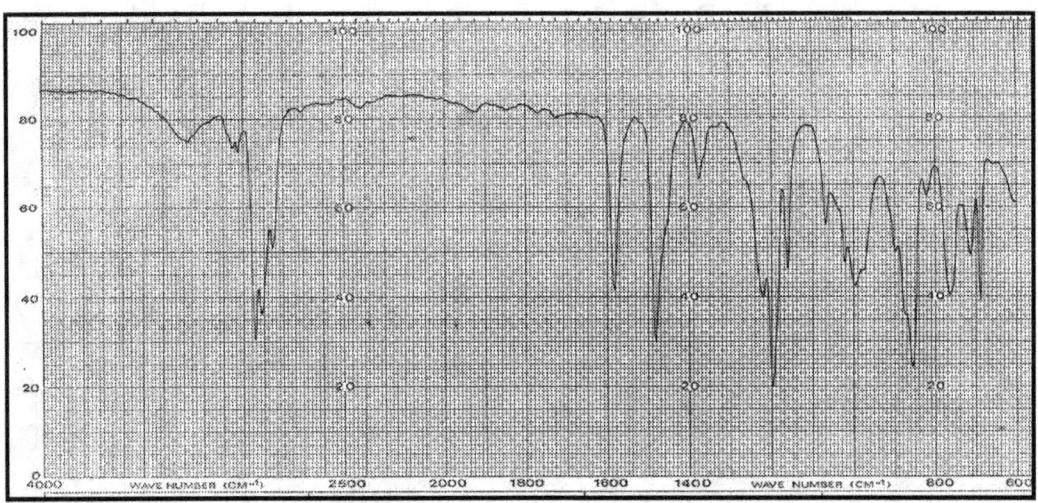

**761 - fosfito di difenil-isodecile**

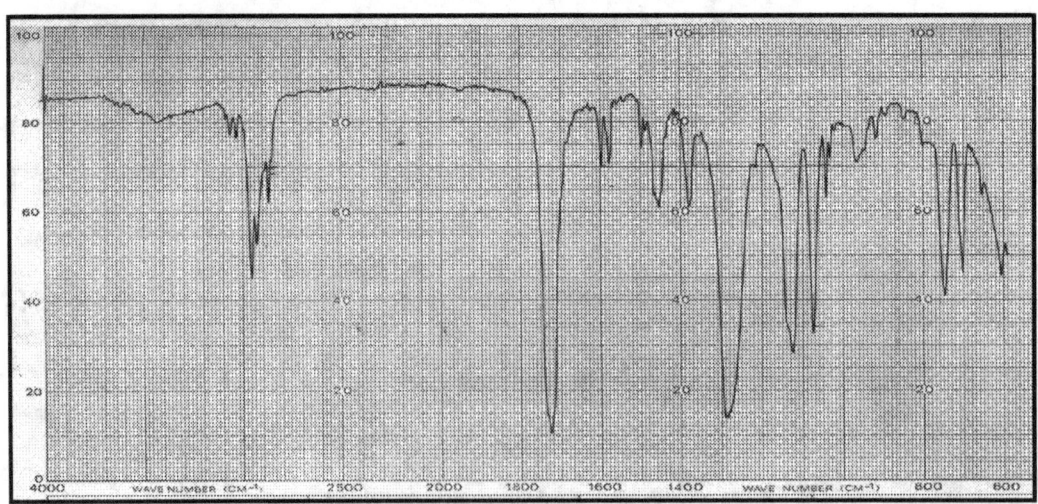

**762 - o-ftalato di butil, benzile**

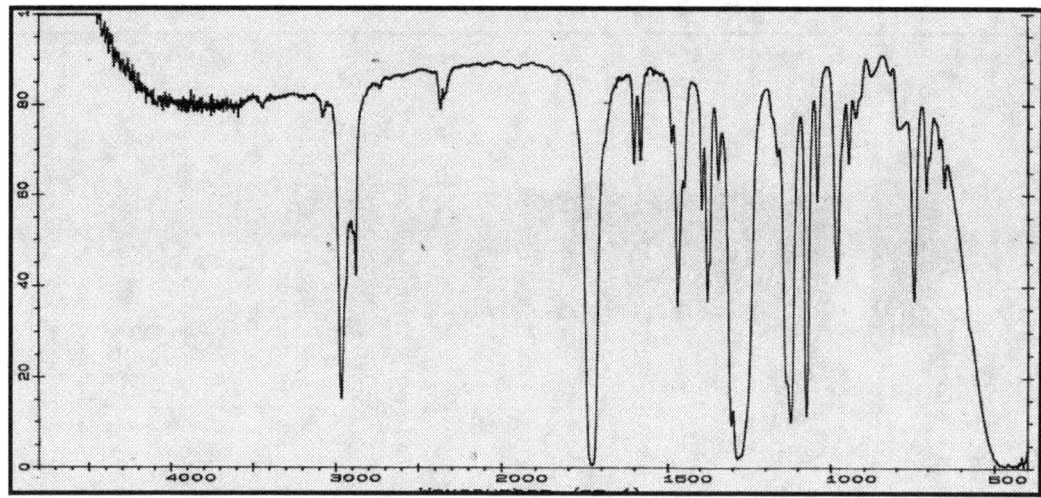

**763 - o-ftalato di diisobutile**

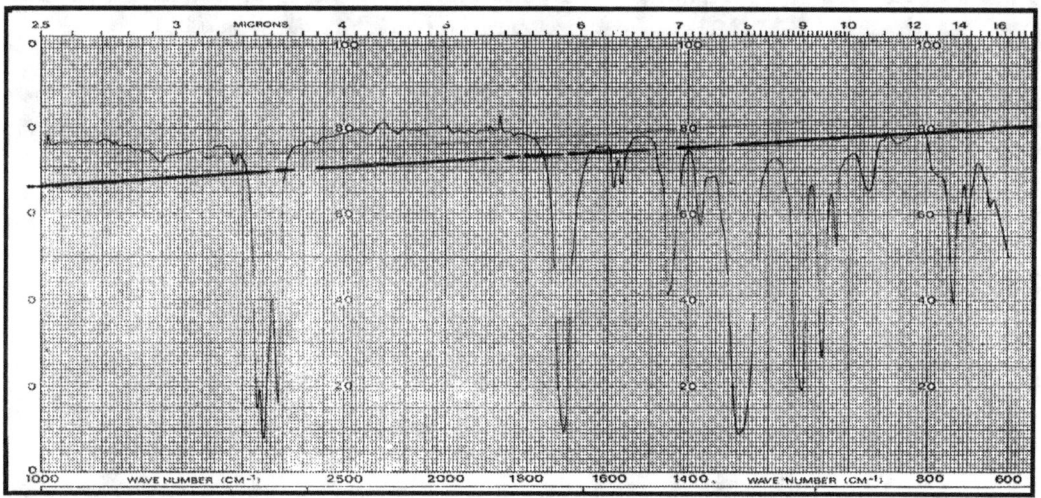

**764 - o-ftalato di ottile e decile**

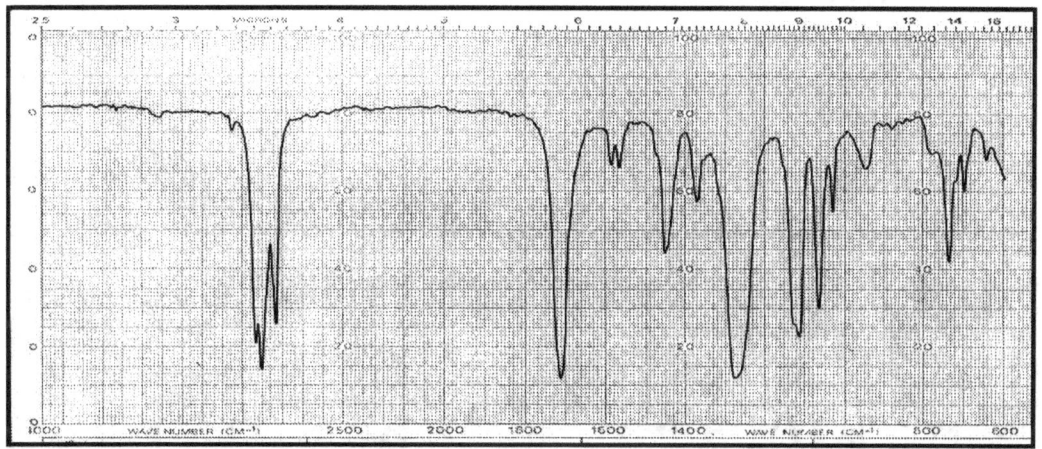

**765 - o-ftalato di esile e decile**

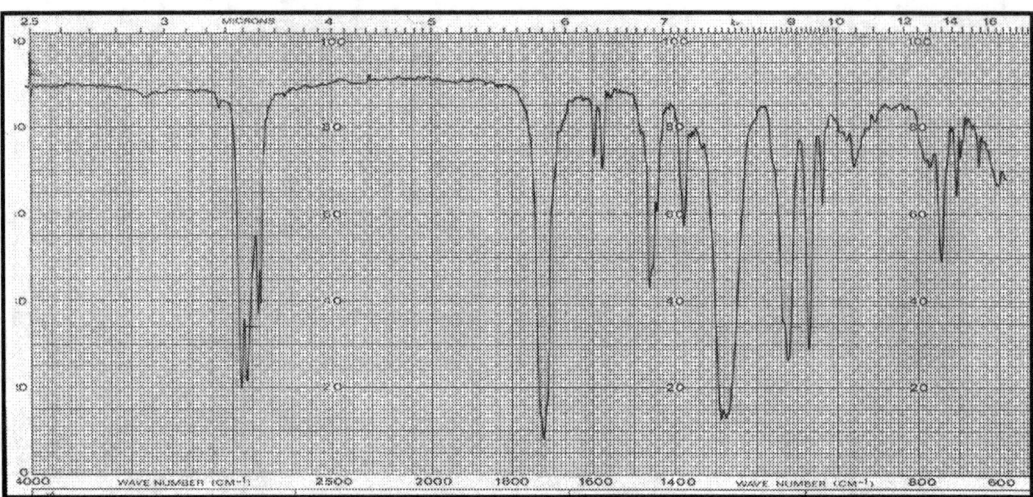

**766 - ftalato di di-(2-etilesile)**

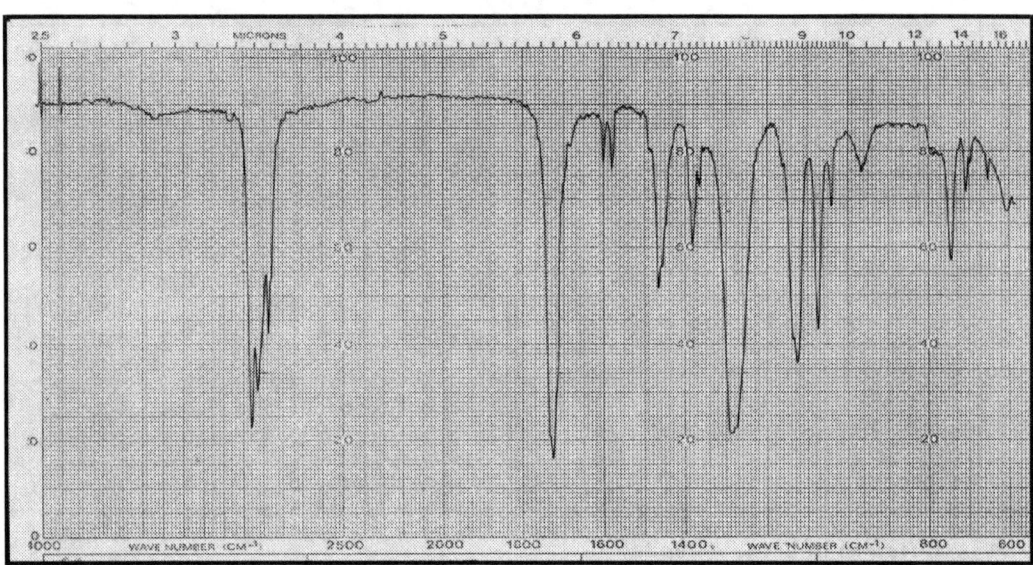

**767 - o-ftalato di di-isodecile**

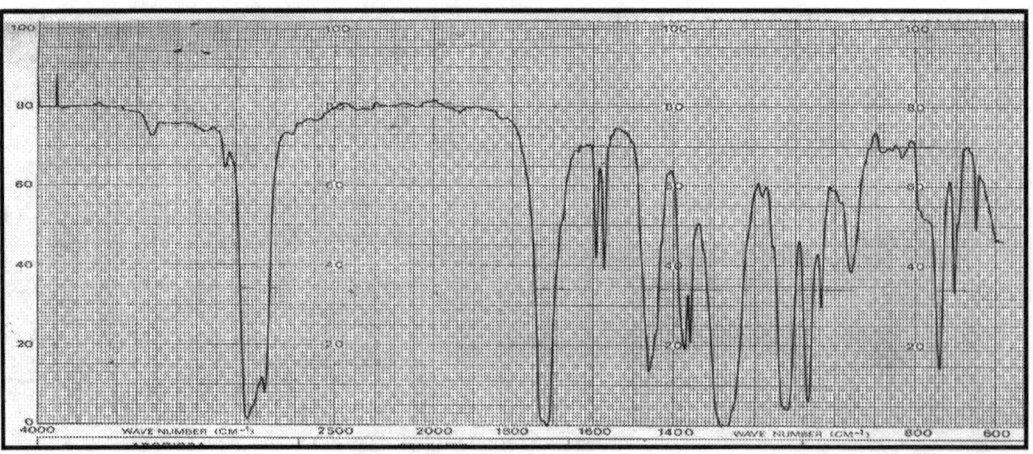

**768 - o-ftalato di di-isononile**

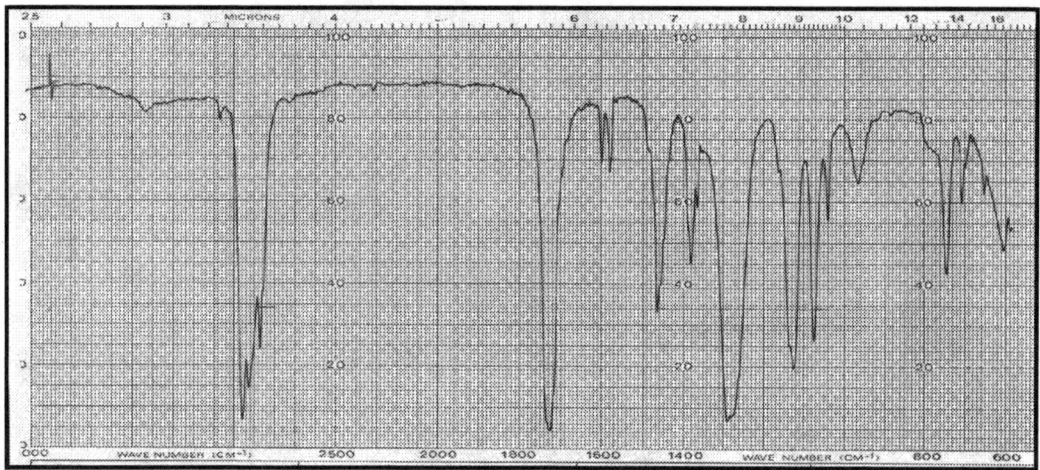

**769 - o-ftalato di di-isoottile**

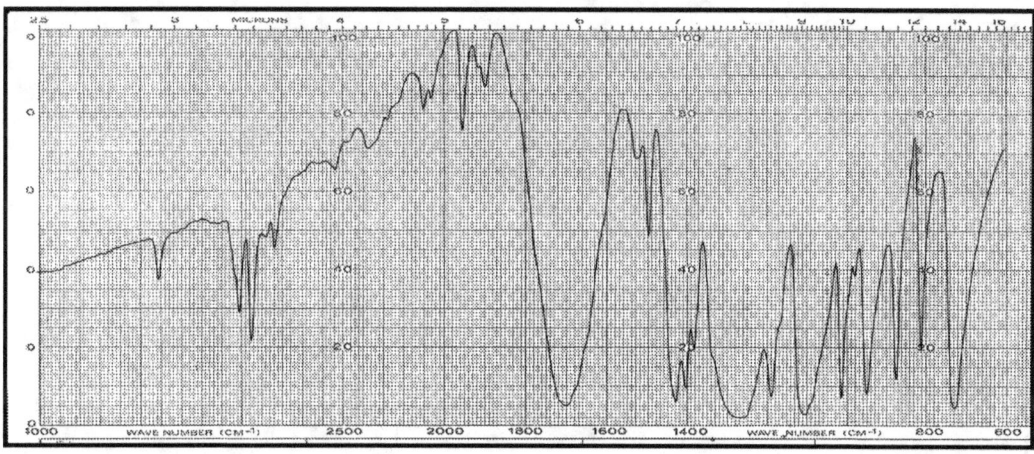

**770 - tere-ftalato di dimetile**

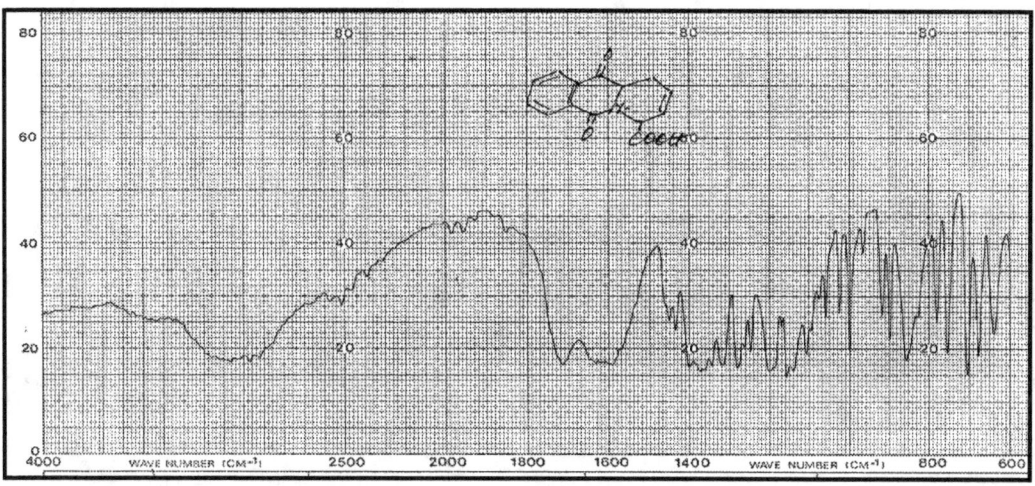

**771 - (acido) ftaloil-piridazinil carbossilico**

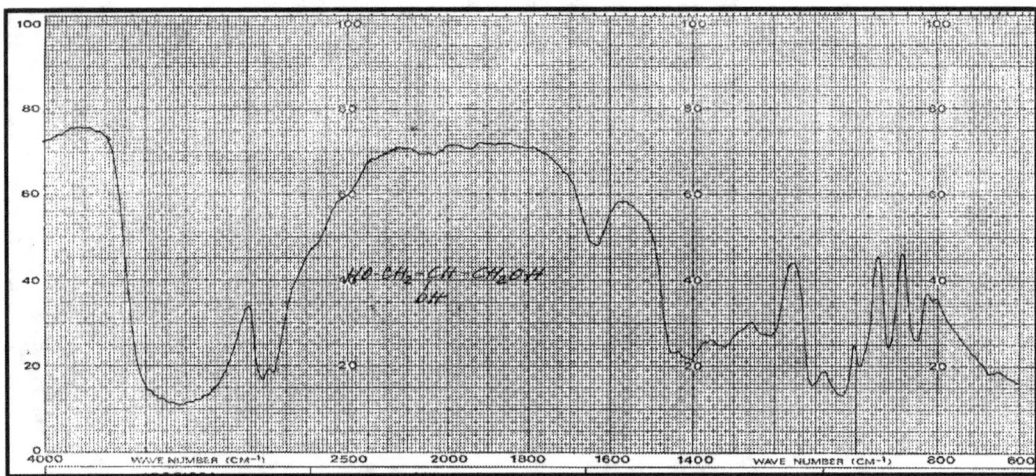

**772 - glicerina**

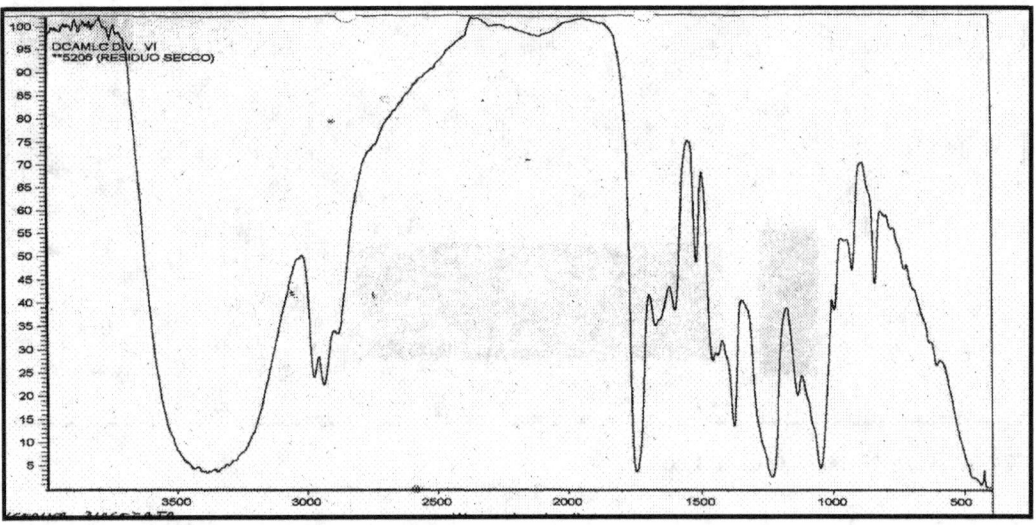

**773 - glicerina diacetato**

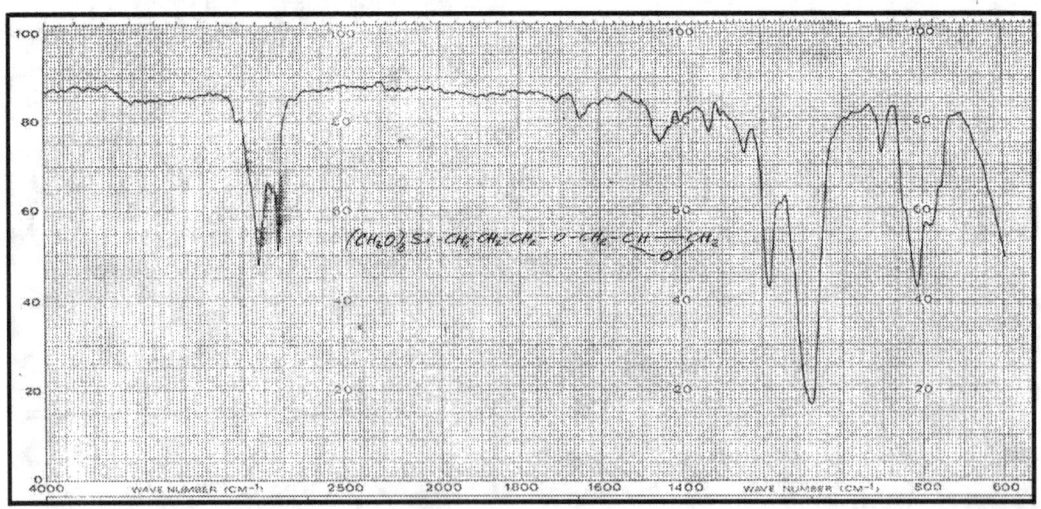

**774 - glicidossipropil-trimetossisilano**

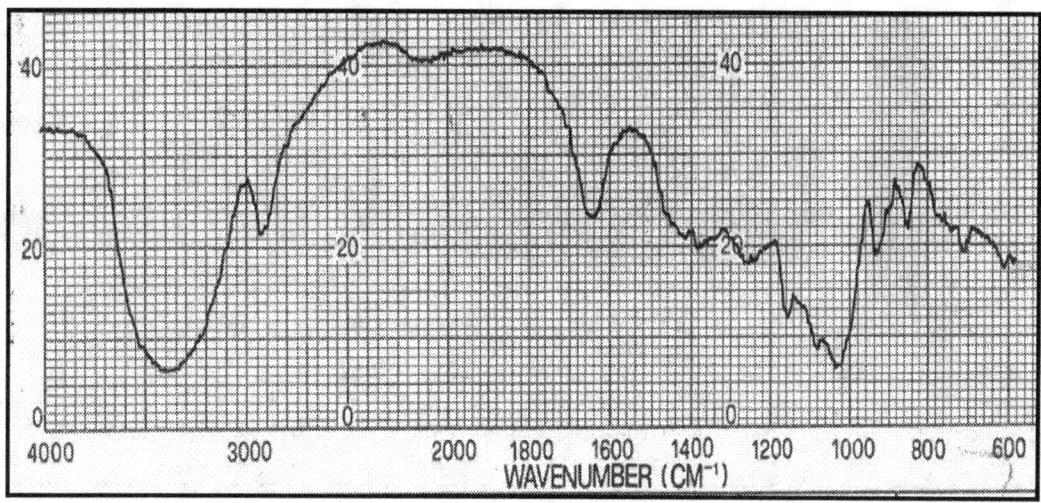

**775 - glucomannano**

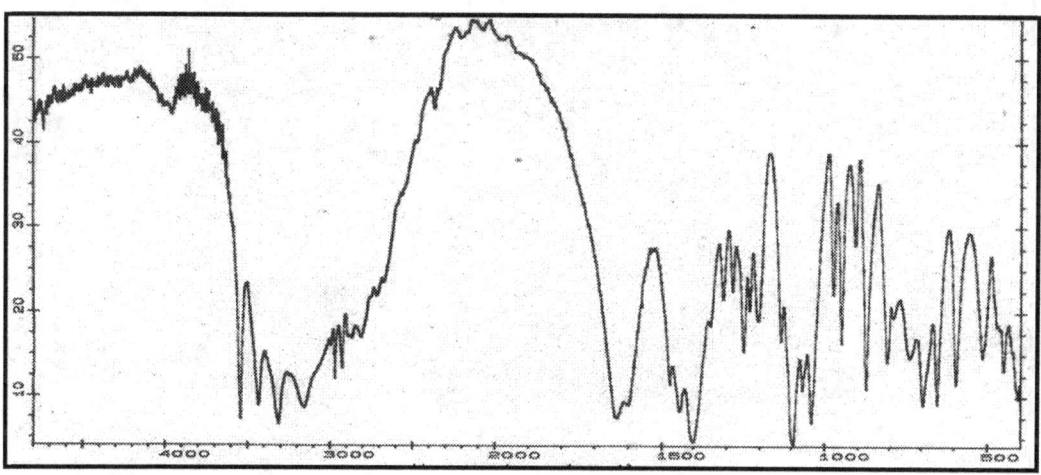

**776 - gluconato sodico**

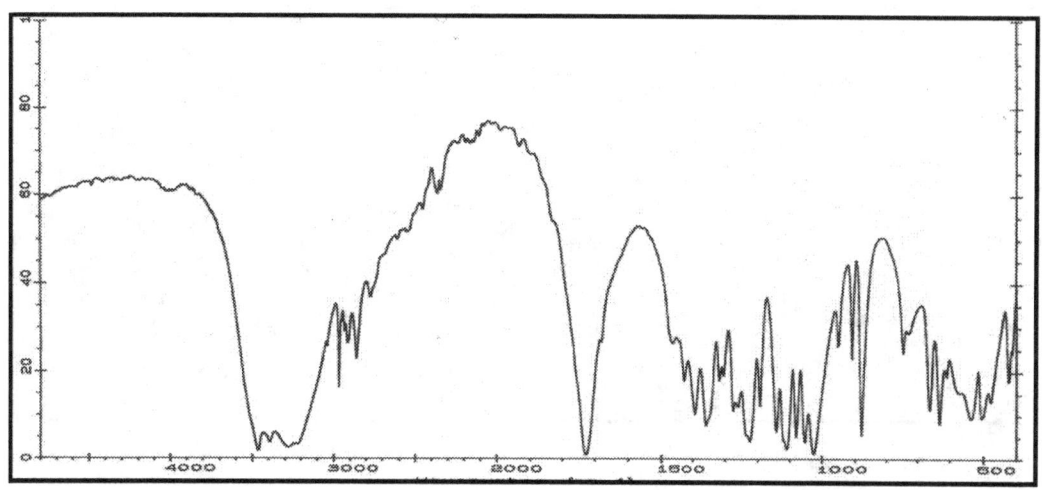

**777 - glucono-δ-lattone**

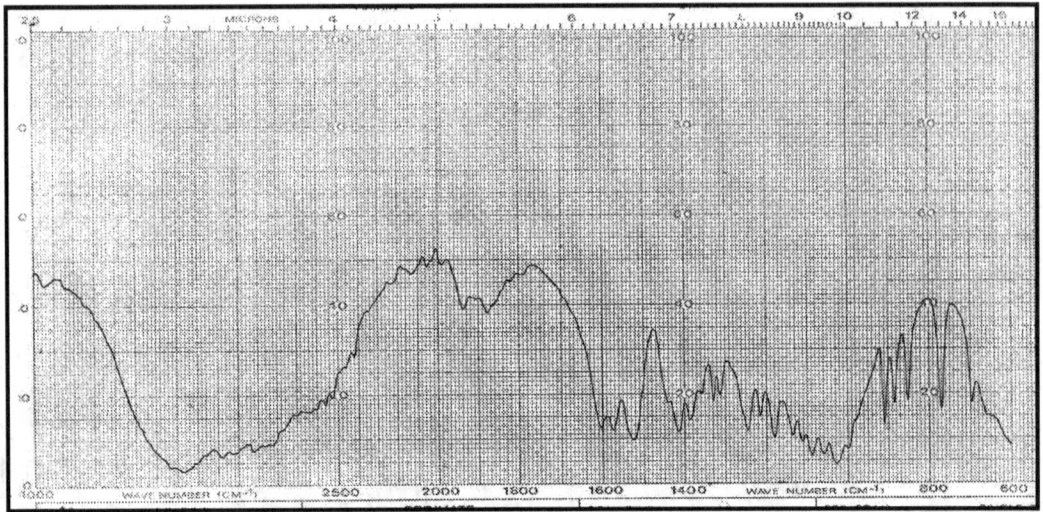

**778 - glucosamina cloridrato**

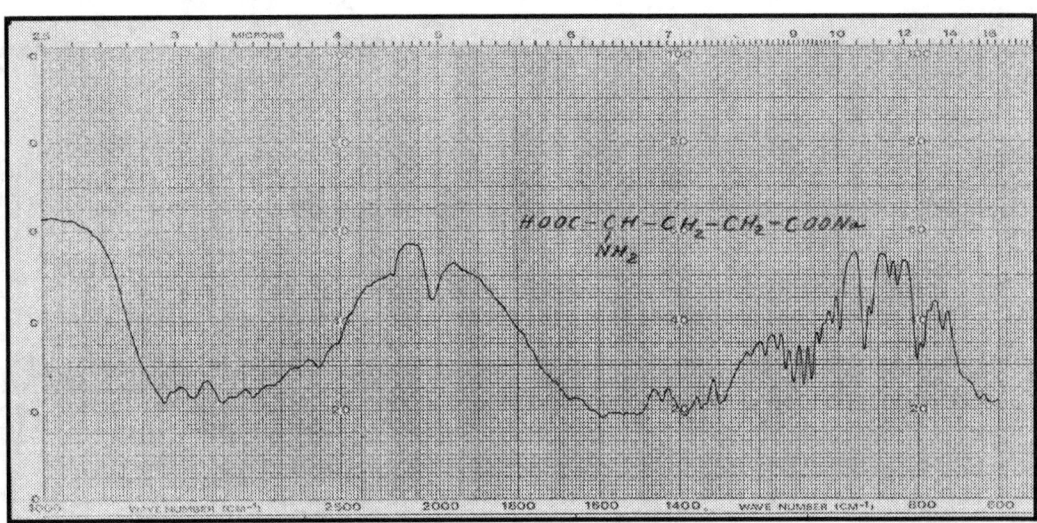

**779 - glutammato monosodico**

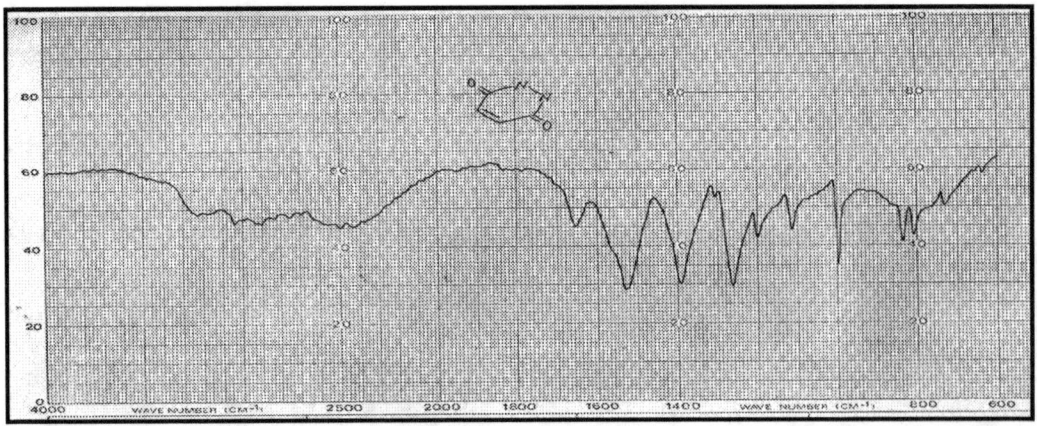

**780 - Idrazide maleica**

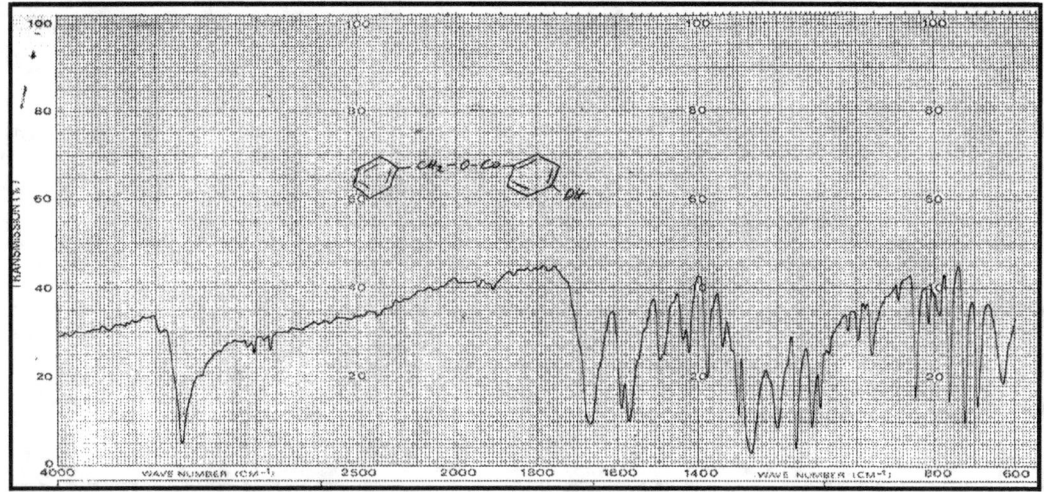

**781 - p-idrossibenzoato di benzile**

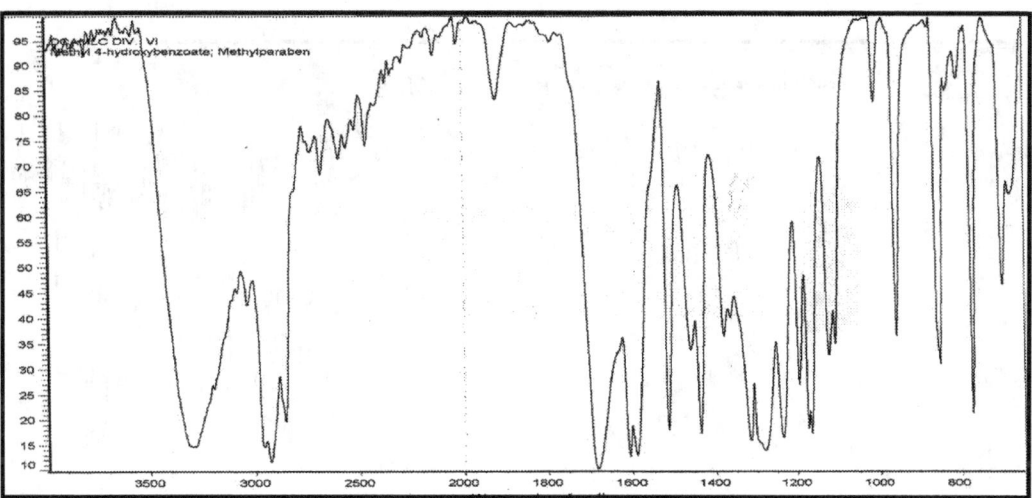

**782 - p-idrossibenzoato di metile**

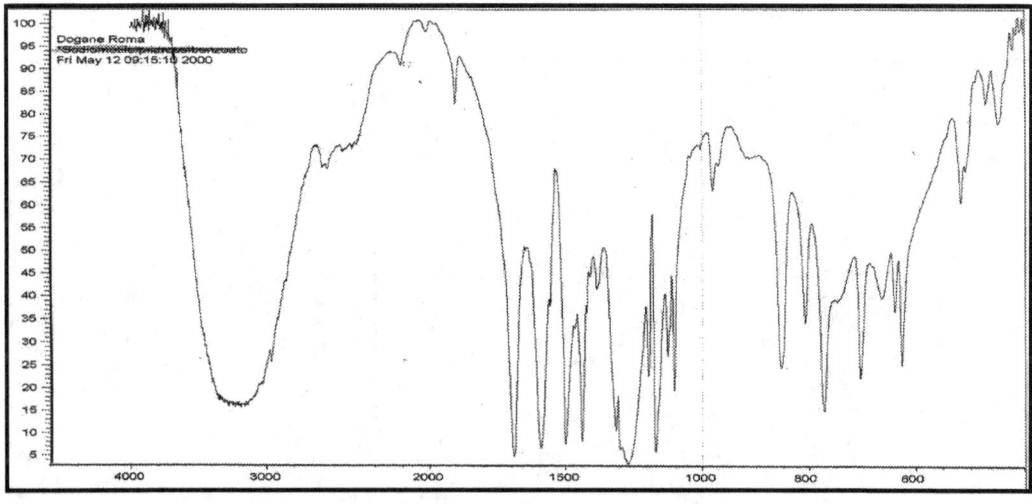

**783 - p-idrossibenzoato di metile, sale sodico**

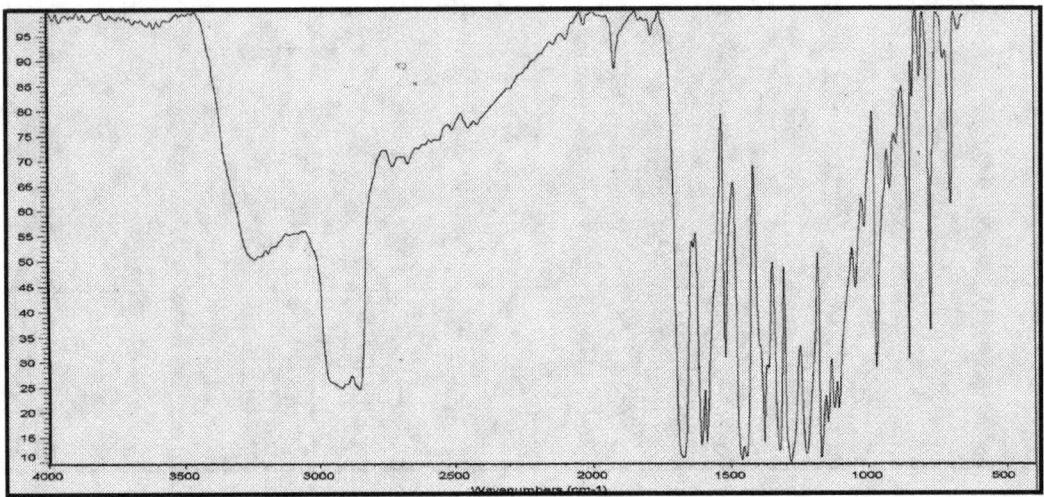

**784 - p-idrossibenzoato di propile**

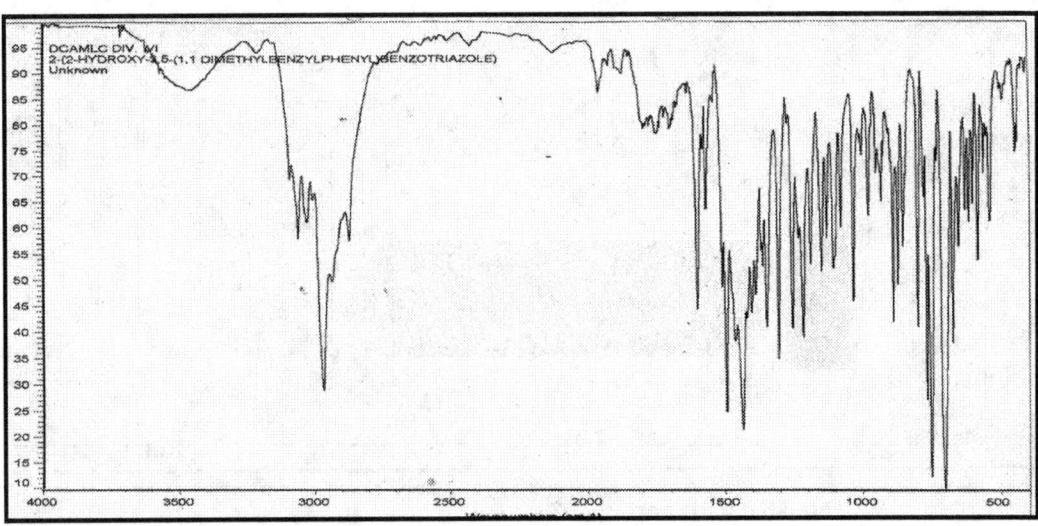

**785 - 2-[2-idrossi-3,5-(1,1-dimetilbenzilfenil)-benzotriazolo]**

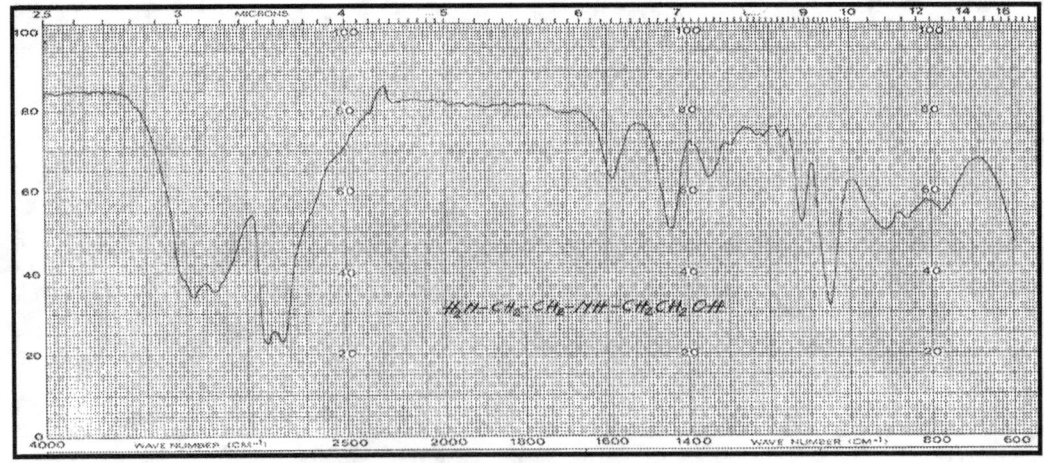

**786 - N-(2-idrossietil)-etilendiammina**

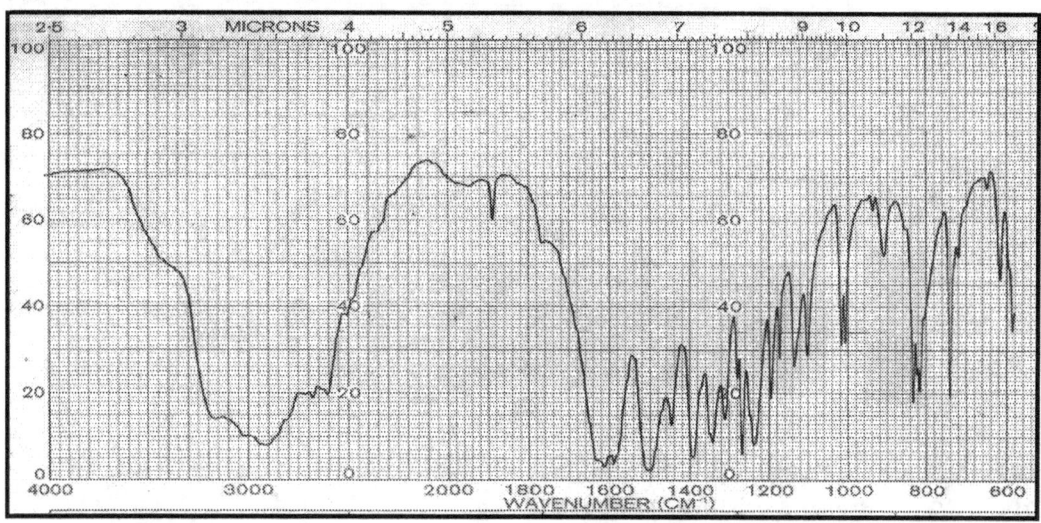

**787  -  p-idrossifenilglicina**

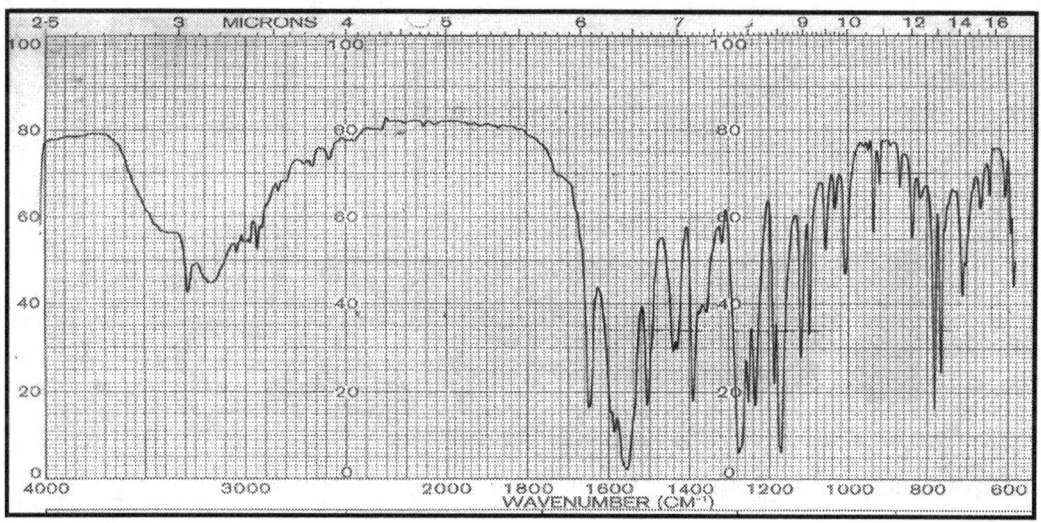

**788  -  p-idrossifenilglicina, sale di Dane**

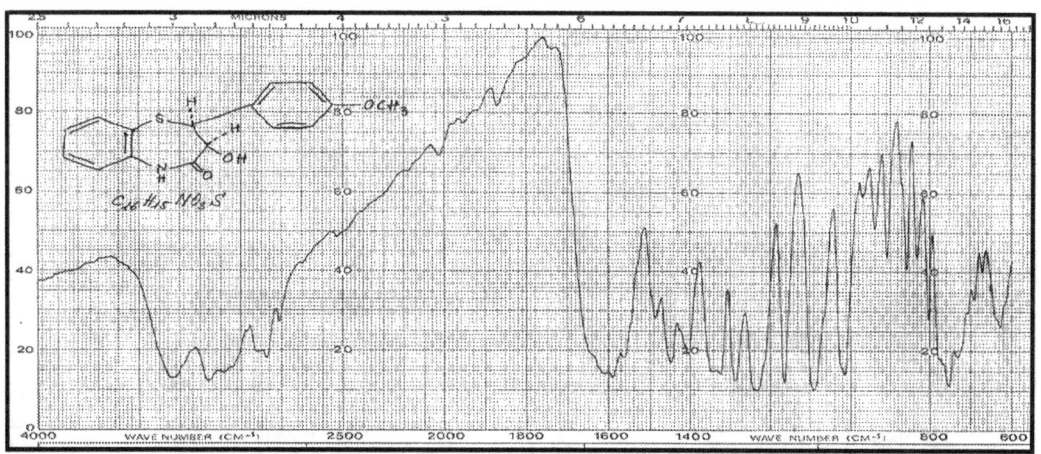

**789  -  cis-idrossilattame**

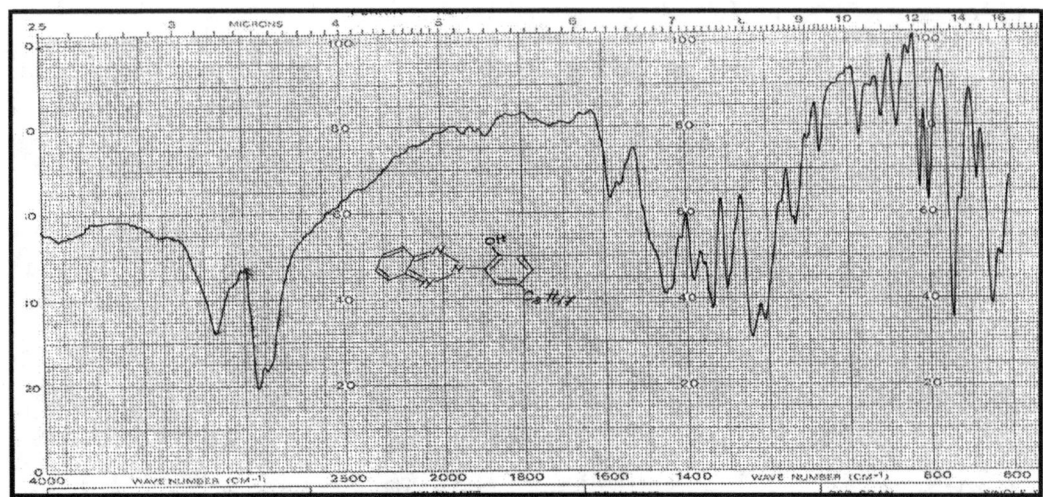

**790 - 2-(2'-idrossi-5'-ottilfenil)-benzotriazolo**

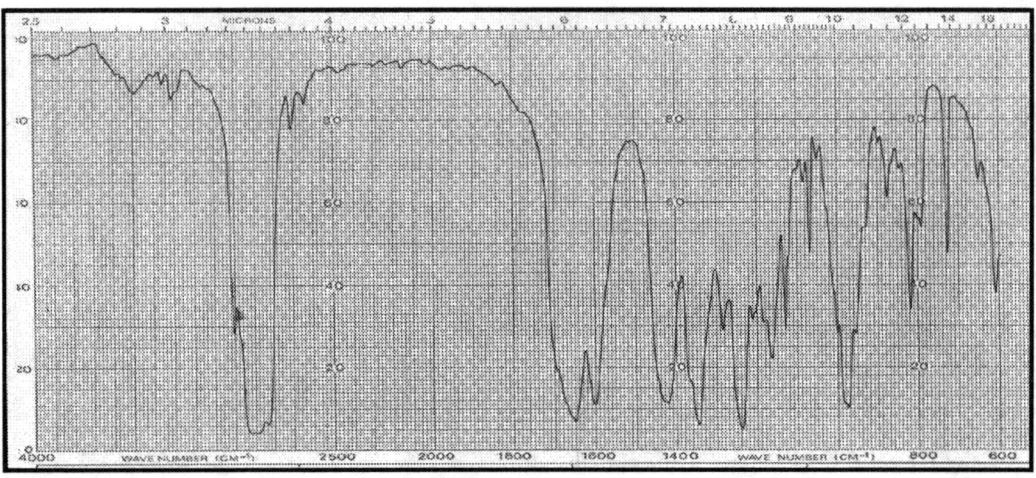

**791 - ionone**

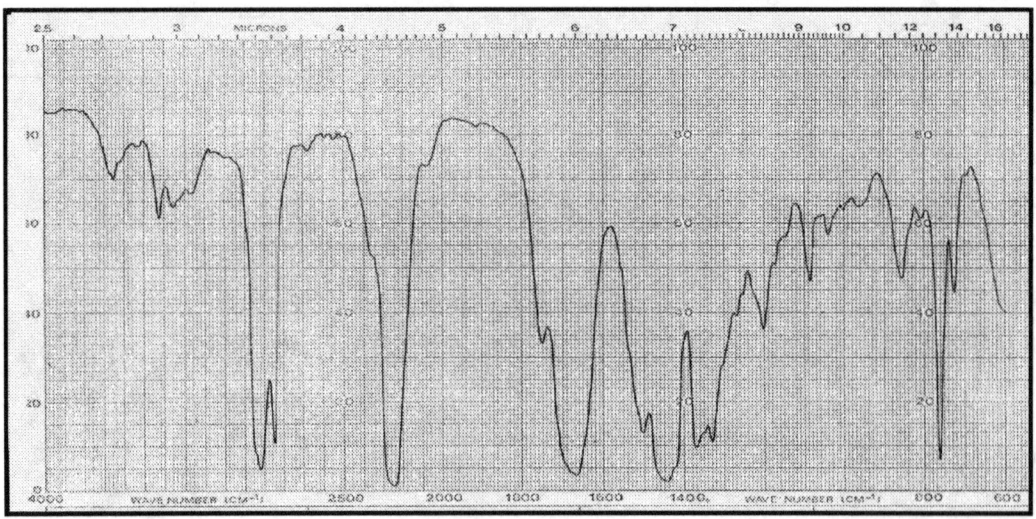

**792 - isocianato alifatico**

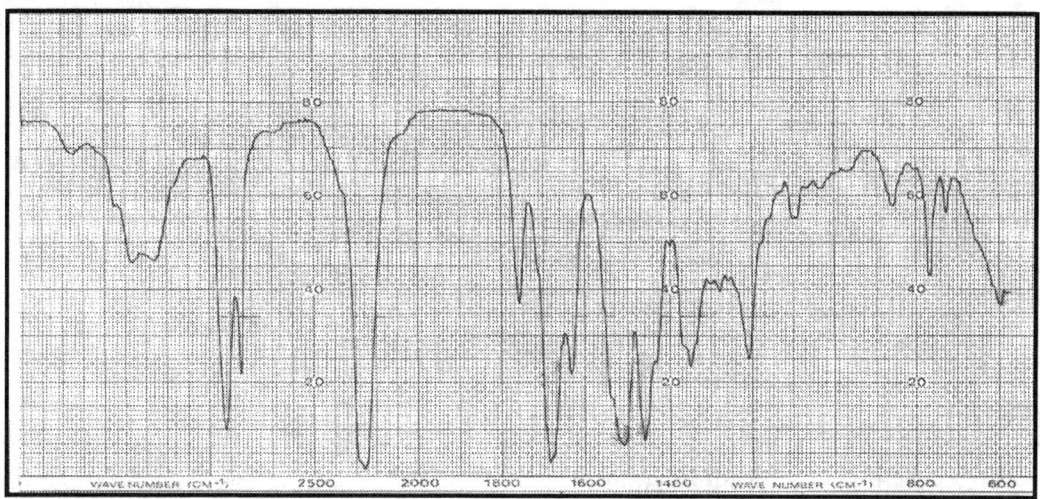

**793 - isocianato alifatico**

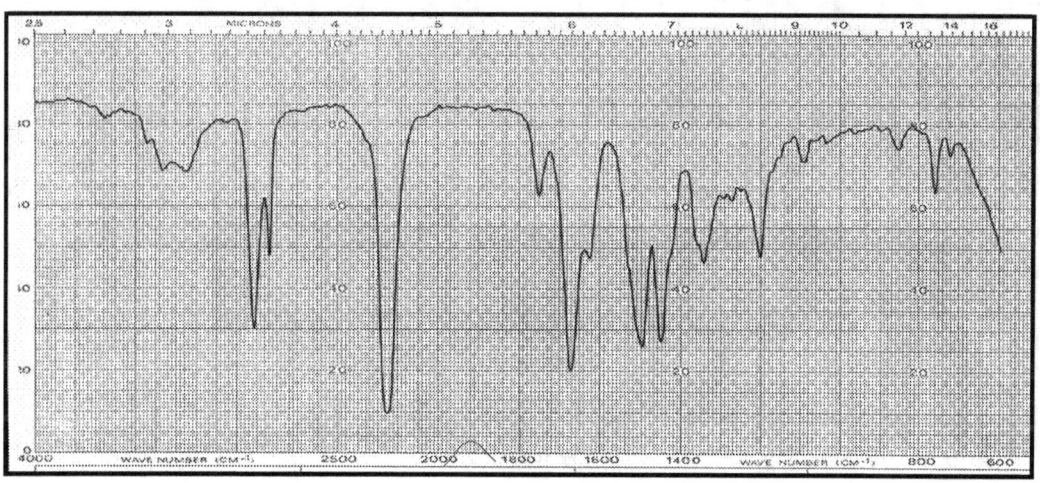

**794 - isocianato alifatico**

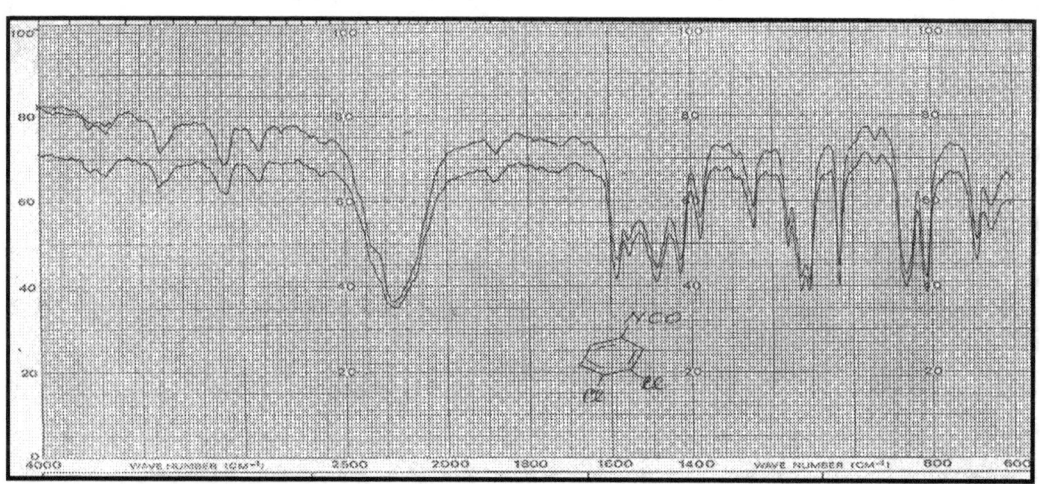

**795 - 3,4-diclorofenil-isocianato**

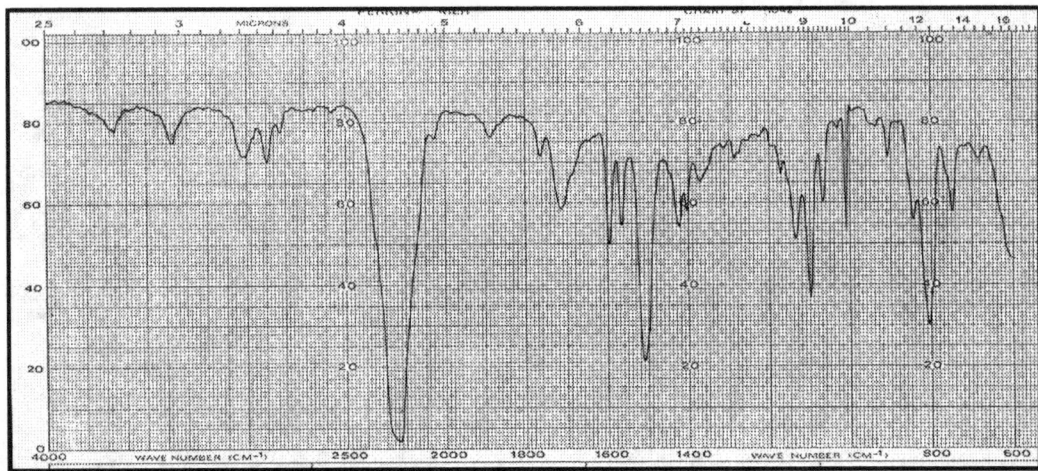

**796  -  difenilmetan-4,4-diisocianato**

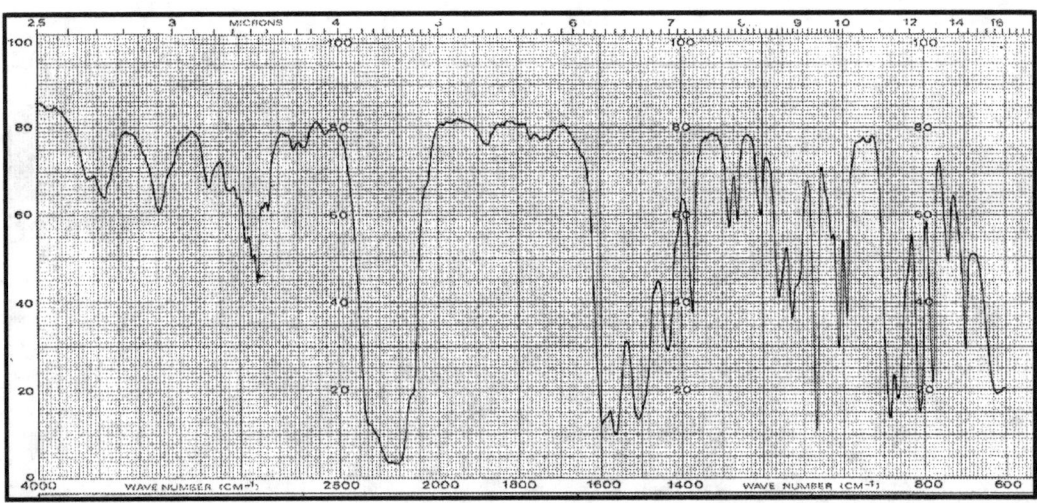

**797  -  toluen-2,4-diisocianato**

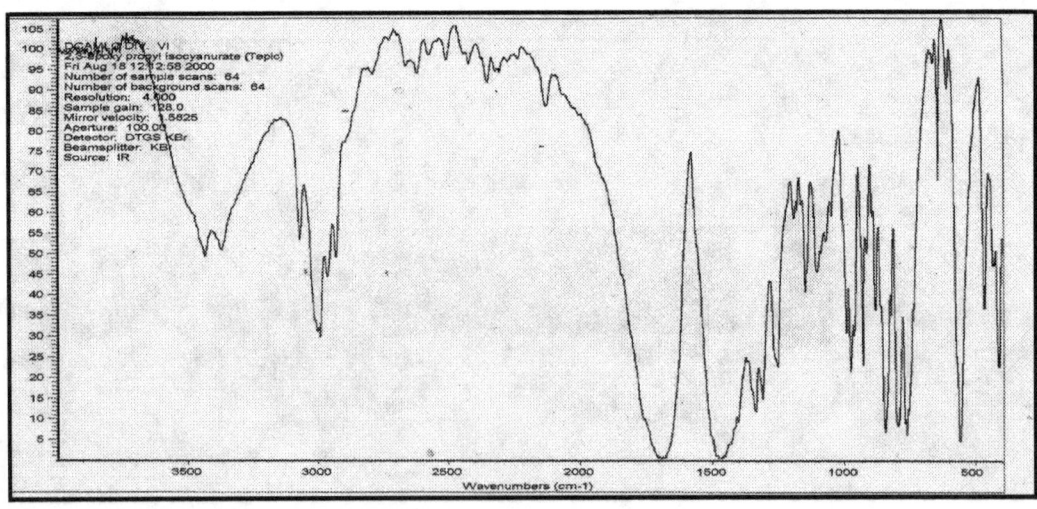

**798  -  2,3-epossipropil isocianurato**

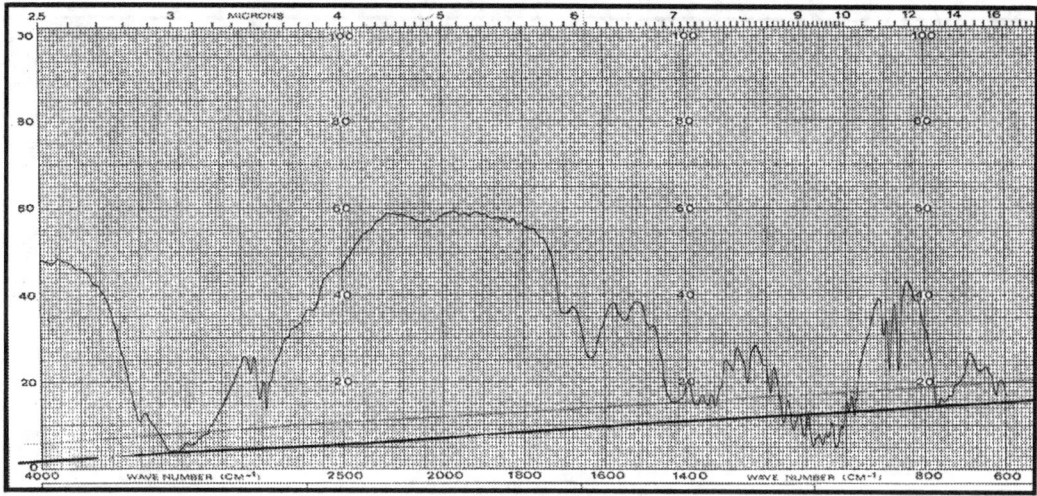

**799 - lattosio**

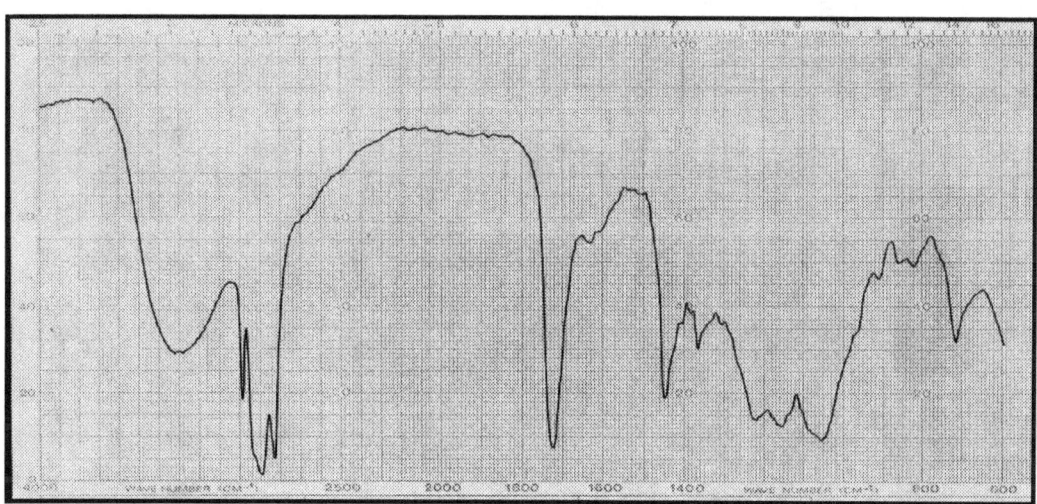

**800 - lecitina**

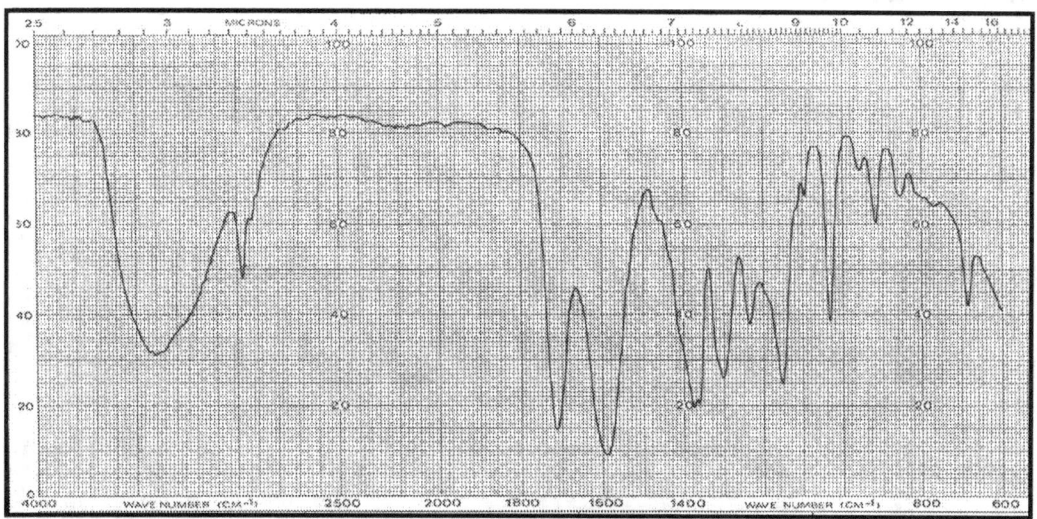

**801 - malonato di monoetile, sale di potassio**

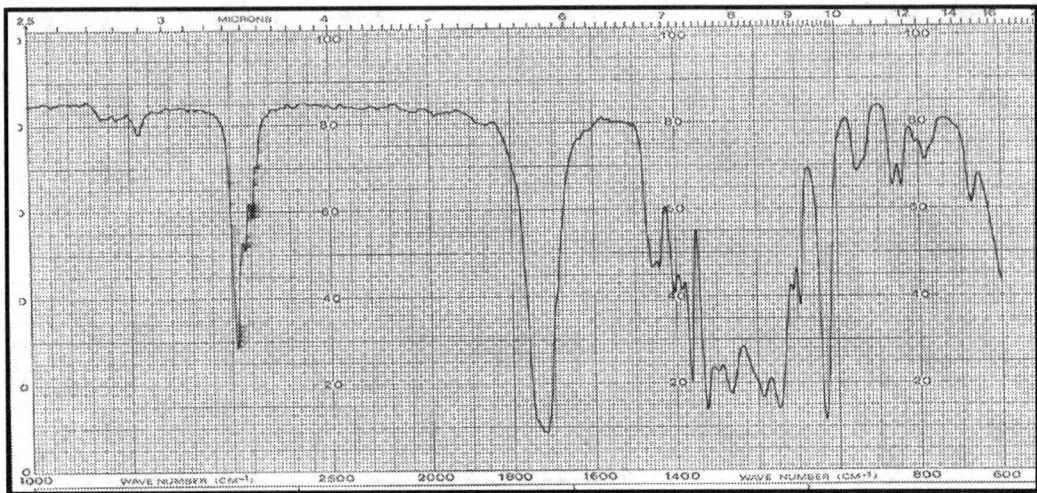

**802 - malonato di dietile**

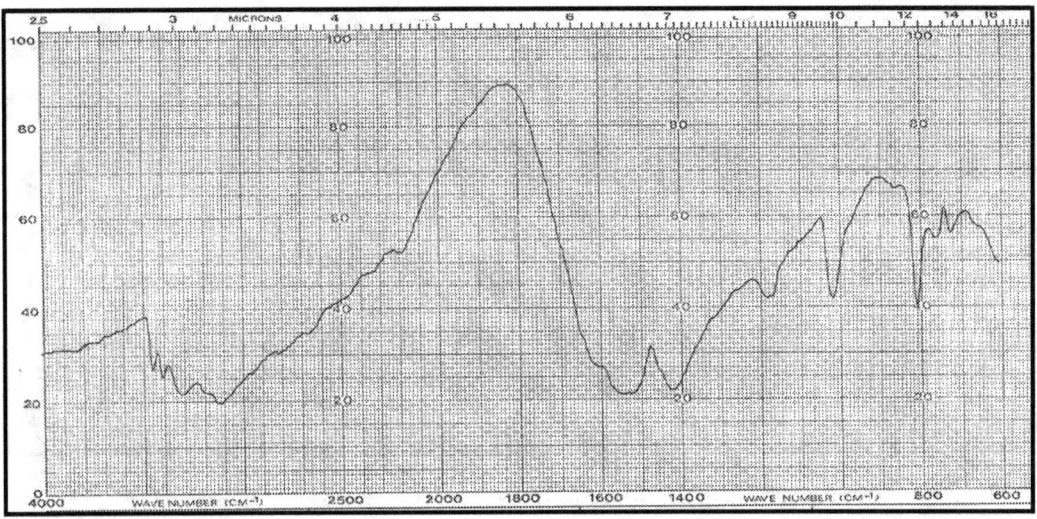

**803 - melammina**

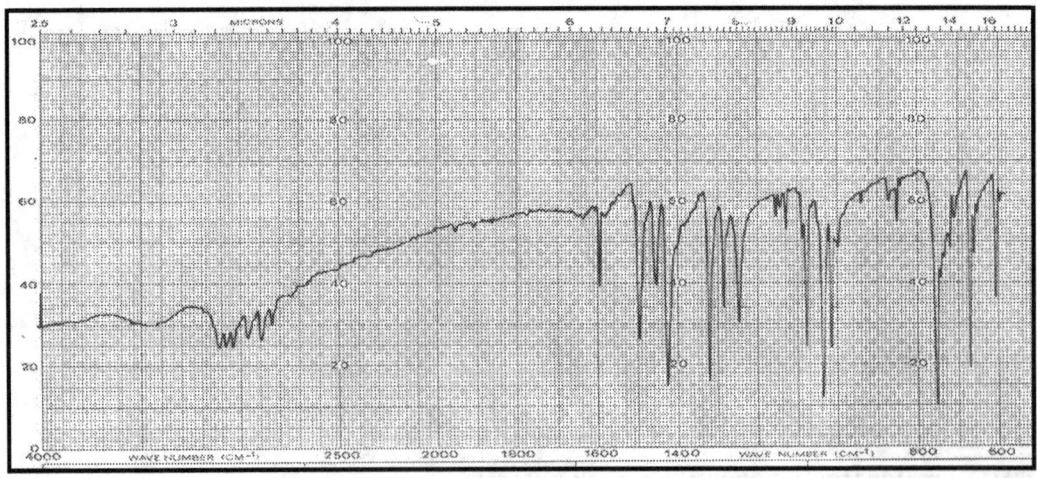

**804 - 2-mercaptobenzotiazolo**

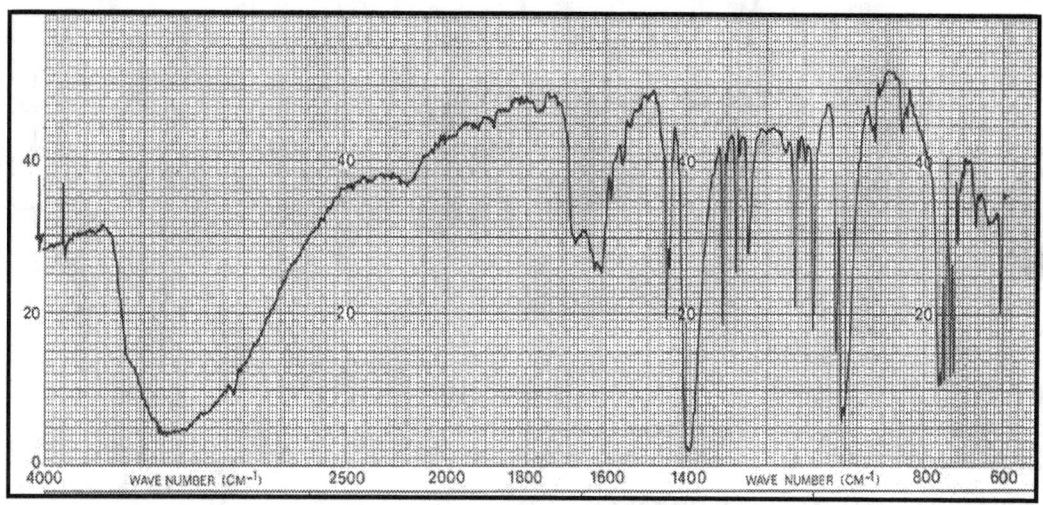

**805 - 2-mercaptobenzotiazolo, sale sodico**

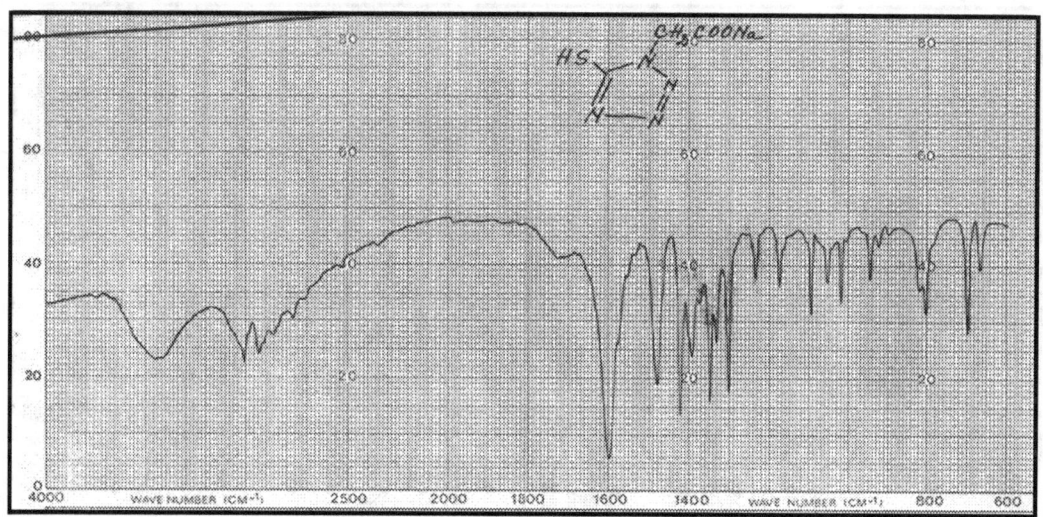

**806 - 5-mercapto-1,2,3,4-tetrazolilacetato sodico**

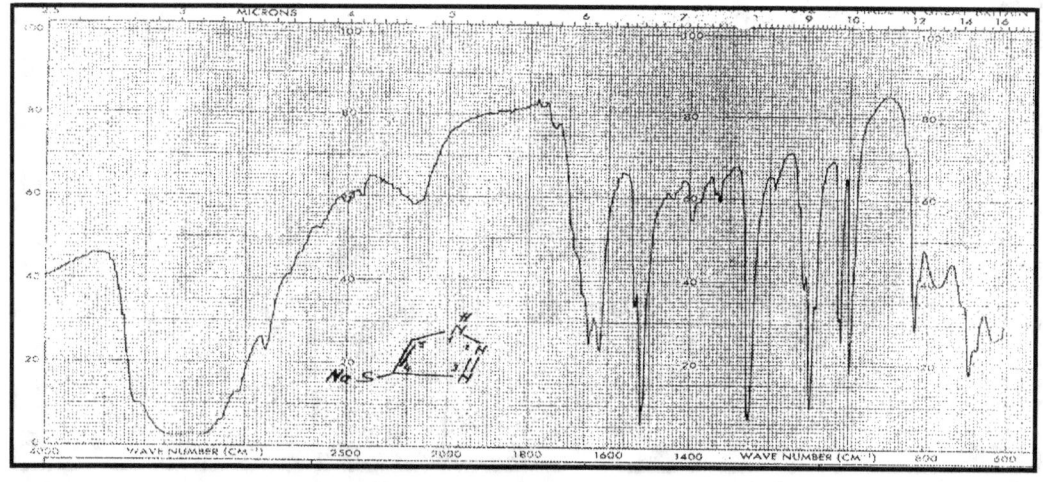

**807 - 4-mercapto-1,2,3-triazolo, sale sodico**

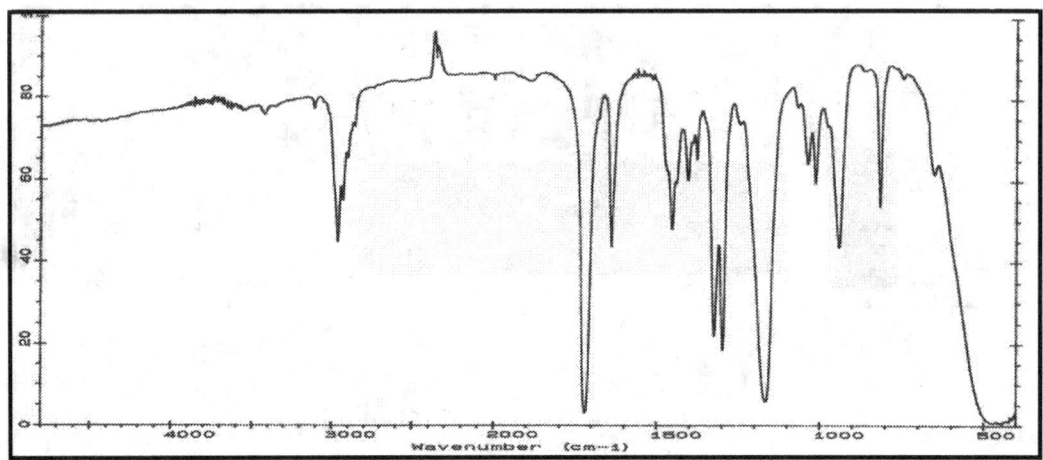

**808 - dimetacrilato di dietilenglicol**

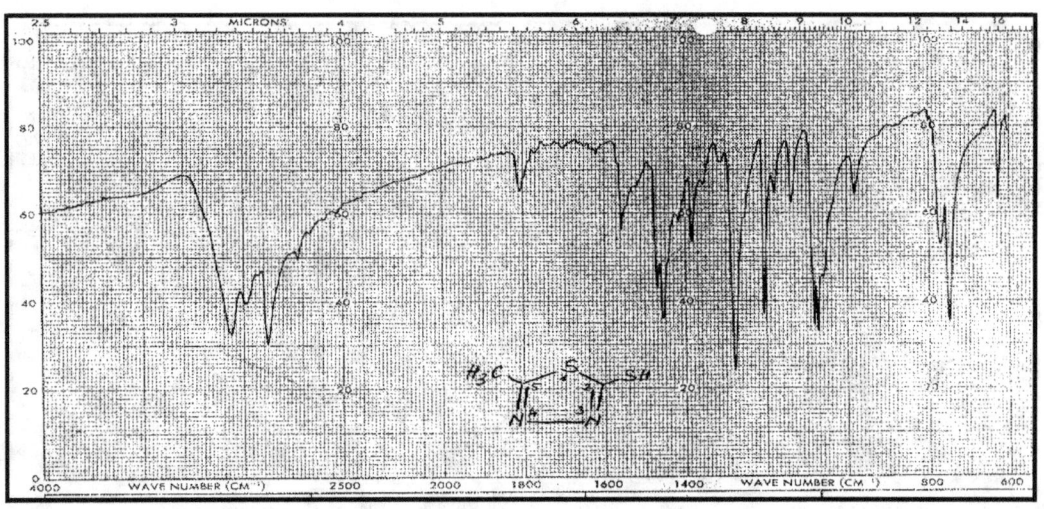

**809 - 2-mercapto-5-metil-1,3,4-tiadiazolo**

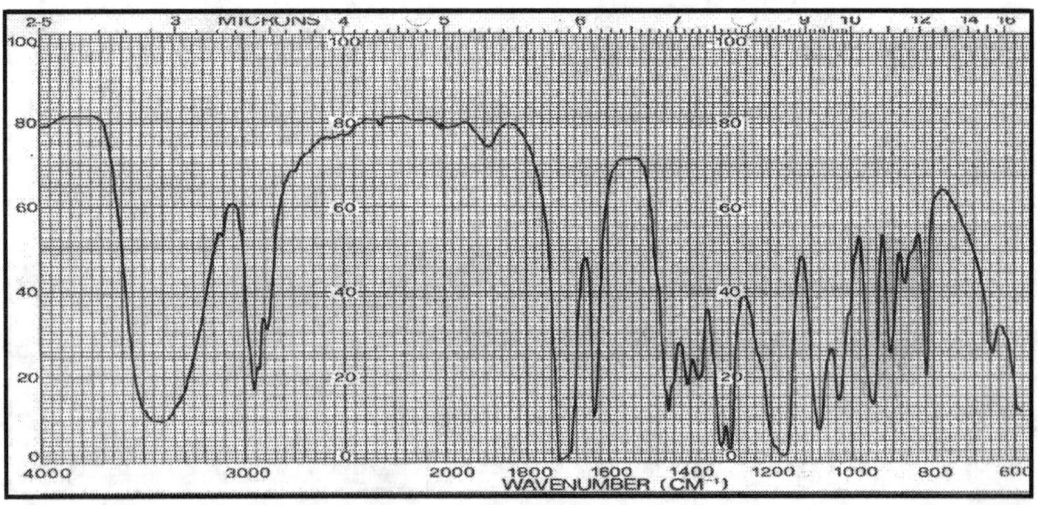

**810 - metacrilato di idrossietile**

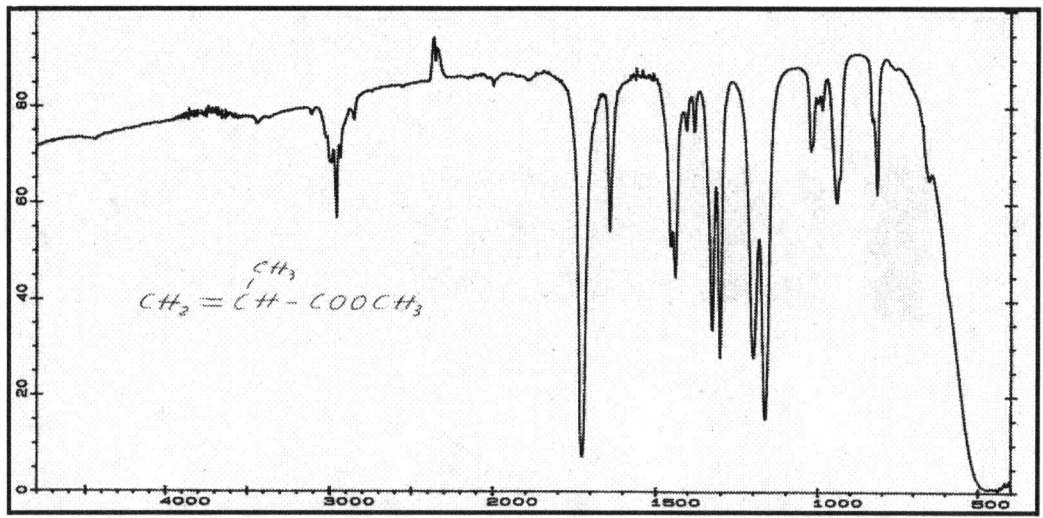

**811 - metacrilato di metile**

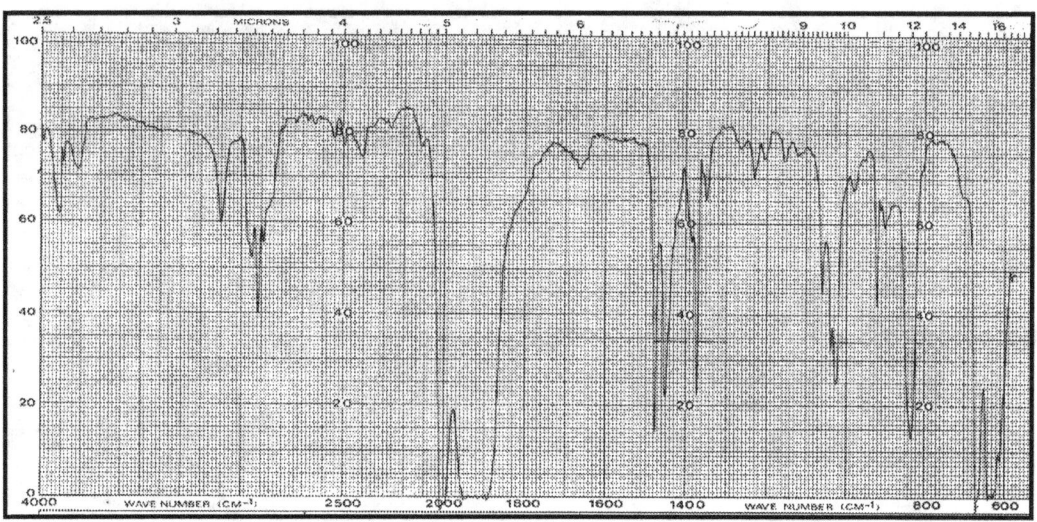

**812 - metil-ciclopentadienil-manganese tricarbonile**

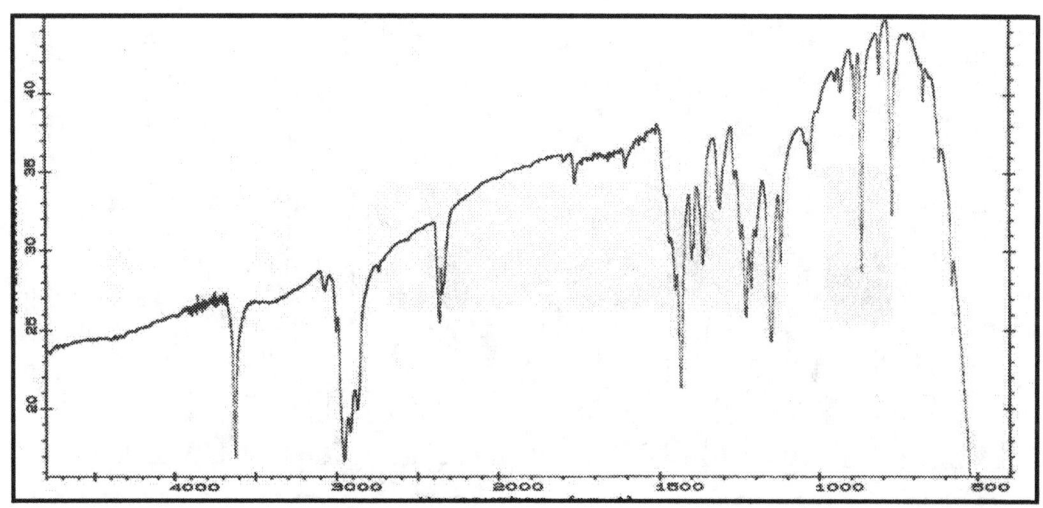

**813 - 4-metil-2.6-di-ter-butilfenolo**

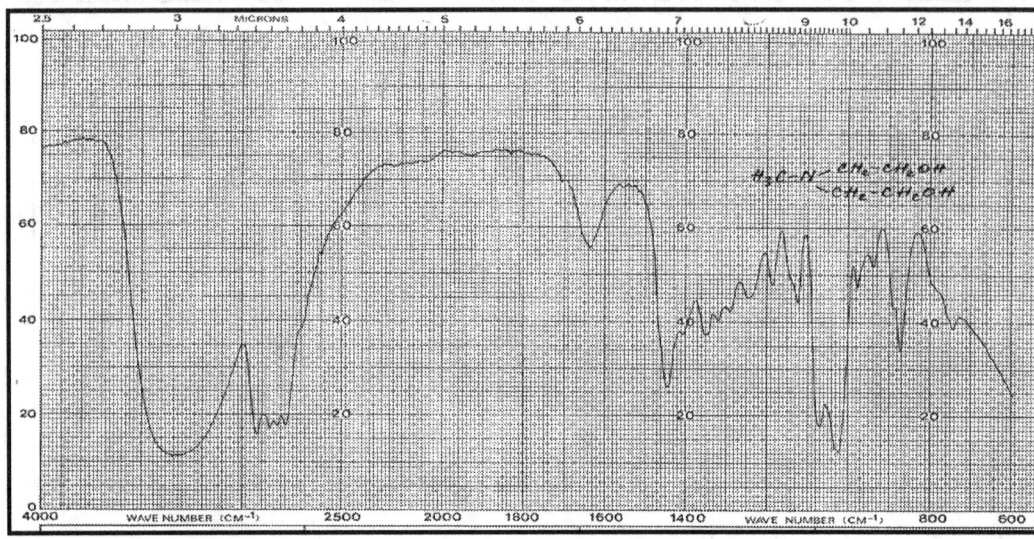

**814  -  Metildietanolammina**

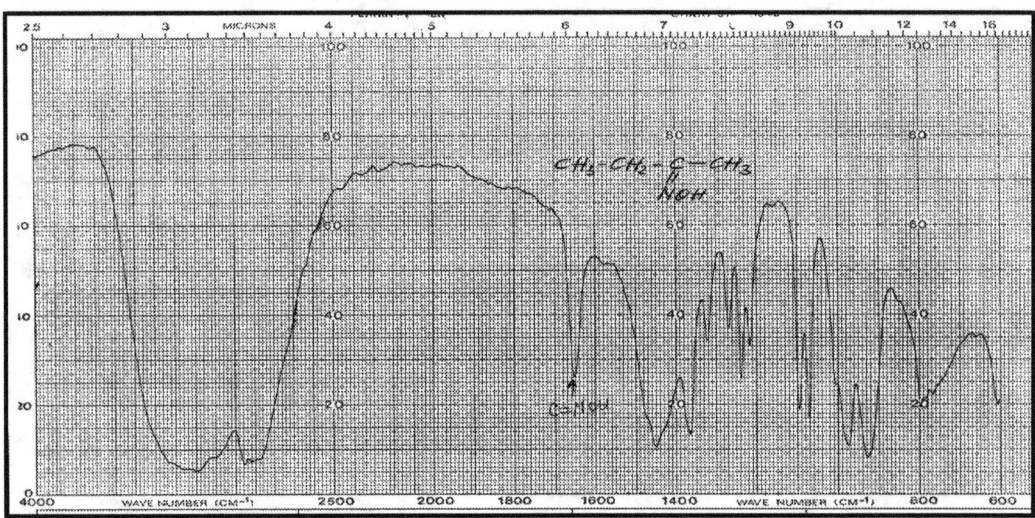

**815  -  Metil-etil-chetossima**

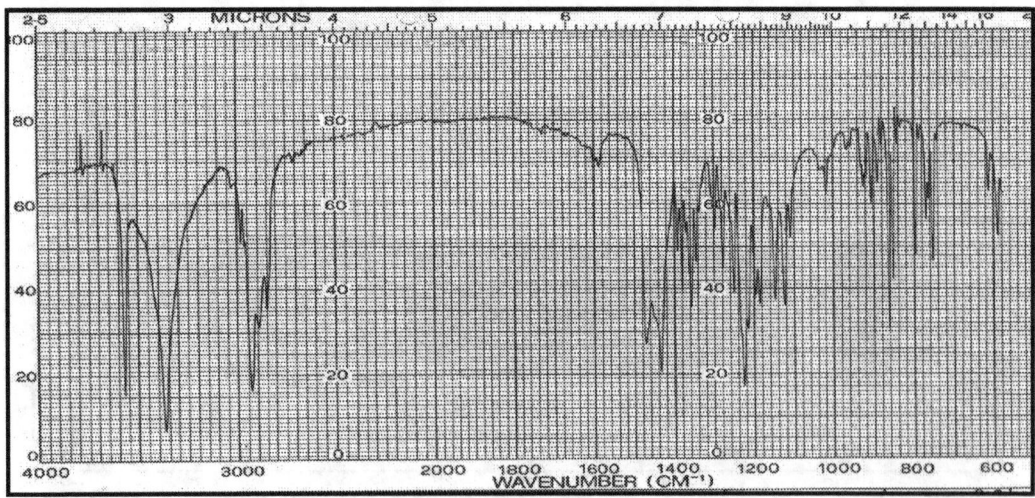

**816  -  2.2'-metilenbis-(4-metil-6-ter-butilfenolo)**

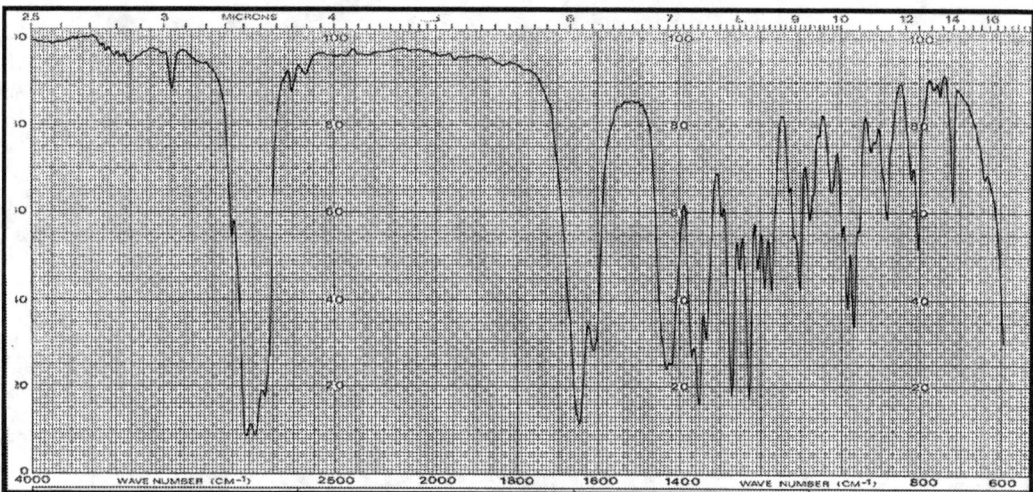

**817 - metilionone**

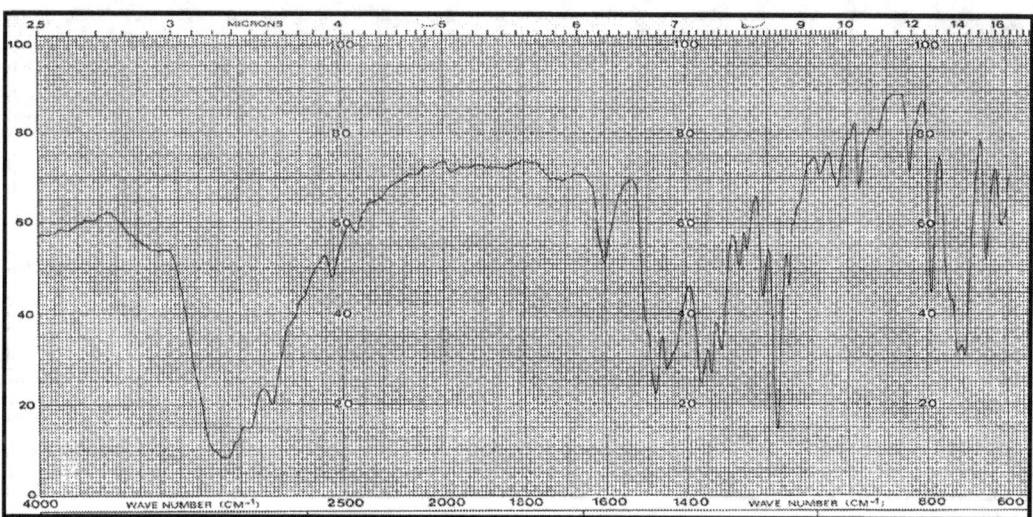

**818 - metilmercaptobenzimidazolo**

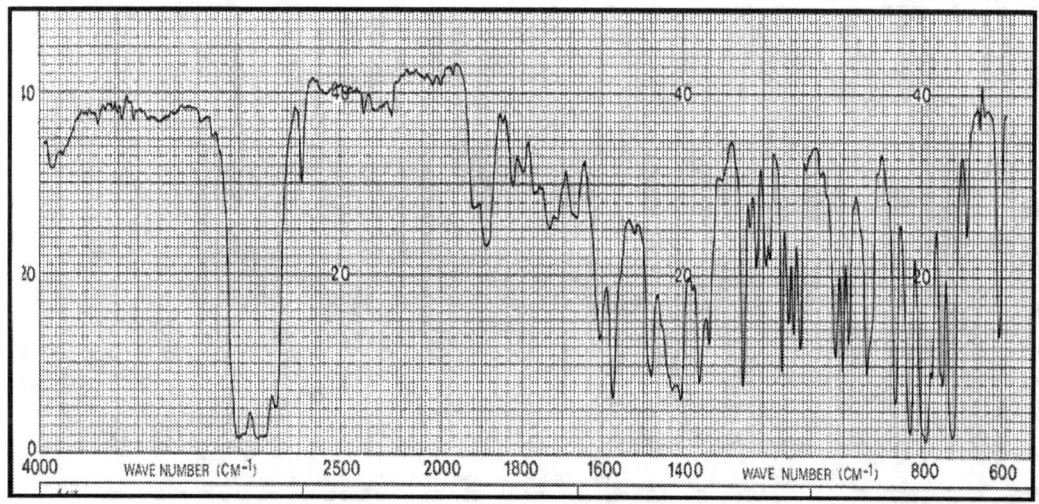

**819 - ß-metilnaftalene**

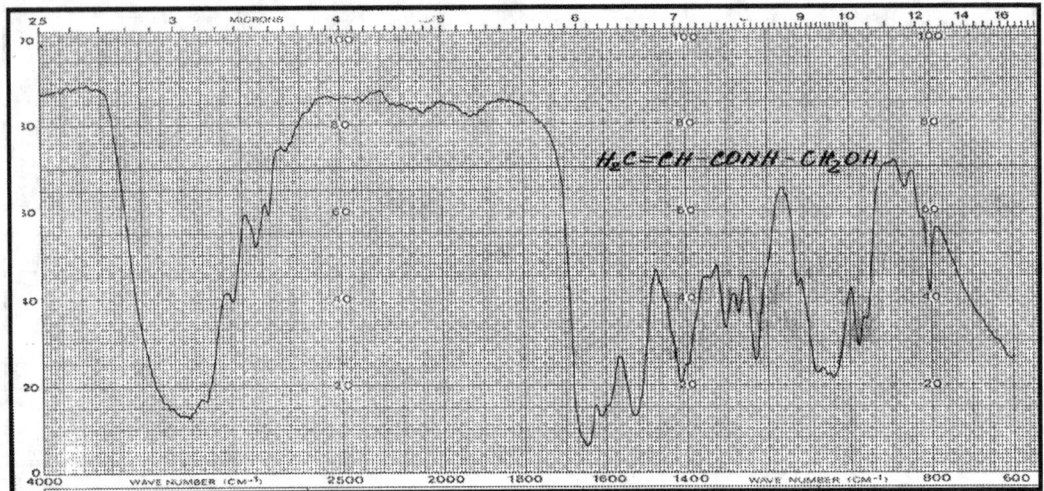

**820 - N-metilolacrilamide**

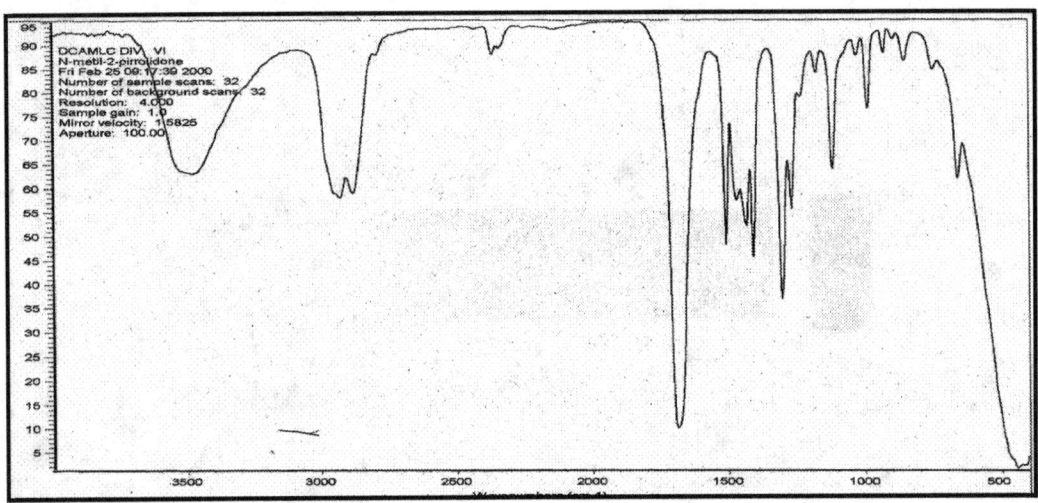

**821 - N-metil-2-pirrolidone**

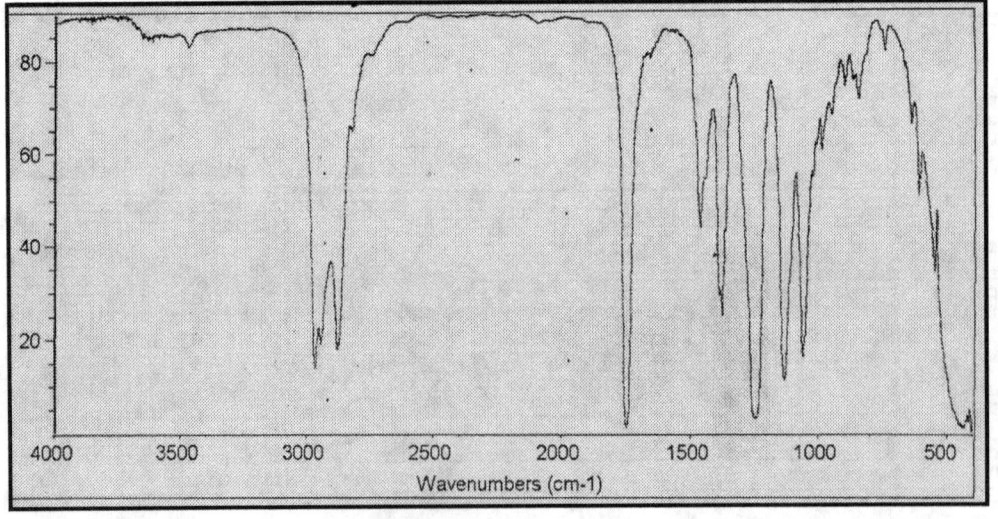

**822 - 2-metil-2-propil-1,3-propandiolo**

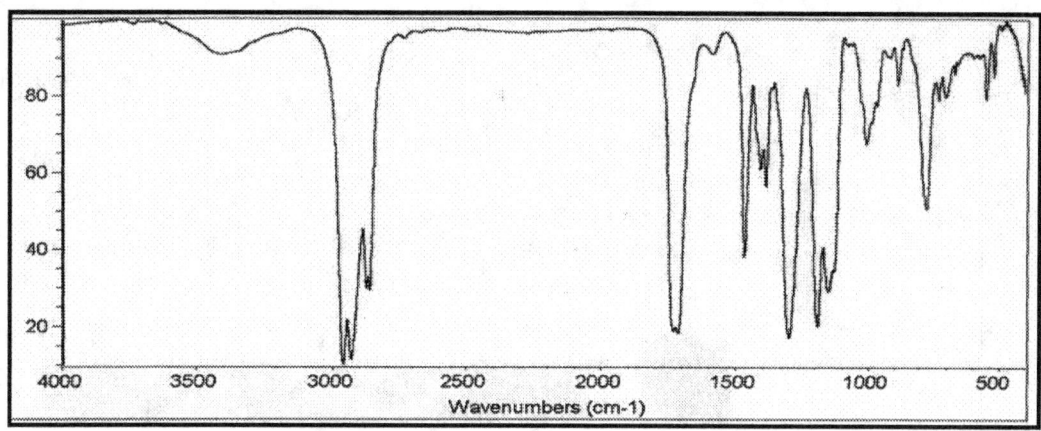

**823  -  metilstagno mercapturo**

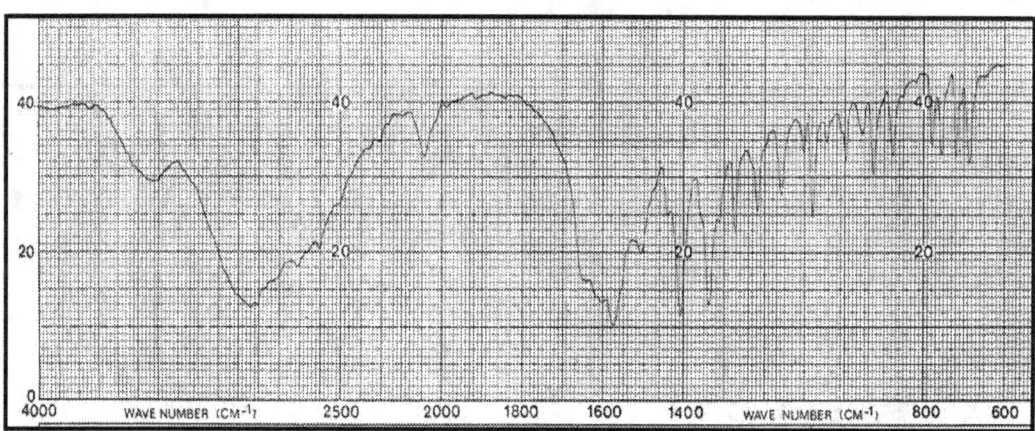

**824  -  metionina**

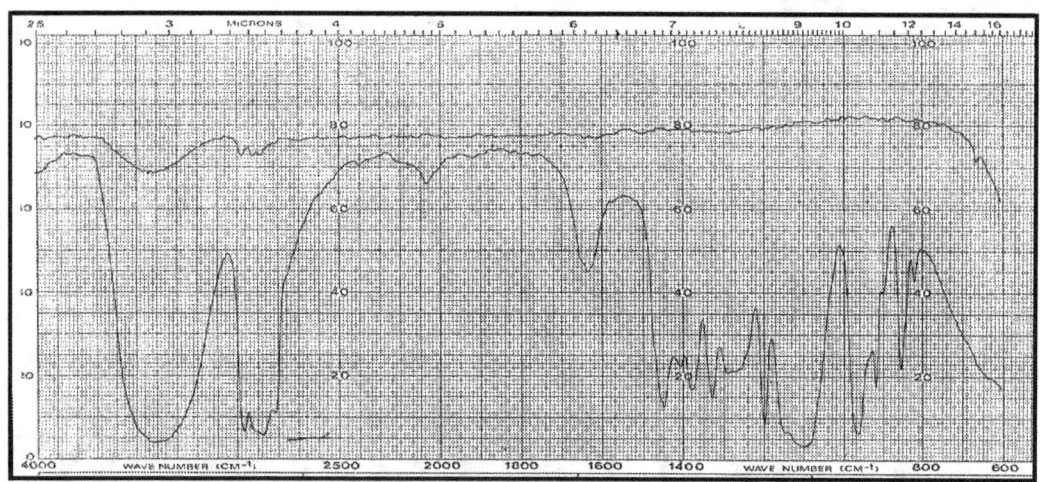

**825  -  metossipropanolo**

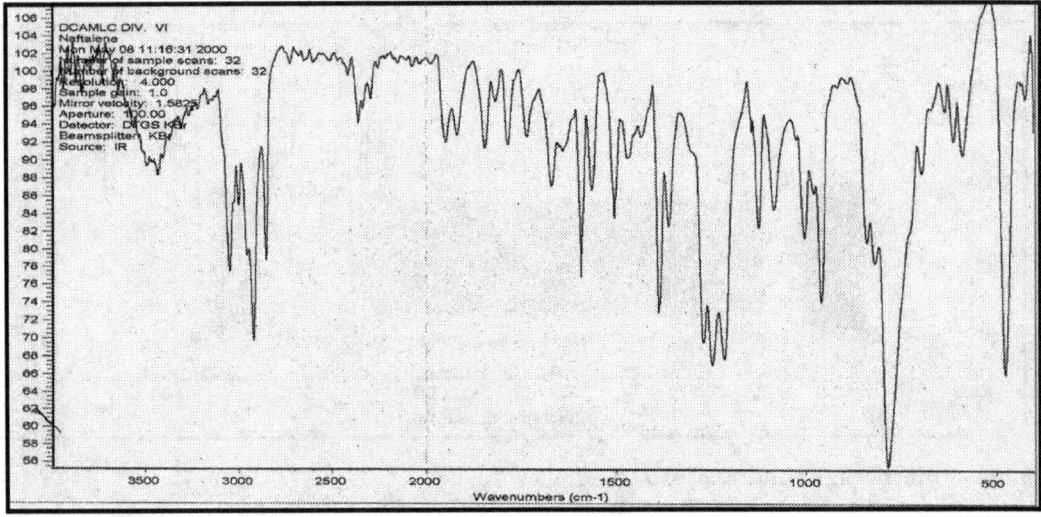

**826  -  naftalene**

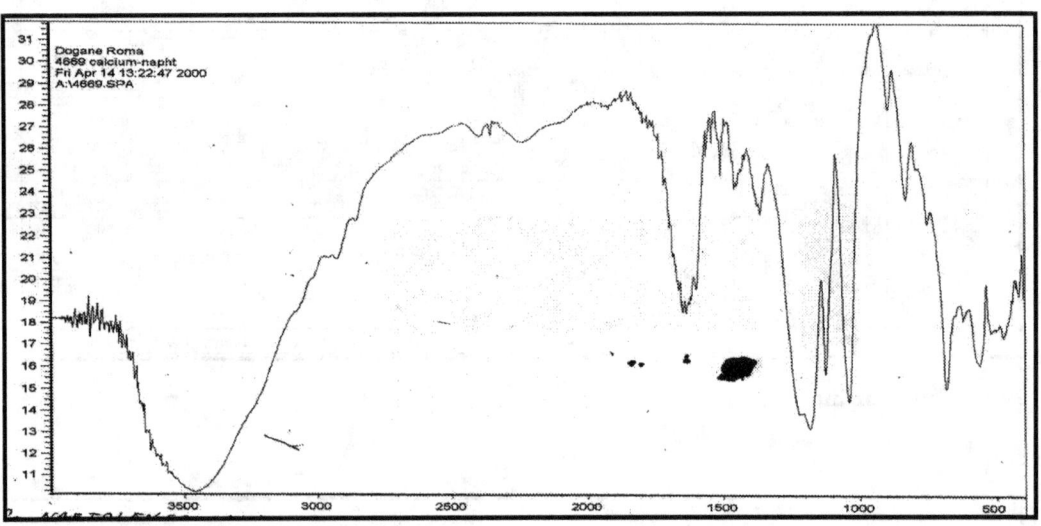

**827  -  naftalensolfonato di calcio**

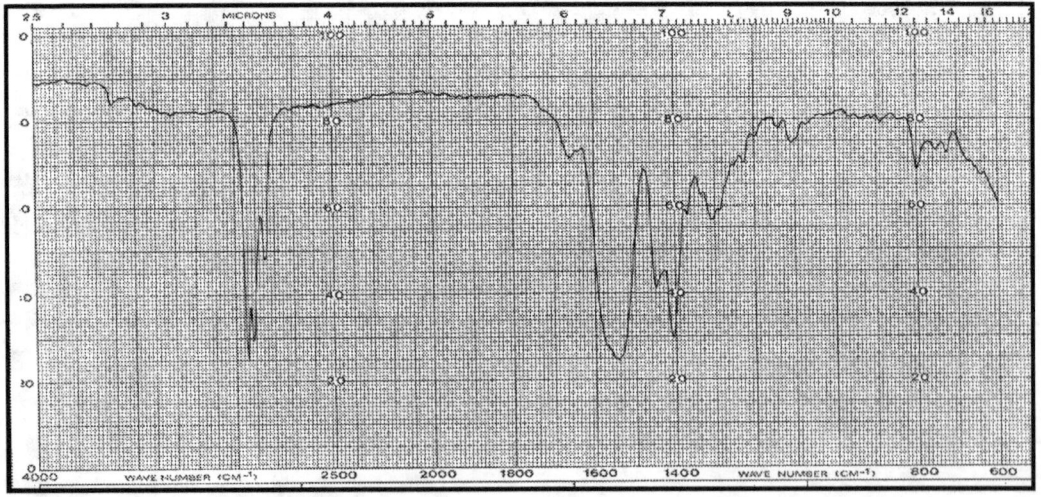

**828  -  Naftenato di cobalto**

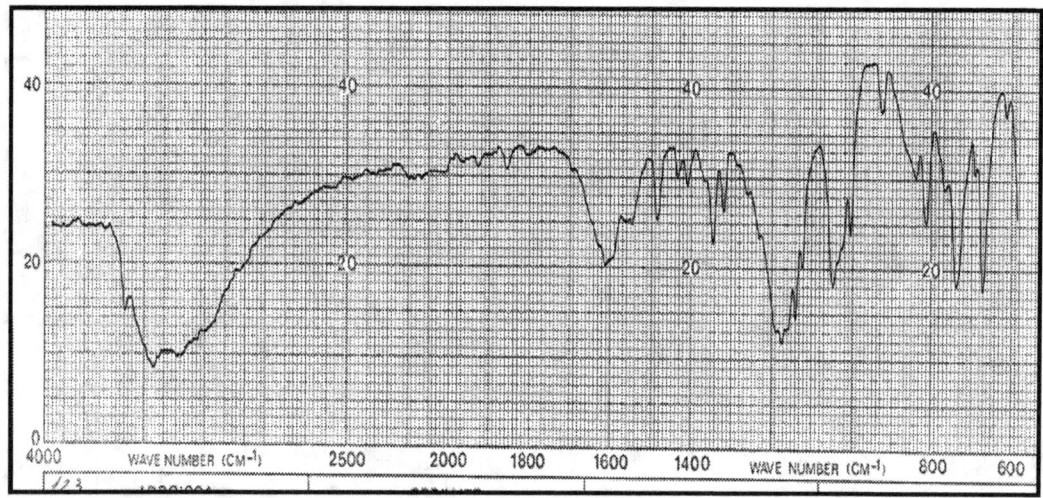

**829 - Naftionato di sodio**

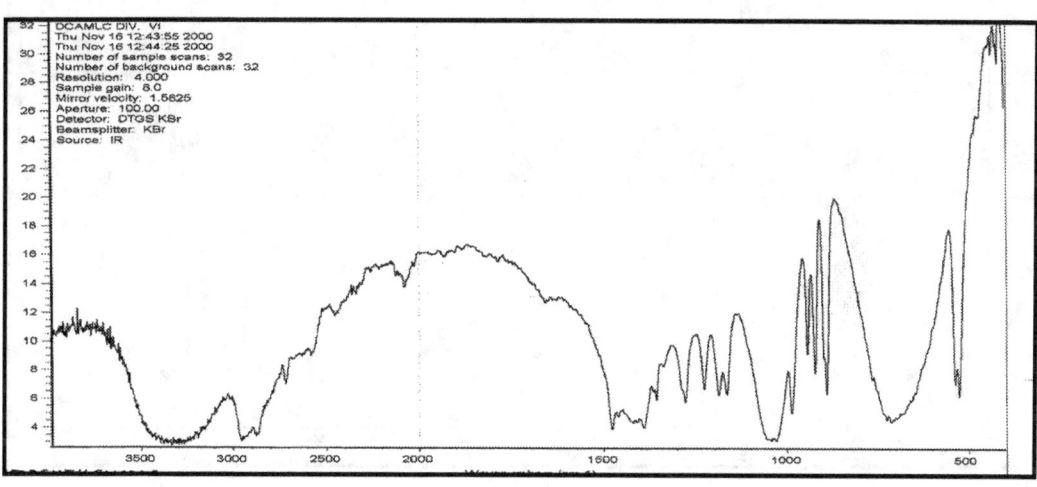

**830 - Neopentilglicol**

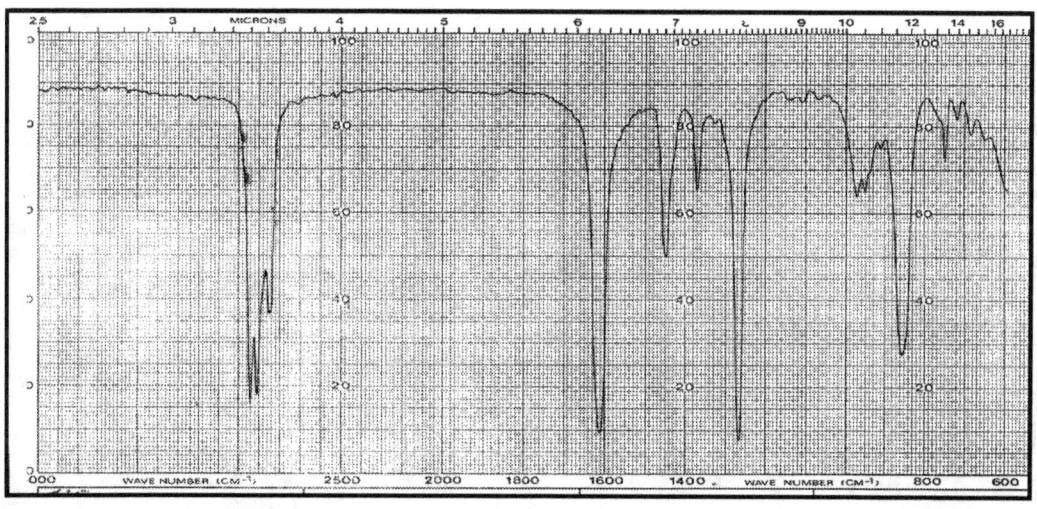

**831 - Nitrato di ottile**

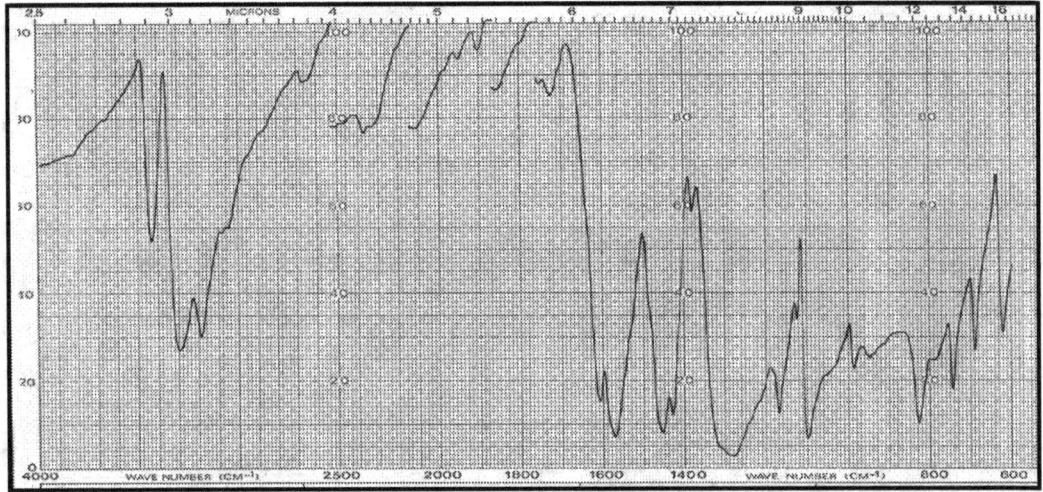

**832 - p-nitroanilina**

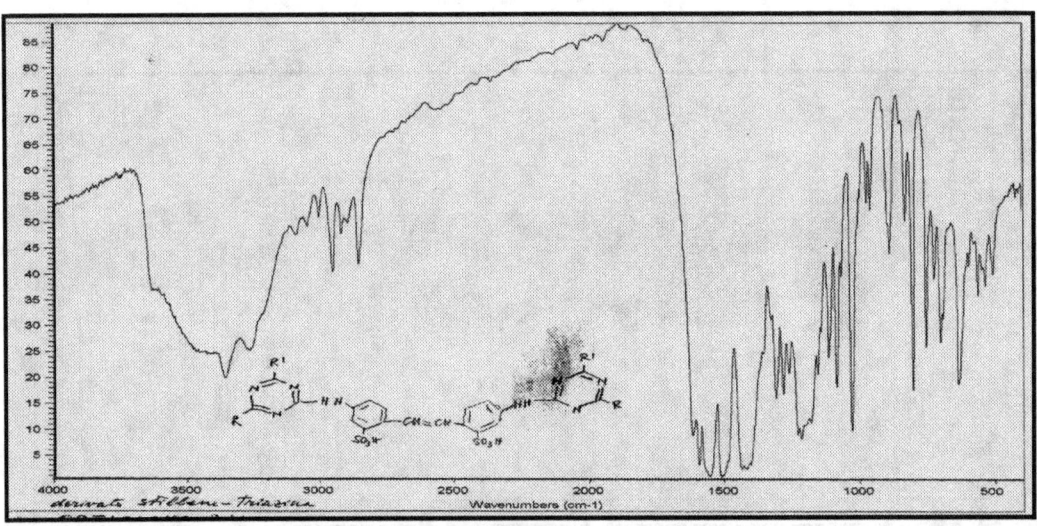

**833 - OPTIBLANC (derivato stilbene-triazina)**

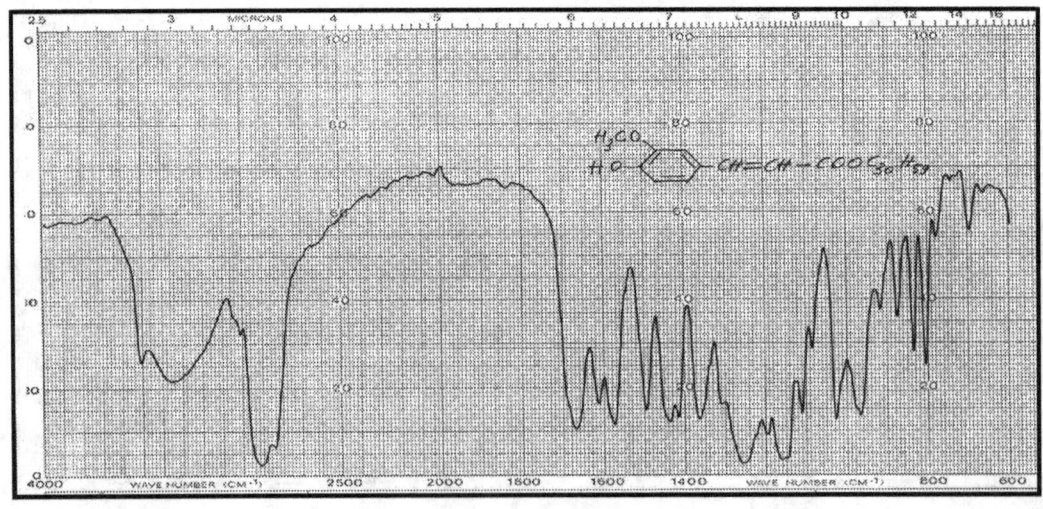

**834 - γ-orizanolo**

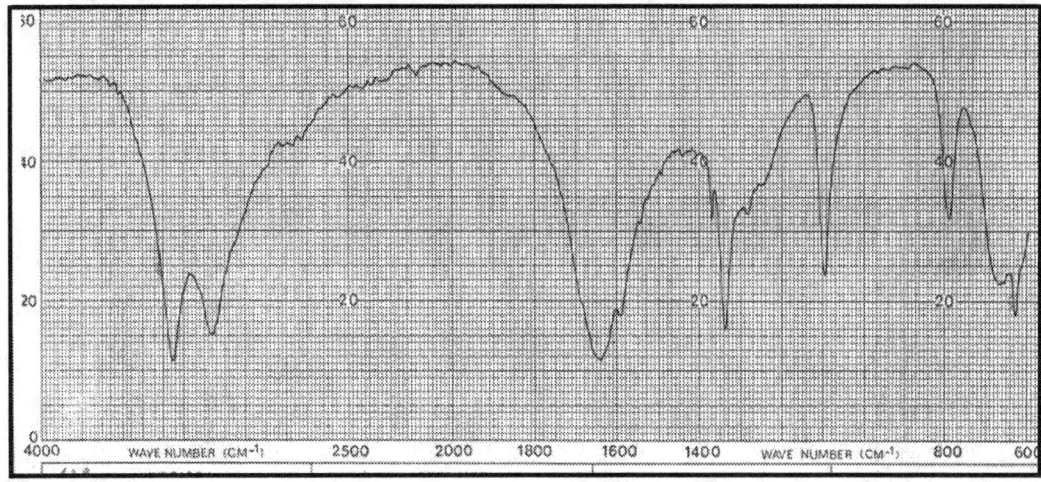

**835 - ossalammide**

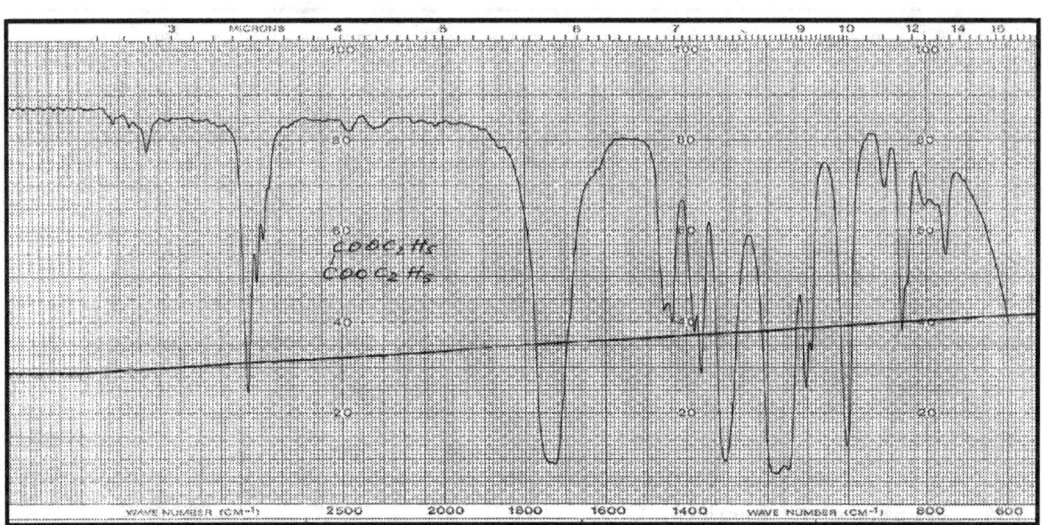

**836 - ossalato di dietile**

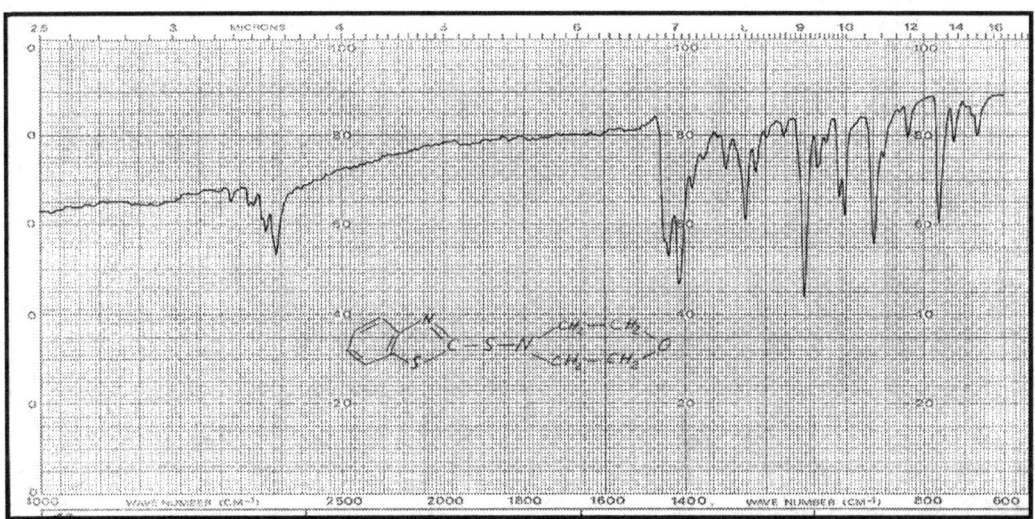

**837 - N-ossidietilen-2-benzotiazolsulfenamide**

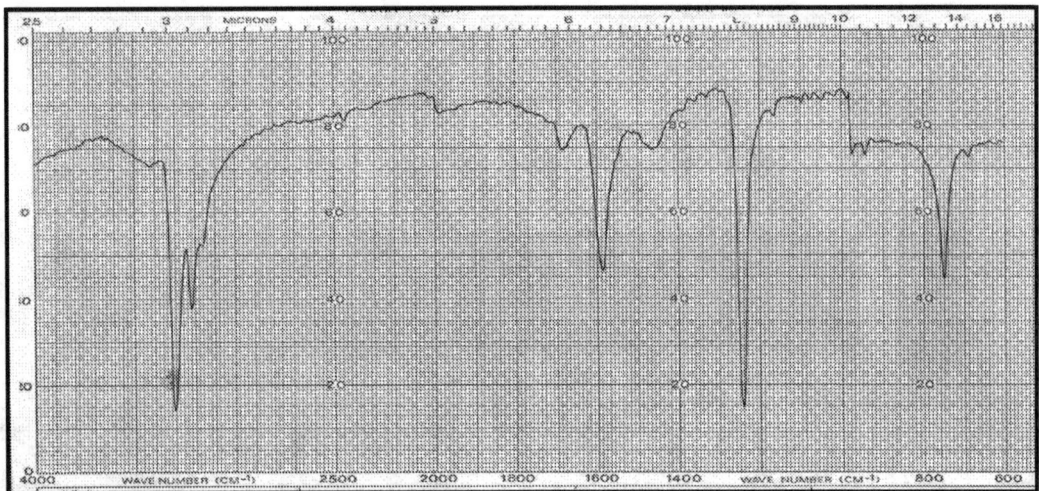

**838 - Palladio diamino dicloruro**

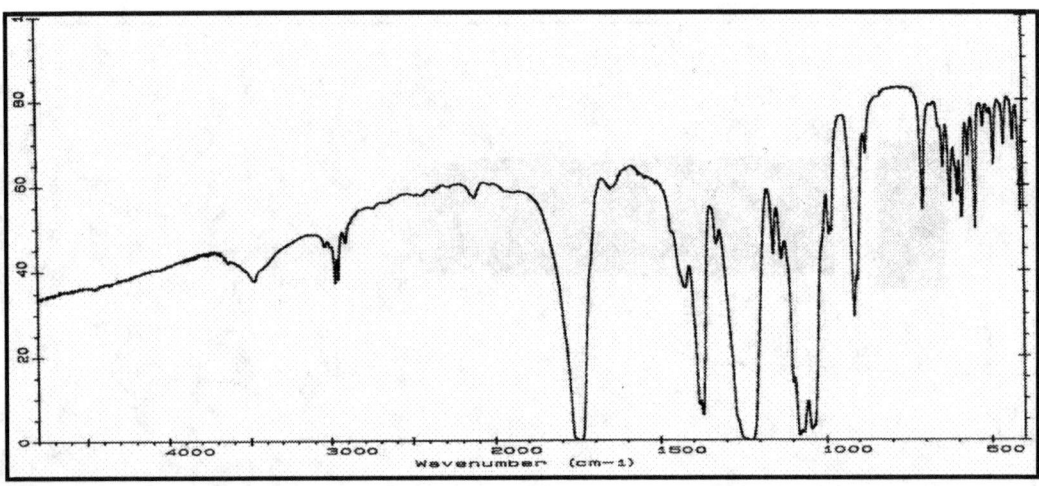

**839 - Pentaacetilglucosio**

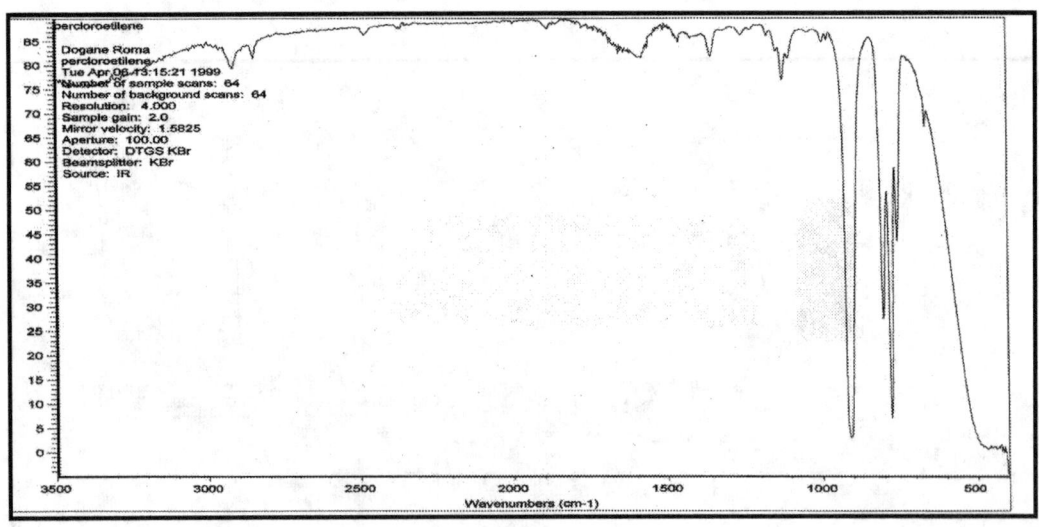

**840 - percloroetilene**

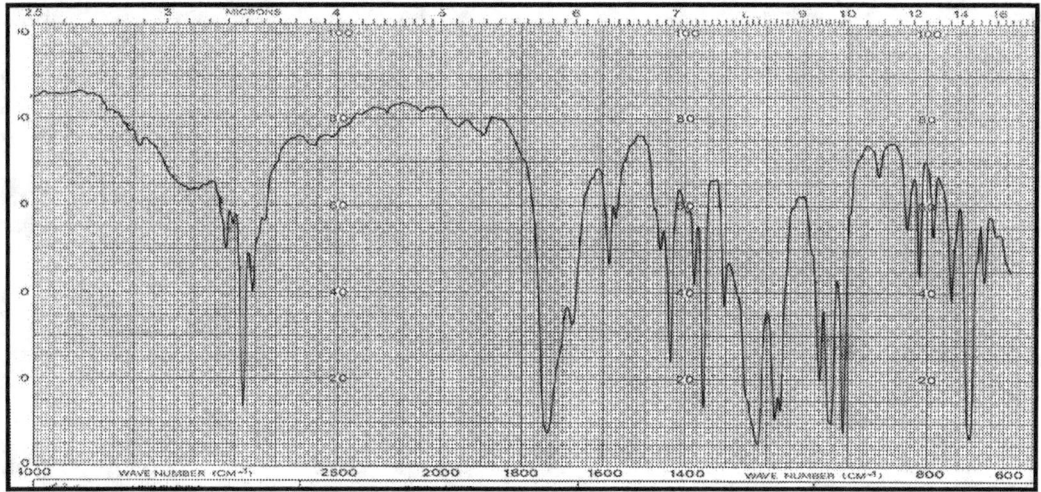

**841 - perbenzoato di ter-butile**

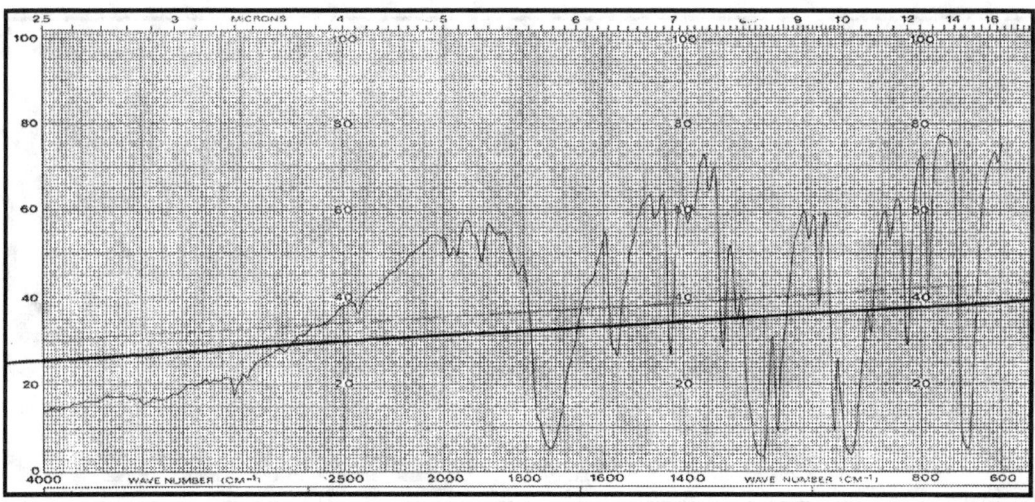

**842 - perossido di benzoile**

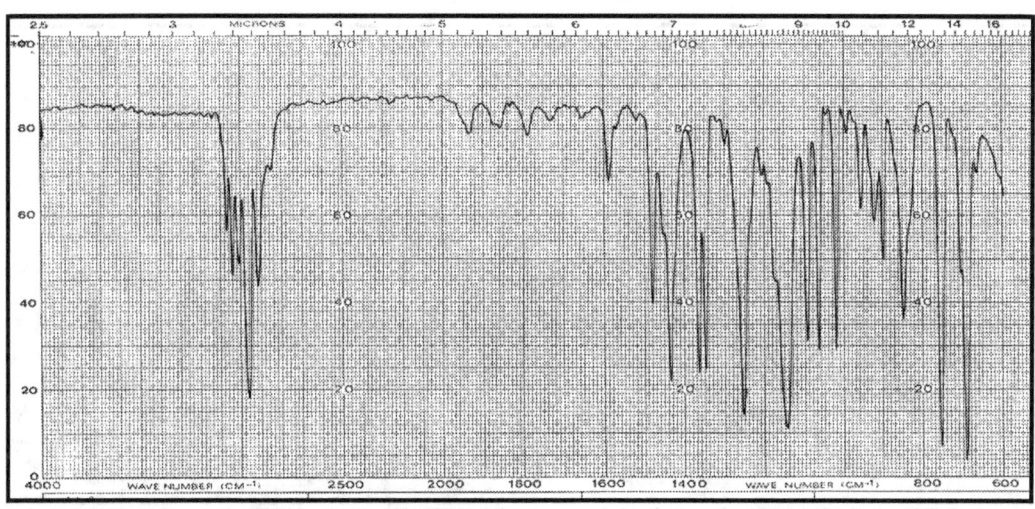

**843 - perossido di dicumile**

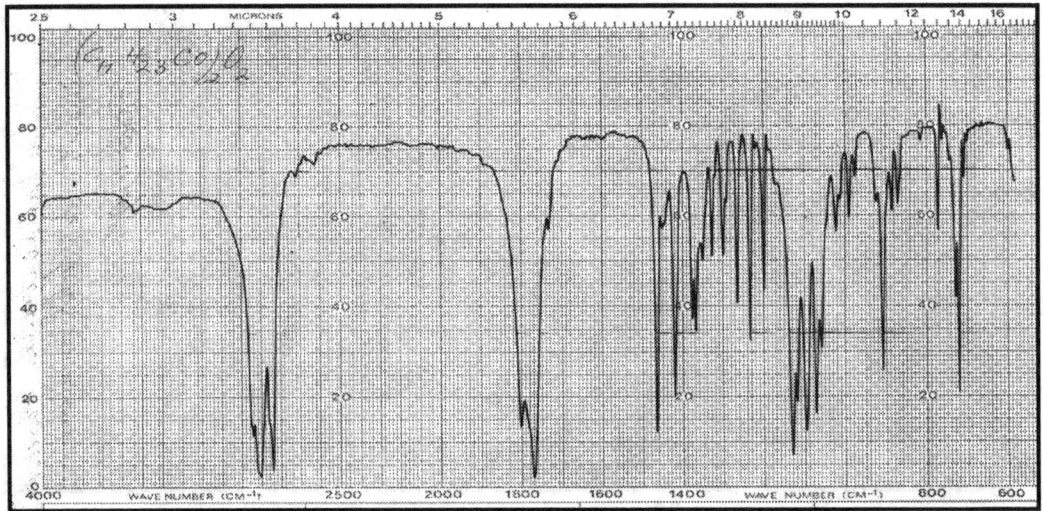

**844 - perossido di lauroile**

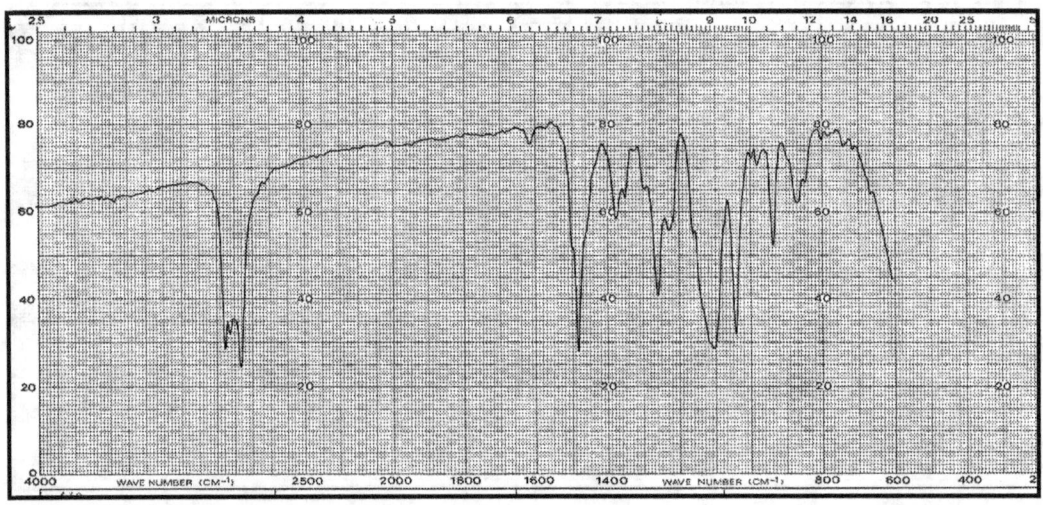

**845 - piperonilbutossido**

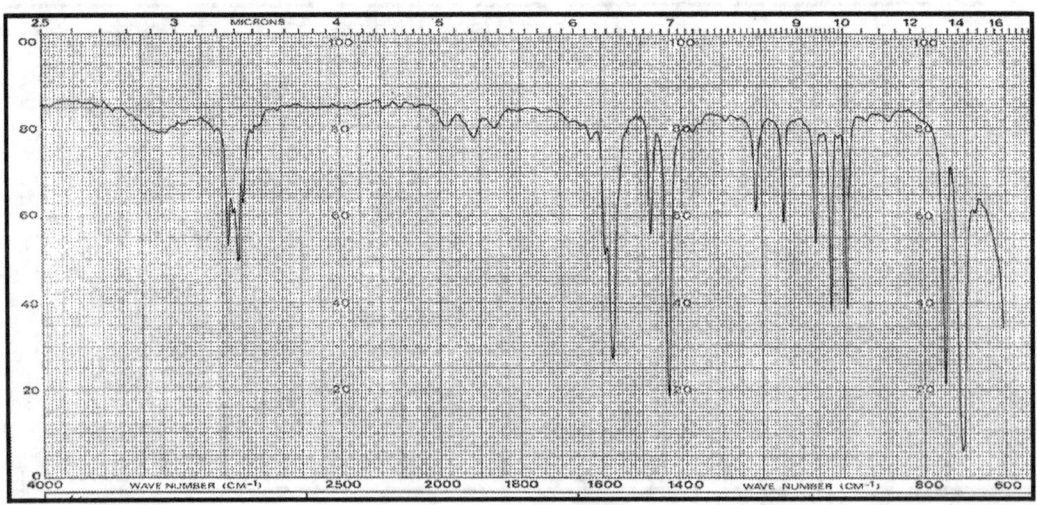

**846 - Piridina**

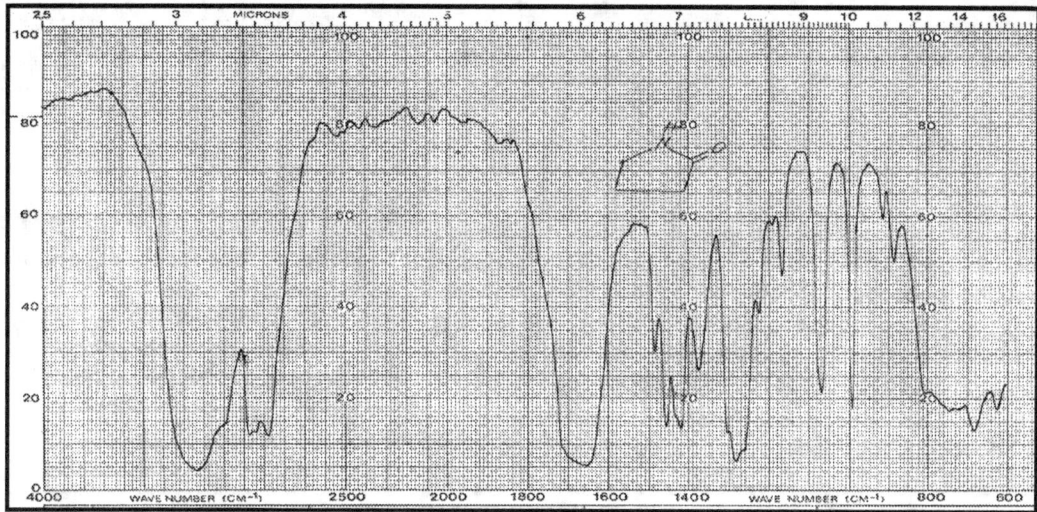

**847 - 2-pirrolidone**

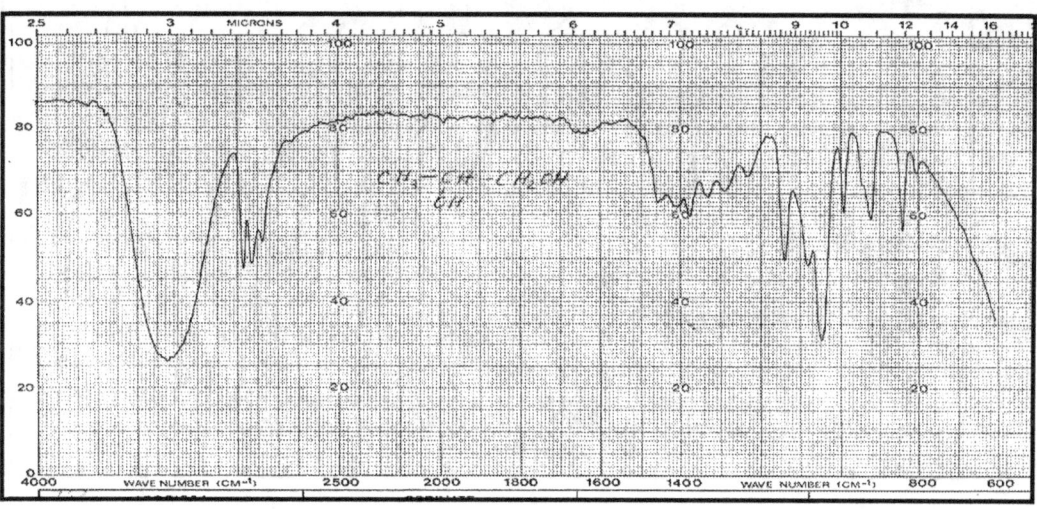

**848 - 1,2-propandiolo**

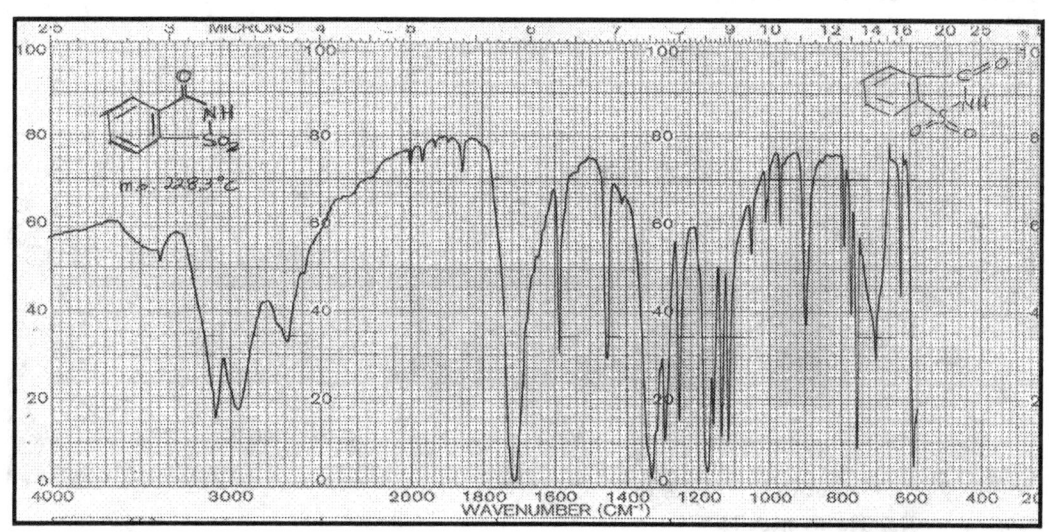

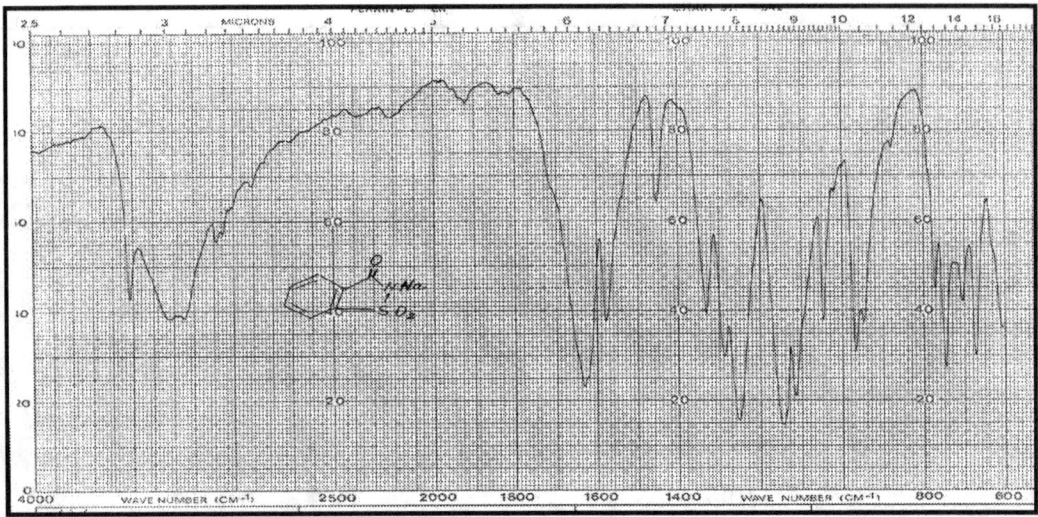

**850  -  saccarina, sale sodico**

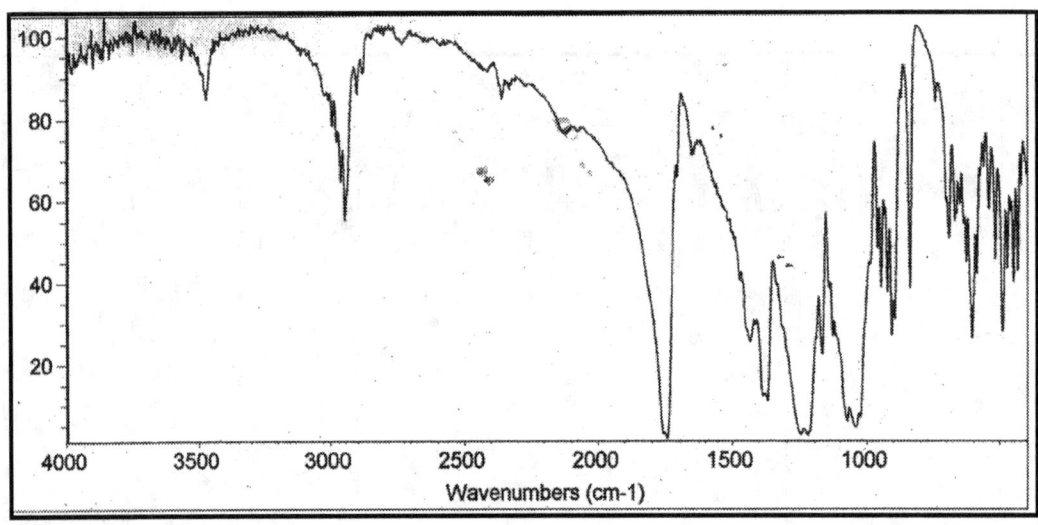

**851  -  saccarosio ottaacetato**

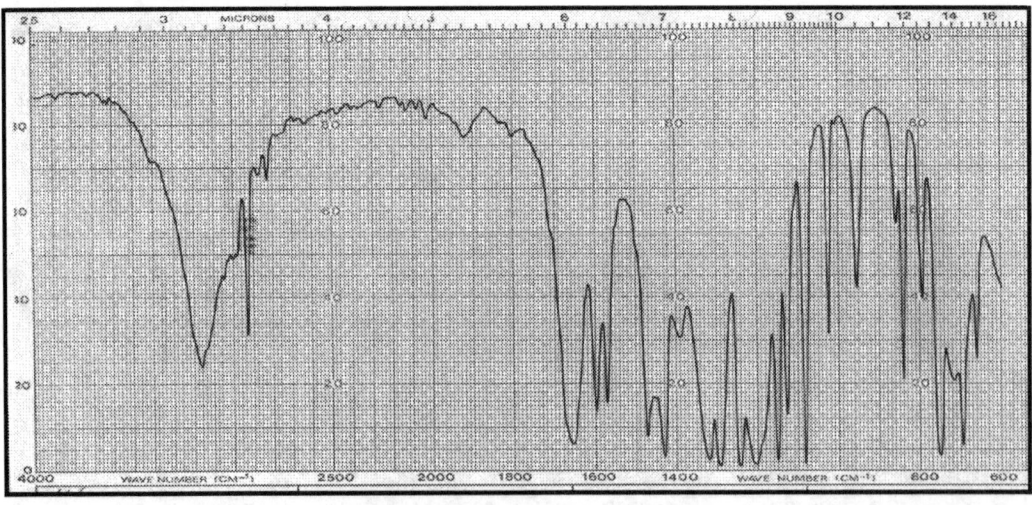

**852  -  salicilato di metile**

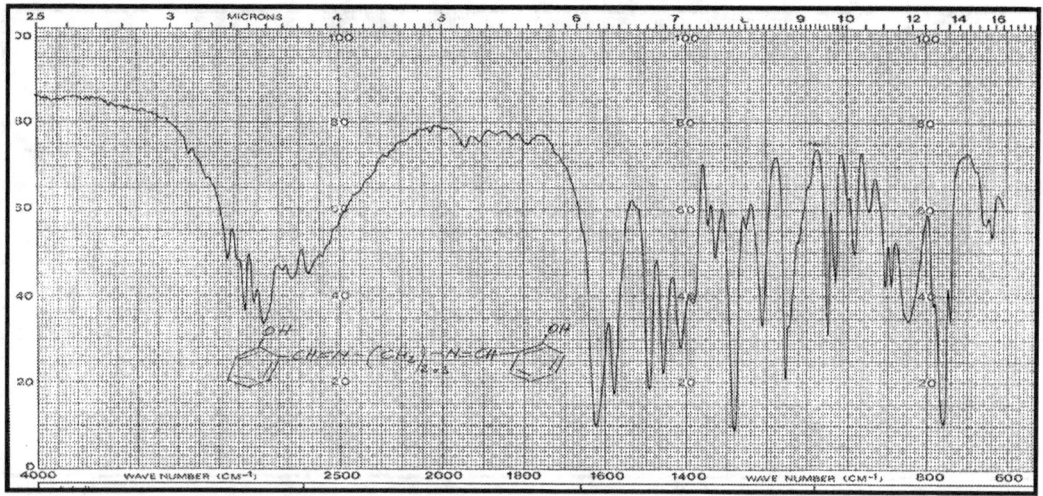

**853  -  N,N'saliciliden-1,2-diaminoetano**

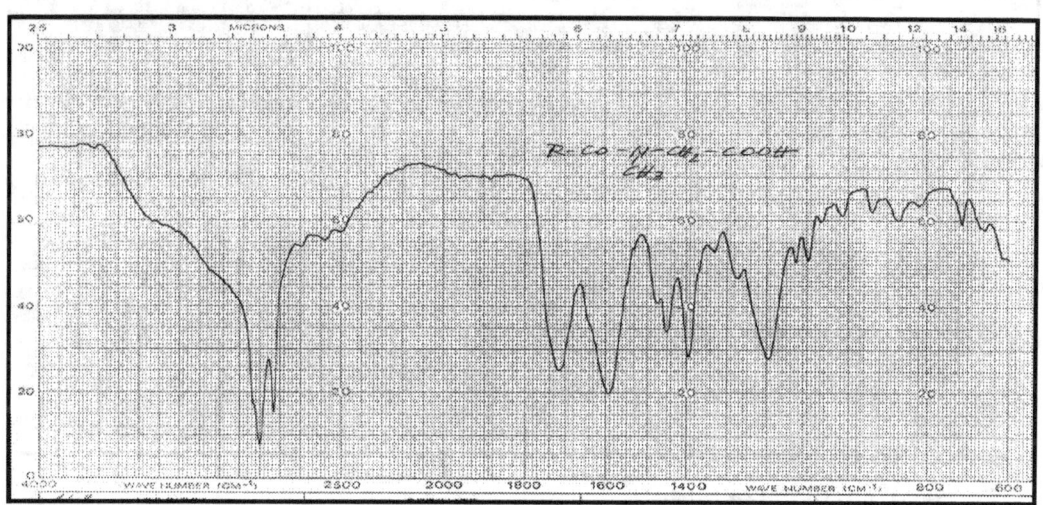

**854  -  Sarcoside di un acido grasso, in forma acido**

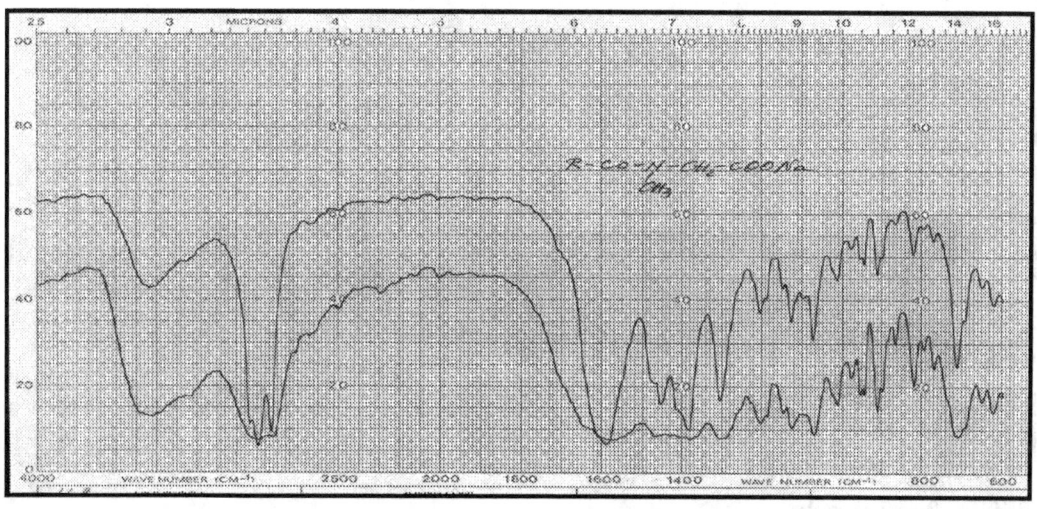

**855  -  Sarcoside di un acido grasso, sale sodico**

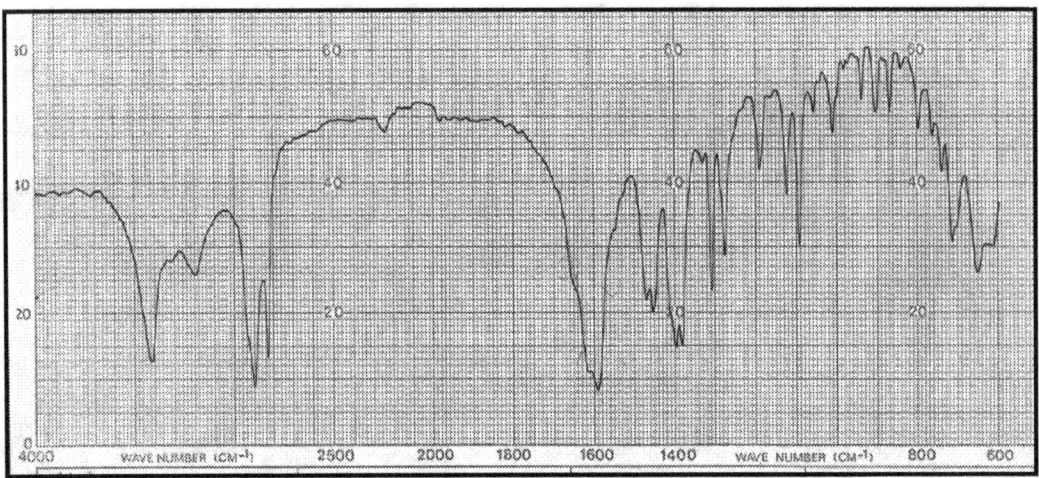

**856 - Sarcoside dell'acido laurico, sale sodico**

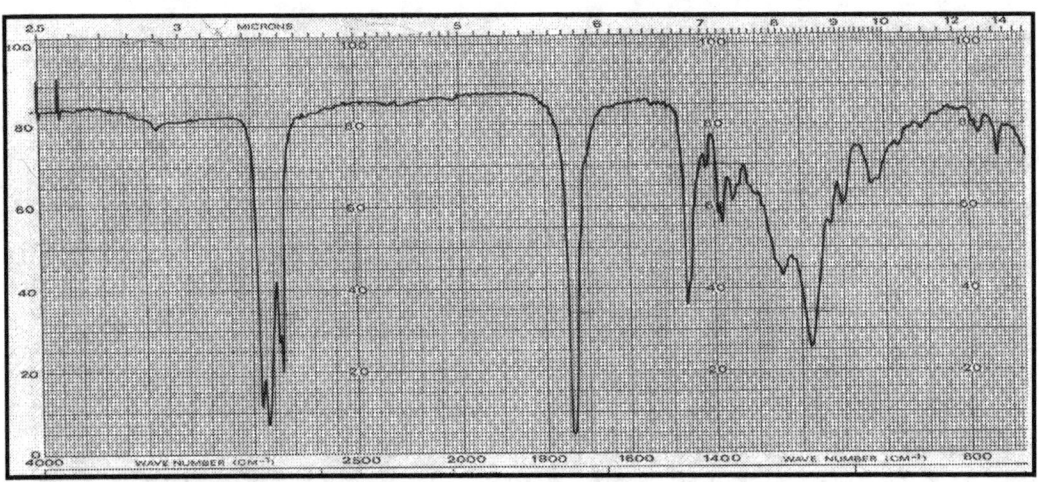

**857 - sebacato di di-(2-etilesile)**

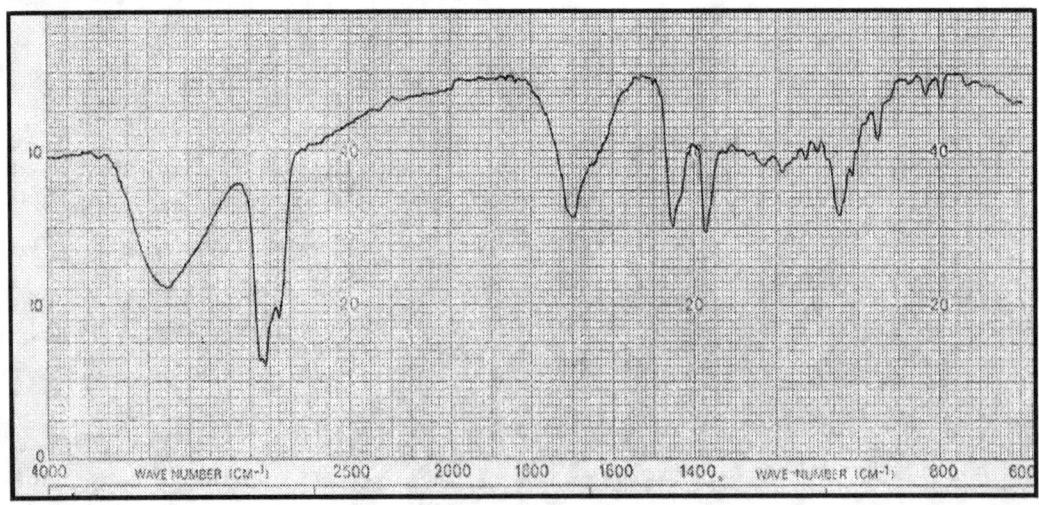

**858 - β-sitosterolo**

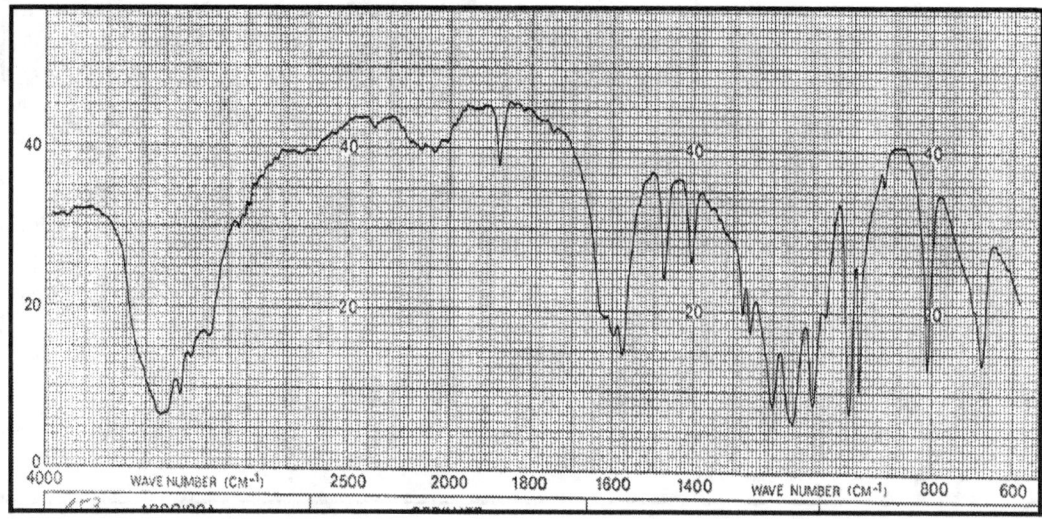

**859 - solfanilato di sodio**

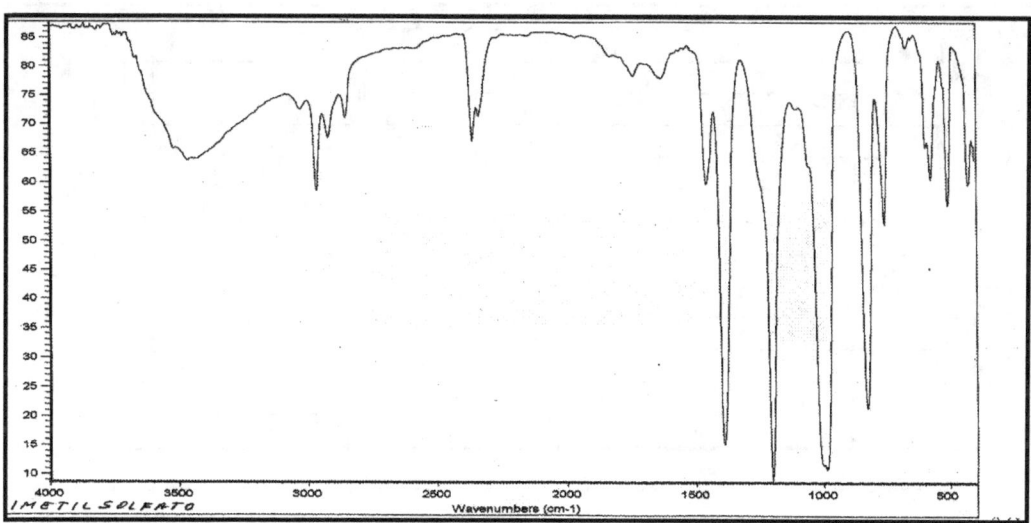

**860 - solfato di dimetile**

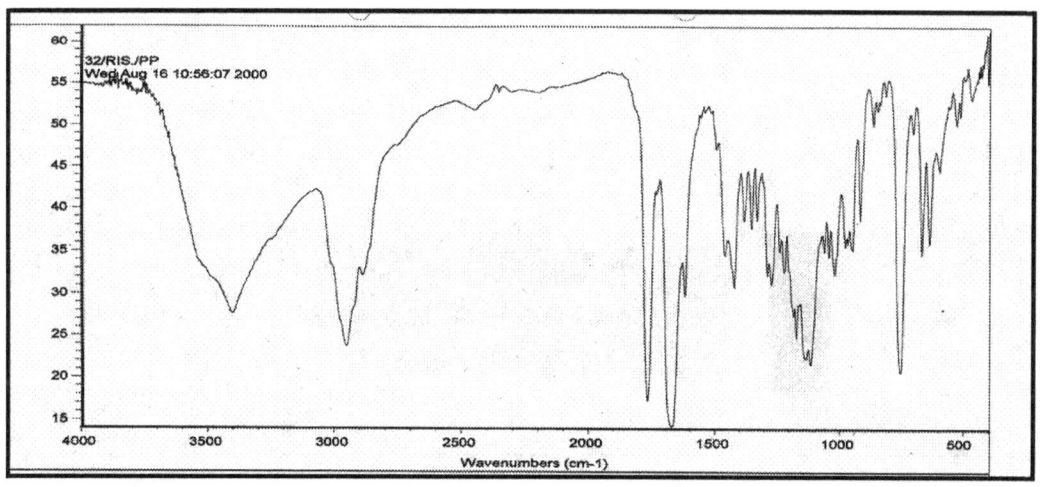

**861 - spironolattone**

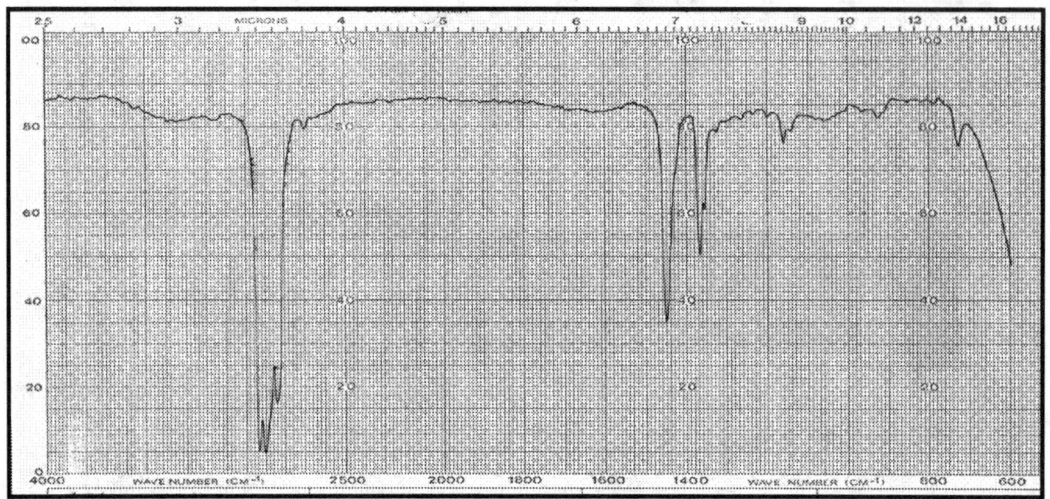

**862 - squalano**

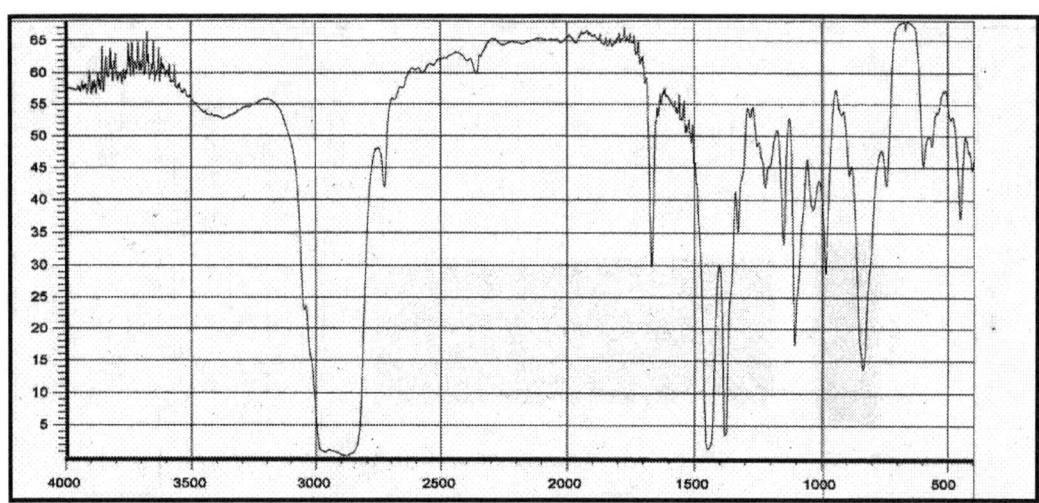

**863 - squalene**

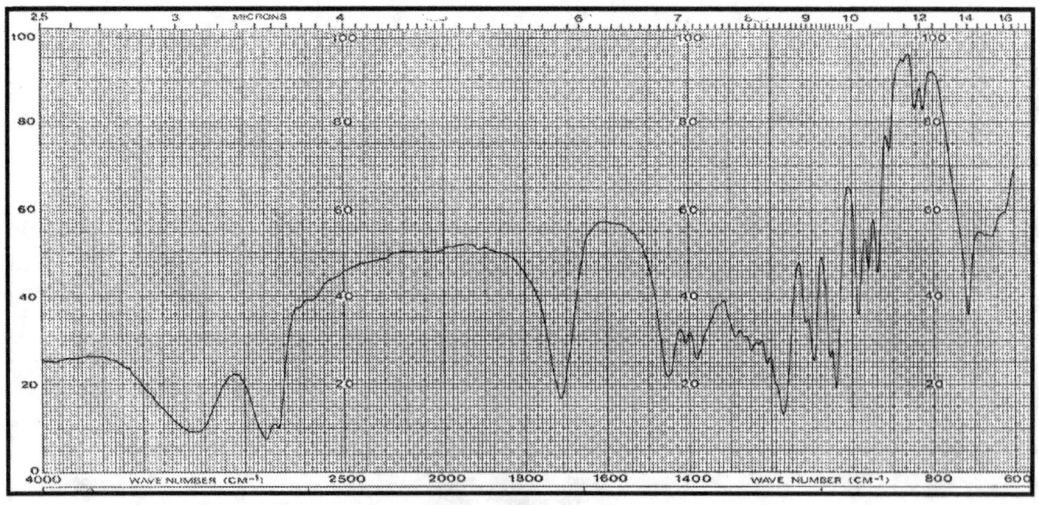

**864 - mono-, di- e tri-stearato di glicerina**

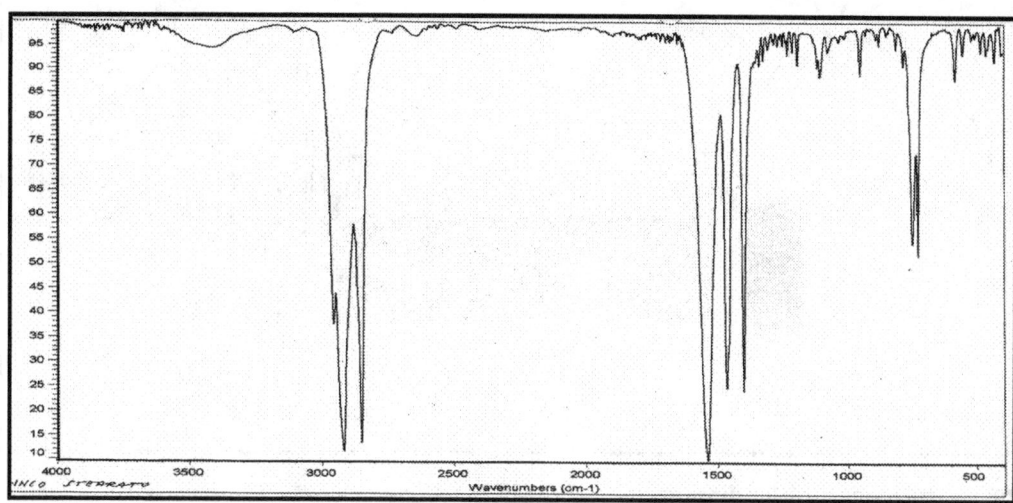

**865 - stearato di zinco**

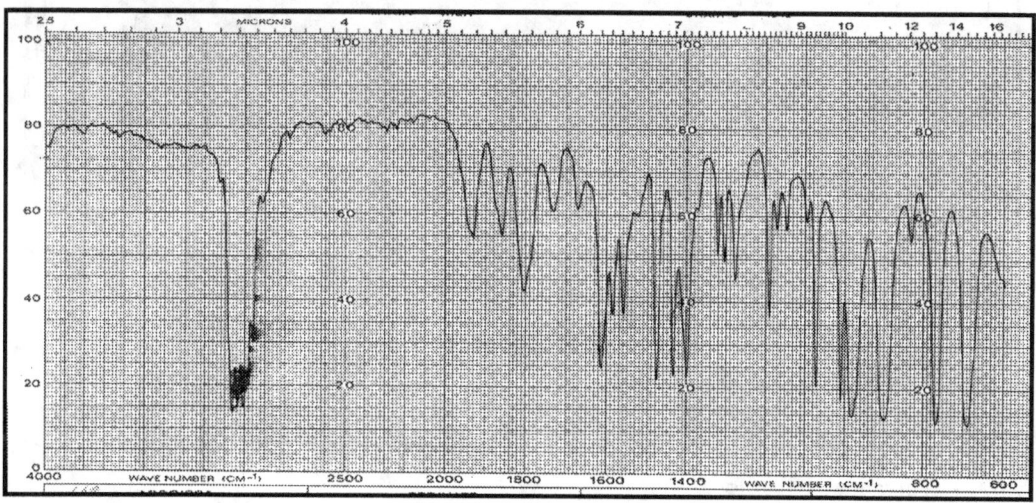

**866 - stirene**

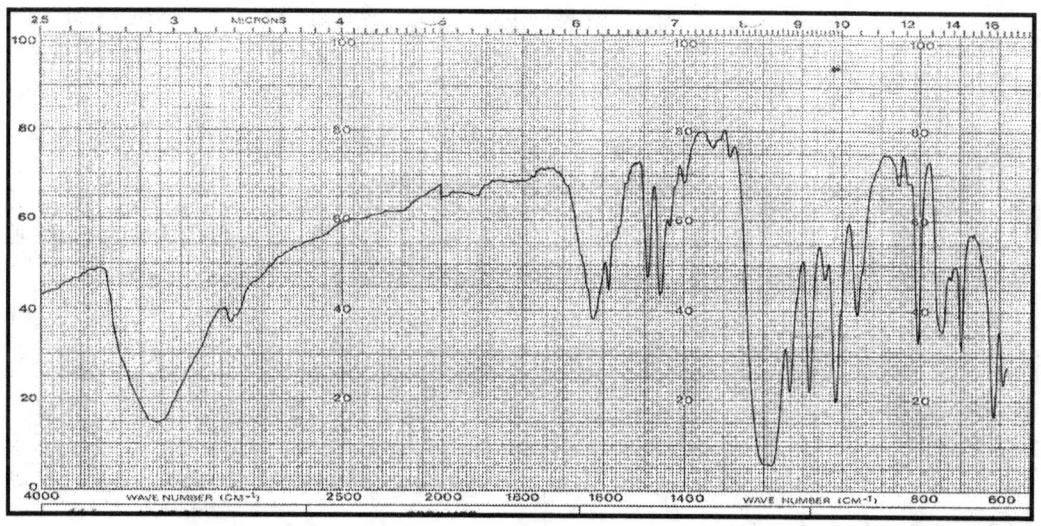

**867 - 4,4'-bis-(sulfostiril)-difenile, sale disodico**

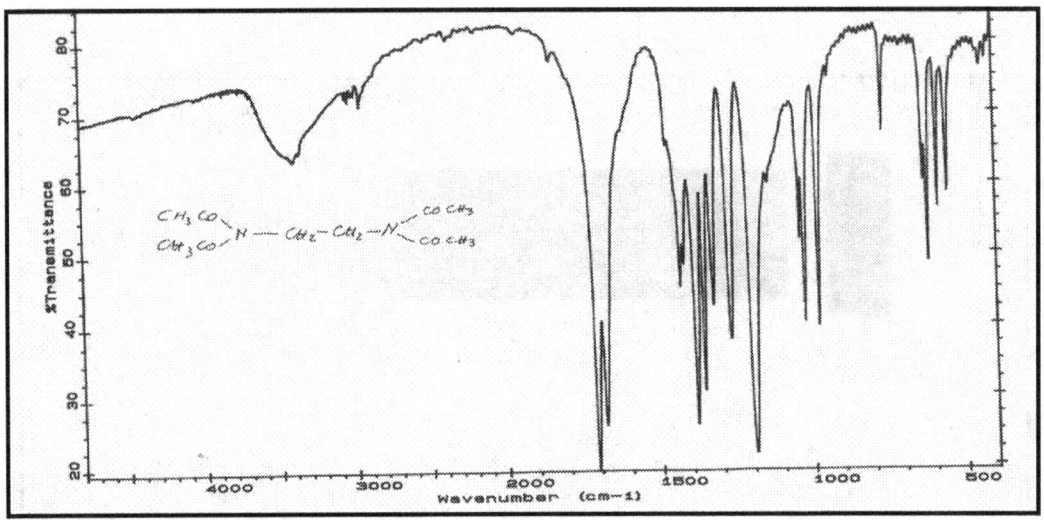

**868 - tetraacetiletilendiammina**

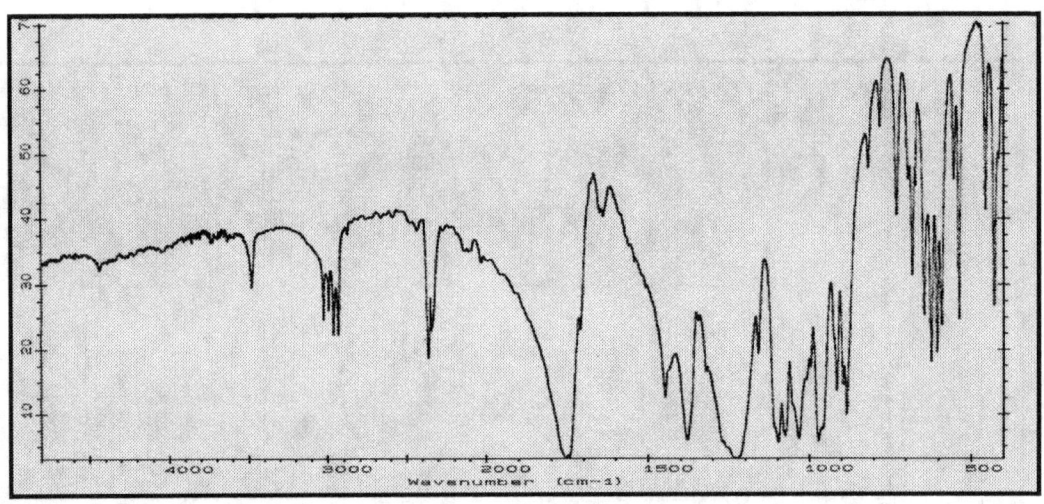

**869 - tetraacetilribosio**

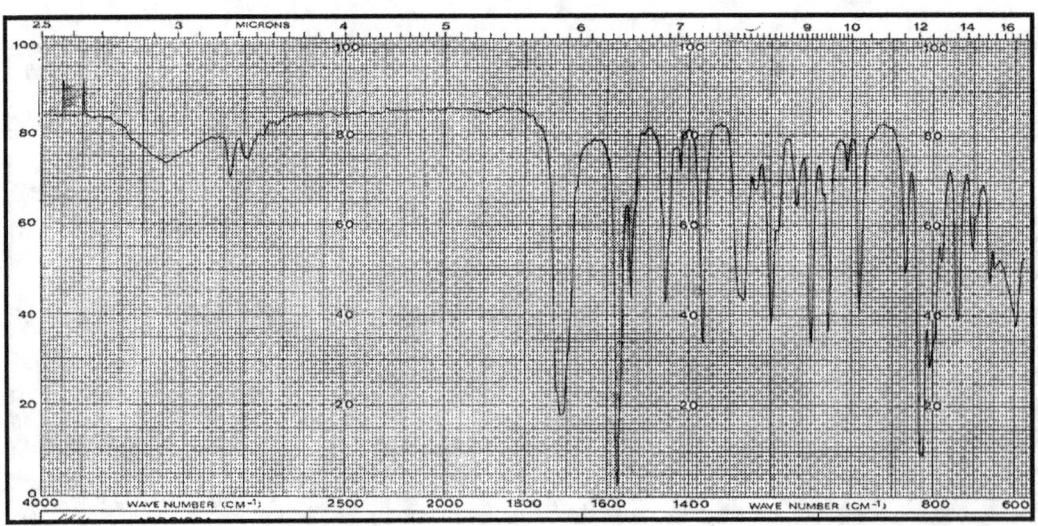

**870 - tetracloroacetofenone**

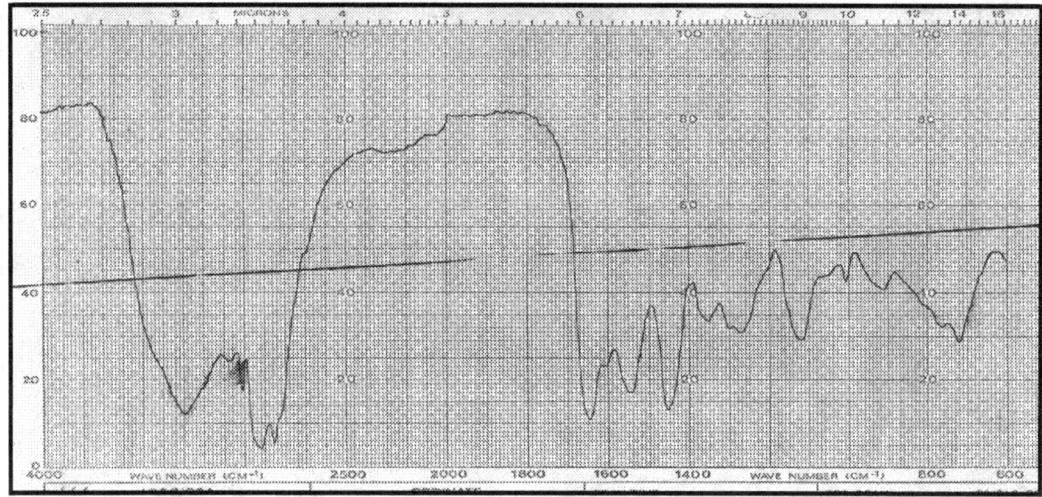

**871 - tetraetilenpentammina**

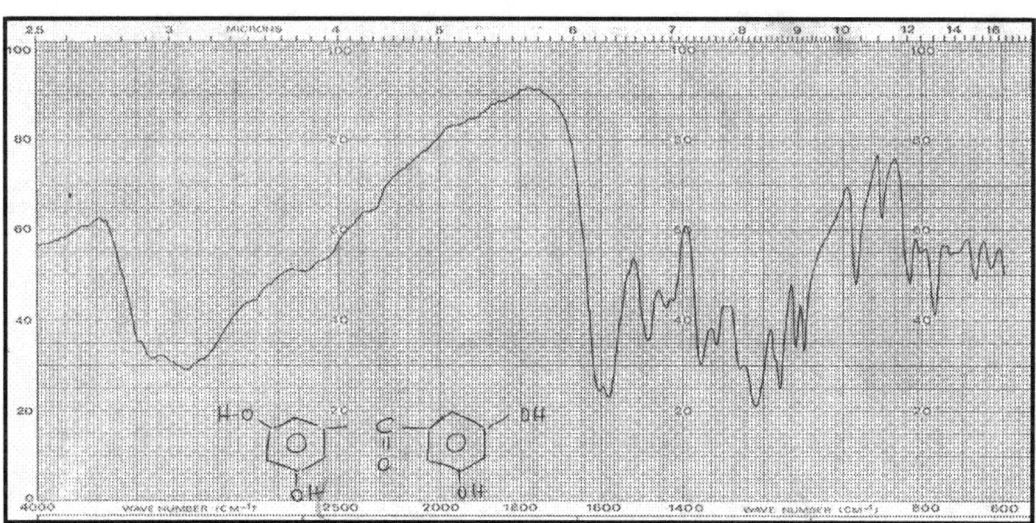

**872 - 2,2',4,4'-tetraidrossibenzofenone**

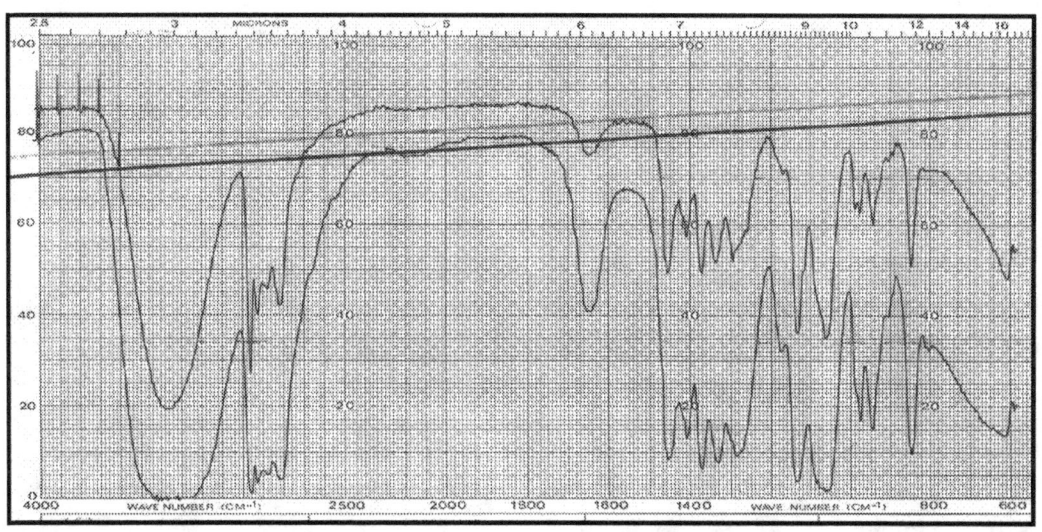

**873 - N,N,N',N'-tetrachis-(2-idrossipropil)-etilendiamina**

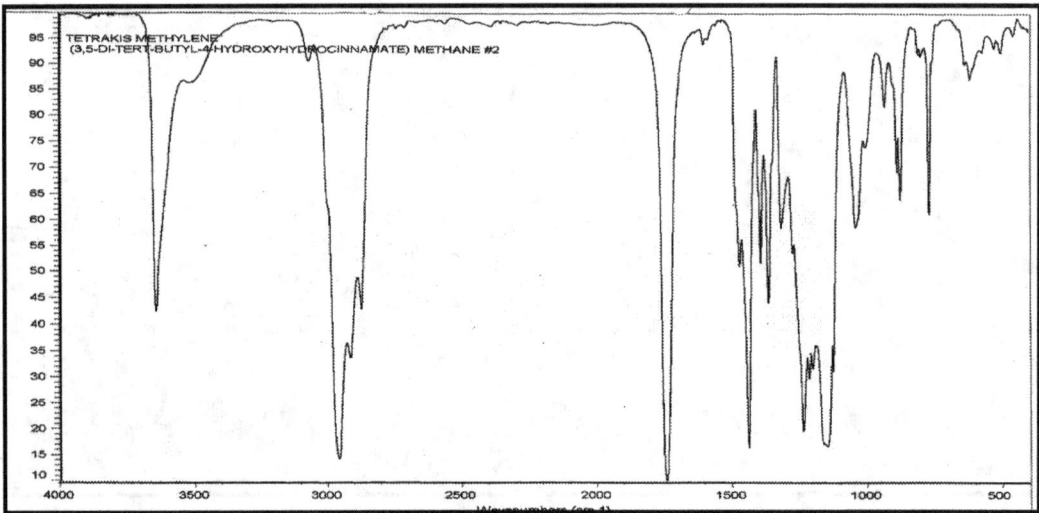

**874  -  Tetrachis metilene-(3,5-di-ter-butil-4-idrossiidrocinnamato)-metano**

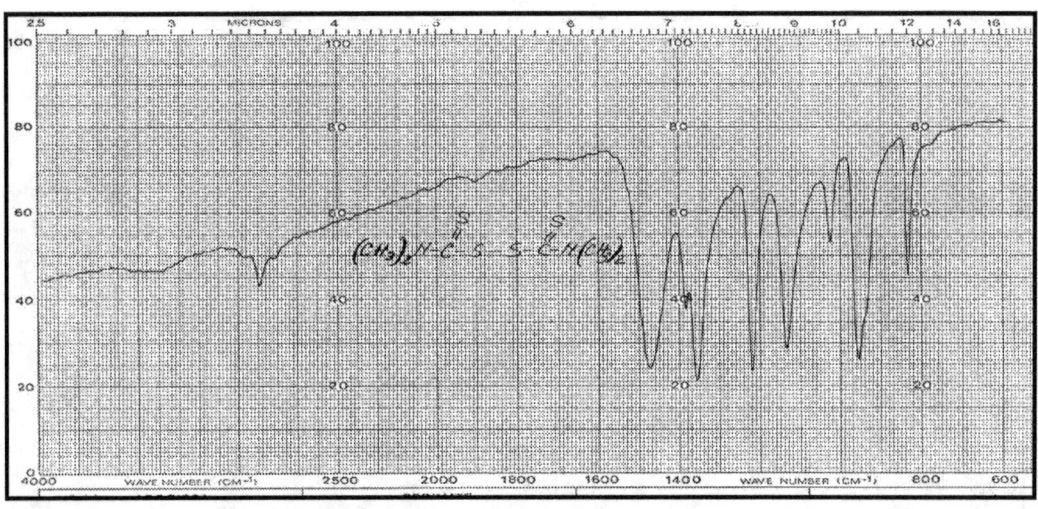

**875  -  Tetrametiltiurame disolfuro**

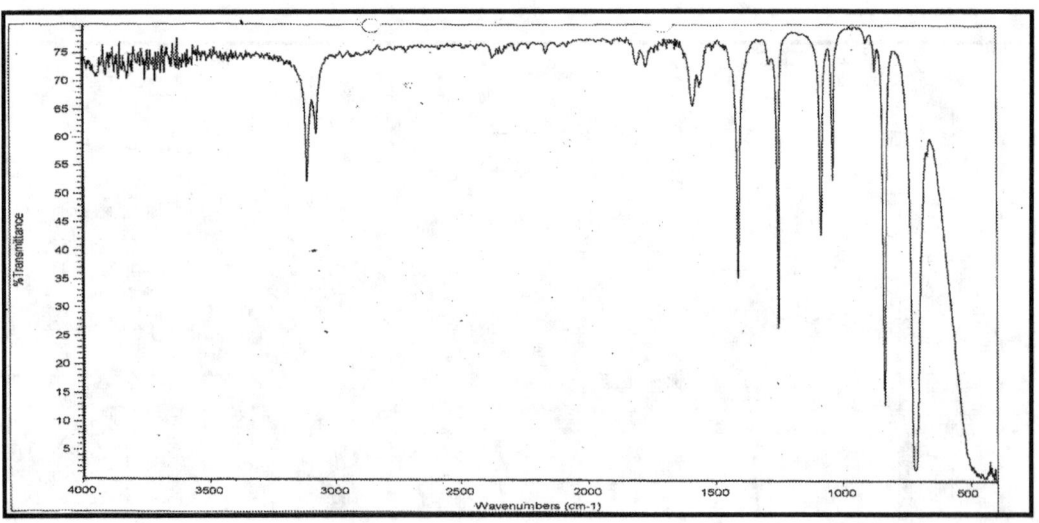

**876  -  Tiofene**

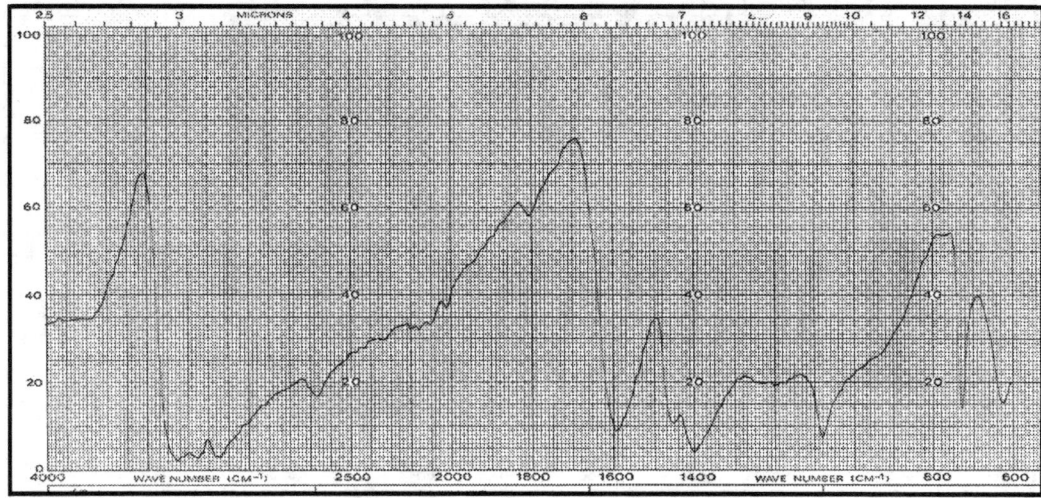

**877 - Tiourea**

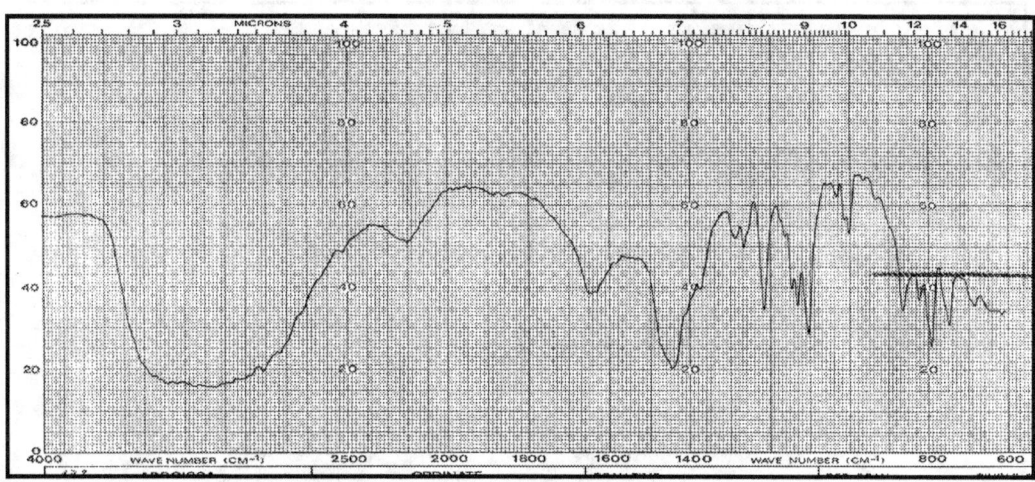

**878 - Toliltriazolo, sale sodico**

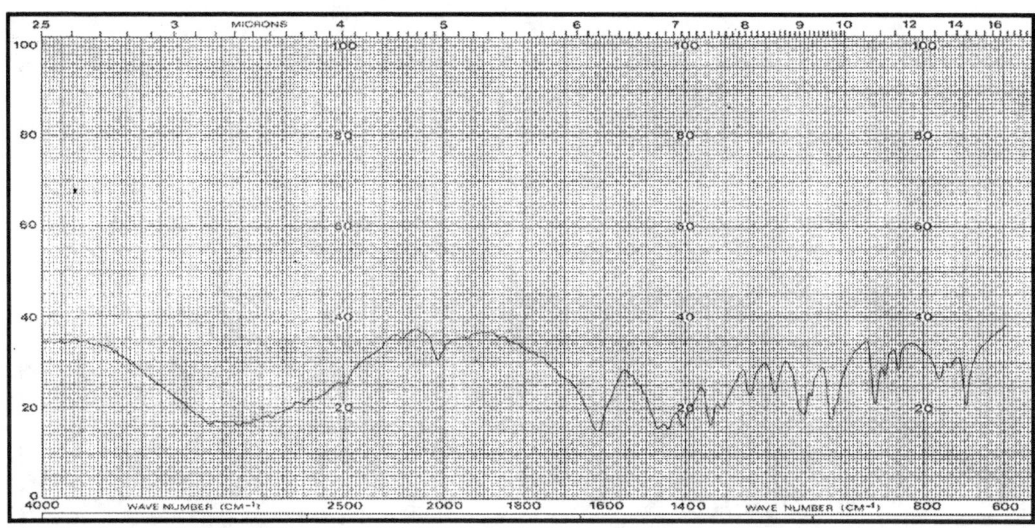

**879 - L-treonina**

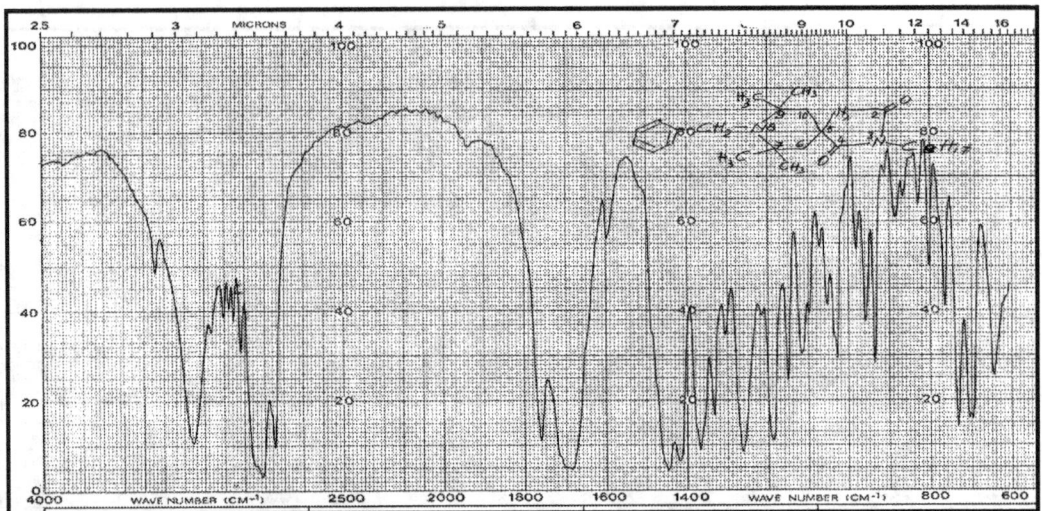

**880 - 1,3,8-triaza-8-benzil-7,7,9,9-tetrametil-3-ottil-spiro(4,5)decan-2,4-dione**

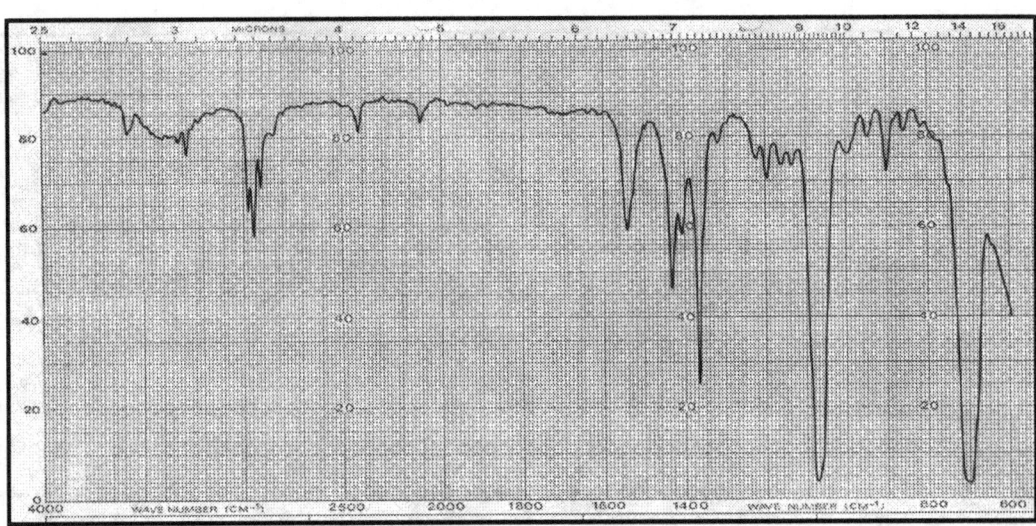

**881 - 1,1,1-tricloroetano**

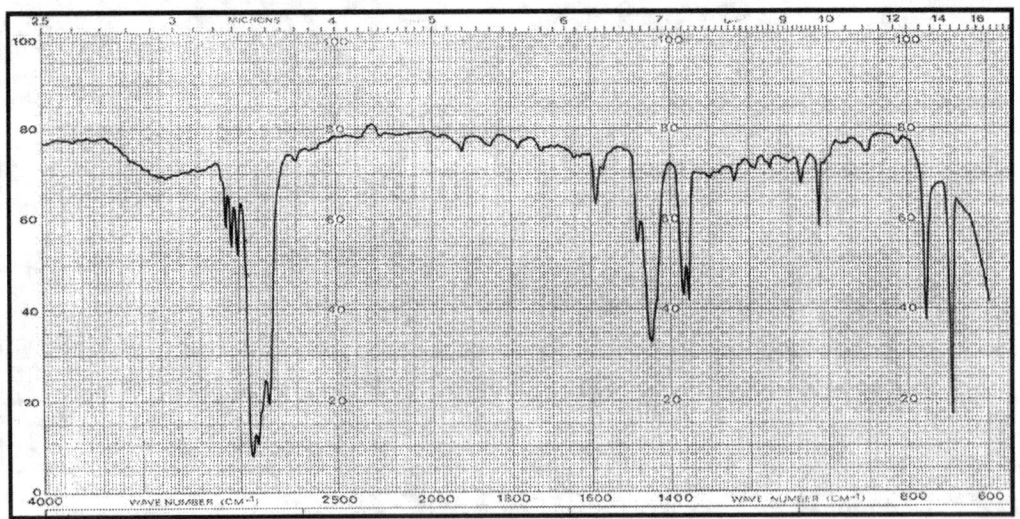

**882 - tridecilbenzene ramificato**

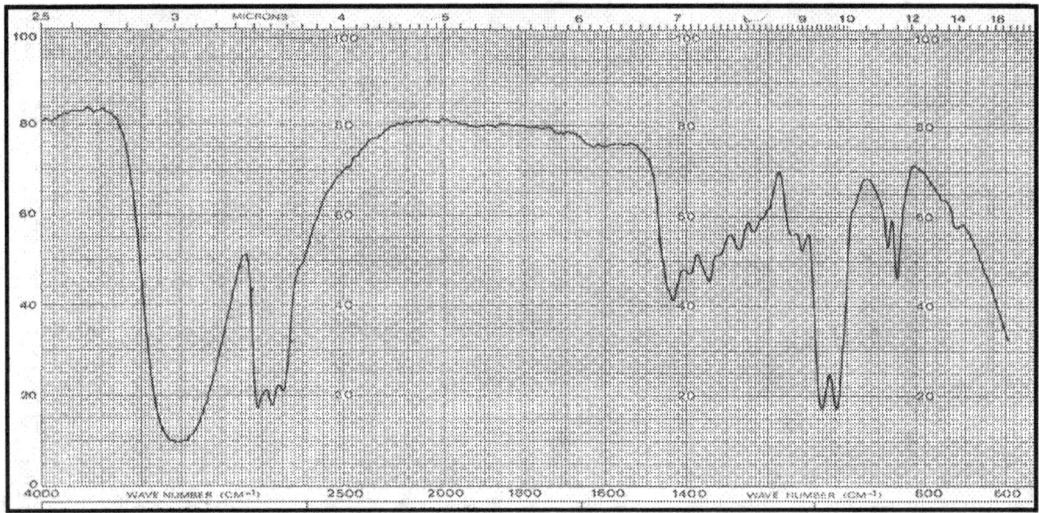

**883 - trietanolammina**

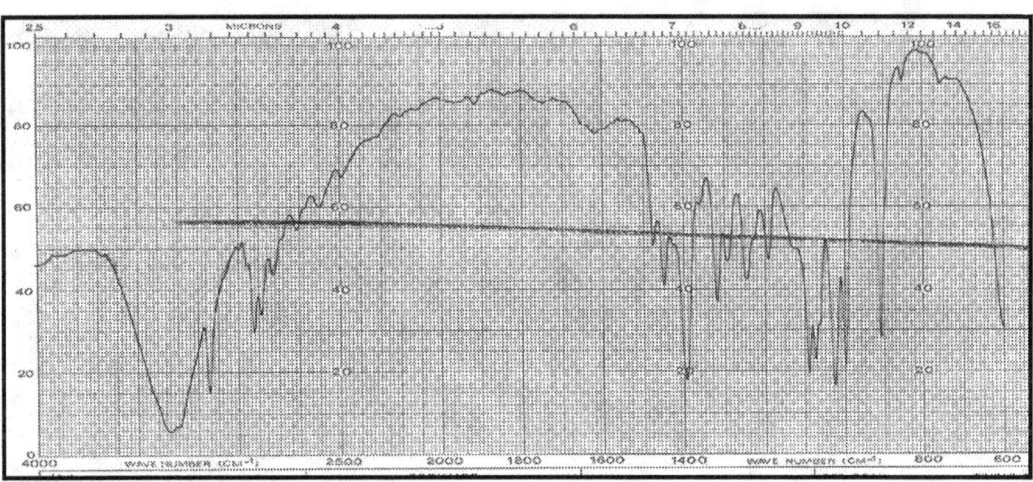

**884 - trietanolammina cloridrato**

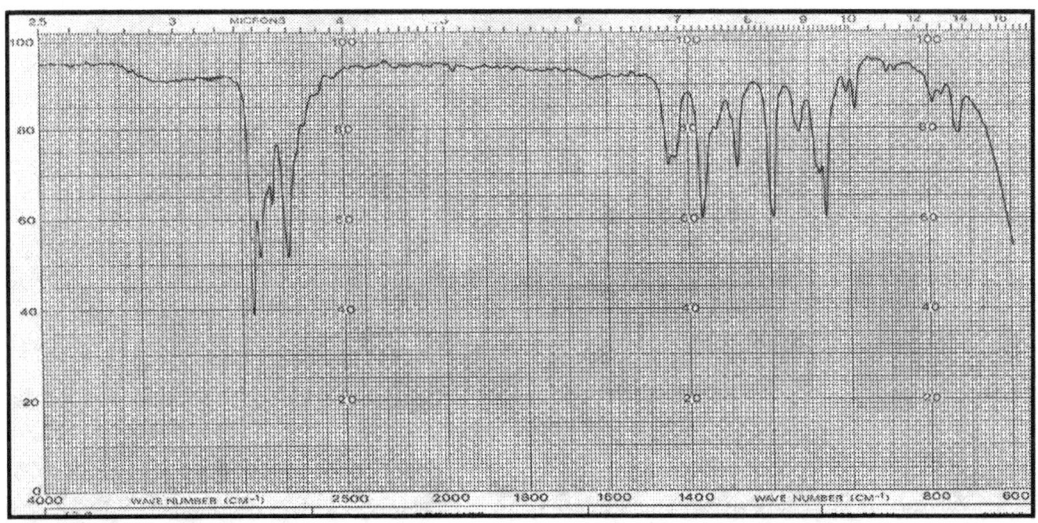

**885 - trietilammina**

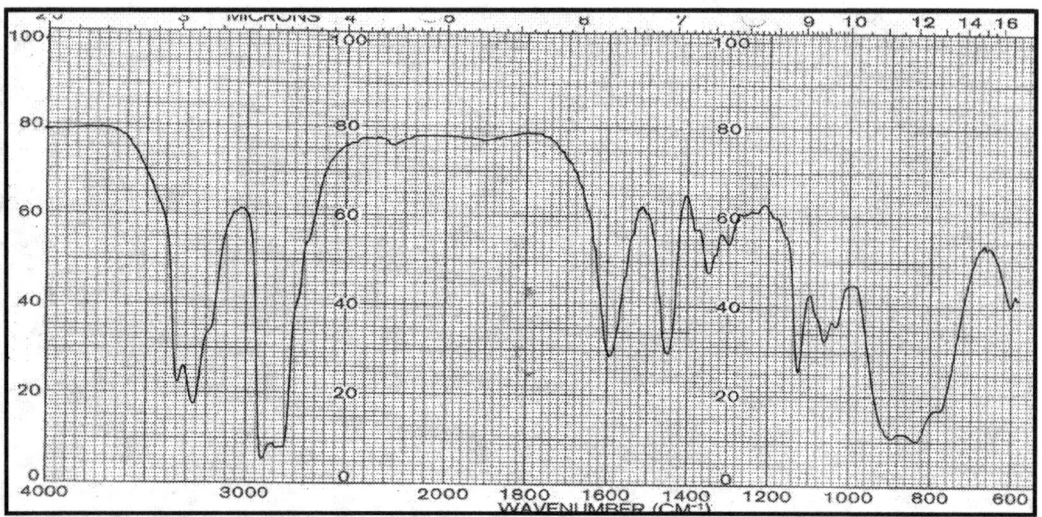

**886 - trietilendiammina**

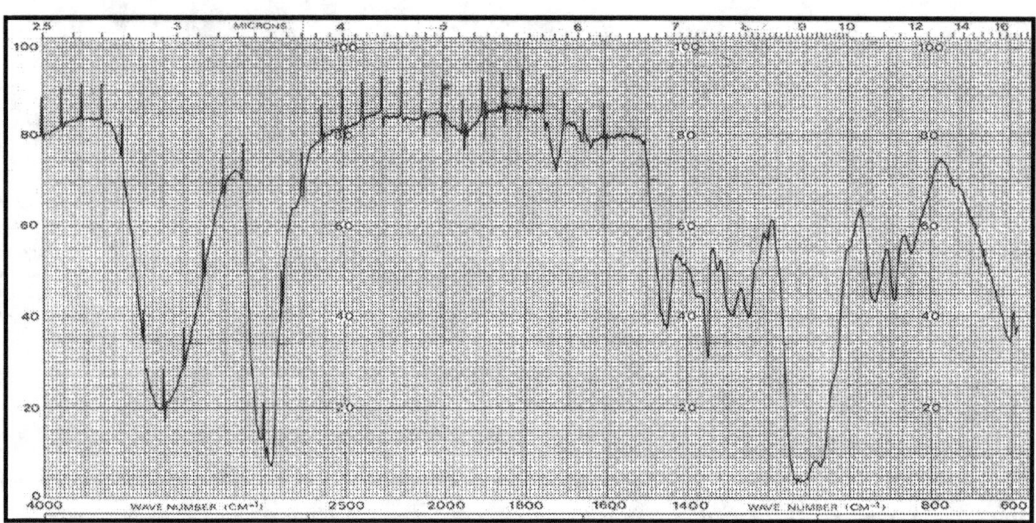

**887 - trietilenglicol**

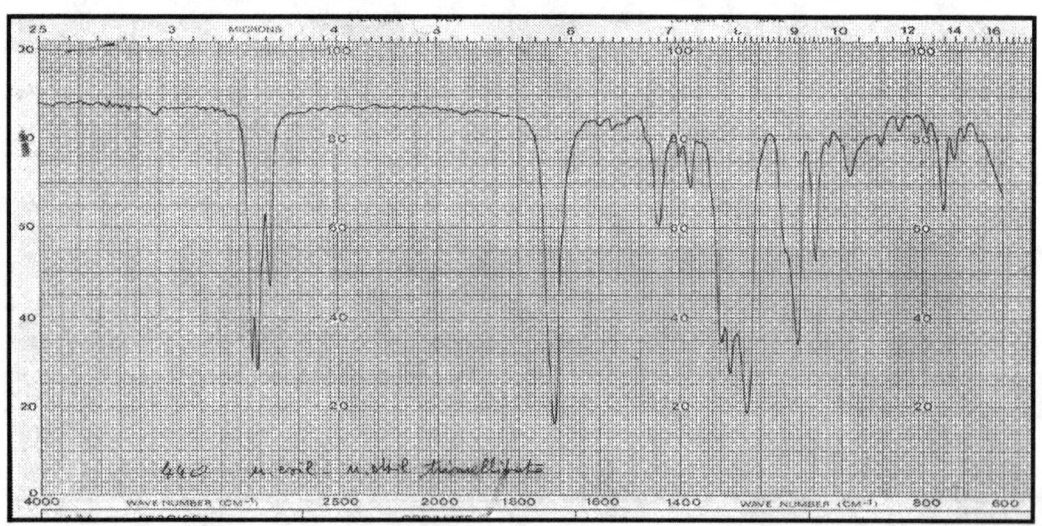

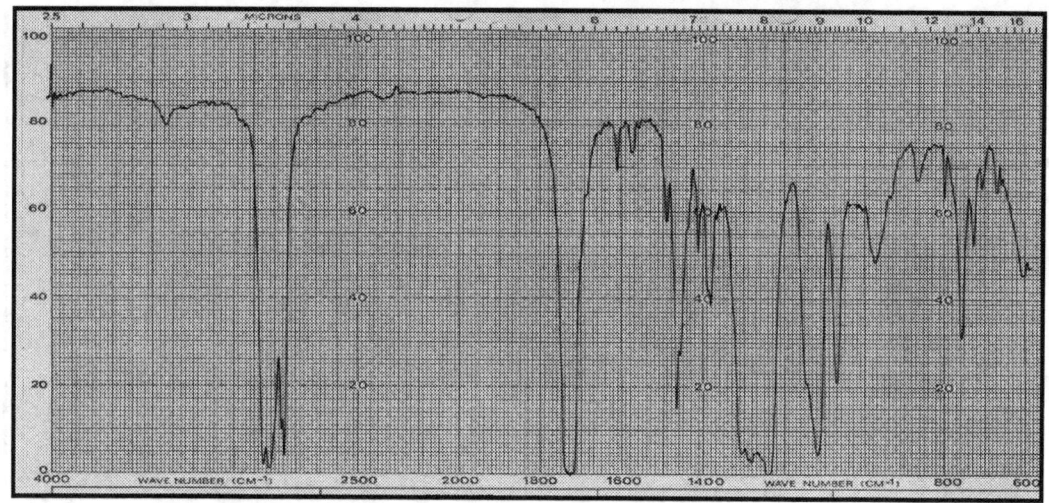

**889 - trimellitato di n-ottile, n-decile**

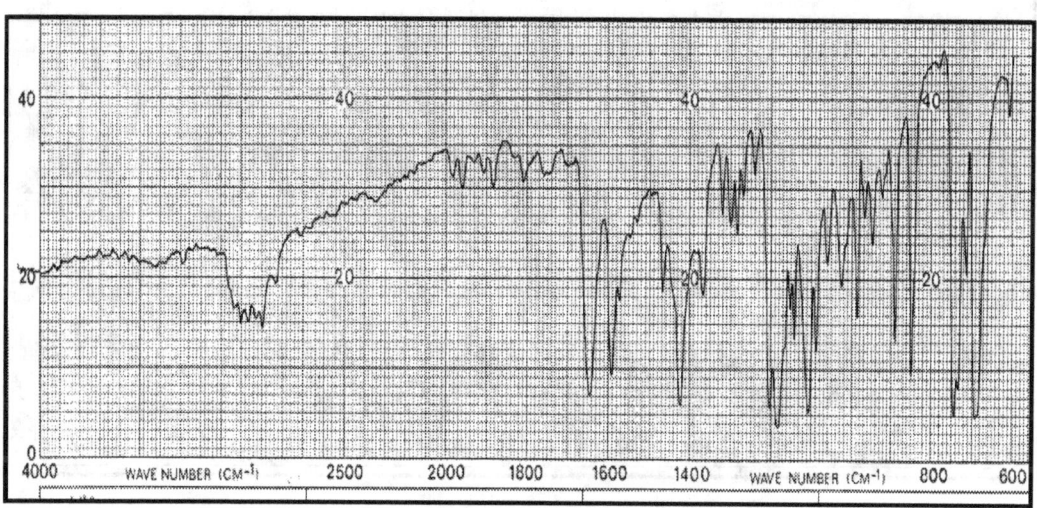

**890 - 2,4,6-trimetilbenzoil-difenilfosfinossido**

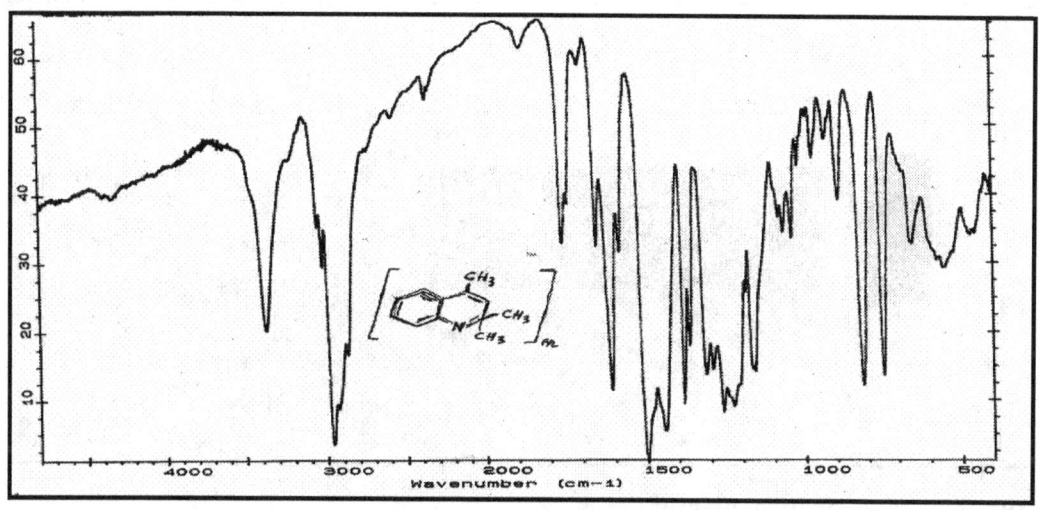

**891 - 2,2,4-trimetil-1,2-diidrochinolina, polimerizzata (n = 2-3)**

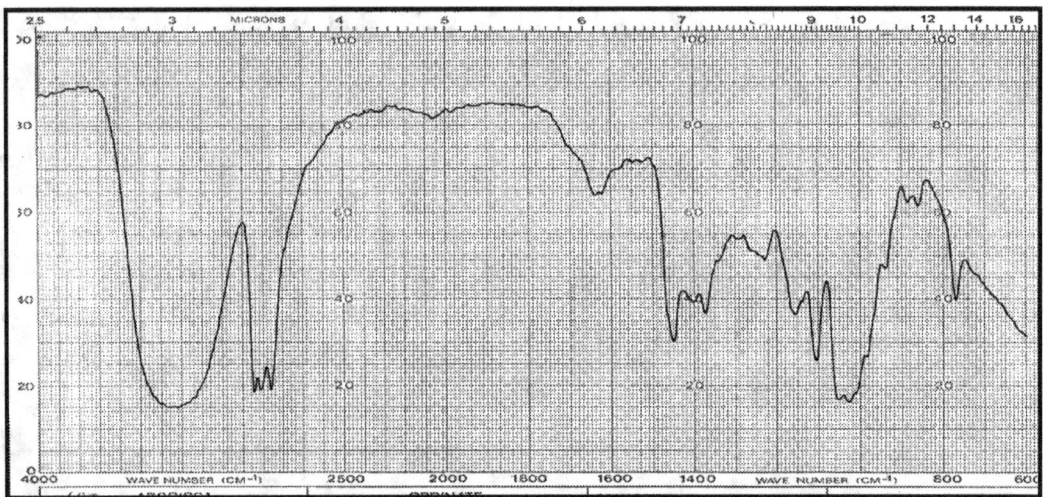

**892  -  trimetilolpropano**

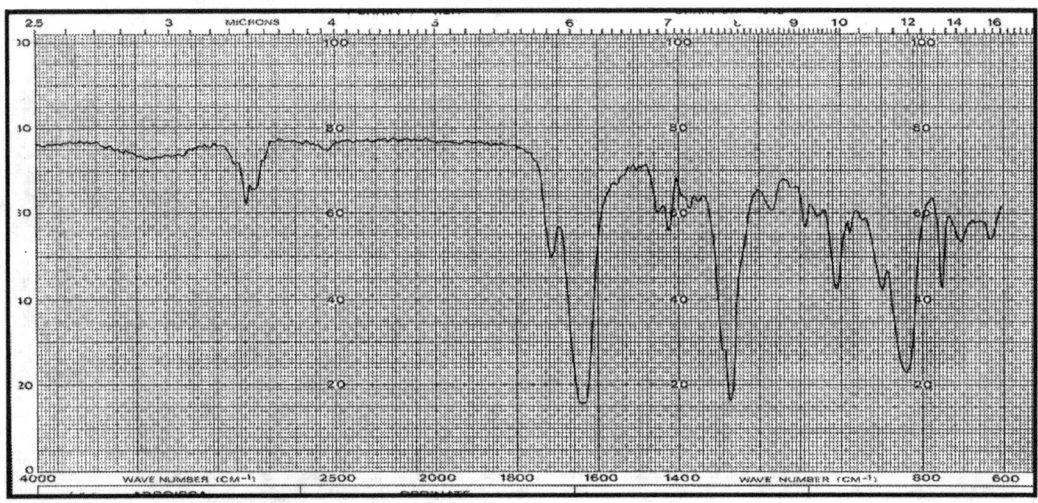

**893  -  trinitroglicerina**

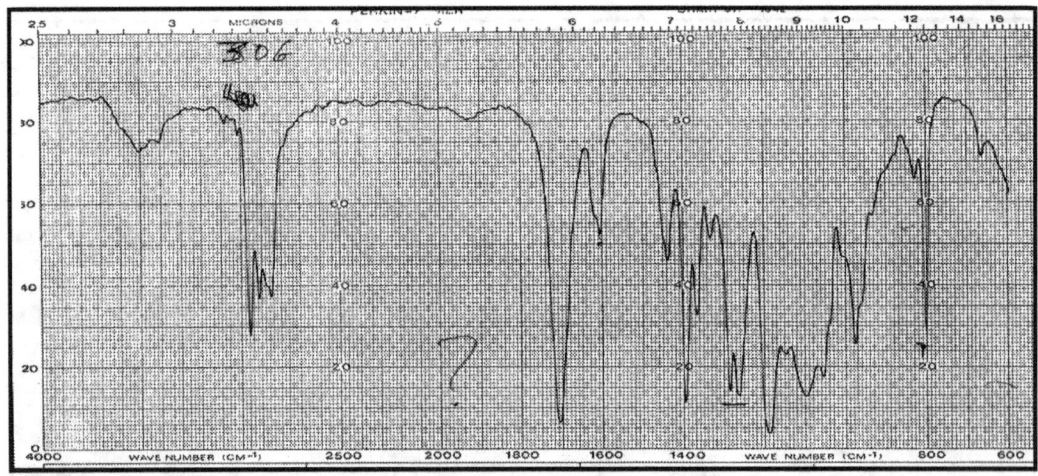

**894  -  tripropilenglicol diacrilato**

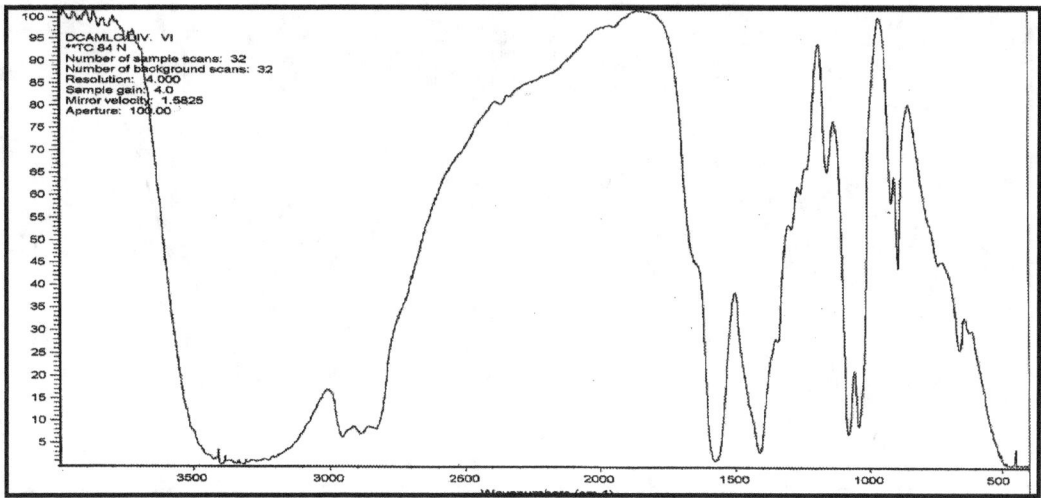

**895 - tris-(idrossietil)-isocianurato**

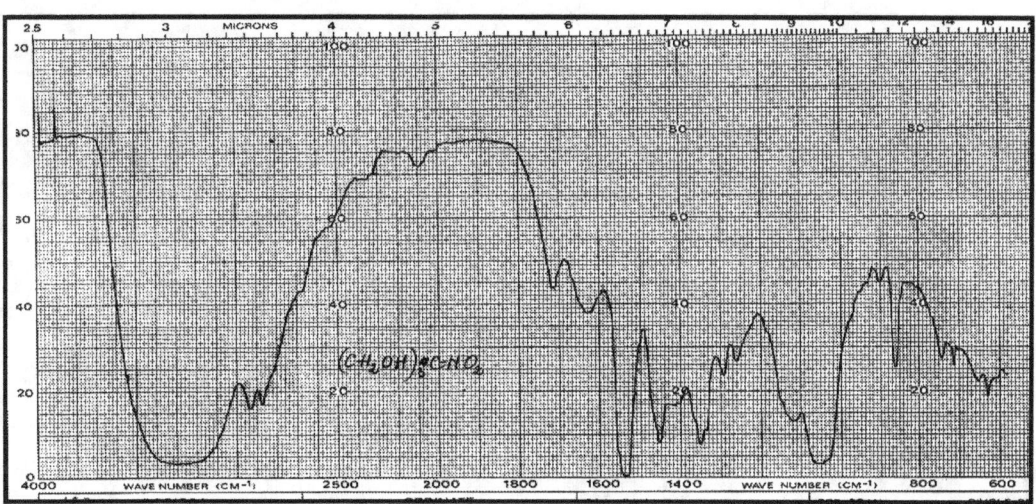

**896 - tris-(idrossimetil)-nitrometano**

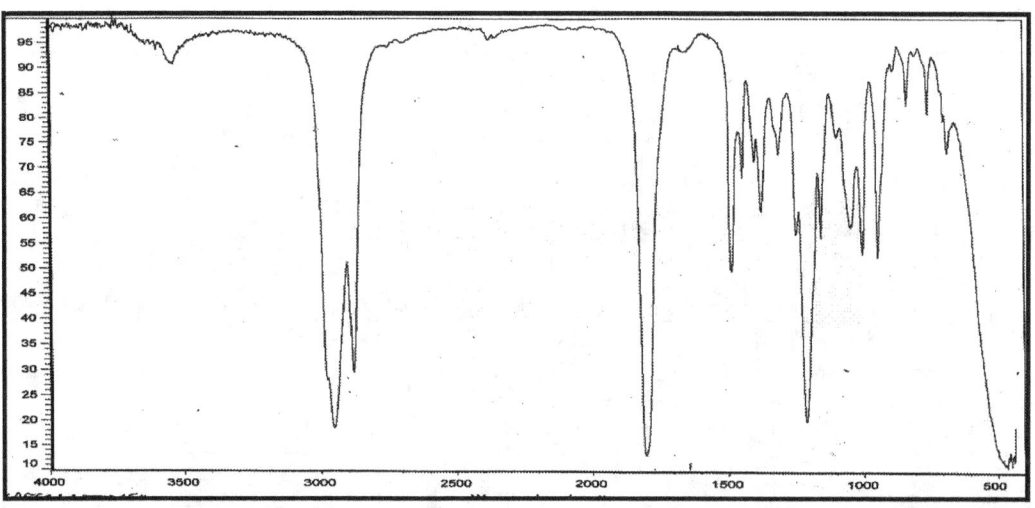

**897 - γ-undecalattone**

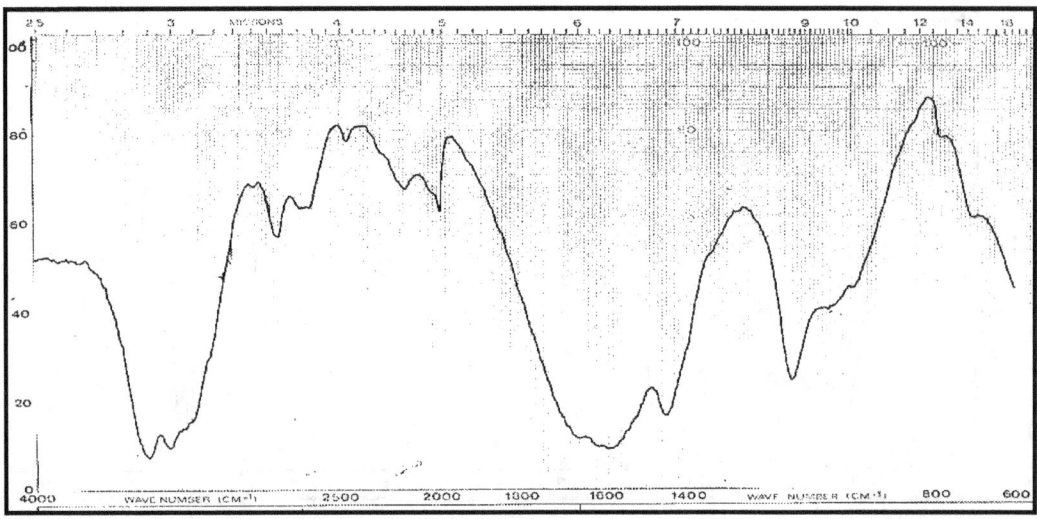

**898 - urea**

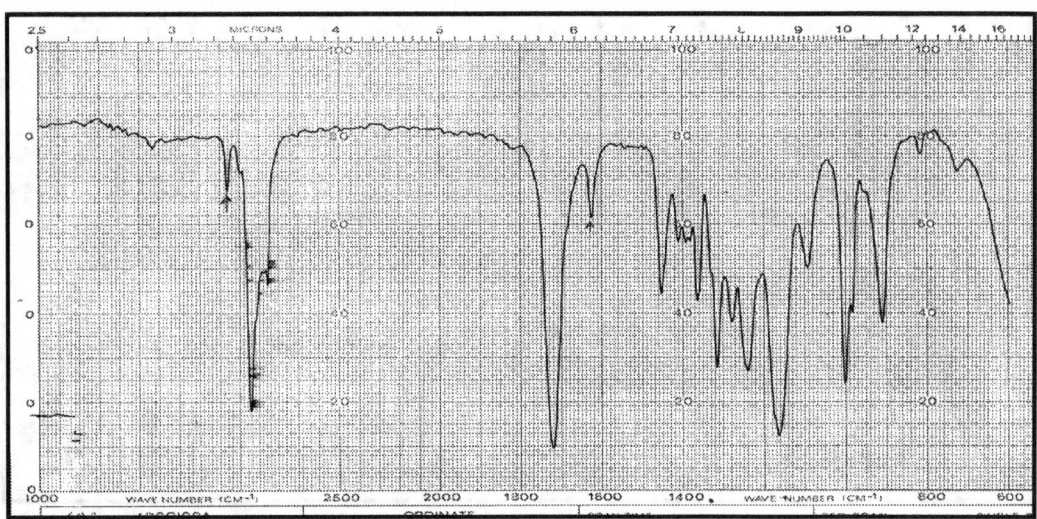

**899 - vinilacetato di isobutile**

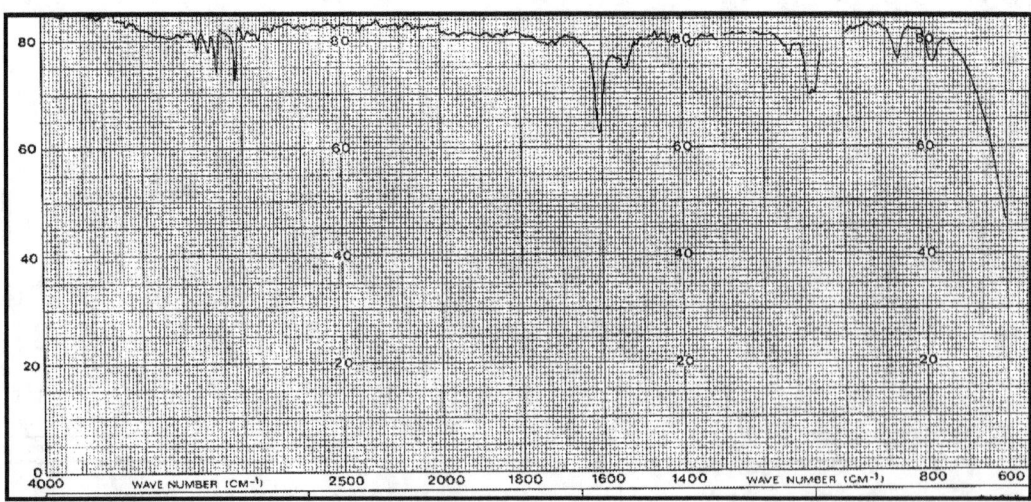

**900 - vinilidencloruro**

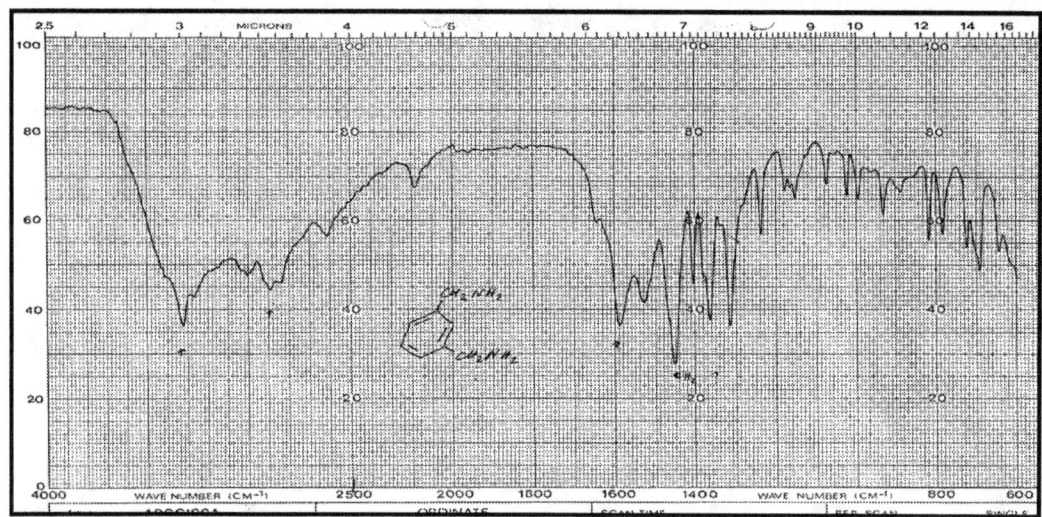

**901 - m-xilidendiamina**

## INDICE DEGLI SPETTRI I.R.

**(Il numero che segue il nome del prodotto indica la sua posizione nella raccolta di spettri )**

## BIBLIOTECA DI BASE

- H. Rompp, **Chemie Lexicon**, Franckh'sche Verlagshandlung – Stuttgart.
- **The Merck Index,** ed.Merck &Co, Rahway N.J. – U.S.A.
- **CRC Handbook of Chemistry and Physics** – CRC Press –
- F. Feigl. **Spot tests in organic analysis** - Elsevier Sci. Pub. Co.
- P.B.Coleman. **Practical sampling techniques for Infrared Analysis** – CRC Press.
- G. Zweig. **Analytical Methods for Pesticides and Plant Growth –** Spectroscopic Methods of Analysis - vol. IX – Academic Press .
- Clarke's **Isolation and Identification of Drugs** – The Pharmaceutical Press.
- Hummel/Scholl. **Atlas der Kunststoff-Analyse** – Carl Hanser Verlag – Verlag Chemie.
- R.L. Whilster, E. F. Paschall. **Starch; Chemistry and Technology** – Academic Press.
- N. P. Cheremisinoff. **Polymer Characterization: Laboratory Techniques and Analysis** – Noyes  Publications.
- I. Skeist. **Handbook of Adhesives** – Chapman & Hall.
- C. D. Craver. **Advances in Chemistry Series 203: Polymer Characterization** Am. Chem. Soc.
- A. H. Fawcett. **Polymer Spectroscopy** – John Wiley & Sons
- J.A.Brydson, **Plastic Materials** – Butterworth-Heinemann
- M. Muccinelli. **Prontuario dei fitofarmaci** – Ed agricole
- A.M. Sisto. **Repertorio sistematico dei fitofarmaci** – Organizzazione Editoriale Medico –   Farmaceutica, Milano
- C.R. Worthing. **The Pesticide Manual** – The British Crop Protection Council
- J. Coates. **Interpretation of Infrared Spectra, a Practical Approach –** Encyclopedia of  Analytical Chemistry, R.A.Meyers (Ed.), pp. 10815-10837 – John Wiley & Sons Ltd, Chicester, 2000
- M. & I. Ash, **Handbook of Industrial Surfactants** – ed. Gower

## REAGENTARIO

Acetato di etile
Acetato di iso-amile
Acetato di iso-butile
Acetato di iso-propile
Acetato di metile
Acetato di n-amile
Acetato di n-propile
Acetone
Acido acetico glaciale
Acido acetico 2N
Acido cloridrico conc.
Acido cloridrico 2N
Acido cloridrico sol. standard 0,1N
Acido cloridrico sol. standard 0,5N
Acido dicloroacetico
Acido fosforico conc.
Acido fosforico dil. 1 : 10
Acido monocloroacetico
Acido nitrico conc.
Acido nitrico 2N
Acido solfanilico
Acido solforico conc.
Acido solforico 2N
Acido tricloroacetico
Acido trifluoroacetico
Alcool etilico
Alcool iso-butilico
Alcool iso-propilico
Alcool metilico
Alcool n-propilico
Alcool n-butilico
Alcool sec-butilico
Alcool ter-butilico
Aldeide formica
Aldeide acetica
Amido
Ammonio idrossido conc.
Ammonio idrossido 3N
Ammonio molibdato 0,4M
Anidride acetica
Anidride ftalica
Anilina
Argento nitrato sol. standard 0,5N
Carbazolo

Carbonio tetracloruro
Cloroformio
Denigés, reattivo di-
Difenilamina
Dinitrofenilidrazina, 2,4-
Diossano
n-Esano
Etere etilico
Etilenglicol
Etilenglicol monometiletere
Etilenglicol monoetiletere
Fenolftaleina 1% in etanolo di 90°
Fenolo
Ferro solfato (-oso)
Ferro cloruro (-ico) sol. 10%
Glicerina
Iodio
Iodio / ioduro
Mercurio cloruro (-ico) sol. 8%
Metilarancio 0,02%
Metilene cloruro
Metiletilchetone
Metilisobutilchetone
α-naftolo
β-naftolo
Ninidrina
Piridina
Potassio bicromato N
Potassio bromuro
Potassio ferrocianuro 0,25M
Potassio idrossido gocce
Potassio idrossido sol. standard 0,1N
Potassio idrossido sol. standard 0,5N
Potassio idrossido 2N
Potassio ioduro 0,25N
Potassio permanganato N
Potassio solfocianuro M
Rame solfato
Resorcina
Salda d'amido 0,5%
Sodio metallico
Sodio bicarbonato
Sodio carbonato
Sodio cloruro
Sodio idrossido gocce
Sodio idrossido sol. standard 0,1N
Sodio idrossido sol. standard 0,5N

Sodio idrossido 2N
Sodio metallico
Sodio nitrito
Sodio nitroprussiato
Stagno metallico
Toluene
Tricloroetano, 1,1,1-
Tricloroetilene
Xilene
Zinco metallico polvere

# INDICE ANALITICO

www.ingramcontent.com/pod-product-compliance
Lightning Source LLC
Chambersburg PA
CBHW081103170526
45165CB00008B/2305